Grundsätzliches

Dieses Buch wendet sich an Schüler der gymnasialen Oberstufen und Fachoberschüler, an Auszubildende in Chemieberufen, an künftige Chemotechniker und im Rahmen der Erwachsenenbildung an Chemiekaufleute und Laboranten, die sich in der chemischen Industrie weiterbilden wollen. Das Buch soll helfen, physikalisch-chemische Zusammenhänge zu verstehen und in ihren praktischen Anwendungen kennenzulernen.

Es trägt einem tiefgreifenden Wandel Rechnung, der sich in den Naturwissenschaften vollzieht: Die einzelnen Naturwissenschaften Chemie, Physik und Biologie können nicht mehr isoliert gesehen werden. Vielmehr gewinnen die fächerübergreifenden Disziplinen, wie Biochemie, Biophysik und Physikalische Chemie außerordentlich an Bedeutung. Dies hat für die Physikalische Chemie vor allem zwei Gründe:

1. Die Physikalische Chemie ermöglicht elementare Erklärungen für viele Vorgänge, die in den engeren Grenzen des isoliert gesehenen Faches nicht möglich waren.
2. In der chemischen Forschung und Technik bedient man sich mehr und mehr physikalischer Arbeitsmethoden. Dies gilt besonders augenfällig für die instrumentelle Analytik.

Das Buch ist unter diesen beiden Gesichtspunkten geschrieben worden. Ziel der Autoren war es, Grundlagen anschaulich zu vermitteln und auch den Schritt zu den heutigen Anwendungen zu vollziehen. Dabei wurde der Verständlichkeit wegen auf eine weitgehende Mathematisierung verzichtet.

Dieses Buch will und kann nicht eine lückenlose Darstellung der Physikalischen Chemie sein. Einige Kapitel, wie die Bindungslehre, werden in den einschlägigen Chemiebüchern ausführlich dargestellt. Andere Kapitel, wie die Reaktionskinetik, verlangen einen größeren mathematischen Aufwand, der über den gesteckten Rahmen des Buches hinausgeht.

Für Anregungen aus fachlichen Diskussionen danken wir den Herren H. Grabow (Leverkusen), W. Hammer (Bonn), J. Kalkbrenner (Leverkusen) und Referenten von GDCh-Tagungen (Fachgruppe Chemieunterricht).

Für kritische Anregungen sind Verlag und Autoren dankbar.

Die Verfasser

Inhaltsverzeichnis

1 Die atomaren Bausteine der Materie

1.1 Atommodelle

1.1.1 Die Daltonsche Atomhypothese

Die heutigen Vorstellungen über den Aufbau der Materie basieren auf der Atomtheorie. Der Grundgedanke dieser Theorie besteht in der Annahme, daß die Materie aus kleinsten Teilchen aufgebaut ist. Die kleinsten Teilchen eines chemischen Elementes heißen Atome, die kleinsten Teilchen chemischer Verbindungen sind je nach Art des Stoffes Moleküle oder Ionen.

Im geschichtlichen Rückblick führten vor allem Untersuchungen über die Massenverhältnisse der an chemischen Reaktionen beteiligten Stoffe zu der Vermutung, daß die Materie eine „gewisse Körnigkeit" besitzt.

Als erster führte der russische Naturwissenschaftler M. W. Lomonossow solche Untersuchungen durch. Er glühte Blei mit Luft in einem zugeschmolzenen Glasgefäß (1756). Trotz der ablaufenden chemischen Reaktion (Oxidation von Blei) änderte sich das Gewicht des Gefäßes nicht. Lomonossow folgerte:

„Wenn irgendwo eine Masse abnimmt, dann nimmt sie an einer anderen Stelle zu."

Diese Aussage wird als das Gesetz von der Erhaltung der Materie bezeichnet. Es besagt allgemein:

> Materie kann weder durch chemische noch durch physikalische Vorgänge gebildet oder zerstört werden.

Den entscheidenden Anstoß zur Formulierung der Atomhypothese gaben die Gesetze der Stöchiometrie. So entdeckte Proust 1799, daß die Stoffe, die in einer chemischen Verbindung enthalten sind, immer in einem ganz bestimmten gleichbleibenden Massenverhältnis zueinander stehen.

Beispiele:

in Kupferoxid ist das Massenverhältnis von Kupfer zu Sauerstoff immer 3,97 : 1,00,
in Wasser ist das Massenverhältnis von Wasserstoff zu Sauerstoff immer 1,00 : 8,00,
in Chlorwasserstoff ist das Massenverhältnis von Wasserstoff zu Chlor immer 1,00 zu 35,23.

Etwa zur gleichen Zeit wie Proust gelangte Dalton zu demselben Ergebnis.

> Das Massenverhältnis der Elemente in einer bestimmten Verbindung ist immer gleich.[1])

---

[1]) Streng gilt diese Regel für kleine Moleküle wie H_2O, HCl, CO_2 und CH_4. Besonders bei Feststoffen dagegen ergeben sich Abweichungen, weil das Teilchengefüge Leerstellen und durch fremde Ionensorten fehlbesetzte Stellen enthält. Obwohl diese Abweichungen geringfügig sind, erklären sich technisch wichtige Eigenschaften, z. B. der Halbleiter, daraus.

Diese Regel wird als das erste Daltonsche Gesetz bezeichnet.

Untersuchungen, wie sie z. B. an den verschiedenen Manganoxiden durchgeführt werden können, führten 1802 zur Formulierung des zweiten Daltonschen Gesetzes.

Beispiel:

In den fünf verschiedenen Manganoxiden entfallen auf genau 1 Gramm Mangan:

	Verhältnis
0,2913 g Sauerstoff	2
0,4369 g Sauerstoff	3
0,5826 g Sauerstoff	4
0,8738 g Sauerstoff	6
1,0195 g Sauerstoff	7

Vereinigen sich zwei Elemente zu verschiedenen chemischen Verbindungen, so sind ihre Massenverhältnisse dabei einfach und ganzzahlig.

Aus diesen stöchiometrischen Gesetzen hat Dalton (1803) die Vorstellung abgeleitet, daß die Materie aus kleinsten Partikeln mit ganz bestimmten Ausmaßen und Gewichten besteht. Diese die gesamte Naturwissenschaft revolutionierende Denkleistung soll hier noch einmal nachvollzogen werden:

Ausgangspunkt für Daltons Überlegungen waren die empirisch gefundenen stöchiometrischen Gesetze. Er suchte nach einer Erklärungsmöglichkeit dafür. Seine gedanklichen Spekulationen griffen auch die inzwischen fast vergessenen Atomvorstellungen der griechischen Philosophie (Leukippos, Demokritos) auf. Dalton prüfte, ob er mit diesen Atomvorstellungen eine brauchbare und plausible Erklärung für die stöchiometrischen Gesetze finden würde. Er nahm an, daß die Atome eines bestimmten Elementes untereinander gleich sind. Von den Atomen eines anderen Elementes unterscheiden sie sich aber, z. B. in ihrer Masse. Wenn sich nun z. B. Kupfer mit Sauerstoff verbindet, so hieß das in Daltons Überlegungen: Ein Atom des Kupfers und ein Atom des Sauerstoffs verbinden sich zu einem Molekül. Dalton sprach von „zusammengesetzten Atomen". Der Begriff Molekül wurde erst von Avogadro eingeführt. Das Massenverhältnis in diesem Molekül ergibt sich aus dem Verhältnis der Masse des Cu-Atoms und des O-Atoms. Da sich dieses Verhältnis bei der Bildung eines jeden neuen Moleküls immer wieder gleichermaßen ergibt, muß es auch für jede beliebige Menge der chemischen Verbindung gleich bleiben.

Aus Daltons Überlegungen ergab sich, daß das Massenverhältnis von Kupfer zu Sauerstoff in Kupferoxid zugleich das Verhältnis der Atommassen des Kupfers und des Sauerstoffs ist:

Masse eines Kupferatoms : Masse eines Sauerstoffatoms = 3,97 : 1

Ebenso konnte Dalton die Massenverhältnisse in Wasserstoffverbindungen deuten. Aus der experimentell gefundenen Tatsache, daß das Verhältnis von Wasserstoff zu Chlor im Chlorwasserstoff 1 : 35,23 ist, folgerte er, daß ein Cl-Atom 35,23mal so schwer ist wie ein H-Atom. Da Dalton die tatsächlichen sehr kleinen Massen der Atome nicht kannte, benutzte er die Masse des Wasserstoffatoms als Bezugseinheit. Auf diese Weise konnte er z. B. die Atommasse des Chloratoms mit 35,23 solcher Masseneinheiten angeben. Bei der Berechnung der

Atommassen der einzelnen Elemente unterliefen ihm allerdings insofern wesentliche Fehler, als er z. B. beim Wasser annahm, daß ein Atom der Sorte Wasserstoff sich mit einem Atom der Sorte Sauerstoff verbindet. So berechnete er z. B. für den Sauerstoff eine Atommasse von 8 Masseneinheiten, da er im Wasser das Massenverhältnis von H : O = 1 : 8 fand. Erst die spätere Berücksichtigung der Wertigkeit der Elemente führte zur Berichtigung von Daltons Aussagen. Denn wenn ein Atom O mit zwei Atomen H ein Molekül H_20 bildet, ergibt sich das Massenverhältnis von H : O als 1 : 16.

An seinem Vorgehen wird deutlich, was man in den Naturwissenschaften unter einem Modell versteht. Ausgehend von empirisch gefundenen Tatsachen sucht man nach einem anschaulichen Bild von den Dingen, durch das eine plausible Erklärung des experimentellen Befundes möglich ist. Ein Modell ist ein um so getreueres Abbild der Wirklichkeit, je mehr verschiedene experimentelle Befunde sich damit befriedigend erklären lassen. Neben diesen anschaulichen Modellen arbeiten Naturwissenschaftler auch mit mathematischen Modellen (Gleichungen). Sie haben eine möglichst einfache und umfassende mathematische Beschreibung eines Zusammenhangs zum Ziel.

1.1.2 Die atomare Masseneinheit / Atommasse / Molekülmasse / Mol

Dalton gab die Atommassen der Elemente an, indem er ihre Massen mit der des Wasserstoffatoms verglich. Später wurde die Masse eines Sauerstoffatoms als Bezugsgröße gewählt. Im Jahre 1961 wurde eine neue Bezugseinheit für die Atommasse eingeführt. Diese neue Masseneinheit ist der zwölfte Teil der Masse eines Atoms des Kohlenstoffisotops C 12 (vgl. Kap. Isotope S. 46). Diese Masse weicht nur geringfügig von der Masse eines H-Atoms ab. Die neue Einheit heißt atomare Masseneinheit; sie wird mit u, von engl. unit = Einheit, abgekürzt.

1 u ist $\frac{1}{12}$ der Masse eines Atoms des Kohlenstoffisotops C 12

$$1\ \text{u} = \frac{m(\text{C } 12)}{12} = 1{,}6605518 \cdot 10^{-27}\ \text{kg}^{1)}$$

$$6{,}022 \cdot 10^{23}\ \text{u} = 1{,}000\ \text{g}$$

Beispiele für Atommassen

1 H-Atom hat die Masse 1,008 u
1 O-Atom hat die Masse 15,999 u
1 Cl-Atom hat die Masse 35,45 u

Die angegebenen Werte sind Durchschnittswerte, da es sich bei diesen Elementen um Isotopengemische handelt (vgl. Kap. Isotope).

Die Molekülmasse ist die Summe der Massen aller Atome, aus denen das Molekül aufgebaut ist.[2]

[1]) Vgl. Fußnote S. 13.

[2]) Bei Verbindungen wie NaCl, die aus Ionen und nicht aus Molekülen aufgebaut sind, verwendet man anstelle des Begriffs Molekülmasse den Begriff Formelmasse. Die Formelmasse ist die Summe der Ionenmassen, beim NaCl von einem Na^+- und einem Cl^--Ion.

Beispiele für Molekülmassen

1 HCl-Molekül hat die Masse 36,46 u

$$\begin{array}{lrl} & m(1\,H) & = \;\;1{,}008\ u \\ + & m(1\,Cl) & = 35{,}45\ \ u \\ \hline & m(1\,HCl) & = 36{,}46\ \ u \end{array}$$

Chlorwasserstoff hat eine Molekülmasse von rund 36,5 u/Molekül

1 H_2O-Molekül hat die Masse 18,015 u

$$\begin{array}{lrl} & m(2\,H) & = \;\;2{,}016\ u \\ + & m(1\,O) & = 15{,}999\ u \\ \hline & m(1\,H_2O) & = 18{,}015\ u \end{array}$$

Wasser hat eine Molekülmasse von rund 18 u/Molekül.

Ersetzt man bei den Atom-, Molekül- oder Formelmassen die kleine Einheit u/Atom (bzw. u/Molekül oder u/Formeleinheit) durch die $6{,}022 \cdot 10^{23}$ mal größere Einheit Gramm (g), so erhält man anstelle der Masse für ein Teilchen die Masse von $6{,}022 \cdot 10^{23}$ Teilchen, die sogenannte Molmasse oder molare Masse.

$6{,}022 \cdot 10^{23}$ HCl-Moleküle haben die Masse 36,46 g. Die Stoffmenge von $6{,}022 \cdot 10^{23}$ Teilchen heißt ein Mol[1]).

Der Zahlenwert der molaren Masse ist ebensogroß wie der Zahlenwert der Atom-, Molekül- oder Formelmasse.

Beispiele für molare Massen

1 mol H-Atome wiegen 1,008 g	H-Atome haben die molare Masse 1,008 $\frac{g}{mol}$
1 mol Cl-Atome wiegen 35,45 g	Cl-Atome haben die molare Masse 35,45 $\frac{g}{mol}$
1 mol HCl-Moleküle wiegen 36,46 g	HCl-Moleküle haben die molare Masse 36,46 $\frac{g}{mol}$
1 mol H_2O-Moleküle wiegen 18,015 g	H_2O-Moleküle haben die molare Masse 18,015 $\frac{g}{mol}$

Alle diese Stoffmengen enthalten die gleiche Anzahl Teilchen.

Ein Mol eines beliebigen Stoffes enthält stets die gleiche Anzahl von Teilchen ($6{,}022 \cdot 10^{23}$).

Damit eindeutige Aussagen entstehen, muß immer genau angegeben werden, um welche Teilchen es sich handelt.

Die Aussage 1 mol Wasserstoff ist nicht eindeutig, da nicht ohne weiteres klar ist, ob 1 mol H-Atome oder 1 mol H_2-Moleküle gemeint sind.

---

[1]) Die gesetzliche Definition für ein Mol lautet: Ein Mol ist die Stoffmenge eines Systems, die aus ebensoviel Partikeln besteht, wie Atome in genau 12 g reinem Kohlenstoff ^{12}C enthalten sind.

Die Anzahl der Teilchen, die 1 mol eines Stoffes enthält, wurde erstmalig 1865 von Loschmidt bestimmt und heißt nach diesem Forscher Loschmidtsche Konstante oder auch Avogadrokonstante.

$$\text{Avogadrokonstante } N_A \approx 6{,}022 \cdot 10^{23}\ \frac{1}{\text{mol}}\ ^{1)}$$

1.1.3 Die Größe der Atome, experimentelle Bestimmung der Avogadrokonstanten

Mit Hilfe des sogenannten Ölfleckversuches kann die Größe von Atomen bzw. Molekülen am einfachsten ermittelt werden.

Versuch:

Ölfleckversuch zur Bestimmung des ungefähren Atomdurchmessers

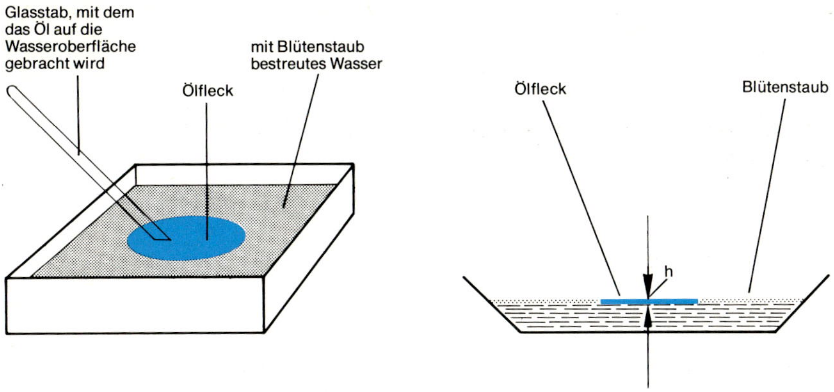

Abb. 1 Ölfleck auf einer Wasseroberfläche

Ein Öltropfen, auf eine Wasseroberfläche gebracht, breitet sich darauf aus und bildet einen Ölfilm. Der Ölfilm dehnt sich so lange aus, bis er nur noch aus nebeneinander liegenden und nicht mehr übereinander liegenden Teilchen besteht (dies ist idealisiert). Die Filmdicke h dieser monomolekularen Schicht entspricht dann dem Moleküldurchmesser.

Zur praktischen Durchführung wird kein reines Öl verwendet, sondern eine Lösung von exakt 0,1 g Olivenöl (Dichte 0,86 g/cm^3), das mit Benzin zu 100 cm^3 gelöst wurde.

Mit einer Bürette wird das Volumen eines Tropfens dieser Lösung bestimmt. Dazu läßt man langsam 1 cm^3 aus der Bürette ausfließen und zählt die Tropfen.

Dann fängt man mit einem Glasstab einen Tropfen auf und bringt ihn auf eine vorher dünn mit Blütenstaub (Bärlappsamen) bestreute Wasseroberfläche. Das Öl schiebt den Blütenstaub vor sich her und schafft eine klare Oberfläche, die sich evtl. nach ihrer maximalen Ausdehnung wieder ein wenig verkleinert, wenn noch restliches Benzin verdampft.

Die Größe der konstant bleibenden Oberfläche A wird ausgemessen.

¹) Messung 1989 der Physikalisch-Technischen Bundesanstalt in Braunschweig und des Zentralbüros für Kernmessungen der Kommission der Europäischen Gemeinschaft in Geel (Belgien): 6,022134–10^{23} mol^{-1}, mit Sicherheit bis auf die fünfte Stelle hinter dem Komma.

Die Schichtdicke h ergibt sich aus der einfachen Beziehung:

$$V_{Öl} = A \cdot h$$

$$h = \frac{V_{Öl}}{A}$$

Von dem ermittelten Moleküldurchmesser h gelangt man durch folgende Überlegung zum Atomdurchmesser:

Nimmt man für Moleküle und Atome jeweils Kugelform an, so ergibt sich das Volumen eines Ölmoleküls aus der Formel für den Kugelinhalt:

$$V_{Molekül} = \frac{4}{3} \pi r^3 = \frac{h^3 \cdot \pi}{6}$$

Ein Molekül Olivenöl besteht aus 167 Atomen. Das durchschnittliche Volumen eines solchen Atoms ist

$$V_{Atom} = \frac{V_{Molekül}}{167} = \frac{h^3 \cdot \pi}{6 \cdot 167}$$

Rechnet man von diesem Kugelvolumen zurück auf den Kugeldurchmesser, so erhält man den durchschnittlichen Durchmesser der Atome, aus denen das Olivenöl besteht.

$$V = \frac{4}{3} \pi r^3 \text{ folgt } r = \sqrt[3]{\frac{3V}{4\pi}}$$

$$r_{Atom} = \sqrt[3]{\frac{3 \cdot h^3 \cdot \pi}{4\pi \cdot 6 \cdot 167}}$$

$$r_{Atom} = h \cdot \sqrt[3]{\frac{1}{1408}}$$

$$d_{Atom} = 2 \cdot h \cdot \sqrt[3]{\frac{1}{1408}}$$

$$\underline{\underline{d_{Atom} = h \cdot 0{,}1784}}$$

Meßwerte und Meßergebnisse

Messung	Volumen eines Tropfens in cm^3	Volumen des Öls in einem Tropfen (cm^3)	Fläche A in cm^2	Ölfilm-dicke h in nm	Atomdurch-messer d in nm
1	0,0164	$1{,}907 \cdot 10^{-5}$	125	1,53	0,273
2	0,0170	$1{,}977 \cdot 10^{-5}$	141	1,40	0,250
3	0,0173	$2{,}012 \cdot 10^{-5}$	142	1,42	0,252
4	0,0161	$1{,}872 \cdot 10^{-5}$	126	1,49	0,265
			Mittel:	1,46	0,260

Versuchsergebnis:

Die Olivenölmoleküle haben einen Durchmesser von ca. 1,46 nm; die im Olivenöl enthaltenen Atome haben einen durchschnittlichen Durchmesser von ca. 0,26 nm.

Das Volumen eines Olivenölmoleküls berechnet sich zu:

$$V_{Ölmolekül} = \frac{h^3 \cdot \pi}{6} \text{ (s. o.)}$$

$$\underline{\underline{V_{Ölmolekül} = 1{,}63 \cdot 10^{-21} \text{ cm}^3}}$$

Berechnung der Avogadrokonstante

Für die physikalische Chemie ist es interessant, die Teilchenzahl zu ermitteln, die in einem Mol eines jeden Stoffes enthalten ist.

Der obige Versuch gestattet ohne weitere Messungen durch eine einfache weitere Berechnung eine ungefähre Bestimmung dieser Zahl:

1 mol Olivenöl wiegt 884 g ≙ 1027,9 cm^3 ($\varrho = 0{,}86\ g/cm^3$)

$$\text{Teilchenzahl } N_A \text{ pro Mol Olivenöl} = \frac{1027{,}9\ cm^3 \cdot \text{Teilchen}}{1{,}629 \cdot 10^{-21}\ cm^3 \cdot mol}$$

$$\underline{\underline{N_A = 6{,}31 \cdot 10^{23} \text{ Teilchen pro Mol}}}$$

Exaktere Messungen haben für die Avogadrosche Konstante den Wert $N_A = 6{,}022 \cdot 10^{23}$ Teilchen pro Mol ergeben.

Um etwa eine solch große Anzahl Erbsen abzuzählen, brauchten 1 Milliarde Menschen dafür zehn Millionen Jahre – Tag und Nacht!

1.1.4 Das Elektron

In der Daltonschen Atomhypothese wurden die Atome als kompakte, unteilbare Teilchen betrachtet. Dem widersprechen aber Versuchsergebnisse:

Durch verschiedene äußere Einwirkungen, wie Glühen, Auftreffen von Strahlung oder starke elektrische Felder lassen sich aus Atomen Teilchen geringer Masse abspalten, die man Elektronen nennt. Sie sind Träger negativer Ladungen. Bringt man z. B. einen Wolframdraht im Vakuum auf eine Glühtemperatur von mehr als 2 300 K (etwa 2 000 °C), so werden diese Elektronen abgegeben (Glühelektronen). Bestrahlt man im Vakuum Kalium mit Licht, so werden ebenfalls Elektronen frei (Fotoelektronen).

Legt man an die Elektroden einer leer gepumpten Röhre eine Spannung von ca. 5 bis 10 kV, so fließt ein schwacher Strom. Er wird durch herausgelöste Elektronen bewirkt, die mit hoher Geschwindigkeit durch die Röhre fliegen. In der besonderen Anordnung der Braunschen Röhre können die Eigenschaften von Elektronen besonders gut untersucht werden.

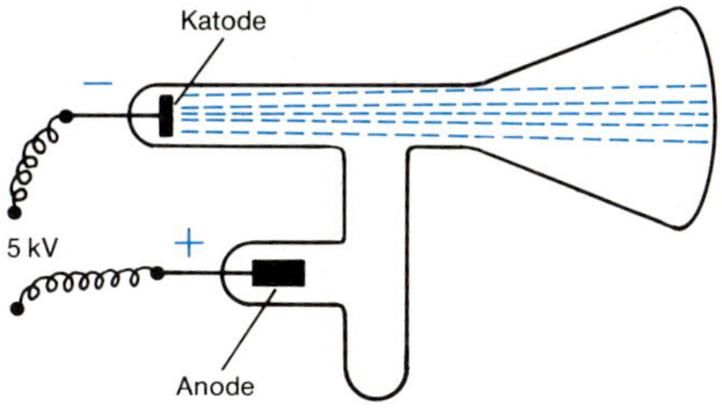

Abb. 2 Braunsche Röhre

Versuch:

Betreibt man eine Braunsche Röhre der abgebildeten einfachen Bauweise mit einer Gleichspannung von 5 kV, so fliegen die Elektronen über den Anodenstutzen hinweg und erzeugen beim Auftreffen auf den Leuchtschirm ein Aufleuchten.

Folgerung:

Elektronen müssen eine Masse haben, denn nur durch die Massenträgheit fliegen die Elektronen nicht „um die Ecke" zur Anode.

Genaue Messungen ergaben die Elektronenmasse (sog. Ruhemasse eines Elektrons):

$$m_e = 9{,}106 \cdot 10^{-31}\ \text{kg}$$

Versuch:

Bringt man von beiden Seiten den Nord- und Südpol von Magneten an die Braunsche Röhre heran, so werden die Elektronen im magnetischen Feld abgelenkt.

Folgerung:

Bewegte Elektronen weisen magnetische Eigenschaften auf.

Die Größe der elektrischen Ladung einzelner Elektronen ermittelte Millikan (1909) an geladenen Öltröpfchen.

Die Ladung des Elektrons beträgt $e = 1{,}602 \cdot 10^{-19}$ As.

Diese Ladung ist die kleinste je gemessene Ladung. Größere Ladungen sind immer ganzzahlige Vielfache der Elementarladung.

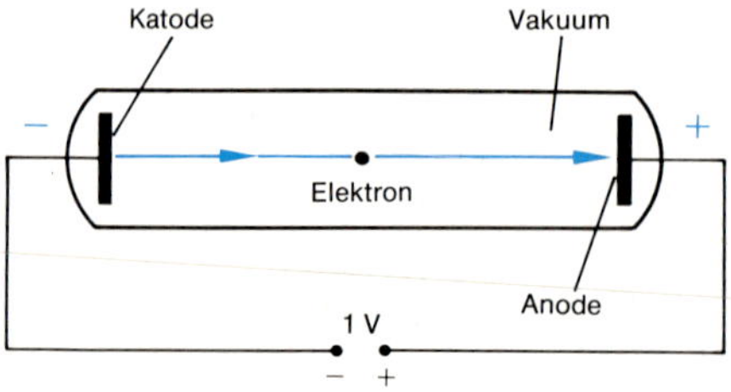

Abb. 3 Definition der Energie 1 eV

Die **Energie** eines Elektrons wird in Elektronvolt (eV) angegeben.

Ein Elektron besitzt dann die Energie 1 eV, wenn es sich im Vakuum zwischen zwei Elektroden befindet, die mit einem Volt Spannung aufgeladen sind. Das Elektron wird dabei von dem positiven Pol (Anode) angezogen und vom negativen Pol (Katode) abgestoßen. Dies geschieht auf Grund der Tatsache, daß sich ungleichartige Ladungen (+ und −) anziehen, gleichartige dagegen (+ und + bzw. − und −) abstoßen. Das Elektron wird durch diese Kräfte in Richtung auf die Anode beschleunigt, es erhält also eine bestimmte Bewegungsenergie.

Die Energie eines Elektrons in einem elektrischen Feld berechnet sich aus der Gleichung

$$W = F \cdot s$$

Die Kraft F, mit der das Elektron im elektrischen Feld beschleunigt wird, läßt sich berechnen aus:

$$F = \frac{e \cdot U}{s}$$

(e = Elementarladung, U = Spannung, s = Elektrodenabstand)

Setzt man den Ausdruck für F ein, so erhält man:

$$W = \frac{e \cdot U}{s} \cdot s$$

$$W = e \cdot U \quad , [W] = \text{eV}$$

1.1.5 Die elektrostatische Anziehungskraft, Coulombsches Gesetz

Elektrisch geladene Teilchen ziehen sich gegenseitig an oder sie stoßen sich ab.

Gleichartige Ladungen stoßen sich gegenseitig ab, ungleichartige Ladungen ziehen sich an.

Die Größe der Anziehungskräfte und Abstoßungskräfte hängt von zwei Faktoren ab:

1. von der Größe der Ladung;
2. vom Abstand der Ladungen voneinander (genauer: vom Abstand der Ladungsschwerpunkte).

Bei gleichem Abstand, aber zwei doppelt so großen Ladungen vergrößert sich die Anziehungskraft auf das Vierfache.

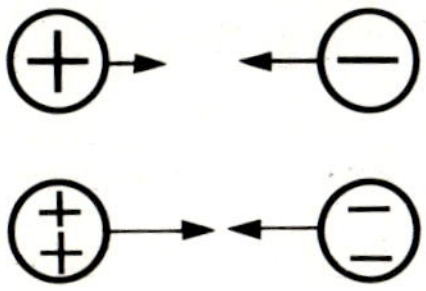

Die elektrostatischen Anziehungskräfte werden um so größer, je näher die Ladungen beieinander sind. Verringert sich der Abstand auf die Hälfte, so vergrößert sich die Anziehungskraft bei gleichbleibender Ladung auf das Vierfache.

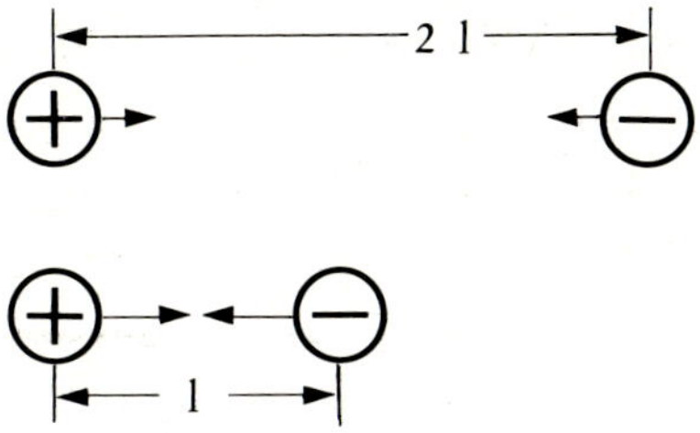

Darin bedeuten Q_1 und Q_2 die Größe der beiden Ladungen und l den Abstand der Ladungsschwerpunkte voneinander.

$$F \sim \frac{Q_1 \cdot Q_2}{l^2}$$

Diese Abhängigkeit wird als das Coulombsche Gesetz bezeichnet.

1.1.6 Das Rutherfordsche Atommodell

Die Entdeckung der Elektronen machte deutlich, daß die Atome ihrerseits wieder aus Bausteinen bestehen. Die leichte Abspaltbarkeit der Elektronen legte die Vermutung nahe, daß sich die Elektronen im äußeren Bereich der Atome aufhalten. Die Tatsache, daß nach einer Elektronenabspaltung positive Ionen zurückbleiben, wies schon auf die Existenz positiver Ladungen im Atom hin.

Eine erste Deutung der Strukturen in einem Atom gelang Ernest Rutherford im Rahmen seiner Untersuchungen der radioaktiven Strahlung[1]). Grundlage seiner Aussagen ist der berühmte Streuversuch (1911):

Rutherford schoß α-Teilchen (vgl. Kapitel Radioaktivität) auf eine dünne Goldfolie (ca. 500 nm dick, dies entspricht ca. 2000 Atomlagen hintereinander). Die meisten der positiv geladenen α-Teilchen durchdrangen das Metall ungestört oder nur unter schwacher Ablenkung. Einige α-Teilchen wurden aber stark abgelenkt, einige wurden sogar im spitzen Winkel umgelenkt. Das war so unerwartet, als würde man mit einer Schrotflinte auf eine Gardine schießen – und einige Schrotkugeln kämen zurück!

[1]) Sir Ernest Rutherford, Nobelpreis für Chemie 1908.

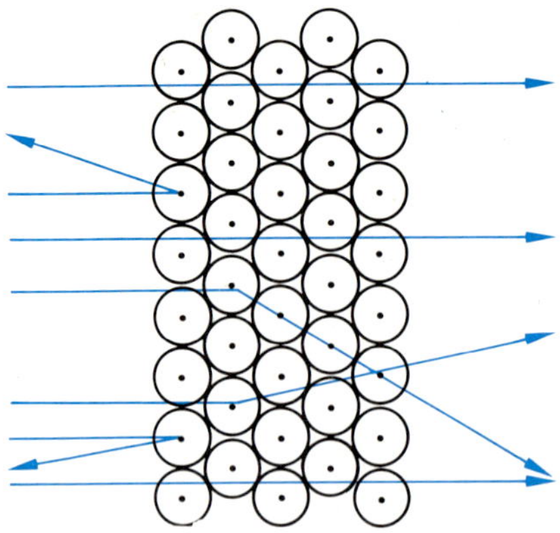

Abb. 4 Schematischer Versuchsaufbau von Rutherfords Streuversuch

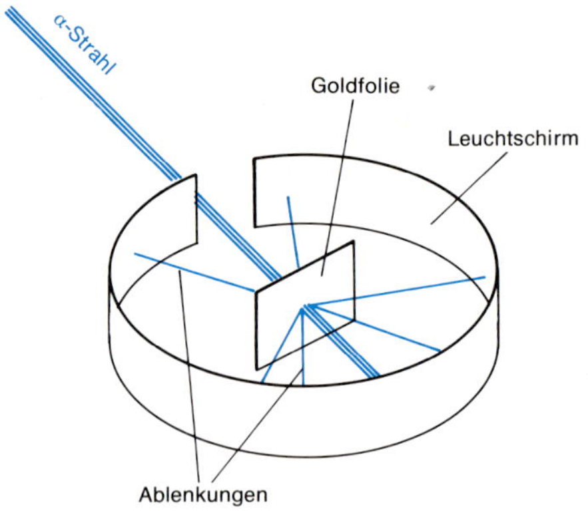

Abb. 5 Streuung von α-Strahlung beim Durchgang durch eine dünne Metallfolie

Rutherford zog konsequent die Folgerungen aus diesem Versuchsergebnis:

1. Die Tatsache, daß die relativ großen α-Teilchen fast ungehindert 2000 Atomlagen durchdringen können, läßt sich nur durch die Annahme erklären: Die Atome sind nicht kompakt, sondern weitgehend leer.
2. Die starke Streuung der positiv geladenen α-Teilchen wird durch starke positive Ladungskonzentrationen im Innern der Atome, im Atomkern, verursacht. Diese positiven „Zentren" müssen offenbar relativ weit auseinander liegen, weil nur ein kleiner Bruchteil der α-Teilchen von ihnen beeinflußt wird.
3. Rutherford nahm weiterhin an, daß sich die Elektronen in ständiger Bewegung befinden. Dadurch wären dann auch die Anziehungskräfte zwischen positivem Kern und Elektronen gerade ausgeglichen.

1.1.7 Das Bohrsche Atommodell

Seit dem Ende des vorigen Jahrhunderts war bekannt, daß Metalldämpfe oder Edelgase (beide bestehen aus einzelnen, freien Atomen) Licht ganz bestimmter Farben aussenden, wenn man ihnen durch Erwärmung oder in der elektrischen Glimmentladung genügend Energie zuführt.

Versuch:

Zerlegt man das Licht einer Quecksilber-Hochdruckdampflampe mit einem Prisma in seine Bestandteile, so erscheinen auf dem Abbildungsschirm einige deutliche Linien (Violett, Blau, Gelbgrün, Grün, Gelb). Analoges ergibt sich, wenn Wasserstoff zum Leuchten gebracht wird, und man dieses Licht untersucht.[1])

Im Gegensatz zu glühenden festen oder flüssigen Körpern, die ein kontinuierliches Spektrum („Regenbogenspektrum" mit allen Farben, die ineinander übergehen) aussenden, können einzelne Atome nur Licht ganz bestimmter Wellenlänge aussenden.

[1]) Vergl. Spektraltafel nach Seite 320.

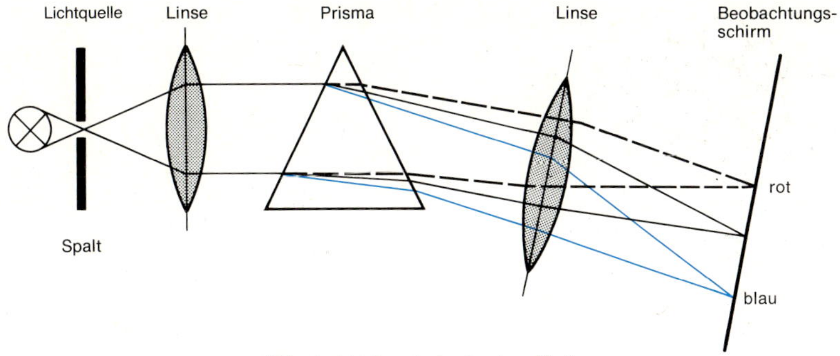

Abb. 6 Nachweis der Spektrallinien

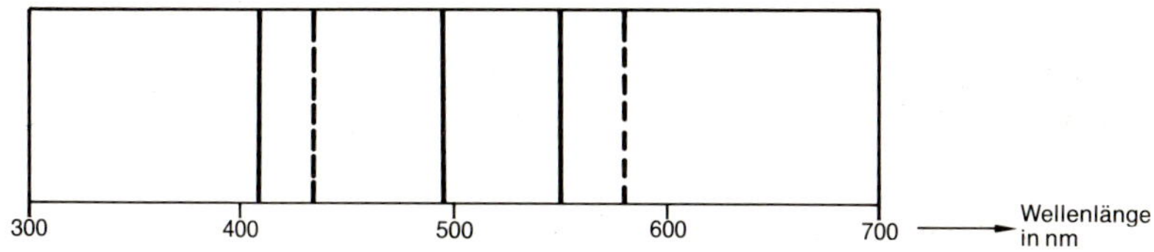

Abb. 7 Linienspektrum von Quecksilberdampf

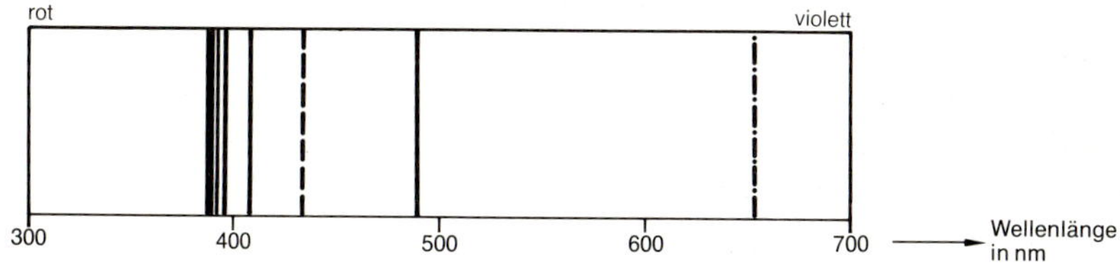

Abb. 8 Linienspektrum des Wasserstoffs

Niels Bohr[1]), einem dänischen Physiker und Mitarbeiter Rutherfords, gelang die Deutung dieser Erscheinungen aus atomistischer Sicht unter Zuhilfenahme der Plankschen Quantentheorie. Die entscheidende Aussage dieser Theorie ist, daß die Strahlungsenergie sich aus kleinen Energieportionen zusammensetzt, den sogenannten Energiequanten („Energiepaketen"). Liegt z. B. eine Lichtstrahlung einer ganz bestimmten Farbe (entsprechend einer ganz bestimmten Frequenz) vor, so besteht diese – nach der Quantentheorie – aus einer großen Anzahl solcher Energiequanten, die alle die gleiche Energie haben. Strahlungen mit höherer Frequenz bestehen aus energiereicheren Quanten.

Die Anzahl der Quanten bestimmt die Helligkeit des Lichtes. Je mehr Quanten eine Lichtquelle aussendet, desto größer ist die Helligkeit (Intensität).

Beispiel:

Von den Lichtarten, die das Quecksilberdampf-Spektrum im sichtbaren Bereich aufweist, besitzt die gelbe Strahlung die energieärmsten Quanten. Deren Energie nimmt über Grün, Grünblau und Blau zu, und die Energiequanten des violetten Lichtes sind von den angegebenen die energiereichsten (die Frequenz steigt von Rot nach Violett an).

[1]) Niels Bohr, Nobelpreis für Physik 1922.

Die Energie eines solchen Energiequants kann nach der Planckschen Formel berechnet werden:

$$W = h \cdot f$$

in der W die Energie eines Strahlungsquants, h eine Naturkonstante (Plancksches Wirkungsquantum) und f die Frequenz der Strahlung ist.

Die Denkleistung, die Niels Bohr bewältigte, läßt sich in zwei Fragen formulieren:

1. Wie kann man sich die Abgabe von Strahlungsenergie aus einem Atom heraus überhaupt vorstellen?
2. Warum werden nur wenige „Lichtsorten" (= Lichtfarben) abgestrahlt?

Bohr griff zur Beantwortung der ersten Frage das Rutherfordsche Atommodell auf. Dies war für ihn als Mitarbeiter Rutherfords naheliegend. Nach Rutherford sollten ja Elektronen in ständiger Bewegung den Atomkern umkreisen.

Energiezufuhr deutete Bohr nun so, daß sich die Elektronen dabei weiter vom Kern entfernen, wobei sie die elektrostatischen Anziehungskräfte gegenüber dem positiven Kern überwinden müssen. Energieabgabe bedeutet in dieser Sicht, daß Elektronen ihren Abstand zum Kern verringern. Sie werden damit wieder fester gebunden.

Energieaufnahme eines Atoms bedeutet nach Bohr, daß ein Elektron sich weiter vom Kern entfernt. Rückt es wieder näher an den Kern heran, so gibt es die vorher aufgenommene Energie wieder ab und wird selbst energieärmer.

Die Elektronen sind also nach Bohr um so energiereicher, je weiter sie vom Kern entfernt sind.

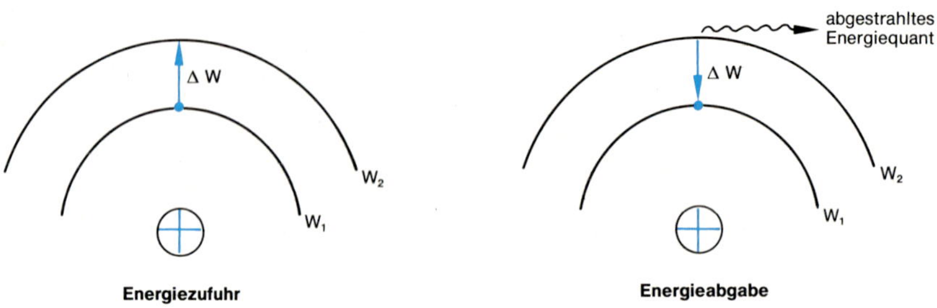

Abb. 9 Entstehung von Licht durch Quantensprung

$$W_2 - W_1 = \Delta W = h \cdot f$$

Um diese Aussagen zu machen, hätte Bohr kein entscheidend neues Atommodell schaffen müssen, denn das alte Rutherfordsche Modell konnte ja befriedigend Energieaufnahme und -abgabe von Atomen in der beschriebenen Weise erklären.

Bei der Beantwortung der oben gestellten 2. Frage nach dem Grund für die geringe Anzahl der „Lichtsorten" mußte Bohr das Rutherfordsche Modell weitgehend verändern.

Jeder „Lichtsorte“ mußte er eine „Rücksprungweite“ eines Elektrons zuordnen. Da aber nur wenige „Lichtsorten“ entstanden, mußte er auch von einer sehr begrenzten Anzahl von Rücksprungmöglichkeiten ausgehen.

Anzahl der ausgesandten Lichtsorten = Anzahl der möglichen Rücksprungweiten

Im Rutherfordschen Modell, in dem die Elektronen beliebige Plätze in der Atomhülle einnehmen können, sind unendlich viele verschiedene Rücksprünge von Elektronen denkbar.

Bohr nahm an, daß die Elektronen nicht beliebige Abstände zum Kern in der Atomhülle besetzen können, sondern nur wenige Bahnen (Schalen) um den Atomkern. Die sich daraus ergebenden wenigen verschiedenen Elektronenrücksprungmöglichkeiten (Quantensprünge) bedeuten dann auch, daß nur eine begrenzte Anzahl von Lichtsorten abgestrahlt werden kann.

Damit hatte Bohr den experimentellen Befund mit den Vorstellungen von den Atomen in Einklang gebracht. Gleichzeitig ergab sich aus der Energie der abgestrahlten Energiequanten auch die Energiedifferenz von einer Elektronenbahn zur nächsten. Wie bei den meisten bedeutenden Theorien folgten diese Annahmen Bohrs nicht logisch aus bereits Bekanntem.

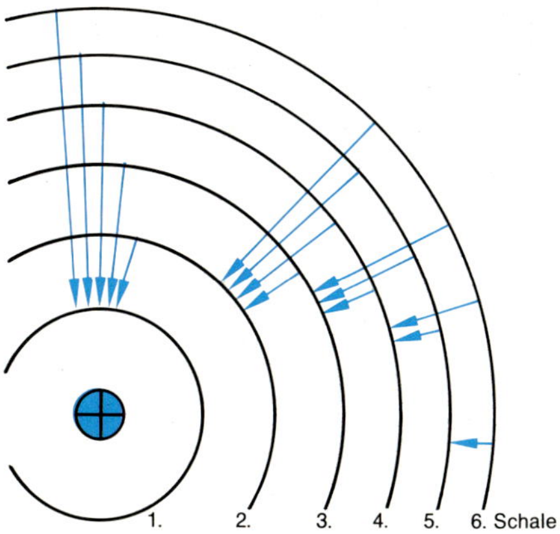

Abb. 10 Schema eines Wasserstoffatoms mit den möglichen Quantensprüngen

Die Elektronensprünge auf die 1. Schale ergeben nicht sichtbare Energiequanten im UV-Bereich, die Sprünge auf die 2. Schale ergeben die sichtbaren Linien des Wasserstoffspektrums. Weiter außen erfolgende Sprünge ergeben Infrarot-Strahlung (IR).

Am Bohrschen Atommodell soll nochmals wie auch schon bei der Daltonschen Atomhypothese aufgezeigt werden, welchen Aussagewert ein solches Modell hat. Das Bohrsche Modell ist als anschauliche Antwort auf die Frage entstanden, wie die Linienspektren zu erklären sind. Es vermag auf diese Frage eine einleuchtende Antwort zu geben. Zugleich läßt sich ein Grenzfall der chemischen Bindung plausibel erklären: die Ionenbindung. Es gibt aber auch viele Probleme, die mit der Bohrschen Atomvorstellung nicht zu lösen sind, wie die Bindung in Molekülen, Fragen der räumlichen Struktur von Molekülen, Fragen, die mit Magnetismus (Para- und Diamagnetismus) zusammenhängen. Noch bedeutsamer aber ist, daß das Bohrsche Atommodell in einigen Punkten zu völligen Widersprüchen führt.

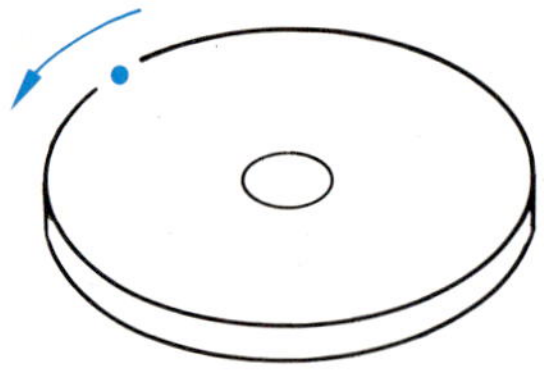

Abb. 11 Scheibenförmiges Modell des H-Atoms

Alle Messungen deuten darauf hin, daß das Wasserstoffatom eine Kugel ist. Nach Bohr aber müßte es eine Scheibe sein.

Die Elektronen führen nach Bohr Quantensprünge von Bahn zu Bahn aus. Die Zwischenräume zwischen diesen Bahnen sind „verbotene Zonen". Wie aber sollen dann die Elektronen von Bahn zu Bahn überwechseln? Die Hilfsannahme, daß sie nur ganz kurzfristig die „verbotenen Zonen" passieren, ist nicht konsequent.

Bei Bohr und schon bei Rutherford wird den Elektronen eine Kreisbewegung um den Kern unterstellt, eine Hilfsannahme, mit der man erklären wollte, warum die Elektronen trotz der elektrischen Anziehungskräfte nicht in den Atomkern „stürzen". Wenn sich aber Elektronen tatsächlich um den Kern herum bewegen würden, müßten sie als bewegte Ladungsträger ständig elektromagnetische Energie abstrahlen und schließlich doch in den Kern „stürzen".

Trotz dieser Widersprüche wäre es falsch, das Bohrsche Atommodell als völlig fehlerhaft abzutun. Denn die Begriffe „richtig" oder „falsch" sind hier nicht passend. Da es nicht gelingt, unmittelbar in die atomaren Strukturen hineinzuschauen, sind alle anschaulichen Atommodelle notwendigerweise nur Hilfskonstruktionen, die die Aufgabe haben, möglichst viele verschiedene experimentelle Befunde plausibel zu erklären. Und in dieser Hinsicht hat das Bohrsche Modell Hervorragendes geleistet. Es wäre jedoch ein tiefes Mißverständnis zu meinen, Atome sähen so aus, wie die gezeichneten Atommodelle – nur eben sehr viel kleiner.

1.1.8 Das Energiestufenmodell der Atome

Die wichtigste Aussage des Bohrschen Atommodells lautet:

Die Elektronen können nur ganz bestimmte Energieniveaus (Energiestufen) innerhalb eines Atoms besetzen. Jeder Elektronenbahn entspricht ein Energieniveau, wobei das Energieniveau der ersten, kernnächsten Schale am niedrigsten ist.

Ordnet man in einem Diagramm den einzelnen Elektronenschalen die jeweilige Energie zu, die die Elektronen auf dieser Schale besitzen, so erhält man das Energiestufenschema (Termschema) dieses Atoms.

Je weiter sich ein Elektron vom Kern entfernt, desto energiereicher wird es. Gleichzeitig werden dabei die elektrostatischen Anziehungskräfte zwischen dem negativen Elektron und dem positiven Kern immer geringer. Wird nun ein ganz bestimmter Abstand des Elektrons zum Kern überschritten, dann reicht die Anziehungskraft des Kerns nicht mehr aus, um das Elektron im Atom zu halten. Es liegt dann völlig losgelöst vom Atom vor. Das vorher nach außen hin neutrale Atom ist dann positiv geladen, da die positiven Ladungen des Kerns nicht mehr vollständig durch die negativen Ladungen der Elektronen in der Atomhülle ausgeglichen werden. Der ganze Vorgang wird als Ionisation bezeichnet. Das positiv gewordene Atom heißt positives Ion (= Kation). Die Energie, die zum Loslösen eines Elektrons aus einem Atom benötigt wird, heißt Ionisierungsenergie oder Ionisierungspotential.

Das Energiestufenmodell basiert auf der Hauptaussage des Bohrschen Modells, daß die Elektronen nur ganz bestimmte Energieniveaus (die Bohr als Schalen deutet) besetzen. Es umgeht aber die Schwierigkeiten, die sich aus Bohrs räumlichen Vorstellungen ergeben.

Das Energiestufenmodell ist wie das Bohrsche Modell aus dem Bestreben entstanden, die Linienspektren zu deuten. Es basiert also auf dem experimentellen Befund dieser Spektren. Nun ist ein Modell aber um so brauchbarer, je mehr verschiedene experimentelle Befunde dieses Denkmodell bestätigen.

Das Energiestufenmodell wird durch weitere bedeutsame Versuche gestützt, insbesondere

1. durch die Erscheinungen der Atomabsorption und
2. durch die Ergebnisse des Franck-Hertz-Versuches.

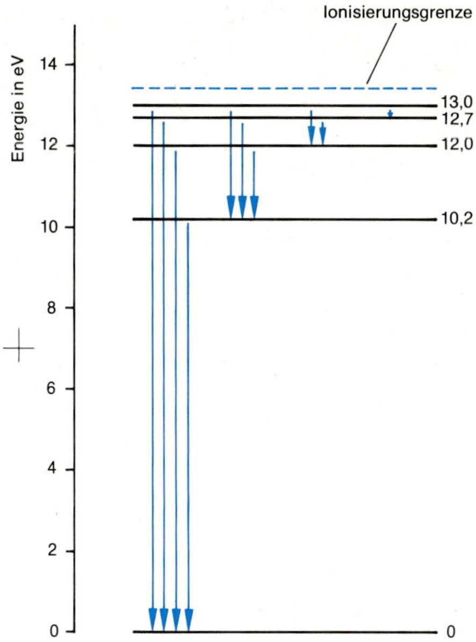

Abb. 12 Energiestufen des Wasserstoffatoms (Termschema)

Atomabsorption

Versuch:

In einem völlig abgedunkelten Raum wird eine Natriumdampflampe auf einen Schirm gerichtet. In den Strahlengang bringt man die nichtleuchtende Flamme eines Bunsenbrenners. Die Flamme wird glatt durchstrahlt und wirft keinen Schatten. Bringt man mit einem Magnesiastäbchen eine Natriumverbindung in die Flamme, so entsteht das charakteristische gelbe Leuchten. Das erstaunliche Ergebnis dieses Versuchs besteht darin, daß ein intensiver Schatten auf dem Schirm entsteht.

Das Energiestufenmodell vermag diese Erscheinung befriedigend zu erklären. In der Natriumdampflampe werden durch Quantensprünge Energiequanten der Energie $W_2 - W_1 = \Delta W$ frei. Treffen diese Energiequanten nun in der Brennerflamme auf Natriumatome im Grundzustand[1]), so werden die getroffenen Na-Atome energiereicher. Jedes getroffene Na-Atom wird um genau ΔW energiereicher, indem ein Elektron von der Energiestufe W_1 auf die Stufe W_2 gehoben wird. Durch diese Energieübertragung aber existieren die Lichtquanten nicht mehr, sie können also auch nicht mehr auf den Schirm auftreffen: Das gelbe Licht der Natriumdampflampe ist ausgelöscht worden (Resonanzabsorption).

Der Schirm ist im Bereich des Schattens aber nicht vollständig dunkel, nicht vollständig unbestrahlt mit gelbem Licht. Das erklärt sich folgendermaßen:

Die angeregten energiereicheren Atome geben innerhalb sehr kurzer Zeit (10^{-8} Sekunden) die aufgenommene Energie wiederum als Lichtquanten ab. Dieses gelbe Licht wird aber in kei-

[1]) In der Brennerflamme liegen beim Verdampfen von NaCl (das ursprünglich in Ionenform vorliegt), Na- und Cl-Atome vor, da die Energie des atomaren Zustandes bei sehr hohen Temperaturen niedriger ist als die des ionogenen Zustandes.

ner bevorzugten Richtung, sondern in alle Richtungen ausgesendet, so daß nur ein sehr kleiner Teil auf den Schirm trifft. Die Aussagen dieses Versuchs werden noch bedeutsamer, wenn man ihn mit anderen Lichtquellen durchführt. Benutzt man z. B. a) eine Kaliumdampflampe und b) in einem weiteren Versuch eine Quecksilberdampflampe, so erscheint in beiden Fällen kein Schatten. Die Lichtquanten aus der Kaliumdampflampe sind zu energiearm, um die Elektronen im Natrium auf ein höheres Energieniveau zu heben. Sie „werden ihre Energie nicht los" und treffen daher unverändert auf dem Schirm auf.

Die Energiequanten der Strahlung der Quecksilberdampflampe (starke Grün-, Blau- und UV-Anteile) besitzen dagegen mehr Energie als erforderlich. Ihre Energie paßt also auch nicht für eine Resonanzabsorption: Die Strahlung der Quecksilberdampflampe wird ebenfalls nicht geschwächt.

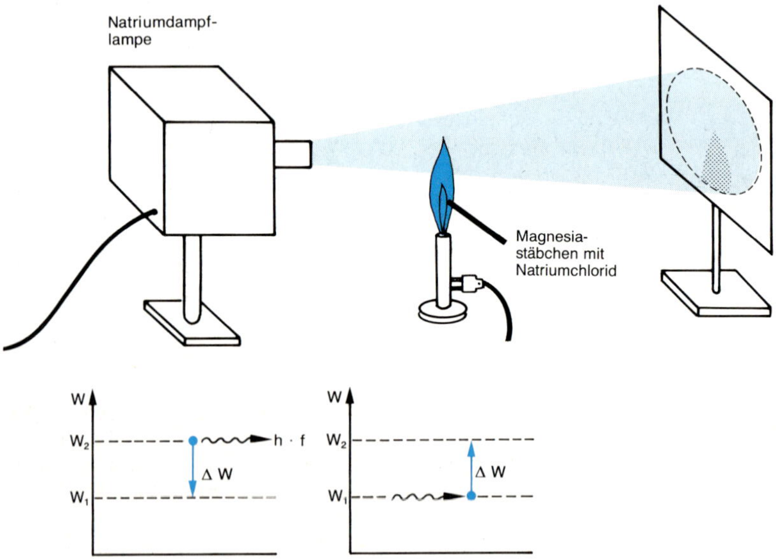

Abb. 13 Versuchsaufbau zur Atomabsorption und dabei stattfindende Quantensprünge

Der Versuch bestätigt die Annahme, daß die Elektronenhülle der Atome energetisch strukturiert ist. Die Versuchsanordnung bringt die gleichen Ergebnisse, wenn z. B. in das Licht einer Cu-Dampflampe eine mit einer Cu-Verbindung angefärbte Brennerflamme gebracht wird bzw. wenn eine solche Kombination mit jedem beliebigen Element zusammengestellt wird. Auf die praktische Bedeutung der Atomabsorption wird im Kapitel „Die Absorptionsspektren" eingegangen (Atomabsorptionsspektren, Frauenhoferspektren, vgl. Seite 326).

Der Franck-Hertz-Versuch

Franck und Hertz erreichten 1914 die Emission von UV-Strahlung durch die Einwirkung von Elektronen auf Metallatome (z. B. Hg).

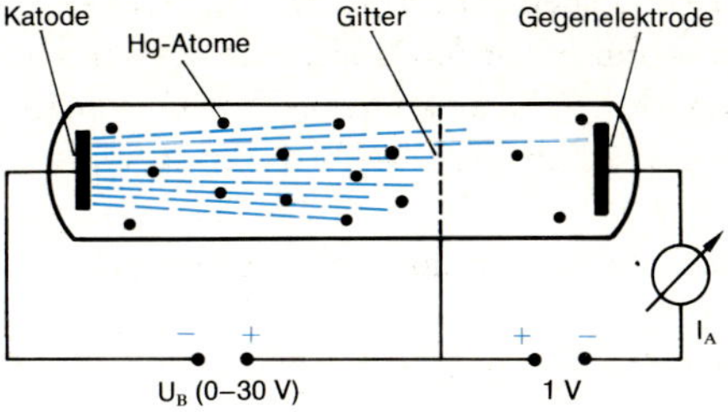

Abb. 14 Franck-Hertz-Versuch

In einer Röhre befinden sich drei Elektroden. Durch Heizung der Katode (links im Bild) werden Elektronen frei. Sie werden durch eine regelbare Gleichspannung nach rechts hin beschleunigt und treffen auf eine Gitteranode. Einige Elektronen gelangen durch das Gitter hindurch und fliegen abgebremst durch die Gegenspannung zwischen dem Gitter und der Gegenelektrode auf diese Gegenelektrode. Als Strom I_A werden sie gemessen. Franck und Hertz brachten nun etwas Quecksilber in eine solche Röhre. Ein Teil davon verdunstet. Dann regelten sie die Spannung U_B hoch und maßen den Strom I_A zwischen Gegenelektrode und Gitter.

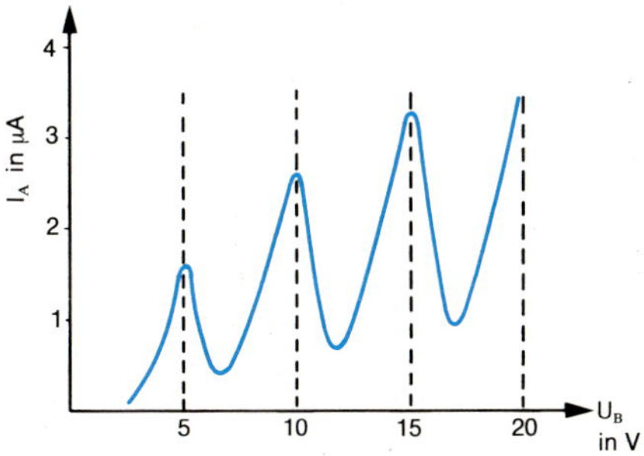

Abb. 15 Stromverlauf zwischen Gitter und Gegenelektrode in Abhängigkeit von der Beschleunigungsspannung. Die Minima haben einen Abstand von 4,9 V.

Bei einer Beschleunigungsspannung von 4,9 V und ganzen Vielfachen davon fällt die Stromkurve ab. Offenbar haben dann viele Elektronen so viel Energie an Hg-Atome abgegeben, daß sie nicht mehr die negative Elektrode hinter dem Gitter erreichen können. Sie haben nicht mehr genügend Bewegungsenergie, um die Gegenspannung von 1 V überwinden zu können. In der Deutung des Energiestufenmodells heißt dies: Solange Elektronen von Spannungen < 4,9 V beschleunigt werden, stoßen sie mit Atomen des Quecksilbers elastisch zusammen. Erstmalig bei U_B = 4,9 V sind Elektronen unmittelbar vor dem Gitter so schnell, daß sie beim Zusammenstoß Quecksilber-Atome anregen, d. h. Elektronen dieser Atome auf eine höhere Energiestufe heben können. Bei 9,8 V können dann zwei derartige Anregungen nacheinander erfolgen (die erste auf „halbem Wege", die zweite unmittelbar vor dem Gitter) usw. Die Energie, die offenbar gerade ausreicht, um ein Hg-Atom anzuregen, erreichen die Elektronen bei 4,9 V. Sie besitzen dann eine Energie von 4,9 eV. Die Hg-Atome speichern die aufgenommene Energie nur sehr kurze Zeit und geben sie dann als UV-Strahlung bestimmter Frequenz wieder ab.

Die vom Atom des Quecksilbers aufgenommene Energie ΔW (vom stoßenden Elektron) und die abgegebene Energie (als Strahlungsquant) müssen gleich groß sein.

Dies läßt sich leicht nachprüfen, da durch spektrometrische Bestimmung die Frequenz der unsichtbaren Strahlung bekannt ist. Es ist UV-Strahlung der Frequenz $1{,}185 \cdot 10^{15}\ 5^{-1}$ bzw. der Wellenlänge 253 nm.

Energieannahme:

$\Delta W = 4{,}9\ \text{eV} = 4{,}9 \cdot 1{,}602 \cdot 10^{-19}\ \text{Ws} \qquad = 7{,}85 \cdot 10^{-19}\ \text{Ws}$

Energieabgabe:

$\Delta W = h \cdot f \quad = 6{,}625 \cdot 10^{-34}\ \text{Ws}^2 \cdot 1{,}185 \cdot 10^{15}\text{s}^{-1} \qquad = 7{,}85 \cdot 10^{-19}\ \text{Ws}$

Untergruppen der Energiestufen

Die exakte Auswertung der Linienspektren ergab, daß sich die Hauptenergiestufen (Schalen mit den Buchstaben K, L, M, N im Sinne Bohrs) in Untergruppen gliedern (s, p, d, f). Dieser Befund führte zur Unterscheidung zwischen den Haupt- und Nebenquantenzahlen.

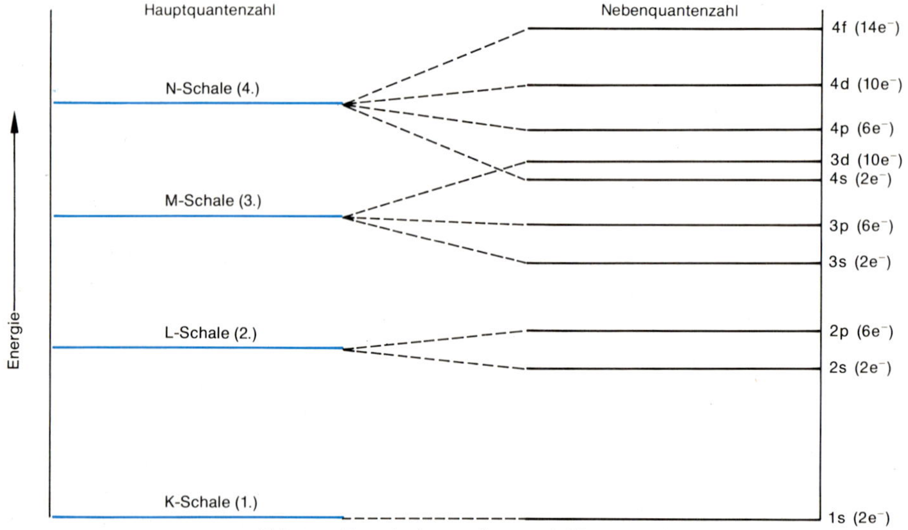

Abb. 16 Energieniveauschema mit Untergruppen

1.1.9 Das Orbitalmodell

Die Bohrsche Theorie vom Atombau hatte neben wichtigen Erfolgen auch Mißerfolge zu verzeichnen (z. B. bei Fragen der chemischen Bindung im Molekül), die auf Grenzen dieses Atommodells hinweisen. In ihr steckten auch Widersprüche und unbewiesene Annahmen (= Postulate). Durch Einführung mathematischer Modelle durch de Broglie, Heisenberg und Schrödinger konnten die Widersprüche gelöst und mehrere Postulate erhärtet werden. Diese Erfolge brachten aber einen Verlust an Anschaulichkeit. Das einprägsame Bild vom Elektron, das den Atomkern auf einer genau meßbaren Bahn (= orbit) umkreist, mußte aufgegeben werden und durch einen „bahnähnlichen Zustand" des Elektrons ersetzt werden. Dies ist der ursprüngliche Wortsinn des Begriffes orbital.

Die Bewegung der Elektronen in der Atomhülle läßt sich nicht im Bohrschen Sinn als Bahnbewegung beschreiben.

Dieser Verlust ist aber für das Verständnis der chemischen Bindung auch ein entscheidender Vorteil. Denn Elektronen, die den Atomkern umkreisen, würden nicht zu räumlich gerichteten Bindungen führen, wie sie in den Molekülen vorliegen.

Der entscheidende Gedanke de Broglies (1924) war: Alle materiellen Teilchen haben Welleneigenschaften. Wellencharakter bedeutet, daß z. B. das Elektron bei manchen Versuchen Eigenschaften zeigt, die sich nur dann erklären lassen, wenn man das Elektron nicht als Teilchen, sondern als Welle auffaßt. Wenn Elektronen Wellencharakter haben, dann sollten sie Eigenschaften wie das Licht oder wie Röntgenstrahlen haben. Die experimentelle Nachprüfung dieses Gedankens führte z. B. zur Entwicklung von Elektronenmikroskopen. Die Tatsache, daß man sich Elektronen nicht einfach als kleine Kugeln vorstellen darf, sondern daß man sie zugleich als Wellenvorgang ansehen muß, bedeutet das Ende aller Anschauung.

Trotz dieser Einwände bevorzugen besonders die Chemiker das Teilchenbild vom Elektron, weil sich damit die Energiezustände in der Elektronenhülle des Atoms einfach und übersichtlich darstellen lassen.

In bezug auf die Elektronen muß das Bohrsche Atommodell aber in einem wesentlichen Punkt abgewandelt werden, um den Gedanken de Broglies, Heisenbergs und Schrödingers Rechnung zu tragen. Bohr hatte für die Elektronen in der Atomhülle genau festgelegt, wo und wie schnell sie sich in welche Richtung bewegen (= Geschwindigkeit auf der jeweiligen Bahn). Heisenbergs Einwand (1925) gegen diese beiden Festlegungen wird „Prinzip der Unbestimmtheit" oder „Heisenbergs Unschärfenbeziehung" genannt. Das Prinzip der Unbestimmtheit besagt, daß es unmöglich ist, von kleinen und leichten Teilchen, wie z. B. den Elektronen, genau sowohl Ort als auch Größe und Richtung der Geschwindigkeit zu messen. Je genauer sich der Ort eines Elektrons bestimmen läßt, desto unsicherer ist die Angabe der Geschwindigkeit, mit der es sich bewegt. Und je genauer die Geschwindigkeit – und damit die Energie – eines Elektrons gemessen wurde, desto größer ist die Unsicherheit seiner Positionsangabe.

Es besteht keine Hoffnung, daß man etwa durch Fortschritte in der Meßtechnik je Ort und Geschwindigkeit eines Elektrons gleichzeitig und exakt wird bestimmen können. Dieses fundamentale Gesetz der Atomphysik ist eine Folge des Wellencharakters des Elektrons. Der Wellencharakter des Elektrons und das Prinzip der Unschärfe erweisen sich z. B. am Beugungsversuch.

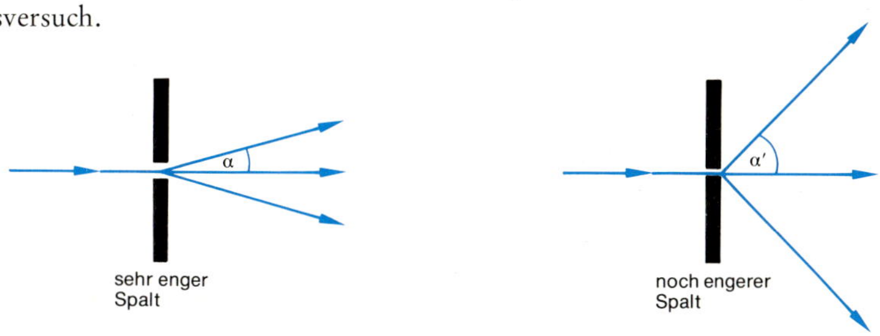

Abb. 17 Beugung eines Elektronenstrahls an einem Spalt

Beugungsversuche mit Elektronen, wie sie schematisch in Abb. 17 dargestellt sind, wurden an dünnen Metallfolien durchgeführt (Thomson, 1928). Der Abstand der Atomkerne entspricht der Spaltbreite. Beugung bedeutet Streuung der Elektronen eines Elektronenstrahls beim Passieren eines Spalts. Je enger der Spalt ist, desto größer ist der Anteil der stärker gestreuten Elektronen. Die Breite des Spaltes bedeutet eine Ortsbestimmung (genauer: Bestimmung eines Ortsbereiches). Die Beugung bedeutet eine Unbestimmtheit über die Flugrichtung des Elektrons und damit auch eine Unbestimmtheit über die Geschwindigkeit des Elektrons (die Geschwindigkeit ist eine vektorielle Größe!).

Da bei chemischen Vorgängen Energieänderungen (in die Energie geht die Geschwindigkeit der Elektronen ein) normalerweise genau meßbar sind, ist es also die Position der Elektronen in Atomen, Molekülen und Ionen, die unsicher ist.

Man kann nicht mehr wie Bohr vom Aufenthaltsort eines Elektrons sprechen, sondern man muß von wahrscheinlichen Aufenthaltsräumen des Elektrons ausgehen. Dem trägt das Orbitalmodell Rechnung. Ein Orbital ist der Bereich, in dem sich ein Elektron aufhält.

Jedem Energieniveau des Energiestufenmodells entspricht ein solches Orbital.

Die Form dieser Räume ergibt sich aus komplizierten mathematischen Verfahren. Grundlage dieser Berechnungen ist die Tatsache, daß Elektronen Eigenschaften haben, die sich mit den gleichen mathematischen Modellen beschreiben lassen wie Wellen. Die Elektronen werden wellenmechanisch als stehende Wellen gedeutet. Dadurch umgeht man den Widerspruch, daß die Elektronen als bewegte Ladungen eigentlich Energie abstrahlen müßten.

Gewöhnlich wird ein Orbital als der Raum definiert, innerhalb dessen man mit 90%iger Wahrscheinlichkeit das Elektron antrifft. Wenn die wahrscheinlichste Größe eines H-Atoms einer Billardkugel entspräche, so ist die vergleichsweise Größe eines Fußballs oder einer Erbse für das H-Atom weniger wahrscheinlich, aber nicht unmöglich.

Auch innerhalb der Orbitale kann man die Wahrscheinlichkeit angeben, mit der ein Elektron in einem bestimmten Bereich eines solchen Raumes angetroffen wird. Die Abbildung eines Orbitals kann man sich durch Summierung sehr vieler „Momentaufnahmen" entstanden denken. Jeder Punkt entspricht dem Ort des Elektrons in einem bestimmten Augenblick. Wo viele Punkte dicht beieinander liegen, hält sich das Elektron oft auf, wo die Punktdichte geringer ist, ist es entsprechend seltener. Auch diese anschauliche Erklärung ist ein Kompromiß, denn sie steht im Widerspruch zu Heisenbergs Unschärfebeziehung – sie gibt dem anschaulichen Denken aber einen Anhaltspunkt, denn aufgrund unserer beschränkten Sinneswahrnehmung denken wir anschaulich in mechanischen Modellen.

Eine weitere Konsequenz von Heisenbergs Unschärfebeziehung ist die Nichtunterscheidbarkeit der Elektronen. Das Lithium-Atom enthält in der Hülle ein Elektron mehr als das Helium-Atom. Der damit verbundene Energiezuwachs ist meßbar. Dieser Energiezuwachs kann aber nicht dem neu hinzugekommenen Elektron als dessen Energieinhalt zugeschrieben werden, denn eine solche Zuordnung einer Größe zu einem Elektron im neuen Orbital verbietet die Unschärfebeziehung. Man kann lediglich sagen: Die Elektronen sind in ihrer Gesamtheit beim Li um den betreffenden Betrag energiereicher als beim He. Außerdem unterscheidet sich der Gesamtverband der Elektronen beim Li in seiner räumlichen Struktur von der Elektronenhülle des He. Solche in Energieinhalt und räumlicher Struktur verschiedenen Elektronenhüllen bedingen die unterschiedlichen chemischen Eigenschaften. Man kann also streng genommen nicht von s-, p-, d- oder f-Elektronen sprechen. Die Elektronenhülle von Li ist lediglich als Ganzes um den Betrag energiereicher, der im Energiestufenmodell einem 2s-Elektron zugeordnet wird.

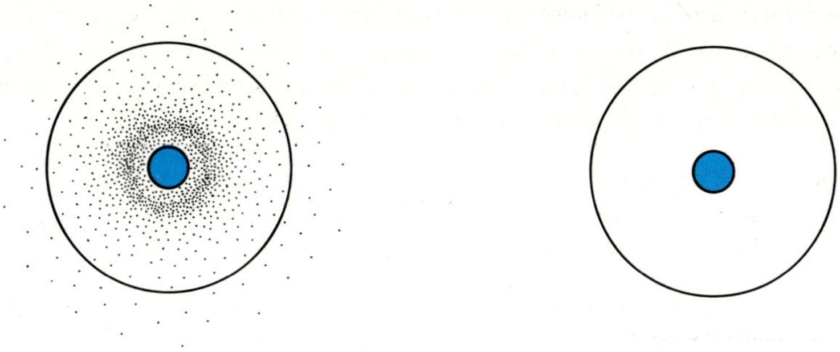

Abb. 18 s-Orbital (unter Berücksichtigung von 90% Aufenthaltswahrscheinlichkeit eines Elektrons)

Je größer die Hauptquantenzahl n ist, desto größer ist die Ausdehnung des Orbitals. Einem größeren Wert von n entspricht ja auch im Bohrschen Modell ein größerer Abstand zwischen Elektron und Kern.

Das Maximum der Elektronendichte im Orbitalmodell liegt dabei genau beim Radius der alten Bohrschen Elektronenbahn.

Während also die Hauptquantenzahl die Größe des Orbitals beschreibt, gibt die Nebenquantenzahl Auskunft über die Gestalt der Orbitale.

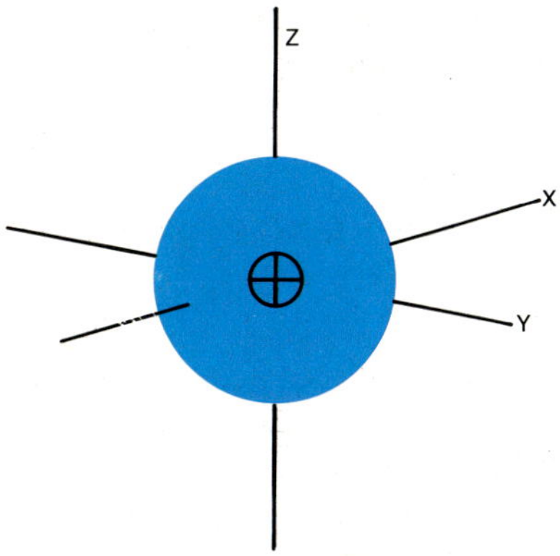

Abb. 19 Gestalt des kugelsymmetrischen 1s-Orbitals

Form der Orbitale

Die s-Energiezustände einer jeden „Schale" deutet man als Kugeln. Die p-Energiezustände einer jeden „Schale" deutet man als hantelförmige Gebilde.

Die d-Orbitale haben noch kompliziertere Strukturen (z. B. rosettenförmig).

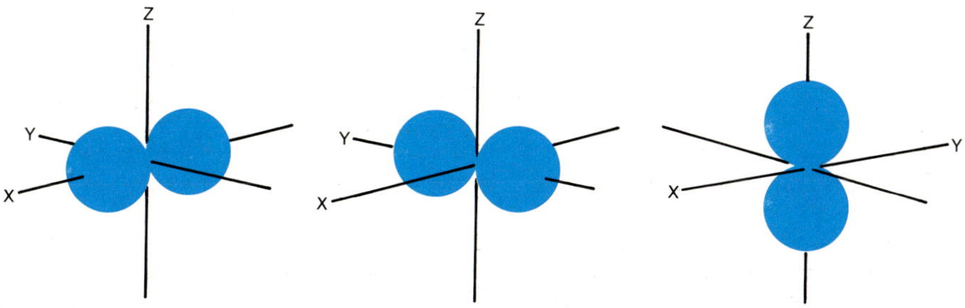

Abb. 20 Gestalt der drei 2p-Orbitale

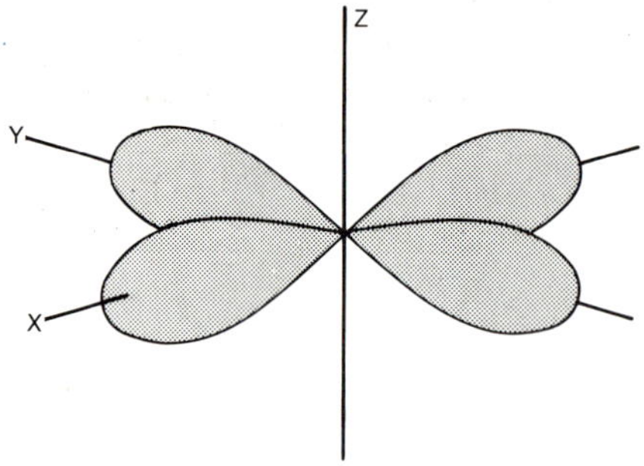

Abb. 21 Räumliche Darstellung eines von fünf 3d-Orbitalen

Die magnetische Quantenzahl m gibt die räumliche Orientierung des Orbitals an. Es gibt also nur jeweils ein kugelsymmetrisches 1s, 2s usw. Orbital, aber es existieren z. B. drei senkrecht aufeinander stehende 2p-Orbitale. Die vierte Quantenzahl, durch die der Energiezustand des Elektrons lückenlos beschrieben wird, ist die Spinquantenzahl. Sie soll im Zusammenhang mit dem Ausschließungsprinzip von Pauli besprochen werden:

Pauli-Prinzip

In einem Atom können niemals zwei Elektronen in ihrem Zustand vollkommen übereinstimmen.

Dieses von Pauli formulierte Prinzip ist eine Aussage, die man bisher nicht beweisen konnte, die aber auch niemals zu einem Widerspruch führte. Für die Besetzung der Orbitale bedeutet es:

Ein Orbital kann maximal nur zwei Elektronen aufnehmen, die sich durch ihren „Spin" (zu deuten als Eigendrehbewegung) unterscheiden müssen.

Die maximale Aufnahmefähigkeit der einzelnen Schalen ergibt sich daraus:

1. Schale: ein s-Orbital	2 Elektronen
2. Schale: ein s-Orbital und drei p-Orbitale	8 Elektronen
3. Schale: ein s-Orbital, drei p-Orbitale, fünf d-Orbitale	18 Elektronen

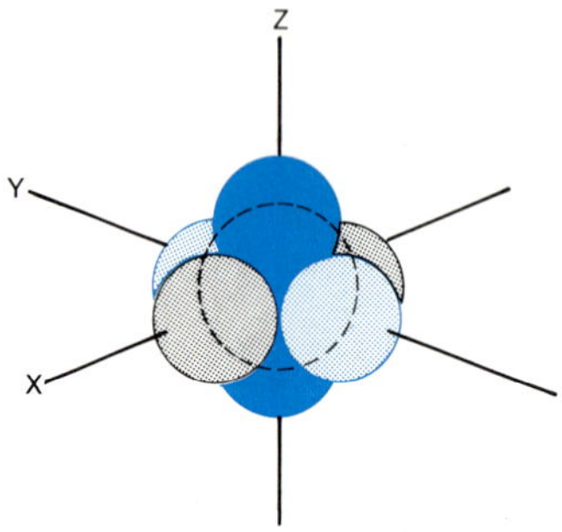

Abb. 22 Struktur eines Atoms der zweiten Periode

Die gestrichelte Kreislinie stellt den kugelsymmetrischen 2s-Orbital dar. Die drei hantelförmigen 2p-Orbitale stehen aufeinander senkrecht.

Sind alle diese Orbitale mit Elektronen voll (je 2) besetzt, so ergibt sich eine vollkommen symmetrische Ladungsverteilung. Aus diesem Grunde ist eine mit 8 Elektronen besetzte Außenschale ein äußerst stabiler Zustand.

1.2 Die Periodizität der Elemente

1.2.1 Die Entstehung des Periodensystems der Elemente

Vor über 100 Jahren (1868) befaßte sich Lothar Meyer neben anderen Forschern mit Versuchen zur Klassifizierung der Elemente. Er untersuchte die Atomvolumina der einzelnen Elemente, die er aus dem Verhältnis der Atommassen und der Dichte im festen Zustand bestimmte. Als

Atomvolumen berechnete er das Volumen von je einem Mol Atomen des Elementes im festen Zustand. Meyer trug die gefundenen Werte in einem Diagramm über den Atommassen auf. Es entstand eine Kurve mit fünf scharfen Maxima, die die Atomvolumina der Alkalimetalle bezeichnen. Der Kurvenverlauf zeigte auffallende Periodizität. Aber selbst L. Meyer war sich bei seiner Entdeckung nicht voll der weitreichenden Konsequenzen bewußt, die aus dieser Kurve entspringen, und welches fundamentale Gesetz sich in seinem Diagramm verbirgt.

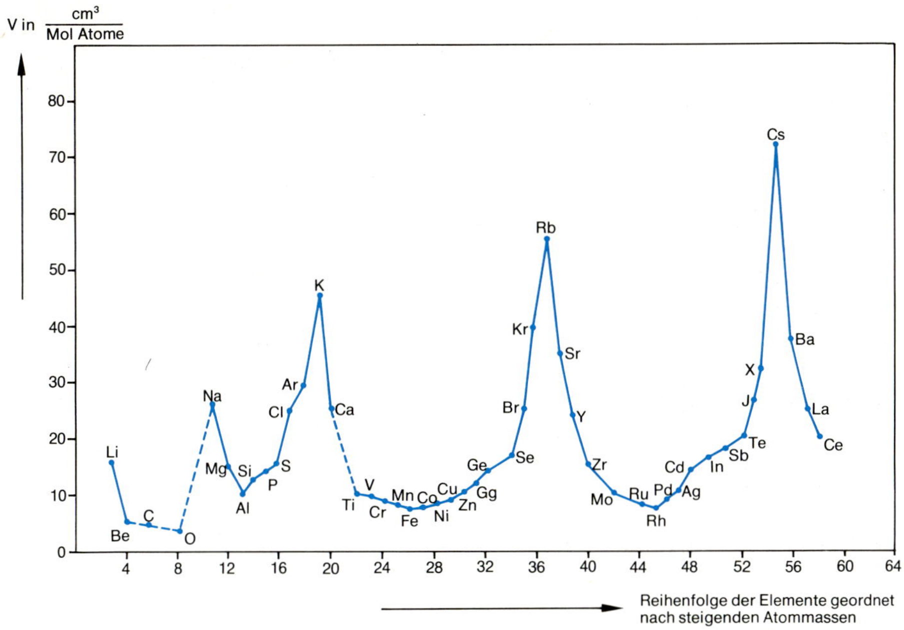

Abb. 23 Diagramm von L. Meyer nach den heutigen Daten, das die Abhängigkeit der Atomvolumina (cm^3/Mol Atome) der Elemente im festen Zustand von der Atomzahl veranschaulicht.

Die sog. Periodizität dieser Kurve liegt darin, daß chemische Elemente mit ähnlichen Eigenschaften an vergleichbaren Plätzen der Kurve erscheinen, und daß sich in dieser Kurve Gemeinsamkeiten im Aufbau der Atomhülle offenbaren. Für die Elemente Li, Na, K, Rb, Cs ist das auf den ersten Blick besonders deutlich.

Der russische Chemiker Dmitri Mendelejew hat unabhängig von den Arbeiten anderer Forscher seiner Zeit das sog. Periodengesetz als erster ausgesprochen (1869). Seine Entdeckung beschrieb Mendelejew mit den Worten:

„Als ich die Elemente ihrer Atomgewichtsgrößen nach geordnet hatte, mit dem kleinsten beginnend, zeigte es sich, daß sich die Eigenschaften der Elemente periodisch wiederholen. Mit der Benennung ‚periodisches Gesetz' bezeichne ich die gegenseitigen Beziehungen zwischen den Eigenschaften der Elemente und ihren Atomgewichten. Diese Beziehungen gelten für alle Elemente und haben den Charakter einer periodischen Funktion."

1.2.2 Das Periodensystem der Elemente

Die Besetzung der Elektronenschalen

Der von Lothar Meyer gefundene Kurvenverlauf der Atomvolumina stimmt weitgehend überein mit der heutigen Kenntnis der Periodizität der Atomradien (vgl. Abb. 24).

In der Abbildung sind die zuverlässig meßbaren kovalenten bzw. metallischen Atomradien angegeben.

Beispiel Wasserstoff (gasig)

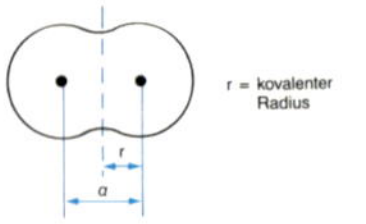

Beispiel Natrium (fest)
Der metallische Radius von Na-Atomen ist die Hälfte des Abstandes zweier Atomkerne des Natriums in einem Stück des Metalls.

Der sprunghafte Anstieg der Atomradien, der sich periodisch wiederholt, läßt sich in Verbindung mit dem Bohrschen Atommodell so deuten:

Das erste Maximum in der Atomradien-Kurve tritt beim Lithium, dem dritten Element der Reihe auf. Die beiden ersten Elemente H und He haben demgegenüber weit kleinere Atomradien. Dies läßt den Schluß zu, daß die Elektronen beim Wasserstoff und Helium die erste (= kernnächste) Bahn besetzen, und beim Lithium das dritte Elektron schon die zweite Schale besetzt. Offenbar ist die Aufnahmefähigkeit der 1. Schale mit zwei Elektronen erschöpft. Der plötzliche Anstieg des Atomradius erklärt sich somit ganz folgerichtig dadurch, daß beim Li eine weitere Schale hinzukommt, wodurch das Atom plötzlich viel größer wird als das vorhergehende.

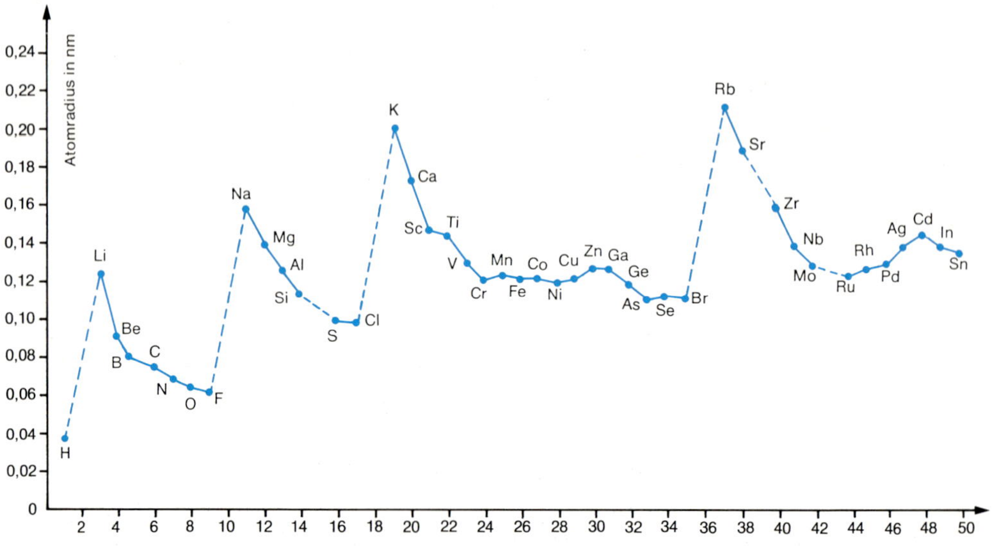

Abb. 24 Periodizität der Atomradien

Analog wiederholt sich diese Betrachtung, wenn man die Kurve weiter verfolgt. Die weiteren Elektronen besetzen offensichtlich zunächst die zweite Schale, bis wieder ein plötzlicher Anstieg der Atomgröße beim Element mit der Nummer 11, dem Natrium, erfolgt. Auch hier ist wieder anzunehmen, daß dieser Anstieg der Atomgröße auf das Hinzukommen einer dritten Schale zurückzuführen ist. Damit ergibt sich aber zwangsläufig, daß die zweite Schale mit acht Elektronen abgesättigt sein muß. Diese Betrachtung wiederholt sich nun durch die ganze Reihe der Elemente: Jeder sprunghafte Anstieg in der Kurve der Atomradien (bei Li, Na, K, Rb, Cs) ist durch das Hinzukommen einer weiteren Schale zu erklären. Eine glänzende Bestätigung für diese Annahmen sind die gemessenen Ionisierungsenergien der Atome (vgl. S. 36).

Die Elemente lassen sich nach den gewonnenen Erkenntnissen in das Periodensystem einordnen. Dazu schreibt man die Elemente geordnet nach steigender Elektronenzahl nebeneinander, beginnt aber, wenn eine neue Schale hinzukommt, wieder von vorn in einer darunterliegenden Querspalte.

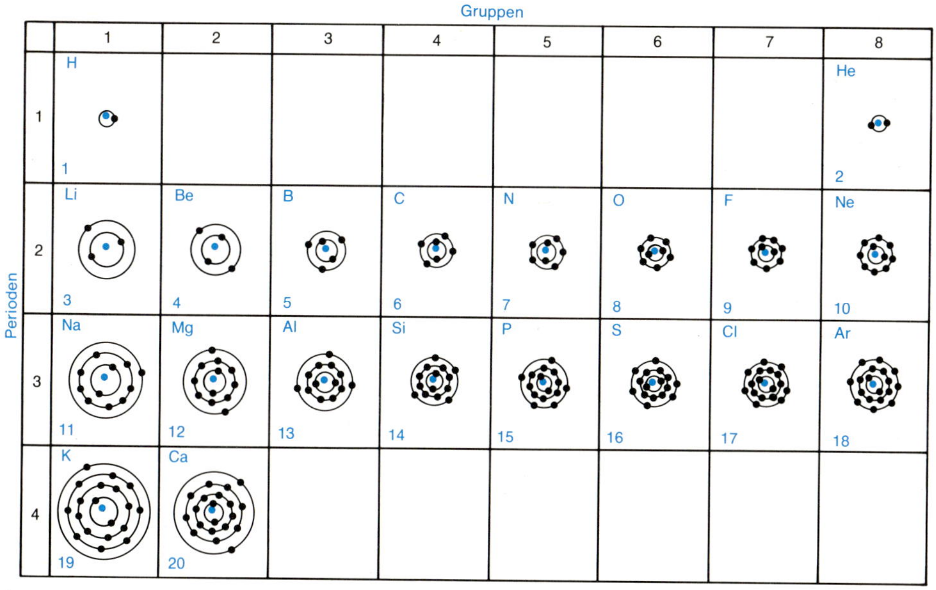

Abb. 25 Periodensystem der Elemente 1 bis 20 nach Bohr'scher Vorstellung

Im Periodensystem lassen sich die Elemente in Gruppen und in Perioden einordnen.

Die Elemente einer Periode besitzen die gleiche Anzahl von Elektronenschalen.

Die Elemente einer Gruppe weisen die gleiche Anzahl von Elektronen auf der äußersten Schale (= Valenzelektronen) auf. Die Erfahrung zeigt, daß solche Elemente in ihren Eigenschaften einander sehr ähnlich sind.

Im Kapitel „Energiestufenmodell“ wurde dargelegt, daß die Elektronenschalen nochmals Untergruppen (s-, p-, d- bzw. f-Energiestufen) aufweisen. Die Besetzung der Elektronenschalen bzw. deren Untergruppen erfolgt nun immer in der Art, daß zunächst die kernnächste Bahn (= energieärmstes Niveau) besetzt wird. Ist diese voll, so wird das nächsthöhere Energieniveau besetzt. Aus der Abb. 27 (Energieniveaus der Elemente) geht hervor, daß nach Besetzung des 4s-Niveaus mit zwei Elektronen (dies entspricht den Elementen K und Ca, Nr. 19 und 20) das 3d-Niveau besetzt wird und dann erst, wenn dieses mit 10 Elektronen voll besetzt ist, das 4p-Niveau aufgefüllt wird. Die weitere Besetzung der Elektronenbahnen ergibt sich, wenn man im abgebildeten Periodensystem den Pfeilen folgt.

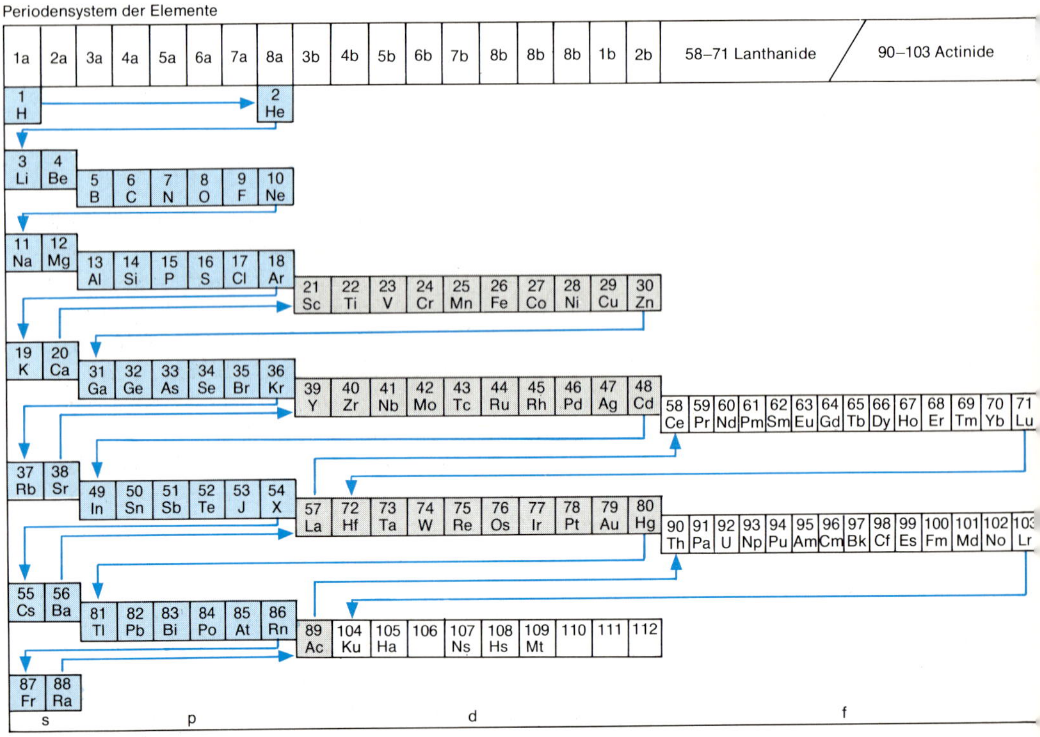

Abb. 26

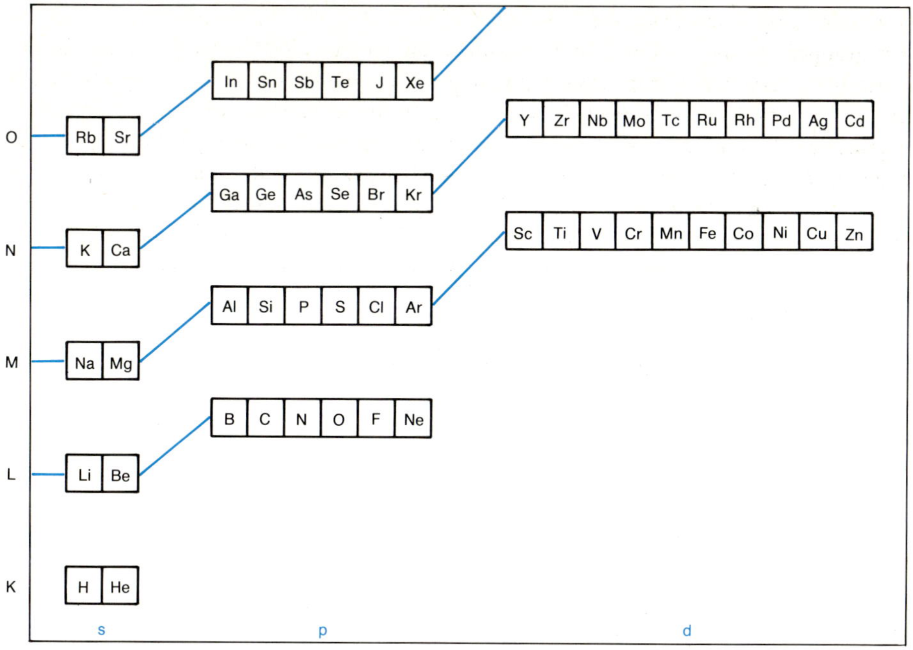

Abb. 27 Energieniveauschema der Elemente

Voraussagen und Widersprüche aus dem Mendelejewschen Periodensystem

Mendelejew ordnete die Elemente nach steigenden Atomvolumina. Jedes Maximum in dieser Kurve betrachtete er als den Anfang einer neuen Periode. Diese schrieb er jeweils waagerecht untereinander. Er erhielt so die einzelnen Gruppen seines Periodensystems. Die untereinanderstehenden Elemente stimmten aber nur dann in ihren Eigenschaften weitgehend überein, wenn Mendelejew an einigen Stellen seines Systems Lücken offen ließ. Er deutete diese Lücken als Elemente, die nur zu seiner Zeit noch nicht bekannt waren. In ihren Eigenschaften, so folgerte er, müßten diese Elemente zwischen dem jeweils darüber und darunter stehenden Element und auch zwischen dem links und dem rechts davon stehenden Element liegen. Durch diese Eingrenzung konnte Mendelejew die Eigenschaften dieser fehlenden Elemente abschätzen und eine Prognose zu diesen Eigenschaften wagen. Die nachfolgende Tabelle gibt die glänzende Übereinstimmung zwischen vorausgesagten und wirklich gefundenen Eigenschaften am Beispiel des Germaniums, das Mendelejew Eka-Silizium nannte, wieder.

An einigen Stellen seines Periodensystems stieß Mendelejew auf für ihn unerklärliche Widersprüche. Er hatte ja die Elemente nach steigender Atommasse geordnet. Wollte er diesem Ordnungsprinzip konsequent treu bleiben, so mußte er das in dieser Reihenfolge an 18. Stelle stehende Kalium in die 8. Hauptgruppe, das an 19. Stelle darauffolgende Argon in die 1. Hauptgruppe einordnen. Nun zeigte aber die praktische Erfahrung, daß das Argon

[1]) Für Mendelejew war Argon noch eine Leerstelle im PSE; Ar wurde dann 1894 von Sir Raleigh entdeckt.

keine Verwandtschaft mit den Elementen der 1. Hauptgruppe zeigt, sondern als Edelgas sinnvollerweise in die 8. Hauptgruppe zu den anderen Edelgasen eingeordnet werden mußte. Entsprechend zeigte sich die Verwandtschaft des Kaliums mit den anderen Elementen der 1. Gruppe so augenfällig, daß es nur hier eingeordnet werden konnte. Mendelejew vertauschte daher diese beiden Elemente in ihrer Reihenfolge. Das gleiche Problem, daß das Einordnen der Elemente nach steigenden Atommassen zu solchen Widersprüchen führte, trat noch einigemale auf, so z. B. beim Nickel und Kobalt und beim Jod und Tellur. Erst die Einführung eines neuen Ordnungsprinzips beseitigte diese Widersprüche. Ordnet man nämlich die Elemente nicht mehr nach steigenden Atommassen, sondern nach steigenden Kernladungszahlen (diese entsprechen den Gesamtelektronenzahlen im neutralen Atom), so treten diese Probleme nicht mehr auf. Tatsächlich nämlich hat das Kalium mit 19 eine höhere Kernladungszahl als das Argon mit 18.

Tabelle 1: Von Mendelejew vorausgesagte und später gefundene Eigenschaften von Germanium

	Eka-Silizium	Germanium
Atommasse	72	72,6
Dichte	5,5 g/cm^3	5,35 g/cm^3
Atomvolumen	13 cm^3/mol	13,6 cm^3/mol
Dichte des Oxids	4,7 g/cm^3	4,70 g/cm^3
Formel des Oxids	EsO_2	GeO_2
Formel des Chlorids	$EsCl_4$	$GeCl_4$
Dichte des Chlorids	1,9 g/cm^3	1,88 g/cm^3
Siedepunkt des Chlorids	57 bis 100° C	83° C
Formel der Äthylverbindung	$Es(C_2H_5)_4$	$Ge(C_2H_5)_4$
Dichte der Äthylverbindung	0,96 g/cm^3	0,99 g/cm^3
Siedepunkt der Äthylverbindung	160° C	163° C

Ionisierungsenergie (= Ionisierungspotential)

Unter Ionisierung versteht man die Abspaltung eines oder mehrerer Elektronen aus einem Atom. Dabei müssen die Anziehungskräfte zwischen dem positiven Atomkern und dem negativen Elektron überwunden werden. Diese Anziehungskräfte sind um so geringer, je weiter das Elektron vom Atomkern entfernt ist, und um so geringer die positive Ladung des Atomkerns ist. Aus dem Diagramm der Atomradien lassen sich die mittleren Abstände des äußersten Elektrons zum Kern direkt ablesen. Es ist zu erwarten, daß vor allem die Außenelektronen der Alkalimetalle sehr leicht abzuspalten sind, da diese Metalle die Maxima in der Kurve der Atomradien bilden. Die Energie, die aufgebracht werden muß, um die Außenelektronen dieser Metalle abzuspalten, ist daher sehr gering. Man nennt diese Energie die Ionisierungsenergie. Die Abb. 28 zeigt, daß die Ionisierungsenergie bei den Alkalimetallen tatsächlich am geringsten ist.

Innerhalb einer Periode nimmt die Ionisierungsenergie aber wieder von links nach rechts zu, d. h. es wird immer schwieriger, ein Elektron abzuspalten. Dies hat zwei Gründe:

1. Auf Grund der höheren Kernladung von weiter rechts stehenden Elementen nimmt der Atomradius in den Perioden von links nach rechts hin ab. Die Außenelektronen sind daher näher am Kern; sie sind entsprechend fester gebunden.

2. Zusätzlich zu dem geringeren Abstand bewirken bei weiter rechts in den Perioden stehenden Elementen höhere Kernladungen größere Kräfte.

Ist die Ionisierungsenergie gering, dann gehen diese Elemente leicht in den positiven Ionenzustand über. Man sagt, sie sind elektropositive Elemente (= unedle und halbedle Metalle). Die Elektropositivität nimmt in den einzelnen Gruppen von oben nach unten zu, da in dieser Richtung die Atomradien steigen und somit die Valenzelektronen immer schwächer gebunden werden: Kalium ist also elektropositiver als Natrium. Die Elemente, deren Außenelektronen verhältnismäßig schwer abspaltbar sind, gehören zu den Edelmetallen, den Nichtmetallen und den Edelgasen.

Tabelle 2: Ionisierungsenergien der ersten zwanzig Elemente

		Ionisierungsenergien in $\frac{eV}{Atom}$ bzw. $\frac{eV}{Ion}$									
Ordnungszahl	Elementsymbol	1.	2.	3.	4.	5.	6.	7.	8.	9.	10.
									abgespaltenes Elektron		
1	H	13,6									
2	He	24,6	54,4								
3	Li	5,4	75,6	122,4							
4	Be	9,3	18,2	153,9	217,7						
5	B	8,3	25,1	37,9	259,3	340,1					
6	C	11,3	24,4	47,9	64,5	391,9	489,8				
7	N	14,5	29,6	47,4	77,5	97,9	551,9	666,8			
8	O	13,6	35,2	54,9	77,4	113,9	138,1	739,1	871,1		
9	F	17,4	35,0	62,6	87,2	114,2	157,1	185,1	953,6	1100,0	
10	Ne	21,6	41,0	64,0	97,1	126,4	157,9	207,0	238,0	1190,0	1350,0
11	Na	5,1	47,3	71,6	98,9	138,6	172,4	208,4	264,1	299,9	1460,0
12	Mg	7,6	15,0	80,1	109,3	141,2	186,7	225,3	266,0	328,2	367,0
13	Al	6,0	18,8	28,4	120,0	153,8	190,4	241,9	285,1	331,6	399,2
14	Si	8,1	16,3	33,5	45,1	166,7	205,1	246,4	303,2	349,0	407,0
15	P	11,0	19,7	30,1	51,4	65,0	220,4	263,3	309,2	380,0	433,0
16	S	10,4	23,4	35,0	47,3	72,5	88,0	281,0	328,8	379,1	459,0
17	Cl	13,0	23,8	39,9	53,5	67,8	96,7	114,3	348,3	398,8	453,0
18	Ar	15,8	27,6	40,9	59,8	75,0	91,3	124,0	143,5	434,0	494,0
19	K	4,3	31,8	46,0	60,9	83,0	101,0	120,0	155,0	176,0	501,4
20	Ca	6,1	11,9	51,2	67,0	84,0	111,0	127,0	151,0	189,0	211,4

Aus den Ionisierungsenergien kann man zahlreiche Schlußfolgerungen über das chemische Verhalten der Elemente ziehen. Man darf aber nicht vergessen, daß es sich um Energiebeträge handelt, die aus isolierten, gasförmigen Atomen Ionen machen. Die Chemie in wäßrigen Lösungen läßt sich natürlich allein aus diesen Ionisierungsenergien nicht ableiten!

Ein Beispiel soll dies verdeutlichen: Um Kupfer in Cu^{2+} zu verwandeln, werden insgesamt $2700\ \frac{kJ}{mol}$ benötigt, um Zink in Zn^{2+} zu ionisieren $2640\ \frac{kJ}{mol}$. Trotz dieses geringen Unterschiedes ist Zink bei Reaktionen in wäßrigen Lösungen ein sehr viel elektropositiveres Element als Kupfer (vgl. Elektrochemische Spannungsreihe, Seite 279).

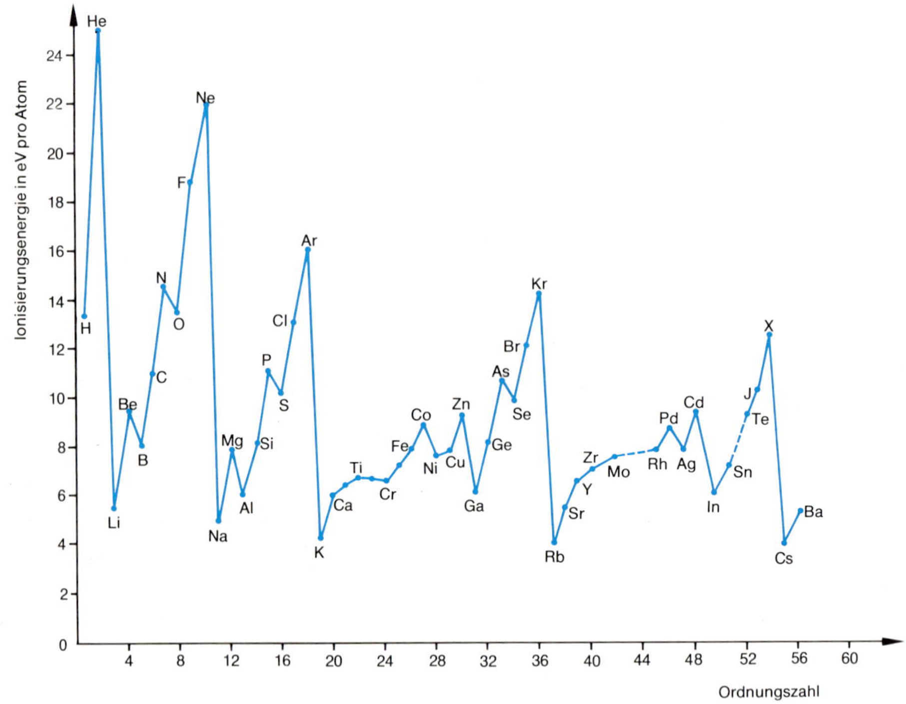

Abb. 28 Ionisierungsenergie für die Abspaltung des ersten Elektrons

Elektronenaffinität

Atome können auch zusätzliche, von der Kernladung des Atoms her gesehen überzählige Elektronen binden. Die Atome werden dadurch in elektrisch negativ geladene Ionen (= Anionen) verwandelt. Dieses Verhalten ist besonders bei den Halogenen ausgeprägt.

Die Energie, die aufzuwenden ist oder die frei wird, um aus Anionen überzählige Elektronen wieder abzuspalten, heißt Elektronenaffinität. Die Tabelle zeigt, welche Energiebeträge frei werden bzw. aufzuwenden sind, wenn in Umkehrung dieser Reaktion aus den betreffenden Atomen Anionen werden.

Anders als bei der Ionisierungsenergie besteht kein einfacher, vorrangiger Zusammenhang zwischen der Größe eines Atoms und seiner Elektronenaffinität. Die Tabelle zeigt aber am Beispiel der Halogene eindrucksvoll, wie energiearm und damit stabil diese Atome werden, wenn sie als Anionen mit vollen Elektronenschalen vorliegen.

Tabelle 3: Elektronenaffinitäten

Reaktion	Elektronenaffinität in $\frac{kJ}{mol}$ wird frei	ist aufzuwenden
$Cl + e^- \longrightarrow Cl^-$	364	
$F + e^- \longrightarrow F^-$	357	
$Br + e^- \longrightarrow Br^-$	343	
$I + e^- \longrightarrow I^-$	312	
$H + e^- \longrightarrow H^-$	68	
$S + 2e^- \longrightarrow S^{2-}$		330
$Se + 2e^- \longrightarrow Se^{2-}$		400
$O + 2e^- \longrightarrow O^{2-}$		690
$O + e^- \longrightarrow O^-$	138	

Elektronegativität (EN)

Die Kenntnis der Ionisierungsenergie und der Elektronenaffinität der Atome eines Elementes gibt Antwort auf die Frage: Wie groß ist die Neigung der einzelnen, unverbundenen Atome eines Elementes, Elektronen zu binden oder abzugeben? Dies ist eine Kernfrage nach der chemischen Bindungsfähigkeit der Atome.

Das arithmetische Mittel aus der (ersten) Ionisierungsenergie und der Elektronenaffinität eines Atoms ist ein Maß dafür, wie stark ein Atom des betreffenden Elements Elektronen anzieht. Je stärker ein Atom Elektronen anzieht, desto größer ist seine Elektronegativität.

Mullikan berechnete Elektronegativitäten als Mittelwert der genannten Energiebeträge. Für die Elektronenaffinitäten der Elemente gibt es jedoch nur wenige gesicherte Werte.

Tabelle 4: Elektronegativitäten nach Pauling und Mullikan, absolute EN-Skala[1]

Element	EN-Wert nach Pauling, EN (P)	EN-Wert nach Mullikan, der Pauling-Skala angepaßt	absoluter EN-Wert, EN (A) EN (A) = EN (P) − 0,7 Einheiten
Fluor	4,0	3,9	3,3
Sauerstoff	3,5	3,4	2,8
Chlor	3,0	3,0	2,3
Stickstoff	3,0	2,3	2,3
Brom	2,8	2,8	2,1
Schwefel	2,5	2,4	1,8
Kohlenstoff	2,5	2,6	1,8
Iod	2,4		1,7
Phosphor	2,1	1,8	1,4
Wasserstoff	2,1		1,4
Natrium	0,9	0,9	0,2
Kalium	0,8	0,8	0,1

[1]) In jüngster Zeit hat H. Richter gezeigt, daß es möglich ist, einen absoluten, physikalisch sinnvollen Nullpunkt der EN-Skala anzugeben: CLB, 42, 328 f (1991) und CLB, 43, 498 (1992).

Gewöhnlich wird der Begriff Elektronegativität jedoch im Sinne Paulings, der diesen Begriff einführte, benutzt: „Elektronegativität ist die Kraft eines im Molekül gebundenen Atoms, Elektronen des Moleküls an sich zu binden."

Je größer die Elektronegativität (= EN) im Sinne von Pauling ist, desto stärker kann ein gebundenes Atom die (Bindungs-)Elektronen an sich ziehen. Das führt zu einer ungleichen Verteilung der (Bindungs-)Elektronendichte zwischen verschieden elektronegativen Atomen in einem Molekül.

Pauling errechnete seine EN-Werte aus der Festigkeit von Molekülbindungen aus Bindungsenergien. Seine Werte haben die Einheit $\sqrt{\text{Energie}}$ und sind daher nicht mit den oben beschriebenen Mittelwerten nach Mullikan zu vergleichen. Trotzdem sind diese Werte einander oft in guter Nährung proportional. Das deutet darauf hin, daß die so oder so gewonnenen Elektronegativitäten charakteristische Eigenschaften der Atome — zumindest für qualitative Abschätzungen des Bindungszustandes und der Bindungsfähigkeit — richtig beschreiben.

Die Gruppennummer

Die Gruppennummer gibt die Anzahl der Valenzelektronen eines Atoms aus dieser Gruppe an und beschreibt damit die Anzahl der pro Atom maximal für eine chemische Bindung zur Verfügung stehenden Elektronen.

Bei den Metallen (= elektropositiven Elementen) ist die Tendenz[1]) zur Abgabe dieser Valenzelektronen ausgeprägt. Bei den Nichtmetallen (= elektronegative Elemente im ursprünglichen Sinn) dagegen überwiegt die Tendenz[1]) zur Aufnahme weiterer Elektronen, d. h. entweder zur Bildung von Anionen oder zur Bildung von Molekülverbindungen.

In den Hauptgruppen ergibt die Differenz der Gruppennummer und der maximalen Aufnahmefähigkeit der Außenschale (max. 8 Elektronen) die negative Ladigkeit der Nichtmetallionen.

Beispiele:

Na steht in der 1. Hauptgruppe. Es besitzt ein Valenzelektron (3s) und bildet daher bei Abgabe dieses Elektrons ein einladiges Ion Na^+.

C steht in der 4. Hauptgruppe. Es besitzt 4 relativ fest gebundene Valenzelektronen und kann daher 4 kovalente Bindungen eingehen (4-bindig).

N steht in der 5. Hauptgruppe. Es besitzt 5 Valenzelektronen, die aufgrund des relativ kleinen Atomdurchmessers und der relativ großen Kernladungszahl recht fest gebunden sind. Stickstoff kann daher 3 Elektronen aufnehmen und bildet das ionogene Nitrid (N^{3-}). Stickstoff kann aber auch mit drei seiner fünf Valenzelektronen kovalente Bindungen eingehen, wobei zwei Valenzelektronen als freies Elektronenpaar verbleiben (z. B. im NH_3); schließlich kann Stickstoff auch 4 kovalente Bindungen eingehen, indem zusätzlich das freie Elektronenpaar für eine kovalente Bindung bereitgestellt wird (z. B. NH_4^+).

Ti steht in der 4. Nebengruppe. Es hat 4 Valenzelektronen, die beiden 4s- und die beiden 3d-Elektronen (die energetisch fast gleich sind). Wenn Ti nur die beiden 4s-Elektronen abgibt, wird es zweiladig positiv (Ti^{2+}); gibt es dazu noch die beiden 3d-Elektronen ab, dann ist es vierladig positiv (Ti^{4+}).

---

[1]) Diese Regeln sind keine strengen Gesetze, denn das Verhalten der Elemente hängt vom Reaktionspartner und von den Reaktionsbedingungen ab.

Fe steht in der 8. Nebengruppe. Seine Valenzelektronen werden durch zwei 4s-Elektronen und sechs 3d-Elektronen gebildet. Gibt es die beiden 4s-Elektronen ab, so entsteht Fe^{2+}. Die Abgabe aller 8 Valenzelektronen ist nicht möglich, da die Elektronen in dem relativ kleinen Fe-Atom starken Anziehungskräften unterliegen. Die praktische Erfahrung zeigt aber, daß Eisen den Fe^{3+}-Zustand anstrebt. Dazu muß zu den beiden 4s-Elektronen ein weiteres 3d-Elektron abgegeben werden, wodurch auf dem 3d-Niveau fünf Elektronen zurückbleiben. Diese „Halbbesetzung" eines Energieniveaus (jeder der 5 d-Orbitale enthält dann nur ein Elektron) ist energetisch besonders günstig und wird daher angestrebt.

Cl steht in der 7. Hauptgruppe und bildet Cl^- durch Aufnahme eines überzähligen Elektrons, S steht in der 6. Hauptgruppe und bildet S^{2-} durch Aufnahme von zwei überzähligen Elektronen.

Aufgrund der gleichen Anzahl von Außenelektronen weisen die Elemente einer Gruppe chemisch und physikalisch sehr große Ähnlichkeit auf.

Die Stabilität von Ionenverbindungen

Ionenverbindungen bestehen aus positiven und negativen Ionen. Sie bilden bei Zimmertemperatur immer ein festes Ionengitter. Einige solcher Gitter sind im Kapitel 2 (S.66ff.) dargestellt. Die Stabilität eines solchen Gitters wird durch die Anziehungskräfte zwischen den einzelnen Ionen bedingt. Sind die Anziehungskräfte groß, so ist auch das ganze Ionengitter sehr stabil. Die Energie, die zum Zerstören eines solchen Gitters aufgewendet werden muß, ist dann sehr hoch. Man nennt diese Energie die Gitterenergie.

Die Bindungskräfte –elektrostatische Kräfte– zwischen den Ionen sind um so größer, je höher die Ladigkeit der beteiligten Ionen ist, und je geringer der Abstand der Ladungsschwerpunkte ist.

Kleine Ionen, die mehrere Ladungen tragen, sind dementsprechend fester miteinander verbunden als große Ionen, die nur einladig sind (vgl. Coulombsches Gesetz Seite 16).

Schmelzpunkte von Ionenverbindungen

Will man eine Ionenverbindung schmelzen, so muß man das Ionengitter zerstören. Dies ist um so leichter, je geringer die Bindungskräfte zwischen den Ionen sind. Es ist daher zu erwarten, daß Ionenverbindungen, die aus großen einladigen Ionen bestehen, wegen der geringen Bindungskräfte am leichtesten zu schmelzen sind. Ionenverbindungen, die aus kleinen höherladigen Ionen bestehen, müßten demgegenüber einen höheren Schmelzpunkt aufweisen. Das soll an einigen Beispielen nachgewiesen werden:

Tabelle 5: Gitterenergien und Schmelzpunkte einiger Ionenverbindungen

Ionenverbindung		Bindungskräfte	Gitterenergie in $\frac{kJ}{mol}$	Schmelzpunkt in °C
NaF	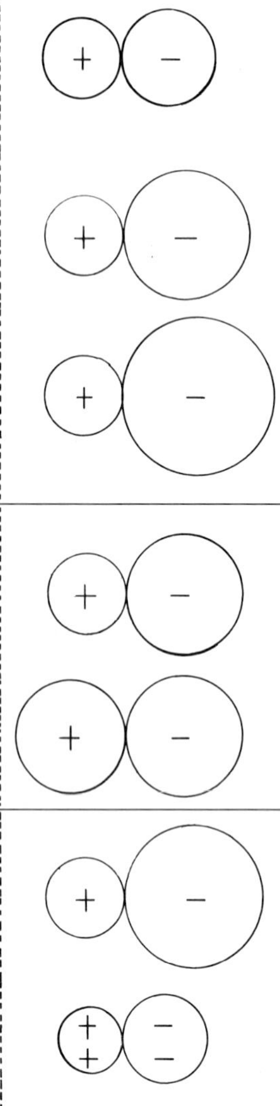	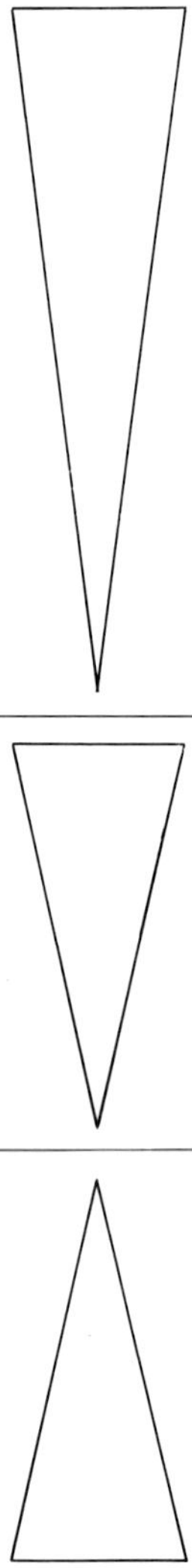	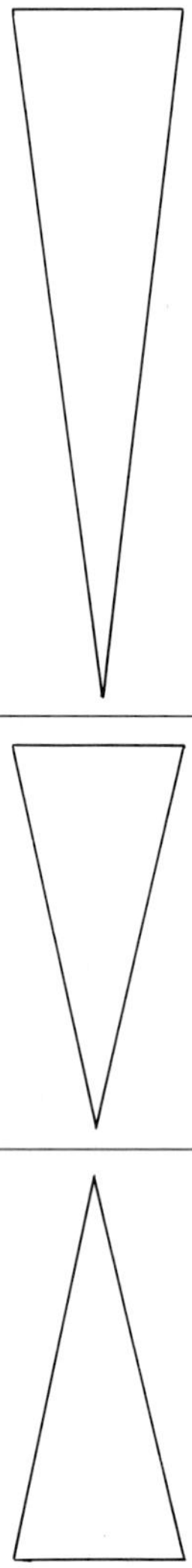 896	1012
NaCl			765	800
NaBr			677	741
NaCl			765	800
KCl			703	772
NaCl			765	800
MgO			4 155	2 802

Von den aufgeführten Verbindungen hat das Magnesiumoxid den höchsten Schmelzpunkt, da es aus den zweiladigen Mg^{2+}- und O^{2-}-Ionen besteht, die zudem noch besonders klein sind. Magnesium- und Oxidionen haben eine hohe Ladungsdichte.

Löslichkeit von Ionenverbindungen

Wird eine Ionenverbindung gelöst, so müssen die Bindekräfte zwischen den Ionen des Gitters überwunden werden. Eine Ionenverbindung wird daher entsprechend um so leichter gelöst, je geringer die Bindekräfte zwischen den Ionen sind (d. h. je geringer die Gitterenergie ist). Die Betrachtung ist hier ganz analog wie oben bei den Schmelzpunkten. Die Tatsache, daß z. B. geglühtes kompaktes Magnesiumoxid praktisch nicht in Wasser löslich ist, während sich Kochsalz ausgezeichnet löst, erklärt sich wie oben durch die viel höheren Bindekräfte zwischen den Ionen im MgO, da hier zweiladige kleine Ionen für eine viel höhere Gitterstabilität sorgen. Der Einfluß des Lösemittels Wasser reicht nicht aus, um diese Kräfte zu überwinden.

Aus diesem Grunde sind die Salze der Alkalimetalle, die wegen der großen einladigen Alkaliionen nur durch geringe Bindekräfte zusammengehalten werden, fast ausnahmslos gut wasserlöslich, während sehr viele Salze der kleinen, mehrladigen Übergangsmetalle schwer löslich sind (z. B. die Sulfide der Schwermetalle, die aus den kleinen mehrladigen Metallkationen und den ebenfalls kleinen, zweiladigen Sulfidionen bestehen). Die Art des Lösemittels und der Beitrag der Solvatationsenergie spielen auch eine Rolle (vgl. S. 96, 104).

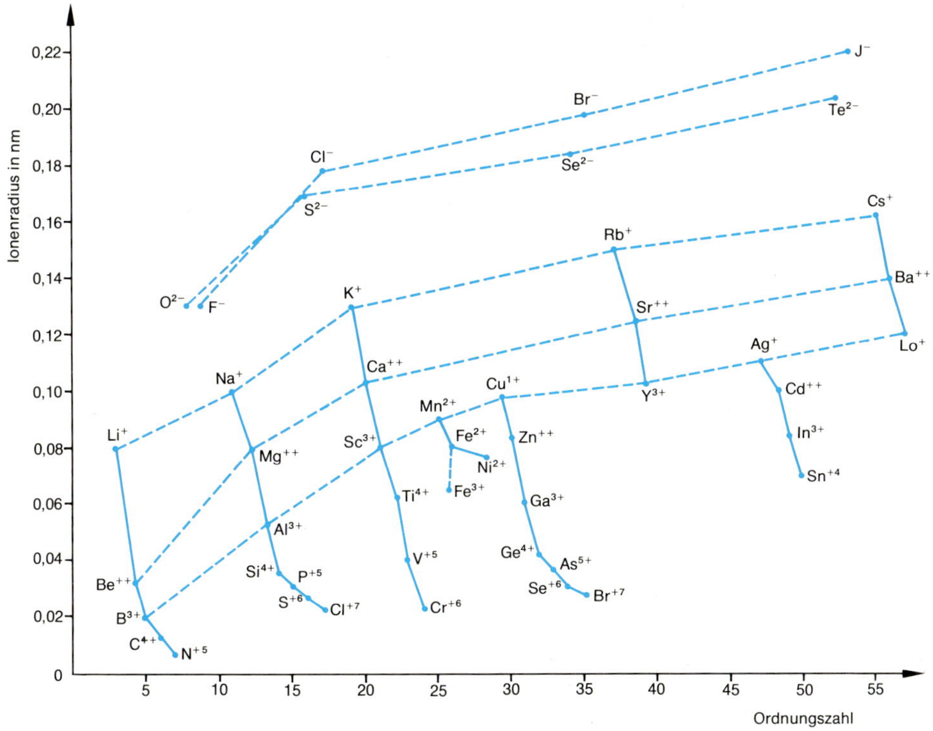

Abb. 29 Periodizität der Ionenradien

Für die Umkehrung des Schmelzens und Lösens läßt sich sagen: Beim Erstarren einer Schmelze oder beim Auskristallieren einer Lösung tritt zuerst der Feststoff auf, der die größte Gitterenergie hat. (Das gilt, wenn die verschiedenen Stoffe in der Schmelze oder in der Lösung in ungefähr gleichgroßen Konzentrationen vorliegen.)

Auch die unterschiedliche Löslichkeit der Hydroxide läßt sich mit Hilfe des Coulombschen Gesetzes verstehen. Ein Hydroxid ist um so stärker basisch, je größer seine (molare) Löslichkeit in Wasser ist, d. h. je schwächer die Bindungskräfte zwischen OH^- und Kation sind.

Schwache Bindungskräfte sind aber bei großen, nur einladigen Kationen zu erwarten. Daher sind die Alkalihydroxide starke Basen.

Kleine, mehrladige Ionen binden die OH^--Ionen sehr fest; die Basen solcher Stoffe sind entsprechend schwach. Dementsprechend ist eine gesättigte $Al(OH)_3$-Lösung weniger stark alkalisch als eine gesättigte $Mg(OH)_2$-Lösung.

Aus den Ionenradien läßt sich z. B. auch folgern, daß $Fe(OH)_2$ stärker basisch ist als $Fe(OH)_3$, da das Fe^{2+}-Ion größer ist als das Fe^{3+}-Ion und außerdem eine kleinere positive Ladung trägt. Die Beispiele sollen zeigen, daß sich aus einigen wenigen fundamentalen Gesetzmäßigkeiten viele physikalische und chemische Eigenschaften der Elemente und ihrer Verbindungen ganz folgerichtig ergeben.

1.3 Der Atomkern

1.3.1 Bestandteile des Atomkerns

Das Wasserstoffatom ist das kleinste und am einfachsten aufgebaute Atom. Es besitzt nur ein Elektron in seiner Hülle. Der Atomkern trägt, da das ganze Atom neutral ist, eine positive Ladung gleicher Größe. Die Massenverteilung im Wasserstoffatom zeigt folgende Gegenüberstellung:

Masse des Elektrons:	$0{,}00091091 \cdot 10^{-24}$ g
Masse des ganzen H-Atoms:	$1{,}6734 \cdot 10^{-24}$ g
Masse des Atomkerns:	$1{,}6725 \cdot 10^{-24}$ g

Aus dieser Gegenüberstellung ergibt sich:

Die Masse des Atoms konzentriert sich fast völlig im Atomkern.

Bei allen chemischen Reaktionen ist, wie die Erfahrung lehrt, nur die Atomhülle mit ihren Elektronen beteiligt. Eine Veränderung des Atomkerns findet dabei nicht statt. Man kann daher zu Fragen, die den Atomkern betreffen, durch chemische Reaktionen keine Antwort erhalten. Aufschluß über Masse und Ladung von Atomkernen und Atomrümpfen (= Kationen, die noch kernnahe Elektronen enthalten, z. B. Na^+) erhält man mit dem Massenspektrografen.

Massenspektrografie:

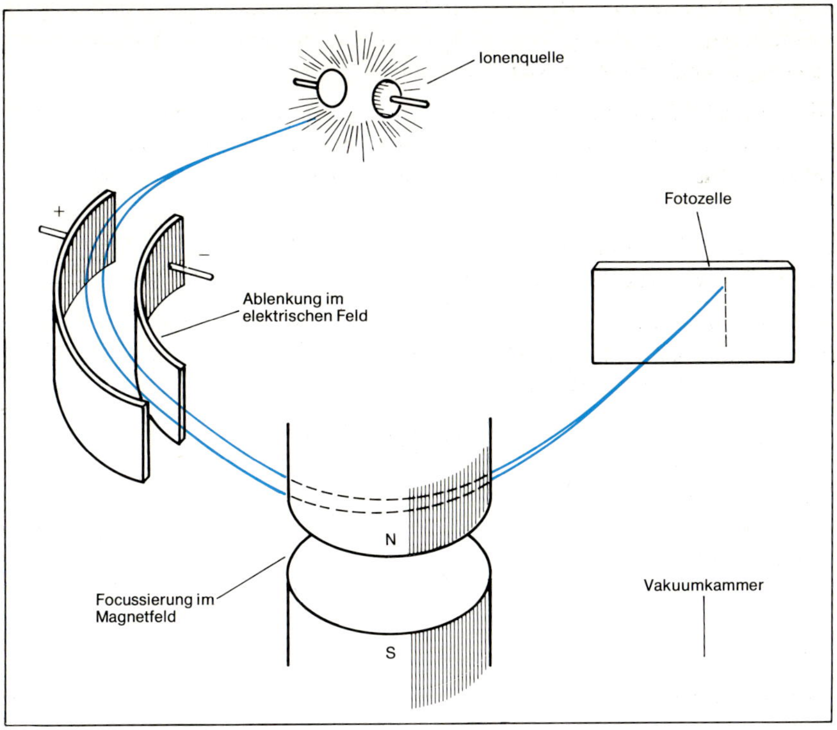

Abb. 30 Schema eines einfachen Massenspektrografen

Im Massenspektrografen werden Stoffe zunächst ionisiert. Die positiven Ionen werden durch ein elektrisches Feld beschleunigt und durch elektrische und magnetische Kräfte abgelenkt. Aus der Ablenkung kann man auf die Masse bzw. die Ladung der Teilchen schließen.

Das kleinste auf diese Weise gefundene positive Ion hat angenähert die Masse 1u (vgl. Seite 11) und eine positive Elementarladung; man bezeichnet es als Proton.

Protonen sind die Träger der positiven Kernladungen.

Untersucht man nun z. B. mit dem Massenspektrografen das Zink, so erhält man an fünf verschiedenen Stellen des Auffangschirmes

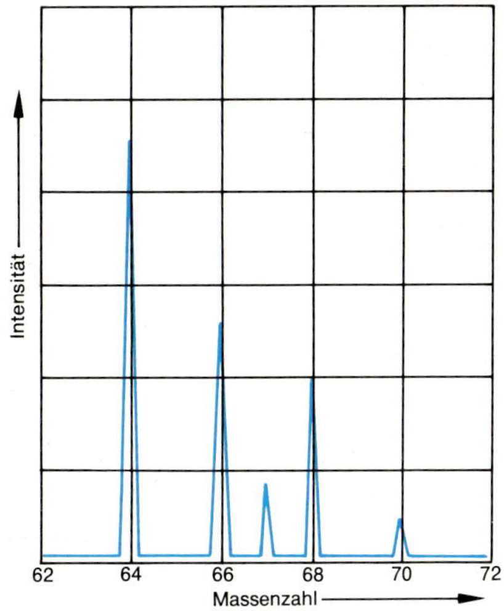

Abb. 31 Massenspektrum des Zinks

eine Anzeige. Die Abbildung zeigt, daß es offensichtlich fünf verschiedenartige Atomarten des Zinks gibt, die sich durch ihre Masse unterscheiden: Das leichteste Zinkatom ist etwa 64mal so schwer wie ein Proton, das schwerste Zinkatom ist ca. 70mal so schwer. Aus dem Periodensystem der Elemente ist ersichtlich, daß jedes Zinkatom nur 30 Protonen (≙ 30 Elektronen) hat. Die viel höhere Masse der Zinkatome weist auf weitere ungeladene Bausteine im Zinkatomkern hin. Es sind dies die Neutronen.

Neutronen sind elektrisch neutrale Bausteine des Atomkerns. Ein Neutron besitzt fast genau die gleiche Masse wie ein Proton, nämlich $1{,}6748 \cdot 10^{-24}$ g.

Im Falle des Zinks muß das Ergebnis der massenspektrografischen Untersuchung so gedeutet werden:

Das leichteste Zinkatom enthält im Kern neben den 30 Protonen noch 34 Neutronen.

Das schwerste Zinkatom enthält im Kern ebenfalls 30 Protonen und dazu noch 40 Neutronen.

1.3.2 Isotope

Atome mit gleicher Kernladungszahl (= Protonenzahl), aber unterschiedlicher Neutronenzahl, nennt man Isotope.

Beispiel Zink:

Das Zink setzt sich aus fünf Zinkisotopen zusammen. Dies sind fünf verschiedene Atomsorten des Zinks, die sich nur durch die Neutronenzahl unterscheiden. Wegen der gleichen Kernladungszahl weisen alle fünf Zinkisotope auch gleiche Elektronenzahlen und damit völlig gleiche chemische Eigenschaften auf.

Isotope eines Elementes haben chemisch gleiche Eigenschaften und sind daher mit chemischen Mitteln nicht zu trennen.

Zur Kennzeichnung der Isotope verwendet man eine einfache Symbolschreibweise.

$^{64}_{30}Zn$ $^{66}_{30}Zn$ $^{67}_{30}Zn$ $^{68}_{30}Zn$ $^{70}_{30}Zn$

Die Zahl links unten ist die Kernladungszahl. Die Zahl links oben heißt Massenzahl und ist die Summe der Protonen- und Neutronenzahl.

Eine vereinfachte Schreibweise verwendet nur noch die Massenzahl:

Zn64 Zn66 Zn67 Zn68 Zn70

Nur im Falle des Wasserstoffs werden die Isotope mit einem eigenen Namen versehen:

$^{1}_{1}H$	$^{2}_{1}H$	$^{3}_{1}H$
leichter Wasserstoff	schwerer Wasserstoff (Deuterium)	überschwerer Wasserstoff (Tritium), radioaktiv

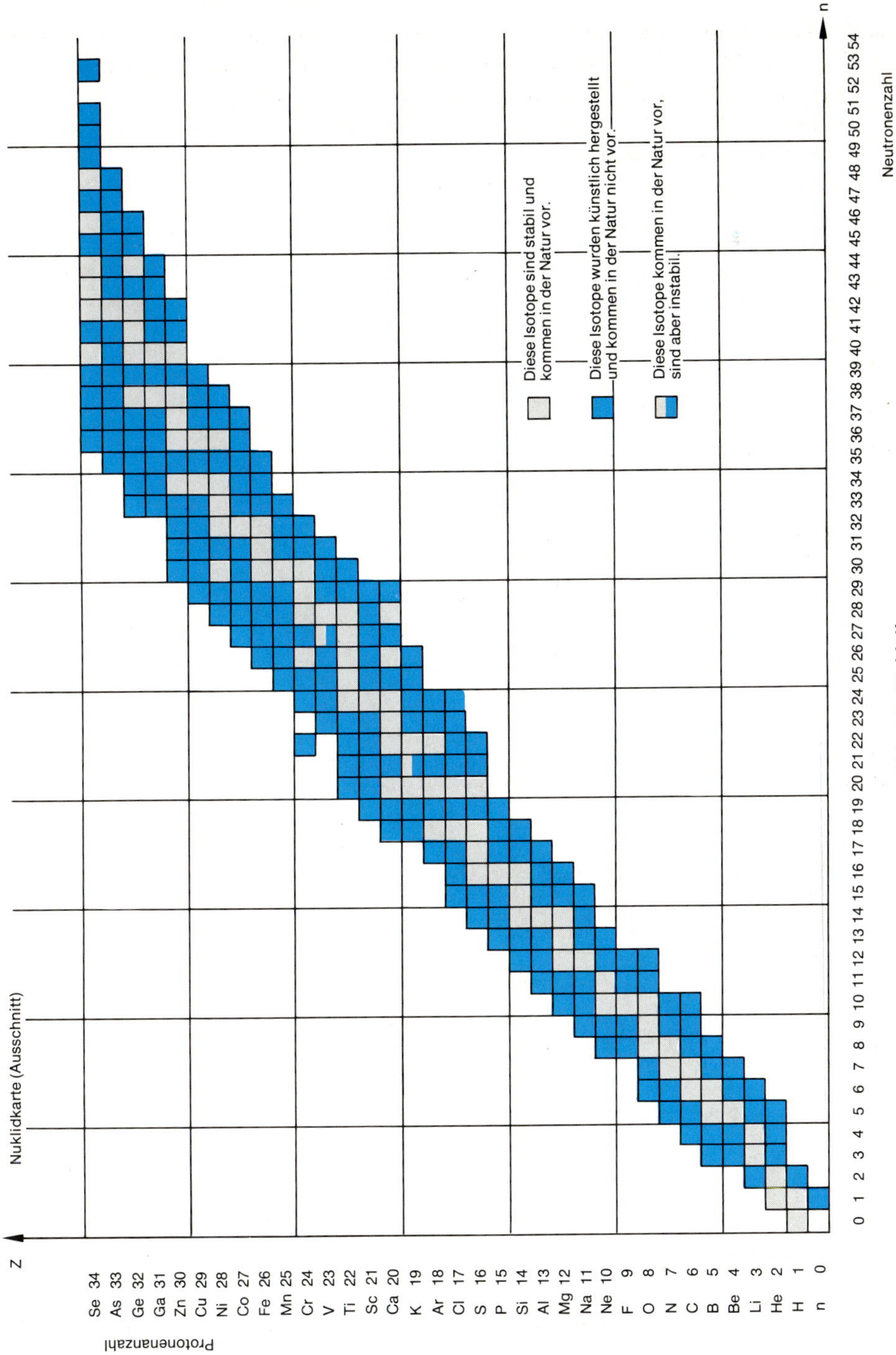

Abb. 32 Nuklidkarte

Reinelemente:
Chemische Elemente, die in ihrem natürlichen Vorkommen aus nur einem einzigen Isotop bestehen, nennt man Reinelemente. Es sind 22: B, F, Na, Al, P, Sc, V, Mn, Co, As, Y, Nb, Rh, I, Au, Bi, Ta.

Die meisten chemischen Elemente liegen in ihrem natürlichen Vorkommen als Isotopengemische vor.

Die bis heute bekannten Isotope der Elemente werden in der Nuklidkarte (Abb. 32, S. 47) übersichtlich geordnet, wobei auf der waagerechten Achse die Neutronenzahl, auf der senkrechten Achse die Protonenzahl aufgetragen wird. Die Isotope eines jeweiligen Elements sind in dieser Nuklidkarte als waagerecht nebeneinander angeordnete farbig gekennzeichnete Kästchen erkennbar.

Die in den Tabellen angegebenen Atommassen ergeben sich meist als Mittelwerte der einzelnen Isotopengemische.

Beispiel:
Die Atome des Mischelementes Chlor haben die Nukleonenzahlen (= Massenzahlen) 35 und 37. 75, 53 % der Atome der natürlich vorkommenden Chloratome sind Cl-35, 24,47 % sind Cl-37.

$$m\,(Cl) = \frac{75{,}53 \cdot 35\ u + 24{,}47 \cdot 37\ u}{100} = 35{,}489\ u$$

Die Abweichung vom Literaturwert (35,453 u) ist darin begründet, daß die Masse der Nukleonen mit je genau 1 u angenommen wurde (tatsächlich: m (Proton) = 1,00727 u, m (Neutron) = 1,00867 u), und die Elektronenmasse sowie der Massendefekt unberücksichtigt blieben.

1.3.3 Massendefekt und Kernbindungsenergie

Die Vorstellung, daß im Atomkern positiv geladene Protonen zusammengedrängt sind und dort auch zusammen bleiben, läßt sich elektrostatisch (Träger gleicher Ladung stoßen einander ab!) nicht erklären. Im Atomkern müssen also noch andere, sehr starke Kräfte wirken, die ihn zusammenhalten (Kernbindungskraft).

Einen Hinweis auf die Stärke der Bindungskräfte und den damit verbundenen niedrigen Energieinhalt der Protonen und Neutronen im Atomkern liefert der sog. Massendefekt. Denn wenn der Energieinhalt einer Materieportion abnimmt, so nimmt auch ihre Masse (= Trägheit) ab.

Bei der Bildung eines Heliumatomkerns aus zwei einzelnen Protonen und zwei einzelnen Neutronen

$$2\,p^{+} \quad + \quad 2\,n \quad \longrightarrow \quad {}^{4}_{2}He^{2+}$$
$$2{,}01423\ u \quad + \quad 2{,}01699\ u \text{ ergibt sich nicht } 4{,}03122\ u,$$

sondern als tatsächliche Masse des Heliumkerns 4,00084 u.

Das bedeutet, daß ein $^{4}_{2}He^{2+}$ einer beschleunigenden Kraft einen kleineren Trägheitswiderstand entgegensetzt als zwei einzelne Protonen und zwei einzelne Neutronen zusammengenommen.

Beim Zusammenschluß von zwei Protonen und zwei Neutronen zu $^{4}_{2}He^{2+}$ wird die außerordentliche große Energieportion von $28{,}2 \cdot 10^{6}$ eV = 28,2 MeV freigesetzt. Daß eine so große Energieabgabe nur mit einem Massendefekt (= Abnahme der Anfangsträgheit) von etwa 0,75 % verknüpft ist, beschreibt die Einsteinsche Gleichung:

$$\Delta W = c^2 \cdot \Delta m$$

Darin bedeuten: ΔW = Energieänderung der Materieportion
Δm = Trägheitsänderung der Materieportion
c = Lichtgeschwindigkeit im leeren Raum.

Verglichen mit anderen Atomen ist die Energieportion, die beim Aufbau eines Heliumatomkerns freigesetzt wird, sehr groß, was bedeutet, daß He-Atomkerne (= α–Teilchen) außerordentlich stabil sind. Ein meßbarer Massendefekt tritt auch in Kernreaktoren ein, d. h. die Trägheit der Abfallprodukte ist merklich kleiner als die ursprüngliche Trägheit des Ausgangsbrennstoffs. Materie geht dabei nicht verloren.

1.3.4 Natürliche Radioaktivität

Entdeckung der radioaktiven Erscheinungen

Im Jahre 1896 beobachtete der französische Physiker Bequerel, daß Uranverbindungen die fotografische Platte schwärzen und die umgebende Luft infolge der Bildung von Gasionen elektrisch leitend machen. Weiterhin fand er, daß durch die Wirkung dieser Uranverbindungen gewisse Stoffe, wie Sidotsche Blende (krist. ZnS) und Bariumtetracyanoplatinat (II) zum Leuchten gebracht werden, wobei das Zinksulfid blau, die Platinverbindung grün aufleuchtet. Bald darauf wurde eine analoge Wirkung auch beim Thorium erkannt (G. C. Schmidt und Marie Curie entdeckten dies unabhängig voneinander). Das Ehepaar Curie ging dieser Erscheinung, die man Radioaktivität nannte, nach und analysierte in langer Arbeit die Joachimsthaler Pechblende, ein uranhaltiges Erz, das deutlich stärker radioaktiv war als andere damals käufliche Uranpräparate. Die Curies fanden zwei äußerst stark strahlende Elemente in der Pechblende, die sie Polonium und Radium nannten. Heute sind von jedem Element natürliche oder künstliche radioaktive Isotope bekannt.

Die Arten der radioaktiven Strahlung

Rutherford gelang 1903 die Aufklärung der Natur der radioaktiven Strahlung. Bei der Untersuchung des Radiums fand er drei Strahlungsarten, die α-, β- und γ-Strahlung.

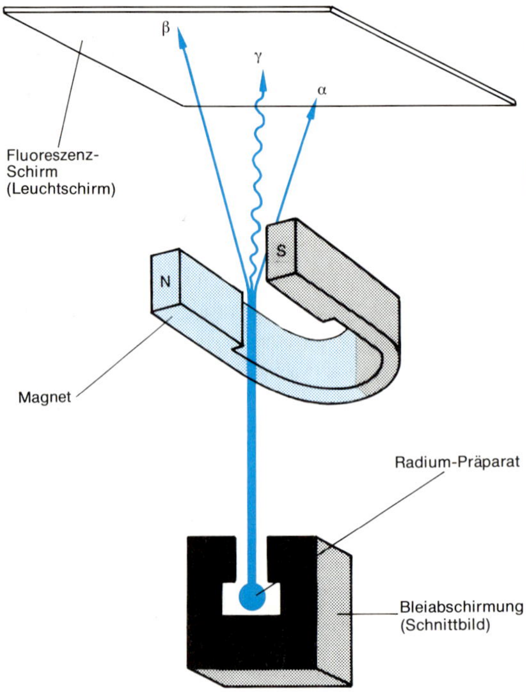

Abb. 33 Aufpaltung der Strahlung des Radiums im Magnetfeld

Aus dem Bahnverlauf im Magnetfeld und anderen Untersuchungsmethoden wurde die Natur der drei Strahlungsarten geklärt. Danach sind:

α-Strahlen = positiv geladene Heliumatomkerne,
β-Strahlen = schnelle Elektronen, e^-
γ-Strahlen = elektromagnet. Strahlen

Alle drei Strahlungsarten haben ihren Ursprung im Atomkern, der sich bei der Aussendung eines Strahlungspartikels umwandelt.

α-Zerfall:

Sendet ein Atomkern ein α-Teilchen aus ($^{4}_{2}He^{2+}$), so vermindert sich die Massenzahl dieses Kerns um 4, die Kernladungszahl um 2.

Beispiel:

$$^{226}_{88}Ra \longrightarrow {}^{222}_{86}Rn + {}^{4}_{2}He^{2+}$$

Das Radium wandelt sich bei diesem Zerfall unter Energieabgabe in Radon um. Die freiwerdende Energie hat ihre wesentliche Ursache im geringen Energieinhalt (= hohe Bindungsenergie) des α-Teilchens (vgl. S. 49).

***β*-Zerfall:**

Die β-Strahlung kommt ebenso wie die α-Strahlung aus dem Atomkern. Die β-Strahlungs-Elektronen entstehen durch Umwandlung eines Kernneutrons in ein Proton und ein Elektron.

Neutron → Proton
Neutron → Elektron

Das Elektron wird abgestrahlt. Das bei dieser Umwandlung ebenfalls entstandene Proton bleibt zurück. Somit erhöht sich beim β-Zerfall die Kernladungszahl um 1, während die Gesamtzahl von Neutronen und Protonen (Massenzahl) unverändert bleibt.

Beispiel:

$$^{239}_{92}U \longrightarrow {}^{239}_{93}Np + {}^{0}_{-1}e^-$$

γ-Zerfall:

Die γ-Strahlung ist eine materielose elektromagnetische Strahlung. Der Atomkern geht bei Aussendung von γ-Strahlung von einem energiereicheren in einen energieärmeren Zustand über, ändert aber seine Zusammensetzung nicht. γ-Strahlen bestehen wie Licht aus Energiequanten (= „Energiepaketen"). Nur sind die γ-Quanten gegenüber den Lichtquanten um ein Vielfaches energiereicher.

Der zeitliche Verlauf des radioaktiven Zerfalls / Halbwertszeit

Für die verschiedenen radioaktiven Elemente, die oft nur in sehr geringer Menge erhalten werden können, da sie häufig sehr rasch weiter zerfallen, ist das charakteristische Kennzeichen die Geschwindigkeit ihres Zerfalls. Die Menge eines radioaktiven Stoffes nimmt nicht in gleichen Zeiten um den gleichen Betrag (also nicht linear) ab, sondern im Laufe der Zeit zerfallen immer weniger Atomkerne, da die bereits zerfallenen Atomkerne nicht mehr in gleicher Weise zerfallen können. Diese abklingende Kurve ist das Bild einer sogenannten Exponentialfunktion. Dies besagt, daß der Zerfall anfangs, wenn noch viel radioaktives Präparat vorhanden ist, schnell abläuft, sich aber mit abnehmender Menge des radioaktiven Stoffes immer mehr verlangsamt. Im gleichen Maße verringert sich mit der Zeit die Strahlungsintensität des Strahlers.

Die Zeit, während der von einer vorhandenen Atomzahl die Hälfte zerfällt, nennt man Halbwertszeit. Die Halbwertszeit ist für jeden radioaktiven Stoff ein charakteristischer Kennwert.[1]

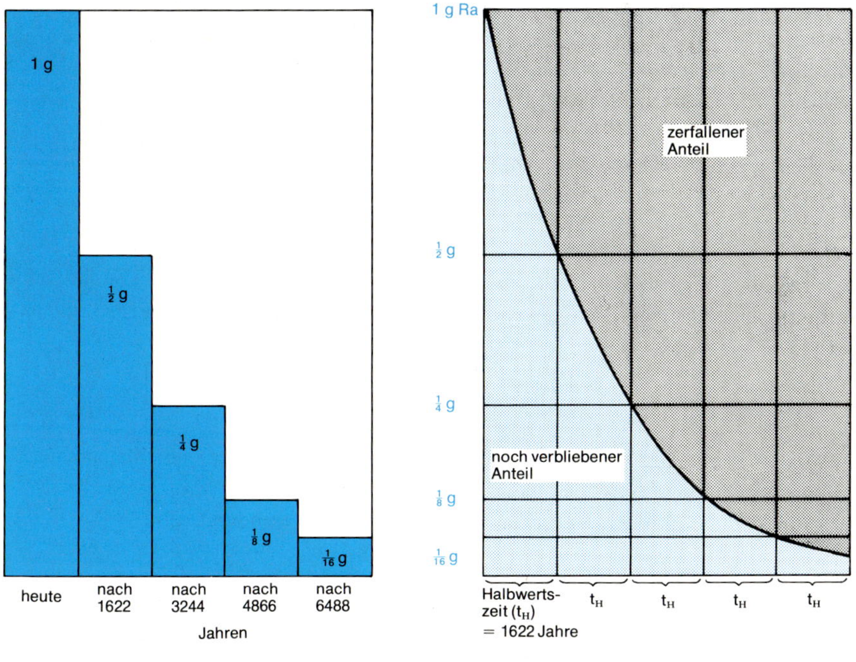

Abb. 34 Radioaktiver Zerfall von 1 Gramm Radium

[1]) Die Halbwertszeit ist geringfügig druck- und temperaturabhängig.

Versuch:

Das Abklingen der radioaktiven Strahlung läßt sich leicht durch Vergleichsmessungen an verschieden alten radioaktiven Präparaten nachweisen, die jeweils ursprünglich gleiche Substanzmengen enthielten. Eine Vergleichsmessung an drei ursprünglich gleichen Proben Po 210 (α-Strahler) ergab:

Probe	Alter	Zählrohrimpulse (nach Abzug der durch Erdradioaktivität und Höhenstrahlung ausgelösten Impulse)
1	28 Monate	$1656 s^{-1}$
2	51 Monate	$55 s^{-1}$
3	78 Monate	$2 s^{-1}$

Wirkungen der radioaktiven Strahlung

Radioaktive Strahlung wirkt ionisierend.

Versuch:

Ein Kondensator, dessen eine Platte geerdet und dessen andere Platte mit einem geladenen Elektroskop verbunden ist, wird radioaktiver Strahlung ausgesetzt.

Die Luft wird durch Ionisierung leitend, wodurch die auf dem Elektroskop befindlichen Ladungen abfließen können. Der Ausschlag des Elektroskops geht zurück.

Die ionisierende Wirkung der radioaktiven Strahlung kann man sich anschaulich so vorstellen, daß ein Strahlungspartikel, der ja mit hoher Geschwindigkeit durch die Luft fliegt, beim Aufprall auf die Luftteilchen Elektronen aus diesen herausschlägt (Stoßionisation).

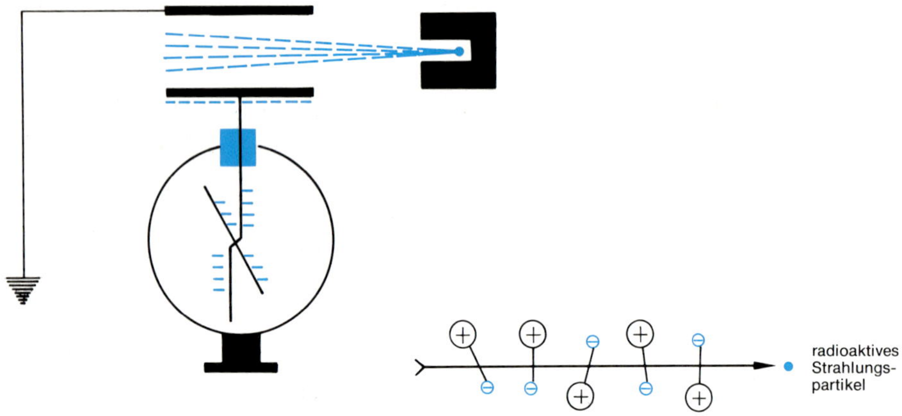

Abb. 35 Nachweis der ionisierenden Wirkung der radioaktiven Strahlung

Radioaktive Strahlung kann andere Stoffe durchdringen. Das Durchdringungsvermögen von α-Strahlung ist am geringsten, das von γ-Strahlung am höchsten.

Versuch:

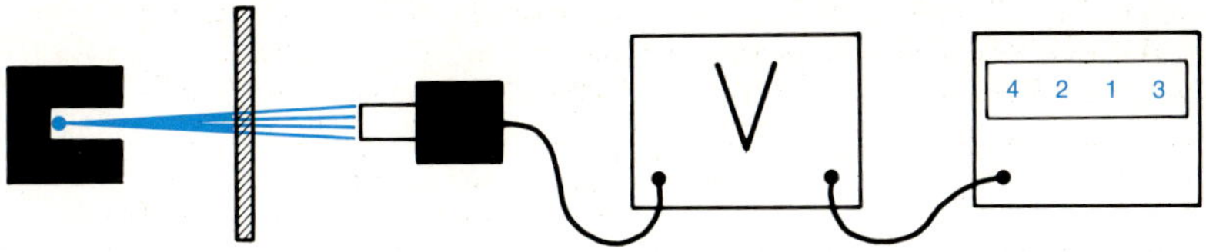

Abb. 36 Nachweis des Durchdringungsvermögens der radioaktiven Strahlung

Die Intensität der radioaktiven Strahlung wird mit einem Zählrohr gemessen, und die im Zählrohr ausgelösten Impulse werden mittels Verstärker und Zählgerät registriert. Zwischen Strahlungsquelle und Zählrohr bringt man verschiedene Materialien, die auch noch jeweils im Hinblick auf ihre Dicke variiert werden.

Ergebnis:

α-Strahlung wird bereits von Papier absorbiert. α-Strahlung vermag nur sehr dünne Metallfolien (z. B. Al von 0,005 mm) zu durchdringen (vgl. Rutherfordscher Streuversuch, S. 17).

Das Durchdringungsvermögen von β- und γ-Strahlen ist wesentlich größer. Insbesondere die γ-Strahlen vermögen leicht zentimeterdicke Metallwände zu durchdringen.

Regel:

Radioaktive Strahlung wird von einem Stoff um so besser absorbiert (= abgeschirmt), je höher dessen Atommasse ist. So ist die Abschirmwirkung von Blei höher als die von Eisen oder gar von Aluminium.

Die Reichweite der radioaktiven Strahlung ist unterschiedlich. Sie beträgt in Luft für α-Strahlen nur wenige Zentimeter und für β-Strahlen einige Meter. γ-Strahlung besitzt die größte Reichweite.

Diese Aussage läßt sich in der obigen Versuchsanordnung überprüfen, indem der Abstand der Strahlungsquelle zum Zählrohr mehrmals vergrößert und die jeweilige Strahlungsintensität gemessen wird.

Radioaktive Strahlung kann biologisch außerordentlich schädigend sein.

Radioaktive Strahlung bewirkt schwerwiegende Änderungen im lebenden Organismus:

a) Zerfall des Wassers in Radikale; in Sekundärreaktion entsteht u. a. H_2O_2.
b) Chromosomenbrüche; die Molekülketten der DNS (Desoxiribonukleinsäure), werden durch radioaktive Strahlung zerschlagen. Damit treten Veränderungen der Erbanlagen auf.
c) Aminosäuren und Enzyme werden durch radioaktive Strahlung verändert.

Symptome bei radioaktiver Bestrahlung (beim Menschen):

Bei schwacher Dosis:

100 bis 200r $\triangleq$ 0,0258 bis 0,0517 $\frac{\text{As}}{\text{kg}}$

Schwäche, Appetitmangel, Durchfall, Haarausfall. Meist Erholung innerhalb von zwei Monaten.

Bei stärkerer Dosis:

400r $\triangleq$ 0,1034 As/kg

In den ersten 14 Tagen Wohlbefinden, dann rasch Appetitmangel, Unwohlsein; nach 3 Wochen Fieber, blutiger Durchfall, Mundgeschwüre; nach 4 Wochen tritt mit 50%iger Wahrscheinlichkeit der Tod ein.

Bei starker Dosis:

600 bis 700r $\triangleq$ 0,155 bis 0,181 $\frac{\text{As}}{\text{kg}}$

Die Wirkungen sind schon nach 1 bis 2 Stunden sichtbar; Übelkeit, Erbrechen, blutiger Durchfall, Mundgeschwüre, Fieber. Nach 2 Wochen ist in der Regel der Tod eingetreten.

Nachweis und Messung der radioaktiven Strahlung

Zum Nachweis und zur Messung nutzt man die ionisierende Wirkung der radioaktiven Strahlung aus.

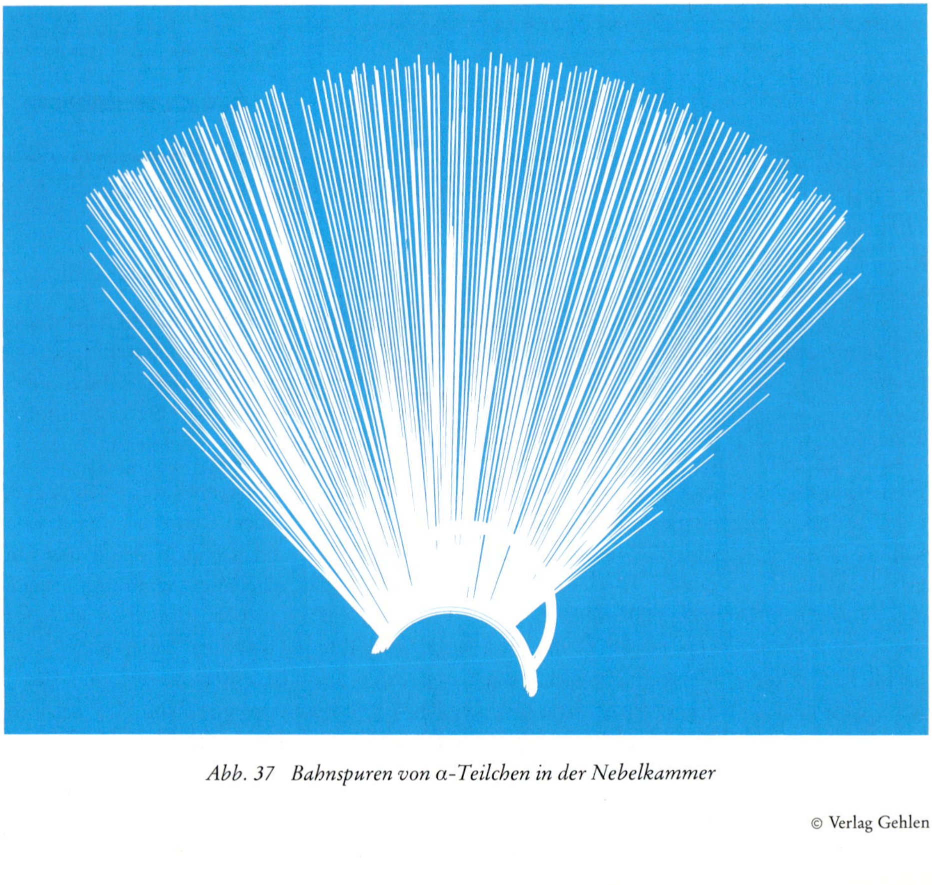

Abb. 37 Bahnspuren von α-Teilchen in der Nebelkammer

Nebelkammer

Zur Untersuchung der radioaktiven Strahlen hat Wilson 1912 ein viel verwendetes Verfahren entwickelt, mit dem man die Bahnen der α- und β-Strahlen sichtbar machen kann. Die Strahlen erzeugen längs ihrer Bahn durch Zusammenstöße mit Luft Gasionen (ein einziges α-Teilchen erzeugt beispielsweise längs seiner Bahn bis zu 50 000 Ionenpaare), die als Kondensationskeime für Wasserdampf wirken. Man sättigt die Luft in dem Raum, in dem sich die Strahlen ausbreiten, mit Wasserdampf, dem man evtl. Methanoldampf beimischt. Kühlt man diesen Raum ab (z. B. indem man eine Verbindung mit einem luftverdünnten Raum herstellt, durch die Expansion tritt Abkühlung auf), dann schlagen sich Wassertröpfchen auf den Ladungsträgern nieder. Damit werden die Bahnen der Strahlungspartikel als Nebelspuren sichtbar. Die Bahnen der α-Strahlen sind geradlinig. Die β-Strahl-Bahnen verlaufen unregelmäßig, weil die Elektronenmasse sehr gering ist, wodurch bei Zusammenstößen Ablenkungen auftreten.

Zählrohr

Ein Zählrohr besteht aus einem hohlen Metallzylinder, in dessen Achse ein dünner Draht (0,1 bis 0,2 mm Durchmesser) eingespannt ist. Der Metallzylinder wird mit dem negativen, der Draht mit dem positiven Pol einer regelbaren Gleichspannungsquelle verbunden.

Das Rohr ist in der Regel mit Luft oder einem anderen Gas (meist Argon) unter vermindertem Druck gefüllt.

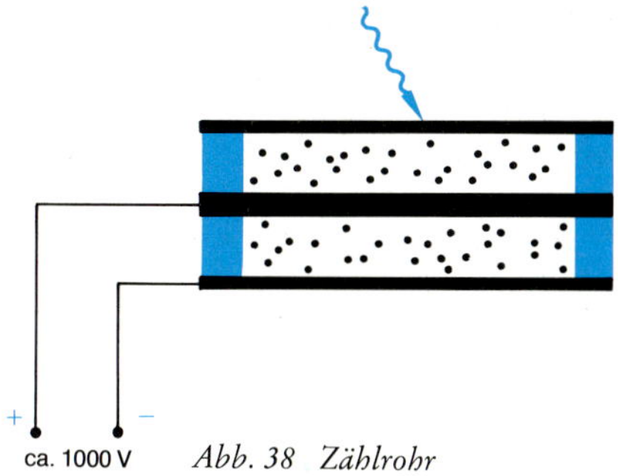

Abb. 38 Zählrohr

Fällt ein radioaktives Teilchen ein, so schlägt dies entweder aus der negativen Zylinderwand oder aus einem Füllgasteilchen ein Elektron los. Dieses Elektron wird insbesondere in der Umgebung des Metalldrahtes, in dessen Umgebung eine äußerst hohe Feldstärke herrscht, so stark beschleunigt, daß es beim Aufprall auf ein weiteres Gasteilchen wieder ein Elektron losschlägt (Stoßionisation). Dieser Vorgang setzt sich nun lawinenartig fort, wodurch ein kurzer Stromstoß (= Impuls) entsteht, der sich leicht registrieren läßt. Durch die Art der elektrischen Schaltung, insbesondere durch einen hohen vorgeschalteten Widerstand (10^9 bis 10^{10} Ohm) wird erreicht, daß der Stromstoß sofort wieder abreißt, wodurch das Zählrohr für ein neues zu zählendes Teilchen bereit ist.

Neuerdings erzielt man denselben Effekt auch ohne Vorschaltwiderstand durch Beimengung eines Dampfes mit mehratomigen Molekülen (z. B. Methan, Alkoholdampf u. a.) zur Gasfüllung. Derartige „selbstlöschende Zählrohre“ haben eine bessere zeitliche Auflösung und erlauben daher eine höhere Zählgeschwindigkeit. Je nach der angelegten Spannung arbeitet das Zählrohr im Proportionalbereich oder im Auslösebereich. Im Proportionalbereich liefert das Zählrohr kleinere oder größere Impulse, je nach der Energie der einfallenden Strahlungspartikel. Auf diese Weise lassen sich verschiedenartige Strahlen unterscheiden, aus denen wiederum auf die verschiedenen Strahlungsquellen geschlossen werden kann. Im Auslösebereich wird jedes einfallende Strahlungspartikel durch einen Impuls gleicher Größe registriert.

Übersicht über die Größen und Einheiten im radioaktiven Meßwesen

Größe	alte Einheit	neue SI-Einheit
Aktivität: Die Aktivität gibt Auskunft über die Anzahl der pro Zeiteinheit zerfallenden Kerne, sie gibt aber keine Auskunft über Energie und Art der entstehenden Strahlen und deren biologische Wirksamkeit.	1 Curie = 1 Ci = Zerfallsquote in 1 g Radium pro Sekunde = $3{,}7 \cdot 10^{10}$ Zerfälle/Sek.	1 Bequerel = 1 Bq = $1 s^{-1}$
	1 Ci ≙	$3{,}7 \cdot 10^{10} s^{-1}$
Ionendosis: Diese Einheit gibt Auskunft über die Ionenmenge, die durch Absorption der Strahlung in Luft entstanden ist. Ionendosis $= \dfrac{\text{Ionenmenge (= Ladung)}}{\text{Masse (Luft)}}$	1 Röntgen = 1 R $= \dfrac{2{,}08 \cdot 10^9 \text{ Ionenpaare}}{1 \text{ cm}^3 \text{ Luft bei Normalbed.}}$ ($2{,}08 \cdot 10^9$ Ionenpaare erfordern für ihre Erzeugung eine Ionisierungsarbeit von 0,113 erg) $\triangleq \dfrac{87{,}6 \text{ erg}}{1 \text{ g Luft}}$	$1 \dfrac{\text{As}}{\text{kg}}$ $1 \dfrac{\text{As}}{\text{kg}}$ ist gleich der Ionendosis, die bei Erzeugung von Ionen eines Vorzeichens mit der elektrischen Ladung 1 As in Luft der Masse 1 kg durch ionisierende Strahlung entsteht.
	3870 R ≙	$1 \dfrac{\text{As}}{\text{kg}}$
Energiedosis: Die Energiedosis gibt die bei Absorption aufgenommene Energie pro g bzw. kg (bei beliebigen Stoffen) an. Enegiedosis $= \dfrac{\text{Energie}}{\text{Masse}}$	$1 \text{ rad} = \dfrac{100 \text{ erg}}{1 \text{ g beliebige Substanz}}$	1 Gray = 1 Gy = $1 \dfrac{\text{J}}{\text{kg}}$
	100 rad ≙	$1 \dfrac{\text{Joule}}{\text{kg}}$
Ionendosisleistung (= -rate) Ionendosis / Zeit	$\dfrac{1 \text{ Röntgen}}{\text{Sekunde}} = \dfrac{1 \text{ R}}{\text{s}}$	$1 \dfrac{\text{As}}{\text{kg}} \Big/ \text{s} = 1 \dfrac{\text{A}}{\text{kg}}$
Energiedosisleistung (= -rate) Energiedosis / Zeit	$\dfrac{1 \text{ rad}}{\text{Sekunde}}$	$1 \dfrac{\text{Joule}}{\text{kg}} \Big/ \text{s} = \dfrac{1 \text{ W}}{\text{kg}}$
Äquivalentdosis (mittlere biologische Wirksamkeit)	1 rem = 1 rad · Qualitätsfaktor QF QF $\alpha = 10; \beta = 1; \gamma = 1$	1 Sievert = 1 Sv = $\dfrac{1 \text{ J}}{\text{kg}}$
	Verknüpfung: $1 \text{R} \approx 1 \text{ rad} \approx 1 \text{ rem}$ (bei Strahlen von 0,1–3 MeV β, γ)	

Szintillationszählung

Bereits 1903 verwendeten Crookes und Regener ein Gerät zum Nachweis von α-Strahlen. Die beim Auftreffen von α-Strahlung auf einen Zinksulfid-Schirm erzeugten Lichtblitze wurden mit Hilfe einer Beobachtungslinse mit dem bloßen Auge ausgezählt.

Heute werden die Lichtblitze mit einer Fotozelle, einem Sekundärelektronenvervielfacher und durch elektronische Verstärkung in Zählimpulse umgewandelt. Im Rahmen chemischer Untersuchungen hat die Flüssigkeitsszintillationszählung besondere Bedeutung. Das radioaktive Präparat, das niederenergetische β-Strahlung aussendet, wird in einem Lösemittel gelöst, das gleichzeitig einen organischen Szintillator enthält (z. B. 2,5-Diphenyloxazol, DPO). Die zunächst vom Lösemittel absorbierte Energie des β-Teilchens wird auf den Szintillator übertragen und von diesem in Strahlung umgewandelt. Diese Strahlung trifft dann auf eine Fotokathode und setzt dort Elektronen frei, deren Zahl im Sekundärelektronenvervielfacher etwa um den Faktor 10^6 vergrößert wird. Schließlich wird der Impuls elektronisch verstärkt und registriert.

Sehr wichtig ist, daß dabei ein elektrischer Impuls entsteht, dessen Größe proportional der Energie der β-Strahlung ist. Dadurch wird es durch eine geeignete elektronische Schaltung möglich, die Radioaktivität von β-Strahlen verschiedener Energie in einer Probe zu bestimmen. So läßt sich z. B. der Anteil von C14 und H3, die β-Strahlung unterschiedlicher Energie aussenden, in einer Probe nebeneinander bestimmen.

Schutzmaßnahmen beim Umgang mit ionisierender Strahlung

Folgende Verordnungen sind beim Umgang mit ionisierender Strahlung zu beachten:

1. Strahlenschutzverordnung von 1976, Neufassung 1981.
2. Zum Strahlenschutz in Schulen sind die Erlasse des jeweils zuständigen Kultusministers zu beachten (z. B. in NRW: Rd. Erl. KM vom 20.4.1988, G. Amtsblatt S. 266).

Die wichtigsten Regeln für den praktischen Umgang mit radioaktiven Präparaten sind:

Abstand halten;

möglichst nur kurzzeitig mit den Präparaten arbeiten;

Präparate nie mit den bloßen Händen anfassen (Pinzetten, Greifer);

Schutzbrille aufsetzen;

sofern gasförmige Zerfallsprodukte entstehen, muß unter einem gut ziehenden Abzug gearbeitet werden;

nur an Tischen mit porenloser Oberfläche arbeiten.

Strahlengefahr bei radioaktiven und sonstigen ionisierenden Strahlen

Abb. 39 Warnschild vor ionisierenden Strahlungen (im Original Schwarz auf gelbem Grund)

1.3.5 Isotopen-Indikatormethode (Tracer-Technik)

Geschichtliches

Anläßlich des 80. Geburtstages des Nobelpreisträgers Georg von Hevesy (1926 bis 1934 Prof. an der UNI Freiburg) wurde in den Freiburger Universitätsblättern folgende Episode berichtet:

„Georg von Hevesy erfand lange vor der Entdeckung der künstlichen Radioaktivität die Markierungsmethode mit radioaktiven Isotopen. Nach Abschluß seines Chemie-Studiums mit der Promotion zum Dr. phil. rer. nat. an der Universität Freiburg i. Br. war er als junger Physiko-Chemiker 1911 bei Ernest Rutherford in Manchester und wurde Zeuge großer Entdeckungen auf dem Gebiet der Atomphysik. Mit anderen jungen Kollegen nahm er seine Mahlzeiten in einer kleinen Pension nahe dem Laboratorium ein. Das Essen war schlecht, und die Studenten hatten den Verdacht, daß die ungegessenen Speisereste in anderer Form bei der nächsten Mahlzeit wieder aufgetischt wurden. Um diese Vermutung zu prüfen, mischte von Hevesy unter die Speisereste etwas radioaktives Material, das er bei seinem Versuch, Radium-D von Blei zu trennen, im Laboratorium gewonnen hatte. Und tatsächlich, im Haschee des folgenden Tages konnte er die Radioaktivität wiederfinden."

Dieses Ereignis war praktisch die Geburtsstunde der Isotopen-Indikatormethode. Von Hevesy war der erste, der radioaktive Isotope zum Studium chemischer Vorgänge und später als Indikatoren in der Pflanzen- und Tierphysiologie sowie in der Medizin verwendete. 1943 erhielt er für die Einführung der Methode der radioaktiven Indikatoren den Nobelpreis für Chemie.

Prinzip der Indikatormethode

Mischt man einem Element in einem geringen Prozentsatz ein Isotop bei, welches in seinem natürlichen Isotopengemisch nicht vorhanden ist, so macht dieses Isotop anteilmäßig alle chemischen und auch die meisten physikalischen Vorgänge mit, welchen das Element unterworfen wird. Besonders leicht läßt sich ein radioaktives Isotop verfolgen. So kann man z. B. durch Einbau eines radioaktiven Kohlenstoff-Isotops in ein synthetisches Fett bei Verfütterung dieses Fetts an ein Lebewesen den Weg des Fetts und der Abbauprodukte im Organismus des Lebewesens genau verfolgen. Die beigemischten Isotope nennt man Tracer. Sie werden in außerordentlich geringer Dosis beigemischt. So können z. B. mit den modernsten Nachweismethoden noch ca. $1{,}1 \cdot 10^{-11}$ g des radioaktiven Kohlenstoffisotops $^{14}_{6}C$ nachgewiesen werden.

Die Halbwertszeit der verwendeten radioaktiven Isotope darf nicht zu kurz sein, damit nicht ein zu großer Teil der Substanz während des beobachteten Vorgangs zerfällt.

Besondere Bedeutung haben die folgenden Isotope:

Tabelle 6: Isotope zur Markierung

Isotop	Halbwertszeit	Strahlung
C 14	5568 Jahre	β
H 3	12,26 Jahre	β
P 32	14,2 Tage	β
J 131	8 Tage	β
Na 24	15 Stunden	β, γ
S 35	88 Tage	β
Co 60	5,2 Jahre	β, γ
Sr 90	53 Tage	β

Anwendungsbeispiele der Indikator-Methode

Chemische Forschung: Der Ablauf von chemischen Reaktionen läßt sich mit Isotopenindikatoren untersuchen und aufklären.

Beispiel 1: Isomerisierung von n-Butan

n-Butan isomerisiert in Gegenwart eines Katalysators in der Gasphase zu i-Butan.

$$CH_3\text{-}CH_2\text{-}CH_2\text{-}CH_3 \longrightarrow CH_3\text{-}CH(CH_3)\text{-}CH_3$$

n-Butan → i-Butan

Markiert man eine der Methylgruppen des n-Butans mit C 14 und analysiert nach der Isomerisierung die Isotopenverteilung im i-Butan und im zurückgewonnenen n-Butan, so findet sich Radioaktivität nicht nur in den Methylgruppen, sondern auch im tertiären C-Atom des i-Butans und in der Methylengruppe des n-Butans.

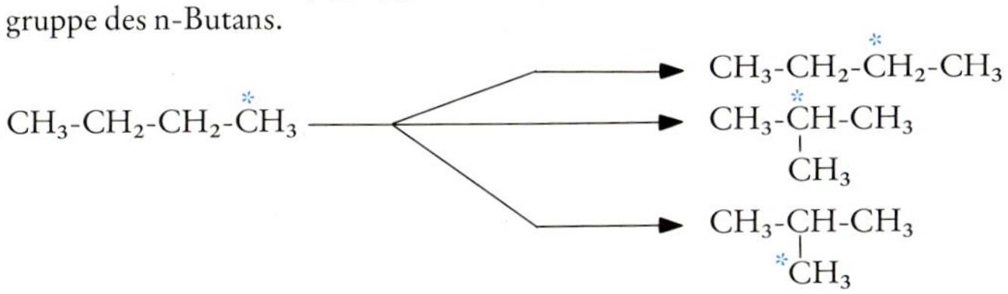

Neben der Isomerisierung zum i-Butan findet offenbar auch eine Umlagerung des n-Butans statt, bei der eine Methyl- und eine Methylengruppe den Platz tauschen. Diese Reaktion ist nur durch Isotopenmarkierung erkennbar.

Beispiel 2: Verlauf von Veresterungen

$$R\text{-}\overset{O}{\overset{\|}{C}}\text{-}\overset{*}{O}H + HO\text{-}R' \longrightarrow R\text{-}\overset{O}{\overset{\|}{C}}\text{-}O\text{-}R' + H_2\overset{*}{O}$$

Bei Veresterungen interessiert u. a. die Frage, ob die OH-Gruppe der Säure oder des Alkohols abgespalten wird. Durch Markierung mit dem stabilen (d. h. nicht radioaktiven) Isotop O 18 ließ sich eindeutig klären, daß die OH-Gruppe der Säure mit dem Wasserstoff des Alkohols das Wasser bildet.

Eine Auswahl weiterer Anwendungen:
In der Biochemie konnten z. B. Stoffwechselvorgänge aufgeklärt werden, da die markierten Atome bei ihrer Wanderung durch den Organismus laufend verfolgt werden können. Entsprechend läßt sich die Wirkung und der Einbau von Düngemitteln in Pflanzen verfolgen. Die medizinisch-pharmazeutische Forschung kann überprüfen, wie Medikamente im Körper wirken, ob evtl. Anreicherungen in Organen erfolgen, die man gar nicht behandeln wollte, und wann die Medikamente evtl. wieder ausgeschieden werden.
Die Aufnahme von Schädlings- und Unkrautbekämpfungsmitteln durch Insekten bzw. Unkräuter kann überprüft werden.
Kleinste Dampfdrücke und die gelösten Anteile schwerlöslicher Stoffe können durch radioaktive Markierung bestimmt werden. Ebenso kann die Verteilung gelöster Stoffe auf verschiedene Lösemittel (vgl. Nernstsche Verteilung) bestimmt werden.
Die Dichtigkeit der Filter werden mit radioaktiven Stoffen geprüft.
Die Waschmitteltechniker markieren den Schmutz. Durch Messung der Radioaktivität der Wäsche nach dem Waschen läßt sich feststellen, wie vollständig der Schmutz abgelöst wurde. Analog markieren Druckereitechniker die Farbe, um die Gleichmäßigkeit der Farbverteilung zu überprüfen.
Feuerfeste Auskleidungen von Öfen (z. B. Hochöfen) werden mit langlebigem Kobaltisotop versetzt. Bröckelt die Auskleidung an einer Stelle ab, so wird dies durch ein außen entlanggeführtes Zählrohr durch Absinken der Intensität angezeigt.

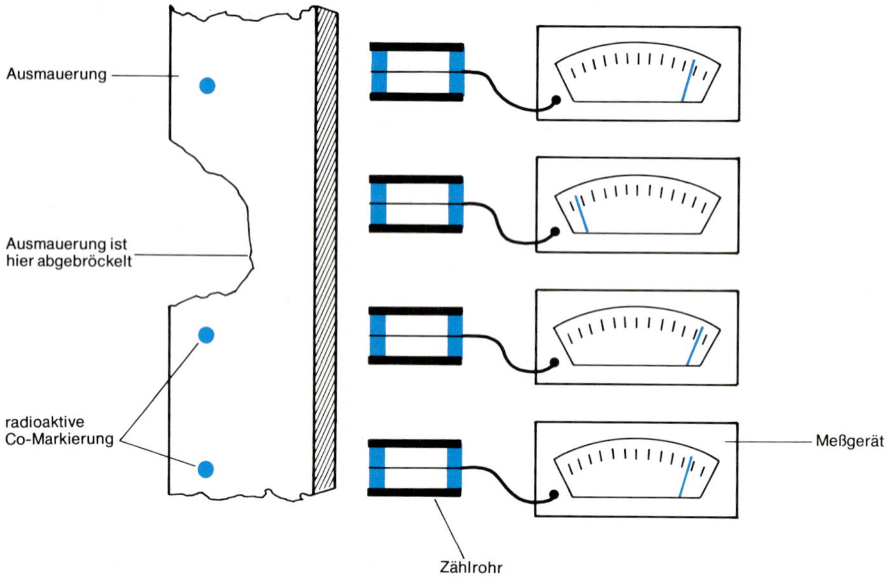

Abb. 40 Überprüfung des Zustandes einer Ofenausmauerung

2 Die Aggregatzustände der Stoffe

2.1 Der feste Aggregatzustand

2.1.1 Die drei Aggregatzustände fest, flüssig und gasförmig

Wärmebewegung und Diffusion

Die drei Aggregatzustände fest, flüssig und gasförmig unterscheiden sich durch die Stärke der Wärmebewegung der Moleküle, Ionen oder Atome, aus denen ein Stoff besteht, und durch die Größe der Kräfte, die zwischen diesen Teilchen wirken.

Ein Gas ist dadurch ausgezeichnet, daß es jeden ihm vorgegebenen Raum ausfüllt. Die Kräfte, die zwischen den Gasteilchen wirken, sind im Vergleich zum flüssigen und festen Zustand gering. Die Moleküle oder Atome des Gases befinden sich in ständiger, ungeordneter Bewegung; die Bewegung ist ein Maß für die im Gasraum herrschende Temperatur. Die Teilchen müssen sich mit sehr hoher Geschwindigkeit bewegen, da der zur Verfügung stehende Raum sofort eingenommen wird.

Die Flüssigkeiten unterscheiden sich von den Gasen dadurch, daß sie ein ganz bestimmtes Volumen haben. Sie können nicht jeden beliebigen Raum erfüllen. Sie passen sich aber jeder Gefäßform an. Dies können sie, weil die Flüssigkeitsteilchen nicht an einen festen Platz gebunden sind, sondern ähnlich beweglich sind wie die Teilchen eines Gases. Einige Flüssigkeitsteilchen können auf Grund ihrer hohen Beweglichkeit sogar die Flüssigkeit verlassen (= verdunsten). Daß dies aber immer nur wenigen Teilchen gelingt, setzt Anziehungskräfte voraus, die die Teilchen der Flüssigkeit zusammenhalten.

Feste Körper besitzen neben einem konstanten Volumen auch eine feste Form. Die Teilchen sind nicht mehr frei beweglich. Ihnen ist in der Regel nur noch eine Schwingbewegung um ihre Mittellage möglich. Die Intensität dieser Schwingbewegungen wächst mit steigender Temperatur. Wie bei Gasen und Flüssigkeiten haben auch bei Feststoffen nicht alle Teilchen die gleiche Bewegungsenergie. Einige besonders energiereiche Teilchen brechen auf Grund ihrer Schwingungsenergie aus dem festen Verband aus (= sublimieren). Die meisten Teilchen aber unterliegen derart großen Anziehungskräften, daß sie einen starren, mehr oder weniger geordneten (= kristallinen) Verband bilden.

Die Bewegung der einzelnen Teilchen läßt sich durch Versuche unmittelbar nachweisen.

Versuch:

Zwei verschließbare Glaszylinder werden mit Bromdampf gefüllt. In einen Zylinder gibt man einen Löffel voll A-Kohle, der andere dient der vergleichenden Beobachtung.

Beobachtung:

Der Bromdampf im mit A-Kohle versehenen Zylinder verschwindet nach kurzer Zeit. Im Vergleichszylinder bleibt er dagegen gleichmäßig im ganzen Gefäßvolumen verteilt.

Erklärung:

Durch die ständige Wärmebewegung schwirren die Moleküle des Broms im ganzen Gefäßvolumen umher. Wenn sie dabei zufällig auf die A-Kohle-Körnchen stoßen, werden sie dort adsorbiert. Der Vergleichszylinder zeigt, daß nicht die Schwerkraft Ursache der beobachteten Erscheinung ist.

Der englische Botaniker R. Brown beobachtete diese Wärmebewegung erstmalig im Jahre 1827 beim Mikroskopieren an größeren, unter dem Mikroskop sichtbaren Teilchen. So kann man z. B. an feinsten Rauchteilchen eine ständige Zitterbewegung erkennen, die ihre Ursache in ständigen Zusammenstößen zwischen Rauchteilchen und Molekülen der Luft haben. Die Wärmebewegung der Teilchen wird daher häufig auch Brownsche Molekularbewegung genannt.

Je höher die Temperatur ist, desto schneller bewegen sich die Teilchen eines Stoffes. Die Verteilung eines Stoffes aufgrund seiner regellosen Wärmebewegung heißt Diffusion.

Die Bewegung der einzelnen Teilchen läßt sich mit einem Feldelektronenmikroskop auch unmittelbar sichtbar machen. Der entsprechende Versuch ist auf Seite 63 dargestellt.

Zusammenfassung:

	fest	flüssig	gasförmig
Aufbau (schematisch)	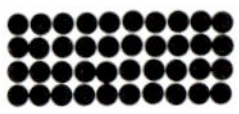		
Abstände zwischen den Teilchen	Die Teilchen liegen dicht aneinander	Die Teilchen liegen noch sehr dicht aneinander	Die Abstände zwischen den Teilchen sind im Verhältnis zur Teilchengröße sehr groß
Ordnung der Teilchen	hohe Ordnung	geringe Ordnung	völlig regellos, keine Ordnung
Volumen	bestimmtes Volumen	bestimmtes Volumen	kein bestimmtes Volumen
Form	bestimmte Form	beliebige Form; Flüssigkeiten passen sich der Form des Gefäßes an	beliebige Form; Gase nehmen die Form des Gefäßes an
Bewegung der einzelnen Teilchen	Schwingbewegung um eine Mittellage	völlig ungeordnete Bewegung; die Teilchen haben keinen festen Platz	völlig ungeordnete Bewegung. Die Teilchen haben keinen festen Platz.
Geschwindigkeit bei Zimmertemperatur	Platzveränderungen im Gefüge	einige cm/s	einige hundert Meter/s
Zwischen den Teilchen wirkende Kräfte	groß, voll wirksam	groß, aber geringer als im festen Zustand	wegen des großen Teilchenabstandes kaum mehr wirksam; sehr gering.

2.1.2 Bau der Kristalle

Die meisten festen Stoffe zeigen in ihrem Teilchenaufbau eine geordnete, regelmäßige Struktur. Diesen Aufbau bezeichnet man als kristallin.

Mit Hilfe von Röntgenbeugungs-, Neutronenbeugungs- und Elektronenbeugungsspektren hat man die Struktur der Kristalle aufgeklärt. Der regelmäßige Aufbau, den ein schön geformter Kristall mit dem Auge erkennen läßt, setzt sich bis in die atomaren Strukturen hinein fort. Unmittelbaren Einblick in die kristalline Struktur im atomaren Bereich erhält man mit einem Feldelektronenmikroskop.

Versuch:

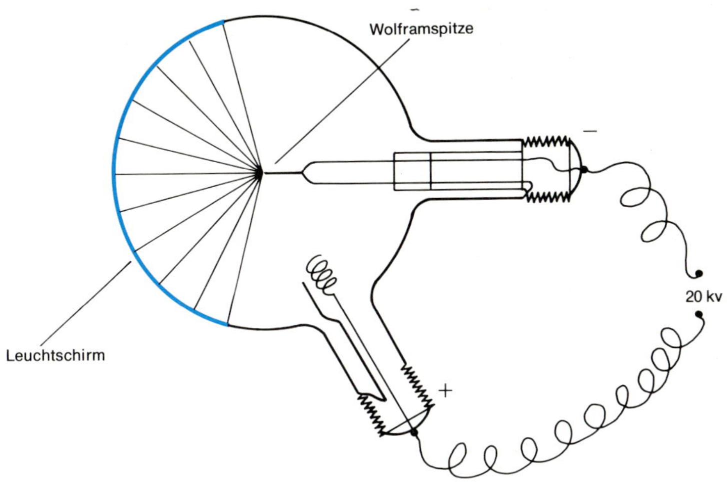

Abb. 41 Einfaches Feldelektronenmikroskop

Eine Hochvakuumröhre (vgl. Abb. 41) hat in ihrem Mittelpunkt eine einkristalline Wolfram-Spitze, die mit dem negativen Pol einer Hochspannungsquelle verbunden ist. Als Anode dient eine seitlich eingeführte Wendel, die mit einer das ganze Innere der Kugel bedeckenden dünnen Graphitschicht verbunden ist. Wird Hochspannung (ca. 20 kV) angelegt, so treten auf Grund der hohen Feldstärke aus der Wolfram-Spitze Elektronen aus. Aus dem Wolframkristall ist aber der Elektronenaustritt in verschiedenen Ebenen erschwert. Dadurch ergibt sich auf dem Bildschirm eine genaue Abbildung der Struktur des Wolfram-Kristalls. Man kann ganz deutlich die würfelförmige (kubische) Anordnung der Atome sehen.

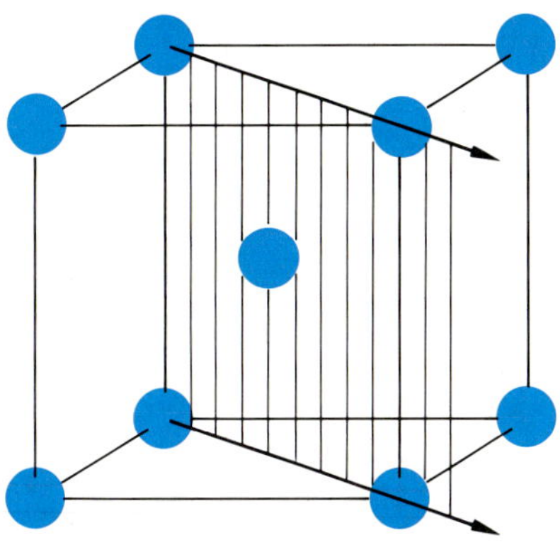

Abb. 42 In dieser Ebene ist der Elektronenaustritt erschwert

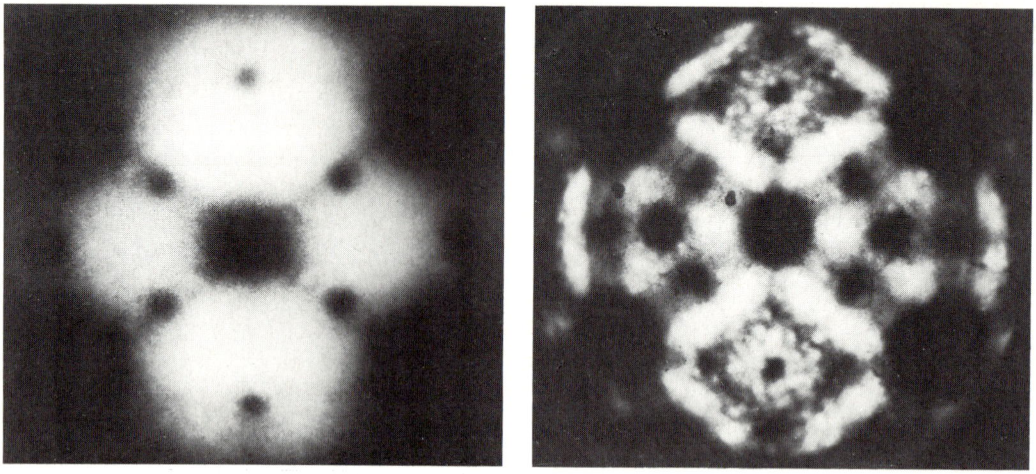

Abb. 43 Bildschirm eines Feldelektronenmikroskops – Abbildung der Wolframspitze a) reines Wolfram b) Wolframspitze mit aufgedampften Ba-Atomen, abgebildet als helle Punkte

Mit dem Feldelektronenmikroskop läßt sich unmittelbar die Wärmebewegung der Teilchen sichtbar machen. Dazu verdampft man aus einem Vorratsbehälter, der sich an der Anode befindet, durch Aufheizen der Anode Bariumatome in die Röhre hinein. Auf der Wolframspitze (Katode) schlagen sich einige dieser Ba-Atome nieder. Sie werden auf dem Leuchtschirm als kleine, helle Punkte abgebildet. Wird die Kathode nun aufgeheizt, so beginnen diese hellen Punkte immer heftiger zu tanzen und zu schwirren. Beim Abkühlen der Kathode läßt diese Bewegung sofort nach.

Kristalle der Metalle (dichteste Kugelpackung)

Am einfachsten sind Kristalle aufgebaut, die aus einheitlichen Atomen bestehen, wie dies bei bei den Kristallen der Metalle der Fall ist. Alle Teilchen sind bei reinen Metallen gleich groß. Sie sind meistens in der dichtesten Kugelpackung angeordnet. Die übereinanderliegenden Atome, die man sich anschaulich als Kugeln vorstellen kann, liegen jeweils „auf Lücke" auf der darunterliegenden Schicht. Auf diese Weise ist jedes Metallatom von zwölf anderen Atomen umgeben (= Koordinationszahl 12).

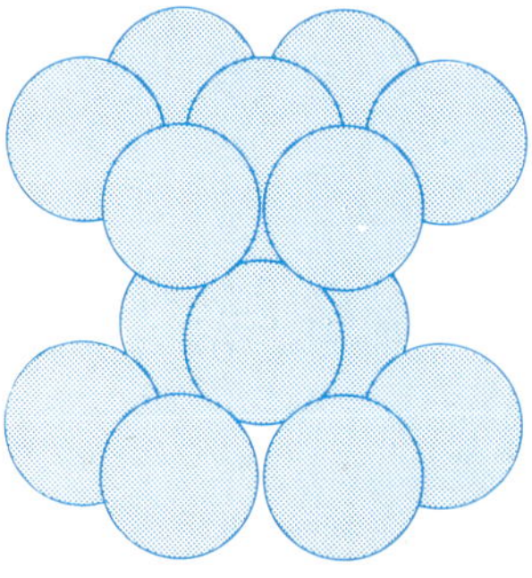

Abb. 44 Hexagonal dichteste Packung

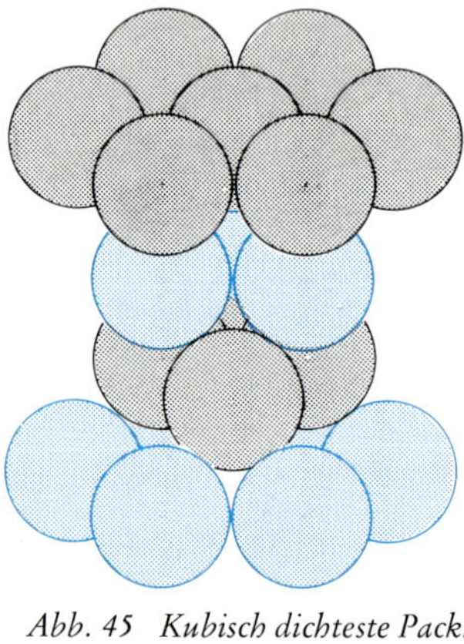

Abb. 45 Kubisch dichteste Packung

Zwei unterschiedliche Atomanordnungen sind möglich. Hexagonal kristallisiert z. B. Magnesium, kubisch kristallisiert Kupfer. Die Koordinationszahl beträgt in beiden Anordnungen zwölf. Im schematischen Schnittbild werden die Gleitebenen sichtbar, in denen bei äußerer Krafteinwirkung die Verformung eintritt.

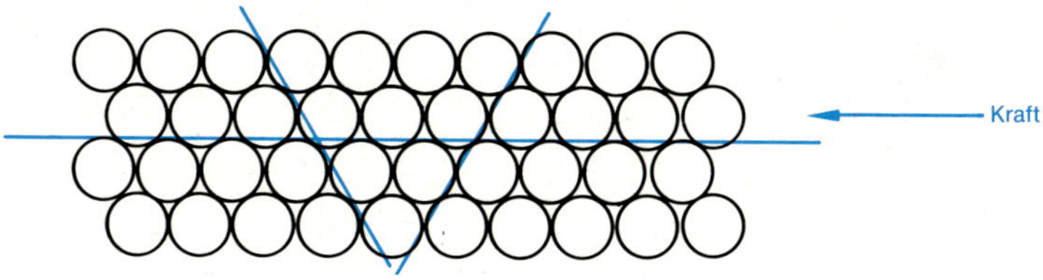

Abb. 46 Gleitebenen in einem reinen Metall

Die Existenz dieser Gleitebenen erklärt die sehr weiche und gut verformbare Struktur von reinen Metallen. So läßt sich z. B. reines Eisen als Blumendraht wickeln, reines Gold läßt sich bis zu einer Dicke von 0,0001 mm (dies ist etwa ein Zehntel der Wellenlänge von rotem Licht) auswalzen.

Neben der dichtesten Kugelpackung können reine Metalle auch kubisch raumzentriert kristallisieren. Die Elementarzelle des Kristalls ist hierbei ein Würfel, in dessen Mitte sich ein weiteres Atom befindet. Dieses liegt auf der Lücke, die von den vier Atomen der Würfelgrundfläche gebildet wird. In dieser Anordnung kristallisieren Cäsium und Wolfram.

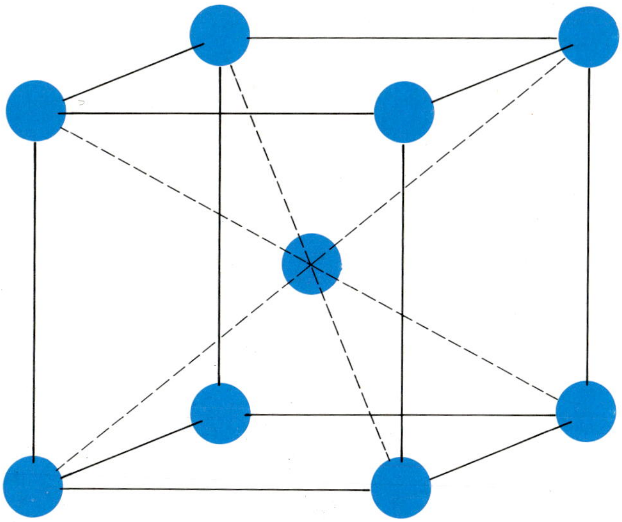

Abb. 47 Kubisch-raumzentriertes Gitter.
Der besseren Übersichtlichkeit wegen sind die Atome nicht dicht aneinanderliegend dargestellt.

Kristalle aus mehreren Partnern

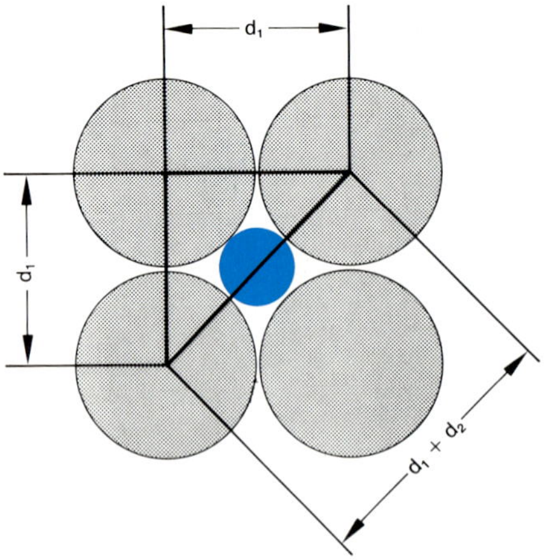

Abb. 48

Bei den Salzen liegen stets Kationen und Anionen unterschiedlicher Größen vor. Je nach Größenverhältnis und Ladigkeit der Ionen entstehen verschiedene Kristallstrukturen.

Beispiel:

d_1 = Durchmesser der größeren Teilchen
d_2 = Durchmesser der kleineren Teilchen
$d_1^2 + d_1^2 = (d_1 + d_2)^2$ (nach Pythagoras)
$\underline{d_2 = 0{,}42 \cdot d_1}$

Ein Kristallgitter des abgebildeten Typs entsteht, wenn das Durchmesserverhältnis (= Radienverhältnis) der Teilchen etwa 1 : 0,42 ist (sofern die Ladigkeit der Ionen dies zuläßt).

Tabelle 7: Radienverhältnis der Ionen und Gittertyp

Radienverhältnis der Partner im Kristall	Kristallstruktur	Koordinationszahl (bezogen auf den kleineren Partner)
1 : 1	hexagonal bzw. kubisch dichteste Kugelpackung	12
1 : 1 bis 0,73 : 1	kubisch raumzentriert	8
0,73 : 1 bis 0,42 : 1	Oktaeder	6
0,42 : 1 bis 0,22 : 1	Tetraeder	4
unter 0,22 : 1	Dreieck	3

Beispiel:

Aus dem Diagramm auf Seite 43 ergibt sich für NaCl ein Radienverhältnis von

$$r_{Na^+} : r_{Cl^-} = 0{,}56 : 1$$

Daraus ergibt sich nach der Tabelle 7 eine Oktaeder-Struktur, die man leicht in Abb. 50 auf Seite 67 erkennen kann.

Ein umfassendes Einteilungsprinzip für Kristalle erhält man nach Niggli, wenn man die Koordinationszahlen der am Kristallaufbau beteiligten Partner betrachtet. Die hier benutzte Schreibweise $\left\{AB\frac{m}{n}\right\}$ bedeutet, daß die Koordinationszahl des Partners A = m, die des Partners B = n ist. Diese Koordinationszahlen können gleich groß sein, sie können aber auch verschieden sein.

Gittertyp AB $\frac{8}{8}$

Prototyp: CsCl

Beschreibung:
Kubisch raumzentriertes Würfelgitter; Mittelpunkte der Cs^+-Würfel sind Cl^--Ionen, Mittelpunkte der Cl^--Würfel sind Cs^+-Ionen

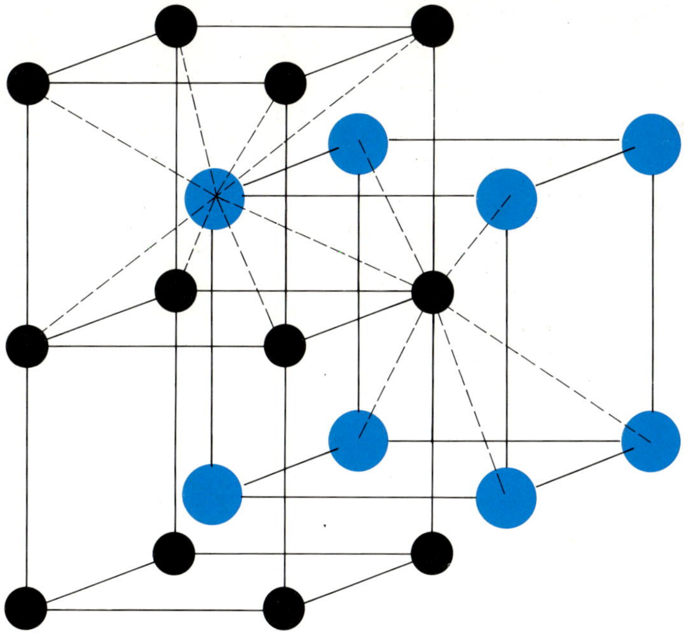

Abb. 49

Gittertyp AB $\frac{6}{6}$ (kubisch)

Prototyp NaCl

Beschreibung:
Dieses Gitter besteht aus zwei ineinander geschachtelten kubisch-flächenzentrierten Gittern. Neben der Würfelstruktur ist die Oktaeder-Struktur erkennbar. Die meisten anorganischen Verbindungen kristallisieren in diesem Gittertyp.

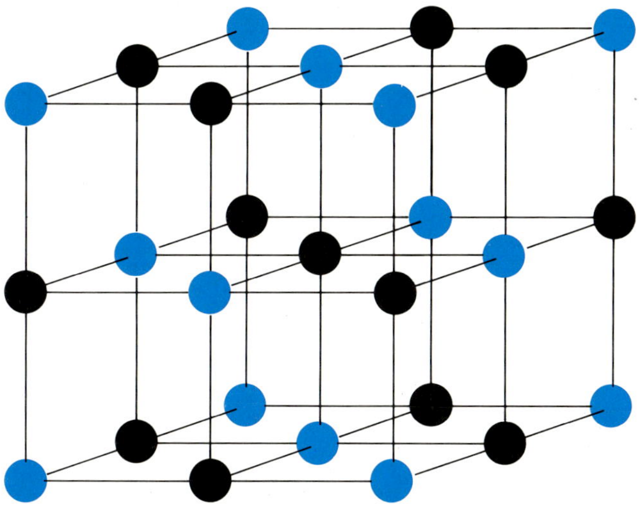

Abb. 50

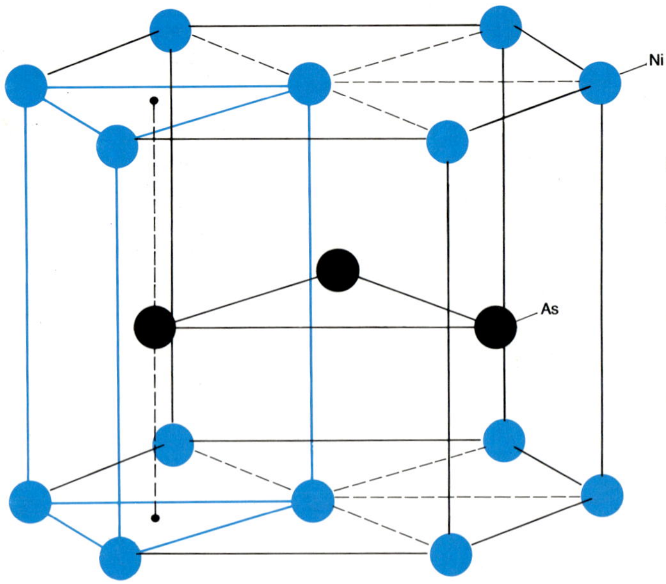

Gittertyp AB $\frac{6}{6}$ (hexagonal)

Prototyp NiAs

Beschreibung:
Das Gitter besteht aus hexagonalen Schichten. In dem farbig gezeichneten Ausschnitt wird die trigonale Struktur erkennbar.

Abb. 51

Gittertyp AB $\frac{4}{4}$

Prototyp: Zinkblende ZnS

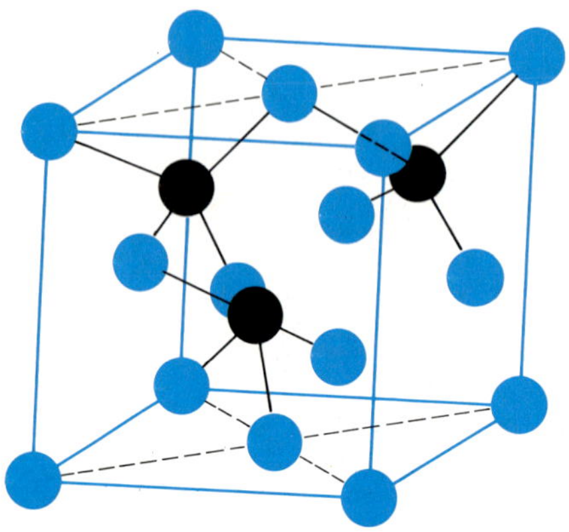

Abb. 52

Beschreibung:
Das Gitter hat eine kubische Grundstruktur. Die Gitterbausteine bilden Tetraeder.

Prototyp: Wurtzit ZnS

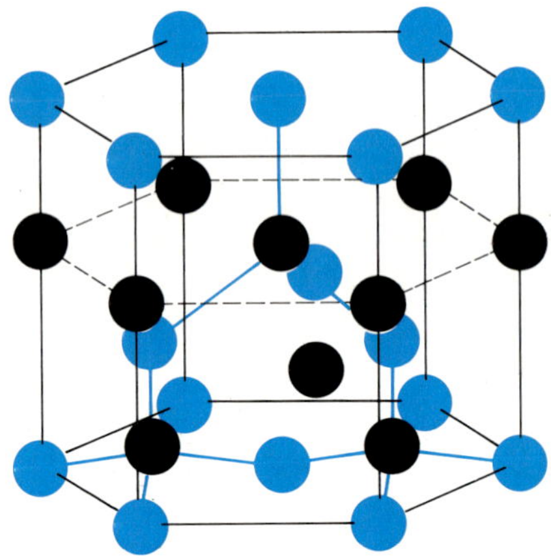

Abb. 53

Beschreibung:
Das Gitter hat eine hexagonale Grundstruktur. Die Gitterbausteine bilden Tetraeder.

Gittertyp AB $\frac{8}{4}$

Prototyp: CaF_2

Beschreibung:
Unterteilt man den ganzen Würfel in acht Teilwürfel, so sind deren Mittelpunkte zur Hälfte mit Ca^{2+}-Ionen besetzt.

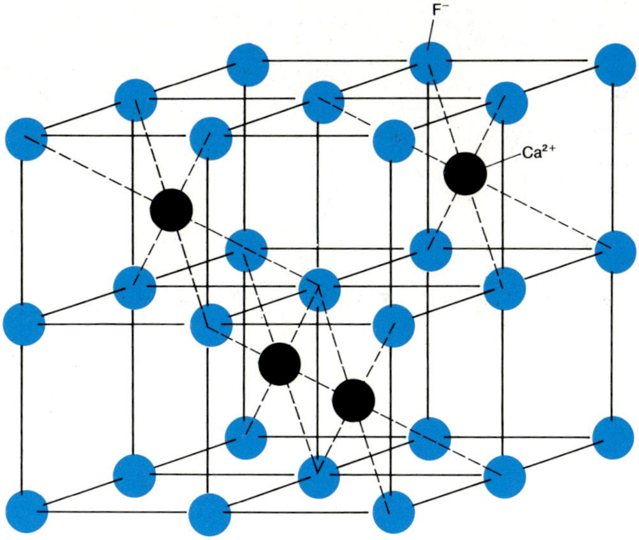

Abb. 54

Gittertyp AB $\frac{6}{3}$

Prototyp: Rutil, TiO_2

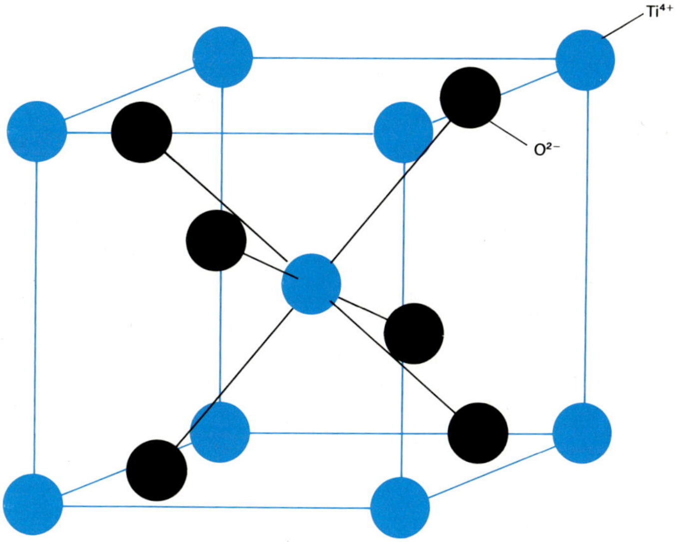

Abb. 55

Beschreibung:

Das Gitter hat eine kubische Grundstruktur. Bei Betrachtung des in der Würfelmitte liegenden Ions erkennt man, daß dieses oktaedrisch von sechs Oxidionen umgeben ist.

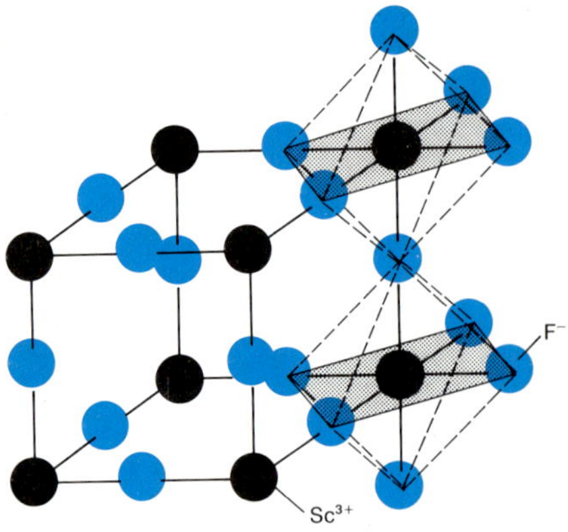

Abb. 56

Gittertpy AB $\frac{6}{2}$

Prototyp: ScF_3

Beschreibung:
Das Gitter hat eine kubische Grundstruktur. Die Scandium-Ionen sind oktaedrisch von sechs Fluorid-Ionen umgeben.

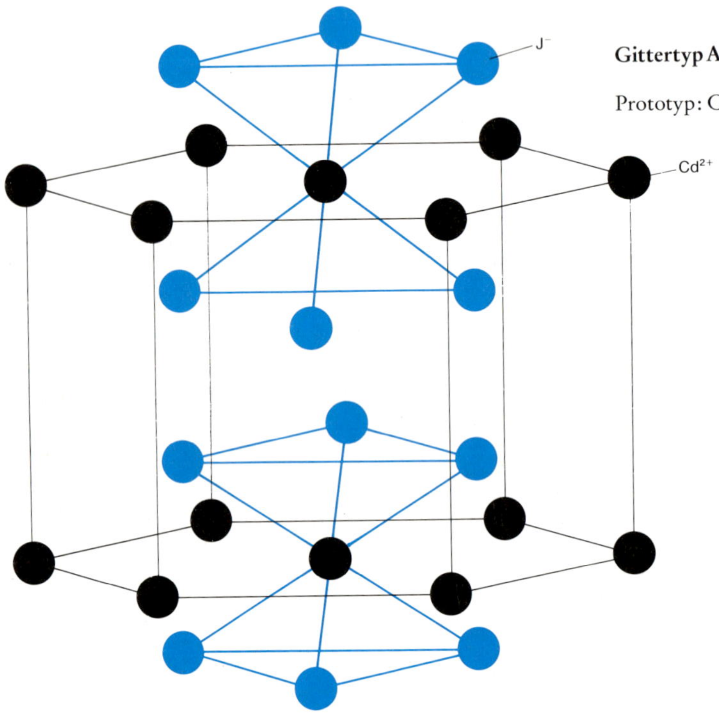

Abb. 57

Gittertyp AB $\frac{6}{3}$ (Schichtengitter)

Prototyp: CdJ_2

Beschreibung:
Die einzelnen Schichten setzen sich aus der von Cd^{2+}-Ionen besetzten Gitterebene zusammen, an die beiderseits in gleicher Entfernung die von Jodionen besetzten Ebenen angrenzen. Diese Schichten werden durch van der Waalsche Kräfte zusammengehalten.

Tabelle 8: Übersicht über die Kristallstrukturen von anorganischen Verbindungen

Gittertyp	Halogenide	Oxid	Sonstige Verbindungen
AB $\frac{8}{8}$ (CsCl)	Rb-, Cs-Halogenide, Tl-Halogenide NH_4-Halogenide	—	$NaJO_3$ NH_4NO_3 Ba SiF_6
AB $\frac{6}{6}$ (NaCl)	Li-Halogenide, Na-Halogenide, K-Halogenide, Hg_2Cl_2, AgCl, AgBr	CaO, MgO, CdO, NiO, CoO, BaO_2	MgS, CaS, PbS, AgOH, NaCN, $NaNO_3$, AgSH, $CaCO_3$ (Calcit), $NaClO_4$, $AgNO_3$, $BaCrO_4$, TiC, CrN, CaC_2, K_2 SiF_6
AB $\frac{6}{6}$ (NiAs)	—	—	KNO_3, $CaCO_3$ (Aragonit), FeS_2, außerdem die Sulfide und Selenide der Übergangsmetalle außer Zn und Cd.
AB $\frac{4}{4}$ (ZnS-Zinkblende)	Cu-Halogenide	BeO, ZnO, CdO, HgO,	BeS, ZnS, CdS, HgS, SiC, C-C (Diamant), AlN, GaAs, GaP,
(ZnS-Wurtzit)	—	ZnO	ZnS
AB $\frac{8}{4}$ (CaF_2)	CaF_2, BaF_2, PbF_2, HgF_2	CeO_2, ThO_2, ZrO_2, UO_2, Na_2O Li_2O	$Ca(NO_3)_2$ K_2 $PtCl_6$ Li_2S, Na_2S
AB $\frac{6}{3}$ (TiO_2-Rutil)	MgF_2, NiF_2, ZnF_2	MnO_2, PbO_2, SnO_2, GeO_2, TiO_2	—
AB $\frac{6}{2}$ (ScF_3)	ScF_3	ReO_3, WO_3	—
AB $\frac{6}{3}$ (CdJ_2-Schichtengitter)	Halogenide der Übergangsmetalle außer den Fluoriden	—	MoS_2, WS_2, TiS_2, SnS_2, $Mg(OH)_2$, $Fe(OH)_2$, $Cd(OH)_2$

Einteilung der Kristalle nach rein geometrischen Gesichtspunkten

Unter geometrischen Gesichtspunkten unterscheidet man sieben Kristallsysteme, die jeweils eine unterschiedliche Anzahl von Symmetriezentren, -ebenen bzw. -achsen aufweisen.

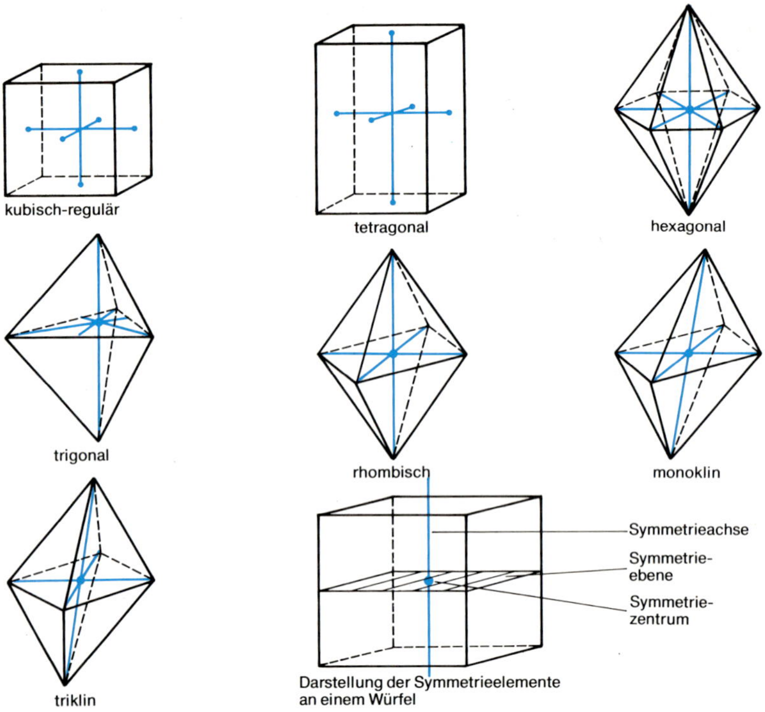

Abb. 58

1. Das kubisch reguläre Kristallsystem besitzt die größte Symmetrie. Die drei Achsen stehen senkrecht aufeinander und sind gleich lang.
2. Das tetragonale Kristallsystem besitzt ebenfalls drei Symmetrieachsen, die aufeinander senkrecht stehen. Zwei von ihnen sind gleich lang, und die dritte ist von abweichender Länge.
3. Das hexagonale System besitzt eine 6zählige Hauptsache (6zählig heißt: Bei einer Drehung um 360° um diese Achse erreicht der Körper 6mal Deckungsgleichheit mit der Ausgangslage) und drei unter sich gleich lange Nebenachsen. Die Nebenachsen liegen in einer Ebene, bilden untereinander einen Winkel von 120° und stehen auf der Hauptachse senkrecht.
4. Das trigonale System ähnelt stark dem hexagonalen System. Es unterscheidet sich von diesem nur dadurch, daß die Hauptachse nur 3zählig ist.
5. Das rhombische Kristallsystem enthält drei Kristallachsen, die aufeinander senkrecht stehen, aber alle von verschiedener Länge sind.
6. Das monokline Kristallsystem enthält ebenfalls drei Kristallachsen von verschiedener Länge, aber nur zwei stehen senkrecht aufeinander, die dritte bildet einen von 90° abweichenden Winkel mit ihnen.
7. Das trikline System besitzt die geringste Symmetrie. Die drei Kristallachsen sind verschieden lang, und sie stehen auch alle in Winkeln aufeinander, die von 90° verschieden sind.

2.1.3 Die Oberfläche von Feststoffen — Verteilungsgrad und Oberflächenenergie

Die physikalisch-chemischen Eigenschaften eines Stoffes werden u. a. durch den Verteilungsgrad bestimmt, in dem er vorliegt. Feinverteilte Stoffe haben andere Eigenschaften als die gleichen Stoffe im gröber verteilten Zustand.

Versuch:

In eine Bunsenbrennerflamme streut man eine Spatelspitze feinstes Aluminium-Pulver. Das Pulver verbrennt sofort hell aufleuchtend. Bringt man danach einen Streifen Al-Blech in die gleiche Flamme, so beobachtet man diese Erscheinung nicht.

Versuch:

Frisch bereitetes Aluminiumoxid wird mit konz. Salzsäure übergossen. Es löst sich auf. Hochgeglühtes Al_2O_3, das durch Sintern „zusammengebacken", d. h. grobkörniger geworden ist, löst sich nicht.

Versuch:

In je 100 ml Wasser bringt man a) 10 g krist. Kupfersulfat (grobkristallisiert) und b) die gleiche Menge krist. Kupfersulfat, das vorher fein gemörsert wurde. Beide Gefäße werden umgeschüttelt, wobei die Zeit bis zur völligen Auflösung im ersten Fall ca. 10 Minuten, nach vorherigem Mörsern aber nur 1 bis 2 Minuten beträgt.

Versuch:

Man trocknet eine kleine Menge Raney-Nickel, das häufig für katalytische Zwecke Verwendung findet. Wenn es trocken genug ist, glüht es ohne Wärmezufuhr von außen auf und verbrennt. Ein Stück kompaktes Nickel zeigt diese Erscheinung nicht.

Versuch:

Man füllt zwei 1-Liter-Rundkolben mit Bromdampf. In den ersten gibt man einige Gramm grobkörnige Aktivkohle, in den anderen Kolben die gleiche Menge Graphit. Nach längerem Stehen verschwindet der Bromdampf in der Aktivkohle, während sich im anderen Kolben nichts ändert.

Das Ergebnis dieser Versuche läßt sich in zwei Aussagen zusammenfassen:

1. Feinverteilte Stoffe sind reaktionsfähiger (= energiereicher) als die gleichen Stoffe im gröberen Zustand.
2. Feinverteilte Stoffe können an ihrer Oberfläche andere Stoffe festhalten (= adsorbieren).

Die Ursache für alle diese Erscheinungen liegt in der größeren Oberfläche der feinverteilten Stoffe begründet. Im feinverteilten Stoff steckt eine größere Energie als im grobverteilten, da ja ein bestimmter Energiebetrag nötig ist, um die mit der Oberflächenvergrößerung verbundenen Zerstörungen von Bindungen zu bewirken.

Die größere Reaktions- und Auflösegeschwindigkeit feinteiliger Substanzen hat eine zweite Ursache darin, daß eine größere Angriffsfläche gegeben ist.

Die Energie, die man benötigt, um bei einem Stoff einen Quadratzentimeter ($1\ cm^2$) neue Oberfläche zu schaffen, heißt Oberflächenenergie.

Beispiel:

Zerlegt man einen Würfel von 10 cm Kantenlänge in 10^{21} Würfel von je 10 nm Kantenlänge, so erhöht sich die Oberfläche von 600 cm^2 auf 600000 m^2. Besitzt dieser Stoff eine Oberflächenenergie von $3 \cdot 10^{-5} \frac{Nm}{cm^2}$ (d. h. es sind 0,00003 Nm nötig, um einen cm^2 neue Oberfläche zu schaffen), so müßte man 180000 Nm = 0,05 kWh aufwenden, um diese neue Oberfläche zu schaffen. Um diesen Energiebetrag ist also 1 Kubikdezimeter dieses Stoffes im feinverteilten Zustand energiereicher als im kompakten.

Die Abhängigkeit der Oberfläche von der Teilchengröße zeigt die folgende Graphik:

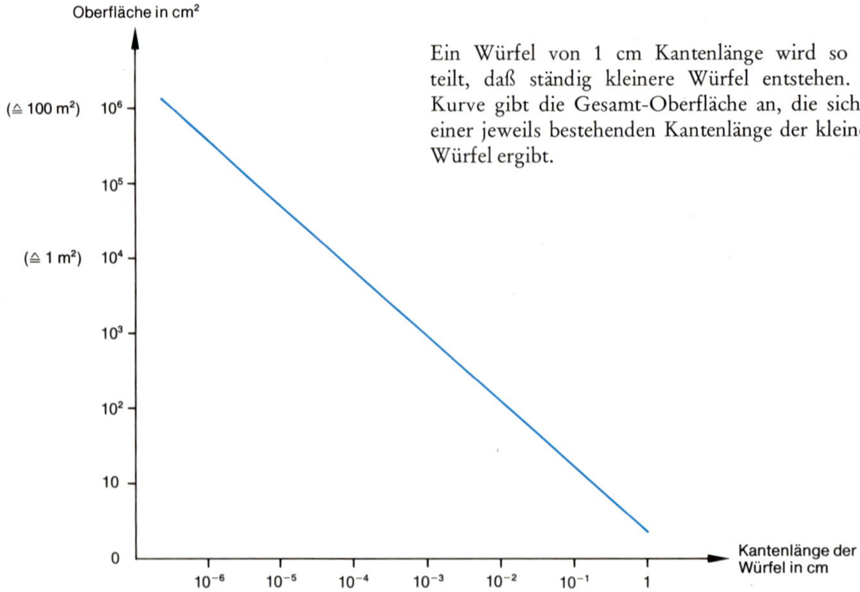

Ein Würfel von 1 cm Kantenlänge wird so zerteilt, daß ständig kleinere Würfel entstehen. Die Kurve gibt die Gesamt-Oberfläche an, die sich bei einer jeweils bestehenden Kantenlänge der kleineren Würfel ergibt.

Abb. 59 Abhängigkeit der Oberfläche vom Verteilungsgrad

2.1.4 Adsorption und Desorption

Die im wesentlichen elektrostatischen Kräfte, die zwischen den Teilchen eines Feststoffes den Zusammenhalt bewirken, sind in alle Richtungen des Raumes gerichtet. Während sie im Inneren eines kompakten Feststoffes in allen Richtungen „abgesättigt" sind, ist dies an der Oberfläche nicht der Fall. Daher können Teilchen, die auf die Oberfläche treffen, dort festgehalten (= adsorbiert) werden.

Vor allem Gase und gelöste Stoffe werden leicht adsorbiert. Eine Faustregel besagt:

Gase werden um so leichter adsorbiert, je höher ihr Siedepunkt liegt.

Ein wichtiges Adsorbens ist Aktivkohle. Aktivkohle ist ein hochporöser Stoff, der neben der von außen sichtbaren Oberfläche eine „innere Oberfläche" besitzt. Damit ist die Oberfläche der vielen Poren gemeint, die sich durch das Innere der Aktivkohle hindurchziehen. Bei

Aktivkohle kann diese „innere Oberfläche" der Poren bis zu 1000 m^2 pro Gramm Substanz betragen.

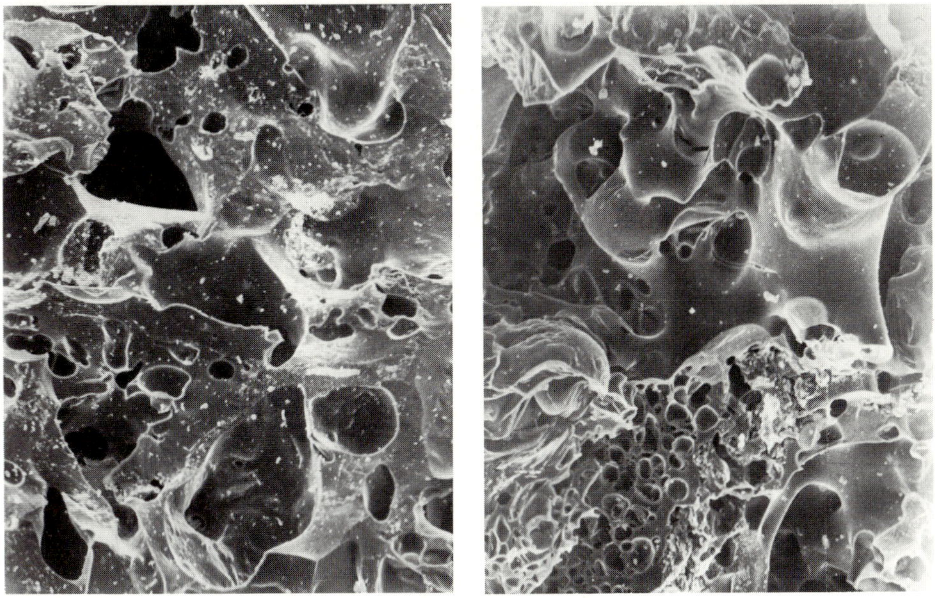

Abb. 60
a) Oberfläche eines Aktivkohlekörnchens bei 25000facher Vergrößerung; b) mit adsorbiertem Schwefel

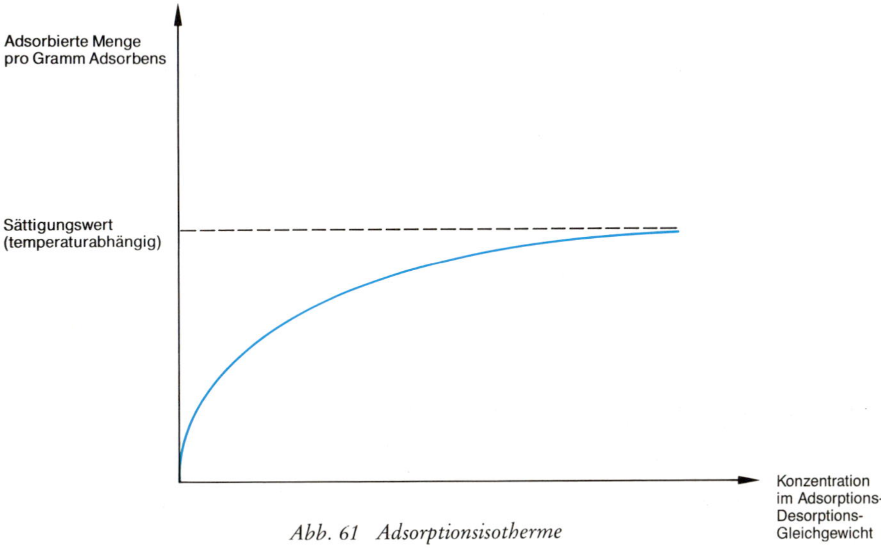

Abb. 61 Adsorptionsisotherme

Die Adsorption und die damit verbundene Substanzverdichtung an der Oberfläche spielt bei Oberflächenkatalysen eine große Rolle.

Die Adsorptionsfähigkeit eines fein verteilten (= hoch dispergierten) Feststoffes ist nicht unbegrenzt. Sie ist erschöpft, wenn die Oberfläche des Feststoffes weitgehend durch adsorbierte Teilchen besetzt ist.

Die Adsorptionswirkung wird u. a. ausgenutzt:

a) In der chemischen Technologie zur Trennung und Reindarstellung von Gasen.
b) Bei Filteranlagen, wie z. B. in der Gasmaske, um störende Gase abzufangen, oder bei der Abwasserreinigung, um Öl mit hochdisperser Kieselsäure zu entfernen.
c) Zum Reinigen von Flüssigkeiten, indem mit Aktivkohle gekocht und dann filtriert wird (z. B. beim Umkristallisieren).
d) Zur Entgiftung und Entgasung des Darmkanals (Medizin).
e) In der Chromatographie (vgl. S. 341).

Die Adsorption eines Stoffes wird durch niedrige Temperaturen stark gefördert. Dies erklärt sich aus der bei niedriger Temperatur geringeren Wärmebewegung der Teilchen. Diese können, wenn sie sich langsamer bewegen, leichter an einer Oberfläche festgehalten werden.
Umgekehrt kann ein adsorbierter Stoff durch Erwärmung wieder ausgetrieben (= desorbiert) werden. Auch das Verdrängen z. B. von Benzol aus Aktivkohle durch Wasserdampf ist eine Desorption. Bei Reaktionen an der Oberfläche von Katalysatoren spielt die Geschwindigkeit mit der das Reaktionsprodukt desorbiert wird, eine wichtige Rolle für die Geschwindigkeit der Gesamtreaktion.

Besondere Bedeutung kommt in neuerer Zeit der Adsorption von Stoffen an Molekularsieben zu. Dies sind synthetische Stoffe mit einer Raumnetz-Struktur. Die gasförmigen, flüssigen oder gelösten Teilchen werden je nach Teilchengröße verschieden stark zurückgehalten. Nur Teilchen, die gleichgroß oder kleiner als die Poren des Molekularsiebes sind, werden adsorbiert. Praktisch wird dies z. B. in der Erdgasindustrie angewandt, wo durch Molekularsieb-Anlagen der H_2S-Gehalt des Erdgases stark erniedrigt wird. In der biochemischen und pharmazeutischen Industrie werden Molekularsiebe bei Isolierungs- und Reinigungsprozessen eingesetzt. Auf H_2O-Moleküle „spezialisierte" Molekularsiebe werden zum Trocknen organischer Lösemittel verwendet.

Abb. 62 Elektronenmikroskopische Aufnahme eines 0,4 nm-Molekularsiebes

Ein Grenzfall zwischen Adsorption und chemischer Bindung liegt bei den Ionenaustauschern vor.

2.2 Der flüssige Aggregatzustand

Innerhalb eines bestimmten Volumens sind die Flüssigkeitsteilchen frei beweglich. Die Teilchen werden von starken zwischenmolekularen Kräften zusammengehalten. Bei flüssigen Metallen und bei polaren Flüssigkeiten (z. B. Wasser) sind diese Kräfte groß, bei unpolaren Flüssigkeiten (z. B. Benzin) sind sie geringer. Die heftige Wärmebewegung der Teilchen verhindert, daß durch die zwischenmolekularen Kräfte kristalline Strukturen aufgebaut werden.

2.2.1 Oberflächenspannung

Versuch:

Ein Uhrglas wird mit dest. Wasser gefüllt. Mit einer Pipette werden noch einige Milliliter vorsichtig in das Gefäß gebracht, bis das Wasser deutlich einen „Berg“ bildet.

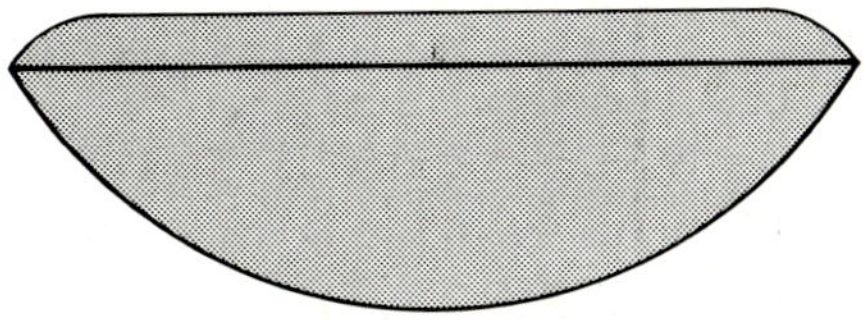

Abb. 63 Nachweis der Oberflächenspannung

Eine freie Flüssigkeitsoberfläche erweckt den Eindruck einer dünnen, gespannten Haut. Dieser Eindruck wird durch einen weiteren Versuch bestätigt:

Versuch:

Wird ein dünnes, mit einigen Bohrungen versehenes Aluminiumblech vorsichtig auf eine glatte Wasseroberfläche gelegt, so geht es nicht unter.

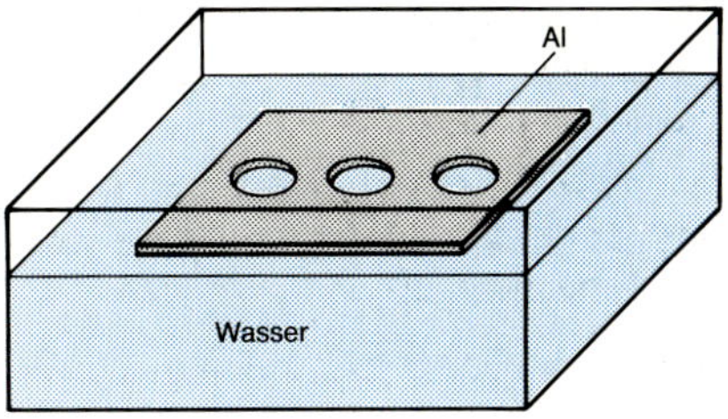

Abb. 64 Nachweis der Oberflächenspannung

Den „Hautcharakter“ einer Flüssigkeitsoberfläche nennt man Oberflächenspannung. Sie wird durch die zwischenmolekularen Kräfte bedingt. Die Kräfte, die auf ein Flüssigkeitsteilchen von seinen Nachbarmolekülen ausgeübt werden, heben sich im Innern einer Flüssigkeit gegenseitig auf. Ein an der Oberfläche befindliches Teilchen aber ist nicht von allen Seiten von anderen Teilchen umgeben. Die Anziehungskräfte haben eine in das Innere der Flüssigkeit wirkende Resultierende. Um Teilchen an die Oberfläche zu schaffen, ist demnach Arbeit gegen diese Kraft zu leisten:

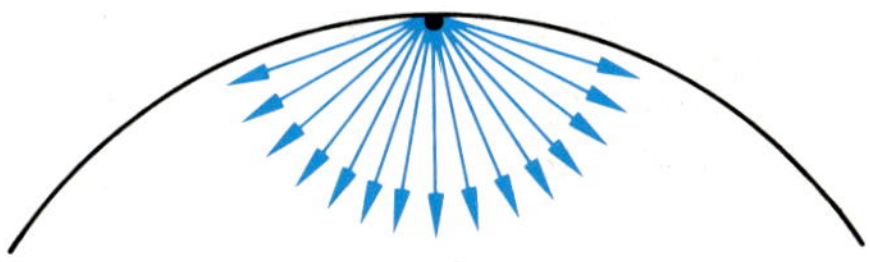

Abb. 65 Kräfte, die auf ein Flüssigkeitsteilchen wirken, das sich an der Oberfläche befindet.

Ein Teilchen, das sich an der Oberfläche befindet, besitzt eine höhere potentielle Energie als ein Teilchen im Innern der Flüssigkeit.

Bei freier Beweglichkeit der Flüssigkeitsteilchen werden daher möglichst viele Teilchen den energiereichen Oberflächenplatz verlassen und in das Innere der Flüssigkeit wandern. Die Flüssigkeit strebt somit eine möglichst kleine Oberfläche an: die Kugelform.

Die Oberflächenspannung ist die Arbeit, die notwendig ist, um die Oberfläche einer Flüssigkeit zu vergrößern.

Anschaulich bedeutet das die aufzuwendende Arbeit (in Nm), um Flüssigkeitstropfen zu zerteilen, bis 1 m^2 neue Tropfenoberfläche entstanden ist.

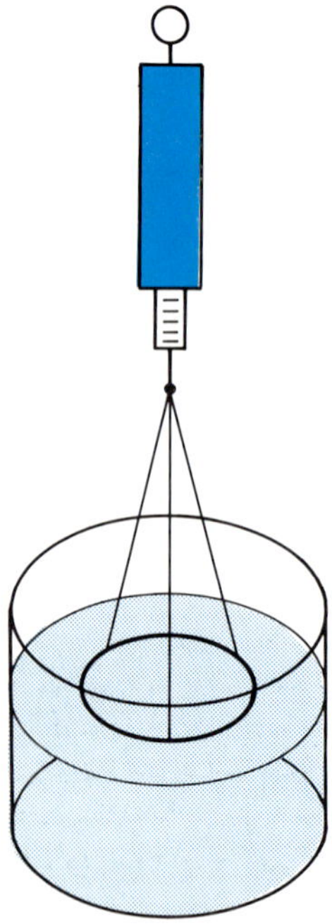

Abb. 66 Messung der Oberflächenspannung

Messung der Oberflächenspannung

Versuch:

Ein Aluminium-Ring wird an einen Federkraftmesser gehängt und soeben in Wasser getaucht. Mit dem Federkraftmesser wird gemessen, bei welcher Kraft die „Oberflächenhaut“ vom Ring abreißt.

Die direkte Messung der Oberflächenspannung wird folgendermaßen durchgeführt: Mit einem in Form eines Rechtecks gebogenen Draht wird eine kleine Flüssigkeitsmenge derart erfaßt, daß sie ein dünnes Häutchen bildet. Eine Querseite des Rechtecks mit der Länge 1 ist beweglich. Durch Verschiebung um Δs kann man die Oberfläche des Häutchens vergrößern. Dazu ist die Arbeit $W = F \cdot \Delta s$ erforderlich.

Die Oberflächenspannung γ errechnet sich aus dem Quotienten der benötigten Arbeit W und der neugeschaffenen Oberfläche A. Die Lamelle hat zwei Seiten wie z. B. auch ein Blatt Papier, also $A = 2 \cdot l \cdot \Delta s$.

$$\gamma = \frac{W}{A} = \frac{F \cdot \Delta s}{2 \cdot l \cdot \Delta s}$$

$$\gamma = \frac{F}{2l}$$

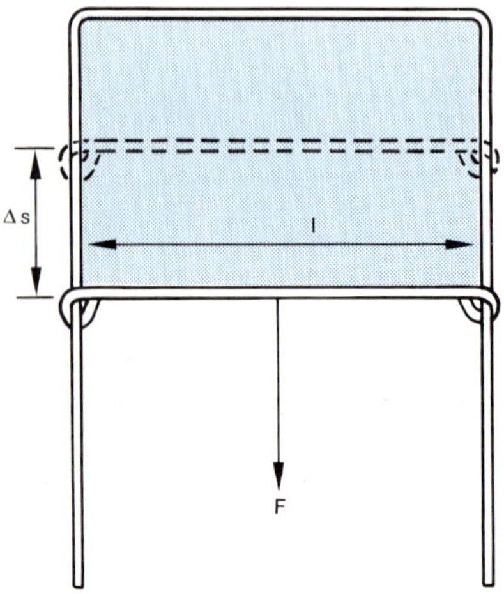

Abb. 67 Messung der Oberflächenspannung

Die Einheit der Oberflächenspannung ist also

$$\gamma = \frac{N}{m} = \frac{Nm}{m^2}$$

Arbeit pro Fläche.

Tabelle 9: Oberflächenspannung einiger Flüssigkeiten bei 20° C

Flüssigkeit	Oberflächenspannung γ in N/m
Diethylether	$16{,}9 \cdot 10^{-3}$
Ethanol	$22{,}3 \cdot 10^{-3}$
Methanol	$22{,}6 \cdot 10^{-3}$
Aceton	$23{,}7 \cdot 10^{-3}$
Benzol	$28{,}9 \cdot 10^{-3}$
Wasser	$72{,}8 \cdot 10^{-3}$
Quecksilber	$500 \cdot 10^{-3}$

Beim Vergleich von Wasser, Ethanol und Diethylether zeigt sich, daß Wasser als die polarste von diesen drei Flüssigkeiten die höchste Oberflächenspannung hat, während Ether als die unpolarste der drei Flüssigkeiten die geringste besitzt. Dies bestätigt den ursächlichen Zusammenhang von zwischenmolekularen Kräften und der Oberflächenspannung.

Bei allen Flüssigkeiten sinkt die Oberflächenspannung mit steigender Temperatur. Sie erreicht bei der kritischen Temperatur (vgl. S. 132) den Wert Null.

Entspannen von Wasser

Bei vielen technischen Vorgängen (z. B. Waschen oder Anstreichen) muß eine Flüssigkeit einen Gegenstand benetzen. Wird Wasser verwendet, so strebt dieses auf Grund seiner Oberflächenspannung die Kugelform an und bildet somit nur auf der Unterlage abrollende Tropfen. Grenzflächenaktive Substanzen (z. B. Seife) setzen die Oberflächenspannung des Wassers herab, wodurch das Wasser die zu einer vollständigen Benetzung notwendige große Oberfläche bilden kann.

Versuch:

In ein „bis über den Rand" gefülltes Uhrglas wird vorsichtig ein Tropfen Seifenlösung gegeben. Das über dem Rand stehende Wasser fließt sofort ab.

Die Anionen der Seife besitzen ein hydrophiles (= wasserfreundliches) und ein hydrophobes (= wasserabstoßendes) Ende. Dadurch ist ihre Konzentration an der Oberfläche des Wassers besonders groß. Die hydrophoben, paraffinischen Enden der Ionen bilden gemeinsam mit Wasser die Oberfläche einer Seifenlösung. Die Wasseroberfläche wird benzinähnlich (vgl. Abb. 69). Diese Veränderung der Oberfläche bringt eine Verminderung der Oberflächenspannung mit sich.

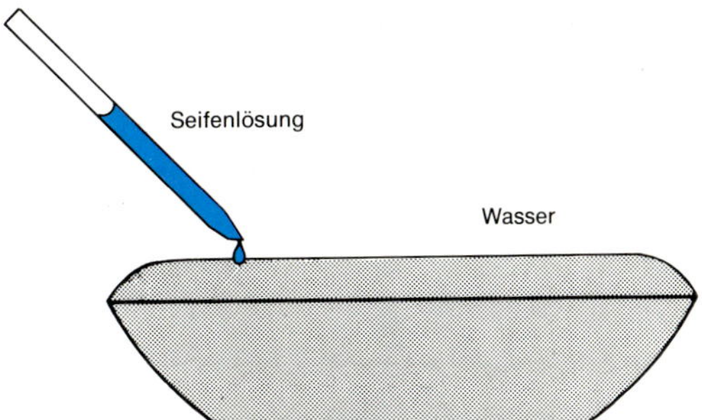

Abb. 68 Entspannen von Wasser

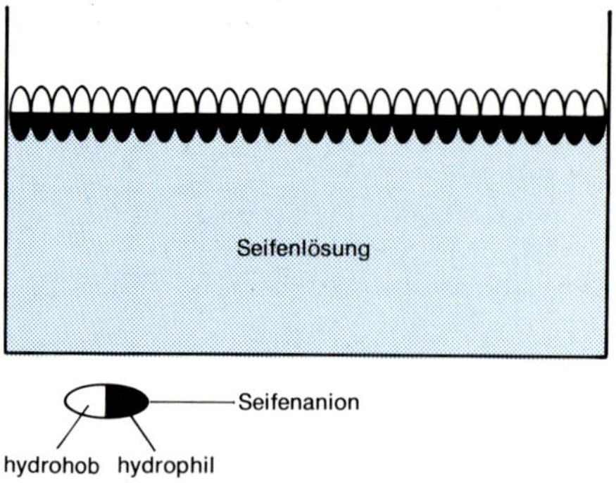

Abb. 69 Anordnung der Seifenanionen an einer Wasseroberfläche

Der Begriff Oberflächenspannung wird nur verwendet, wenn Luft über der Flüssigkeit ist. In allen anderen Fällen muß der Oberbegriff Grenzflächenspannung verwendet werden. Durch einen einfachen Versuch kann gezeigt werden, daß eine Flüssigkeit gegenüber verschiedenen Gasen, die über ihr stehen, unterschiedliche Grenzflächenspannungen besitzt:

Versuch:
Eine Pipette wird mit Wasser gefüllt. Läßt man sie auslaufen, so verbleibt aufgrund der hohen Grenzflächenspannung von Wasser gegen Luft und durch die Kapillarität ein Rest des Wassers in der Pipette. Bringt man nun diese Pipette mit dem Wasserrest in eine Atmosphäre aus Ätherdampf, so läuft sie weiter aus.

Folgerung:
Die Grenzflächenspannung von Wasser gegen Luft ist größer als gegen Ätherdampf.

Wird ein Gegenstand von einer Flüssigkeit benetzt (z. B. ein Blech, das lackiert wird), so bildet die Flüssigkeit nicht nur zur Luft hin eine große Oberfläche aus, sondern auch zu dem benetzten Gegenstand hin (Grenzfläche). Für eine Benetzung sind dabei zwei Kräfte ausschlaggebend:

a) die Kraft, mit der die Flüssigkeitsteilchen in die Flüssigkeitsmitte gezogen werden (Kohäsion), und
b) die Kraft, die zwischen den Teilchen der Feststoffoberfläche und den Flüssigkeitsmolekülen wirkt (Adhäsion).

Die beiden Kräfte wirken in entgegengesetzter Richtung.

Beispiel:
Völlig sauberes Glas kann mit Wasser benetzt werden. Die polaren Glasteilchen ziehen die ebenfalls polaren Wassermoleküle an und halten sie an der Grenzfläche fest. Die in die Flüssigkeitsmitte hin gerichtete Kraft wird dadurch weitgehend aufgehoben.

Befindet sich dagegen ein dünner Fettfilm auf der Glasoberfläche, so sind nur sehr geringe Kräfte zwischen den unpolaren Fettmolekülen und den Molekülen der Flüssigkeit wirksam. Die Wassermoleküle werden von der Grenzfläche weg ins Innere der Flüssigkeit gezogen. Das Wasser perlt in Tropfen von dieser Oberfläche ab und vermag sie nicht zu benetzen. Wasser hat gegenüber dem fettigen Glas eine weit höhere Grenzflächenspannung als gegenüber sauberem Glas.

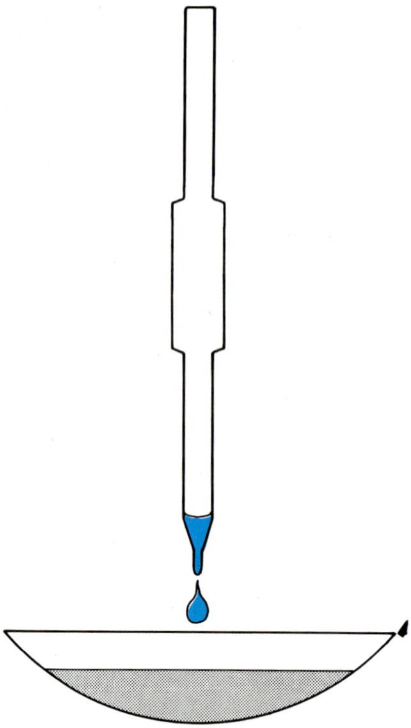

Abb. 70 Grenzflächenspannung

Grenzflächenspannung	
Hoch	Niedrig
bedeutet: Die Flüssigkeit bildet nur sehr schwer große Oberflächen. Sie neigt zur Bildung großer Tropfen und benetzt nur schwer große Flächen. Dies ist erwünscht bei (Beispiele): Flotation: Dies ist ein Verfahren zur Trennung von Erz und Begleitgestein. Das zermahlene Gestein wird in Wasser aufgeschlämmt. Dem Wasser werden bestimmte Öle zugesetzt. Von unten her strömt Luft durch die Aufschlämmung. Das Öl benetzt nur das Erz, nicht aber das Begleitgestein. Die von einem Ölfilm umgebenen Erzpartikel werden von anhängenden Luftblasen an die Oberfläche getragen und schwimmen dort auf. Dieser Verfahren ist nur möglich aufgrund der hohen Grenzflächenspannung von Wasser gegen Öl. Das Begleitgestein wird von Öl nicht benetzt. Es sinkt zu Boden. Imprägnieren von Stoffen gegen Feuchtigkeitsaufnahmen: Gewebe werden mit solchen Stoffen (z. B. Silikonen) imprägniert, gegen die das Wasser eine sehr hohe Grenzflächenspannung besitzt. Das Wasser benetzt daher das Gewebe nicht. Federimprägnierung von Wasservögeln mit Fetten: Wasservögel haben mit Fett imprägnierte Federn. Wasser hat gegenüber diesem Fett eine sehr hohe Grenzflächenspannung und dringt daher nicht in die Gefieder-Hohlräume ein, denn dies käme einer starken Vergrößerung der Wasseroberfläche gegenüber diesem Gefieder gleich.	Bedeutet: Die Flüssigkeit bildet leicht große Oberflächen. Die Flüssigkeit kann daher leicht in feinste Tröpfchen zerstäubt werden oder dünne Flüssigkeitsfilme bilden. Dies ist erwünscht bei (Beispiele): Anstrichfilmen: Beim Anstreichen bildet sich sowohl eine große Oberfläche der Flüssigkeit gegen den Untergrund als auch gegen Luft. Anstrichmittel müssen daher eine geringe Grenzflächenspannung sowohl gegen Luft als auch gegen den Untergrund haben. Benetzungen eines Gewebes: Beim Waschvorgang z. B. soll das ganze Gewebe bis in die feinsten Poren hinein benetzt werden. Dabei entsteht eine große Oberfläche, die wiederum eine geringe Grenzflächenspannung der Flüssigkeit gegenüber dem Gewebe voraussetzt. Feinste Tröpfchenbildungen: Wird ein Lack z. B. mit der Spritzpistole oder elektrostatisch aufgespritzt, so muß der Lack aus Gründen des gleichmäßigen Auftrags in feinste Tröpfchen zerteilt werden. Dies ist nur bei geringer Oberflächenspannung gegen Luft bzw. bei geringer Grenzflächenspannung gegen die Lösemitteldämpfe möglich. Entstehung von Seifenblasen: (allgemein bei Schäumen) Entsteht eine Seifenblase, so bildet sich aus einem kleinen Wassertropfen ein Gebilde mit einer enorm großen Oberfläche (nach innen und außen). Dies ist nur bei geringer Oberflächenspannung möglich.

2.2.2 Kohäsion, Adhäsion, Kapillarität

Kohäsion: Die zwischenmolekularen Kräfte, die den Zusammenhalt eines flüssigen oder festen Stoffes bewirken, werden Kohäsionskräfte genannt.

Adhäsion: Neben den Anziehungskräften zwischen den Teilchen eines Stoffes, beobachtet man auch Anziehungskräfte zwischen Teilchen verschiedener Stoffe. So ziehen sich Flüssig-

Abb. 71

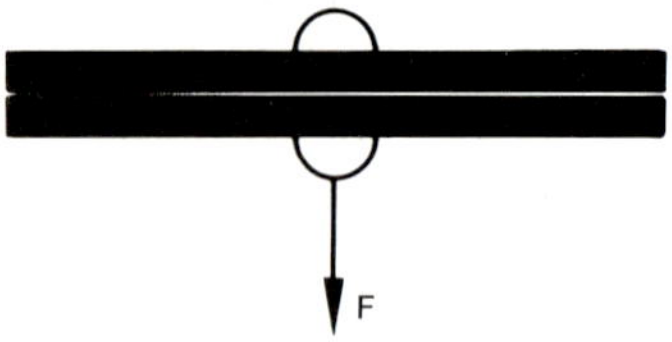

Abb. 72
Adhäsion zweier Glasplatten

keitsteilchen nicht nur untereinander an, sondern es gibt auch Kräfte zwischen Gefäßwandung und Flüssigkeitsteilchen. Diese Kräfte heißen Adhäsions- oder Anhangskräfte.

Versuch:

Werden einige Tropfen Glycerin zwischen zwei Glasstäbe gebracht, so entsteht eine Flüssigkeitsbrücke, die durch Auseinanderziehen der Stäbe gestreckt werden kann. Das Festhaften an den Stäben nennt man Adhäsion. Die Kohäsion verhindert das Zerreißen der Flüssigkeit.

Kohäsions- und Adhäsionskräfte bestimmen die Wirkung von Klebstoffen. Adhäsionskräfte wirken auch zwischen den Oberflächen fester Körper, wenn z. B. Kreideschrift an einer Tafel haftet.

Versuch:

Zwei saubere Glasplatten werden fest aufeinander gedrückt. Die Platten scheinen aneinander zu „kleben". Die Adhäsion kann direkt gemessen werden, wenn die Platten mit einer Zugkraft auseinander gezogen werden[1]).

Kapillarität: Für enge Röhren gilt das Gesetz von den kommunizierenden Gefäßen nicht.

Wird das dargestellte Gefäß mit gefärbtem Wasser gefüllt, so steigt dieses in den engeren Röhren hoch. Außerdem bildet sich jeweils an der Oberfläche ein nach unten gewölbter Meniskus, der um so stärker gewölbt ist, je enger das Gefäß ist.

Das Aufsteigen der Flüssigkeit in engen Röhren wird als Kapillaraszension bezeichnet.

Wird ein entsprechendes Gefäß mit Quecksilber gefüllt, dann steht dieses in den engen Röhren niedriger als in den weiteren.

Diese Erscheinung heißt Kapillardepression. Auch der Meniskus ist im Gegensatz zum Meniskus des Wassers nach oben gewölbt.

Sind die Adhäsionskräfte größer als die Kohäsionskräfte, dann beobachtet man Kapillaraszension. Im umgekehrten Fall beobachtet man Kapillardepression.

Dies soll an den Beispielen des Wassers und des Quecksilbers erläutert werden.

a) *Kapillarszension des Wassers:* In engen Röhren werden die Wassermoleküle von den Adhäsionskräften an der Wandung der Kapillare hochgezogen. Die vorhandenen Kohäsionskräfte bewirken, daß auch das Wasser in der Mitte der Kapillare mit nach oben steigt. Mit

[1]) Die Begriffe Kohäsion und Adhäsion stammen aus einer makroskopischen Betrachtungsweise, die noch nichts davon wußte, daß z. B. bei abgetrocknetem Glas die Oberfläche aus mehreren Molekülschichten adsorbierten Wassers besteht.

dem Ansteigen des Wassers vergrößert sich aber seine Oberfläche, und diesem Effekt wirkt die Oberflächenspannung als Folge der Kohäsionskräfte entgegen. Dem Hochsteigen des Wassers wirkt auch die Gewichtskraft des Wassers entgegen. Damit kommt das Ansteigen bei einer bestimmten Höhe zum Stillstand. Die Kapillarität wird durch die Adhäsionskräfte, durch die Oberflächenspannung als Folge der Kohäsionskräfte und durch die Dichte der Flüssigkeit bestimmt.

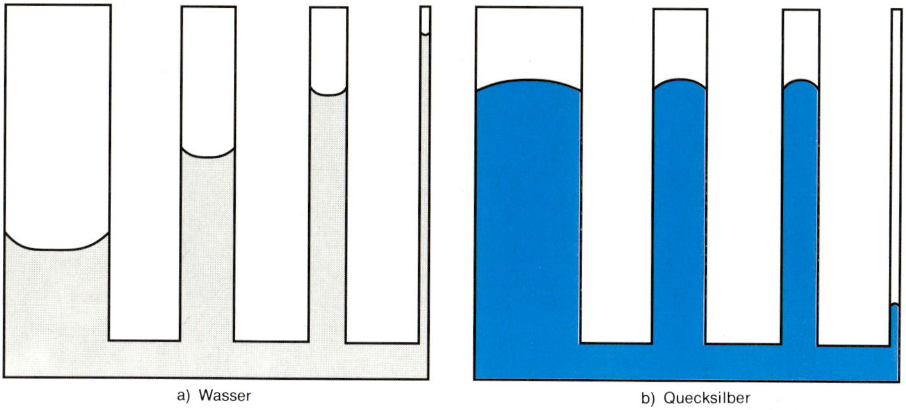

Abb. 73 Kapillarwirkung, a) Kapillaraszension bei Wasser, b) Kapillardepression bei Quecksilber

b) *Kapillardepression beim Quecksilber:* Beim Quecksilber dominiert die Kohäsion gegenüber der Adhäsion und damit das Bestreben, eine möglichst kleine Oberfläche zu bilden. Das Bestreben der großen Kohäsionskräfte, Teilchen von den energiereicheren Oberflächenplätzen ins Innere der Flüssigkeit zu ziehen, führt, da keine nennenswerten Adhäsionskräfte in der Gegenrichtung wirken, zur Verkleinerung der Oberfläche und damit zum Absinken des Flüssigkeitsspiegels in den Kapillaren (Abb. 73). Die Gesamtoberfläche des Quecksilbers ist in dem oben dargestellten Gefäß nach Eintreten der Kapillardepression kleiner als bei Niveaugleichheit des Quecksilbers in allen Röhren. Dem bodenlosen Absinken des Quecksilbers steht der größere Druck aus den anderen, im Flüssigkeitsniveau höheren Röhren, entgegen.

Die Kapillardepression von Quecksilber in einer Glasröhre ist als Korrektion bei der Bestimmung des Luftdrucks mit einem Quecksilberbarometer berücksichtigt.

Ablesen des Meniskus im Labor

Werden zwei Flüssigkeitshöhen miteinander verglichen, um die Differenz festzustellen, so liest man bei Wasser stets an der unteren Wölbung (Ausnahme stark gefärbte Lösungen), bei Quecksilber stets an der oberen Wölbung ab.

Muß eine absolute Flüssigkeitshöhe gemessen werden, so muß ein mittlerer Meniskus abgelesen werden. Ein Beispiel hierfür ist das Quecksilberbarometer.

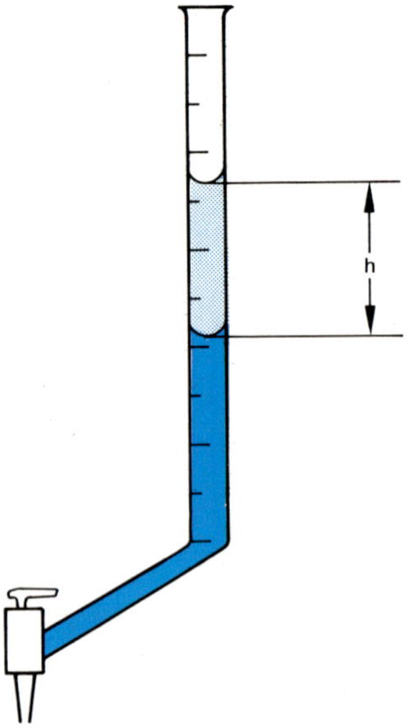

Abb. 74 Ablesen des Meniskus an einer Bürette

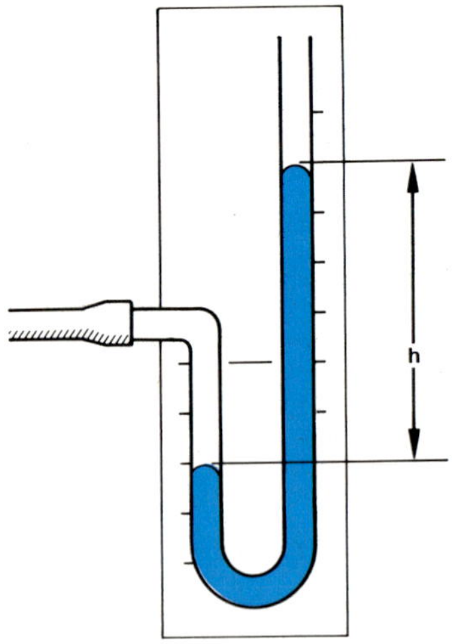

Abb. 75 Ablesen des Meniskus an einem offenen Manometer

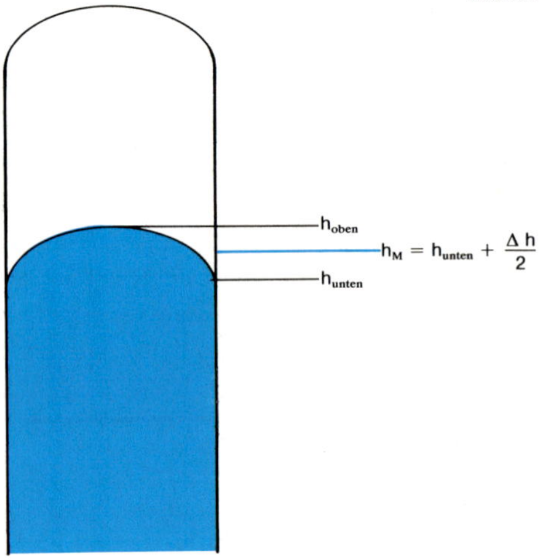

Abb. 76 Ablesen des Meniskus an einem Quecksilber-Barometer

Wirkungen der Kapillarität sind:

Saugfähigkeit von Schwämmen, Löschpapier, Mauerwerk und dergl.,
Saugwirkung der Pflanzen auf Bodenwasser (zusammen mit dem osmotischen Druck),
Regelung des Wassernachschubs im Boden zu den Wurzeln hin,
Hochsteigen von Petroleum oder Spiritus in einem Docht,
Verbleiben von restlicher Flüssigkeit in einer Pipette.

2.2.3 Viskosität

Das deutsche Wort für Viskosität ist „Zähigkeit" oder „Zähflüssigkeit". Dicke, nur zäh fließende Flüssigkeiten werden als hochviskos, leicht fließende, dünnflüssige Stoffe dagegen als niederviskos bezeichnet. Die Viskosität ist also ein Maß für das Fließverhalten einer Flüssigkeit. Um die Vorgänge im Innern einer strömenden Flüssigkeit zu veranschaulichen, kann man den Begriff Viskosität auch mit „innere Reibung" übersetzen. Die Flüssigkeitsteilchen, die ohnehin eine ungeordnete Wärmebewegung ausführen, bewegen sich z. B. beim Ausgießen einer Flüssigkeit noch stärker gegeneinander, die Teilchen gleiten unter Reibung voneinander ab. Flüssigkeiten mit höheren zwischenmolekularen Kräften haben entsprechend eine größere innere Reibung, sie sind hochviskos. Flüssigkeiten mit geringen zwischenmolekularen Kräften sind entsprechend niederviskos. Es hängt ganz vom jeweiligen Verwendungszweck einer Flüssigkeit ab, ob bei ihr hohe oder niedrige Viskosität erwünscht ist, oder ob das besondere Augenmerk auf einer gleichbleibenden Viskosität liegt. Einige Beispiele sollen dies verdeutlichen:

	hohe Viskosität	niedrige Viskostität	konstante Viskosität
erwünscht	bei Schmierölen in schwerbelasteten Lagern bei Streichlacken bei Thermoplasten nach der Formgebung	bei Schmierölen für feinmechanische Zwecke (z. B. Uhren u. dergl.) bei Tauchlacken für schnelles Filtrieren (Heißfiltration) bei Thermoplasten während der Formgebung	bei Motorölen, die im kalten und warmen Zustand gleiche Viskosität haben sollen
nicht erwünscht	wenn die Flüssigkeit fast nicht mehr fließt (Probleme beim Pumpen, z. B. beim Kesselwagentransport von Bitumen) bei Filtrationen von Flüssigkeiten	bei dünnen Anstrichmitteln; sie „laufen weg" bei der Glasbearbeitung (zähflüssiges Glas läßt sich leichter verarbeiten)	bei Anstrichmitteln; diese sollen beim Umrühren und Auftragen mit dem Pinsel niederviskos, dann aber auf dem Material hochviskos sein (keine „Nasen"-Bildung) bei Pudding; er soll bei der Herstellung niederviskos, dann aber in der Kompottschüssel hochviskos werden.

Definition:

$$\text{Viskosität} = \frac{\text{Schubspannung}}{\text{Schergeschwindigkeit}}$$

$$\eta = \frac{\tau}{D} \text{ (Newtonsche Gleichung)}$$

Der Begriff der Viskosität ist vom Strömungsverhalten einer Flüssigkeit abgeleitet. Hier sollen kurz die Begriffe Schubspannung und Schergeschwindigkeit (Geschwindigkeitsgefälle) erläutert werden.

a) höher viskose Flüssigkeit

b) niederviskose Flüssigkeit

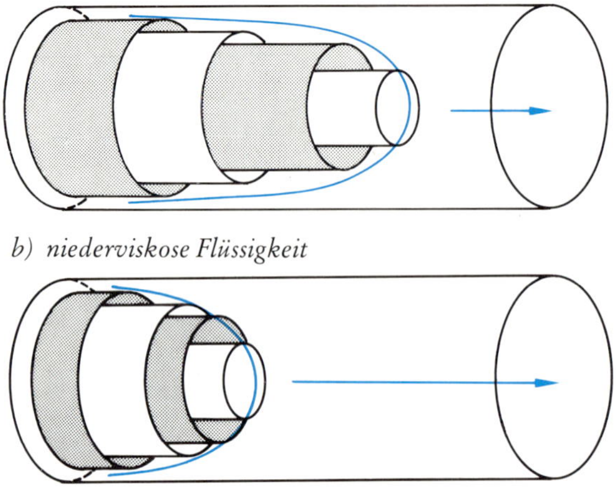

Abb. 77 Geschwindigkeitsprofile strömender Flüssigkeiten

Betrachtet man die Geschwindigkeit einer Flüssigkeit in einem Rohr, so ergibt sich eine Geschwindigkeitsdifferenz von der Rohrmitte zur Wandung hin. Die Zunahme der Geschwindigkeit von Null an der Rohrwand bis zum Höchstwert in der Rohrmitte nennt man Geschwindigkeitsprofil. Die Geschwindigkeitsdifferenz von der Wandung zur Mitte ergibt sich aufgrund der Reibung an der Rohrwandung.

In einem von einer Flüssigkeit durchströmten Rohr liegen also Flüssigkeitsschichten mit verschiedenen Strömungsgeschwindigkeiten nebeneinander. Die schneller fließenden Teilchen werden von den langsamen gehemmt, die langsameren von den schnelleren mitgenommen.

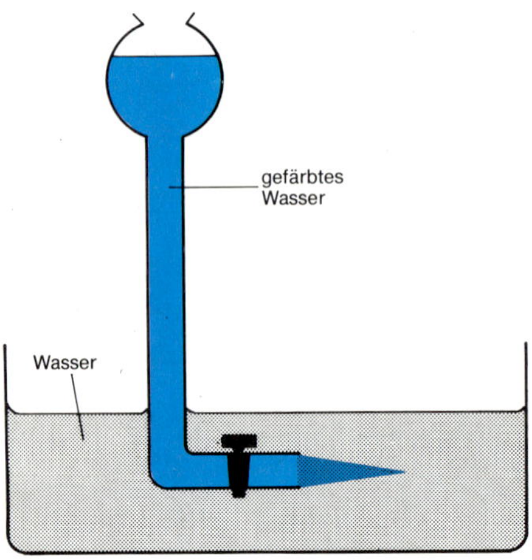

Abb. 78 Durch Reibung gehemmtes Ausfließen einer Flüssigkeit

Versuch:

Wie stark das Ausfließen durch Reibung gehemmt wird, läßt sich durch die angegebene Versuchsanordnung demonstrieren. Beim vorsichtigen Öffnen des Hahns dringt das gefärbte Wasser in Form eines sehr spitzen Kegels in das ungefärbte Wasser.

Beim Fließen einer Flüssigkeit ist zur Überwindung der inneren Reibung eine Kraft erforderlich. Diese Kraft, die die Reibungskraft gegenüber der jeweils etwas langsameren Nachbarschicht überwindet, heißt **Schubkraft**. Bezieht man diese auf die Flächeneinheit, so erhält man die Schubspannung (Einheit: $\frac{N}{m^2}$).

Die Schergeschwindigkeit gibt an, wie groß die Geschwindigkeitsdifferenz der einzelnen Flüssigkeitsschichten ist, wenn diese einen bestimmten Einheitsabstand (1 cm) voneinander haben. (Einheit: $\frac{cm}{s \cdot cm} = \frac{1}{s}$).

Schubspannung und Schergeschwindigkeit sind Größen, die sich auch am Vorgang des Verstreichens einer Flüssigkeit (z. B. Klebstoff mit der Spachtel, Lack mit dem Pinsel) anschaulich darstellen lassen. Wird ein Lack auf eine Fäche mit einer Spachtel aufgetragen, so läßt sich in dem Spalt zwischen Spachtel und Unterlage wieder ein Geschwindigkeitsgefälle von einem Maximalwert an Geschwindigkeit bis Null beobachten. An der Unterkante der Spachtel hat der Lack die maximale Geschwindigkeit. Diese Geschwindigkeit wurde durch die Auftragsgeschwindigkeit bestimmt, mit der die Spachtel geführt wird.

Die Schergeschwindigkeit ist die maximale Geschwindigkeit des Lackes, bezogen auf die Schichtdicke beim Auftragen. Die Schubspannung ergibt sich aus der Kraft, mit der die Spachtel geführt wird, dividiert durch die Fläche, die der gesamte Spalt zwischen Spachtel und Unterlage ausfüllt.

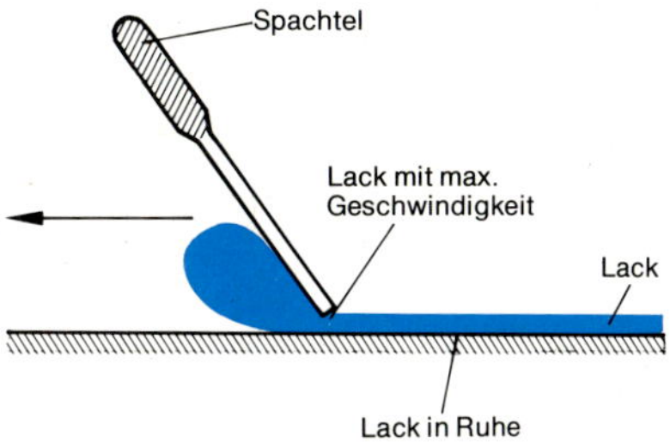

Abb. 79
Verstreichen einer Spachtelmasse

Einheiten der Viskosität

Dynamische Viskosität

Die Einheit der oben abgeleiteten Viskosität ist

$1 \frac{Ns}{m^2} = 1\ Pa \cdot s$ (Pascalsekunde) $= 1 \cdot 10^3$ mPas

Die früher verwendete Einheit CentiPoise (1 cP) entspricht einer Millipascalsekunde (1 mPa · s).

Bei 20 °C beträgt die dynamische Viskosität von

Petroleum	0,65 mPa · s	Olivenöl	$1 \cdot 10^2$ mPa · s
Wasser	1,0 mPa · s	Teer	10^3 Pa · s
Blut (37 °C)	4 bis 15 mPa · s		

Kinematische Viskosität

Insbesondere in der Lackindustrie wird auch der Quotient

$\frac{\text{dynamische Viskosität}}{\text{Dichte}}$ = kinematische Viskosität angegeben. Einheit $1 \frac{Ns \cdot m}{kg} = 1 \frac{m^2}{s}$ bzw. $1 \frac{mm^2}{s}$. Die alte Einheit CentiStokes (1 cSt) entspricht $1 \frac{mm^2}{s}$.

Relative Viskosität: $\eta_{rel.} = \frac{\eta\ \text{Lösung}}{\eta\ \text{Lösemittel}}$

Die relative Viskosität ist das Verhältnis der Viskosität einer Lösung zu der Viskosität des reinen Lösemittels. Sie ergibt sich aus dem Verhältnis der Durchlaufzeiten in einem Kapillarviskosimeter.

$$\eta_{rel.} = \frac{\text{Durchlaufzeit der Lösung}}{\text{Durchlaufzeit des Lösemittels}}$$

Der Zahlenwert der relativen Viskosität einer Lösung ist immer größer als eins und nähert sich im Grenzfall, wenn die Konzentration auf Null absinkt, dem Wert eins.

Spezifische Viskosität:

$\eta_{rel.}$ ist immer größer oder gleich eins. Daher rechnet man meist mit der „spezifischen Viskosität", indem man von der relativen Viskosität den Wert eins abzieht. Dieser Wert eins entspricht dem Anteil des Lösemittels an der relativen Viskosität, während der über eins hinausgehende Betrag der Anteil des gelösten Stoffes ist, der hier erfaßt werden soll.

$$\eta_{spez.} = \eta_{rel.} - 1$$

Viskosität von Polymerlösungen, Bestimmung der molaren Masse

Die Viskosität einer Polymerlösung, und damit auch $\eta_{spez.}$, ist um so größer, je größer die Konzentration und je höher die molare Masse des Polymeren ist. Das heißt, daß bei gleicher Konzentration der Polymerlösung die Viskosität bei steigender molaren Masse zunimmt.

Aus dieser Beziehung läßt sich die molare Masse von Polymeren bestimmen. Man mißt dazu mit einem Kapillarviskosimeter die spezifische Viskosität bei verschiedenen Konzentrationen und trägt dann den Quotienten $\frac{\eta_{spez.}}{c}$, also das Verhältnis der spez. Viskosität zur jeweiligen Konzentration c, gegen die Konzentration c auf. Den Quotienten $\frac{\eta_{spez.}}{c}$ nennt man auch „reduzierte Viskosität" oder nach DIN 53726 Viskositätszahl.

Beispiel:

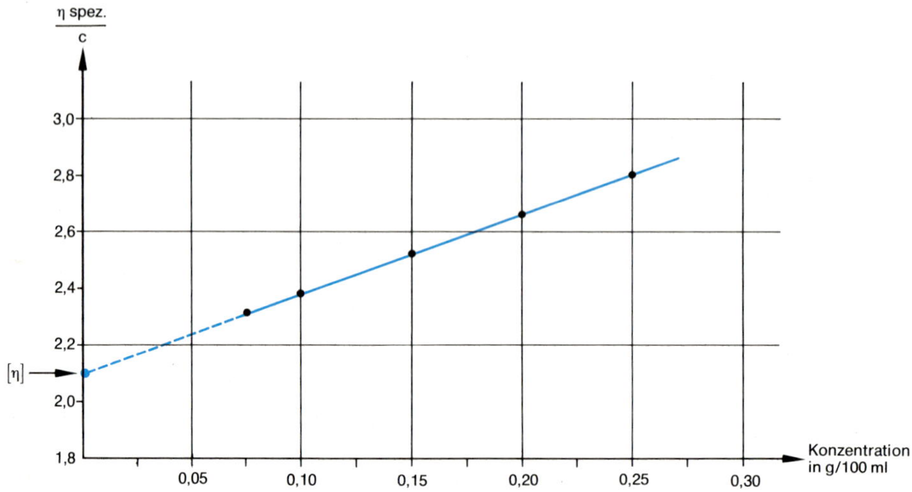

Abb. 80 Bestimmung der Viskositätszahl

Im allgemeinen kann man durch die Meßpunkte eine Gerade legen, und diese Gerade läßt sich bis zum Schnittpunkt mit der Ordinatenachse verlängern (Extrapolation bis zur Konzentration Null). Man kann jetzt ablesen, wie groß $\frac{\eta_{spez.}}{c}$ bei c = 0 wäre. Dieser Grenzwert wird Staudinger-Index oder Grenzviskosität [η] genannt.

Die molare Masse des Polymeren ergibt sich aus dem Staudinger-Index durch die Beziehung

$$[\eta] = a \cdot M^{\alpha}$$

In dieser Staudinger-Kuhn-Gleichung sind a und α Stoffkonstanten, die für jedes Polymer-Lösemittel-Paar empirisch bestimmt werden. Für viele wichtige Polymerisate sind diese Werte in der Fachliteratur veröffentlicht.

Einfluß der Temperatur auf die Viskosität

Bei steigender Temperatur ist wegen der verstärkten Wärmebewegung der Flüssigkeitsteilchen die Wirkung der zwischenmolekularen Anziehungskräfte geringer:

Mit steigender Temperatur sinkt die Viskosität.

Am Beispiel kalten und warmen Honigs kann man dies unmittelbar beobachten. Das Konstanthalten der Temperatur und das Einhalten einer vereinbarten Meßtemperatur sind daher von ausschlaggebender Bedeutung für das Meßergebnis. Dies gilt gleichermaßen für reine flüssige Stoffe, Lösungen und thermoplastische Kunststoffe. Abb. 81 zeigt die Abhängigkeit der Viskosität von Benzol und Wasser von der Temperatur. In Abb. 82 ist die gleiche Abhängigkeit für einen Thermoplasten (Polyisobutylen) dargestellt.

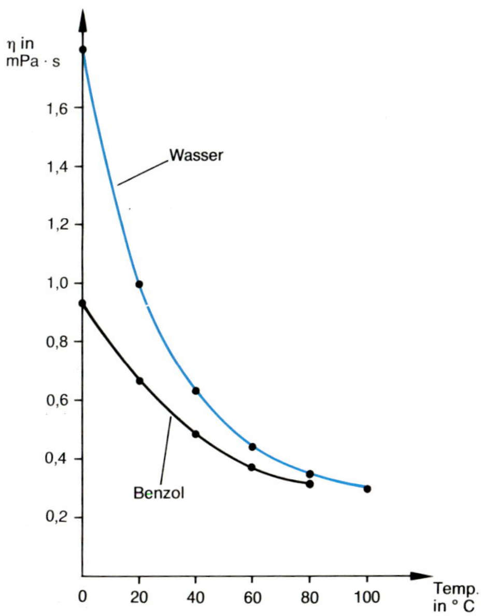

Abb. 81 Abhängigkeit der Viskosität von der Temperatur bei Wasser und Benzol

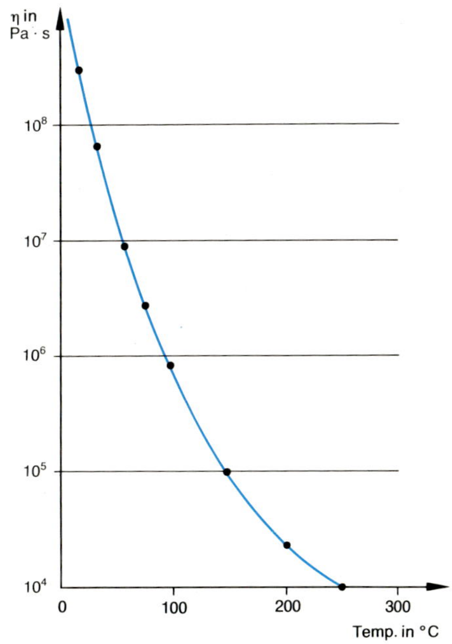

Abb. 82 Abhängigkeit der Viskosität von der Temperatur bei Polyisobutylen

Diese Abbildungen lassen den sehr großen Einfluß der Temperatur auf die Viskosität erkennen. Die Änderung der Viskosität ist bei dem Thermoplasten weitaus höher als bei den beiden Lösemitteln. So verringert sich die Viskosität des Polyisobutylens zwischen Zimmertemperatur und 100° C etwa auf ein Hundertstel, zwischen Zimmertemperatur und 250° C sogar auf etwa ein Zehntausendstel.

Der Thermoplast aus Abb. 82 hat bei Raumtemperatur eine Viskosität, die 100 Milliarden mal so hoch ist wie die von Wasser. Dieser Kunststoff fließt unter Druck bei Raumtemperatur tatsächlich, aber eben nur außerordentlich langsam. Man spricht vom „kalten Fluß", den viele Thermoplaste haben. Ähnliches gilt auch für Glas, Pech und andere derartige Stoffe, die bei äußerer Belastung diese Fließeigenschaft haben. Glas ist demnach eine „Flüssigkeit mit außerordentlich hoher Viskosität". Es läßt sich bei Glas keine scharfe Grenze zwischen festem und flüssigem Zustand bestimmen. Solche Stoffe erweichen allmählich bei Temperaturerhöhung, bis sie die für Flüssigkeiten charakteristische Viskosität annehmen. Die Schmelzviskosität von Thermoplasten ist für ihre Verarbeitbarkeit im Spritzgießverfahren von entscheidender Bedeutung.

Strukturviskosität und Thixotropie

Nach der Newtonschen Gleichung sind bei gleicher Viskosität Schubspannung und Schergeschwindigkeit direkt proportional, d. h. eine Verdoppelung der Schubspannung bewirkt eine Verdoppelung der Fließgeschwindigkeit. Anders ausgedrückt: Für Newtonsche Flüssigkeiten ist das Meßergebnis, die Viskosität, unabhängig von der Fließgeschwindigkeit.

Lacke und sonstige Anstrichmittel erfüllen diese Bedingung praktisch nie, sie sind also keine Newtonschen Flüssigkeiten.

Strukturviskosität: Man versteht darunter die Abnahme der Viskosität beim schnellen Verstreichen, also bei steigender Fließgeschwindigkeit. Die Strukturviskosität ermöglicht das Auftragen dickerer Schichten ohne Läuferbildung, da die Fließfähigkeit sofort nach Einwirkung der Kraft (Pinselarbeit) nachläßt. Daher wird der Verlauf des Anstrichmittels mit steigender Strukturviskosität schlechter.

Die Abnahme der Viskosität beim Verstreichen läßt sich mit der räumlichen Struktur der gelösten hochmolekularen Teilchen sowie der ungelösten Pigmentteilchen erklären. Im Ruhezustand befinden sich die Teilchen ungeordnet nebeneinander. Beim Bewegen oder Fließen können sich die Teilchen in Strömungsrichtung ausrichten. Dadurch nimmt die Reibung der Teilchen gegeneinander ab, die Viskosität sinkt. Strukturviskosität ist vor allem dann zu beobachten, wenn die dispergierten Teilchen Blättchen- oder Nadelstruktur haben (z. B. Anstrichmittel mit Graphit, nadelförmigem Bleichromat usw.).

Thixotropie (vgl. auch „Gel-Sol-Umwandlung, Seite 121):

Thixotrope Flüssigkeiten nehmen eine weitere Sonderstellung ein: Die Eigenart der Anziehungskräfte zwischen den Molekülen bewirkt, daß thixotrope Flüssigkeiten in der Ruhe einen festen Gelzustand haben, aber bei Einwirken einer Kraft in den flüssigen Solzustand übergehen. Nach Beendigung der Kraftwirkung stellt sich der feste Gelzustand allmählich wieder ein.

Die Thixotropie kann man von der bloßen Strukturviskosität am Zeitbedarf unterscheiden. Während die Strukturviskosität praktisch sofort nach Nachlassen der Pinselarbeit wirksam ist, erfordert die Gel-Bildung thixotroper Flüssigkeiten einen beachtlichen Zeitbedarf. Bis der ursprüngliche Gel-Zustand wieder erreicht ist, vergehen meist Stunden.

Strukturviskosität und Thixotropie hemmen die Kapillaraktivität und vermindern dadurch das Eindringvermögen des Anstrichmittels. Viskositätsanomalien, die auf Strukturviskosität oder Thixotropie zurückzuführen sind, lassen sich für Anstrichmittel mit genügender Exaktheit mit dem Auslaufbecher erfassen.

Viskositäts-Prüfgeräte

Auslaufbecher

Dieses Gerät wird überwiegend in der Lack- und Anstrichmittel-Industrie verwendet, wobei die Auslaufzeit gemessen wird. In Deutschland ist nur ein Auslaufbecher mit einer Auslaufdüse von 4 mm Durchmesser genormt. Die auch im Gebrauch befindlichen Düsen mit 2 mm, 6 mm und 8 mm Durchmesser sind nicht genormt. Solche Abmessungen erlauben keine echten Viskositätsvergleiche. Bei den größeren Düsen z. B. ergibt eine relativ hohe Zugabe an Verdünnungsmitteln nur eine geringfügige Änderung der Auslaufzeit, bei den kleineren Düsen ist es umgekehrt. (Zum Vergleich: 1962 waren allein in den USA 13 verschiedene Typen genormt, die in insgesamt 35 verschiedenen Abmessungen für die verschiedenen Viskositätsbereiche verwendet werden!)

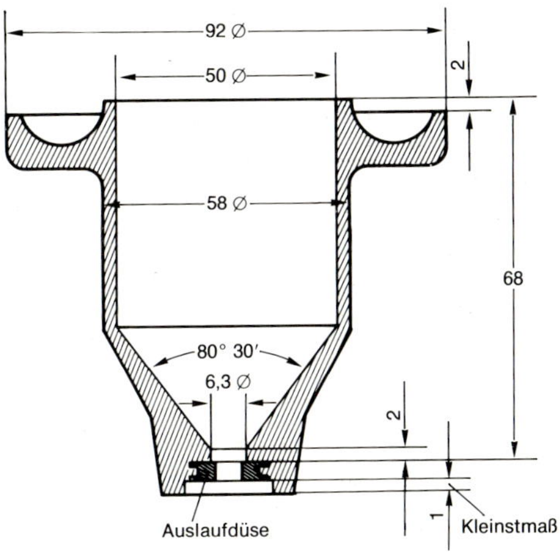

Abb. 83
Auslaufbecher nach DIN 53 211

Beim Arbeiten mit Auslaufbechern ist zu beachten:
Temperaturkontrolle (bereits die Handwärme beim Füllen kann den Becher erwärmen),
Sauberkeit der Düse,
Zeitmessung mittels Stoppuhr (Genauigkeit auf 0,2 Sekunden, die Werte werden auf- oder abgerundet auf ganze Sekunden),
Luftblasen vor der Messung aus der Probe entweichen lassen.

Absolute Viskositätsangaben sind nur zu erhalten, wenn der Auslaufbecher mit Eichflüssigkeit geeicht wird und die Werte in einer Eichkurve aufgetragen werden.

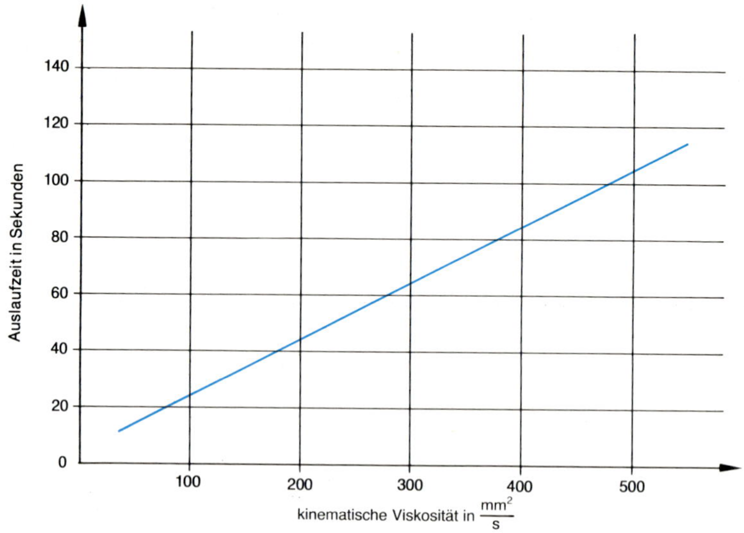

Abb. 84 Normkurve für den Auslaufbecher 4 DIN 53 211

Rotationsviskosimeter

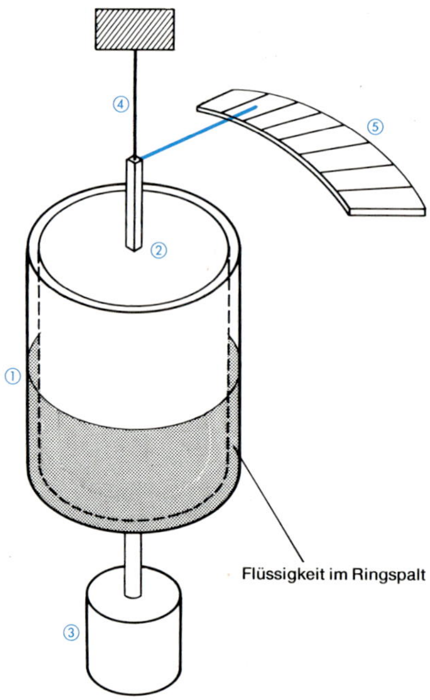

Abb. 85 Schema eines Rotationsviskosimeters

Die Skizze zeigt das Prinzip eines Rotationsviskosimeters.

Die Flüssigkeit wird in einen zylindrischen Becher ① gefüllt, und ein ebenfalls zylindrischer Rotationskörper ② wird in die Flüssigkeit gebracht. Der Becher wird von einem Elektromotor ③ mit einstellbarer Drehzahl gedreht. Der Rotationskörper ist an einem Torsionsdraht ④ aufgehängt, der je nach dem Fließwiderstand um einen mehr oder weniger großen Winkel gedreht wird. Dieser Drehwinkel kann an einer Skala ⑤ abgelesen werden. Der Drehwinkel ist ein Maß für die Viskosität der Flüssigkeit:

Großer Drehwinkel entspricht hoher Viskosität, geringer Drehwinkel entspricht niedriger Viskosität.

In einer Tabelle findet man dann die jedem Winkel entsprechenden Werte der dynamischen Viskosität.

Mit einem Rotationsviskosimeter lassen sich absolute Viskositätswerte ermitteln, ohne daß man eine Eichflüssigkeit braucht. Die in der Newtonschen Definitionsgleichung für die Viskosität enthaltenen Größen Schubspannung und Schergeschwindigkeit lassen sich hier leicht ermitteln. Sind aber beide Größen bekannt, dann ergibt sich als Quotient aus beiden die Viskosität. Die Schergeschwindigkeit erkennt man bei Betrachtung des Geschwindigkeitsprofils in dem Ringspalt zwischen der Wand des Rotationskörpers (Fließgeschwindigkeit $v = 0$) und der Becherwand (Fließgeschwindigkeit v = Umfangsdrehgeschwindigkeit des Bechers)

$$v = v_{\text{an der Becherwand}} - 0$$

$$\text{Damit ist die Schergeschwindigkeit } D = \frac{\text{Umfangsgeschwindigkeit des Bechers}}{\text{Abstand Becher–Rotationskörper}}$$

Diese Schergeschwindigkeit ist beim Rotationsviskosimeter nicht nur bekannt, sie ist auch durch Drehzahlregelung am Motor willkürlich einstellbar.

Die Schubspannung spannt den Torsionsdraht und ist damit an der Skala ablesbar.

Untersuchungen bei verschiedenen Drehzahlen (entspricht versch. Schergeschwindigkeiten) geben Aufschluß über Fließanomalien, wie Thixotropie, Strukturviskosität und Dilatanz.[1])

Nach dem Prinzip des Rotationsviskosimeters arbeiten viele abgewandelte Geräte. Es lassen sich Flüssigkeitsmengen von weniger als 0,1 ml unter hohen Scherbeanspruchungen, wie sie vor allem für Schmieröle interessant sind, untersuchen.

Höppler-Viskosimeter (DIN 53015)

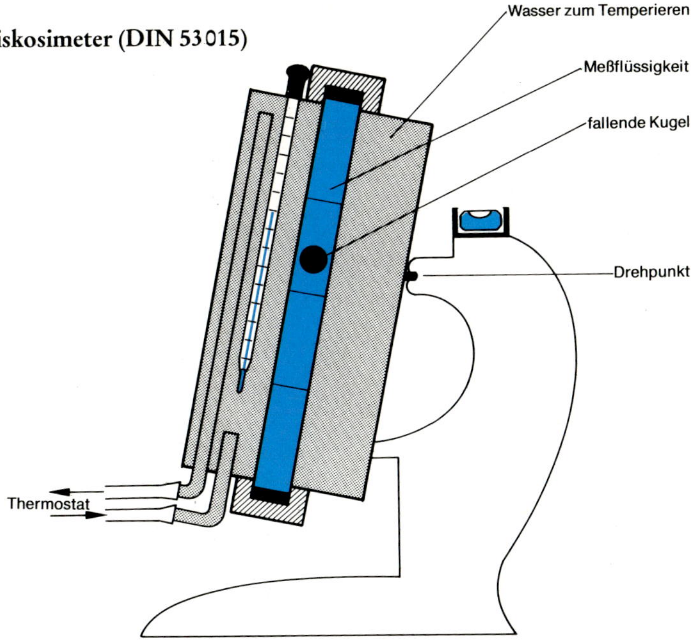

Abb. 86 Schema eines Kugelfall-Viskosimeters nach Höppler

[1]) Dialatanz = Verminderung der Viskosität im Ruhezustand gegenüber dem bewegten Zustand

Das Höppler-Viskosimeter besteht aus einem kurzen Fallrohr, das zwei Ringmarken in einer Entfernung von 5 cm voneinander trägt. Das Rohr ist von einem Mantel zur Aufnahme des zum Temperieren bestimmten Wassers umgeben. Mit drei Stellschrauben wird das Instrument so aufgestellt, daß eine an ihm angebrachte Wasserwaage einspielt. Das Rohr hat dann eine Neigung gegen die Vertikale von 10°. Die zu messende Flüssigkeit wird eingefüllt. Dann bringt man eine der Viskosität der Flüssigkeit angepaßte Stahl- bzw. Glaskugel in die Flüssigkeit und setzt den Verschluß auf. Nach Temperatureinstellung dreht man das Viskosimeter so, daß die Kugel die Flüssigkeit durchfällt. Die Kugelfallzeit wird gestoppt.

Dieses Viskosimeter mißt keine absoluten Viskositäten, sondern bedarf der Eichung durch Eichflüssigkeiten. Um mit den dem Gerät beigefügten Tabellen die Fallzeit in $\frac{Ns}{m^2}$ umzurechnen, benötigt man die Dichte der Flüssigkeit bei der Meßtemperatur, da sich die Gewichtskraft der Kugel durch den dichteabhängigen Auftrieb scheinbar verringert.

Weitere Verfahren zur Viskositätsmessung

Es gibt eine Vielzahl weiterer Methoden, die hier nur kurz dargestellt werden sollen.

Mikro-Viskositätsbestimmung nach Simmler-Bobingen:
Die Aufsteigegeschwindigkeit eines Öls in einem kapillaraktiven Filterpapier wird gemessen und dient als Maß für die Viskosität.

Luftblasentest:
Die Aufsteiggeschwindigkeit einer Luftblase dient als Maß für die Viskosität.

Einfache Kugelfall-Methode:
Ein Stahlkügelchen von 2 mm Durchmesser wird mittels Pinzette auf eine Flüssigkeitsoberfläche gebracht, und dann wird die Fallzeit für 25 cm Fallhöhe gemessen.

Turboviskosimeter:

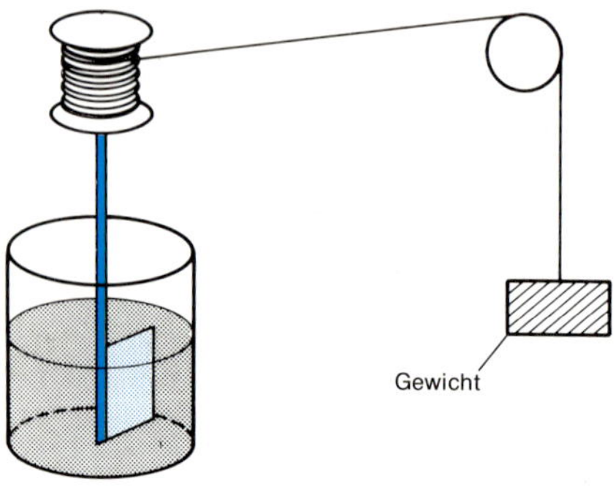

Abb. 87 Turboviskosimeter (schematisch)

Ein Seil wird durch das Gewicht (vgl. Abb. 87) von einer Trommel abgezogen und bewegt einen in die Meßflüssigkeit eintauchenden Rührer. Die Größe des Gewichts wird so lange variiert, bis die Fallzeit bei konstanter Fallstrecke 10 Sekunden beträgt. Das Gewicht ist dann ein Maß für die Viskosität.

Kapillarviskosimeter:

Beim Kapillarviskosimeter mißt man die Zeit, die eine bestimmte Flüssigkeitsportion zum Durchfließen einer Kapillare von bekannter Länge und bekanntem Durchmesser braucht. Da die Dichte der Flüssigkeit die Geschwindigkeit des Fließens mitbestimmt, werden die Meßergebnisse in der Einheit der kinematischen Viskosität angeben. In der Regel vergleicht man die Durchlaufzeit einer Lösung mit der entsprechenden Zeit für das Lösemittel. Der Quotient beider ist die relative Viskosität $\eta_{rel.}$

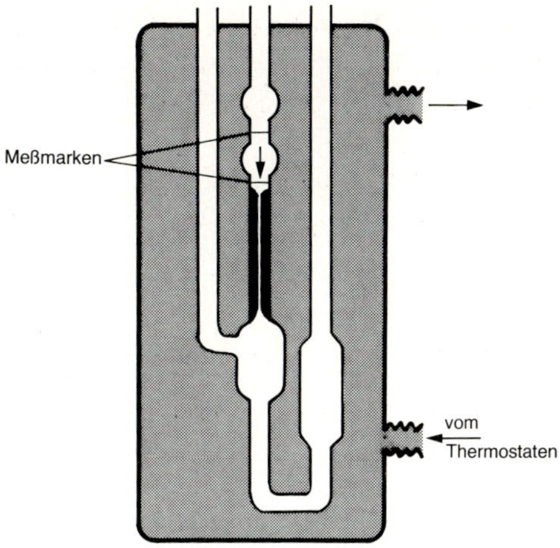

Abb. 88 Kapillar-Viskosimeter (Ubbelohde)

2.2.4 Lösungen

Der Lösevorgang

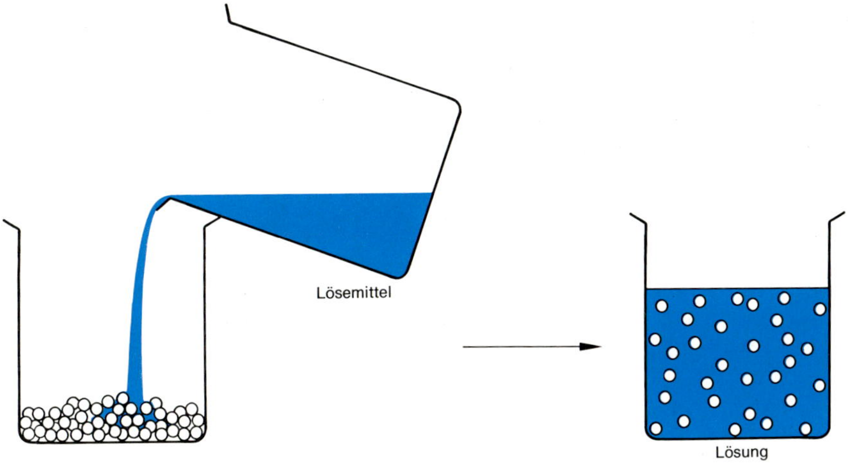

Abb. 89 Lösevorgang (schematisch)

Eine Lösung besteht immer aus einem Lösemittel und einem gelösten Stoff. Das Lösemittel ist in der Regel eine Flüssigkeit.

Der gelöste Stoff kann vor dem Auflösen als Feststoff, Flüssigkeit oder Gas vorliegen.

Sind der zu lösende Stoff und das Lösemittel Flüssigkeiten, so spricht man statt von Lösen auch von Mischen.

Hier soll der Fall, bei dem der zu lösende Stoff ein Feststoff ist, behandelt werden:
Der Feststoff liegt in einem Kristallverband vor. Die einzelnen Teilchen dieses Kristalls werden durch Anziehungskräfte (= Gitterkräfte) zusammengehalten. Beim Auflösen wird der

Kristallverband zerstört. Dies setzt Kräfte voraus, die dies bewirken können. Es sind dies die zwischenmolekularen Kräfte, die zwischen den Lösemittelteilchen und den Teilchen des Feststoffes wirken.

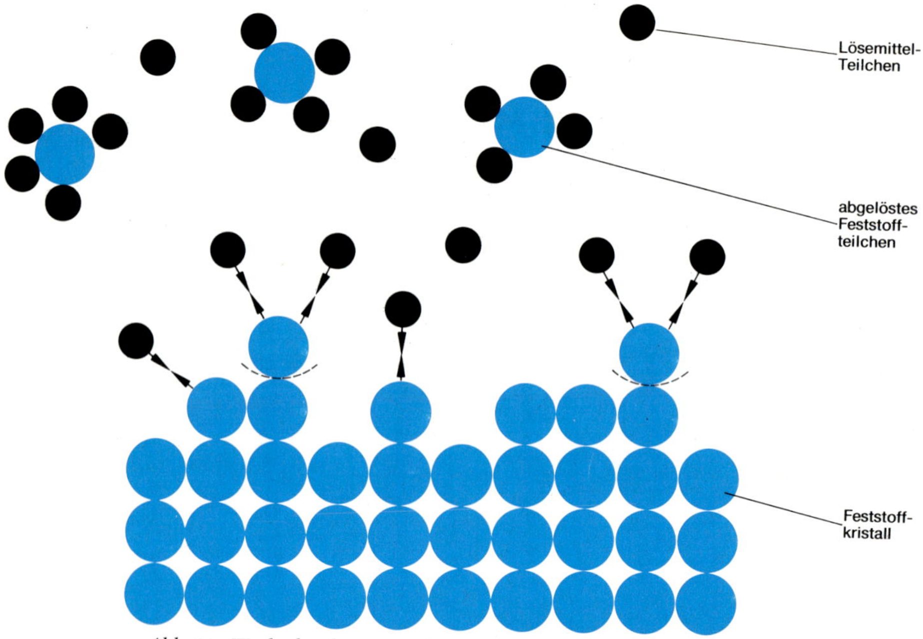

Abb. 90 Wechselwirkung zwischen Lösemittel und Feststoff beim Lösen

In der nebenstehenden Abbildung ist der Lösevorgang veranschaulicht. Lösemittelteilchen umspülen den Feststoff, wobei die genannten Kräfte auf die Feststoffteilchen wirken. Vor allem die an Ecken und Kanten sitzenden Feststoffteilchen, die ja nicht so fest in den Kristallverband eingebaut sind, können von den Lösemittelteilchen vom Feststoff abgetrennt und durch die Wärmebewegung abtransportiert werden. Wird ein Salz (= Ionengitter) in Wasser gelöst, so schwächen Wassermoleküle, die zwischen Anion und Kation treten, die elektrostatischen Anziehungskräfte zwischen diesen Ionen (vgl. Dielektrizitätszahl, Seite 106). Darüber hinaus sind H_2O-Moleküle sehr kleine Lösemittelmoleküle. Das erleichtert ihnen das Eindringen ins Feststoffgitter.

Solvatation

Die abgelösten Feststoffteilchen umgeben sich aufgrund der gegenseitigen Anziehungskräfte mit einer Hülle aus Lösemittelteilchen (Solvathülle). Dieser Vorgang bewirkt, daß die gelösten Teilchen in „Schwebe gehalten" werden und nicht wieder einen festen Kristallverband bilden. Der Vorgang der Umhüllung der gelösten Teilchen mit Lösemittelteilchen heißt Solvatation (= Solvatisierung). Er ist ein exothermer Vorgang. Die freiwerdende Wärme heißt Solvatationswärme (= Solvatationsenergie). Wird Wasser als Lösemittel benutzt, so spricht man von Hydratation und Hydratationswärme (= Hydratationsenergie).

Tabelle 10: Hydratationswärmen von Ionen in $\frac{J}{mol}$

Kation	Hydratationswärme	Anion	Hydratationswärme
Mg^{2+}	1100	F^-	290
Ca^{2+}	900	Cl^-	215
H_3O^+	620	OH^-	210
Na^+	230	Br^-	195
K^+	180	NO_3^-	145

Je größer die Ladungsdichte eines Ions ist, desto mehr Wärmeenergie wird frei, wenn es Wassermoleküle an sich bindet.

Gelöste und protolysierte Stoffe

Das Wassermolekül ist ein Dipolmolekül. Dies liegt darin begründet, daß der Sauerstoff im gewinkelten Wassermolekül die Bindungselektronenpaare, die er mit dem Wasserstoff gemeinsam hat, stark zu sich zieht und dadurch etwas negativ geladen wird. Die beiden gebundenen H-Atome werden dadurch etwas positiv geladen.

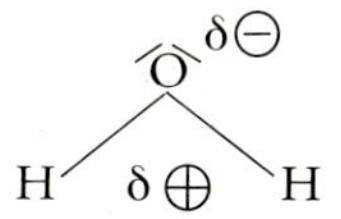

δ ⊕ bedeutet: geringe positive Ladung

Leitet man nun in Wasser z. B. HCl-Gas ein, so beobachtet man, daß es sich löst. Dabei liegen aber im Wasser nicht mehr die ursprünglichen HCl-Moleküle vor, sondern Ionen.

Beim Auflöseprozeß haben sich die HCl-Moleküle verändert. Wasser hat ein Proton (H^+) aus dem HCl-Molekül aufgenommen. Man sagt: Wasser ist protonisiert worden. Die Reaktion ist eine Säure-Base-Reaktion. Mit zunehmender Konzentration an H_3O^+ und Cl^- lösen sich HCl-Moleküle auch in steigendem Umfang chemisch unverändert in Wasser auf.

Das Beispiel zeigt, daß man unterscheiden muß zwischen einem reinen Auflösevorgang, bei dem die Natur der Teilchen des gelösten Stoffes und des Lösemittels unverändert bleiben, und einem viel weitergehenden Vorgang mit chemischer Veränderung der beteiligten Teilchen.

Analogie zwischen gelöstem und gasförmigem Zustand

Der Vorgang des Lösens und des Verdunstens bzw. des Verdampfens weisen Gemeinsamkeiten auf. Auch sind die gelösten Teilchen in einer Flüssigkeit ähnlich frei im Lösungsvolumen beweglich wie die Teilchen eines Gases im Gasvolumen.

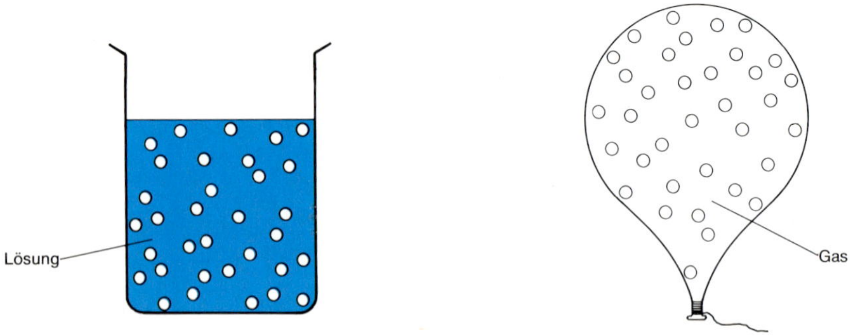

Abb. 91 Analogie zwischen gelöstem und gasförmigem Zustand

Vorgänge und Eigenschaften, die Ursache in der Wärmebewegung der Teilchen haben, sind bei Lösungen und Gasen vergleichbar. So verteilen sich gelöste Teilchen im Lösungsvolumen ebenso gleichförmig wie Gasteilchen im Gasvolumen. Weiterhin läßt sich u. a. der Zustand in einer gesättigten Lösung und in einem gesättigten Dampf (z. B. Naßdampf) sinnvoll miteinander vergleichen. Der Abkühlung beim Expandieren von Gasen (vergl. Joule-Thomson-Effekt, S. 181) entspricht die Abkühlung beim Verdünnen von Lösungen (wenn keine weitere Hydratation mehr erfolgt).

Osmose und osmotischer Druck

Osmotische Erscheinungen spielen insbesondere im Bereich der Biologie an den Zellwänden eine überragende Rolle. Für die Stofftrennung, zum Konzentrieren und Reinigen von Lösungen sind sie aber auch in der Chemie von großer Bedeutung (vgl. Membranfiltration, S. 352). Das Wesen der Osmose läßt sich gut durch folgenden Versuch veranschaulichen:

Versuch:

Zwei rohe Eier werden in je einem Becherglas mit ca. 20%iger Salzsäure übergossen, wodurch sich die Kalkschale löst, und nur die dünne Eihaut das Ei zusammenhält. Die Eier werden sorgfältig gespült, eins wird in ein Becherglas mit konzentrierter Kochsalzlösung, das andere in ein Becherglas mit destilliertem Wasser gegeben. Bereits nach einer Stunde läßt sich das Ergebnis deutlich beobachten: Das Ei im destillierten Wasser ist viel größer geworden, das Ei in NaCl-Lösung geschrumpft. Sticht man mit einer Nadel vorsichtig in das gequollene Ei, spritzt für Augenblicke Wasser in der Art eines kleinen Springbrunnens hervor.

Erklärung:

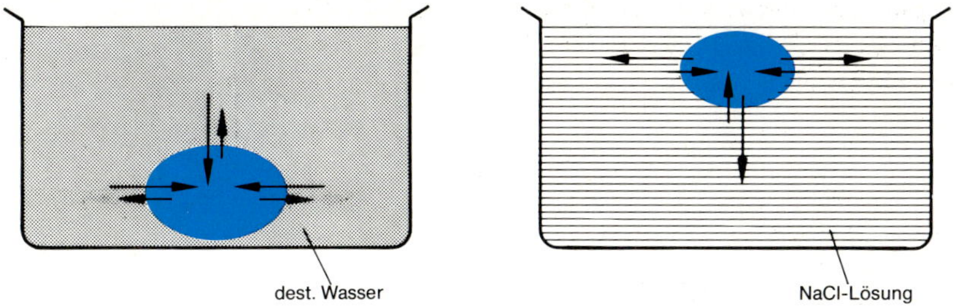

Abb. 92 Versuch zur Osmose

Die Ursache für das Quellen des einen und das Schrumpfen des anderen Eies liegt in der Wärmebewegung der Wassermoleküle und in der Struktur der Eihaut.

Die Eihaut ist für die kleinen Wassermoleküle kein unüberwindliches Hindernis, für die großen Eiweißteilchen aber und für Ionen ist sie praktisch undurchlässig: Die Eihaut ist eine semipermeable (= halbdurchlässige, teildurchlässige) Membran.[1]) Infolge der völlig regellosen Wärmebewegung passieren H_2O-Moleküle fortwährend die für sie durchlässige Haut ins Ei hinein und in umgekehrter Richtung. Bei dem Ei, das im destillierten Wasser liegt, diffundieren aber mehr H_2O-Moleküle in das Ei hinein als herausdiffundieren, weil die Wasserkonzentration außen größer ist als innen: Das Ei quillt. Das Ei in der Kochsalzlösung schrumpft, weil fortwährend mehr Wassermoleküle heraus- als hineindiffundieren. Das Ei schrumpft so lange, bis die Wasserkonzentration (in mol/l) innen und außen ausgeglichen ist. Osmose tritt immer dann auf, wenn zwei Lösungen verschiedener molarer Konzentration oder eine Lösung und das reine Lösemittel durch eine teildurchlässige Membran getrennt sind.

Die Osmose ist ein Diffusionsvorgang. Durch das Vorhandensein einer semipermeablen Membran können aber nicht alle Bestandteile einer Lösung in die angrenzende Flüssigkeit diffundieren. Die Osmose hat einen Konzentrationsausgleich zu Folge.

Osmotischer Druck

Die Abbildung zeigt das Prinzip der sog. Pfefferschen Zelle, wie sie 1887 von Pfeffer zur Messung des osmotischen Druckes verwendet wurde. Pfeffer präparierte ungebrannte Tontöpfe zu semipermeablen Wänden. Dazu gießt man eine 2%ige Lösung von $K_4[Fe(CN)_6]$ in einen Tonzylinder und taucht ihn dann in eine $CuSO_4$-Lösung. In den Poren des Tons fällt dann Kupferhexacyanoferrat(II) aus, das als teildurchlässige Membran wirkt.

Befindet sich, wie die Abbildung zeigt, in dem abgeschlossenen Volumen eine Lösung, umgeben von dem reinen Lösemittel, so beobachtet man eine Druckzunahme in der Lösung. Dieser am Manometer ablesbare Druck heißt osmotischer Druck, p_{osm}. Die überwiegend in die Lösung gerichtete Diffusion des Lösemittels ist Ursache des osmotischen Drucks.

[1]) zutreffender, aber weniger gebräuchlich: Selektiv permeable Membran

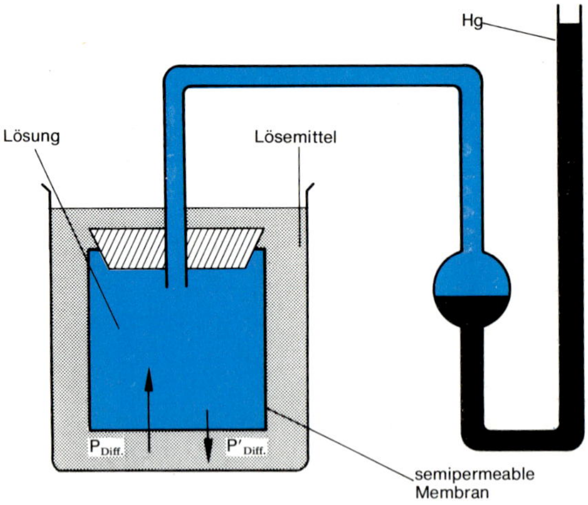

Abb. 93 Osmometer nach Pfeffer

Der osmotische Druck ist gleich dem äußeren Druck, der auf eine Lösung ausgeübt werden muß, damit die Diffusion der Lösemittelmoleküle zwischen ihr und dem reinen Lösemittel ausgeglichen ist.

In modernen Osmometern wird die Lösung unter einen zunehmenden äußeren Druck gesetzt, bis kein Lösemittel mehr in die Lösung diffundiert. Das läßt sich z. B. am Meniskus einer Kapillare beobachten. Setzt man die Lösung unter einen höheren Druck als den osmotischen Druck, so wird unter diesem Zwang Lösemittel aus der Lösung durch die semipermeable Membran gedrückt (vgl. Membranfiltration, S. 352).

Als Pfeffer die Größe der osmotischen Drucke 1%iger Lösungen verschiedener Stoffe miteinander verglich, fand er, daß diese Drucke beträchtlich voneinander abweichen. Er fand jedoch, daß sie der Stoffmengenkonzentration der Lösungen proportional sind. Bei Substanzen, die dissoziieren, ergibt sich die Stoffmengenkonzentration der Lösung aus der tatsächlichen Teilchenzahl des gelösten Stoffes. So liefert beispielsweise 1 mol NaCl 2 mol freibewegliche Ionen (in ideal verdünnter Lösung).

Messungen ergeben, daß der osmotische Druck $p_{osm.}$ der Stoffmengenkonzentration der Lösung, $\frac{n}{V}$, und der Temperatur T proportional ist.

$$p_{osm.} = \frac{n}{V} \cdot R \cdot T$$

R ist der Proportionalitätsfaktor, die sog. allgemeine Gaskonstante (vgl. S. 138).
n = Stoffmenge in mol
V = Volumen der Lösung
T = absolute Temperatur (vgl. S. 135).

Die Ähnlichkeit dieser Gleichung mit der allgemeinen Gasgleichung (S. 136) führt häufig zu dem Mißverständnis, die Teilchen des gelösten Stoffes würden den osmotischen Druck hervorrufen. Der Druck wird aber vom eingedrungenen Wasser hervorgerufen.

Berechnungsbeispiel:

Der osmotische Druck einer 0,9%igen Kochsalzlösung soll berechnet werden. Die Dichte der Lösung bei 20° C ist 1,0 $\frac{g}{cm^3}$.

100 ml Lösung wiegen 100 g und enthalten 0,90 g NaCl.
58,5 g NaCl liefern 2 mol Ionen (Na^+ und Cl^-).

0,90 g NaCl liefern $\frac{2 \cdot 0{,}90}{58{,}5}$ mol Teilchen.

Der osmotische Druck $p_{osm.}$ berechnet sich zu:

$$p_{osm.} = \frac{n \cdot R \cdot T}{V}$$

$$p_{osm.} = \frac{1{,}8 \text{ mol} \cdot 0{,}083 \text{ l} \cdot \text{bar} \cdot 293 \text{K}}{58{,}5 \text{ K} \cdot \text{mol} \cdot 0{,}1 \text{ l}}$$

$$\underline{\underline{p_{osm.} = 7{,}5 \text{ bar}}}$$

Beispiele für osmotische Erscheinungen

1. Wassertransport in Pflanzen entgegen dem Schwerefeld

In den Blättern verdunstet Wasser, die Konzentration an gelösten Stoffen in den Blattzellen steigt; in nachfolgenden Zellen, aus denen nichts verdunsten konnte, dringt Wasser in die äußeren Zellen ein und verdünnt dort die gelösten Stoffe. Dies setzt sich bis zu den Wurzeln der Pflanzen hin fort. Zusätzlich zum osmotischen Druck wirkt sich hier die Kapillarität in den Pflanzengefäßsystemen aus.

2. Physiologische Kochsalzlösung (in der Medizin)

Um den osmotischen Druck des Blutes nicht zu verändern, wird bei intravenösen Eingaben eine 0,90%ige NaCl-Lösung verwendet. Eine höhere Salzkonzentration würde die in der Blutflüssigkeit enthaltenen Blutkörperchen zum Schrumpfen bringen, während bei Verwendung von reinem Wasser die Blutkörperchen anschwellen oder sogar platzen würden.

Lösungen mit höherem osmotischen Druck, als er innerhalb der Zellen oder Blutkörperchen herrscht, heißen hypertonische und solche mit niedrigerem Druck hypotonische Lösungen. Lösungen gleichen osmotischen Druckes heißen isotonische Lösungen.

3. Trinken von Meerwasser oder destilliertem Wasser

Durch Trinken von Meerwasser ($p_{osm.} \approx 26$ bar) erhöht sich die Salzkonzentration im Magen-Darm-Kanal stark. Wasser aus dem Körper wird zum Verdünnen in diesen Bereich abgezogen. Genau das Gegenteil sollte durch das Trinken erreicht werden.

Durch Trinken von destilliertem Wasser wird die Flüssigkeit im Verdauungskanal verdünnt. Wasser gelangt in die Zellen des Körpergewebes, und als Folge können die aufquellenden Zellen wegen des hohen osmotischen Druckes platzen.

4. Platzen von Kirschen im Regen

Der hohen Zuckerkonzentration des Kirschsaftes steht auf der Außenhaut Regenwasser (= dest. Wasser) gegenüber, das in die Kirsche hineindiffundiert. Dabei platzt die Kirsche.

5. Überdüngen von Pflanzen

Bei zu starker Düngung ist die Bodenflüssigkeit höher konzentriert als die Wurzelflüssigkeit. Als Folge dringt Wurzelwasser nach außen, die Wurzeln werden trocken und schrumpfen („Verbrennen der Pflanzen").

6. Dialyse

Bei der Dialyse werden gelöste Stoffe mit Hilfe einer teildurchlässigen Membran nach ihrer Teilchengröße sortiert. Vorgänge dieser Art spielen besonders in der Biotechnik eine Rolle (siehe Membranfiltration, S. 355).

Gehalt und Konzentration von Lösungen

In der Tabelle sind die wichtigsten Gehalts- und Konzentrationsgrößen zusammengefaßt:

Tabelle 11: Gehalts- und Konzentrationsgrößen von Lösungen

Bezeichnung	Symbol	Beispiel	Einheit
Massenanteil	w	Der Massenanteil 0,05 einer NaCl-Lösung bedeutet, daß das Verhältnis 0,05 g NaCl zu 1 g Lösung ist. $w\,(NaCl) = \frac{0{,}05\ g\ NaCl}{1\ g\ Lösung}$	$\frac{g}{g} = 1$
		5%ige NaCl-Lösung heißt: 5 g NaCl in 100 g Lösung.	$\frac{g}{100\ g}$ (≙ %)
Volumenanteil	φ	Der Sauerstoff-Volumenanteil 0,21 der Luft bedeutet, daß das Verhältnis 0,21 l Sauerstoff zu 1 l Luft ist. $\varphi\,(Sauerstoff) = \frac{0{,}21\ l\ Sauerstoff}{1\ l\ Luft}$	$\frac{l}{l} = 1$
		21 Vol. % Sauerstoff in der Luft heißt: 21 Liter Sauerstoff in 100 l Luft.	$\frac{l}{100\ l}$ (≙ Vol. %)
Sehr kleiner Massen- bzw. Volumenanteil		5 ppm heißt: 5 mg Substanz in 1 kg Lösung oder 5 ml Substanz in 1 m^3 (z. B. Gas) (ppm heißt parts per million)	$\left.\begin{matrix}\frac{mg}{kg}\\ \frac{ml}{m^3}\end{matrix}\right\} = ppm$
Stoffmengenanteil	ϰ	ϰ (A) = 0,1 heißt: Enthält eine Mischung insgesamt 1 mol verschiedene Komponenten, so sind darin 0,1 mol der Komponente A enthalten.	$\frac{mol}{mol} = 1$
Stoffmengenkonzentration (= Molarität)	c	1 molare Lösung heißt: 1 mol Substanz pro Liter Lösung.	$\frac{mol}{l}$
Molalität	b	$b(C_{10}H_8$ in Benzol$) = 1\ \frac{mol}{kg}$ heißt: 1 kg Lösemittel (Benzol) enthält 1 mol Naphthalin	$\frac{mol}{kg}$
Äquivalentkonzentration	c(eq)	Bei Säure-Base-Reaktionen kann 1 Liter einer Lösung mit $c(eq) = 1\ \frac{mol}{l}$ 1 mol H_3O^+ – Ionen aufnehmen oder abgeben. Bei Redox-Titrationen kann 1 Liter einer Lösung mit $c(eq) = 1\ \frac{mol}{l}$ 1 mol Elektronen aufnehmen oder abgeben.	$\frac{mol}{l}$

Da sich das Volumen einer Lösung mit der Temperatur ändert, verändert sich auch die Stoffmengen- bzw. die Äquivalentkonzentration einer Lösung mit der Temperatur. Bei wäßrigen Lösungen kann dies im Labor meist unberücksichtigt bleiben. Bei Lösungen mit organischen Lösemitteln, z. B. bei alkoholischer Kalilauge, ist wegen der größeren Ausdehnungskoeffizienten die Konzentrationsänderung nicht mehr zu vernachlässigen. Für genaue Bestimmungen müssen Lösungen temperiert werden.

Gesättigte Lösungen

Die Löslichkeit gibt an, wieviel von einer bestimmten Substanz maximal in einer bestimmten Lösemittelmenge gelöst werden kann. Sie wird in der Regel in Gramm Substanz pro 100 g Lösemittel angegeben.

Eine Lösung mit maximalem Gehalt an gelöstem Stoff heißt gesättigte Lösung. Man erkennt sie daran, daß beim Auflösen Bodenkörper verbleibt. An der Phasengrenzfläche Lösung/Bodenkörper stellt sich ein Gleichgewichtszustand ein. Einerseits vermögen dauernd einige Teilchen die feste (oder flüssige) Phase des Bodenkörpers zu verlassen und in Lösung überzugehen, andererseits werden gelöste Teilchen, die durch ihre regellose Wärmebewegung in die Nähe des Bodenkörpers geraten, wieder von diesem angezogen und ins Gitter (oder in die Bodenflüssigkeit) eingebaut. Solange die Lösung noch nicht gesättigt ist, überwiegt der Lösevorgang. Steht aber eine gesättigte Lösung in Berührung mit ungelöstem Bodenkörper, so laufen beide Vorgänge dauernd nebeneinander ab. Pro Zeiteinheit verlassen gleich viele Teilchen den Bodenkörper, wie aus der Lösung in den Bodenkörper hineingelangen. Die Konzentration der Lösung ändert sich also nicht mehr:

Auflösegeschwindigkeit = Kristallisationsgeschwindigkeit.

Dies ist ein dynamisches Gleichgewicht (vgl. Kapitel 3).

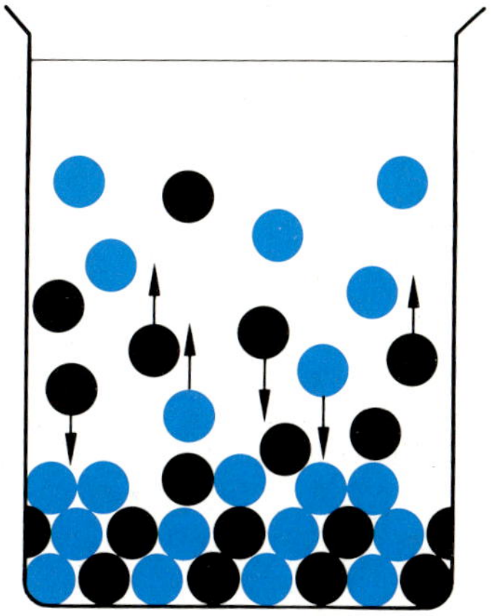

Abb. 94 Lösungsgleichgewicht in einer gesättigten Lösung

Löslichkeit und Temperatur der Lösung

Aufschlußreich ist die Betrachtung des Wärmehaushalts der Auflösereaktion. Die Frage, ob der gesamte Lösevorgang exotherm oder endotherm ist, ergibt sich aus folgender Energiebilanz:

Feststoff — Energie zum Überwinden der Anziehungskräfte zwischen den Teilchen des Feststoffs (Gitterenergie): endotherm.

Lösemittel ↓ — Energie zum Auseinanderrücken der Lösemittelmoleküle, damit Platz für den gelösten Stoff geschaffen wird: endotherm.

Lösung Energie aus der Wechselwirkung zwischen Lösemittelmolekülen und den Teilchen des gelösten Stoffes: exotherm.

Die Bilanz der aufzuwendenden und freiwerdenden Energiebeträge liefert als Ergebnis die **Lösungswärme.**

Dabei ist zu beachten, daß die sog. Solvationsenergie (bei Wasser als Lösemittel: Hydratationsenergie) bereits den Unterschied zwischen der aufzuwendenden Trennarbeit im Lösemittel und der freiwerdenden Energie aus der Solvatation wiedergibt.

1. Überwiegt die Solvationswärme, so ist der gesamte Lösevorgang exotherm. Nach dem Prinzip von der Flucht vor dem Zwang (Le Chatelier, vgl. S. 212) nimmt in solchen Fällen die Löslichkeit mit der Temperatur ab.

Beispiel zu 1: Na_2SO_4

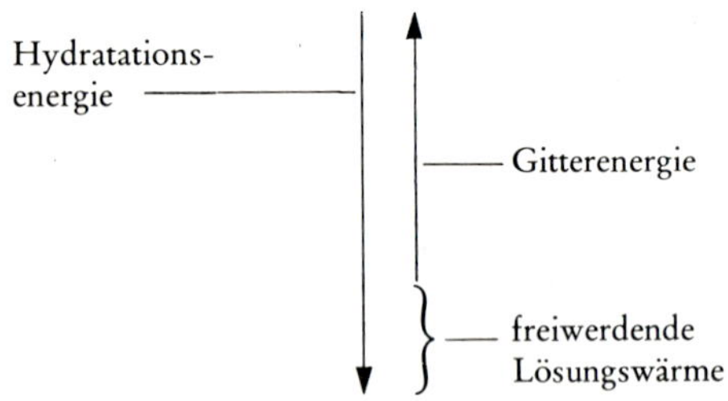

2. Überwiegen die aufzuwendenden Energien, so ist der gesamte Lösevorgang endotherm. In solchen Fällen nimmt die Löslichkeit mit der Temperatur zu.

Beispiel zu 2: KNO_3

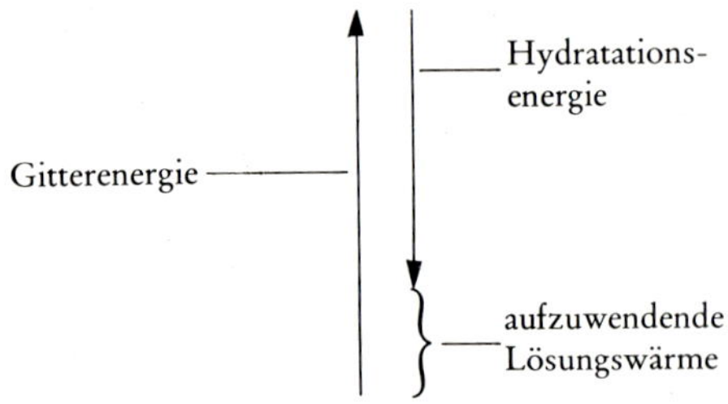

Scheinbar schlechte Löslichkeit haben einige kristallwasserfreie Salze, z. B. $Cr_2(SO_4)_3$. Bei ihnen ist die Auflösegeschwindigkeit sehr gering. Schnell löslich dagegen sind kristallwasserhaltige Salze, z. B. das $Cr_2(SO_4)_3 \cdot 6H_2O$. Die Gitterenergie solcher Salze ist verhältnismäßig gering, da die Ionen bereits im Feststoff weitgehend von H_2O-Molekülen umgeben sind. In welchem Umfang im Kristall eingebautes Wasser die Lösungswärme beeinflußt, zeigt folgender Vergleich:

Tabelle 12:

Substanz	Gitterenergie	Hydratationsenergie	Lösungswärme in $\frac{kJ}{mol}$
$Mg(NO_3)_2$			91,1 (exotherm)
$Mg(NO_3)_2 \cdot 2H_2O$			41,8 (exotherm)
$Mg(NO_3)_2 \cdot 6H_2O$			18,0 (endotherm)

Je mehr Wärmeenergie beim Lösen aufgenommen oder frei wird, desto stärker ändert sich die Löslichkeit mit der Temperatur, d. h. desto steiler verlaufen die Löslichkeitskurven in einem Löslichkeits-Temperatur-Diagramm. Diesen Umstand nützt man im Labor beim Umkristallisieren von Substanzen aus (siehe Seite 109).

Löslichkeit und Art des Lösemittels, Polarität, Dielektrizitätszahl

Nachdem bisher überwiegend die Wechselwirkungen zwischen Feststoffen und Lösemitteln beschrieben wurden, soll hier die gegenseitige Löslichkeit von Flüssigkeiten im Mittelpunkt stehen. Im Gegensatz zum Auflösen von Feststoffen spielen beim Mischen von Flüssigkeiten nicht die großen Gitterkräfte, sondern nur die zwischenmolekularen Kräfte des flüssigen Zustandes eine Rolle. Diese Kräfte sind, wie bereits häufiger betont, in erster Linie elektrostatischer Natur.

Versuch:

a) Mischt man Tetrachlormethan mit Wasser, so beobachtet man, wie sich die CCl_4-Tröpfchen bald wieder zu einer Schicht vereinigen.

b) Mischt man Aceton mit Wasser, so bildet sich eine klare Lösung.

Begründung des unterschiedlichen Verhaltens:

Beim Lösen in Wasser müssen sowohl Moleküle des Wassers als auch Moleküle der organischen Flüssigkeit voneinander getrennt werden. Dies ist für das gegenseitige Durchmischen (= Lösen) notwendig. Für diesen Vorgang muß Energie aufgewendet werden, die durch die Wechselwirkung zwischen „gelösten" und „lösenden" Molekülen, durch die Solvatation, aufgebracht wird — oder auch nicht aufgebracht werden kann. Die stark polaren Wassermoleküle benötigen als Partner ebenfalls polare Teilchen, damit gegenseitige elektrostatische Anziehungskräfte wirken. Wasser löst daher den polaren Stoff Aceton. Man kann diesen Sachverhalt auch so ausdrücken: Wasser und Aceton haben praktisch keine Grenzflächenspannung gegeneinander.

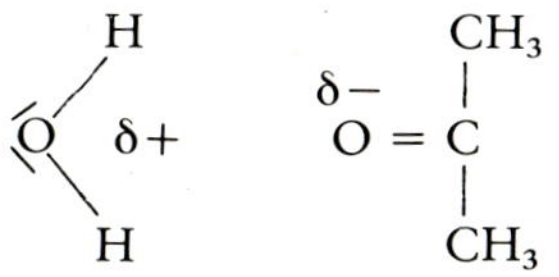

Das etwas positiv geladene Ende des Wassermoleküls und der Carbonylsauerstoff des Acetons ziehen einander an.

Salze verhalten sich in dieser Hinsicht wie extrem polare Verbindungen. Bringt man dagegen eine unpolare Substanz, wie Tetrachlormethan, mit Wasser zusammen, so treten praktisch keine Wechselwirkungen auf, CCl_4 wird somit praktisch nicht gelöst.

Regel:

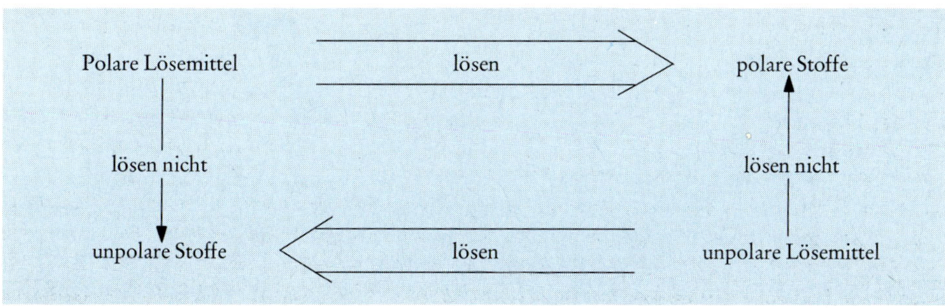

Im Hinblick auf die Löslichkeit in Wasser nennt man polare Stoffe oder polare Teile größerer Moleküle hydrophil. Unpolare Stoffe oder Molekülteile heißen hydrophob.

Die Polarität eines Lösemittels ergibt sich

a) aus dem Dipolmoment (Produkt aus Ladung und Abstand der Ladungsschwerpunkte im Molekül).

Das Dipolmoment gibt Auskunft über die Struktur des Moleküls, wenn dieses völlig unbeeinflußt von Kraftfeldern polarer Stoffe oder angelegten elektrischen Feldern ist. Das Dipolmoment wird in Coulomb · Meter (C · m = A · s · m) angegeben (alte Einheit: Debye, 1 Debye = $3{,}336 \cdot 10^{-30}$ Cm). Ein völlig unpolares Molekül hat Null Debye.

b) *aus der Dielektrizitätszahl (DK):* Beim Lösen eines polaren Stoffes mit einem polaren Lösemittel rücken die Teilchen des gelösten Stoffes auseinander. Den Zwischenraum füllen die polaren Lösemittelmoleküle aus.

Die Lösemittelmoleküle richten sich zwischen den polaren Molekülen oder Ionen des gelösten Stoffes in der Weise aus, wie Abb. 95 zeigt.

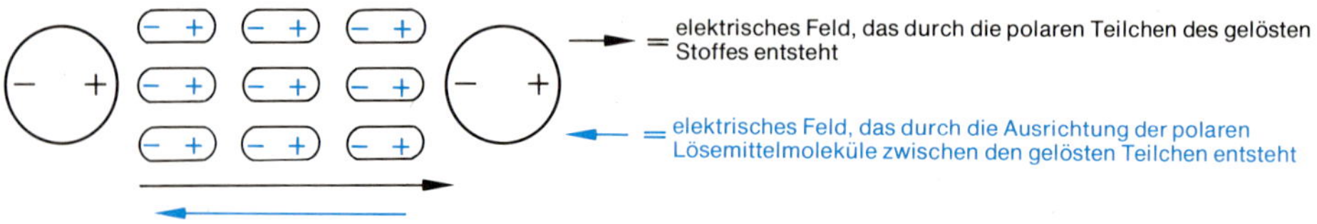

Abb. 95 Orientierung von polaren Lösemittelmolekülen zwischen den polaren Teilchen eines gelösten Stoffes

Das elektrische Feld, das durch die Ausrichtung der Lösemittelmoleküle entsteht, schwächt das elektrische Feld, das zwischen den polaren Teilchen eines gelösten Stoffes besteht. Im gleichen Maße wird dadurch die Anziehungskraft zwischen den Teilchen des gelösten Stoffes geringer. Der Anteil, um den diese Anziehungskraft geringer wird, heißt Dielektrizitätszahl (DK).

Beispiel:

Die Anziehungskraft F wirkt zwischen den beiden Teilchen.

Die Anziehungskraft $\frac{F}{81}$ (bei 18° C) wirkt zwischen den beiden Teilchen

DK_{H_2O} (bei 18° C) = 81

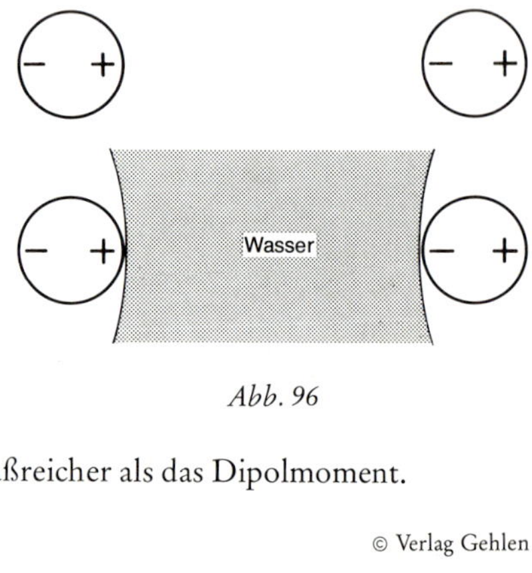

Abb. 96

Für das Lösungsverhalten sind die DK-Werte aufschlußreicher als das Dipolmoment.

Beispiel:

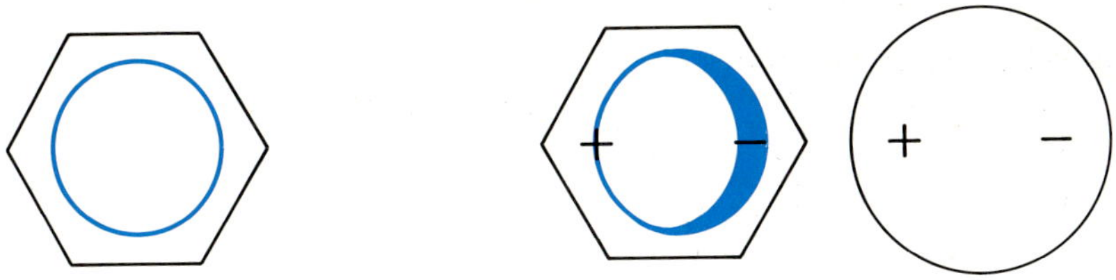

Abb. 97

Völlig unbeeinflußtes Benzolmolekül; die Ladungen verteilen sich völlig symmetrisch, daher ist das Dipolmoment Null.

Dieses Benzolmolekül befindet sich im Einflußbereich eines polaren Moleküls; die Elektronen des Benzols werden vom Pluspol des Moleküls angezogen und verteilen sich ungleichmäßig im Benzolmolekül. Benzol ist polarisiert worden, es besitzt ein induziertes Dipolmoment und hat eine DK = 2,24.

Für die Löslichkeit polarer Stoffe und für das Lösevermögen polarer Lösemittel ist demnach entscheidend:

a) das bereits im Molekül bestehende Dipolmoment,

b) die Polarisierbarkeit durch polare Moleküle.

Versuch:

In ein Reagenzglas füllt man Benzol, in ein zweites Benzin als Lösemittel. Zu beiden gibt man etwas 96%iges Ethanol. Ethanol löst sich in Benzol, da Benzol schwach polarisiert wird, und somit eine Solvatations-Wechselwirkung auftritt. Benzin löst dagegen das 96%ige Ethanol nicht auf, da Benzin bei gleicher unpolarer Grundstruktur wie Benzol (Dipolmoment Null) praktisch nicht polarisiert werden kann.

Tabelle 13: Dipolmoment und Dielektrizitätszahl einiger Flüssigkeiten

Substanz	Dipolmoment		Dielektrizitätszahl
	in 10^{-30} C· m	in Debye-Einheiten	
Wasser (Öl)	6,24	1,87	88
Wasser (18° C)	6,24	1,87	81,1
Formamid (20° C)	6,02	3,22	84
Ameisensäure (20° C)			58,5
Glycerin (20° C)	5,01	2,68	56,2
Methanol (20° C)	3,12	1,67	31,2
Ethanol (20° C)	3,18	1,70	25,8
Aceton (20° C)	5,14	2,75	21,5
Essigsäure (20° C)	3,24	1,73	6,29
Benzol (20° C)	0	0	2,24

Tabelle 14: Löslichkeit von einwertigen Alkoholen in Wasser

Substanz	Dipolmoment	Dielektrizitätszahl	Löslichkeit g Alkohol in 100 g Wasser
CH_3OH Methanol			unbegrenzt
CH_3-CH_2OH Ethanol			unbegrenzt
CH_3-CH_2-CH_2OH 1-Propanol			unbegrenzt
CH_3-CH_2-CH_2-CH_2OH 1-Butanol			9,0
CH_3-CH_2-CH_2-CH_2-CH_2-OH 1-Pentanol			1,5

Die außerordentlich geringe Wasseraufnahme von Polyethylen und Polytetrafluorethylen hat ebenfalls ihre Ursache in der unpolaren und wenig polarisierbaren Struktur dieser Chemiewerkstoffe. Von geeigneten Lösemitteln können die Makromoleküle der Kunststoffe aber zumindest teilweise[1]) solvatisiert werden: Der Kunststoff quillt.

Tabelle 15: Quellen eines Polyamid-Kunststoffes durch Aufnahme verschiedener Lösemittel (Polyamid ist ein polarer Thermoplast)

Lösemittel	max. Gewichtszunahme in % durch Aufnahme des Lösemittels	Polarität des Lösemittels
Formamid	12	
Methanol	14	
Ethanol	12	
Butanol	9	
Dimethylformamid	4	
Diethylether	2	
Benzol	1	
Benzin	0	

In sehr guten Lösemitteln können unvernetzte Kunststoffe (= Thermoplaste) vollständig gelöst, die Makromoleküle vollständig entknäuelt werden. In weniger guten Lösemitteln findet keine so stabile Umhüllung der Makromoleküle statt, die Makromoleküle bleiben auch stärker verknäult miteinander. Solche Lösungen sind die Klebstoffe und Klarlacke. Da die Solvatisierungsenergie bei möglichst lückenloser Berührungsfläche zwischen den Teilchen groß ist, löst z. B. Toluol (= Methylbenzol) Stoffe ähnlicher Struktur gut. Benzol übertrifft Toluol zwar, wird aber wegen seiner gesundheitsschädigenden Wirkung weniger angewendet.

[1]) z. B. Polyamide an den polaren Gruppen $-\underset{\underset{H}{|}}{N}-\underset{\underset{O}{\|}}{C}-$

Versuch:

Ein Stückchen geschäumtes Polystyrol (Styropor®) wird in wenig Toluol gelöst. Setzt man dieser Lösung tropfenweise Methanol zu, so fallen die Makromoleküle nach und nach wieder aus; die Lösung wird milchig trüb. Zuerst fallen die größeren, dann die kleineren Polystyrolmoleküle aus (fraktionierte Fällung). Durch den Zusatz von Methanol wird das Lösemittelgemisch für Polystyrol immer „schlechter". Polystyrol und Toluol enthalten als identischen Bestandteil den Benzolring, wodurch das Lösemittel und der gelöste Stoff gut „zusammen passen" und viele Berührungspunkte finden für die Solvatation. Methanol enthält den Benzolring nicht (vgl. auch Versuch: Aussalzen, S. 110).

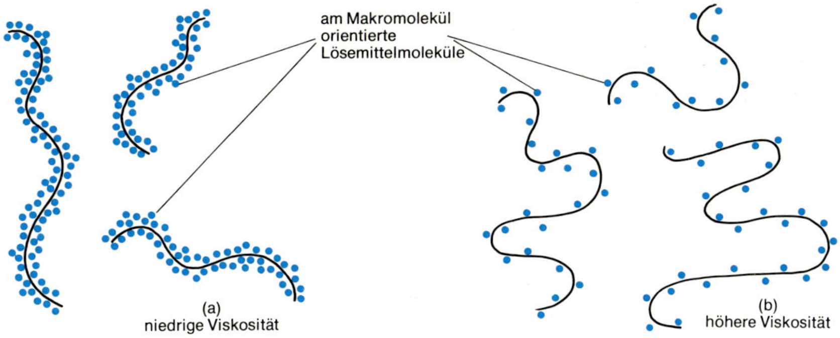

Abb. 98 Polystyrolmoleküle gelöst in einem guten Lösemittel (a) und in einem schlechten Lösemittel (b).

Umkristallisieren

Abb. 99 zeigt die Veränderung der Löslichkeit einiger Substanzen mit der Temperatur.

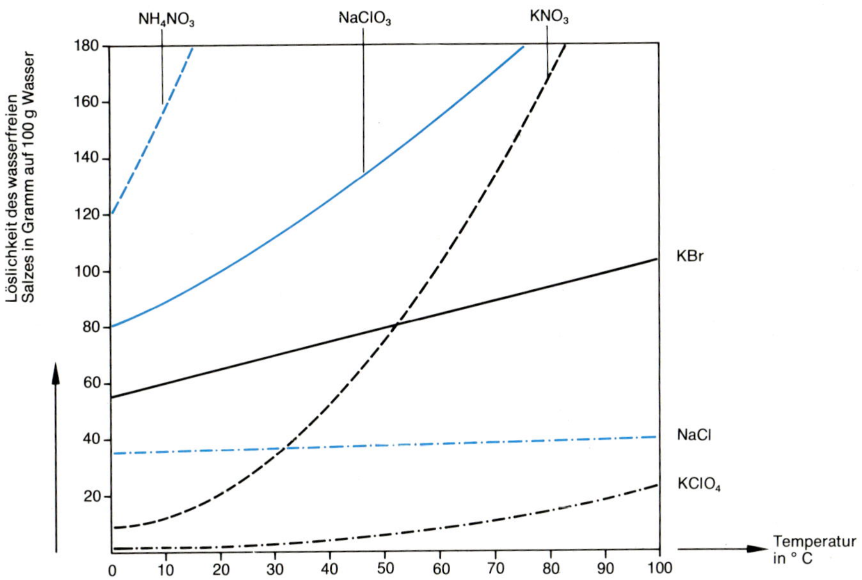

Abb. 99 Löslichkeitskurven

Das Umkristallisieren ist die wichtigste Methode zum Reinigen fester Stoffe. Dazu sättigt man ein Lösemittel, das bis zum Sieden erhitzt wird (Arbeitsschutzvorschriften beachten!) mit dem Rohprodukt, filtriert von unlöslichen Bestandteilen ab und läßt die Lösung abkühlen: Die Substanz kristallisiert in reinerer Form aus.

Da viele organische Substanzen übersättigte Lösungen bilden, muß das Kristallisieren häufig durch zugefügte Kristallisationskeime ausgelöst werden. Dazu setzt man der Lösung Kristalle des auszukristallisierenden Stoffes zu, sog. Impfkristalle. Auch das Reiben mit einem Glasstab an der Gefäßwand kann Kristallisationskeime erzeugen.

Eine besondere Art des Umkristallisierens ist die Kristallisation aus Schmelzen und das sog. Zonenschmelzen (siehe Seite 111).

Versuch:

In einem Becherglas werden ca. 50 g mit Kaliumdichromat und Sand verunreinigtes Kaliumnitrat mit wenig Wasser (ca. 50 ml) angerührt und erwärmt. Das Salz löst sich allmählich auf. Im heißen Zustand wird durch ein Faltenfilter (evtl. beheizter Trichter) filtriert. Aus dem Filtrat kristallisiert das KNO_3 langsam beim Abkühlen wieder aus und wird durch Absaugen und Trocknen aufgearbeitet. Die umkristallisierten Kristalle sind sichtbar reiner als das Ausgangsprodukt.

In manchen Fällen kann es Vorteile bringen, mit Lösemittelgemischen zu arbeiten, wobei die Löslichkeit in einer der Komponenten immer besser sein muß als in der anderen. Man löst dann die Substanz zunächst in der Siedehitze im besser lösenden Lösemittel auf und vermindert dann die Löslichkeit durch Zusatz der zweiten Komponente so lange, bis die ersten Kristalle in der Hitze ausfallen. Man bringt sie mit wenigen Tropfen des ersten Lösemittels wieder in Lösung, filtriert und läßt dann langsam abkühlen, wobei wiederum die Substanz auskristallisiert.

Dieses Verfahren läßt sich in geeigneten Fällen auch ohne Erwärmung durchführen. Die Substanz wird dabei durch Zusatz eines mischbaren Lösemittels ausgefällt.

Versuch:

Gibt man zu einer gesättigten Natriumchlorid-Lösung Äthanol, so setzt sich weißes, kristallines NaCl ab.

Aussalzen

Viele organische Substanzen lassen sich aussalzen. Man gibt dabei zur Substanzlösung die Lösung eines Elektrolyten. Das Verfahren des Aussalzens wird besonders in der Farbstoffherstellung angewendet. Häufig werden Farbstoffe auf diese Weise abgetrennt und gereinigt.

Versuch:

Versetzt man die Indikatorlösung von Methylorange oder Methylrot mit festem Natriumchlorid, so wird der Farbstoff aus der Lösung gedrängt. Die Lösung ist weniger intensiv gefärbt, das Farbmittel schwimmt auf der wäßrigen Phase.

Auch Flüssigkeiten lassen sich aus Flüssigkeitsgemischen durch Aussalzen abtrennen.

Versuch:

Zu 45%igem Äthanol gibt man unter fortwährendem Schütteln so lange feingepulvertes Kaliumkarbonat, bis sich dieses in der Flüssigkeit nicht mehr löst. Nach Absetzen des überschüssigen Kaliumkarbonats erkennt man, daß sich die Flüssigkeit in zwei Schichten getrennt hat. Oben befindet sich ca. 90%iges Äthanol, das durch eine Brennprobe nachgewiesen werden kann.

Zonenschmelzen

Das Zonenschmelzen ist ein Hochreinigungsverfahren, mit dem Reinheitsgrade bis $1:10^{10}$ erreicht werden können (d. h. 1 Fremdstoffteilchen auf 10^{10} Teilchen des zu reinigenden Stoffes). Wenn eine Schmelze mit Fremdstoffspuren langsam erstarrt, so ist die im Kristall entstandene Fremdstoffkonzentration im allgemeinen wesentlich kleiner als in der Schmelze. Dies ist darin begründet, daß die Fremdstoffteilchen vor allem wegen ihrer anderen Größe nicht so gut in das Kristallgitter des erstarrenden Stoffes „passen" und daher weitgehend in der Schmelze verbleiben. Abb. 100 zeigt das Schema einer Zonenschmelzapparatur. Das zu reinigende Material wird in ein Graphitschiffchen gelegt. Unter Schutzgas wird dieses Schiffchen in einem Quarzrohr durch mehrere Hochfrequenz-Heizspulen gezogen. Das Material wird dabei in schmalen Zonen bis über den Schmelzpunkt erhitzt. Da beim Fortschreiten der Zonen immer wieder unreines Material einschmilzt, reichert sich die Schmelze bei ihrem Durchgang durch das Material mit Verunreinigungen an und trägt sie an das Ende des Schmelzlings. Das Verfahren wird überwiegend für die Reinigung von Halbleiterwerkstoffen (z. B. Ge, Si) und Metallen angewandt.

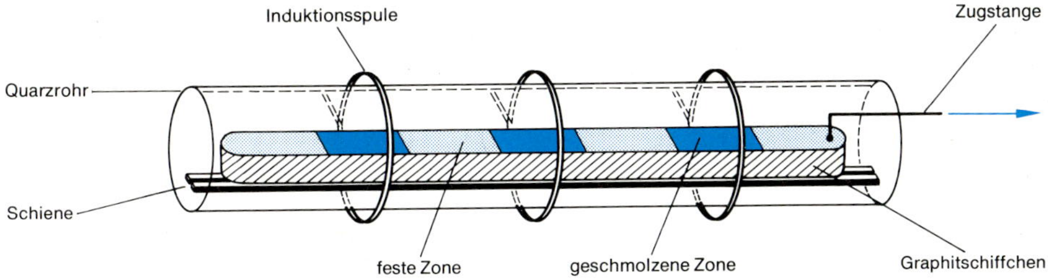

Abb. 100 Zonenschmelzen von Germanium für Halbleiterzwecke

Vorschriften beim Umgang mit Lösemitteln

Beim Umgang mit Lösemitteln sind die einschlägigen Unfall- und Gesundheitsschutz-Bestimmungen zu beachten! Diese Bestimmungen betreffen den Transport, die Lagerung, das Abfüllen und das Arbeiten mit Lösemitteln. Sie schreiben vor, in welchen Fällen welcher Atemschutz und welcher Hautschutz (Schutzkleidung, Schutzhandschuhe) notwendig ist.

1. Elektrostatische Aufladung

Beim Umgang mit Lösemitteln können Lösemitteldämpfe, das flüssige Lösemittel und die Lösemittelgefäße elektrostatisch aufgeladen werden. Immer dann, wenn Lösemittel strömen (z. B. beim Abfüllen) oder wenn Lösemitteldämpfe strömen (z. B. wenn unter Druck stehende Dämpfe entspannt werden), werden sie durch Reibung elektrostatisch aufgeladen. Diese Aufladung ist gefährlich, weil

a) Lösemittel Isolatoren sind und Aufladungen lange erhalten bleiben;
b) Lösemittel-Luft-Gemische durch Funkenentladung entzündet werden können.

Explosionsunfälle können fast immer sicher verhindert werden, wenn alle Leitungen und Gefäße geerdet werden. Das muß auch beim Umfüllen kleinerer Lösemittelmengen beachtet werden.

Besondere Vorsicht ist geboten bei flüssigem und dampfförmigem Schwefelkohlenstoff und allen Kohlenwasserstoffen (Benzine, Benzol).

2. MAK-Wert

MAK ist die Abkürzung für „maximale Arbeitsplatz-Konzentration". Der MAK-Wert gibt an, wie groß die erlaubte Höchstkonzentration an Lösemitteldämpfen in Anbetracht ihrer Giftigkeit am Arbeitsplatz bei achtstündiger täglicher Arbeit sein darf. Der MAK-Wert wird in ppm angegeben.

$$1\ \text{ppm} = \frac{1\ \text{cm}^3\ \text{Substanz}}{1\ \text{m}^3\ \text{Luft}}, \qquad 1000\ \text{ppm} = 0{,}1\,\%\ \text{(Volumenanteil)}$$

Die Festlegung der MAK-Werte erfolgt im wesentlichen durch Tierversuche. Die MAK-Liste wird herausgegeben vom Bundesinstitut für Arbeitsschutz in Bonn/Bad Godesberg.

3. Flammpunkt

Definition:

Der Flammpunkt ist die Mindesttemperatur einer Flüssigkeit und der darüber stehenden Luft, bei der sich durch Verdunstung des Lösemittels zündfähige Konzentrationen im Gemisch mit Luft bilden können.

Am Flammpunkt bilden sich gerade so viele brennbare Dämpfe an der Oberfläche einer Flüssigkeit, daß sich diese bei Annäherung einer geeigneten Zündquelle entzünden. Es kommt dabei nur zu einem kurzen Aufflammen, da bei der Temperatur des Flammpunktes weitere Dampfmengen nicht schnell genug nachgeliefert werden können, um eine dauernde Flamme zu unterhalten. Erst bei weiterer Erwärmung erreicht man die Temperatur, bei der die Verbrennung auch nach Entfernen der Zündquelle aufrechterhalten wird. Der Flammpunkt ist vom äußeren Luftdruck abhängig. Er steigt, wenn der Luftdruck hoch ist und fällt, wenn der Luftdruck niedriger ist.

Die brennbaren Flüssigkeiten werden nach Flammpunkt und Mischbarkeit mit Wasser nach der „Verordnung brennbare Flüssigkeiten" (VbF) in die Gefahrenklassen A und B unterteilt.

VbF-Klassen	Flammpunkt	Kennzeichnung
A I	< 21 °C	leichtentzündlich
A II	21 °C – 55 °C	entzündlich
A III	über 55 °C – 100 °C	–

A: Nicht in jedem Verhältnis mit Wasser mischbar.

B: In jedem Verhältnis mit Wasser mischbar; also mit Wasser löschbar.

4. Zündtemperatur

Die Zündtemperatur ist die niedrigste Temperatur, bei der das zündwilligste Gemisch aus Gas und Luft gerade noch zur Explosion gebracht werden kann. So kann man z. B. aus der Zündtemperatur von Diethylether, die bei 170 °C liegt, erkennen, daß sich ein Ether/Luft-Gemisch z. B. schon an einem heißen Ölbad von mindestens 170 °C entzünden kann.

5. Zündgrenzen bzw. Explosionsgrenzen

Untere und obere Zündgrenzen bzw. Explosionsgrenzen sind die Grenzen des Konzentrationsbereiches, innerhalb dessen ein Gas-Luft-Gemisch zur Entzündung bzw. zur Explosion gebracht werden kann. Diese Grenzen werden in der Regel als Volumenanteil des brennbaren Gases oder Dampfes in Luft angegeben. Die Zünd- bzw. Explosionsgrenzen sind druck- und temperaturabhängig.

6. Hautresorption

Wie gefährlich es ist, giftige Gase und Dämpfe einzuatmen, ist meist bekannt. Die Gefährdung durch das Eindringen giftiger Stoffe durch die Haut, die sog. Hautresorption, wird jedoch häufig unterschätzt. Besonders beim Umgang mit Chlorkohlenwasserstoffen und mit Benzolkohlenwasserstoffen sind wegen der Hautresorption Schutzhandschuhe zu tragen.

Tabelle 17: Kennzahlen von Lösemitteln

Lösemittel	MAK-Wert in cm^3/m^3 (1998)	Flammpunkt in °C (bei 1013 mbar)	Zündtemperatur in °C	Explosionsgrenzen als Volumenanteil σ (bei 1013 mbar)
Aceton	500	–19	540	2,5 bis 13
Ethanol	1000	12	425	3,5 bis 15
Benzin	–		220 bis 300	
Benzol	1[1])	–11	555	1,2 bis 8
Chloroform	10	keinen	keine	–
Dimethylformamid	10	58	440	2,2 bis 16
Diethylether	400	–30	170	1,7 bis 36
Essigsäureethylester	400	–4	460	2,1 bis 11,5
Essigsäure-n-butylester	200	22	370	1,2 bis 7,5
n-Hexan	50	–26	240	1,2 bis 7,4
Methanol	200	11	455	5,5 bis 26,5
Methylethylketon (= Butanon)	200	–1	505	1,8 bis 11,5
Methylenchlorid (= Dichlormethan)	100	keinen	660	13 bis 31
n-Octan	500	12	210	0,8 bis 6,5
n-Pentan	1000	–40	285	1,4 bis 7,8
1-Propanol	–	15	405	2,1 bis 13,5
2-Propanol	400	12	425	2 bis 12
Schwefelkohlenstoff	10	–30	102	1 bis 60
Tetrachlormethan	10	keinen	keine	–
Tetrahydrofuran	200	–17	260	1,5 bis 12
Toluol	50	6	535	1,2 bis 7,0
Trichlorethylen	50	keinen	410	7,9
p-Xylol	100	25	525	1,1 bis 7,0

2.2.5 Kolloide Systeme

Die Größe der in einer Flüssigkeit befindlichen Fremdstoffteilchen ist in der Praxis sehr unterschiedlich, wie die Übersicht an einigen Beispielen zeigt:

[1]) Wert nach TRGS 905 – Technische Regeln für Gefahrstoffe der krebserzeugenden oder erbgutverändernden oder fortpflanzungsbeeinträchtigenden oder fruchtschädigenden Kategorie.

Tabelle 18:

Teilchen	ungefähre Größe in nm	
Blutkörperchen im Menschenblut	7500	Suspension
Kaolinteilchen in einer Kaolinsuspension	1000	
Goldteilchen, die sich in Wasser noch absetzen	200	
Goldteilchen, die sich nicht mehr in Wasser absetzen	50	Lösungen
Chlorid-Ionen	0,18	

Setzen sich die Teilchen am Boden ab, so spricht man von einer Suspension.

Setzen sie sich nicht ab, so spricht man von Lösungen.

Im Bereich der Lösungen sind die Unterschiede in den Teilchengrößen, wie die Übersicht zeigt, noch immer sehr groß. Um diese Unterschiede noch deutlicher zu machen, ist das Größenverhältnis zwischen den sich in Wasser nicht mehr absetzenden Gold-Teilchen und den Chlorid-Ionen in der nebenstehenden Abb. 101 dargestellt.

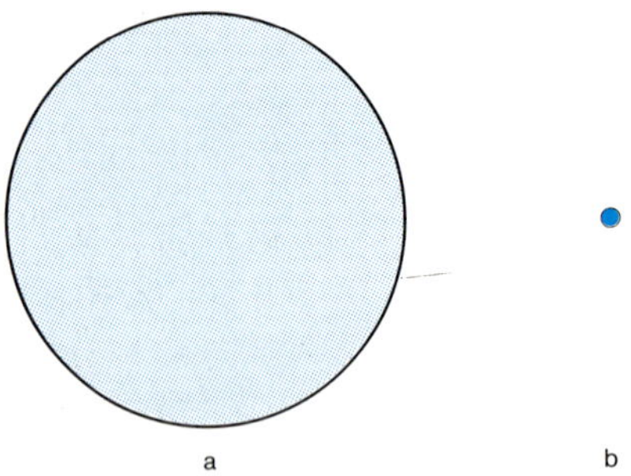

Abb. 101 Größenverhältnis zwischen kolloiden Gold-Teilchen und Chlorid-Ionen
a) Gold-Teilchen b) Chlorid-Ion

In ihrem Verhalten zeigen Lösungen, die ähnlich große Teilchen wie die Gold-Teilchen enthalten, ein in vielen Dingen völlig anderes Verhalten als die Lösungen, die so kleine Teilchen wie z. B. Chlorid-Ionen enthalten. Zur Unterscheidung hat man die Begriffe „echte Lösung“ und „kolloide Lösung“[1]) eingeführt.

Übersicht: Teilchengröße und Art der Mischung

Bezeichnung des Systems	Teilchengröße	Typische Kennzeichen
echte Lösung = molekular-dispers bzw. ionendispers	bis 1 nm	klare Lösung
kolloide Lösung = kolloiddispers	1 bis 100 nm	Tyndall-Effekt, evtl. Trübung, aber kein Absitzen
grobdispers = Suspension bzw. Emulsion	über 100 nm	Trübung, Entmischung nach einiger Zeit

Die Teilchen einer kolloiden Lösung bestehen aus sehr großen Molekülen oder Molekülkomplexen, die aus Tausenden von Atomen gebildet werden. Kolloide Systeme sind im festen, flüssigen und gasförmigen Zustand möglich.

[1]) colla (lat.) = Leim

Ist die Konzentration von Lösemittel gering, so daß der mittlere Abstand der gelösten Teilchen von der gleichen Größenordnung wie ihr Durchmesser ist, so ist das kolloiddisperse System nicht mehr flüssig und wird als Gel bezeichnet.

Ist der Teilchenabstand größer, so sind die Teilchen beweglich, das kolloide System wird als Sol bezeichnet.

Je nach Dispersionsmittel (= Stoff, in dem verteilt wurde) unterscheidet man:

Dispersionsmittel	Sol	Gel
Flüssigkeit (allgemein)	Lyosol	Lyogel
Wasser	Hydrosol	Hydrogel (z. B. aus Wasserglas mit Säure ausgeflockte Kieselsäure)
Gas, z. B. Luft	Aerosol (z. B. Nebel)	Aerogel (z. B. Kieselgel, Ruß)

Eigenschaften kolloider Lösungen

Ultrafiltration:

Eine Filtration kolloider Lösungen ist nur möglich, wenn die Porenweite des Filtermaterials etwa 10^{-8} m (= 10 nm) beträgt.

Versuch:

Gibt man zu verdünnter Natriumthiosulfatlösung etwas verdünnte Salzsäure, so scheidet sich nach kurzer Zeit kolloidal verteilter Schwefel aus. Filtriert man durch ein normales Papierfilter (Porenweite 200 bis 600 nm), so ist das Filtrat ebenso milchig-trüb wie die auf das Filter gegossene Flüssigkeit.

Durch Variation der Porenweite kann man Rückschlüsse auf die mittlere Teilchengröße ziehen. Bei der Ultrafiltration (= Membran- und Molekularsiebfiltration) arbeitet man zweckmäßig mit größeren Druckdifferenzen, z. B. durch Absaugen.

Sichtbarmachen der kolloiden Teilchen

Nur bei Suspensionen kann man die Teilchen des dispergierten (= verteilten) Stoffes mit dem bloßen Auge erkennen. Sendet man durch eine kolloide Lösung einen Lichtstrahl, so können wir diesen, von der Seite betrachtet, sehen (Tyndall-Effekt). Das ist bei echten Lösungen nicht der Fall; diese sind „optisch leere Flüssigkeiten".

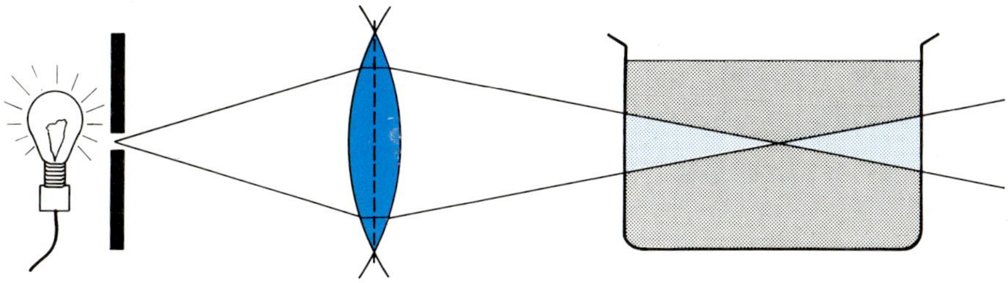

Abb. 102 Tyndall-Effekt

Diffusionsversuch:

Zwei Reagenzgläser werden je zu einem Drittel mit Gelatinegallerte gefüllt und mit $CuSO_4$-Lösung bzw. der Lösung von Kongorot überschichtet.

Nach einiger Zeit beobachtet man das Einwandern der blauen Kupferionen in die Gelatine, während die scharfe Grenze zwischen Gelatine und der kolloiden Kongorot-Lösung bestehen bleibt.

Versuchsergebnis:

Kolloide diffundieren wegen der Größe und Trägheit ihrer Teilchen praktisch nicht.

Da kolloide Bestandteile einer Lösung auch semipermeable Membranen nicht passieren können (wegen ihrer Größe und wegen ihrer geringen Diffusionsgeschwindigkeit), lassen sie sich durch Membranfiltration zurückhalten (vgl. Seite 352).

Ursache der Stabilität kolloider Lösungen

Kolloide Lösungen stellen sehr energiereiche Systeme dar, da sie eine sehr große Oberflächenenergie wegen der feinen Verteilung besitzen. Bei der Zusammenballung der kolloiden Teilchen wird diese Energie wieder frei. Der Vorgang des Zusammenballens der Teilchen heißt Koagulation.

$$\text{Sol} \underset{\text{Peptisation}}{\overset{\text{Koagulation}}{\rightleftharpoons}} \text{Gel}$$

Man müßte meinen, daß daher Sole nicht stabil sind. Es muß daher Gegenkräfte geben, die für die Stabilität verantwortlich sind. Je nach Art dieser Stabilisierungskräfte unterscheidet man hydrophobe und hydrophile Kolloide.

Hydrophobe Kolloide:

Die Kolloidteilchen hydrophober Kolloide laden sich gleichsinnig auf und stoßen sich dadurch ab, wodurch die Koagulation verhindert wird.

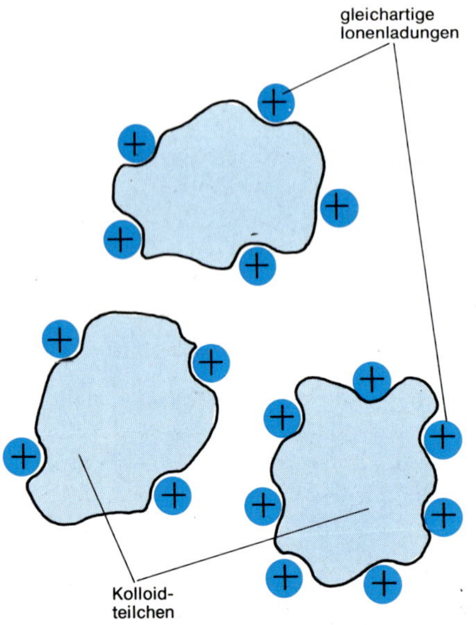

Abb. 103

Die Aufladung kann erfolgen:

1. Durch Eigendissoziation, z. B. bei Seifen oder Eiweißstoffen. So bilden die Seifenanionen, die nach Abdissoziation kleiner Kationen (Na^+, K^+) negativ geladen sind, die Kolloidteilchen.
2. Durch Adsorption von Anionen oder Kationen an der großen Oberfläche der Kolloidteilchen.

Kolloide Lösungen von Metalloxiden und Metallhydroxiden enthalten meist positiv, kolloide Lösungen von Metallen, Metallsulfiden, SiO_2, SnO_2 enthalten meist negativ geladene Kolloidteilchen.

Die hydrophoben Kolloide lassen sich in der Regel leicht durch Elektrolytzusatz ausflocken. Die Aufladung der Kolloidteilchen wird durch die vielen hinzugegebenen Fremdionen kompensiert.

Beispiele für dieses Ausflocken von Kolloiden durch Elektrolytzusatz sind das Koagulieren von Milcheiweiß bei Säurezusatz, das Ausfällen von Kernseife aus wäßrigem Seifenleim (Seifenlösung) mit Kochsalz und das Ausfällen von Kolloiden aus Abwässern durch Zusatz von Eisen(III)-salzen.

Hydrophile Kolloide:

Zu dieser Stoffklasse gehören Stärke, Cellulose, Leim, Gelatine. Eine Hydrathülle (bzw. allgemein Solvathülle) schützt die Kolloidteilchen und verhindert die Koagulation.

Schutzkolloide:

Schutzkolloide sind z. B. Gelatine, Gummiarabikum, Leim, Kasein, Dextrin, Stärke, Tannin und Seifen. Diese Stoffe bilden eine Schutzhülle um die Kolloidteilchen und bewirken somit eine Umwandlung in hydrophile Kolloide. Die Schutzkolloide müssen mit dem Dispersionsmittel im Hinblick auf ihre Polarität verwandt sein.

Ausflockung[1]) von Kolloiden

Die Erkenntnis, daß Kolloide ihre Stabilität entweder durch gleichsinnige Ionenaufladungen (hydrophobe Kolloide) oder durch Ausbildung einer Hydrathülle (hydrophile Kolloide) erhalten, läßt sich in einem sehr wichtigen chemischen Verfahren zur Abwasserreinigung in die Praxis umsetzen.

Die im Abwasser enthaltenen kolloidalen Schmutzpartikel sind in der Regel elektrostatisch negativ aufgeladen. Wird diese gleichsinnige Aufladung beseitigt, so flocken die Schmutzpartikel aus und können abgefiltert werden. Als Flockungschemikalien kommen entweder Fe(III)- und Al-Salze oder organische Polymerverbindungen in Frage. Bei Verwendung von Eisen- oder Aluminium-Salzen spricht man von Adsorptionskoagulation, bei Verwendung von organischen Polymeren heißt das Verfahren Flocculation.

Adsorptionskoagulation:

Fe(III)- und Al-Salze protolysieren in Wasser. Die Protolyse verläuft über eine Reihe von Zwischenstufen bis zum wasserhaltigen $Fe(OH)_3$ bzw. $Al(OH)_3$.

$$[Me(H_2O)_6]^{3+} + H_2O \rightleftharpoons [Me(H_2O)_5OH]^{2+} + H_3O^+$$
$$[Me(H_2O)_5OH]^{2+} + H_2O \rightleftharpoons [Me(H_2O)_4(OH)_2]^{+} + H_3O^+$$
$$[Me(H_2O)_4(OH)_2]^{+} + H_2O \rightleftharpoons [Me(H_2O)_3(OH)_3] + H_3O^+$$

Die komplexen Kationen kondensieren schließlich zu größeren Komplexionen, die etwa die Zusammensetzung $FeO(OH)_n$ bzw. $Fe_2O_3 \cdot nH_2O$ haben. Aus den Metallsalzen entstehen also durch Protolyse Sole mit positiv aufgeladenen komplexen Ionen als Kolloidteilchen. Diese positiven Teilchen entladen die negativen Kolloidteilchen aus dem Abwasser, so daß alle beteiligten Kolloidteilchen (sowohl die negativen als auch die zugesetzten positiven des Flockungsmittels) ihre gleichsinnige Aufladung verlieren und gemeinsam ausfallen.

[1]) Ausflockung = Überführung von feinstsuspendierten Stoffen oder Kolloiden in einen filtrierbaren Zustand. Ausfällung = Überführung echt gelöster Stoffe in eine unlösliche Form.

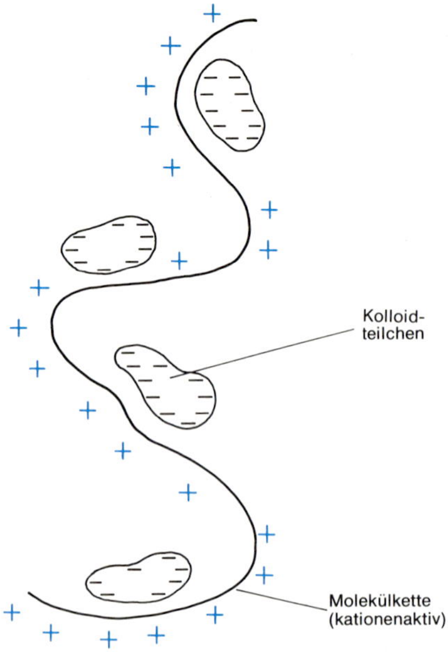

Abb. 104 Flocculation

Flocculation:

Bei der Flocculation werden polymere organische Verbindungen als Flockungsmittel eingesetzt. Diese bestehen aus Fadenmolekülen mit anionischen (−) oder kationischen (+) Gruppen.

Schematisch:

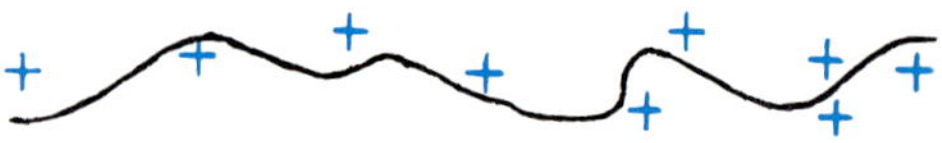

Durch die elektrostatischen Anziehungskräfte zwischen negativen Kolloidteilchen und positiven Gruppen in der Polymerkette lagern sich die Kolloidteilchen an der Molekülkette an. Eine Molekülkette ist somit eine Art Brücke zwischen den einzelnen Kolloidteilchen. Die einzelnen Kolloidteilchen werden nicht nur von einer einzigen derartigen „Brücke" zusammengehalten, sondern von sehr vielen. Dadurch entsteht eine Zusammenballung der Schmutzteilchen zu größeren Aggregaten; die Stoffe flocken aus. Die nebenstehende Abbildung veranschaulicht diesen Vorgang.

Elektrophorese

Versuch:

Bringt man Eisenhydroxid-Sol in der dargestellten Weise in ein elektrisches Feld, so bewegt sich die rotbraune Substanz zur Kathode. Diesen Vorgang nennt man Elektrophorese. Das Dispersionsmittel bleibt in Ruhe. An der Kathode verlieren die Kolloidteilchen ihre positive Ladung und flocken als Gel aus.

Die Kolloidteilchen selbst werden dabei – im Unterschied zur Elektrolyse – nicht durch chemische Reaktion (Redoxreaktion) verändert.

Unterschiede zwischen Elektrophorese und Elektrolyse:

Elektrophorese	Elektrolyse
nur in kolloiddisperser Verteilung	in ionendisperser Verteilung
Wanderung nur in *einer* Richtung	Anionenwanderung zum + Pol, Kationenwanderung zum − Pol
keine chemische Veränderungen	chemische Veränderungen beim Abscheiden an den Elektroden
Die Faradayschen Gesetze zur Berechnung der abgeschiedenen Stoffmenge haben keine Gültigkeit	Die abgeschiedenen Stoffmengen lassen sich mit den Faradayschen Gesetzen berechnen

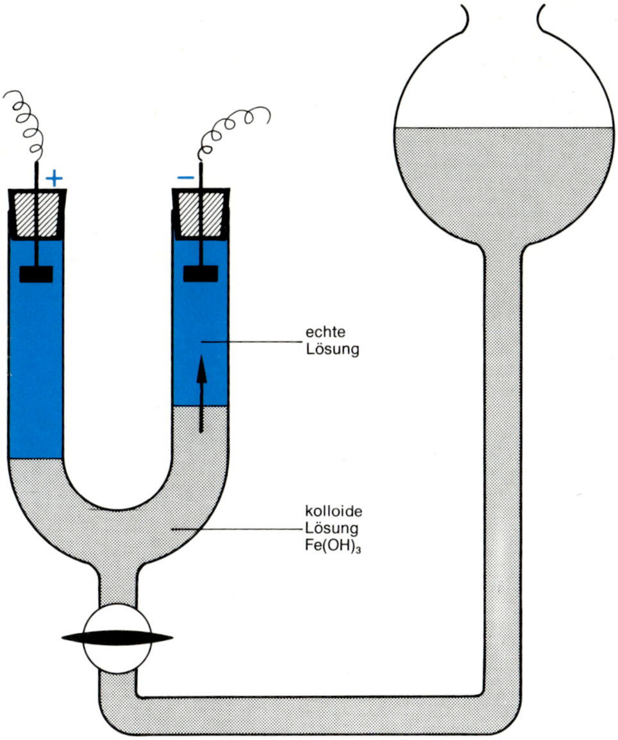

Abb. 105 Versuch zur Elektrophorese

Praktische Anwendungen der Elektrophorese

Papierelektrophorese

In der Praxis herrschen im Hinblick auf die Elektrophorese einige sprachliche Unklarheiten, da man häufig auch Ionenwanderungen molekular-disperser Systeme, die der Elektrolyse zuzuordnen sind, als Elektrophorese bezeichnet. Die Papierelektrophorese ist eine wichtige Methode zur labormäßigen Trennung von Stoffgemischen (vgl. Abb. 106).

In die Elektrodenräume wird die Pufferlösung eingefüllt und auf Gleichstand gebracht. Das Elektrophoresepapier wird durch die Pufferlösung gezogen und zwischen zwei Filterpapieren von überschüssiger Pufferlösung befreit. Der Papierstreifen wird auf einen Rahmen gelegt. Ein Tropfen des zu trennenden Gemisches wird auf die Mitte des Elektrophoresepapierstreifens gebracht und die Kammer durch Auflegen des Deckels geschlossen. Die angelegte Spannung beträgt nur wenige Volt. Sie wird so eingestellt, daß nur wenige Milliampere fließen.

Elektrophoretische Tauchlackierung

Insbesondere auf dem Gebiet der Autolackierung hat sich ein elektrophoretisches Verfahren durchgesetzt, bei dem aber auch elektroosmotische und elektrolytische Vorgänge eine Rolle spielen.

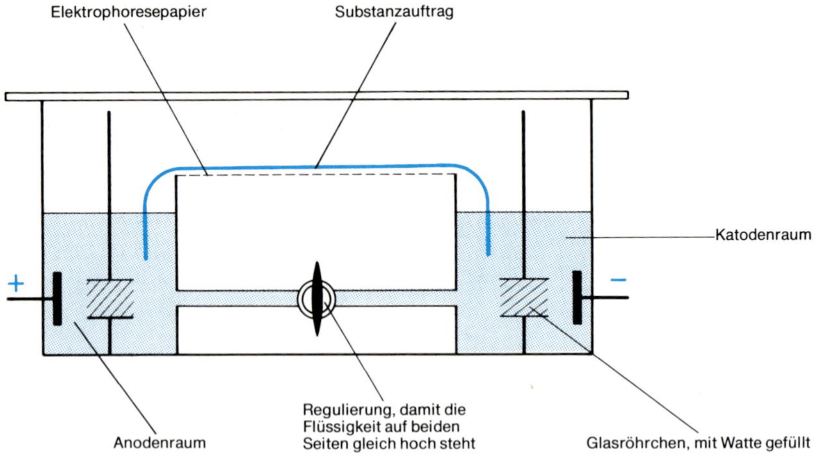

Abb. 106 Elektrophoresekammer

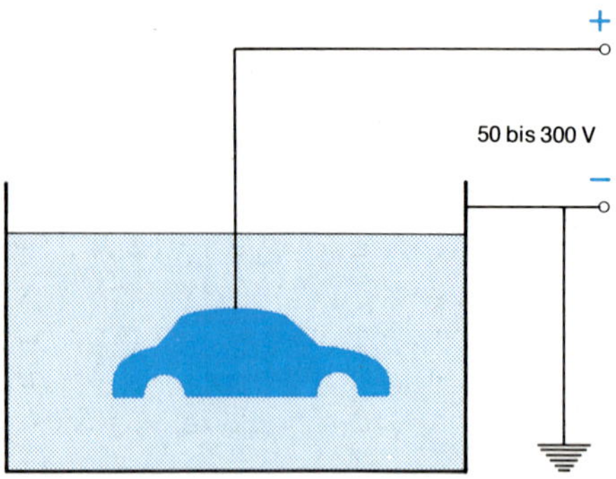

Abb. 107 Elektrophoretische Tauchlackierung

Das Werkstück wird in einen verhältnismäßig niedrig-viskosen, wasserverdünnbaren Lack eingetaucht und mit dem positiven Pol einer Gleichstromquelle verbunden. Als Kathode dient gewöhnlich die meist geerdete Wandung des metallischen Tauchbeckens. Zwischen Anode und Kathode liegt eine Gleichspannung, die je nach den Verhältnissen 50 bis 300 Volt betragen kann. Auf dem Werkstück bildet sich sehr schnell ein dichter, gut haftender Lacküberzug, der nur noch wenig Wasser enthält und in Wasser nicht mehr löslich ist. Beim Abspülen werden lediglich lose anhaftende Lackanteile weggewaschen. Die Lackpartikel im Tauchbecken liegen in kolloiddisperser Verteilung vor. Sie laden sich gleichsinnig negativ auf, wandern daher zur Anode und scheiden sich dort ab, nachdem ihre Aufladung ausgeglichen wurde. Die Aufladung der kolloiden Lackteilchen kann verschieden erfolgen: So werden für die Elektrotauchlackierung in der Regel Harze mit anionischen Gruppen, besonders Carbonylgruppen, eingesetzt. Solche Harze dissoziieren teilweise, wodurch negativ geladene Harzpartikel vorliegen.

Die Aufladung kann aber auch auf einem Grenzflächeneffekt beruhen. Bei der Berührung zweier Nichtleiter kommt es an der Grenzfläche zur elektrischen Aufladung, und zwar lädt sich der Stoff mit der höheren Dielektrizitätszahl gegenüber dem anderen positiv auf. Wasser besitzt, verglichen mit den undissoziierten Lackpartikeln, eine sehr hohe Dielektrizitätszahl. Letztere tragen infolgedessen eine negative Ladung.

Eine weitere Möglichkeit der Aufladung besteht in der Adsorption von Ionen, die im Zusammenhang mit den hydrophoben Kolloiden beschrieben wurde.

Die in praktisch jedem wäßrigen Bad enthaltenen Ionen führen zu Elektrolysevorgängen, die aber wegen der Gasabscheidung an den Elektroden unerwünscht sind. Bedeutsamer sind die Vorgänge, die man Elektroosmose nennt. Unter Elektroosmose versteht man das Wandern der flüssigen Phase im elektrischen Feld, während die festen Partikel unbeweglich fixiert sind. Dies ist nur möglich, wenn die festen Anteile ein für Flüssigkeiten durchlässiges Kapillarsystem bilden. Bei der Elektrotauchlackierung setzt die Elektroosmose nach der Abscheidung der Lackpartikel ein. Das im Lacküberzug enthaltene Wasser enthält fast keine gelösten Anteile mehr, da diese koaguliert sind. Das entstandene Konzentrationsgefälle zum Lackbad führt zum Abwandern des Wassers aus dem Überzug (osmotischer Konzentrations-Ausgleich).

Sol-Gel-Umwandlung, Thixotropie

Die in einem Sol befindlichen zusammenhanglosen lyophilen Kolloidteilchen gehen oft bei Temperatursenkung oder im Ruhezustand in einen leicht deformierbaren, aber doch formbeständigen dispersionsmittelhaltigen Zustand über, den man Gel nennt. In ihm haften die kolloiden Teilchen aneinander und bilden ein Geäst mit Hohlräumen kolloider Größe. Diese sind mit dem Dispersionsmittel gefüllt und stehen auch alle untereinander in Verbindung. Für ein Gel ist Gelatine ein typisches Beispiel. Besonders flüssigkeitsreiche Gele heißen Gallerte. Durch Einwirkung von mechanischen Kräften oder durch Wärme läßt sich bei vielen Gelen der Solzustand wieder herstellen. Im Bereich der Lackchemie zeigen gute Ölfarben diese Erscheinung sehr deutlich. Sie verflüssigen sich beim Umrühren oder beim Streichen mit dem Pinsel und verfestigen sich nach Aufhören der mechanischen Einwirkung in dem Maße, daß wohl ein Verlaufen der Pinselstriche eintritt, aber kein Ablaufen der Farbe (Nasenbildung) zustandekommt. U. a. bewirken Beimengungen hochdisperser Kieselsäure diese Eigenschaft der Anstrichstoffe.

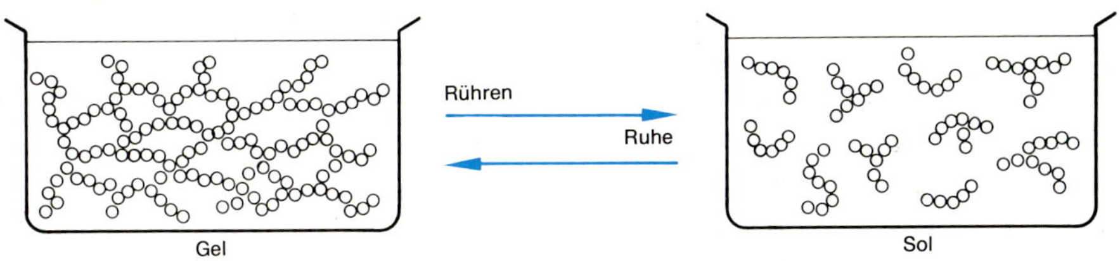

Abb. 108 Sol-Gel-Umwandlung in einer thixotropen Flüssigkeit

Die reversible, mechanisch bedingte Sol-Gel-Umwandlung nennt man Thixotropie. Mit der Zeit streben die kolloiden Teilchen der Gele eine Kristallanordnung an und unterliegen damit einer Alterung, die meist irreversibel ist.

Reversible und irreversible Kolloide

Manche Kolloide lassen sich aus ihrem System durch Entzug des Dispersionsmittels ausflocken und sind später durch einfaches „Auflösen" (Peptisation) wieder in den kolloiden Zustand zu überführen. So zeigen besonders organische Kolloide der Seifen und Eiweißstoffe dieses reversible Verhalten. Gelingt die Überführung in den Sol-Zustand nach dem Ausflocken nicht mehr, was besonders bei den hydrophoben Kolloiden der Fall ist, spricht man von irreversiblen Kolloiden.

2.3 Der gasförmige Aggregatzustand

2.3.1 Die kinetische Gastheorie

Gase füllen im Gegensatz zu den Flüssigkeiten jeden beliebigen Raum aus. Das setzt eine sehr große Beweglichkeit der Gasteilchen voraus. Die kinetische Gastheorie geht daher davon aus, daß sich die Gasteilchen in einer fortwährenden, völlig ungeordneten Wärmebewegung befinden. Eine Erwärmung des Gases führt zu einer höheren Durchschnittsgeschwindigkeit, eine Abkühlung führt zu einer Verlangsamung der Teilchengeschwindigkeit. Natürlich prallen die Gasteilchen in ihrer regellosen Bewegung auch gegen die Gefäßwandung oder sonstige Körper, die mit dem Gas in Berührung kommen.

Das Aufprallen der Gasteilchen im vollelastischen Stoß auf die Gefäßwandung erzeugt den Gasdruck.

Tabelle 19: Mittlere Geschwindigkeiten und freie Weglängen von Gasmolekülen

Gas	Durchschnittsgeschwindigkeit bei 0° C in m/s	Mittlere freie Weglänge in cm bei 0° C und 1013 mbar
H_2	1840	$1{,}13 \cdot 10^{-5}$
N_2	493	$0{,}58 \cdot 10^{-5}$
O_2	461	$0{,}64 \cdot 10^{-5}$
CO_2	393	$0{,}39 \cdot 10^{-5}$

Die Geschwindigkeit der H_2-Moleküle ist etwa so groß wie die Geschwindigkeit einer gerade abgeschossenen Gewehrkugel.

Aus der großen Teilchengeschwindigkeit und dem geringen durchschnittlichen Abstand der Teilchen voneinander (= freie Weglänge) ergibt sich eine unvorstellbar hohe Zahl von Zusammenstößen, die ein einziges dieser Gasteilchen in einer Sekunde erleidet. Für H_2 ist diese Zahl Z:

$$Z = \frac{1840 \frac{m}{s}}{1{,}13 \cdot 10^{-7}\,m} = 1{,}6 \cdot 10^{10} \text{ Zusammenstöße pro Sekunde (16 Milliarden!)}$$

Die riesige Zahl von Zusammenstößen bzw. die kleinen freien Weglängen, die ein Gasteilchen zwischen zwei Zusammenstößen durchläuft, bedeuten einen völlig unregelmäßigen Zick-Zack-Kurs der Gasteilchen. Daher ist trotz der hohen Teilchengeschwindigkeiten die Diffusion ein langsamer Vorgang (z. B. das Ausbreiten eines Parfümduftes).

Versuch:

Folgender Versuch demonstriert die unterschiedliche Durchschnittsgeschwindigkeit von NH_3- und HCl-Molekülen. Er eignet sich zu einer halbquantitativen Messung.

An die Enden eine Glasrohres werden gleichzeitig zwei Wattebausche gehalten. Ein Wattebausch ist teilweise mit konzentrierter Salzsäure-Lösung, der andere teilweise mit konzentrierter Ammoniak-Lösung getränkt.

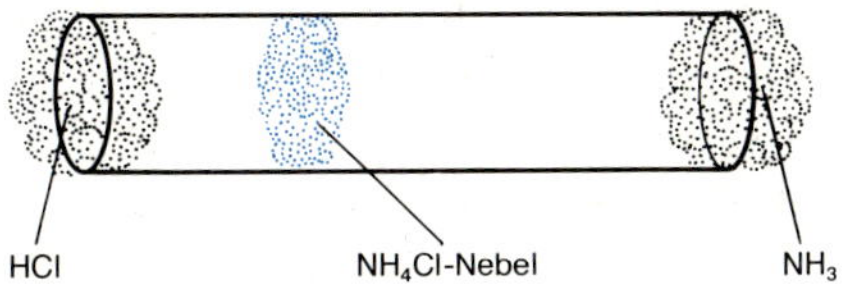

Abb. 109 Versuch zur unterschiedlichen Gasteilchengeschwindikgkeit

Die leichten, schnellen NH_3-Moleküle diffundieren schneller in das luftgefüllte Rohr als die trägeren HCl-Moleküle. Daher treffen die NH_3- und die HCl-Moleküle nicht in der Mitte des Glasrohres aufeinander; eine schmale Wand von NH_4Cl-Nebeln bildet sich dichter am HCl-Wattebausch. Wiederholt man den Versuch mit senkrecht angeordnetem Glasrohr, so läßt sich zeigen, daß die Wärmebewegung von Gravitationskräften praktisch unbeeinflußt bleibt, da man das gleiche Ergebnis wie bei waagerechter Anordnung erhält.

Je größer die Masse (= Trägheit) der einzelnen Gasteilchen ist, desto geringer ist ihre mittlere Geschwindigkeit bei einer bestimmten Temperatur.

Die kinetische Gastheorie enthält ein Argument, warum es nicht beliebig tiefe Temperaturen geben kann. Wendet man nämlich den Gedanken konsequent an, daß eine ständige Abkühlung einer fortwährenden Verlangsamung der Gasteilchen entspricht, so könnte man nur so lange abkühlen, bis alle Gasteilchen in Ruhe sind. So ergibt sich die Existenz eines absoluten Nullpunktes (= untere Grenze der Temperatur).

Versuch:

In ein Gefäß mit beweglichem Deckel, dessen Boden mit einem regelbaren Motor in Vibration versetzt werden kann, werden viele kleine Glaskügelchen eingefüllt. Der Innenraum kann durch Glasscheiben beobachtet werden. Der Bewegungszustand der Kügelchen bei heftig vibrierendem Boden veranschaulicht gut den Bewegungszustand von Gasteilchen. Der ausgeübte Druck ist am beweglichen Deckel direkt zu beobachten; der Deckel wird durch die aufprallenden Kügelchen samt Auflagegewicht in der Schwebe gehalten. Werden weitere Kügelchen zugegeben, so muß man weitere Auflagegewichte auf den Deckel legen, um die Teilchen im gleichen Volumen eingeschlossen zu halten. Auf Gase übertragen heißt dies: Der Druck hat sich erhöht.

Der Gasdruck ist ein Maß für die Teilchendichte bei einer bestimmten Temperatur.

Die Teilchen prallen in ihrer völlig ungeordneten Bewegung auf alle Wände im gleichen Maße auf. Der Druck wirkt daher in einem Gas in alle Richtungen gleichmäßig.

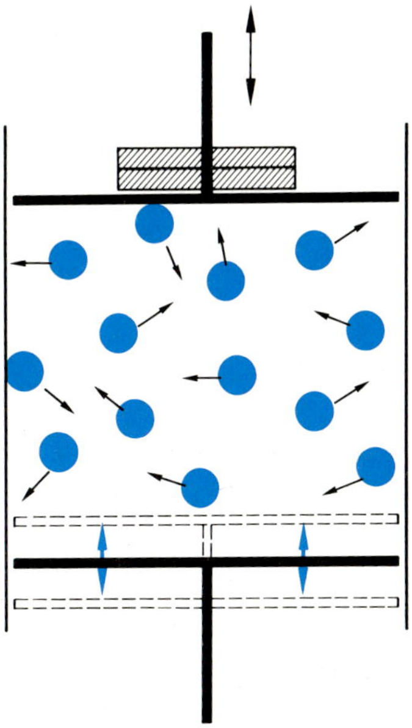

Abb. 110 Gasdruck als Folge der Teilchenbewegung

Versuch:

Energieverteilung auf die einzelnen Gasteilchen

Öffnet man mittels Schieber ein kleines Loch in der Seitenwandung des obigen Apparates, so fliegen alle Kügelchen, die an dieser Stelle die Wandung getroffen hätten, heraus. Die Kügelchen werden in einem Auffangbehälter eingefangen. Der Behälter besteht aus konzentrischen Lamellen. Damit kann die Reichweite der Glaskügelchen bzw. ihre Geschwindigkeit ermittelt werden. Die Kügelchen jeder Lamelle werden in den Füllbehälter gebracht. Große Füllhöhe bedeutet große Kugelanzahl eines bestimmten Geschwindigkeitsbereichs. Bei beliebig vielen Versuchen unter gleichen Bedingungen ergibt sich ein immer wiederkehrendes Ergebnis: Die Geschwindigkeiten der Kügelchen sind sehr unterschiedlich; die Geschwindigkeitsverteilung ist bei allen Versuchen gleich.

Übertragen auf ein Gas ergibt sich:

Die Gasteilchen ein- und desselben Gases haben sehr unterschiedliche Geschwindigkeiten (entsprechend auch unterschiedliche Bewegungsenergie). Die Verteilungskurve gibt wieder, wieviel Gasteilchen eine bestimmte Energie besitzt.

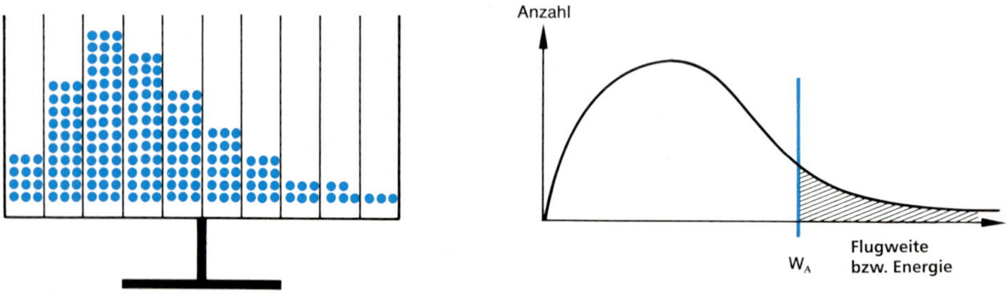

Abb. 111 Energieverteilung in einem Gas (Maxwell-Boltzmann-Energieverteilungs-Kurve)

Auch in Feststoffen und Flüssigkeiten haben nicht alle Teilchen bei einer bestimmten Temperatur die gleiche Bewegungsenergie: Beim Verdunsten von Wasser können nur die besonders schnellen (= besonders „heißen") H_2O-Moleküle die Flüssigkeit verlassen. Dadurch sinkt die Durchschnittsgeschwindigkeit der zurückbleibenden Flüssigkeitsteilchen. Das zurückbleibende Wasser kühlt ab.

Bedeutung der Energieverteilung für den Ablauf chemischer Reaktionen:

Wenn zwei Stoffe miteinander reagieren sollen, so müssen die reagierenden Teilchen eine bestimmte Mindestenergie (= Aktivierungsenergie) besitzen, damit die Reaktion erfolgt. Hat diese Energie den Betrag W_A, so können nur die Teilchen mit höherer Energie (schraffierter Bereich in Abb. 111) reagieren (Ausführlicheres hierzu auf S. 238 ff.).

Einfluß der Temperatur auf die Energieverteilung

Versuch:

Im oben beschriebenen Versuch kann die Vibrationsgeschwindigkeit gesteigert werden. Damit werden auch die Teilchen im Durchschnitt schneller, was einer Temperaturerhöhung beim Gas entspricht. Läßt man zunächst keine Kügelchen heraus, so kann man eine Druckerhöhung beobachten. Öffnet man den Schieber und überprüft die nun entstehende Geschwindigkeitsverteilung, so sieht man, daß sich die Kurve verschoben hat.

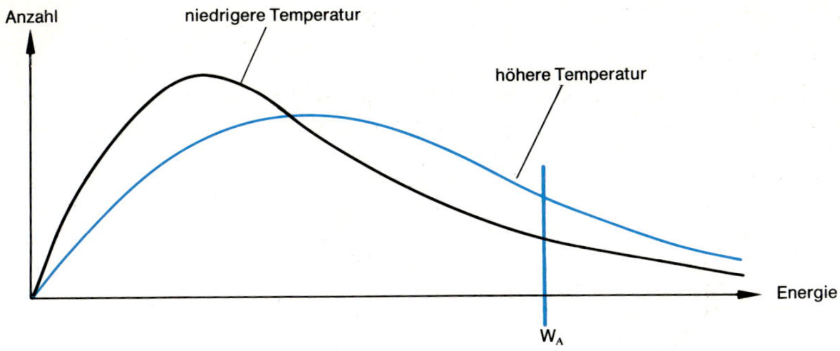

Abb. 112 Enegieverteilung in einem Gas bei verschiedenen Temperaturen

Bei höherer Temperatur überschreitet eine größere Anzahl von Teilchen die Energieschwelle W_A. Dadurch erhöhen sich mit steigender Temperatur:

a) die Reaktionsgeschwindigkeit bei chemischen Reaktionen,

b) der Dampfdruck und die Verdunstungsgeschwindigkeit von Flüssigkeiten; der Dampfdruck und die Sublimationsgeschwindigkeit von Feststoffen,

c) die Leitfähigkeit der Halbleiter.

2.3.2 Reale Gase und ideales Gas

Zwischen den Gasteilchen herrschen bei allen Gasen mehr oder weniger starke Anziehungs- und Abstoßungskräfte (die sog. van der Waalschen Kräfte[1]). Diese Kräfte sind ganz überwiegend elektrostatischer Natur, wie bei Wasserdampf oder NH_3.

Reale Gase sind Gase mit ausgeprägten zwischenmolekularen Kräften.

a) Sie sind – als Folge der Anziehungskräfte – leicht zu verflüssigen.

b) Sie weichen in ihrem Verhalten von den Gasgesetzen für das ideale Gas mehr oder weniger stark ab.

Ideales Gas: Zwischen den Teilchen des gedachten idealen Gases sollen weder Anziehungs- noch Abstoßungskräfte herrschen; die Gasteilchen sollen auch kein Eigenvolumen haben.

Reale Gase mit idealem Verhalten sind Gase mit sehr geringen zwischenmolekularen Kräften. Sie gehorchen weitgehend den Gasgesetzen für das ideale Gas.

Regel:

Ein Gas ist um so mehr reales Gas, je größer die Kräfte zwischen den Gasteilchen sind, je höher der Druck und je niedriger die Temperatur ist.

Ein Gas ist um so vollkommener ein ideales Gas, je geringer die Kräfte sind, die zwischen den Gasteilchen wirken, je niedriger der Druck und je höher die Temperatur ist.

[1]) Alle Wechselwirkungskräfte zwischen ungeladenen Atomen und/oder Molekülen faßt man gewöhnlich unter der Bezeichnung van der Waalsche Kräfte zusammen. Permanente und induzierte Dipole sind die Ursache.

Diese Regel läßt sich mit folgenden Überlegungen erklären:

Bei hohem Druck sind in einem bestimmten Volumen viele Teilchen enthalten. Der mittlere Teilchenabstand ist gering. Die elektrostatischen Kräfte wirken sich stark aus. Ist bei gleicher Temperatur der Druck aber gering, so sind die Teilchen im Durchschnitt viel weiter voneinander entfernt. Die elektrostatischen Kräfte sind dadurch weit weniger wirksam.

Steigende Temperatur bringt größere Wärmebewegung der Teilchen mit sich. Dadurch wirken sich bei hoher Temperatur die zwischenmolekularen Kräfte weniger aus als bei niedrigerer Temperatur, bei der die Teilchen ärmer an kinetischer Energie sind.

Die Abweichung vom idealen Gasverhalten zeigt sich am deutlichsten in der Tatsache, daß sich alle Gase verflüssigen lassen (bei relativ hohem Druck und relativ niedriger Temperatur).

Die Abweichung vom idealen Verhalten zeigt sich auch beim Vergleich des molaren Volumens verschiedener Gase (vgl. Seite 129). Gase mit fast idealem Verhalten, wie O_2 und N_2, haben ein molares Volumen von fast genau 22,40 l/mol im Normzustand. Gase mit einem starken permanenten Dipol, wie HCl, NH_3 und SO_2, weichen stark von diesem Wert ab. Alle diese Gase haben ein kleineres molares Volumen, was auf starke zwischenmolekulare Anziehungskräfte schließen läßt. Eine Abweichung in Richtung auf größere molare Volumen als 22,40 l/mol zeigt nur der Wasserstoff mit 22,43 l/mol. Diese Volumenvergrößerung gegenüber dem idealen Gas deutet auf zwischenmolekulare Abstoßungskräfte hin (vgl. hierzu auch die Probleme beim Verflüssigen von H_2 mit dem Linde-Verfahren (Seite 183).

2.3.3 Das Gesetz von Avogadro

Versuch:

Bei der Elektrolyse verdünnter Schwefelsäure im Hoffmannschen Apparat entstehen Sauerstoff und Wasserstoff im konstanten Volumenverhältnis von 1 : 2.

Zersetzungsgleichung: $2\,H_2O \longrightarrow 2\,H_2 + O_2$

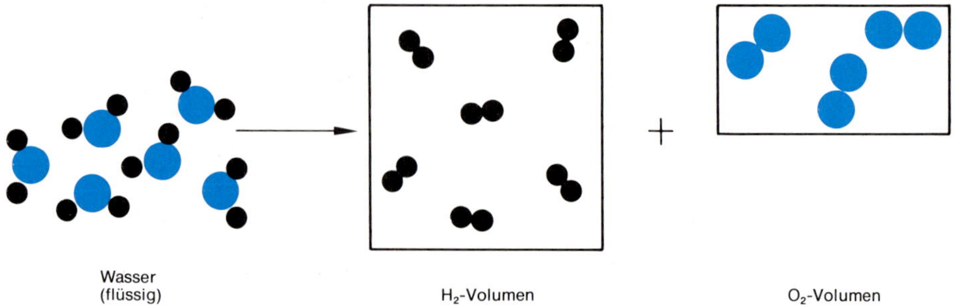

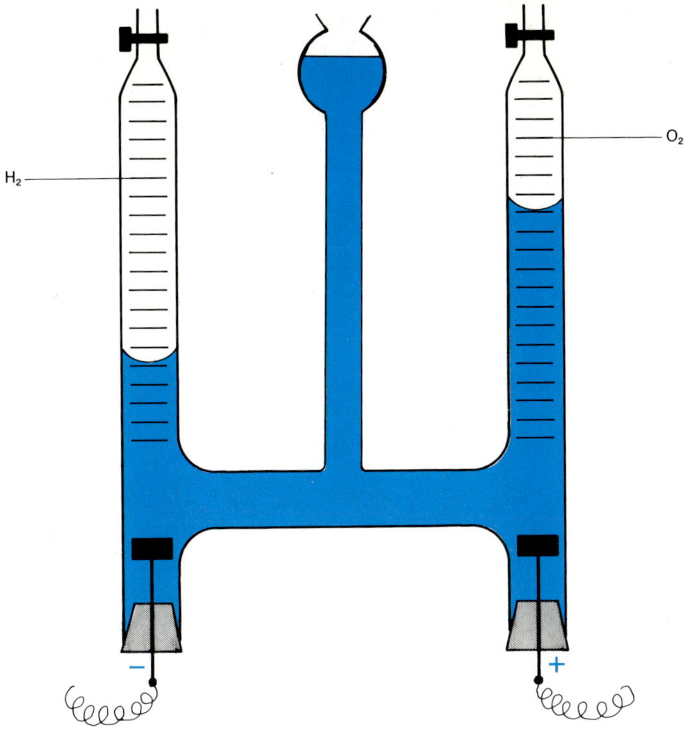

Abb. 113 Elektrolyse von verdünnter Schwefelsäure im Hoffmannschen Apparat

Versuch:

Ein graduiertes Rohr, in das am oberen Ende zwei Platin-Elektroden eingeschmolzen sind, wird mit NH_3 gefüllt und mit Glyzerin abgesperrt. Ein kleiner elektrischer Lichtbogen zwischen den Platin-Elektroden zersetzt das NH_3-Gas, wobei Volumenverdoppelung eintritt.

Zersetzungsgleichung: $2\ NH_3 \longrightarrow N_2 + 3\ H_2$

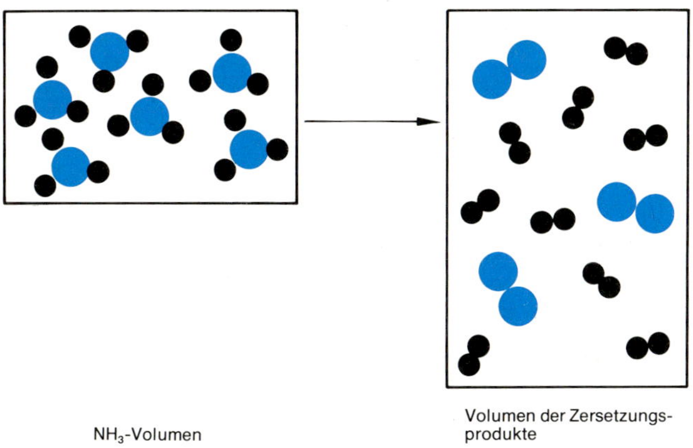

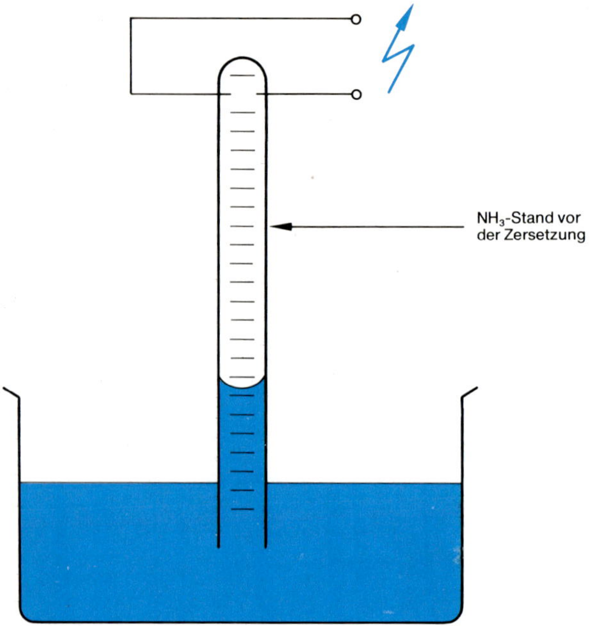

Abb. 114 Thermische Zersetzung von Ammoniak

Bei der Wasserelektrolyse entstehen nach der Zersetzungsgleichung doppelt so viele H_2-Moleküle wie O_2-Moleküle. Diese H_2-Moleküle nehmen auch den doppelten Raum ein wie die O_2-Moleküle. Daraus folgt: Gleich viele H_2- wie O_2-Moleküle nehmen den gleichen Raum ein. Oder umgekehrt formuliert: In gleichen Räumen befinden sich jeweils gleichviele Gasteilchen, gleichgültig, ob es sich um die großen O_2-Moleküle oder die kleinen H_2-Moleküle handelt.

Das Eigenvolumen der O_2- bzw. H_2-Moleküle spielt offenbar keine Rolle, verglichen mit dem Volumen, das sie sich durch die Wärmebewegung „erboxen". Eine einfache Überschlagsrechnung macht dies deutlich:

1 Liter Sauerstoff wiegt im Normzustand 1,43 g. Wird dieser Sauerstoff verflüssigt, so verringert sich sein Volumen auf 1,21 cm^3 (bei −183° C). Dem Gasvolumen von 1000 cm^3 steht somit ein Eigenvolumen der Sauerstoffteilchen von ca. 1 cm^3 entgegen. Dies ist nur 0,1% des Gasvolumens.

Dieser Sachverhalt gilt entsprechend für alle Gase, wie der Versuch, bei dem NH_3 zersetzt wird, zeigt. Auch hier nimmt die nach der Zersetzungsgleichung entstehende doppelte Teilchenzahl auch den doppelten Raum ein.

Der italienische Physiker Avogadro formulierte diese Zusammenhänge schon 1811 als Hypothese:

Unter gleichen äußeren Bedingungen enthalten gleiche Volumina aller Gase gleichviele Teilchen.

Ein Liter Sauerstoff enthält unter gleichen Bedingungen ebensoviele Teilchen wie ein Liter Wasserstoff. Da aber jedes Sauerstoffmolekül 16mal so schwer ist wie ein Wasserstoffmolekül, muß der Liter Sauerstoff insgesamt auch 16mal so schwer sein wie der Liter Wasserstoff.

Ein Liter Wasserstoffgas wiegt 0,0892 g.
Ein Liter Sauerstoffgas wiegt 1,43 g.
Die Litergewichte (= Gasdichten) verhalten sich also wie 0,0892 : 1,43 = 1 : 16.

Daraus folgt:

Die Dichten von Gasen verhalten sich wie die molaren Massen dieser Gase.

2.3.4 Molares Volumen

Jedes Mol eines Stoffes enthält die Loschmidtsche Anzahl Teilchen (= $6{,}022 \cdot 10^{23}$). Gleichviele Teilchen nehmen aber nach Avogadro den gleichen Raum ein.

Ein Mol des idealen Gases nimmt im Normzustand (760 Torr = 1013 mbar, 0° C) ein Volumen von 22,4 Litern ein.

Jedes reale Gas weicht mehr oder weniger stark von diesem idealen molaren Volumen ab. Die Abweichung polarer Gase ist stärker als die unpolarer Gase (vgl. S. 126).

Tabelle 20:
Molares Volumen einiger Gase im Normzustand

Gas	Molares Volumen (in Litern pro Mol)
O_2	22,39
N_2	22,40
H_2	22,43
CH_4	22,38
CO	22,41
NH_3	22,08
C_2H_2	22,24
CO_2	22,26
SO_2	21,89
HCl	22,25

2.3.5 Isothermes Gasgesetz (Boyle-Mariotte-Gasgesetz)

Isotherm bedeutet, die Temperatur des Gases bleibt gleich. Von den sog. Zustandsgrößen eines Gases, der Temperatur T, dem Druck p, dem Volumen V und der Stoffmenge n ändern

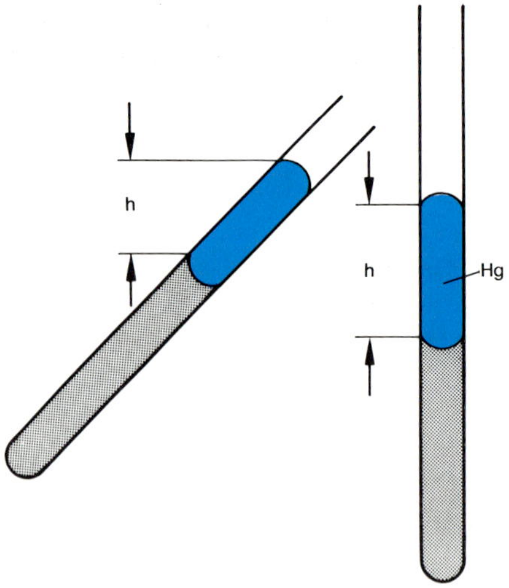

Abb. 115 Meldesche Kapillare

sich bei isothermen Zustandsänderungen nur p und V. Da nur zwei veränderliche Größen „zugelassen" werden, bleibt der Zusammenhang einfach und in einem zweidimensionalen Koordinatensystem darstellbar.

Versuch:

In einem einseitig geschlossenen Glasrohr (Meldesche Kapillare) wird ein Luftvolumen von Quecksilber eingeschlossen.

Auf diesem Luftvolumen V lastet der äußere Luftdruck b und der Druck der Quecksilbersäule. Der Quecksilberdruck kann durch Neigen der Kapillare verändert werden. Der Gesamtdruck p ergibt sich dann aus

$$p = b \pm h$$

Der Quecksilberdruck h wird addiert, wenn die Röhre nach oben geöffnet ist; h muß subtrahiert werden, wenn die Öffnung nach unten zeigt.

Versuchsergebnis:

h (Torr)	b (Torr)	$p = b \pm h$ (Torr)	V (mm^3)	$p \cdot V$ (Torr · mm^3)
188	755	943	469	442 270
160	755	915	481	440 120
94	755	849	520	441 480
0	755	755	581	438 660
78	755	677	647	438 020
135	755	620	707	438 340
182	755	573	768	440 070
			Mittel:	439 850

Aus dem Versuch ergibt sich der Zusammenhang: Je größer (kleiner) der Druck ist, unter dem ein Gas steht, desto kleiner (größer) ist das Gasvolumen.

Das Produkt aus Druck und Volumen eines Gases ist konstant (bei konstanter Temperatur)

$$p \cdot V = \text{konst. oder } p_1 \cdot V_1 = p_2 \cdot V_2 = \ldots$$

Einheitenbetrachtung:

$$[p] \cdot [V] = 1\,\frac{N}{m^2} \cdot 1\,m^3 = 1\,Nm$$

Dies ist eine Energieeinheit. Aus der Einheitenbetrachtung ergibt sich, daß das Produkt $p \cdot V$ eine Energie ist. Das Gesetz $p_1 \cdot V_1 = p_2 \cdot V_2$ ist daher für das ideale Gas eine spezielle Form des Energieerhaltungssatzes.

Gase erwärmen gewöhnlich beim Komprimieren. Soll das Komprimieren isotherm verlaufen, so muß also gekühlt werden.

Das isotherme Gasgesetz beschreibt die Druck-Volumen-Abhängigkeit eines idealen Gases bei konstanter Temperatur. In der grafischen Darstellung ergibt diese Gesetzmäßigkeit eine Hyperbel (= Graph der umgekehrten Proportionalität):

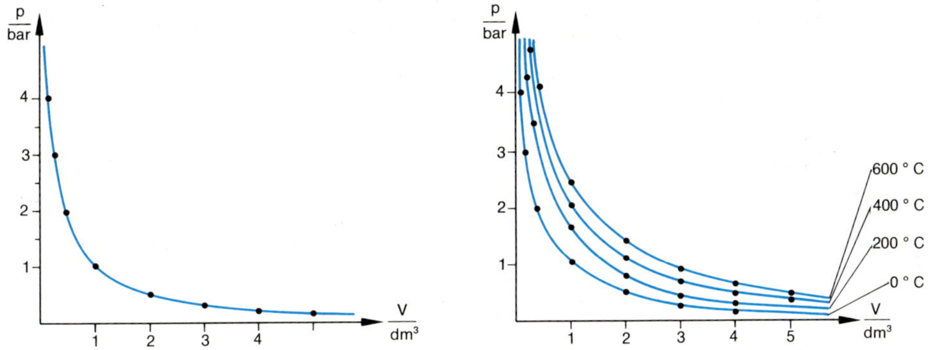

Abb. 116 Isothermen eines idealen Gases

Für verschiedene Temperaturen verschieben sich die Hyperbeln. Da die Kurven jeweils für eine bestimmte Temperatur gelten, heißen sie Isothermen.

Abweichungen vom isothermen Gasgesetz

Das isotherme Gasgesetz gilt für reale Gase um so besser, je kleiner die Drücke und je höher die Temperaturen sind (vgl. S. 125). Die Forderung p · V = konst. wird annähernd auf 0,5 % genau bei schwer verflüssigbaren Gasen oberhalb der Zimmertemperatur und bei Drücken unter 1 bar erfüllt. In den übrigen Fällen hängt der Wert des Produktes p · V vom Druck ab.

Die Abweichung vom Verhalten des idealen Gases ist im Eigenvolumen der Gasmoleküle und in den zwischenmolekularen Kräften begründet. Durch das Eigenvolumen wird der leere Raum, der den Molekülen zur Bewegung zur Verfügung steht, verkleinert. Durch die Kohäsionskräfte zwischen den Gasteilchen wird der nach außen wirkende Gasdruck verringert. Mit diesen anschaulichen Überlegungen erklärte Van der Waals 1873 die Abweichung vom idealen Gasverhalten.

Besonders bei relativ niedrigen Temperaturen d. h. geringerer Wärmebewegung, und bei relativ hohen Drücken, d. h. kleinerem Teilchenabstand, wirken sich die zwischenmolekularen Anziehungskräfte aus: Reale Gase lassen sich verflüssigen.

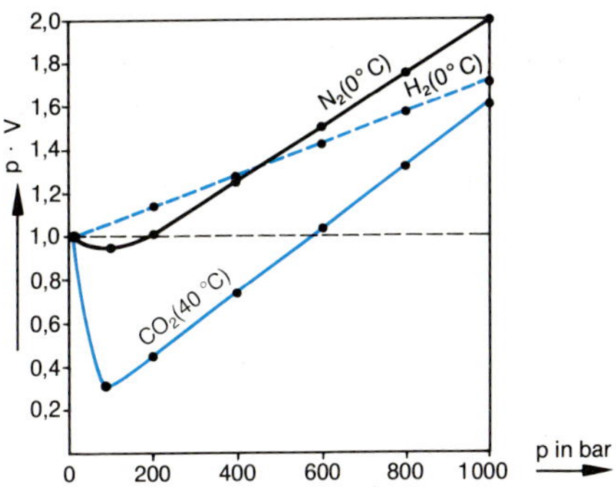

Abb. 117 Die Abhängigkeit des Produktes aus Druck und Volumen vom Druck bei verschiedenen Gasen bei einer bestimmten Temperatur

Druckverflüssigung von Gasen, kritische Daten

Versuch:

In einem dickwandigen, mit Kunststoff geschützten Glaskolben wird Butangas komprimiert. Das Butan wird verflüssigt und beim Entspannen wieder gasförmig.

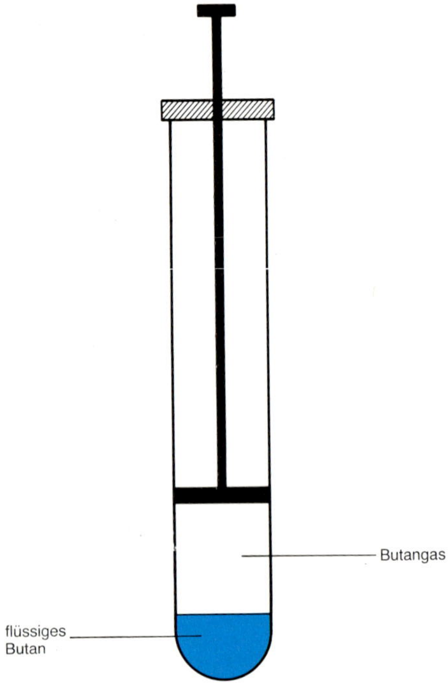

Abb. 118 Druckverflüssigung von Butan

Der Kondensationsvorgang läßt sich im p-V-Diagramm folgendermaßen darstellen:

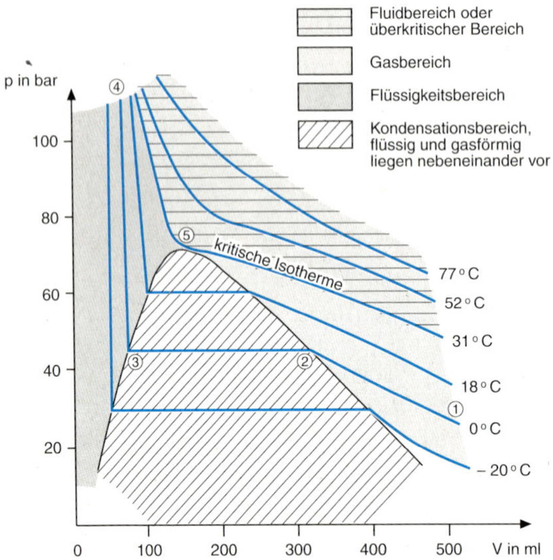

Abb. 119a Isothermen von CO_2 oberhalb und unterhalb der kritischen Temperatur

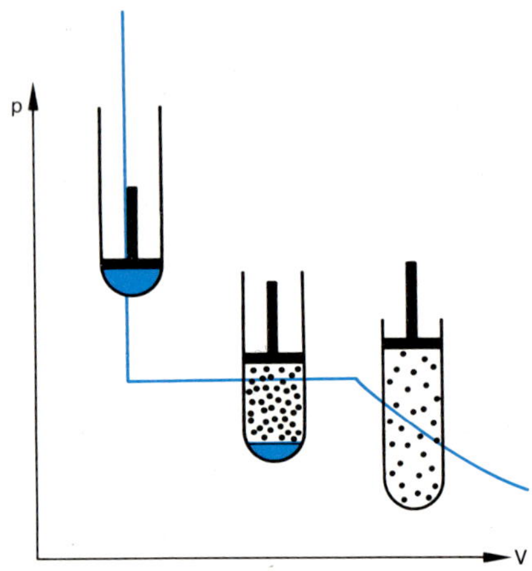

Abb. 119b Isotherme eines realen Gases unterhalb der kritischen Temperatur mit schematischer Darstellung der Gasverflüssigung

① Ein Gas von relativ niedriger Temperatur wird komprimiert; dabei verringert sich nach dem Druck-Volumen-Gesetz das Volumen stetig.

② Die Kondensation beginnt. Das Gasvolumen nimmt durch Kondensieren ab, der Druck bleibt dabei konstant.

③ Die Kondensation ist beendet. Alles Gas ist flüssig geworden.

④ Eine weitere Volumenverminderung erfordert äußerst hohe Drucke, da Flüssigkeiten praktisch inkompressibel sind.

⑤ Im kritischen Punkt berührt die kritische Isotherme den Kondensationsbereich. Die der kritischen Isotherme entsprechende Temperatur heißt kritische Temperatur. Der am kritischen Punkt herrschende Druck heißt kritischer Druck.

Das Diagramm zeigt, daß jede Isotherme mit niedrigerer Temperatur als der kritischen Temperatur den Kondensationsbereich schneidet. Druckerhöhung führt dann mit Sicherheit zur Kondensation. Alle Isothermen, deren Temperatur höher liegt als die kritische Temperatur, verlaufen oberhalb des Kondensationsbereichs, es erfolgt keine Kondensation, auch wenn hohe Drucke angewendet werden. Der Zustand oberhalb der kritischen Temperatur wird (überkritisches) Fluid genannt. Bei niedrigen Drücken – also beim kritischen Druck und wenig darüber – haben Fluide Dichten ähnlich wie Dämpfe und bei hohen Drücken ähnlich wie Flüssigkeiten.

Die kritische Temperatur ist die Temperatur, unterhalb der ein Gas durch Druck verflüssigt wird, oberhalb der aber das Gas nicht verflüssigt werden kann.

Tabelle 21: Die kritischen Daten einiger Gase

Gas	t_K in °C	P_K in bar
Helium	– 268	2,29
Wasserstoff	– 240	13,0
Stickstoff	– 147	34,5
Sauerstoff	– 118	50,4
Kohlendioxid	31	74,0
Tetrachlormethan	283	45,6
Benzol	288	48,4
Wasser	374	221
Chlor	143,5	77,2

Aus den Tabellenwerten ergibt sich, daß bei Raumtemperatur die Gase He, H_2, N_2, O_2 in Druckflaschen gasförmig vorliegen müssen, da ihre kritischen Temperaturen unter der Zimmertemperatur liegen. CO_2 liegt flüssig vor, wenn die Flaschentemperatur unter + 31° C liegt, oberhalb dieser Temperatur ist es gasförmig. Der sich in einer CO_2-Flasche bei + 31° C einstellende Druck (p_K) beträgt 74 bar. Solange flüssiges Kohlendioxid in der Druckflasche ist, bleibt der Gasdruck unverändert (bei T = konst.), auch dann, wenn die CO_2-Menge abnimmt. Im Gegensatz zu Gasbomben, die mit H_2, O_2, N_2 gefüllt sind, kann man also beim CO_2 nicht aus dem Gasdruck auf den Inhalt der Flasche schließen.

2.3.6 Das Isobare Gasgesetz (Gay-Lussac-Gasgesetz)

Das Isobare Gasgesetz beschreibt die Wärmeausdehnung von Gasen bei konstantem Druck. Gase dehnen sich wie alle Stoffe bei Temperaturerhöhung aus durch stärkere Wärmebewegung der Teilchen. Die Volumenzunahme ΔV ist proportional dem Ausgangsvolumen V_o und der Temperaturzunahme $\Delta\vartheta$.

$$\Delta V \sim V_o \cdot \Delta\vartheta$$

Der Proportionalitätsfaktor α ist der spezifische Volumenausdehnungskoeffizient:

$$\Delta V = \alpha \cdot V_o \cdot \Delta\vartheta \text{ folgt } \alpha = \frac{\Delta V}{V_o \cdot \Delta\vartheta}$$

$$[\alpha] = \frac{m^3}{m^3 \cdot K}$$

Er gibt die Volumenzunahme in m^3 pro Kubikmeter Ausgangsvolumen und pro Grad Temperaturerhöhung an.

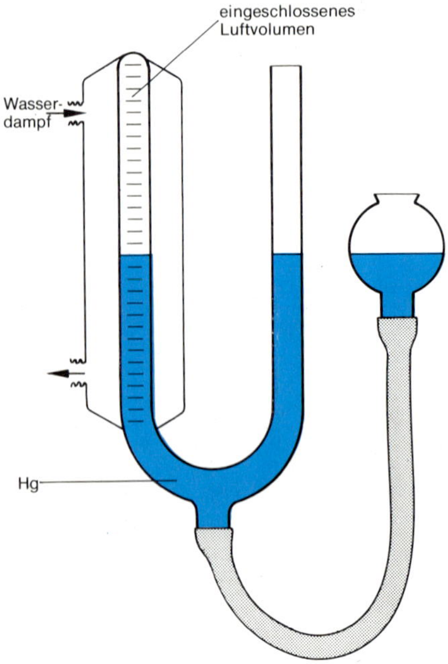

Abb. 120 Messung des spezifischen Volumenausdehnungskoeffizienten der Luft

Versuch:

In dem abgebildeten Gerät wird ein Luftvolumen V_o von 0° C durch Quecksilber als Sperrflüssigkeit eingeschlossen. Dann wird durch Einleiten von Wasserdampf in den Heizmantel die Temperatur auf 100° C erhöht. Die eingeschlossene Luft dehnt sich aus. Um den Druck konstant zu halten, wird das Hg-Vorratsgefäß abgesenkt, bis das Quecksilber in den beiden Schenkeln des Gerätes wieder auf gleicher Höhe steht. Das Volumen, das sich bei 100° C ergeben hat, kann direkt am graduierten Meßrohr abgelesen werden.

Meßwerte:

Ausgangsvolumen V_o	=	30,0 cm^3
Temperatur-Differenz $\Delta\vartheta$	=	100 K
Endvolumen $V\vartheta$	=	41,0 cm^3
Ausdehnungsvolumen ΔV	=	11,0 cm^3

Mit den Meßwerten ergibt sich für:

$$\alpha = \frac{11{,}0 \text{ cm}^3}{30{,}0 \text{ cm}^3 \cdot 100 \text{ K}}$$

$$\alpha = 0{,}00366 \ \frac{1}{K} = \frac{1}{273} \ K^{-1}$$

Der Versuch führt mit jedem anderen Gas zum gleichen Ergebnis. Das Versuchsergebnis läßt sich daher allgemein formulieren:

Gase mit idealem Verhalten dehnen sich bei Erwärmung um 1 K um $\frac{1}{273}$ des Volumens aus, das sie bei 0° C innehatten (bei konstantem Druck).

Das bei Erwärmung oder Abkühlung entstehende Gesamtvolumen ergibt sich durch Addition oder Subtraktion aus dem Ausgangsvolumen V_o:

$$V_\vartheta = V_o \pm \Delta V \quad \left(\begin{matrix} + \text{ für Erwärmung} \\ - \text{ für Abkühlung} \end{matrix}\right)$$

Durch Einsetzen für ΔV ergibt sich

$$V_\vartheta = V_o \pm V_o \cdot \alpha \cdot \Delta\vartheta$$

und durch Ausklammern von V_o.

$$V_\vartheta = V_o \cdot (1 \pm \alpha \, \Delta\vartheta)$$ Isobares Gasgesetz

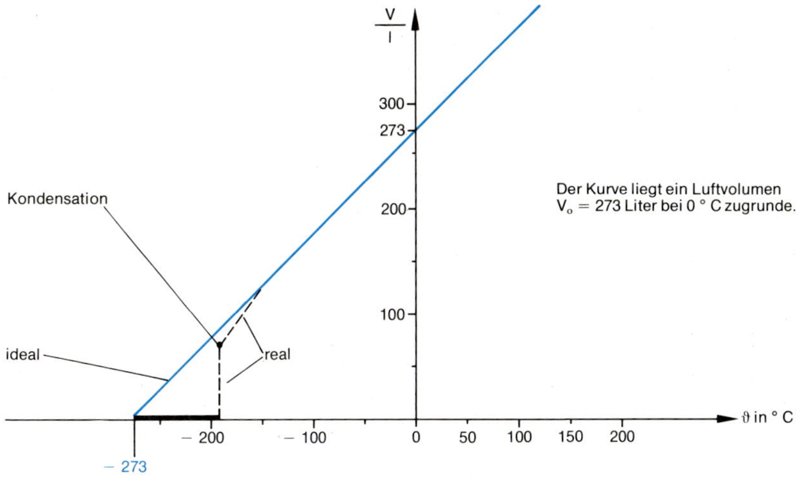

Abb. 121a Grafische Darstellung des isobaren Gasgesetzes

Der Graph des isobaren Gasgesetzes ist wegen der direkten Proportionalität zwischen Temperatur und Volumen eine ansteigende Gerade. Die Gerade endet für reale Gase im Bereich tiefer Temperaturen, wenn das Gas kondensiert. Für das ideale Gas würde die Kurve bei − 273° C auf das Volumen Null abgesunken sein. Das isobare Gasgesetz deutet somit auf die Existenz eines absoluten Nullpunktes bei − 273° C hin, da eine weitere Volumenabnahme („negatives Volumen"), die sich aus einer weiteren Abkühlung ergeben würde, nicht möglich ist.

Absolute Temperaturskala (= Thermodynamische Temperaturskala)

Durch das „Gesetz über Einheiten im Meßwesen", das 1970 in der Bundesrepublik Deutschland in Kraft trat, wurde die absolute Temperaturskala mit dem absoluten Nullpunkt (− 273,15° C) als Ausgangstemperatur verbindlich eingeführt.

Beginnt man die Zählung der Temperaturgrade nicht wie bei der Celsius-Skala beim Gefrierpunkt des Wassers, sondern bei sonst gleicher Einteilung der Abstände von Grad zu Grad beim absoluten Nullpunkt, so erhält man die absolute Temperatur. Diese Temperatur ist ein Maß für die Wärmebewegung der Gasteilchen. Sie heißt daher auch thermodynamische Temperatur. Sie wird mit dem Buchstaben T abgekürzt, ihre Einheit ist das Kelvin, K.

0° C entsprechen 273,15 K,
100° C entsprechen 373,15 K.

Allgemein gilt: $T = 273{,}15\ K + \vartheta$ ϑ = Celsius-Temperatur

Verschiebt man in Abb. 121a die senkrechte Achse so, daß der absolute Nullpunkt den Ursprung des Koordinatensystems bildet (Abb. 121b), so wird die Abhängigkeit des Gasvolumens V von der absoluten Temperatur T durch eine Ursprungsgerade (= Graph der direkten Proportionalität) dargestellt. Das Verhältnis des Volumens V und der absoluten Temperatur T ist also für eine bestimmte Gasportion stets gleich (bei konstantem Druck)

$$\frac{V_o}{T_o} = \frac{V_1}{T_1} = \frac{V_2}{T_2} = \ldots\ldots = \text{konstant}$$

Dies ist kein neues Gesetz, sondern nur eine andere Schreibweise für das isobare Gasgesetz.

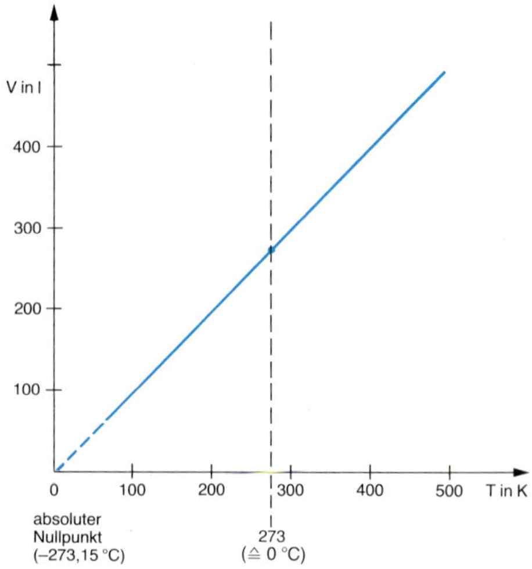

Abb. 121 b Graph des isobaren Gasgesetzes

2.3.7 Die Zustandsgleichung für das ideale Gas

Der physikalische Zustand eines Gases wird durch die vier Zustandsgrößen beschrieben:

1. Gasvolumen V in m^3,
2. Gasdruck p in $\frac{N}{m^2}$ oder in Bar,
3. Temperatur T in K und
4. Gasmenge n in mol.

Zur Beschreibung des momentanen Zustandes einer bestimmten Gasmenge stehen zwei Gleichungen zur Verfügung:

a) das Druck-Volumen-Gesetz $p_1 \cdot V_1 = p_2 \cdot V_2$,

b) das Temperatur-Volumen-Gesetz $\frac{V_1}{T_1} = \frac{V_2}{T_2}$

Die Zusammenfassung beider Gleichungen führt zur Zustandsgleichung für Gase mit idealem Verhalten.

Ableitung:

Um vom Zustand 1 einer abgeschlossenen Gasmenge, gekennzeichnet durch p_1, V_1, T_1, zum Zustand 2, gekennzeichnet durch p_2, V_2, T_2, zu gelangen, müssen die Vorschriften eingehalten werden, die beiden Ausgangsgleichungen zugrunde liegen (p = konst. bzw. T = konst.).

Zustand 1 | **Zwischenzustand** | **Zustand 2**

1. Schritt:
Bei konstantem Druck (Kolbengewichtskraft F_g bleibt gleich) erwärmen wir das Gas von T_1 auf T_2. Es dehnt sich dabei auf das Zwischenvolumen V' aus.

2. Schritt:
Jetzt wird der Druck durch Erhöhen der Gewichtskraft auf dem Kolben von p_1 auf p_2 erhöht. Das Volumen sinkt auf V_2.

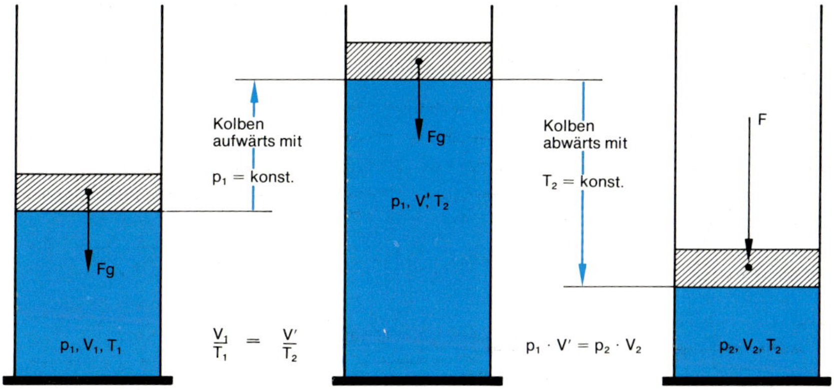

Abb. 122

Zusammenfassung beider Schritte: In beiden Gleichungen erscheint das Zwischenvolumen V′. Löst man beide Gleichungen nach V′ auf und setzt die erhaltenen Werte gleich, so erhält man:

$$V' = \frac{V_1 \cdot T_2}{T_1} \qquad V' = \frac{p_2 \cdot V_2}{p_1}$$

$$\frac{V_1 \cdot T_2}{T_1} = \frac{p_2 \cdot V_2}{p_1}$$

geordnet nach Ausgangs- und Endzustand:

$$\frac{V_1 \cdot p_1}{T_1} = \frac{V_2 \cdot p_2}{T_2}$$

Diese Gleichung ist die Zustandsgleichung für das ideale Gas (= allgemeine Gasgleichung). Ebenso wie die Gasgesetze, aus denen es abgeleitet wurde, gilt es für Gase und Gasmischungen mit idealem Verhalten (vgl. Partialdruckgesetz, Seite 153).

Beispiel:

Wieviel Liter Sauerstoff von 27° C und 1,05 bar sind zur vollständigen Verbrennung von 20 Liter Methan, gemessen im Normzustand, mindestens erforderlich?

Lösung:

$CH_4 + 2\,O_2 \longrightarrow CO_2 + 2\,H_2O$

Der Reaktionsgleichung entnimmt man aufgrund der Avogadroschen Regel:

20 Liter Methan benötigen mindestens 2 · 20 Liter O_2 zur Verbrennung = 40 Liter im Normzustand (0° C, 1,013 bar).

$$\frac{V_o \cdot p_o}{T_o} = \frac{V_1 \cdot p_1}{T_1}$$

da V_o = 40 Liter, p_o = 1,013 bar, T_o = 273 K, p_1 = 1,05 bar, T_1 = 300 K bekannt sind, läßt sich V_1 berechnen.

$$V_1 = \frac{V_o \cdot p_o \cdot T_1}{T_o \cdot p_1}$$

$$V_1 = \frac{40 \text{ Liter} \cdot 1{,}013 \text{ bar} \cdot 300 \text{ K}}{1{,}05 \text{ bar} \cdot 273 \text{ K}}$$

V_1 = 42,5 Liter O_2 von 27° C und 1,05 bar sind mindestens erforderlich.

Die Allgemeine Gaskonstante

Die Allgemeine Gasgleichung kann auch in der Form geschrieben werden:

$$\frac{V_o \cdot p_o}{T_o} = \frac{V_1 \cdot p_1}{T_1} = \frac{V_2 \cdot p_2}{T_2} = \ldots = \text{konst.}$$

Mit dem Index Null wird in der Regel der Normzustand eines Gases gekennzeichnet:

V_o = Volumen bei 273 K (≙ 0° C) und Normdruck (1,013 bar)

p_o = Normdruck 1,013 bar

T_o = Normtemperatur 273 K

Jedes beliebige Volumen V_o ist immer ein ganzes oder teilweises Vielfaches des molaren Volumens:

$$V_o = n \cdot V_{mol}$$

wobei n die Stoffmenge ist.

Setzt man diesen Ausdruck in die Allgemeine Gasgleichung ein, so erhält man:

$$\frac{n \cdot V_{mol} \cdot p_o}{T_o} = \text{konst.}$$

Für ein Mol eines Gases (n = 1 mol) erhält diese Konstante den Namen Allgemeine molare Gaskonstante R.

$$\frac{V_{mol} \cdot p_o}{T_o} = R$$

Je nach den Einheiten, in denen man Gasdruck und Gasvolumen angibt, erhält man als Wert für R:

a) Druck in Bar und Volumen in Litern:

$$R = \frac{22{,}4 \text{ Liter} \cdot 1{,}013 \text{ bar}}{\text{mol} \cdot 273 \text{ K}} \qquad R = 0{,}08312 \frac{\text{Liter} \cdot \text{bar}}{\text{mol} \cdot \text{K}}$$

b) Druck in Newton pro m^2, molares Volumen in m^3 pro kmol:

$$R = \frac{22{,}4 \text{ m}^3 \cdot 1{,}013 \cdot 10^5 \text{ N}}{\text{kmol} \cdot 273 \text{ K} \cdot \text{m}^2} \qquad R = 8312 \frac{\text{Nm}}{\text{kmol} \cdot \text{K}}$$

Da der Quotient $\frac{V \cdot p}{T}$ immer konstant bleibt (s. o.), kann man die Allgemeine Gasgleichung mit R in der Weise schreiben:

$$\frac{V \cdot p}{T} = n \cdot R$$

Durch Umstellen erhält man

$$V \cdot p = n \cdot R \cdot T$$

Für die Rechnung ist wichtig, daß man für R, p, V und T die zueinander passenden (= kohärenten) Zahlenwerte und Einheiten einsetzt.

2.3.8 Anwendungen der Allgemeinen Gasgleichung

Bestimmung der molaren Masse aus der Gasdichte

Kennt man die drei Zustandsgrößen p, V und T eines Gases und seine Masse, so kann man daraus die molare Masse dieses Gases berechnen.

Beispiel:

Eine Gasportion von 0,450 g nimmt bei 20,0 °C und 1,025 bar ein Volumen von 0,242 Liter ein.

Lösungsweg 1:

Mit Hilfe der Allgemeinen Gasgleichung wird das Volumen im Normzustand berechnet:

$$\frac{V_o \cdot p_o}{T_o} = \frac{V_1 \cdot p_1}{T_1}$$

$$V_o = \frac{V_1 \cdot p_1 \cdot T_o}{T_1 \cdot p_o}$$

$$V_o = \frac{0{,}242 \text{ Liter} \cdot 1{,}025 \text{ bar} \cdot 273 \text{ K}}{1{,}013 \text{ bar} \cdot 293 \text{ K}}$$

$$V_o = 0{,}229 \text{ Liter}$$

Mit dem molaren Volumen (ideales Verhalten vorausgesetzt) ergibt sich die molare Masse:

0,229 Liter wiegen 0,450 g
22,4 Liter wiegen 44 g

Die molare Masse beträgt also 44 g/mol.

Lösungsweg 2:

$$p \cdot V = n \cdot R \cdot T$$

$$\text{Stoffmenge} = \frac{\text{Masse}}{\text{molare Masse}} \qquad \text{abgekürzt geschrieben } n = \frac{m}{M}$$

n in die Ausgangsgleichung eingesetzt ergibt:

$$p \cdot V = \frac{m}{M} \cdot R \cdot T$$

nach M umgestellt erhält man:

$$M = \frac{m \cdot R \cdot T}{p \cdot V}$$

$$M = \frac{0{,}45\ \text{g} \cdot 0{,}08312\ \text{Liter} \cdot \text{bar} \cdot 392\ \text{K}}{1{,}025\ \text{bar} \cdot \text{K} \cdot \text{mol} \cdot 0{,}242\ \text{Liter}}$$

$$M = 44\ \text{g pro mol}$$

Mit Hilfe der Gasgesetze lassen sich
a) molare Massen von Gasen,
b) molare Massen leicht verdampfbarer Flüssigkeiten und Feststoffe,
c) molare Massen von Feststoffen (durch Messung des osmotischen Druckes) bestimmen.

Bestimmung der molaren Masse von Gasen

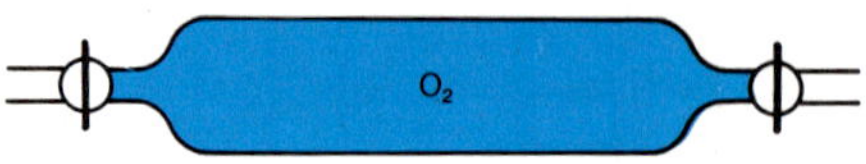

Abb. 123 Gasmaus

Versuch:

Ein Doppelhahnrohr („Gasmaus") wird mit Sauerstoff gefüllt und genau ausgewogen. Die Raumtemperatur (= Temperatur von O_2) wird gemessen. Das Glasrohr mit O_2-Füllung hat das Gewicht m_1. Mit Hilfe einer Wasserstrahlpumpe wird der Sauerstoff möglichst vollständig abgesaugt und danach wieder gewogen (m_2). Unter ausgekochtem Wasser wird nun der Hahn vorsichtig geöffnet. Es strömt so viel Wasser ein, daß der nicht abgesaugte Sauerstoff unter dem äußeren Luftdruck steht (dieser wird am Barometer abgelesen). Das Doppelhahnrohr wiegt dann m_3. Das Volumen des eingeströmten Wassers ist gleich dem Volumen des abgesaugten Sauerstoffs.

$m_1 - m_2$ = Masse der abgesaugten Sauerstoffportion
$m_3 - m_2$ = Masse der Wasserportion ≙ Vol. der Wasserportion
≙ Vol. der abgesaugten Sauerstoffportion

Damit sind alle Zustandsgrößen einschließlich der Masse der Sauerstoffportion bekannt. M läßt sich daraus berechnen.

Meßwerte:

m_1 (mit Sauerstoffüllung)	=	100,453 g
m_2 (ausgepumpt)	=	100,025 g
m_3 (mit Wasser)	=	426,1 g
Luftdruck	=	1,00 bar
Raumtemperatur	=	20° C ≙ 293 K

$m_1 - m_2 = 0{,}428$ g Sauerstoff

$m_3 - m_2 = 326{,}1$ g Wasser ≙ 326 ml O_2 (20° C, 1,00 bar)

$$p \cdot V = n \cdot R \cdot T$$

$$M = \frac{m \cdot R \cdot T}{p \cdot V}$$

$$M = \frac{0{,}428\ \text{g} \cdot 0{,}08312\ \text{Liter} \cdot \text{bar} \cdot 293\ \text{K}}{1{,}00\ \text{bar K} \cdot \text{mol} \cdot 0{,}326\ \text{Liter}}$$

$$M = 32\ \text{g pro mol}$$

Bestimmung der molaren Masse leicht verdampfbarer Flüssigkeiten mit Hilfe der Allgemeinen Gasgleichung

Methode nach Victor Meyer:

Das Volumen des Dampfes, der durch Verdampfung einer bekannten Menge des zu untersuchenden Stoffes gewonnen wurde, stellt man fest, indem man das Volumen der Luft bestimmt, das von diesem Dampf aus einem abgeschlossenen Raum verdrängt wird. Das verdrängte und bei Zimmertemperatur aufgefangene Luftvolumen ist dem Volumen des Substanzdampfes äquivalent. Das Gewicht der Flüssigkeit oder des leicht verdampfbaren Feststoffes wird durch Wägung bestimmt. In der abgebildeten Apparatur wird diese Einwaage in einem verschlossenen Fläschchen bei A eingebracht und durch einen Glasstab festgehalten.

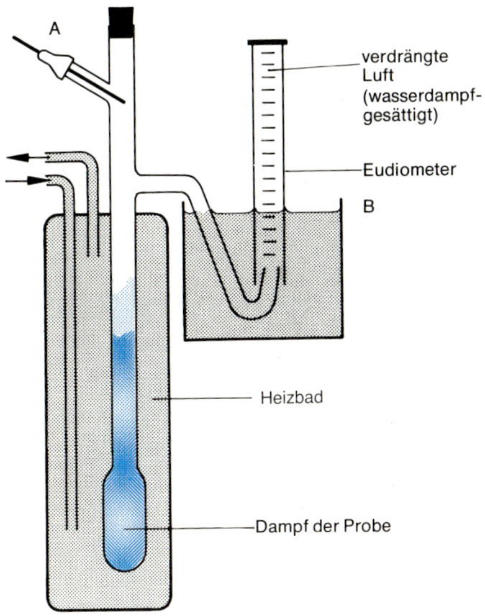

Abb. 124
Bestimmung der molaren Masse nach Victor Meyer

Durch den Thermostaten wird auf eine Temperatur aufgeheizt, die über dem Siedepunkt der Substanz liegt. Dabei erwärmt sich die Luft im Innern der Apparatur so lange, bis ihre Temperatur gleich der Badtemperatur ist. Dann wird das mit Wasser gefüllte Eudiometer-Rohr aufgesetzt. Durch Wegziehen des Glasstabes bei A wird das Substanzfläschchen auf den Boden des Gefäßes gebracht und so geöffnet bzw. zerbrochen. Die Substanz verdampft und verdrängt erwärmte Luft. Diese wird auf Zimmertemperatur (= Badtemperatur bei B) abgekühlt im Eudiometer aufgefangen. Auf diese Weise ist ermittelt worden, welches Volumen der Substanzdampf bei Zimmertemperatur und beim gerade herrschenden Luftdruck einnehmen würde.

Der Berechnung wird wieder die Gleichung zugrunde gelegt:

$$p \cdot V = \frac{m}{M} \cdot R \cdot T$$

Beispiel:

Substanzeinwaage	m	=	0,2840 g
Zimmertemperatur	T	=	293 K (≙ 20 °C)
Luftdruck	p_L	=	1 020 mbar
Wasserdampfdruck bei 20 °C	p_W	=	23,3 mbar
Partialdruck des Substanzdampfes	p	=	996,7 mbar ($p_L - p_W$)
Luftvolumen im Eudiometer	V	=	75,4 ml

$$M = \frac{m \cdot R \cdot T}{p \cdot V}$$

$$M = \frac{0{,}2840\ \text{g} \cdot 0{,}08312\ \text{Liter} \cdot \text{bar} \cdot 293\ \text{K}}{0{,}9967\ \text{bar} \cdot 0{,}0754\ \text{Liter} \cdot \text{mol} \cdot \text{K}}$$

$$M = 92{,}0\ \frac{\text{g}}{\text{mol}}$$

Weitere Anwendungen der Gasgesetze

Durch Messung von Zustandsgrößen (p, V, T) lassen sich bei Vorgängen, an denen Gase beteiligt sind, leicht physikalische und chemische Aussagen gewinnen, denn Gasdruck bzw. Gasvolumen sind der Teilchenzahl in der Gasportion und der thermodynamischen Temperatur proportional: $p \cdot V = n \cdot R \cdot T$.

Im Anschluß an die Bestimmung der molaren Masse sollen zwei weitere Beispiele folgen: Eine Methode zur Bestimmung des Feuchtigkeitsgehaltes von Chemiewerkstoffen und ein Beispiel für thermische Dissoziation (= Zerfallsreaktion durch Wärmezufuhr).

Bestimmung des Feuchtigkeitsgehaltes von Kunststoffen:

Das Meßverfahren von Victor Meyer läßt sich in abgewandelter Form zur Bestimmung des Feuchtigkeitsgehaltes von Kunststoffen anwenden. Dabei wird nicht das Volumen des Wasserdampfes, sondern der Druck gemessen, den der gebildete Wasserdampf erzeugt. Wird eine Portion des Kunststoffs in einen beheizten Behälter mit abgeschlossenem Volumen gebracht, so tritt eine Druckerhöhung durch Wasserdampfbildung ein. Diese kann z. B. mit einem empfindlichen Manometer gemessen werden. Wird auch die Temperatur bestimmt, so sind alle Zustandsgrößen des Wasserdampfes bekannt:

Beispiel:

Gefäßvolumen	V	=	4,00 Liter
Temperatur	T	=	443 K (≙ 150 °C)
Druckanstieg	Δp	=	61,4 mbar (= Partialdruck des Wasserdampfs)
Kunststoffeinwaage	$m(K)$	=	6,000 g

$$m = \frac{p \cdot V \cdot M}{R \cdot T}$$

$$m = \frac{0{,}0614\ \text{bar} \cdot 4\ \text{Liter} \cdot 18\ \text{g/mol}}{0{,}08312\ \frac{\text{Liter} \cdot \text{bar}}{\text{mol} \cdot \text{K}} \cdot 443\ \text{K}}$$

$$m(H_2O) = 0{,}120\ \text{g}$$

$$w(H_2O) = \frac{0{,}120\ \text{g}}{6{,}00\ \text{g}} = 0{,}020\ (\widehat{=}\ 2\ \%\ \text{Wasser im Kunststoff})$$

Thermische Dissoziation von N_2O_4

Beim Erwärmen von farblosem Distickstofftetroxid zerfällt es in braunes Stickstoffdioxid:

$$N_2O_4 \rightleftharpoons 2\,NO_2$$

Da aus 1 mol Distickstofftetroxid 2 mol Stickstoffdioxid werden, hat NO_2 nur die halbe Gasdichte des N_2O_4. Je größer der Dissoziationsgrad α (= Anzahl der zerfallenen N_2O_4-Moleküle dividiert durch die Anzahl der N_2O_4-Moleküle vor dem Zerfall) des N_2O_4 wird, desto kleiner wird also die Gasdichte bzw. die mittlere (= durchschnittliche) molare Masse des gasförmigen Gemisches.

Tabelle 22: Mittlere molare Masse des N_2O_4/NO_2-Gemisches bei 1013 mbar in Abhängigkeit von der Temperatur

Temperatur in ° C	mittlere molare Masse in g pro mol
22,5	91,6
27	76,6
60	60,4
100	49,0
140	46,0

Für die Messung wurde eine abgewogene Portion Distickstofftetroxid bei konstantem Druck erwärmt. Die Gasvolumina wurden bei steigender Temperatur gemessen. Die jeweilige mittlere molare Masse wurde aus diesen Daten berechnet. Bei 22,5 °C (N_2O_4 siedet unter Normdruck bei 22 °C) liegt noch fast vollständig N_2O_4 vor, bei 140 °C ist die thermische Dissoziation praktisch vollständig.

Berechnung des Dissoziationsgrades aus der mittleren molaren Masse bei 60 °C:

	$N_2O_4 \rightleftharpoons$	$2\,NO_2$
Stoffmenge vor der Dissoziation	n_o	—
Stoffmengen nach der Dissoziation	$n_o - n_o \cdot \alpha$	$2n_o \cdot \alpha$
Summe nach dem Zerfall	$n = n_o + n_o \cdot \alpha$	

Die Stoffmenge nach dem Zerfall ist $n = \frac{m}{M}$, wobei M die mittlere molare Masse des Gasgemisches ist.

Gehen wir von 1 mol N_2O_4, das sind 92 g, aus, die der thermischen Dissoziation unterliegen, so erhalten wir:

$$n_o + n_o \cdot \alpha = \frac{m}{M}$$

$$n_o \cdot (1 + \alpha) = \frac{m}{M} \qquad n_o = 1\ \text{mol} \quad m = 92\ \text{g} \quad M = 60{,}4\ \text{g/mol (bei 60 °C)}$$

$$1\ \text{mol} \cdot (1 + \alpha) = \frac{92\ \text{g}}{60{,}4\ \text{g/mol}}$$

α = 0,523, d. h. 52,3% der anfangs vorhandenen N_2O_4-Moleküle sind in NO_2-Moleküle gespalten worden (bei 60° C und 1013 mbar).

2.4 Aggregatzustandsänderungen fest – flüssig

2.4.1 Schmelzen und Erstarren reiner kristalliner Stoffe

Reine kristalline Stoffe gehen beim Erwärmen bei einer bestimmten, stoffspezifischen Temperatur in den flüssigen Zustand über. Diese Temperatur heißt Schmelzpunkt, abgekürzt F_p. Zur Idendifikation von Stoffen spielt der Schmelzpunkt eine bedeutende Rolle. Er ist eine Stoffkonstante, die nur ganz geringfügig vom Außendruck abhängt. Im Hinblick auf die Schmelzpunktbestimmungen im Labor spielt diese Druckabhängigkeit[1]) keine Rolle. Schmelzen bedeutet, daß durch die Wärmebewegung der im Kristallgitter geordneten Teilchen die Ordnung des Gefüges zerstört wird. Zum Zerstören des Kristallgitters ist Energie nötig.

Die bei der Schmelztemperatur aufzuwendende Energie, um einen Feststoff in seine Schmelze zu verwandeln, heißt Schmelzwärme.

Die Einheit der spezifischen Schmelzwärme ist $\frac{kJ}{kg}$, die Einheit der molaren Schmelzwärme $\frac{kJ}{mol}$

Die beim Schmelzvorgang zugeführte Wärmeenergie führt nicht zu einer Temperaturerhöhung, weil sie zum Zerstören der Gitterstruktur benötigt wird. Schmilzt man einen Feststoff bei konstantem Außendruck, also z.B. in einem offenen Gefäß, so nennt man den bei der Schmelztemperatur zugeführten Energiebetrag. Schmelzenthalpie.

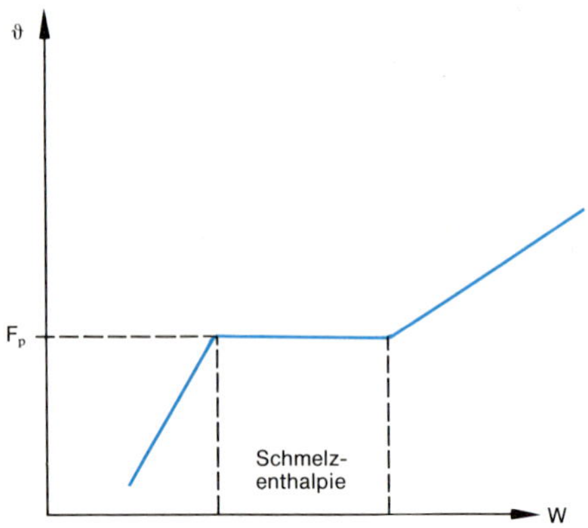

Abb. 125 Temperaturverlauf vor, während und nach dem Schmelzvorgang

Versuch:

Kristallines Natriumthiosulfat wird in ein Glasgefäß mit Thermometer gefüllt und im Wasserbad vorsichtig erwärmt. Bei Erreichen des Schmelzpunktes (45° C) bleibt die Temperatur konstant und steigt erst weiter, wenn alles geschmolzen ist.

Die Schmelzpunkte praktisch aller kristallinen chemischen Substanzen sind in Tabellenwerken zusammengestellt, z. B. im Beilstein, im D'Ans-Lax und im Chemikerkalender.

Feststoffe, die aus Ionen aufgebaut sind, haben wegen der starken elektrostatischen Anziehungskräfte hohe Schmelztemperaturen und hohe Schmelzwärmen. Die Molekülgitter organischer Verbindungen dagegen haben relativ niedrige Schmelzpunkte und kleine Schmelzwärmen. Will man die Anziehungskräfte zwischen den einzelnen Gitterbestandteilen abschätzen, so ist die molare Schmelzenthalpie in $\frac{kJ}{mol}$ dafür ein direkteres Maß als die spezifische Schmelzenthalpie.

[1]) Bei 5,9 mbar schmilzt Eis bei + 0,01 °C und bei 100 bar bei – 0,7 °C (vgl. Phasendiagramm, S. 187).

Tabelle 23: Schmelzpunkte und Schmelzenthalpien einiger Stoffe

Stoff	F_p in °C	Schmelzenthalpie q bzw. ΔH in $\frac{kcal}{kg}$	in $\frac{kJ}{kg}$	in $\frac{kJ}{mol}$
Helium	−272¹)	2,51	10,5	0,042
Stickstoff	−211	12,3	51,4	0,72
Schwefel	115	9	37,7	1,206
Quecksilber	− 39	2,75	11,5	2,3
Ethanol	−114	25,8	108	4,6
Wasser	0	80	334	6,0
Benzol	5,4	30	125,7	9,05
Schwefelsäure, 100%ig	10	24	100	9,9
Kupfer	1083	43	180	11,44
Kaliumnitrat	339	47	196,9	19,9
Natriumchlorid	800	123,2	516,2	30,2
	¹) bei 25 bar			

Erstarrungsvorgang

Versuch:

Läßt man das im vorigen Versuch geschmolzene Natriumthiosulfat an der Luft langsam abkühlen, so beobachtet man zunächst eine Abkühlung der Schmelze bis auf ca. 41 °C, also unter den Schmelzpunkt. Beim Einsetzen der Kristallisation (spätestens nach dem Impfen mit einigen Kristallen Natriumthiosulfat) steigt die Temperatur plötzlich an und bleibt lange Zeit konstant bei 45 °C. Erst nach dem völligen Erstarren sinkt die Temperatur weiter ab.

Beim Erstarren wird die zum Schmelzen benötigte Energie wieder frei: Kristallisationswärme und Schmelzwärme einer Stoffportion sind gleich groß.

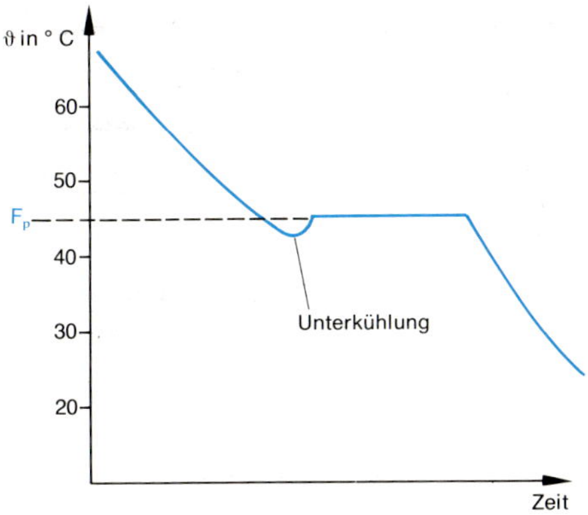

Abb. 126 Erstarrungsdiagramm

Die Temperatur im Versuch bleibt so lange mit 45 °C unverändert, solange aus der erstarrenden Schmelze Kristallisationswärme an die Umgebung nachgeliefert wird.

Besonders reine Substanzen neigen zur Unterkühlung der Schmelze, d.h. zur Abkühlung unter den Schmelzpunkt, ohne daß Kristallisation einsetzt. Dieser Effekt wird auch als Kristallisationsverzug bezeichnet, da die Kristallisation aus Mangel an geeigneten Kristallisationskeimen unterbleibt. Demineralisiertes, staubfreies Wasser läßt sich besonders dann, wenn man die Wasserportion erschütterungsfrei in einer Kältemischung abkühlt, leicht auf − 8 °C bis − 10 °C unterkühlen.

Einige Stoffe neigen zu extrem starker Unterkühlung ihrer Schmelze, verbunden mit äußerst geringer Kristallisationsgeschwindigkeit. Glas ist ein Beispiel dafür.

2.4.2 Schmelzpunkte von Stoffgemischen

Die Schmelzpunktbestimmung dient nicht nur zur Identifizierung von Substanzen, sondern auch zur Kontrolle ihrer Reinheit. Diese Reinheitskontrolle beruht darauf, daß Verunreinigungen gleich welcher Art den Schmelzpunkt bzw. Erstarrungspunkt herabsetzen.

Die Abweichung vom Schmelzpunkt der reinen Substanz nimmt mit dem Anteil an Verunreinigungen zu. Außerdem ist der Schmelzpunkt von Gemischen im Gegensatz zu reinen Stoffen nur in Ausnahmefällen scharf, in der Regel beobachtet man ein Schmelzintervall.

Stoffgemische mit Eutektikum

Versuch:

Man wiegt Gemische von Naphthalin und α-Naphthylamin verschiedener Zusammensetzungen ein, mörsert die Substanzgemische gut durch und bestimmt von jedem Gemisch die Temperatur, bei der alles geschmolzen ist.

Meßwerte:

% Naphthalin	% α-Naphthylamin	F_p in °C
100	0	80
90	10	76,5
80	20	72
65	35	64
50	50	54
35	65	42
25	75	30,5
15	85	40,5
0	100	49,5

Geht man von den beiden reinen Stoffen aus, so ergeben steigende Beimengen der anderen Komponente eine abfallende Kurve der Schmelzpunkte. Der Punkt, in dem sich beide Kurven schneiden, heißt eutektischer Punkt, die entsprechende Zusammensetzung eutektisches Gemisch.
Das Wort Eutektikum ist griechischen Ursprungs, es bedeutet etwa gut schmelzend oder leicht bearbeitbar. Bei wäßrigen Lösungen nennt man das eutektische Gemisch auch Kryohydrat.

In der Praxis spielen eutektische Gemische eine große Rolle, insbesondere bei technischen Schmelzprozessen. So läßt sich z. B. der Schmelzpunkt der Al_2O_3-Schmelze bei der Aluminium-Schmelzelektrolyse durch Verwendung des eutektischen Gemisches von 81,5% Kryolith und 18,5% Al_2O_3 auf 935° C senken, während reines Al_2O_3 bei 2050° C schmilzt.

Auch bei Kältemischungen (vgl. Seite 150) spielt der eutektische Punkt eine Rolle; sie können sich (von selbst) höchstens bis zu ihrem eutektischen Punkt abkühlen. So kann z. B. die Temperatur einer Eis-Kochsalz-Mischung höchstens bis auf −21° C sinken.

Es gibt auch eutektische Gemische aus mehr als zwei Komponenten. Ein Beispiel dafür ist Roses Metall, das bei 96 °C schmilzt und aus 33 % Blei, 51,5 % Bismut und 15,5 % Zinn besteht.

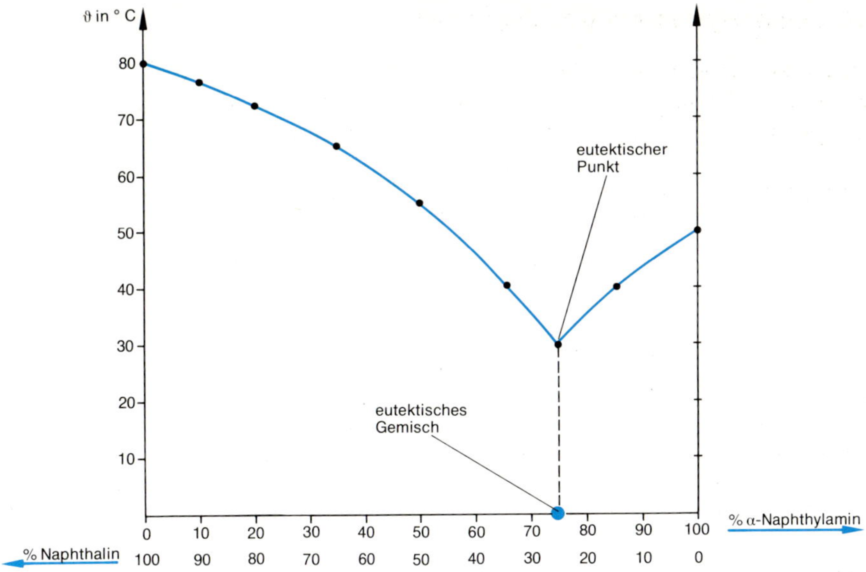

Abb. 127 Schmelzdiagramm Naphthalin – α-Naphthylamin

Rückschlüsse aus dem Schmelzdiagramm auf das Kristallgefüge eines Zweistoffgemisches:

Beim Abkühlen einer Schmelze (hier als Beispiel eine Legierung aus Blei und Bismut) kristallisieren die beiden Komponenten nicht gleichmäßig in der Zusammensetzung aus, die der prozentualen Zusammensetzung der Mischung entspricht. In der Regel beginnt zunächst eine der beiden Komponenten in reiner Form auszukristallisieren, wodurch sich die andere Komponente in der verbleibenden Restschmelze anreichert. Der Schmelzpunkt dieser Restschmelze sinkt dadurch. Indem immer mehr der ersten Komponente auskristallisiert, reichert sich die Restschmelze fortwährend mit der zweiten Komponente in Richtung auf die eutektische Zusammensetzung an, bis diese schließlich erreicht wird. Von da an kristallisieren beide Komponenten miteinander aus als mikroskopisches Gemenge.

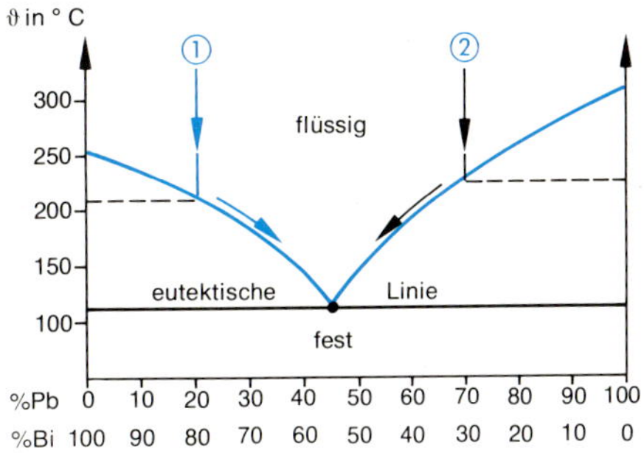

Abb. 128 Schmelzdiagramm Bismut-Blei

Übertragen auf das praktische Beispiel der Blei-Bismut-Legierungen (vgl. nebenstehendes Schmelzdiagramm) heißt dies:

Beispiel ①:

Eine Legierung mit 20 % Blei und 80 % Bismut wird von 300 °C, wo alles geschmolzen ist, abgekühlt. Bei etwa 210 °C ist die Schmelzkurve erreicht. Hier beginnt reines Bismut auszukristallisieren. Die verbleibende Schmelze wird dadurch relativ reicher an Blei, wodurch der Schmelzpunkt sinkt. Wenn so viel Bismut auskristallisiert ist, daß die Restschmelze die eutektische Zusammensetzung erreicht hat, kristallisieren Blei und Bismut miteinander bei einer Temperatur von 125 °C aus. Das Gemisch hat beim Abkühlen ein Erstarrungs- und beim Erwärmen ein Schmelzintervall.

Beispiel ②:

Die Legierung mit 70% Pb und 30% Bi steht im Vergleich mit dem vorigen Beispiel „auf der anderen Seite des eutektischen Punktes". Hier beginnt bei 225 °C mit dem Erreichen der Schmelzkurve die Kristallisation, wobei jetzt zunächst nur reines Blei auskristallisiert. Im folgenden läuft der Vorgang wie im Beispiel ① ab.

Ein ähnlicher Verlauf läßt sich auch beim Kristallisieren von Lösungen beobachten. In der Regel kristallisiert beim Abkühlen konzentrierter Lösungen zunächst der reine, gelöste Stoff aus und beim Abkühlen verdünnter Lösungen das reine Lösemittel. Das Umkristallisieren aus heißgesättigten Lösungen und das Ausfrieren von Lösemitteln sind die praktische Anwendung dieses Verhaltens. Bei weiterem Abkühlen kann es dann in beiden Fällen zu gemeinsamem Auskristallisieren von Lösemittel und gelöstem Stoff kommen.

Mischschmelzpunkt

Um eine Substanz mit größerer Sicherheit identifizieren zu können, bestimmt man einen Mischschmelzpunkt. Man mischt zu dem Präparat, von dem man annimmt, es sei die Substanz A, reine Substanz A und bestimmt nach gutem Durchmischen den Schmelzpunkt. Ist der Mischschmelzpunkt gegenüber dem Schmelzpunkt des Präparates unverändert, dann ist das Präparat mit A identisch. Im anderen Falle, wenn Präparat und A nicht die gleichen Stoffe sind, liegt der Mischschmelzpunkt tiefer.

Maximum in der Schmelzkurve

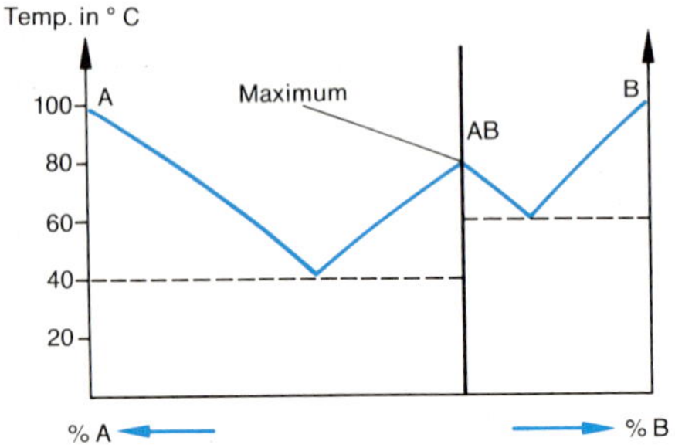

Abb. 129 Schmelzkurve mit Maximum

Besitzt die Schmelzkurve ein Maximum und 2 Eutektika, dann liegt Verbindungsbildung vor. Zu den Komponenten A und B tritt die Verbindung AB. Die Gesamtschmelzkurve setzt sich aus zwei einfachen Schmelzkurven mit den Komponenten A und AB bzw. AB und B zusammen.

Das System H_2SO_4/H_2O zeigt ein entsprechendes Schmelzverhalten. Die Maxima der Schmelzkurve ermöglichten den Nachweis der Hydrate der Schwefelsäure. Die Maxima liegen alle genau bei stöchiometrischen Molverhältnissen von SO_3 und H_2O.

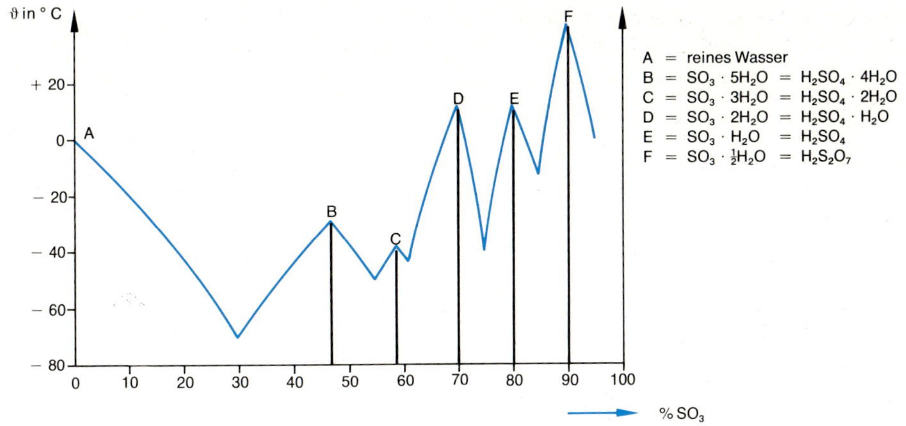

Abb. 130 Schmelzdiagramm SO_3/H_2O

Stoffgemische ohne Eutektikum

Wenn die beiden Komponenten im gleichen Kristallgittertyp kristallisieren und etwa die gleiche Teilchengröße haben, so bilden sie beim Erstarren Mischkristalle. So können z. B. Nickelatome beliebig Kupferatome im Kupfergitter ersetzen und umgekehrt (Substitutionsmischkristalle ohne Mischungslücke). Infolge der verschiedenen Schmelzpunkte der Komponenten findet aber beim Erstarren eine teilweise Entmischung statt. Der ausfallende Feststoff hat nicht die gleiche Zusammensetzung wie die Schmelze. Läßt man z. B. eine Schmelze mit 60 % Cu und 40 % Ni erstarren, so entstehen die ersten Kristalle bei 1 280 °C mit 39 % Cu und 61 % Ni (Punkt A: Zusammensetzung der Schmelze, Punkt B: Zusammensetzung der Mischkristalle). Dadurch reichert sich die Restschmelze mit Cu an, wodurch der Schmelzpunkt sinkt.

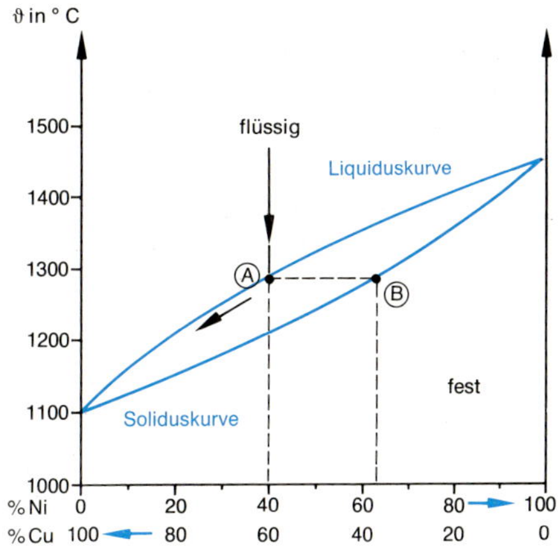

Abb. 131 Schmelzdiagramm Cu/Ni

Die obere Kurve heißt Erstarrungs- oder Liquiduskurve. Sie gibt wieder, wie die Erstarrungstemperatur von der Zusammensetzung der Schmelze abhängt. Die Schmelz- oder Soliduskurve gibt die Abhängigkeit der Schmelztemperatur von der Zusammensetzung des Feststoffgemischs wieder.

Ähnliche Verhältnisse wie beim Cu/Ni existieren auch bei Ionenkristallen, z. B. bei NaCl/AgCl. Auch hier sind gleicher Kristallgittertyp und ähnliche Ionenradien von Na^+ und Ag^+ Voraussetzungen der Mischkristallbildung.

Temperaturverlauf beim Schmelzen und Erstarren von Zweistoffgemischen

Wegen des Erstarrungs- und des Schmelzintervalls zeigen Zweistoffgemische im Gegensatz zu reinen Stoffen den folgenden Temperaturverlauf:

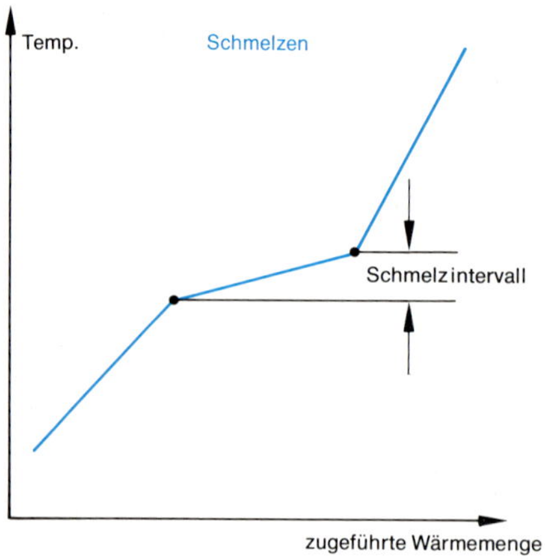

Abb. 132
Schmelzen einer Cu/Ni-Legierung

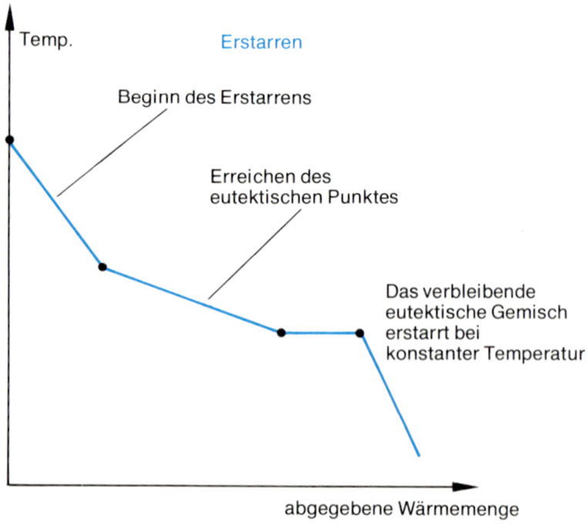

Abb. 133
Erstarren einer Pb/Bi-Legierung

Kältemischungen

Versuch:

Wenn man 100 g Eis (von 0° C) und 31 g Kochsalz gut durchmischt, so stellt man starke Abkühlung bis herunter auf −21° C fest.

Das System Eis-Kochsalz ist ein Zweistoffgemisch, dessen Schmelzpunkt unter 0°C, dem Schmelzpunkt des reinen Eises, liegt. Im Falle des Versuches liegt der Schmelzpunkt des Gemisches bei −21° C. Bei dieser Temperatur sind Eis, festes Kochsalz und gesättigte Salzlösung koexistent.

Der Abkühlungseffekt kommt zustande, weil

1. Schmelzwärme zum Schmelzen des Eises und
2. Lösungswärme für das Lösen des Kochsalzes erforderlich ist (bei Kochsalz sehr gering).

Tabelle 24: Kältemischungen

Rezeptur	ϑ in ° C
100 g Eis + 31 g Kochsalz	−21
100 g Eis + 143 g Calciumchlorid krist.	−55
Trockeneis (festes CO_2) + Alkohol	−78
100 g Wasser + 100 g Ammoniumsulfat	−30

Die Kältemischungen werden häufig für Kühlzwecke im Labor verwendet (vgl. S. 146).

2.5 Aggregatzustandsänderungen flüssig – gasförmig

2.5.1 Verdunsten

Der Verdunstungsvorgang geschieht nur an der Oberfläche einer Flüssigkeit bei einer Temperatur unterhalb des Siedepunktes. Innerhalb einer Flüssigkeit wirken auf die Moleküle von allen Seiten Molekularkräfte. An der Oberfläche sind diese Kräfte nur nach innen gerichtet, die Moleküle werden so am Entweichen gehindert. Nur wenige besonders energiereiche Teilchen können in den Dampfraum übertreten. Wenn aber die energiereichsten Teilchen (≙ schnellsten Teilchen) die Flüssigkeit verlassen, und die langsameren Teilchen zurückbleiben, so sinkt die Durchschnittsgeschwindigkeit der zurückbleibenden Teilchen, was gleichbedeutend mit Abkühlen der Flüssigkeit ist.

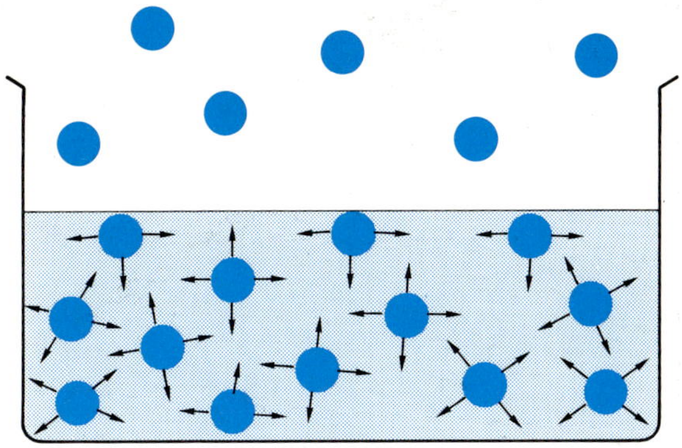

Abb. 134 Zum Verdunstungsvorgang

Verdunstet eine Flüssigkeit, ohne daß ihr von außen Wärmeenergie zugeführt wird, so kühlt sie sich ab.

Versuch:

Füllt man etwas Äther in ein Uhrglas, so beobachtet man auf einem eingetauchten Thermometer sehr rasch eine starke Abkühlung, wenn man einen leichten Luftstrom über den Äther bläst.

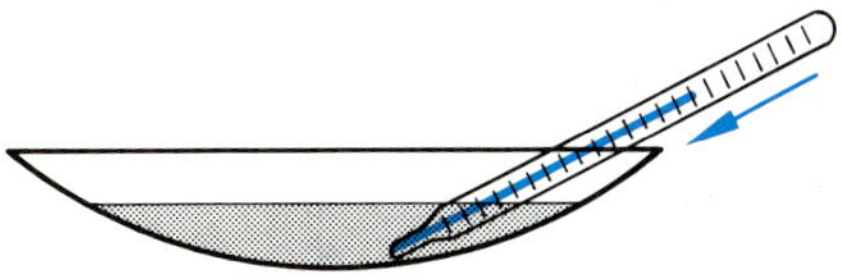

Abb. 135 Abkühlung beim Verdunsten

Anwendung dieses Abkühleffektes beim Verdunsten:

Kältespray;

Kühlschrank – eine leicht verdampfbare Flüssigkeit (Frigen, NH_3) verdampft und entzieht damit der Umgebung die Wärme.

Die Verdunstungsgeschwindigkeit hängt ab von:

1. der Polarität der Flüssigkeitsteilchen; unpolare Flüssigkeiten verdunsten bei gleichen Bedingungen schneller als vergleichbare polare Flüssigkeiten;
2. der Masse der Moleküle; Flüssigkeiten mit Molekülen geringerer Masse verdunsten schneller als Flüssigkeiten mit größerer Molekülmasse (bei gleichen sonstigen Bedingungen);
3. die Verdunstungsgeschwindigkeit steigt mit der Temperatur;
4. die Verdunstungsgeschwindigkeit ist um so größer, je kleiner der Luftdruck (oder Gasdruck) ist.

2.5.2 Dampfdruck, Partialdrucke

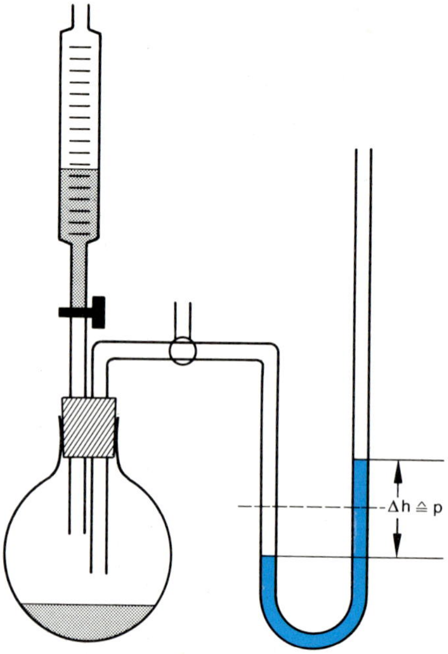

Abb. 136 Verdunstete Flüssigkeitsmoleküle erzeugen einen Dampfdruck

Versuch:

In einen trockenen Kolben läßt man Ethanol einfließen und gleicht den Überdruck durch Belüften aus. Am angeschlossenen Hg-Manometer läßt sich ein Druckanstieg beobachten.

Die in den gasförmigen Zustand übergegangenen Ethanolmoleküle erzeugen diesen Druck aufgrund ihrer Wärmebewegung. Gasdruck und Dampfdruck haben also die gleiche Ursache. Von Dampf und Dampfdruck spricht man immer dann, wenn die Substanz bei Zimmertemperatur flüssig ist. Aus der Oberfläche verdunsten einige Flüssigkeitsteilchen des Ethanols im Kolben, die sich dann frei im Raum über der Flüssigkeit bewegen. Die Teilchendichte in diesem Raum wird im Laufe der Zeit immer höher. In ihrer ungeordneten Bewegung werden einige dieser Teilchen auch auf die Flüssigkeitsoberfläche auftreffen und von der flüssigen Phase absorbiert werden.

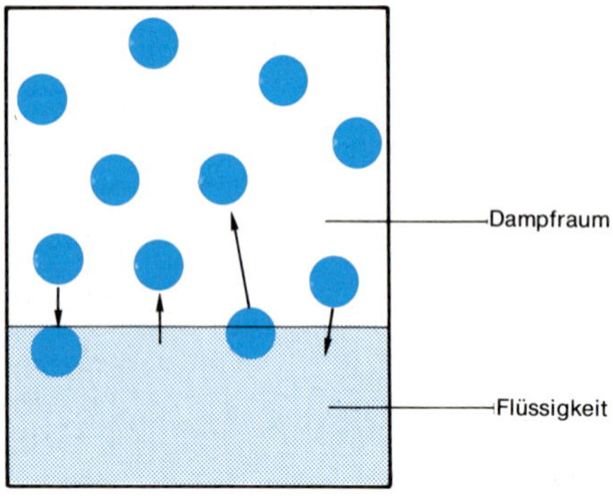

Abb. 137 Gleichgewichtszustand beim Verdunsten in einem abgeschlossenen Raum

Je mehr Teilchen verdampft sind, desto höher ist auch die Zahl der in die Flüssigkeit zurückkehrenden Teilchen. Die Absorptionsgeschwindigkeit wird immer größer. Schließlich wird diese Rückkehrgeschwindigkeit in die flüssige Phase genau so groß werden wie die Verdunstungsgeschwindigkeit. Dann hat sich ein Gleichgewicht eingestellt. Die Teilchendichte im Gasraum ändert sich nicht mehr, weil ebenso viele Teilchen pro Zeiteinheit die Flüssigkeit verlassen, wie in der gleichen Zeit aus dem Dampfraum in sie zurückkehren.

Die gleichen Überlegungen gelten, wenn eine Flüssigkeit in einem abgeschlossenen Gefäß siedet und sich das Verdampfungs-Kondensations-Gleichgewicht einstellt.

Der Druck, der beim Verdunsten oder Verdampfen nach Einstellung des Gleichgewichts herrscht, heißt Sättigungsdampfdruck.

Versuch:

Zum genauen Messen des Sättigungsdampfdrucks benutzt man ein Rohr, das nach Art der Barometer mit Quecksilber gefüllt ist. Das Rohr wird mit der Öffnung in Quecksilber getaucht und von oben her evakuiert. Hahn 2 bleibt dabei in Richtung Ethervorrat geschlossen. Das Quecksilber steigt im Rohr nach oben. Jetzt wird Hahn 1 geschlossen, bei fortwährendem Evakuieren Hahn 2 in Richtung Ethervorrat geöffnet und dann in Richtung Vakuumpumpe geschlossen. Öffnet man jetzt Hahn 1, so strömt Etherdampf (frei von Luft) ein, die Quecksilbersäule sinkt. Mit einem Becherglas voll Wasser von z. B. 20 °C wird das Etherkölbchen temperiert.

Meßwert:

Die Hg-Säule sinkt um 440 mm ab. Der Dampfdruck des Ethers bei 20 °C wurde zu 440 Torr gemessen (≙ 586 mbar).

Der Sättigungsdampfdruck einer Flüssigkeit hängt praktisch nur von ihrer Temperatur ab.

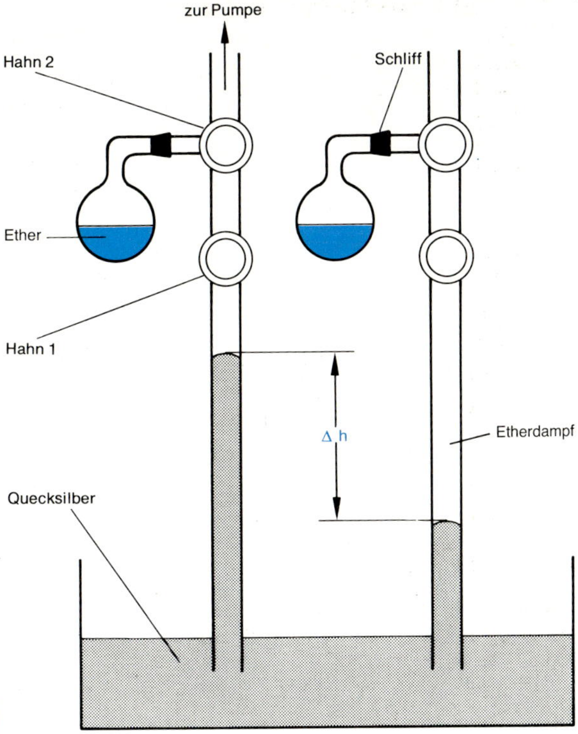

Abb. 138
Messung des Sättigungsdampfdrucks von Ether

Das bedeutet: Sowohl im Vakuum als auch in Luft beträgt der Sättigungsdampfdruck von Ether 440 Torr = 586 mbar (bei 20° C).

In Gasmischungen mit idealem Verhalten ergeben die Teildrucke (= Partialdrucke) der Bestandteile addiert den Gesamtdruck. Dieser Sachverhalt, das sog. Partialdruckgesetz von Dalton, läßt sich auch folgendermaßen formulieren:

In einer Gasmischung erzeugt jedes Gas und jeder Dampf den Druck, den es erzeugen würde, wenn es den gesamten Gasraum allein ausfüllen würde.

Der Gesamtdruck $p_{ges.}$ eines Gasgemenges ist gleich der Summe der von den Komponenten ausgeübten Partialdrucke.

$$p_{ges.} = p_1 + p_2 + p_3 + \ldots + p_n$$

Beispiele für die Anwendungen des Partialdruckgesetzes in der Laborpraxis:

1. Bei der Wasserdampfdestillation addieren sich die Partialdrucke von Wasser und der zu destillierenden Komponente, so daß schon bei niedrigeren Temperaturen der zum Sieden nötige Gesamtdampfdruck der flüssigen Phase erreicht wird (vgl. S. 175).

2. Beim Bestimmen von Gasvolumina über Sperrflüssigkeiten, wie Wasser oder Kalilauge, setzt sich der Druck des Gasgemisches $p_{ges.}$ additiv aus dem tatsächlichen Gasdruck p und dem Sättigungsdampfdruck der Sperrflüssigkeit zusammen.

   $p_{ges.} = p_{Gas} + p_{Sperrflüssigkeit}$

   Um den tatsächlichen Gasdruck und damit z. B. auch die Masse des trockenen Gases zu erfassen, muß der Sättigungsdampfdruck der Sperrflüssigkeit vom gemessenen Gesamtdruck abgezogen werden:

   $p_{Gas} = p_{ges.} - p_{Sperrflüssigkeit}$

3. Abfüllen von Flüssigkeiten mit hohem Dampfdruck:
   Füllt man z. B. eine leere Flasche zur Hälfte mit Ether, so beobachtet man häufig, daß nach kurzer Zeit der Stopfen aus dem Flaschenhals springt. Ähnliches beobachtet man, wenn man eine Flasche, die z. B. Ether enthält, teilweise entleert und dann wieder verschließt. Zunächst herrscht beim Verschließen dieser Gefäße in dem Raum über der eingefüllten Flüssigkeit ein Druck, der dem Luftdruck entspricht. Nach einiger Zeit stellt sich der Sättigungsdampfdruck z. B. des Ethers ein, der sich zum Wert des Luftdrucks addiert. Auf diese Weise entsteht ein beträchtlicher Überdruck. In derartigen Fällen muß man nach dem Abfüllen für einen Druckausgleich sorgen, indem man nach dem Abfüllen kurz belüftet.

Rechenbeispiel zum Partialdruckgesetz:

Trockene Luft besteht zu 78,09 Vol. % aus N_2,
20,95 Vol. % aus O_2 und
0,96 Vol. % aus Restgasen (Edelgase und etwas CO_2).

Der Luftdruck ergibt sich aus den Einzeldrücken dieser Komponenten:

$$p = p(N_2) + p(o_2) + p(\text{Restgase})$$

Die jeweiligen Volumenanteile geben an, mit welchem Anteil die einzelne Gaskomponente am Gesamtdruck beteiligt ist:

Volumenanteile = Druckanteile

Herrscht ein Luftdruck von 1013 mbar, dann betragen die Teildrücke:

$p(N_2)$	=	791,1 mbar (78,09 % des Gesamtdrucks)
$p(o_2)$	=	212,2 mbar (20,95 % des Gesamtdrucks)
p(Restgase)	=	9,7 mbar (0,96 % des Gesamtdrucks)
p(ges.)	=	1013 mbar

Betrachtet man ein bestimmtes Volumen eines Gasgemenges im Hinblick auf die darin enthaltenen Teilvolumina der Komponenten, so ergibt sich:

Die Partialvolumina verhalten sich wie die Partialdrücke.

Geht man z. B. von 1013 Litern Luft aus, so sind darin enthalten:

791,1 Liter N_2,
212,2 Liter O_2,
9,7 Liter Restgase.

1013 Liter Luft

Volumenverhältnisse sind bei Gasen aber wiederum Stoffmengenverhältnisse (vgl. Regel von Avogadro, S. 126).

Das Partialdruckverhältnis der beteiligten Gaskomponenten ist gleich dem Stoffmengenverhältnis dieser Komponenten.

Aus den Partialdrücken bzw. Partialvolumina läßt sich die mittlere molare Masse eines Gasgemenges berechnen:

Die mittlere molare Masse der Luft wird zu 78,09 % von der molaren Masse des Stickstoffs, zu 20,95 % von der molaren Masse des Sauerstoffs und zu 0,96 % von der molaren Masse der Restgase bestimmt (für diese Restgase wird in der folgenden Rechnung die molare Masse des Argons eingesetzt):

$$\frac{28\ \text{g} \cdot 78{,}09}{\text{mol} \cdot 100} + \frac{32\ \text{g} \cdot 20{,}95}{\text{mol} \cdot 100} + \frac{40\ \text{g} \cdot 0{,}96}{\text{mol} \cdot 100} = M(\text{Luft})$$

$$M(\text{Luft}) = 28{,}95\ \text{g pro mol}$$

Wasserdampfdruck von Trockenmitteln

Substanzen, die in Trockentürmen, Waschflaschen, Exsikkatoren oder Trockenpistolen zum Trocknen eingesetzt werden, müssen natürlich selber einen möglichst kleinen Wasserdampfdruck haben, Wasser also fest binden. Das kann geschehen

a) durch chemische Reaktion wie beim P_2O_5,
b) durch Hydratbildung wie bei H_2SO_4 oder
c) durch Adsorption wie beim Silicagel.

Um Trockenmittel, wie Phosphorpentoxid und Schwefelsäure im Labor in Form von rieselfähigen Feststoffen handhaben zu können, werden sie auf granulierte inerte mineralische Träger aufgebracht. Für großtechnische Gastrocknung wird neben flüssigen Trockenmitteln (z. B. konzentrierte Schwefelsäure für die Chlortrocknung bei der Chloralkali-Elektrolyse) auch durch Kühlung und damit verbundene Kondensation getrocknet.

Tabelle 25: H_2O-Sättigungsdampfdruck von Trockenmilch

Substanz	p_w bei 25 °C in mbar
Wasser	31,7
P_2O_5	$2{,}5 \cdot 10^{-5}$
$Mg(ClO_4)_2$	$7 \cdot 10^{-4}$
KOH	$2{,}5 \cdot 10^{-3}$
H_2SO_4	$4 \cdot 10^{-3}$
Molekularsieb	$1{,}2 \cdot 10^{-3}$
Silicalgel	$2{,}5 \cdot 10^{-3}$
$CaCl_2$	$3 \cdot 10^{-1}$

Abhängigkeit des Sättigungsdampfdruckes von der Temperatur

Der Sättigungsdampfdruck ist von der Temperatur abhängig. Er nimmt mit steigender Temperatur zu, mit fallender Temperatur ab.

Tabelle 26: Dampfdrucke gesättigter Dämpfe einiger Flüssigkeiten

Temperatur in ° C	Sättigungsdampfdruck in mbar			
	Wasser	Ethanol	Diethylether	Quecksilber
− 20	1,03	4,4	88	0,000027
0	6,1	16,4	246,6	0,00027
+20	23,3	58,6	586	0,0016
+40	73,3	178,6	1226	0,008
+100	1013	2253	6531	0,36

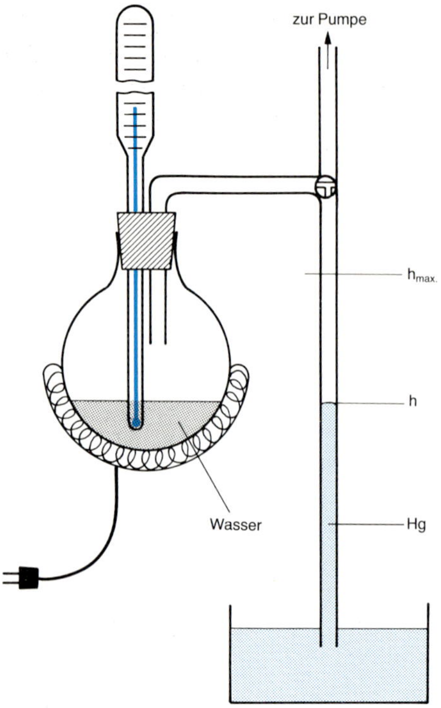

Versuch:

Bestimmung des Sättigungsdampfdrucks von Wasser bei verschiedenen Temperaturen.

Der Rundkolben mit dem Wasser wird zunächst evakuiert. Dann wird die Verbindung von der Pumpe zum Rundkolben geschlossen und das in das Quecksilber eintauchende Rohr evakuiert. Das Quecksilber steigt im Rohr nach oben bis h_{max} (bei einem Luftdruck von 1013 mbar ergibt sich eine Steighöhe von 760 mm). Über dem Quecksilber herrscht nur noch ein vernachlässigbar kleiner Restdruck. Durch Drehen des Hahnes wird nun die Verbindung vom Kolben zum Steigrohr geöffnet und zur Pumpe geschlossen. Der im Kolben befindliche Wasserdampf füllt auch den Raum über dem Quecksilber, wodurch dieses nach unten gedrückt wird auf die Höhe h. Die Differenz $h_{max} - h$ gibt direkt den Wasserdampfdruck in der alten Einheit Torr an (760 Torr ≙ 1013 mbar). Heizt man das Wasser im Kolben auf, so kann man zu jeder Temperatur aus der Differenz $h_{max} - h$ den Sättigungsdampfdruck des Wassers bestimmen.

Abb. 139 Messung des Sättigungsdampfdrucks von Wasser bei verschiedenen Temperaturen

Tabelle 27: Sättigungsdampfdruck und Dichte des Wassers bis zum kritischen Punkt

Temperatur in °C	Sättigungsdampfdruck		Dichte
	in mbar	in bar	in $g \cdot cm^{-3}$
0	6,10	0,0061	0,9998
4	8,13		1,0000
10	12,29		0,9997
20	23,38		0,9982
30	42,41		0,9957
40	73,74		0,9922
50	123,3		0,9881
60	199,1		0,9832
70	311,5		0,9778
80	473,3		0,9718
90	700,8		0,9653
100	1013	1,013	0,9584
150		4,758	
200		15,598	
250		39,83	
300		85,94	
350		165,39	
374		221,22	0,30

Mit steigender Temperatur wird die Kurve immer steiler. Sie endet im kritischen Punkt.

Der bei höheren Temperaturen immer stärker werdende Anstieg des Wasserdampfdruckes ist eine Folge der Wäremenergieverteilung auf die einzelnen Teilchen der Flüssigkeit (vgl. Maxwell-Boltzmannsche Energieverteilungskurve, Seite 125). Der Anteil der energiereichen (= schnellen) Teilchen, die die Flüssigkeit verlassen können, nimmt mit der Temperatur überproportional (exponentiell) zu.

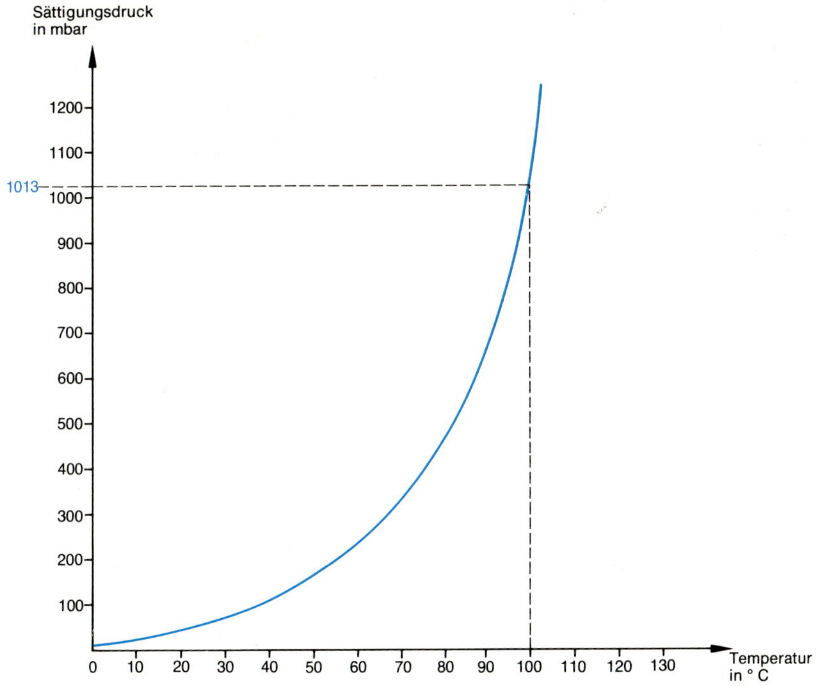

Abb. 140 Sättigungsdampfdruckkurve von Wasser[1])

2.5.3. Der Siedevorgang

Eine Flüssigkeit kann vom flüssigen in den dampfförmigen Zustand übergehen durch Verdunsten oder durch Verdampfen. Beim Verdunsten treten Flüssigkeitsmoleküle aus der Oberfläche der Flüssigkeit aus. Dies geschieht unterhalb ihres Siedepunktes. Bei Annäherung an den Siedepunkt wird das Verdunsten immer lebhafter. Der Dampfdruck bleibt jedoch stets niedriger als der äußere Druck.

Das Sieden (= Kochen) einer Flüssigkeit unter normalem Luftdruck erfolgt erst beim Erreichen einer bestimmten Temperatur, die für jeden Stoff kennzeichnend ist.

Der Siedepunkt (K_p) ist die Temperatur, bei der eine Flüssigkeit unter einem Druck von 1013 mbar siedet.

[1]) Trägt man den Logarithmus des Sättigungsdampfdrucks gegen den Kehrwert der Kelvin-Temperatur auf, so erhält man eine Gerade.

Der Vorgang des Siedens ist nicht auf die Flüssigkeitsoberfläche beschränkt, sondern erfolgt auch in ihrem Inneren, wie die aufsteigenden Dampfblasen beim Kochen zeigen. In diesen Dampfblasen muß der Dampfdruck dem Druck außerhalb der Flüssigkeit mindestens gleich sein, da andernfalls die Dampfblasen durch den äußeren Druck sofort wieder zu Flüssigkeit zusammengedrückt werden. Der äußere Druck, dem die Dampfblasen standhalten müssen, setzt sich zusammen aus dem auf der Flüssigkeit lastenden Luftdruck und dem hydrostatischen Druck der Flüssigkeitssäule über den Dampfblasen. Der Dampfdruck der Flüssigkeit, der in den Dampfblasen vorliegt, muß also gleich der Summe aus dem äußeren Luftdruck und dem hydrostatischen Druck sein. Letzterer ist gegenüber dem Luftdruck in der Regel sehr klein und kann vernachlässigt werden. Daraus ergibt sich die Siedebedingung:

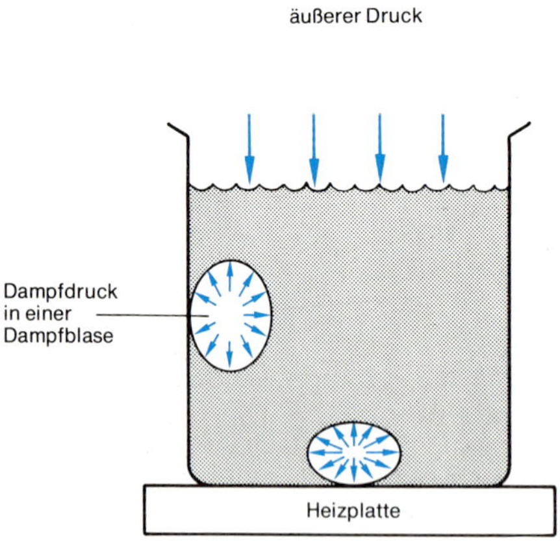

Abb. 141 Zum Siedevorgang

Eine Flüssigkeit siedet, wenn der Dampfdruck der Flüssigkeit den äußeren Luftdruck erreicht.

Wenn der äußere Druck bekannt ist, läßt sich also aus der Dampfdruckkurve der jeweilige Siedepunkt einer Flüssigkeit direkt ablesen.

Siedeverzug

Eine ähnliche Erscheinung wie das Unterkühlen einer Flüssigkeit kann man auch beim Erhitzen beobachten: Man kann z. B. Wasser nicht nur unter seinen Gefrierpunkt abkühlen, ohne daß es erstarrt, sondern man kann es auch über seinen Siedepunkt erhitzen, ohne daß es siedet. Man spricht dann von einem Siedeverzug. Voraussetzung für einen Siedeverzug ist, daß die Flüssigkeit luftfrei ist und das Gefäß ruhig steht. Rühren und Schütteln vermindern daher die Gefahr eines Siedeverzuges. Siedeverzüge können sehr gefährlich werden, weil durch plötzliche Erschütterung oder Einwerfen eines Siedesteinchens das Sieden so plötzlich in Gang kommt, daß die Flüssigkeit explosionsartig verdampft. Hauptursache für das Entstehen eines Siedeverzuges ist die Oberflächenspannung. Beim Sieden vergrößert sich durch Dampfblasenbildung und durch das Wallen der Flüssigkeit die Oberfläche. Dem aber wirkt die Oberflächenspannung entgegen. So neigen insbesondere Flüssigkeiten mit großer Oberflächenspannung, wie besonders das Wasser, zum Siedeverzug.

Abhängigkeit des Siedepunktes von der Masse und der Polarität der Flüssigkeitsteilchen

Je polarer eine Flüssigkeit ist, desto höher ist ihr Siedepunkt, da die zwischenmolekularen Anziehungskräfte, die ein Molekül am Austritt aus der Flüssigkeit hindern, mit der Polarität steigen.

Andererseits steigt der Siedepunkt einer Flüssigkeit auch mit größerer Trägheit (= Masse) der Flüssigkeitsteilchen.

Tabelle 28: Einfluß von Polarität und molarer Masse auf den Siedepunkt

Stoff	Polarität	molare Masse in $\frac{g}{mol}$	Siedepunkt bei 1013 mbar
Wasser Methan	polar unpolar	18 16	+ 100° C – 161,4° C
Ethanol Propan	polar unpolar	46 44	+ 78° C – 42,2° C
Nitrobenzol n-Propylbenzol	polar kaum polar	123 120	+ 211° C + 159° C
1-Chlorpropan 2-Chlorpropan	polar weniger polar	78,5 78,5	+ 46,6° C + 34,8° C
n-Octan n-Dekan	unpolar unpolar	114 142	+ 126° C + 174° C

2.5.4 Die Verdampfungsenthalpie reiner Stoffe

Führt man einer siedenden Flüssigkeit oder Schmelze bei konstantem Luftdruck, also z. B. in einem offenen Gefäß, fortgesetzt Wärmeenergie zu, so erhöht sich ihre Temperatur nicht. Die zugeführte Energie wird in erster Linie zum Trennen der Teilchen aus dem dichten Flüssigkeitsverband benötigt. Ein Teil jedoch, beim Wasser etwa ein Dreizehntel der Gesamtenergie, wird für die Ausdehnungsarbeit gebraucht. Denn Wasser dehnt sich beim Verdampfen bei 100° C und 1,013 bar Luftdruck auf das 1700fache Volumen aus, und für diese Ausdehnung gegen den äußeren Druck ist Energie erforderlich ($W = p \cdot \Delta V$).

Im Gegensatz zum Schmelzen, wo die Volumenänderung klein ist, nimmt beim Verdampfen der Energieinhalt nicht nur um die innere Arbeit gegen die Anziehungskräfte zwischen den Teilchen („innere Energie“) zu, sondern auch um die gegen den äußeren Druck verrichtete Arbeit („äußere Energie“).

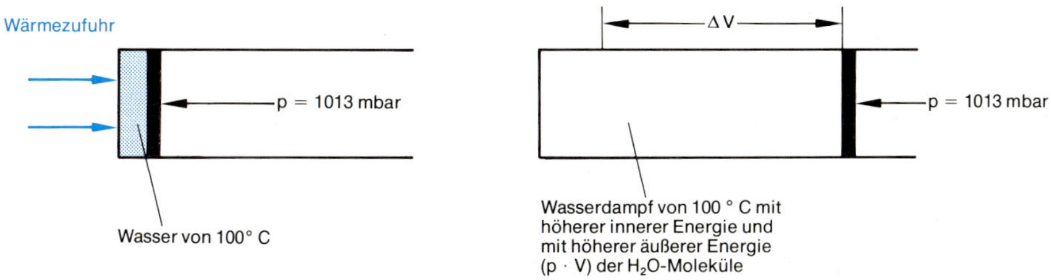

Abb. 142 Verdampfen von Wasser bei konstantem Druck (schematisch)

Die bei konstantem äußeren Druck zugeführte Verdampfungswärme heißt Verdampfungsenthalpie. Die Verdampfungsenthalpie setzt sich aus zwei Energieanteilen zusammen, der Zunahme der inneren Energie und der Ausdehnungsarbeit.

Die Schmelzenthalphie eines Stoffes ist stets viel kleiner als seine Verdampfungsenthalphie, da erst beim Übergang in den gasförmigen Zustand die Gitterenergie vollständig und entscheidend überwunden ist. Zum vollständigen Trennen träger und polarer Teilchen ist besonders viel Energie erforderlich. Je kleiner die molare Masse einer Flüssigkeit ist, desto größer ist aber die Ausdehnungsarbeit.

Tabelle 29: Verdampfungs- und Schmelzenthalpien bei 1,013 bar äußerem Druck

Stoff	Verdampfungsenthalpie r bzw. ΔH in $\frac{kJ}{kg}$	Verdampfungsenthalpie r bzw. ΔH in $\frac{kJ}{mol}$	molare Schmelzenthalpie in $\frac{kJ}{mol}$
Helium	42,0	0,168	0,042
Stickstoff	400	5,6	0,72
Benzol	395,5	28,5	9,05
Wasser	2256	40,6	6,0
Quecksilber	324	65	2,3
Natriumchlorid	13094	766	30,2

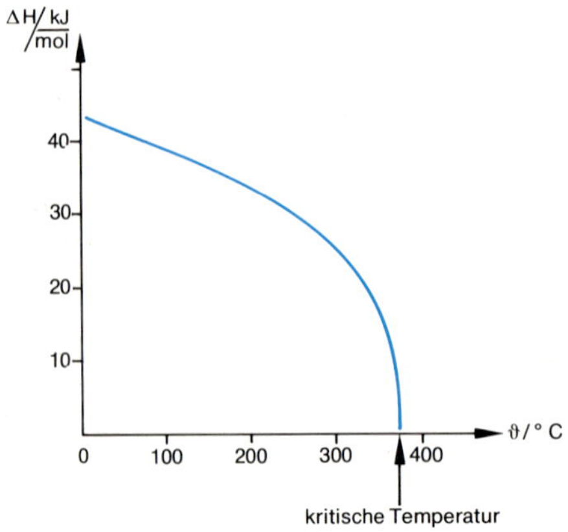

Abb. 143 Verdampfungsenthalpie des Wassers in Abhängigkeit von der Temperatur

Da mit steigender Temperatur die innere Energie einer Flüssigkeit zunimmt, wird die Verdampfungsenthalpie bei höheren Temperaturen immer kleiner. Bei Erreichen des kritischen Punktes (siehe S. 132) ist schließlich auch keine Ausdehnungsarbeit mehr aufzubringen, weil Dampf und Flüssigkeit die gleiche Dichte haben.

2.5.5 Destillation

Einfache Destillationen werden durchgeführt, wenn eine flüssige Substanz von geringfügigen Verunreinigungen befreit werden soll, wenn aus Lösungen mit praktisch unflüchtigen Stoffen das reine Lösemittel gewonnen werden soll, oder wenn zwei Flüssigkeiten voneinander nur grob getrennt werden sollen, deren Siedepunkte sehr weit (Faustregel: mindestens 80 °C) auseinander liegen. Sobald die Kopftemperatur konstant ist, geht reine Substanz aus dem Destillierkolben in den Kühler über, die ersten übergehenden Anteile, der sogenannte Vorlauf, wird verworfen, solange die Übergangstemperatur sich noch ändert.

Wenn keine besonderen Gründe vorliegen, so wird bei normalem Luftdruck destilliert. Bei Flüssigkeiten oder leicht schmelzbaren Feststoffen, die zu thermischem Zersetzen neigen, wird eine schonende Art der Destillation, die Vakuumdestillation, durchgeführt. Durch Absenken des äußeren Drucks sinkt der Siedepunkt. Das Beispiel des Nitrobenzols (Abb. 144) zeigt, daß die Herabsetzung des Siedepunktes in niedrigen Druckbereichen größer ist als bei höheren Drucken. Daraus ergibt sich in der Praxis durch geringfügige Verbesserung eines Hochvakuums ein beträchtlich niedrigerer Siedepunkt.

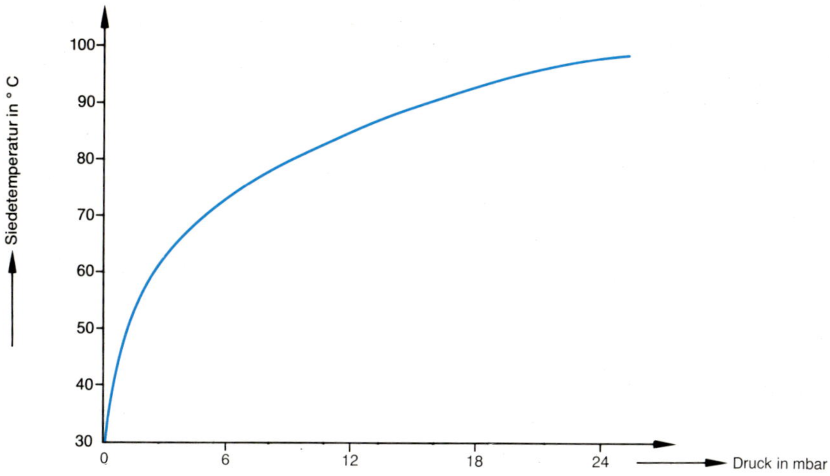

Abb. 144 Herabsetzen des Siedepunktes von Nitrobenzol durch Druckverminderung

Stoffe mit sehr niedrigem Siedepunkt kann man unter Druck destillieren. Durch Anheben des äußeren Druckes steigt der Siedepunkt. Praktisch wird dies z. B. bei der großtechnischen Trennung von Propan und Butan durchgeführt.

Versuch:

Abdestillieren eines Lösemittels. In einer einfachen Destillationsapparatur mit Dreihalskolben wird aus Kochsalzlösung Wasser abdestilliert. Die Siedetemperatur im Sumpf wird ständig notiert und die Werte in einem Diagramm dargestellt (vgl. Abb. 147, S. 163).

Erklärung des Siedeverlaufes:

Jede Lösung eines nichtflüchtigen Stoffes hat einen höheren Siedepunkt als das Lösemittel (vgl. S. 177). Der Siedepunkt der NaCl-Lösung liegt daher je nach Konzentration mehr oder weniger weit über dem des reinen Wassers.

Beim Abdestillieren von Wasser konzentriert sich die verbleibende Lösung, wodurch der Siedepunkt weiter steigt. Erst beim Erreichen der Sättigungskonzentration, wenn NaCl beginnt auszufallen, ändert die Lösung ihren Siedepunkt nicht mehr, da die Konzentration jetzt konstant bleibt.

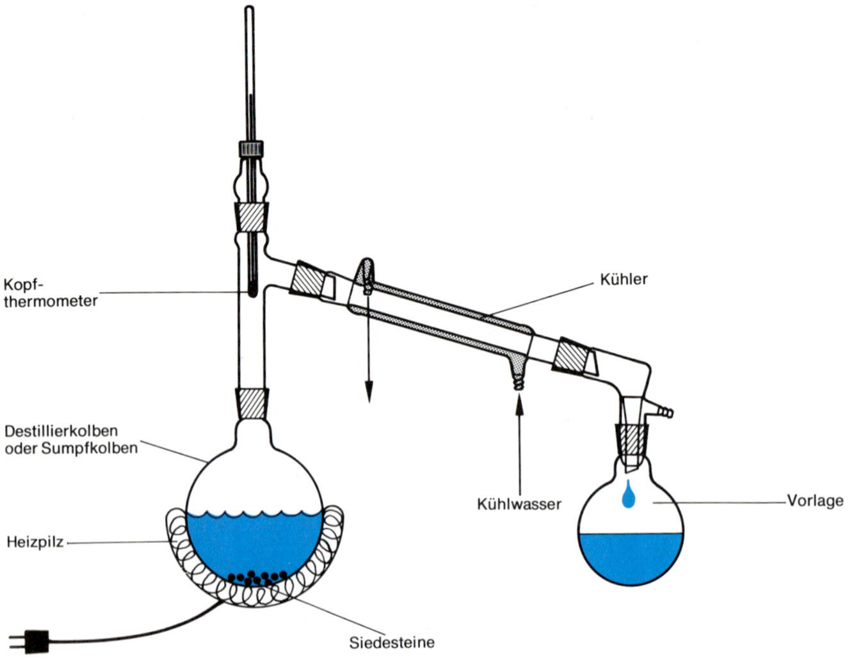

Abb. 145 Einfache Destillation

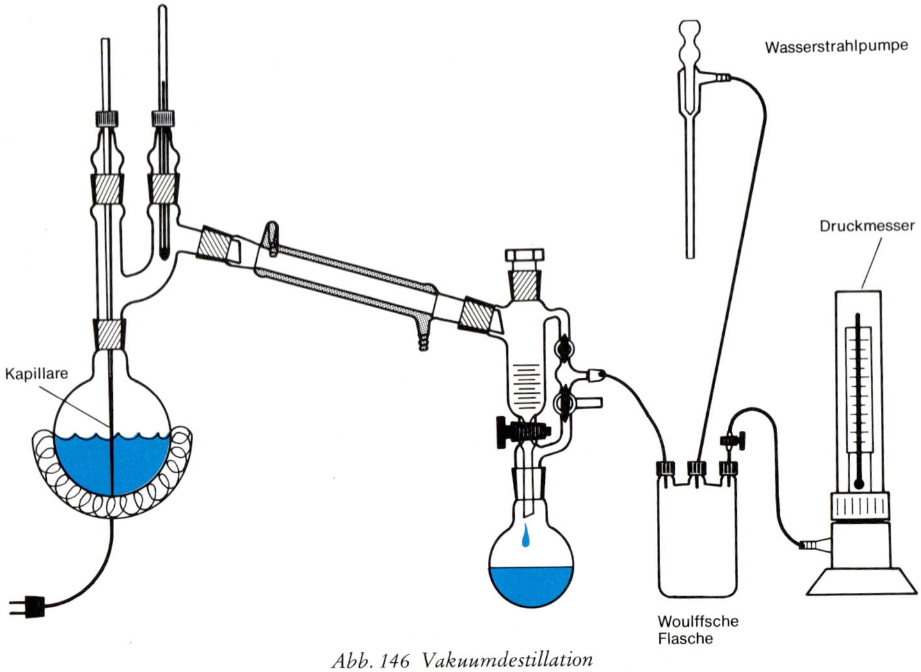

Abb. 146 Vakuumdestillation

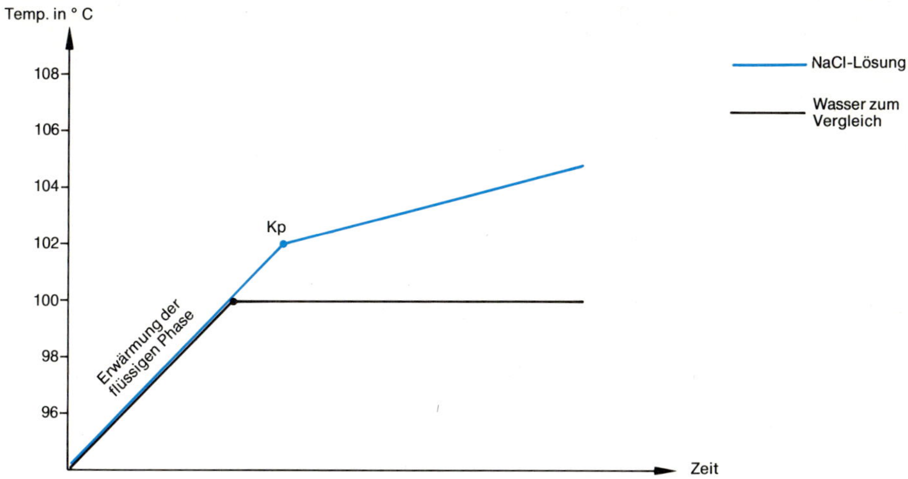

Abb. 147 Temperaturverlauf im Destillierkolben beim Abdestillieren von Wasser aus NaCl-Lösung

Vakuumpumpen im Labor

Mit Vakuumpumpen kann man ein Volumen weitgehend aber nicht vollständig gas- bzw. dampffrei machen. Man kann also kein absolutes Vakuum erzeugen. Insbesondere die mit Wasser betriebene Wasserstrahlpumpe erzeugt nur ein Vakuum, dessen untere Grenze der Sättigungsdampfdruck bei der jeweiligen Wassertemperatur ist.

In der Wasserstrahlpumpe strömt Wasser durch eine Engstelle. An der Querschnittsverengung muß das Wasser mit höherer Geschwindigkeit fließen als zuvor, wo der Querschnitt der Leitung größer war. Für die Beschleunigung des Wassers ist aber eine Kraft erforderlich. Diese Kraft stammt aus dem statischen Wasserdruck. Je stärker der Querschnitt verengt wird, desto größer wird die Bewegungsenergie, und desto kleiner wird der statische Druck des Wassers. Wenn der Seitendruck des schnell strömenden Wassers kleiner wird als der herrschende Luftdruck, wird Luft in den Wasserstrahl gedrückt: Die Pumpe saugt. Mit Wasserstrahlpumpen kann man je nach Wasserdruck und Wassertemperatur Restdrucke von 27 bis 16 mbar erreichen.

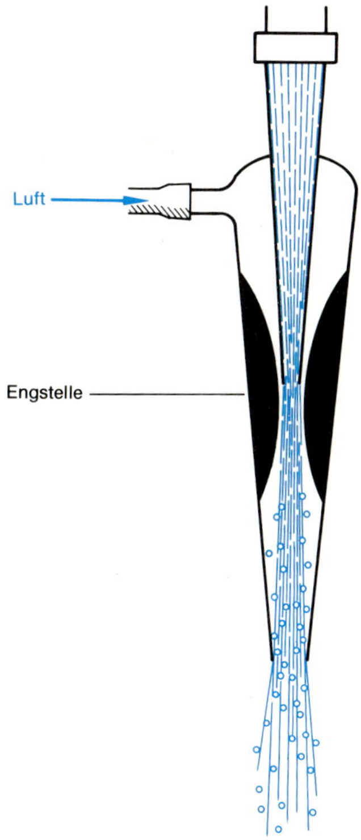

Abb. 148 Aufbau einer Wasserstrahlpumpe

Die der Wasserstrahlpumpe zugrunde liegende Gesetzmäßigkeit läßt sich mit folgendem Versuch demonstrieren:

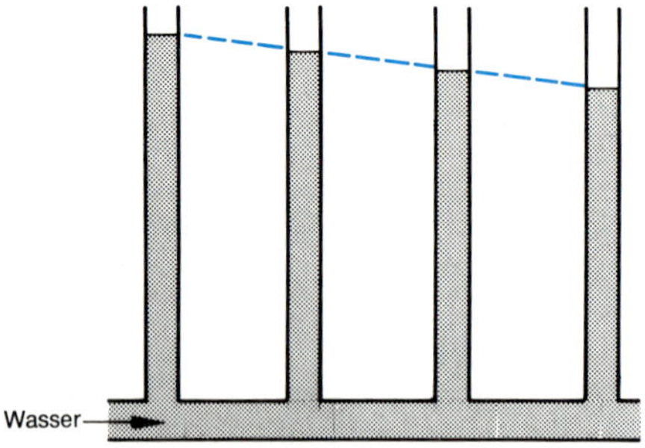

Abb. 149 Messung des hydrostatischen Druckes

Versuch:

Läßt man das abgebildete Rohr von Wasser durchströmen, so gibt die Steighöhe in den aufgesetzten Röhrchen jeweils den Seitendruck der Flüssigkeit an. Durch Reibungsverluste sinkt dieser statische Druck.

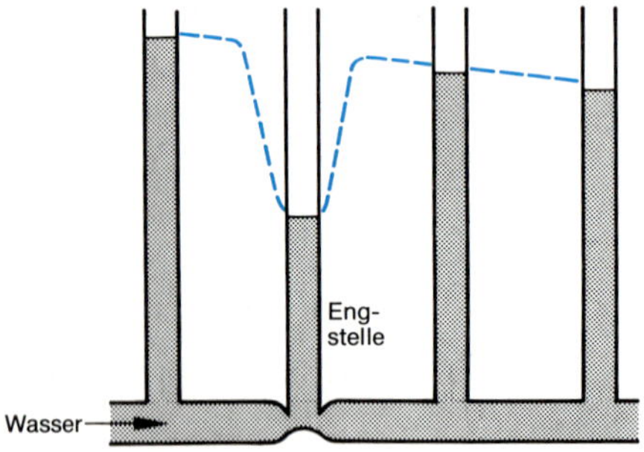

Abb. 150 Abnahme des statischen Druckes an einer Engstelle

Verwendet man aber in der gleichen Anordnung ein Rohr mit einer Engstelle, so zeigt das Manometer an dieser Engstelle, wo die Strömungsgeschwindigkeit besonders hoch ist, eine erhebliche Druckminderung an.

Dort, wo das Wasser am schnellsten strömt, ist seine kinetische Energie am größten, der statische Seitendruck aber am kleinsten. Hinter der Engstelle strömt das Wasser wieder langsam, wodurch der statische Druck ansteigt, aber wegen der Reibungsverluste nicht wieder die alte Höhe erreicht.

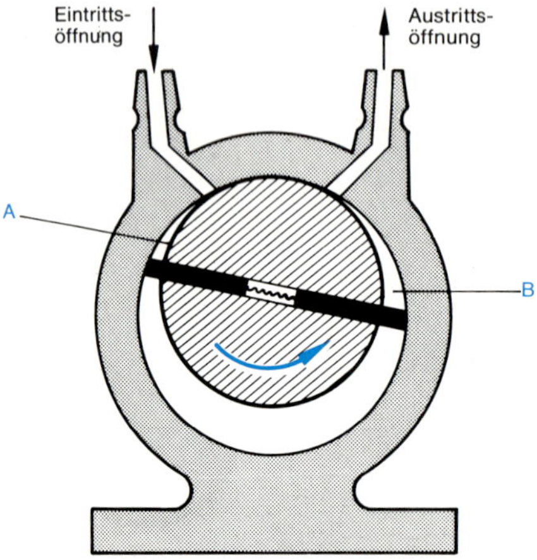

Abb. 151 Drehschieberpumpe

Drehschieberpumpe (Ölpumpe)

In einem zylindrischen Gehäuse läuft eine exzentrische Welle mit zwei Scheiben, die von einer Feder gegen die Zylinderwandung gedrückt werden. Wenn sich die Welle dreht, wird der Raum A vergrößert (Luft wird angesaugt) und der Raum B wird verkleinert: Luft wird herausgedrückt.

Der Dampfdruck des Öls begrenzt das erreichbare Vakuum auf 0,002 mbar. Vor die Pumpe wird eine Kühlfalle geschaltet, um Lösemittel, die den Dampfdruck des Pumpenöls erhöhen und das Vakuum verschlechtern, von der Pumpe fernzuhalten.

Diffusionspumpe

Diffusionspumpen arbeiten nach dem Prinzip der Wasserstrahlpumpen. Anstelle des Wassers verwendet man Quecksilberdampf oder Silikonöldampf. Der Dampfdruck dieser Stoffe ist sehr gering, wodurch ein Vakuum bis 10^{-4} mbar erreicht wird. Wegen der geringen Saugleistung wird zunächst ein Vorvakuum mit einer Ölpumpe hergestellt. Die nebenstehende Abbildung zeigt den Aufbau einer Quecksilberdiffusionspumpe. Das Hg befindet sich hierin in einem ständigen Kreislauf. Es wird im Vorratsgefäß zum Sieden gebracht, Quecksilberdampf steigt auf und wird zum Teil in der Mitte des aufsteigenden Rohres umgelenkt, gekühlt und kondensiert. Zum größten Teil geschieht aber das Umlenken des Dampfstromes unter der Glocke. Auch von hier aus wird der Hg-Dampf teils an der Kühlwandung, teils an der Quecksilberwulst kondensiert. Gasteilchen diffundieren in den Quecksilberdampfstrahl hinein und werden vom nach unten zurückströmenden Quecksilber in Richtung zur Vorvakuumpumpe gebracht.

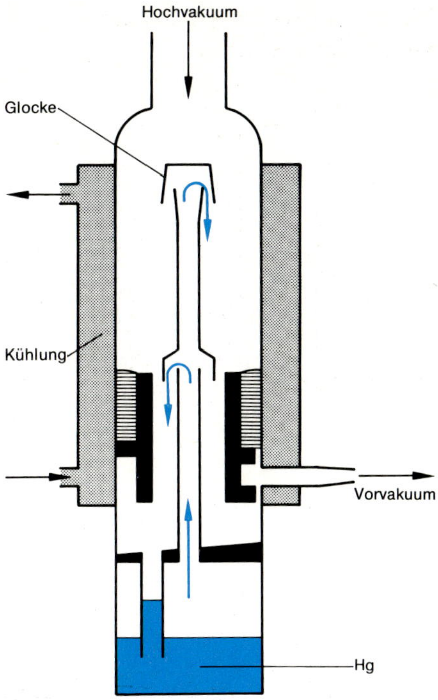

Abb. 152 Aufbau einer Diffusionspumpe

Dampfdruck und Siedepunkt von Flüssigkeitsgemischen

Eine Flüssigkeit siedet, wenn der Dampfdruck der Flüssigkeit den äußeren Luftdruck erreicht. Das gilt auch für Flüssigkeitsgemische. Nicht jeder Bestandteil des Gemisches muß also einen Dampfdruck erreichen, der so groß ist wie der äußere Luftdruck, sondern die Summe aller Dampfdrücke muß den Luftdruck erreichen.

Untersucht man den Zusammenhang zwischen dem Dampfdruck und der Zusammensetzung eines Flüssigkeitsgemisches, so findet man drei Grundtypen:

1. Ideale Flüssigkeitsgemische,
2. Mischungen, die Azeotrope[1]) bilden,
3. nicht mischbare Flüssigkeiten.

---

[1]) Azeotrop heißt wörtlich übersetzt: Ich koche unverändert.

Die experimentellen Befunde in bezug auf den Dampfdruck dieser Mischungen sind:

Ideale Flüssigkeitsgemische

Jede Komponente der Mischung hat einen Dampfdruck, der ihrem Stoffmengenanteil in der Mischung und ihrem Sättigungsdampfdruck, läge sie bei gleicher Temperatur in reiner Form vor, proportional ist. Besteht z. B. ein Gemisch aus 0,20 mol Benzol und 0,80 mol Methylbenzol, so beträgt der gesamte Dampfdruck 20% des Dampfdrucks von reinem Benzol plus 80% des Dampfdrucks von reinem Toluol (Raoultsches Gesetz).

Mischungen, die Azeotrope bilden

In Mischungen, die Azeotrope bilden, haben die Komponenten eine größere oder kleinere Neigung zum Verdunsten bzw. Verdampfen als im unvermischten, reinen Zustand. Der Dampfdruck dieser Mischungen ist größer oder kleiner als bei idealem Verhalten zu erwarten wäre; er hat stets ein Maximum oder ein Minimum bei einer bestimmten Zusammensetzung (= azeotropes Mischungsverhältnis).

Nicht mischbare Flüssigkeiten

Siedet ein Gemisch aus zwei ineinander praktisch unlöslichen Flüssigkeiten, so entwickelt jede Komponente den Dampfdruck, den sie bei gleicher Temperatur auch im reinen Zustand hätte. Über einem siedenden Gemisch, z. B. aus Nitrobenzol und Wasser herrscht der volle Sättigungsdampfdruck des Nitrobenzols plus voller Sättigungsdampfdruck des Wassers bei der entsprechenden Temperatur.

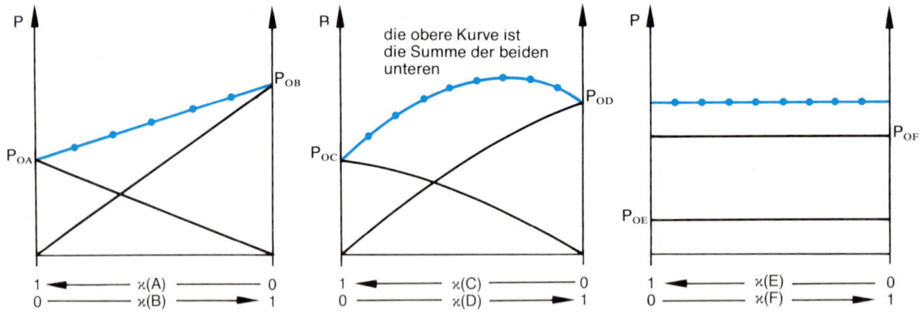

Abb. 153 Sättigungsdampfdrucke über Flüssigkeitsgemischen in Abhängigkeit von den Stoffmengenanteilen ϰ ihrer beiden Komponenten

Die drei grafischen Darstellungen zeigen den Dampfdruckanteil der beiden Komponenten einer Mischung (schwarz gedruckt) und den Sättigungsdampfdruck der jeweiligen Mischung (blau gedruckt) in Abhängigkeit von der Zusammensetzung der Flüssigkeit. Zur Bestimmung des Dampfdrucks wurden die Mischungen stets auf die gleiche Temperatur erhitzt.

p_{OA}, p_{OB} usw. sind die Sättigungsdampfdrucke der reinen Komponenten bei dieser Temperatur.

Beispiele für die drei Grundtypen der Flüssigkeitsgemische sind:

Ideale Flüssigkeitsgemische

n-Heptan/n-Octan
Benzol/Methylbenzol
2-Methyl-1-propanol/2-Propanol

Mischungen, die Azeotrope bilden

Ethanol/Wasser
Dioxan/Wasser
Tetrachlormethan/Methanol

Nicht mischbare Flüssigkeiten

Brombenzol/Wasser
Nitrobenzol/Wasser
Methylbenzol/Wasser

Ideale Mischungen liegen vor, wenn die Bestandteile sehr ähnlich sind, was vor allem bei Gliedern einer homologen Reihe der Fall ist. Häufig haben Gemische nur innerhalb bestimmter Konzentrationsgrenzen ideales Verhalten. Auch die Abgrenzung zwischen Mischungen, die ein Dampfdruckmaximum zeigen, und nicht mischbaren Flüssigkeiten ist fließend. Das Dampfdruckmaximum weist schon darauf hin, daß der gasförmige Zustand gegenüber dem flüssigen an Wahrscheinlichkeit gewonnen hat, daß eine gegenseitige Nichtlöslichkeit der Flüssigkeiten beginnt. Ideales Verhalten und Abweichungen vom idealen Verhalten lassen sich modellhaft durch die Anziehungskräfte zwischen den Molekülen beschreiben:

Ideale Flüssigkeitsgemische

Die Komponente A und die Komponente B haben dieselbe Tendenz zum Entweichen in den gasförmigen Zustand, gleichgültig, ob sie von Molekülen der Sorte A oder der Sorte B umgeben sind. Die zwischenmolekularen Kräfte zwischen den Komponenten sind praktisch ebenso groß wie zwischen den beiden Molekülsorten jeweils untereinander. Da sich die Tendenz zum Verlassen der flüssigen Phase nicht ändert, ist der gesamte Dampfdruck der Mischung stets kleiner als der der leichter flüchtigen Komponente. Von solchen Flüssigkeiten lassen sich homogene Mischungen jeder beliebigen Konzentration herstellen: Sie sind ohne Mischungslücke ineinander löslich.

Mischungen, die Azeotrope bilden

Die zwischenmolekularen Kräfte zwischen den Mischungsbestandteilen sind größer oder kleiner als zwischen den Teilchen der reinen Komponenten. Sind sie größer, so hat das eine gegenseitige Behinderung beim Verdunsten bzw. Verdampfen zur Folge. Solche Mischungen haben bei einer bestimmten Zusammensetzung ein Dampfdruckminimum. Im umgekehrten Fall des Dampfdruckmaximums wird die große Neigung zum Verdunsten bzw. Verdampfen durch kleinere Anziehungskräfte zwischen den Molekülen der Komponenten C und D erklärt.
Mischungslücken zwischen C und D sind häufig.

Nicht mischbare Flüssigkeiten

Zwischen den Molekülen der Sorte E einerseits und denen der Sorte F andererseits wirken nur geringe Anziehungskräfte. Untereinander ziehen sich die Moleküle der Komponenten aber bedeutend stärker an. Im Extremfall kommt so gänzliche Unlöslichkeit zwischen E und F zustande (= „vollständige Mischungslücke"). Wenn die Komponenten ineinander unlöslich sind, kommt auch keine gegenseitige Behinderung zustande: Die Dampfdrucke der reinen Komponenten addieren sich zum gesamten Dampfdruck der Mischung.

Um Einzelfälle nichtidealen Verhaltens anschaulich zu erklären, muß die Argumentation oft erweitert werden. Mischt man z. B. Ethanol mit Wasser, so wird Wärme frei und es tritt Volumenkontraktion ein, d. h. das Gesamtvolumen ist kleiner als die Summe der zusammengegebenen Einzelvolumina. Beides deutet auf starke zwischenmolekulare Anziehungskräfte (hier sog. Wasserstoffbrücken) zwischen Wasser und Ethanol hin. Trotzdem hat z. B. das Gemisch mit einem Massenanteil von 95 % Ethanol einen höheren Dampfdruck als die leichtflüchtige Komponente Ethanol allein. Die Ursache dafür liegt darin, daß reines Wasser stark assoziiert ist und durch Mischen mit einer zweiten Komponente feiner verteilt wird, wodurch der Partialdruck des Wassers steigt.

Für die Siedepunkte von Flüssigkeitsgemischen und für die destillative Trennung gilt:

Ideale Flüssigkeitsgemische

Wie Abb. 153 zeigt, ist der Dampfdruck aller Mischungen aus A und B stets kleiner als der Dampfdruck der leichter flüchtigen Komponente B. Alle Mischungen haben also einen höheren Siedepunkt als die reine leichter flüchtige Komponente. Je geringer ihr Anteil in der Mischung ist, desto größer ist die Siedepunkterhöhung. Aus idealen Flüssigkeitsgemischen läßt sich die Komponente mit dem niedrigsten Siedepunkt durch Rektifikation rein gewinnen.

Mischungen, die Azeotrope bilden

Dem Maximum des Dampfdrucks entspricht ein niedrigster Siedepunkt aller Gemische aus C und D (Abb.153). Beim Rektifizieren wird als Kopfprodukt dieses azeotrope Gemisch erhalten, und nicht die reine Komponente D. Dem Dampfdruckminimum entspricht ein höchster Siedepunkt, höher als der Siedepunkt der schwerer flüchtigen Komponente. Je nach anfänglicher Zusammensetzung im Destillierkolben läßt sich eine der beiden Mischungsbestandteile durch Rektifikation rein gewinnen.

Nicht mischbare Flüssigkeiten

Wie Abb. 153 zeigt, ist der Dampfdruck des Gemisches größer als der jeder Komponente. Unabhängig von der Zusammensetzung des Gemisches ergibt sich immer nur eine Siedetemperatur (bei p = konst.). Sie ist niedriger als der Siedepunkt des niedrigst siedenden Bestandteils. Unabhängig von der Zusammensetzung im Destillierkolben destilliert ein Gemisch konstanter Zusammensetzung über. Das geht so lange, bis eine der beiden Komponenten aus dem Gemisch „herausgeschleppt" ist.

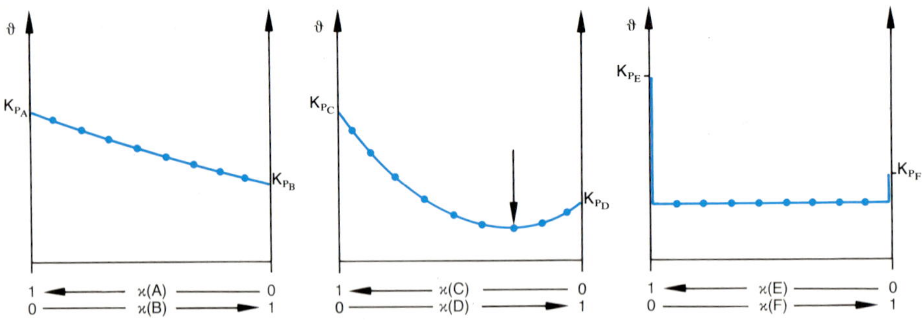

Abb. 154 Siedepunktkurven von Flüssigkeitsgemischen in Abhängigkeit von den Stoffmengenanteilen ϰ ihrer beiden Komponenten

Die drei grafischen Darstellungen zeigen die Abhängigkeit der Siedetemperatur von der Zusammensetzung für die drei Typen von Flüssigkeitsgemischen. Der herrschende äußere Druck ist stets gleich groß, z. B. 1013 mbar. Kp_A, Kp_B usw. sind die Siedepunkte der reinen Mischungsbestandteile.

Rektifikation

Rektifikation bedeutet Trennung eines Flüssigkeitsgemisches (= fraktionierte Destillation) mit Hilfe von Destillierkolonnen. Sie wird immer dann angewandt, wenn das Gemisch durch einfache Destillation nicht genügend getrennt werden kann. Ein Rechenbeispiel soll das veranschaulichen:

Rechenbeispiel:

Das Gemisch der Komponenten 2-Propanol, K_p = 82,3 °C, und 2-Methyl-1-propanol, K_p = 108,5 °C, zeigt nahezu ideales Verhalten. Bei der Zusammensetzung $\varkappa$(Isobutanol) = 0,781 und $\varkappa$(Isopropanol) = 0,219 siedet das Gemisch bei 100 °C ($p_{ges.}$ = 1013 mbar). Es ist zu berechnen, welche Dampfzusammensetzung über diesem siedenden Gemisch herrscht.

a) Berechnung der Dampfdruckanteile im Dampfgemisch:
Sättigungsdampfdruck reinen Isobutanols bei 100° C: Po(A) = 759 mbar
Sättigungsdampfdruck reinen Isopropanols bei 100° C: Po(B) = 1920 mbar

Der Dampfdruckanteil des Isobutanols im Dampfgemisch ist

$$p(A) = \frac{n(A)}{n(A) + n(B)} \cdot p_O(A) \text{ (Raoultsches Gesetz)}$$

$$p(A) = \frac{0{,}781 \text{ mol}}{1{,}00 \text{ mol}} \cdot 759 \text{ mbar} = 593 \text{ mbar}$$

Der Dampfdruckanteil des Isopropanols im Dampfgemisch ist

$$p(B) = \frac{n(B)}{n(A) + n(B)} \cdot p_O(B)$$

$$p(B) = \frac{0{,}219 \text{ mol}}{1{,}00 \text{ mol}} \cdot 1920 \text{ mbar} = 420 \text{ mbar}$$

b) Berechnung der Zusammensetzung der Gasphase:
Bei idealem Gasverhalten ist die Summe der Partialdrucke gleich dem gesamten Gasdruck (Daltons Partialdruckgesetz). Weiterhin ist das Partialdruckverhältnis gleich dem Stoffmengenverhältnis der beteiligten Komponenten (vgl. S. 155).

$$p(ges.) = p(A) + p(B)$$

$$p(ges.) = 593 \text{ mbar} + 420 \text{ mbar} = 1013 \text{ mbar}$$

$$n(A) = \frac{p(A)}{p(ges.)} \cdot n(ges.)$$

$$n(A) = \frac{593 \text{ mbar}}{1013 \text{ mbar}} \cdot 1 \text{ mol} = 0{,}585 \text{ mol Isobutanol}$$

$$n(B) = \frac{p(B)}{p(ges.)} \cdot n(ges.)$$

$$n(B) = \frac{420 \text{ mbar}}{1013 \text{ mbar}} \cdot 1 \text{ mol} = 0{,}415 \text{ mol Isopropanol}$$

Ergebnis:

	Stoffmengenanteile $\varkappa$	
	in der Flüssigkeit	im Dampf über der Flüssigkeit
2-Propanol	0,219	0,415
2-Methyl-1-propanol	0,781	0,585

Durch einmaliges Verdampfen und Kondensieren des Dampfes ist keine vollständige Trennung der Bestandteile möglich.

Beim einfachen Destillieren eines Systems aus zwei mischbaren Flüssigkeiten verdampft niemals nur die reine leichter flüchtige Komponente allein. Der Dampf ist damit lediglich angereichert.

Weitere sich anschließende Destillationen des jeweiligen Kondensats führen diesen Anreicherungsvorgang fort, bis schließlich die leichter flüchtige Komponente praktisch rein erhalten wird. Dieser Vorgang des mehrfachen Verdampfens und Kondensierens (= Rektifizieren) findet in Destillierkolonnen statt.

Beispiel: 2-Methyl-1-propanol/2-Propanol

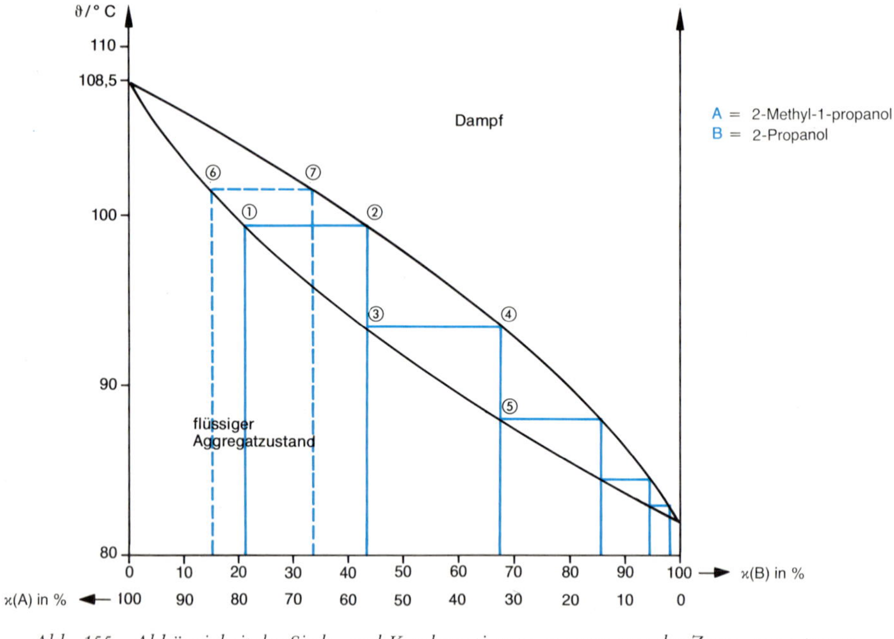

Abb. 155 Abhängigkeit der Siede- und Kondensationstemperatur von der Zusammensetzung bei der nahezu idealen Mischung 2-Methyl-1-propanol/2-Propanol

Die untere Kurve gibt den Siedepunkt des jeweiligen Gemisches an (= Siedelinie), die obere gibt die Zusammensetzung des Dampfes an, der mit dieser Flüssigkeit im Gleichgewicht steht (= Kondensationslinie).

① Siedepunkt eines Gemisches aus B und A mit $\varkappa(B) = 21{,}9\,\%$ und $\varkappa(A) = 78{,}1\,\%$. Die Waagerechte von diesem Punkt ① aus ergibt im Schnittpunkt mit der oberen Kurve die Dampfzusammensetzung des Gemisches.

② Aus dem hier gewählten Ausgangsgemisch mit $\varkappa(B) = 21{,}9\,\%$ und $\varkappa(A) = 78{,}1\,\%$ entweicht ein Dampf, der reicher an B ist, nämlich $\varkappa(B) = 41{,}5\,\%$ und $\varkappa(A) = 58{,}5\,\%$.

③ Wird der Dampf kondensiert, so hat dieses Kondensat einen niedrigeren Siedepunkt, nämlich Punkt ③ (94 °C).

④ Beim Destillieren dieses 1. Kondensats entweicht ein Dampf mit der Zusammensetzung ④ $\varkappa(B) = 66\,\%$ und $\varkappa(A) = 34\,\%$.

Die hier aus dem Diagramm entnommenen Werte erfahren dadurch für das praktische Rektifizieren eine Korrektur, daß sich im gleichen Maße, wie der Dampf an niedriger siedendem 2-Propanol angereichert wird, der Rückstand an höher siedendem 2-Methyl-1-propanol anreichert. Dadurch verschiebt sich während der Destillation der Siedepunkt (z.B. nach Punkt ⑥). Als weitere Konsequenz wird der Dampf, der im Sumpf, aus dem 1. Kondensat usw., gebildet wird, im Laufe der Destillation immer ärmer an 2-Propanol. Vor allem findet aber nie ein vollständiges Kondensieren des gesamten Dampfes statt.

Eine Kolonne für derartige fraktionierte Destillationen ist z. B. die bei technischen Destillationen übliche Glockenbodenkolonne. Das Prinzip der vielen nacheinander ablaufenden Einzeldestillationen wird an ihr besonders deutlich.

Aufbau und Wirkungsweise einer Kolonne

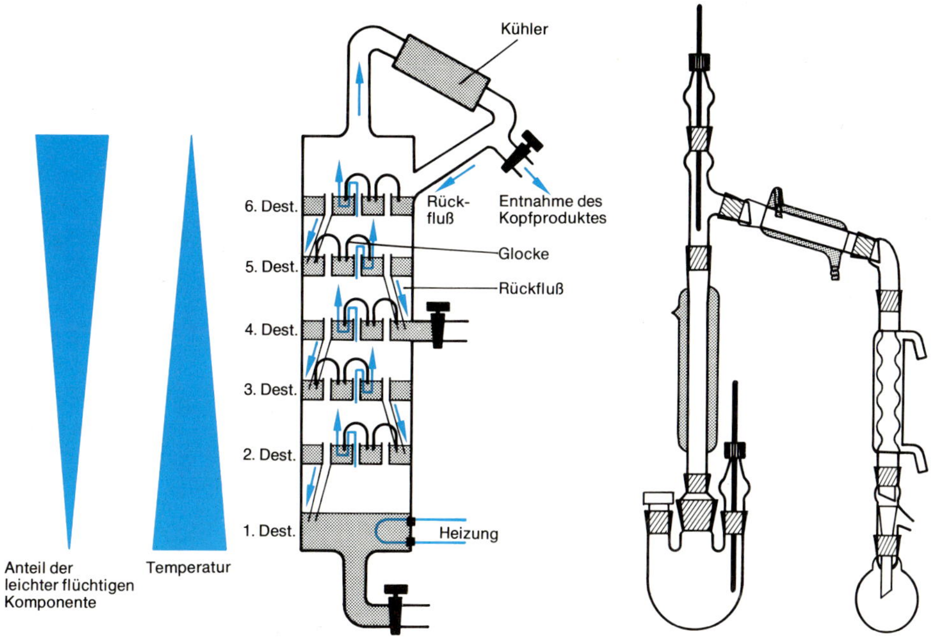

Abb. 156 Technische Glockenbodenkolonne (schematisch) und Labordestillation mit Kolonne

In jeder Destillationsstufe entweicht ein an leichter flüchtiger Komponente angereicherter Dampf. Dieser muß unter den Glocken des nächst höheren Bodens durch das dort befindliche Kondensat und kondensiert teilweise selbst. Die Flüssigkeit auf den Böden wird ständig durch nachströmenden Dampf beheizt. Es folgt somit eine erneute Destillation und nachfolgende Kondensation auf dem nächsten Boden usw. Jeder Schritt zu einem nächsthöheren Boden entspricht im Idealfall einer kompletten Destillation. Das bei jeder Einzeldestillation zurückbleibende Flüssigkeitsgemisch reichert sich mit der schwerer flüchtigen Komponente an. Es wird kontinuierlich auf einen unteren Boden befördert durch das Rückflußrohr.

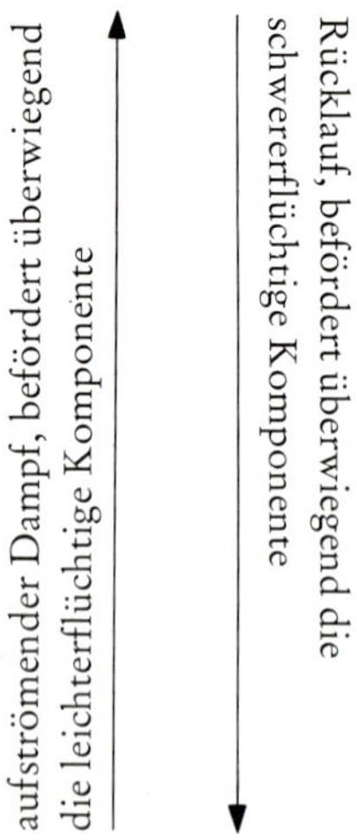

In jeder Kolonne strömt gegenläufig Dampf nach oben und Flüssigkeit nach unten. Diese nach unten zurückströmende Flüssigkeit wird als Rücklauf bezeichnet. Das Verhältnis der oben an der Kolonne zur Vorlage fließenden Flüssigkeitsmenge zur Menge des Rücklaufes wird als Rücklaufverhältnis bezeichnet (z. B. 1 : 20). Das Rücklaufverhältnis kann durch die Beheizung der Kolonne und im Labor insbesondere mit einem „Kolonnenkopf" (= Rektifikationsaufsatz) eingestellt werden. Im Unterschied zur einfachen Destillation ist die Rektifikation also eine Gegenstromdestillation.

Die drei Funktionen des Rücklaufes sind:

1. Der an höher siedender Komponente angereicherte Destillationsrückstand eines Bodens wird erneut auf einem weiter unten liegenden Boden destilliert.
2. Der Rücklauf z. B. des 4. Bodens ist relativ reich an leichterflüchtiger Komponente und gleicht damit die Konzentrationsverschiebung auf dem 3. Boden (Anreicherung des zurückbleibenden schwerflüchtigen Bestandteils) aus.
3. Der Rücklauf kühlt die untere Flüssigkeit und wirkt dem Heizeffekt durch die aufsteigenden Dämpfe entgegen. Durch diese von oben her erfolgende Kühlung und die von unten her wirkende Aufheizung entsteht ein Temperaturgefälle innerhalb der Kolonne, das für eine fraktionierte Destillation unerläßlich ist (vgl. Diagramm S.170:die Siedepunkte der jeweils aufeinanderfolgenden Destillationen sinken).

Azeotrope Gemische

Gibt man zwei Flüssigkeiten zusammen, die gemischt nichtideales Verhalten zeigen, und mißt man die Zusammensetzung von Flüssigkeitsgemisch und daraus entweichendem Dampf, so stellt man bei einem bestimmten Mischungsverhältnis fest: Flüssigkeit und Dampf haben dieselbe prozentuale Zusammensetzung, es erfolgt keinerlei Trennung der beiden Komponenten. Diese Erscheinung heißt Azeotropismus, das (druckabhängige) Mischungsverhältnis heißt azeotropes Mischungsverhältnis oder auch nur azeotropes Gemisch.

Ein azeotropes Gemisch ist ein Gemisch zweier Flüssigkeiten, das beim Destillieren die gleiche prozentuale Dampf- und Flüssigkeitszusammensetzung besitzt. Beim Destillieren verhält es sich wie ein einheitlicher, reiner Stoff.

In einigen Fällen läßt sich beim azeotropen Mischungsverhältnis zwischen den Komponenten Assoziation und Verbindungsbildung beobachten. In jedem Fall hat das azeotrope Gemisch aber entweder den höchsten oder den niedrigsten Dampfdruck aller Gemische der beiden Komponenten.

Azeotrope Gemische

Das azeotrope Gemisch besitzt den höchsten Siedepunkt des Zweistoffgemisches.

Das azeotrope Gemisch bleibt bei der fraktionierten Destillation im Destillationskolben zurück; am Kolonnenkopf entweicht eine reine Komponente.

Das azeotrope Gemisch siedet niedriger als die reinen Komponenten und beliebige andere Mischungen.

Das azeotrope Gemisch entweicht bei der Rektifikation; im Destillationskolben bleibt eine reine Komponente zurück.

Tabelle 30: Siedepunkt und Zusammensetzungen einiger azeotroper Gemische mit maximalem Siedepunkt

System	Siedepunkt in ° C bei 1013 mbar	Massenanteile in %
Wasser-Ameisensäure	107,1	22,1/77,9
Wasser-Schwefelsäure	338	1,3/98,7
Wasser-Salpetersäure	120,5	32 /68
Wasser – HF	120	63 /37
Wasser – HCl	110	80 /20
Wasser – HBr	125	52 /48
Wasser – HI	127	42 /58

Tabelle 31: Siedepunkte und Zusammensetzungen azeotroper Gemische mit minimalem Siedepunkt

System	Siedepunkt in ° C bei 1013 mbar				Massenanteile in %
	der Komponenten			des azeotropen Gemisches	
Methylbenzol-Essigsäure	110,6		118,5	105,4	72 /28
Methanol-Benzol	64,7		80,6	48,3	39 /61
Ethanol-Wasser	78,3		100	78,15	95,6/ 4,4
Ethanol-Benzol	78,3		80,6	68	32 /68
Ethanol-Benzol-Wasser	78,3	80,6	100	64,9	19 /74 /7
Ethanol-Trichlormethan	78,3		61,2	59,4	7 /93
Wasser-Dioxan	100		101,3	87	20 /80
Wasser-Tetrachlormethan	100		77	66	4 /96
Wasser-Benzol	100		80,6	69,2	9 /91
Wasser-Essigsäureethylester	100		77	70,4	6,1/93,9
Schwefelkohlenstoff-Aceton	46		56	40	70,9/29,1

Die Siedepunktdiagramme von Flüssigkeiten, die ein azeotropes Gemisch bilden, weisen entweder ein Maximum oder ein Minimum auf.

Erläuterung zum Siedepunktdiagramm Wasser-Ameisensäure (Abb. 157)

Ein Gemisch mit der azeotropen Zusammensetzung destilliert mit konstantem Siedepunkt und konstanter Zusammensetzung über. Alle Gemische, die von der azeotropen Zusammensetzung abweichen, sieden niedriger. Ein Gemisch mit $\varkappa$(Ameisensäure) = 60 % und $\varkappa$(Wasser) = 40 % siedet bei ca. 105 °C (Punkt ①). Der entweichende Dampf ist gegenüber der Flüssigkeit mit Wasser angereichert und hat eine Zusammensetzung, die durch Punkt ② gegeben ist. Der kondensierte Dampf siedet bei der nachfolgenden Destillation bei der Temperatur ③ und hat die durch ④ gegebene Zusammensetzung usw. Am Kopf der Kolonne erhält man somit reines Wasser. Die verbleibende Flüssigkeit wird immer mehr mit Ameisensäure angereichert, wodurch der Siedepunkt steigt. Die Flüssigkeitszusammensetzung erreicht schließlich den azeotropen Punkt und destilliert von da an mit konstanter Temperatur und konstanter Zusammensetzung über.

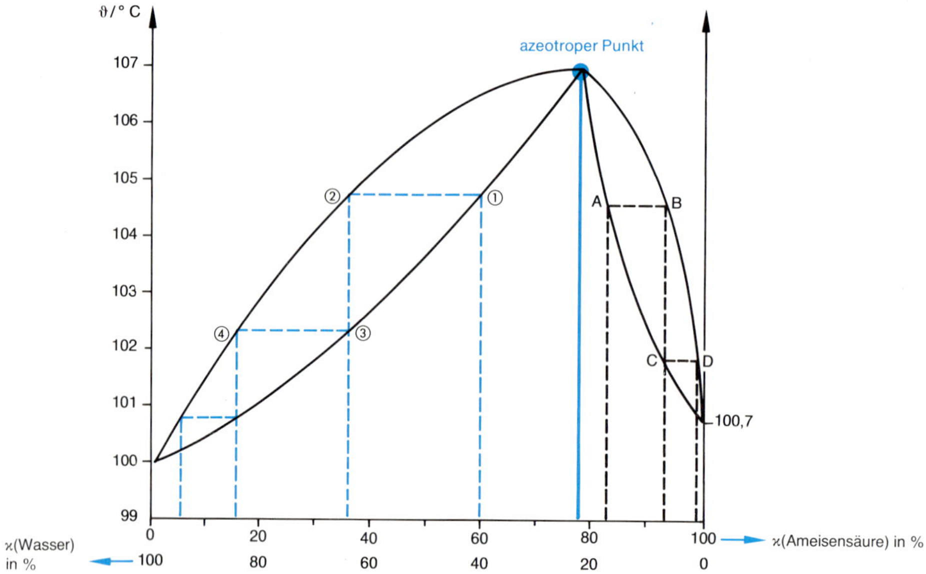

Abb. 157 Siedepunktdiagramm Wasser – Ameisensäure

Enthält das Ausgangsgemisch mehr Ameisensäure, als dem azeotropen Gemisch entspricht (z. B. ϰ(Ameisensäure) = 85 %), so ist der entweichende Dampf jeweils mit Ameisensäure angereichert (Ⓐ→Ⓑ→Ⓒ→Ⓓ), und man erhält am Kolonnenkopf praktisch reine Ameisensäure, im Destillierkolben bleibt wiederum das azeotrope Gemisch zurück.

Erläuterung zum Siedepunktdiagramm Schwefelkohlenstoff-Aceton (Abb. 158)

Geht man z. B. von ϰ(Aceton) = 80 % (①) aus, so siedet das Gemisch bei 44 °C. Der Dampf enthält nur noch einen Stoffmengenanteil ϰ von 60 % Aceton, wird also mit Schwefelkohlenstoff angereichert (②). Auf jeden nachfolgenden Kolonnenboden nähert sich die Zusammensetzung immer mehr der azeotropen Zusammensetzung. Am Kolonnenkopf wird das azeotrope Gemisch entweichen.

Im Destillationskolben wird gleichzeitig Aceton angereichert, bis es schließlich rein zurückbleibt.

Aus allen Zusammensetzungen, die im Diagramm links vom azeotropen Punkt liegen, erhält man entsprechend als Destillat azeotropes Gemisch, als Rückstand reinen Schwefelkohlenstoff.

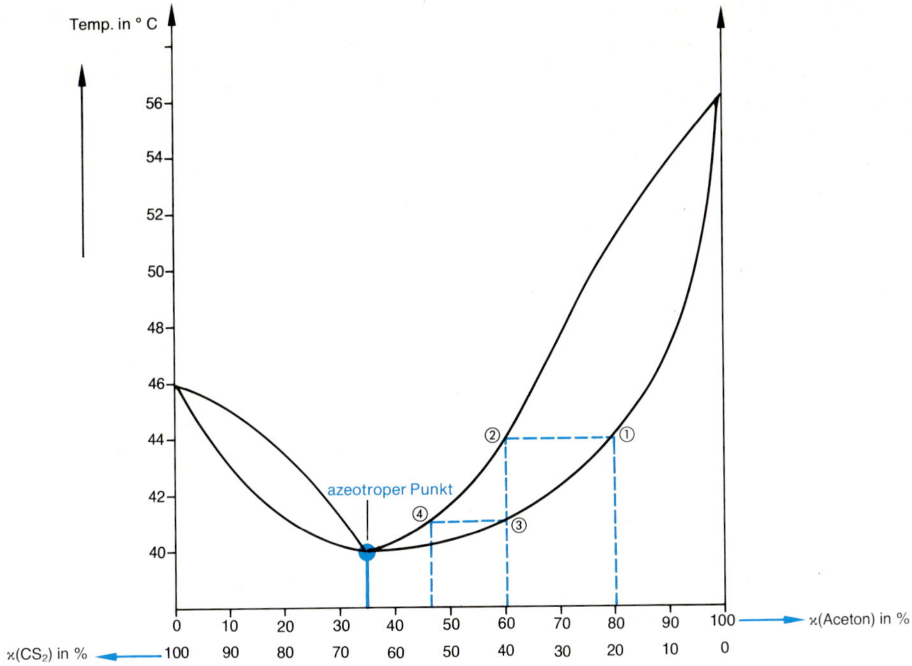

Abb. 158 Siedepunktdiagramm Schwefelkohlenstoff-Aceton

Azeotrope Trocknung

Einige der in Tabelle 29 genannten Gemische haben besonders bei niedrigen Temperaturen sehr große Mischungslücken, wie z. B. das System Wasser-Tetrachlormethan. Die Trennlinie zwischen solchen nichtidealen Mischungen mit einem Dampfdruckmaximum und Gemischen aus praktisch unlöslichen Komponenten ist fließend. In beiden Fällen hat das Gemisch einen niedrigeren Siedepunkt als die leichter flüchtige Komponente. Je nach der Aufgabe, die gelöst werden soll, wird in der Praxis

a) eine Flüssigkeit zugesetzt, die mit Wasser eine azeotrope Mischung bildet und so aus einer Substanz das Wasser herausschleppt,

b) das Zusetzen von Wasser bzw. Wasserdampf dazu benutzt, eine wasserunlösliche Substanz herauszuschleppen (vgl. Wasserdampfdestillation).

Fall a) heißt azeotrope Trocknung. Tetrachlormethan, Trichlormethan, Benzol, Methylbenzol u. a. eignen sich als Zusätze. Da diese azeotropen Gemische sich beim Kondensieren und Abkühlen in zwei flüssige Phasen trennen, läßt sich das Ende der Trocknung und die Menge des mitgeführten Wassers bequem erkennen.

Wasserdampfdestillation

Flüssigkeiten, die einen hohen Siedepunkt haben und/oder bei normalem Destillieren zum Zersetzen neigen, werden unterhalb 100 °C schonend gemeinsam mit Wasserdampf übergetrieben. Das Verfahren ist dann besonders bequem, wenn die Flüssigkeit in Wasser praktisch unlöslich ist und sich in der Vorlage vom Wasser trennt. Dies ist der Regelfall für die Wasserdampfdestillation.

Beispiel:

Wasserdampfdestillation von Brombenzol

Brombenzol siedet bei 155 °C, Wasser siedet bei 100 °C.

Gemische beliebiger Zusammensetzung sieden bei 95,3 °C, wenn 1013 mbar Druck herrschen.

Bei 95,3 °C ist	der Dampfdruck des Wassers p(F)	=	851,5 mbar
	der Dampfdruck von Brombenzol p(E)	=	161,5 mbar
	p(ges.)	=	1013 mbar

Nach der Avogadroschen Regel verhalten sich die Partialdrucke wie die Partialvolumina, und dieses Verhältnis ist gleich dem Stoffmengenverhältnis der beiden Komponenten. Bezogen auf das Beispiel heißt das:

$$n(C_6H_5Br) : n(H_2O) = 1{,}615 \text{ mol} : 8{,}515 \text{ mol}$$

oder 1 mol Brombenzol destilliert mit etwa 5,3 mol Wasser über. Wegen der vergleichsweise großen molaren Masse des Brombenzols ist das Gewichtsverhältnis günstiger, nämlich (1,615 · 157 g) : (8,515 · 18 g) = 1,65 g : 1 g. Von jedem Gramm Wasserdampf werden 1,65 g Brombenzol mitgeschleppt. Die Wasserdampfdestillation lohnt also besonders dann, wenn die Substanz eine hohe molare Masse hat.

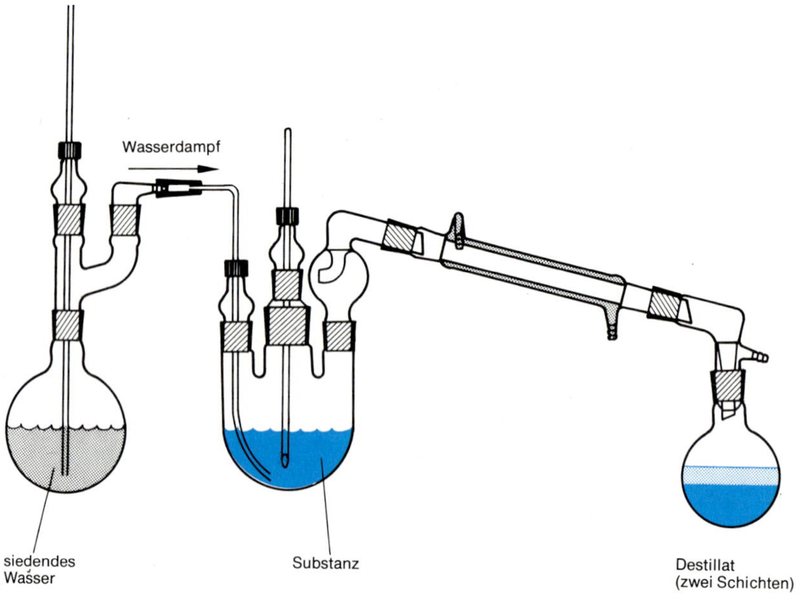

Abb. 159 Wasserdampfdestillation

2.5.6. Dampfdruck von Lösungen nichtflüchtiger Stoffe

Versuch:

Vergleicht man mit der in Abb. 160 dargestellten Röhre den Dampfdruck von reinem Wasser und von Kochsalzlösung bei gleicher Temperatur, so mißt man für die Kochsalzlösung einen niedrigeren Dampfdruck als für Wasser (vgl. Abb. 138, Seite 153).

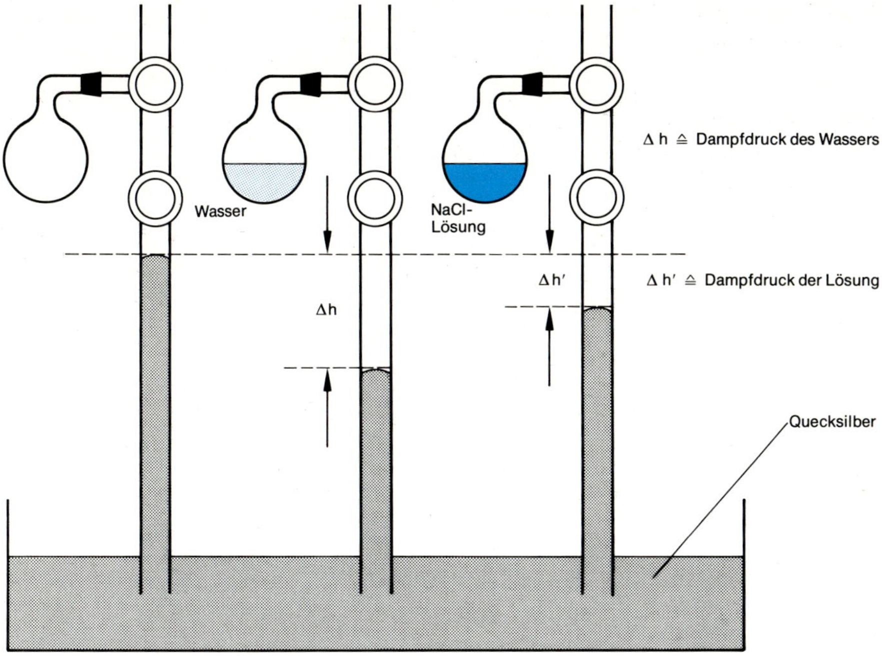

Abb. 160 Dampfdruckerniedrigung durch gelöste nichtflüchtige Stoffe

Dieses Versuchsergebnis gilt für alle Lösungen:

> Der Dampfdruck von Lösungen nichtflüchtiger Stoffe ist niedriger als der Dampfdruck des reinen Lösemittels.

Mit dem einfachen Bild der unterschiedlichen Kohäsionskräfte erklärt, bedeutet dies, daß die Moleküle oder Ionen des gelösten Stoffes auf die Lösemittelmoleküle zusätzliche Kräfte ausüben. Die Moleküle des Lösemittels werden so stärker zurückgehalten, ein Übertreten in den Dampfraum wird erschwert.

Aus der Verringerung des Dampfdrucks, verglichen mit dem reinen Lösemittel, ergeben sich nicht nur für die Siedepunkte, sondern auch für die Schmelzpunkte von Lösungen Konsequenzen, die das Diagramm zeigt. (Abb. 161)

In dem Diagramm ist der Regelfall zugrunde gelegt, daß beim Gefrieren reines Lösemittel ausfriert.

Die Konsequenzen sind:

> Lösungen weisen gegenüber reinen Lösemitteln
> a) Dampfdruckerniedrigung,
> b) Siedepunkterhöhung,
> c) Gefrierpunkterniedrigung auf.
> Alle drei Größen nehmen mit der Konzentration der Lösung zu.

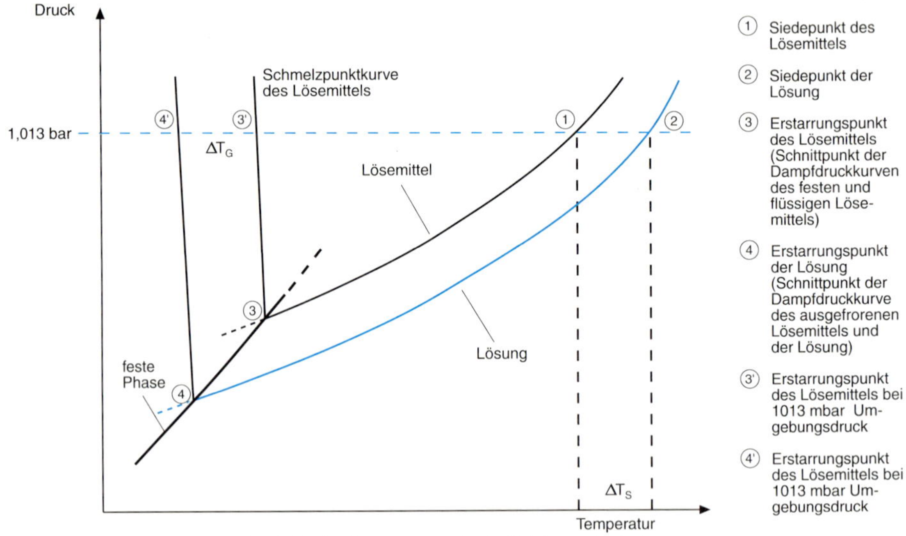

Das Diagramm gibt außerdem wieder, daß Schmelztemperaturen (geringfügig) vom Druck abhängen. Der Erstarrungspunkt des Wassers bzw. Schmelzpunkt des Eises beträgt genau 0 °C bei 1013 mbar Druck und + 0,0074 °C bei 6,1 mbar (Tripelpunkt).

Abb. 161 Dampfdruckkurven des Lösemittels und einer Lösung eines nichtflüchtigen Stoffes (schematisch), vgl. Seite 187

2.5.7 Bestimmung von molaren Massen, die auf der Erniedrigung des Dampfdrucks der Lösung gegenüber dem reinen Lösemittel beruhen

Basierend auf der Erniedrigung des Dampfdruckes bei Lösungen nichtflüchtiger Stoffe sind drei Methoden der Bestimmung von molaren Massen von Bedeutung:

a) Bestimmung von molaren Massen durch Messung der Dampfdruckerniedrigung,
b) Bestimmung von molaren Massen durch Messung der Gefrierpunkterniedrigung,
c) Bestimmung von molaren Massen durch Messung der Siedepunkterhöhung.

Bestimmung von molaren Massen durch Messung der relativen Dampfdruckerniedrigung

Bezeichnet man den Dampfdruck des reinen Lösemittels mit p_o und den der Lösung mit p, so ist die Dampfdruckerniedrigung $p_o - p$.

Der Wert $\frac{p_o - p}{p_o}$ wird als relative Dampfdruckerniedrigung bezeichnet.

Raoult fand 1886, daß die relative Dampfdruckerniedrigung gleich dem Stoffmengenanteil des gelösten Stoffes ist.

$$\frac{p_o - p}{p_o} = \frac{n_2}{n_1 + n_2}$$

n_1 = Stoffmenge des Lösemittels
n_2 = Stoffmenge des gelösten Stoffes

Für sehr verdünnte Lösungen wird n_2 sehr klein gegenüber n_1. Für den Nenner auf der rechten Seite kann man daher ohne nennenswerten Fehler auch n_1 schreiben. Damit vereinfacht sich die Gleichung:

$$\frac{p_o - p}{p_o} \approx \frac{n_2}{n_1}$$

Beispiel:

Der Dampfdruck von reinem Diethylether bei 10 °C beträgt 388,9 mbar. Bei der Auflösung von 4,16 g Salicylsäure in 80,7 g Ether sinkt der Dampfdruck um 11,3 mbar. Wie groß ist die molare Masse der Salicylsäure?

Lösung:

$$\frac{p_o - p}{p_o} \approx \frac{n_2}{n_1}$$

$$n_2 \approx \frac{p_o - p}{p_o} \cdot n_1$$

$$\frac{m_2}{M_2} \approx \frac{(p_o - p) \cdot n_1}{p_o}$$

$$M_2 \approx \frac{p_o \cdot m_2}{(p_o - p) \cdot n_1}$$

In dieser Rechnung sind:

$p_o = 388{,}9$ mbar

$p_o - p = 11{,}3$ mbar

$m_2 = 4{,}16$ g

$n_1 = \frac{m_1}{M_1} = \frac{80{,}7}{74}$ mol

Setzt man die Zahlenwerte und Einheiten in die vereinfachte Raoultsche Gleichung ein, so ergibt sich:

$$M_2 \approx \frac{4{,}16 \text{ g} \cdot 74 \cdot 388{,}9 \text{ mbar}}{80{,}7 \text{ mol} \cdot 11{,}3 \text{ mbar}}$$

$$M_2 \approx 131 \text{ g pro mol}$$

Bestimmung von molaren Massen durch Messung der Lösemittelkondensation

Befindet sich ein Tropfen einer Lösung im Sattdampf des reinen Lösemittels, so kondensiert mehr Lösemittel in den Tropfen als verdampft. Dieser Vorgang ist eine Folge des geringeren Dampfdrucks der Lösung – und mit der Osmose vergleichbar.[1]) Durch das Kondensieren des Lösemittels erwärmt sich der Tropfen geringfügig. Durch hochempfindliche Temperaturmeßfühler läßt sich die Temperaturdifferenz zwischen dem reinen Lösemitteltropfen und dem Tropfen der Lösung ermitteln. Diese Temperaturdifferenz ist um so höher, je höher die Stoffmengenkonzentration im Lösungstropfen ist. Aus der Temperaturdifferenz läßt sich die Dampfdruckerniedrigung im Vergleich zu einem reinen Lösemittel und mit ihr die molare Masse des gelösten Stoffes bestimmen. Sehr vorteilhaft bei diesem Verfahren ist, daß damit auch molare Massen von hochmolekularen Stoffen bestimmt werden können.

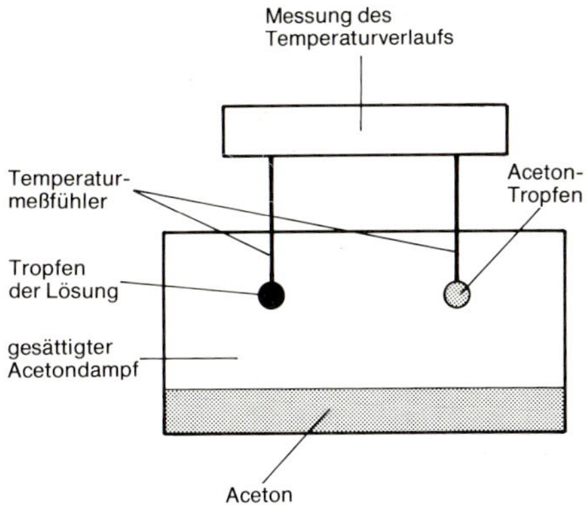

Abb. 162 Prinzip der Bestimmung von molaren Massen durch Lösemittelkondensation (Dampfdruckosmometer)

[1]) Die Flüssigkeitsoberfläche kann man als ideale semipermeable Grenzschicht auffassen. Nur die Moleküle des Lösemittels können sie passieren.

Bestimmung von molaren Massen durch Messung der Gefrierpunkterniedrigung (kryoskopische Methode)

Die Gefrierpunkterniedrigung ist dem Gehalt des gelösten Stoffes proportional.

$$\Delta T = K_G \cdot b$$

K_G ist die kryoskopische Konstante des Lösemittels. Gibt man den Gehalt b in Molalität $\left(= \frac{\text{mol Substanz}}{1000\ \text{g Lösemittel}}\right)$ [1]) an, dann nennt man die Konstante K_G die molale Gefrierpunkterniedrigung. Der Zahlenwert von K_G gibt die Gefrierpunkterniedrigung einer 1 molalen Lösung an, die aus 1 mol Substanz und 1 kg Lösemittel zusammengesetzt ist.

Diese Konstanten gelten für ideal verdünnte Lösungen. In der Praxis ermittelt man von Fall zu Fall eine reale kryoskopische Konstante, indem man vergleichend Lösungen ähnlicher Substanzen von ähnlichen Konzentrationen mißt.

Die Bestimmung des Wertes $\Delta\vartheta$ wäßriger Lösungen wird folgendermaßen durchgeführt: Eine Proberöhre oder ein Becherglas mit dest. Wasser wird in eine Kältemischung aus Eis, Kochsalz und Wasser eingetaucht. Nun wird das Wasser vorsichtig gerührt, um es am Anfrieren zu hindern und es zu unterkühlen. Durch Schütteln oder Animpfen wird das unterkühlte Wasser in Eis in Form feiner Flocken umgewandelt, die im Wasser eine konstante Temperatur aufrechterhalten, solange sie nicht vollständig geschmolzen sind. Nun wird ein Beckmann-Thermometer eingetaucht, dessen Quecksilber-Meniskus so eingestellt ist, daß er sich beim Erstarrungspunkt des Wassers im oberen Teil der Skala befindet, und die ganze Anordnung wird aus dem Kühlbad genommen. Auf dem Beckmann-Thermometer wird der Erstarrungspunkt des Eises abgelesen (relative Temperaturmessung). Der gleiche Vorgang mit teilweisem Ausfrieren und Herausheben aus dem Kühlbad wird jetzt mit der Lösung wiederholt. Da die Konzentration der Lösung durch Ausfrieren des Eises erhöht wurde, muß man beim Tauen der Flocken diejenige Temperatur erfassen, bei der die letzten Anteile des gebildeten Eises verschwinden.

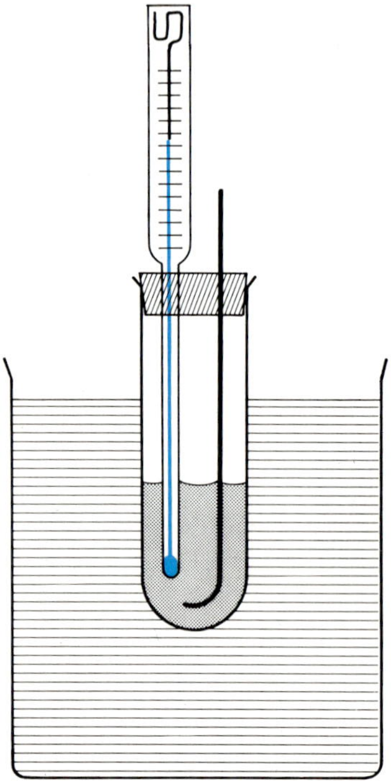

Abb. 163 Apparat zur Bestimmung der Gefrierpunkterniedrigung

[1]) Die auf den ersten Blick etwas sonderbare Gehaltsgröße „Molalität" ist deswegen notwendig, weil es darauf ankommt, daß bei gleicher Molalität der Stoffmengenanteil von gelöstem Stoff zu Lösemittel stets gleichgroß ist. Würde man auf ein bestimmtes Volumen auffüllen, so würde – wie bei den Maßlösungen – je nach Substanz ein anderes Stoffmengenverhältnis und damit auch eine andere Gefrierpunkterniedrigung vorliegen.

Tabelle 32: Kryoskopische Konstanten einiger Flüssigkeiten[1])

Flüssigkeit	K_G in $\frac{kg \cdot K}{mol}$	Erstarrungspunkt in °C
Wasser	1,86	0
Eisessig	3,90	17
p-Xylol	4,3	13
Naphtalin	6,8	80
Nitrobenzol	6,9	5,7
Tribrommethan	14,3	8,0
Tribromphenol	20,4	96
Campher	40	179

Beispiel:

2,721 g eines Stoffes gelöst in 100 g p-Xylol erniedrigen den Erstarrungspunkt des p-Xylols um 1,533 K.

Wie groß ist die molare Masse, wenn die ermittelte reale K_G für p-Xylol 4,3 $\frac{kg \cdot K}{mol}$ ist?

$\Delta T = 1{,}533\ K$ bei 27,21 g Substanz + 1 000 g Lösemittel

$\Delta T = 4{,}3\ K$ bei $\frac{27{,}21 \cdot 4{,}80}{1{,}533}$ g Substanz + 1 000 g Lösemittel = 71,6 g Substanz

Da 1 mol Substanz in 1 000 g Lösemittel den Erstarrungspunkt real um 4,3 K erniedrigt, ist die molare Masse der Substanz $M = 71{,}6\ \frac{g}{mol}$.

2.5.8 Verflüssigen von Gasen

In der Praxis haben zwei Verfahren zur Verflüssigung von Gasen Bedeutung:

1. Druckverflüssigung,
2. Verflüssigung durch Abkühlen.

Die theoretischen Grundlagen der Druckverflüssigung wurden im Zusammenhang mit dem isothermen Gasgesetz (Seite 132) behandelt. Hier soll nun die Verflüssigung durch Abkühlen erörtert werden.

Versuch:

Beim Pumpen mit einer Fahrradpumpe wird der vordere Teil der Pumpe, in der die Luft stark komprimiert wird, erwärmt.

Versuch:

Öffnet man einen CO_2-Feuerlöscher in aufrechter Stellung, so sprüht ein Nebel von Trockeneis (festes CO_2) heraus. Dies wird besonders gut sichtbar, wenn vor das Ventil ein Tuch gespannt wird, in dem sich dann das Trockeneis sammelt. Dieser starke Abkühlungseffekt beruht wesentlich auf dem plötzlichen Entspannen des Gases.

Gase erwärmen beim Komprimieren und kühlen beim Entspannen ab.

[1]) Diese „Konstanten" hängen sowohl von der Konzentration der Lösung als auch der Art des gelösten Stoffes ab.

Atomistische Erklärung:

Vergrößert man das Volumen einer Gasmenge durch Hinausschieben einer Begrenzungswand (z. B. Kolben), so kühlt sich das Gas ab. Umgekehrt erwärmt es sich, wenn es durch einen Kolben komprimiert wird. Einsichtig wird dies durch einen Vergleich: Stößt ein Tennisball auf eine feststehende Wand, so wird er mit derselben Geschwindigkeit zurückgeworfen, mit der er auftrifft. Stößt der Ball jedoch auf einen Tennisschläger, der sich ihm entgegen bewegt, so wird er mit größerer Geschwindigkeit zurückgeworfen.

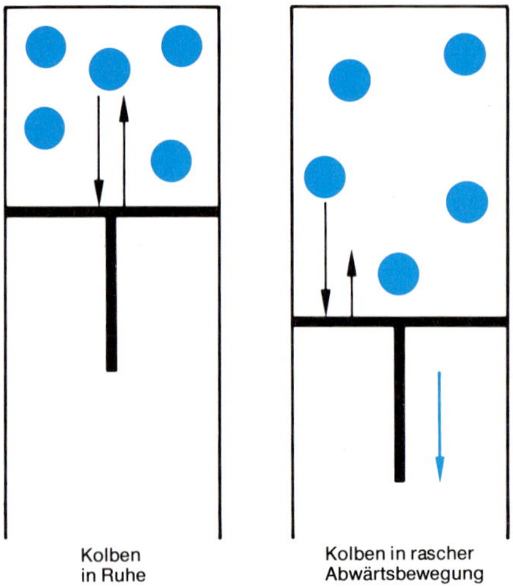

Abb. 164 Verzögerung der Teilchengeschwindigkeit durch Expandieren

Analog ist es mit den Gasmolekülen, die in einem Zylinder eingeschlossen sind. Wird das Gas durch Einschieben des Zylinders komprimiert, so wirft der bewegte Kolben die Gasteilchen mit größerer Geschwindigkeit in den Gasraum zurück; die Temperatur des Gases steigt also. Weicht der Kolben zurück, so verlieren die Moleküle durch den Aufprall an Geschwindigkeit; die Temperatur sinkt somit. Dieser Effekt tritt bei allen Gasen auf, unabhängig davon, ob es sich um Gase mit realem oder idealem Verhalten handelt.

Anders ist es, wenn man das Volumen einer Gasmenge dadurch vergrößert, daß man sie in einen zusätzlichen, gasleeren Raum ausströmen läßt. Hierbei treten die Moleküle des idealen Gases mit unverminderter Geschwindigkeit in den leeren Raum ein, und die Temperatur sinkt nicht. Bei einem realen Gas bestehen aber zwischen den Molekülen Anziehungskräfte. Da sich beim Ausströmen in einen leeren Raum die durchschnittliche Entfernung der Gasteilchen vergrößert, müssen die Gasteilchen diese Anziehungskräfte überwinden, sie müssen Arbeit verrichten. Die Geschwindigkeit der Moleküle wird geringer, eine Abkühlung des Gases ist die Folge. Dieser letztere Effekt, der also nur bei realen Gasen auftritt und durch die zwischenmolekularen Kräfte bedingt ist, heißt Joule-Thomson-Effekt.

Ein ideales Gas erfährt beim Ausströmen in ein Vakuum keine Abkühlung, wohl aber ein reales Gas. Hier müssen bei einer Vergrößerung des Teilchenabstandes zwischenmolekulare Kräfte überwunden werden, wozu Energie erforderlich ist: Das Gas kühlt ab.

Der beschriebene Abkühlungseffekt tritt bei einem Gas aber erst unterhalb seiner Inversionstemperatur ein.[1]) Diese Temperatur liegt bei Sauerstoff ungefähr bei 700° C. Sie liegt

[1]) Dies ist ein Hinweis darauf, daß die van der Waalschen Kräfte aus zwei Komponenten bestehen: Anziehungs- und Abstoßungskräfte.

aber bei einigen Gasen, wie z. B. Wasserstoff (– 60° C) und den Edelgasen unter 0° C. Die Größe der Abkühlung hängt sowohl von der Temperatur als auch vom Druck des entspannten Gases ab.

Linde-Verfahren

Durch bloßes Erhöhen des Druckes können nur Gase, deren kritische Temperatur oberhalb der Zimmertemperatur liegt, verflüssigt werden.

Der Joule-Thomson-Effekt gibt die Möglichkeit, auch Gase zu verflüssigen, deren kritische Temperatur weit unter 0 °C liegt.

Die technische Durchführung erfolgt in dem von Linde konstruierten Gegenstromapparat.

Zunächst wird das Gas, z. B. Luft, im Kompressor auf 200 bar zusammengepreßt. Die Kompressionswärme wird im Kühler abgeführt. Das komprimierte Gas strömt durch den Gegenstromapparat und wird durch ein Drosselventil auf 20 bar entspannt. Luft kühlt sich dabei um ca. 45 K ab. Das kalte Gas strömt durch den Außenmantel des Gegenstromapparates und kühlt das nachströmende, komprimierte Gas vor. Danach gelangt es wieder in den Kompressor. Der Vorgang wiederholt sich, bis sich das Gas schließlich beim Austritt aus dem Drosselventil verflüssigt.

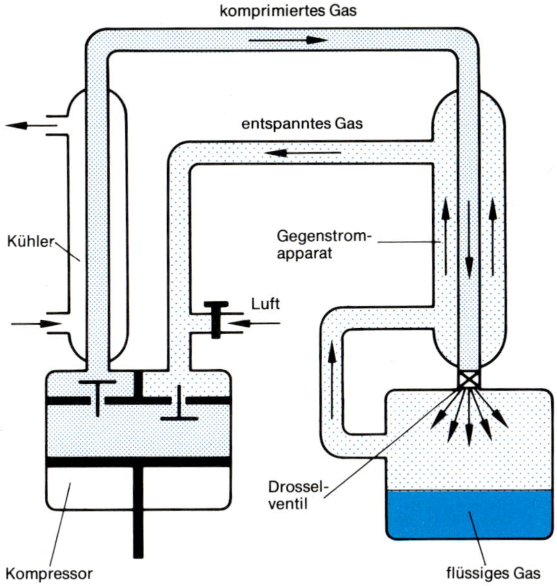

Abb. 165
Apparat zur Gasverflüssigung nach Linde (schematisch)

Die Bedeutung für die chemische Technik liegt darin, daß

a) flüssige Luft als Kühlmedium hergestellt werden kann. Flüssige Luft siedet bei Normdruck bei – 190 °C. In einem offenen Gefäß kann flüssige Luft also keine höhere Temperatur als – 190 °C annehmen.

b) durch fraktionierte Destillation der flüssigen Luft Sauerstoff und Stickstoff sowie die in Luft enthaltenen Edelgase gewonnen werden.

2.6 Aggregatzustandsänderungen fest – gasförmig

2.6.1 Sublimation

Unter Sublimation versteht man den direkten Übergang vom festen in den gasförmigen Zustand, ohne daß der betreffende Stoff flüssig wird.

Prinzipiell findet dieser Vorgang bei allen festen Stoffen statt. So wird z. B. eine Schneedecke bei einer Dauertemperatur unterhalb 0° C im Laufe der Zeit dünner, da H_2O-Moleküle sublimieren. Die Erklärung für die Sublimation bietet die Maxwellsche Energieverteilungskurve. Auch im festen Zustand, wo sich Wärmeenergie als mechanische Schwingungsenergie der Teilchen darstellt, gibt es energieärmere und energiereichere Teilchen. Die wenigen sehr energiereichen Teilchen können an der Oberfläche aus dem Gitterverband ausbrechen und gehen in den Gasraum über. Diese Teilchen üben im Gasraum über dem Feststoff einen Druck aus. Auch Feststoffe besitzen demnach einen Dampfdruck. Analog wie bei den Flüssigkeiten gehen auch bei den Feststoffen bei steigender Temperatur immer mehr Teilchen in den Gasraum über, der Dampfdruck der Feststoffe steigt also ebenfalls wie der der Flüssigkeiten mit der Temperatur.

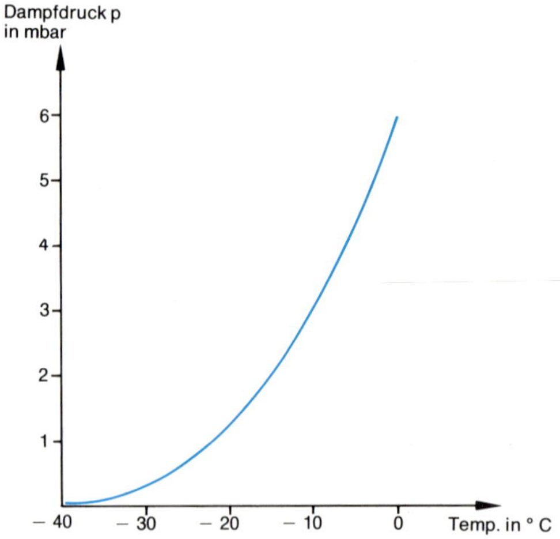

Abb. 166 Dampfdruckkurve von Eis

Tabelle 33: Dampfdruck von Eis

Temperatur des Eises in ° C	Dampfdruck des Eises in mbar
–40	0,13
–20	1,07
0	6,1

Erwärmt man Eis von –40° C, so steigt, wie die Kurve zeigt, sein Dampfdruck. Es sublimieren also immer mehr H_2O-Moleküle in den Gasraum hinein. Für die Praxis ist es besonders bedeutsam, daß es einen ganz analogen Zusammenhang zwischen Sublimationsvorgang und äußerem Luftdruck gibt wie beim Verdunsten bzw. Sieden von Flüssigkeiten.

Wird der Luftdruck über dem Eis z. B. auf 3 mbar abgesenkt, so geschieht beim Erwärmen des Eises von – 40° C an folgendes: Zunächst erwärmt sich das Eis infolge der Energiezufuhr. Dabei steigt sein Dampfdruck. Der Sublimationsvorgang läuft sehr langsam ab. Erwärmt man aber das Eis so lange weiter, bis sein Dampfdruck den äußeren Rest-Luftdruck (hier 3 mbar) erreicht, so erreicht man bei ca. – 9° C den Sublimationspunkt des Eises. Weitere Energiezufuhr bewirkt nun ganz analog wie beim Siedevorgang keine weitere Temperatursteigerung. Die weiter zugeführte Wärmeenergie wird nun ausschließlich dazu benutzt, das Kristallgitter des Feststoffes zu zerstören und damit bei konstanter Temperatur Feststoff in den Gaszustand überzuführen. Beim Sublimationspunkt verdampfen die Kristalle aber auch im Innern und verunreinigen so durch Zerplatzen das Sublimat. Der Sublimationspunkt ist ebenso wie der Siedepunkt vom äußeren Druck abhängig. Bei höheren Außendrücken steigt der Sublimationspunkt. Liegt der Luftdruck über Eis höher als 6,1 mbar, sublimiert es zwar, erreicht aber den Sublimationspunkt nicht, da es vorher schmilzt.

Einige kristalline Stoffe, wie $HgCl_2$, NH_4Cl, As_2O_3, Iod, Chinone, Trockeneis (festes CO_2) u. ä. haben im festen Zustand einen verhältnismäßig hohen Dampfdruck. Der Dampfdruck dieser Feststoffe nimmt mit der Temperatur weiter zu und erreicht den Barometerdruck bei einer Temperatur, die jeweils unterhalb des Schmelzpunktes der betreffenden Substanz liegt.

Versuch:

In der Sublimationsapparatur wird wenig Iod vorsichtig erwärmt, ohne es zu schmelzen. Das sublimierte Iod schlägt sich in Form kleiner Kristalle am Kühlfinger nieder (= resublimiert).

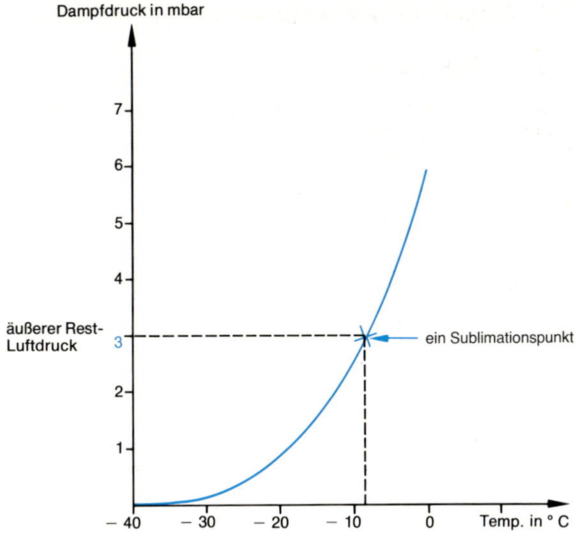

Abb. 167 Abhängigkeit des Sublimationspunktes von Eis vom äußeren Druck

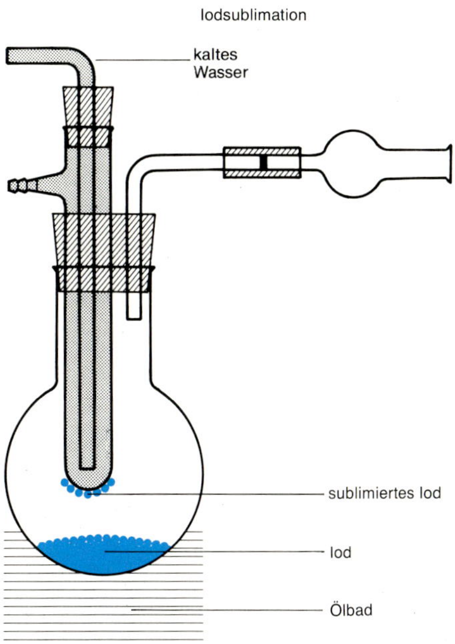

Abb. 168 Sublimationsapparatur (Kühlfinger)

Analogie zwischen Sublimieren und Sieden

<table>
<tr><td>Vergleichsmaßstab</td><td>Sublimieren</td><td>Sieden</td></tr>
<tr><td>Übergang zwischen den Aggregatzuständen</td><td>fest-gasförmig</td><td>flüssig-gasförmig</td></tr>
<tr><td>Anwendung</td><td>Reinigen oder Trennen von Feststoffen</td><td>Reinigen oder Trennen von Flüssigkeiten</td></tr>
<tr><td rowspan="3">Einfluß des äußeren Druckes</td><td>Sublimationsbedingung:
Dampfdruck des Feststoffes
= Außendruck</td><td>Siedebedingung:
Dampfdruck der Flüssigkeit
= Außendruck</td></tr>
<tr><td colspan="2">Sind die Dampfdrücke geringer als der Außendruck, so verlaufen die Aggregatzustandsänderungen in beiden Fällen weit langsamer ab und finden nur von der Oberfläche aus statt.</td></tr>
<tr><td>langsames Sublimieren</td><td>Verdunsten</td></tr>
<tr><td>Wärmeenergie</td><td>Sublimationsenthalpie wird benötigt, um die Teilchen aus den Bindungen des Feststoffes zu lösen (p = konst.)</td><td>Verdampfungsenthalpie wird benötigt, um die Teilchen aus dem Wirkungsbereich der zwischenmolekularen Anziehungskräfte in der Flüssigkeit zu lösen (p = konst.)</td></tr>
</table>

Die Sublimationswärme wird benötigt, um die Bindungen in einem Mol des Feststoffs völlig zu lösen. Die Sublimationswärme ist also dasselbe wie die Gitterenergie.

Der Vorgang, wenn ein Gas oder Dampf ohne Kondensieren zum Feststoff wird, wird resublimieren genannt. Wenn aus dem Wasserdampf der Luft Schnee oder Reif wird, so heißt dieser Vorgang also Resublimation.

Gefriertrocknen

Es gibt viele sehr empfindliche Stoffe, wie z. B. Antibiotika, Vitamine, Blutplasma, aber auch empfindliche Nahrungsmittel, die nicht bei erhöhter Temperatur getrocknet werden können. Das Wasser muß vielmehr unterhalb des Gefrierpunktes als Eis absublimiert werden. Schafft man über der zu trocknenden Substanz ein Hochvakuum (0,3 bis 3,3 mbar), so senkt man damit den Sublimationspunkt stark ab. So liegt dieser Sublimationspunkt bei 2,7 mbar bei −10° C, bei 1,1 mbar bei −20° C und bei 0,13 mbar bei −40° C. Die Sublimationswärme wird in der Regel durch Infrarotheizung zugeführt. Um die Wasserdampfteilchen aus dem Gasraum zu entfernen, bringt man ein stark gekühltes Kühlelement in die Gefriertrocknungsapparatur. Darauf schlägt sich der Wasserdampf als Eis nieder. Das Kühlelement muß weit kälter sein als die Substanz.

Beispiel:

Die feuchte Substanz hat eine Temperatur von −10° C. Entsprechend der Dampfdruckkurve des Eises bildet sich im Gasraum ein Druck von 2,7 mbar. Hat das Kühlelement z. B. eine Temperatur von −40° C, so hat das darauf befindliche Eis einen Dampfdruck von 0,13 mbar. Der im Gasraum herrschende Druck von 2,7 mbar liegt über dem Sättigungsdruck des Eises auf dem Kühlelement. Es muß daher auf diesem zur weiteren Abscheidung von Eis kommen.

Das Eis wird von den Kühlelementen kontinuierlich abgekratzt. Bei der Gefriertrocknung wird der Substanz das Wasser bis auf einen sehr geringen Rest entzogen. In diesem Zustand kann das getrocknete Gut fast beliebig lange gelagert werden, und zwar auch bei normalen Temperaturen.

2.6.2 Koexistenz der drei Aggregatzustände

Ob eine Substanz im festen, flüssigen oder gasförmigen Zustand vorliegt, und wie sie sich anteilsmäßig auf verschiedene Aggregatzustände verteilt, bestimmen in erster Linie Temperatur und Druck der Umgebung. Die sogenannten Phasendiagramme bringen das zum Ausdruck, indem sie den jeweils stabilen Aggregatzustand aufzeigen.

Erwärmt man Eis, so steigt sein Dampfdruck entsprechend seiner Dampfdruckkurve an. Im Schnittpunkt der Dampfdruckkurven von Eis und Wasser liegt der Schmelzpunkt. Da stets die Dampfdruckkurve der festen Phase im Bereich des Schmelzpunktes steiler verläuft als die der flüssigen Phase, ergibt sich das in Abb. 169 dargestellte Diagramm. Der kleinere Dampfdruck des Eises von z. B. −2° C gegenüber unterkühltem Wasser von −2° C gibt die größere Stabilität des Eises bei dieser Temperatur wieder.

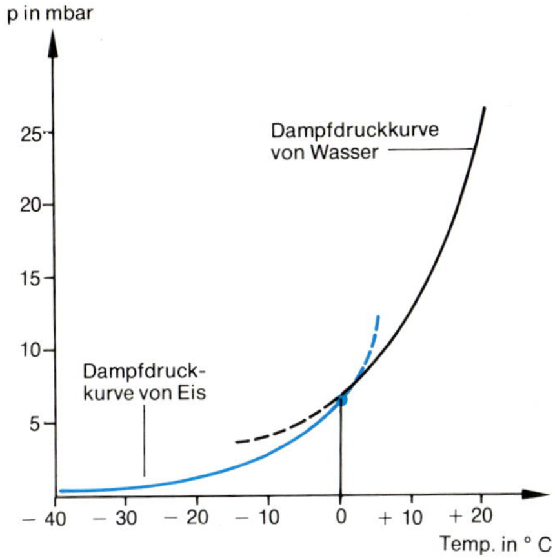

Abb. 169 Dampfdruckkurven von Wasser und Eis

> Der Schmelzpunkt eines Stoffes liegt bei der Temperatur, bei der sich die Dampfdruckkurven der festen und der flüssigen Phase schneiden.

Fügt man in das Diagramm, das schon die Sublimationskurve und die Dampfdruckkurve enthält, noch die Schmelzkurve (Schmelzpunkte in Abhängigkeit vom Druck) bei, so erhält man das Phasendiagramm (= Zustandsdiagramm) eines Stoffes. Die drei Kurven schneiden sich im Tripelpunkt. Es ist dies der Schnittpunkt der Sublimationskurve mit der Dampfdruckkurve der flüssigen Phase. Entsprechend der obigen Aussage (vgl. Diagramm Abb. 169) ist dieser Schnittpunkt der Schmelzpunkt.

Eis schmilzt bei Normdruck bei 0° C. Bei 6,1 mbar dagegen (Dampfdruck des Eises bei 0° C) verschiebt sich der Schmelzpunkt ein wenig: Er liegt bei + 0,0074° C.

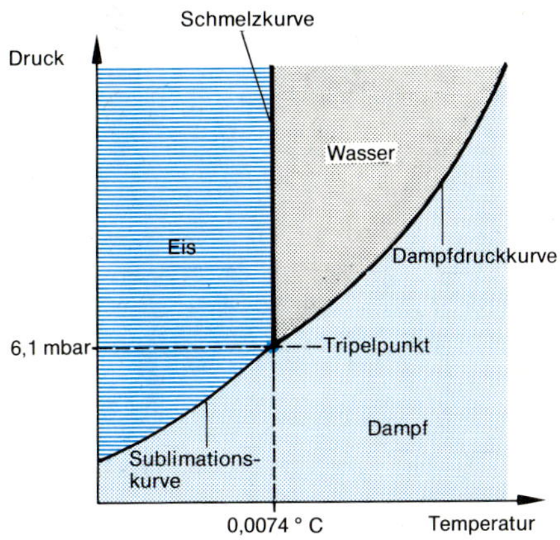

Abb. 170
Phasendiagramm des Wassers (schematisch)

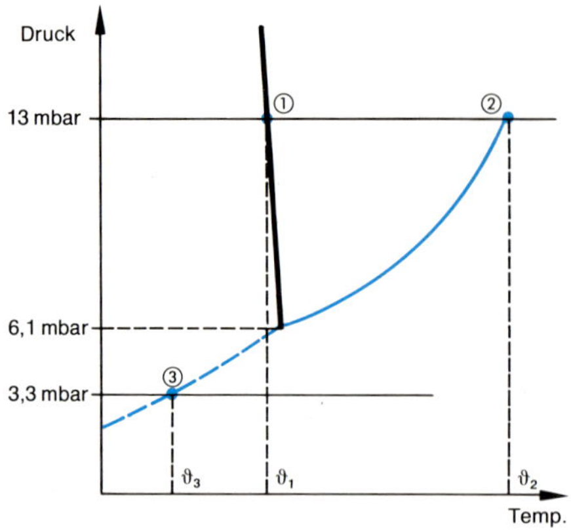

Abb. 171 Phasendiagramm des Wassers

Die leichte Neigung der Schmelzkurve des Wassers bedeutet: Der Schmelzpunkt des Wassers nimmt bei höheren Drucken geringfügig ab. Dies erklärt sich aus der höheren Dichte von Wasser gegenüber Eis:

Eis $\rightleftharpoons$ Wasser (Gleichgewicht)

Druckerhöhung verschiebt nach dem Prinzip von der Flucht vor dem Zwang das Gleichgewicht in Richtung auf das geringere Volumen, das bei Wasser vorliegt.

Das Phasendiagramm soll für zwei Drucke bei steigender Temperatur erläutert werden:

a) Bei 13 mbar und sehr niedrigen Temperaturen (ganz links im Diagramm) liegt zunächst Eis vor. Wird die Temperatur bei konstantem Druck langsam gesteigert, so schmilzt das Eis (Punkt ①, Schnittpunkt mit der Schmelzkurve) und siedet schließlich nach weiterer Temperatursteigerung (Punkt ②, Schnittpunkt mit der Dampfdruckkurve).

b) Führt man die gleiche Betrachtung für einen Druck von 3,3 mbar durch, so führt die Temperatursteigerung nur zum Schnittpunkt mit der Sublimationskurve (Punkt ③). Eis geht also unter diesen Bedingungen direkt in den gasförmigen Zustand über, ohne zu schmelzen. Eis sublimiert.

Gleiche Temperatursteigerungen führen, wie die Beispiele zeigen, je nach den herrschenden Drücken zu ganz verschiedenen Ergebnissen:

Erwärmung bei einem Druck über 6,1 mbar (= Dampfdruck am Tripelpunkt) führt immer erst zum Schmelzen und dann zum Sieden. Erwärmung unter einem Druck, der geringer als der Dampfdruck am Tripelpunkt ist, führt immer nur zur Sublimation. Daraus folgt, daß ein Stoff, wie z. B. Trockeneis, der bei Normdruck nur sublimiert, bei Druckerhöhung auch verflüssigt werden kann.

2.6.3 Phasendiagramme fester Stoffe mit mehreren Kristallformen (Polymorphie)

Die Erscheinung, daß ein Stoff in verschiedenen Kristallformen auftritt, findet man z. B. bei Schwefel, Arsen, Phosphor, SiO_2, HgI_2, Zinn, Kohlenstoff, Eisen usw. Man nennt sie Polymorphie.

Eine Erklärung für das plötzlich auftretende „Umklappen" eines Kristallgitters in eine andere Form erhält man aus dem Zustandsdiagramm eines Stoffes.

Regel:

Ein Stoff strebt immer den Zustand an, der bei einer bestimmten Temperatur den niedrigsten Dampfdruck hat (niedriger Dampfdruck ist ein Maß für Stabilität).

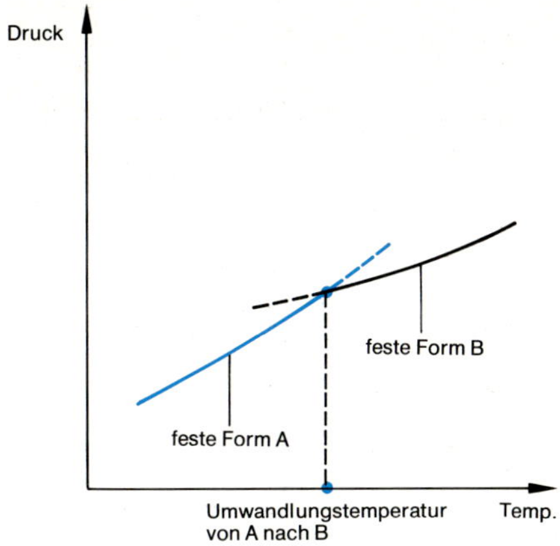

Abb. 172 Dampfdruck bei zwei Kristallformen eines Stoffes (Polymorphie)

Die Kristallform A hat bei niedrigerer Temperatur den geringeren Dampfdruck. Bei Temperatur-Steigerung hat vom Schnittpunkt der beiden Dampfdruckkurven (Sublimationskurven) Form B den niedrigeren Druck. A wandelt sich daher bei der zum Schnittpunkt gehörenden Temperatur in B um.

3 Dynamische Gleichgewichte

Unter dynamischen Gleichgewichten versteht man Zustände, bei denen gegenläufige Vorgänge mit gleicher Geschwindigkeit ablaufen, so daß sich das System insgesamt nicht mehr verändert.

Ein gleitendes Segelflugzeug kann z. B. ebenso schnell sinken, wie es von einer aufwärts gerichteten Luftströmung gehoben wird. Das Ergebnis ist eine konstante Flughöhe, solange dieser dynamische Gleichgewichtszustand anhält.

Die Übersicht nennt wichtige physikalisch-chemische Gleichgewichte:

Art des Gleichgewichts	gleich sind . . .
Lösungsgleichgewichte a) Extraktionsgleichgewicht	die Geschwindigkeit des Übertritts des gelösten Stoffes von Phase I in die Phase II und in der Gegenrichtung
b) Gaslösegleichgewicht	Absorptionsgeschwindigkeit und Geschwindigkeit, mit der das Gas aus der Flüssigkeit austritt
c) Gleichgewicht in der gesättigten Lösung	Auflösegeschwindigkeit und Kristallisationsgeschwindigkeit
Sattdampfgleichgewicht	Verdampfungsgeschwindigkeit und Kondensationsgeschwindigkeit
Chemisches Gleichgewicht	die Reaktionsgeschwindigkeit der Bildungs- und Zerfallsreaktion.

3.1 Lösungsgleichgewichte

3.1.1 Lösungsgleichgewicht zwischen flüssiger und gasförmiger Phase (Gas löst sich in Flüssigkeit)

Wird ein Gas über einer Flüssigkeit aufgefangen, so löst es sich nur bis zu einer gewissen Sättigungskonzentration in der Flüssigkeit. Die Löslichkeit des Gases ist von vier Faktoren abhängig: von der Art des Gases, von der Art der Flüssigkeit, vom Druck des Gases über der Flüssigkeit und von der Temperatur der Flüssigkeit.

Für ein bestimmtes Gas und für eine bestimme Flüssigkeit ist die Sättigungskonzentration um so größer, je höher der Gasdruck und je niedriger die Temperatur der Flüssigkeit ist.

Sehr anschaulich läßt sich dies am Beispiel der Löslichkeit von Kohlendioxid in Wasser (Sprudel) beobachten. Wird CO_2 in Wasser gedrückt, so löst sich ein beträchtlicher Anteil auf. Solange dieser Sprudel unter Verschluß aufbewahrt wird, bleibt auch der CO_2-Druck in dem Gasraum zwischen Flüssigkeit und Verschluß konstant. Wird dagegen eine Sprudelflasche geöffnet, so entspannt sich das über der Oberfläche stehende Gas. Mit dieser Druckabnahme verringert sich die Löslichkeit von CO_2 in Wasser, das nicht mehr gelöste Gas entweicht. Steht nun die geöffnete Sprudelflasche auch noch in der Sonne, so wird durch die Erwärmung die Löslichkeit des CO_2 weiter verringert: Der Sprudel schmeckt schal.

Die bei einer Sprudelflasche beobachteten Vorgänge sollen näher betrachtet werden:

a) Das CO_2 wird in die Sprudelflasche gedrückt. Im Gasraum über der Flüssigkeit befinden sich viele Gasteilchen. Es ist daher zu erwarten, daß davon anteilig auch viele in die Flüssigkeit übertreten.

Folge: Die Gaslösegeschwindigkeit ist zu Beginn groß.

In der Flüssigkeit befinden sich zu Beginn nur sehr wenige Gasteilchen. Diese können auf Grund ihrer regellosen Temperaturbewegung auch in den Gasraum überwechseln. Da aber nur wenige Teilchen in der Flüssigkeit vorhanden sind, werden auch nur wenige davon wiederum in den Gasraum austreten.

Folge: Die Gasaustrittsgeschwindigkeit ist zu Beginn sehr gering.

b) Betrachtet man die Zustände in der Sprudelflasche eine kurze Zeit später, so ist eine wesentliche Änderung eingetreten. Es sind in dieser Zeitspanne laufend Gasteilchen in die Flüssigkeit eingetreten, da ja zu Beginn die Gaslösegeschwindigkeit groß war. Dadurch hat sich aber die Anzahl der Gasteilchen in der Flüssigkeit stark erhöht. Von den jetzt in der Flüssigkeit enthaltenen Gasteilchen werden auch anteilig wieder viele die Flüssigkeit verlassen. Die Gasaustrittsgeschwindigkeit steigt also im Laufe der Zeit, bis sie genau so groß ist wie die Gaslösegeschwindigkeit.

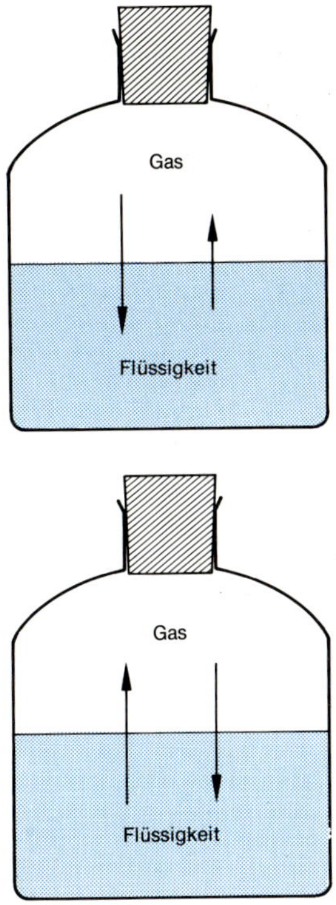

Abb. 173
Das Lösungsgleichgewicht stellt sich ein

Ist die Gaslösegeschwindigkeit genauso groß wie die Gasaustrittsgeschwindigkeit, so hat sich ein dynamisches Gleichgewicht eingestellt. In diesem Zustand treten in gleichen Zeitabschnitten genauso viele Teilchen in die Flüssigkeit ein wie in umgekehrter Richtung Teilchen die Flüssigkeit verlassen. Damit ändert sich die Gesamtzahl der Teilchen in der Flüssigkeit nicht mehr, die Gaskonzentration in dieser Flüssigkeit bleibt jetzt konstant.

$$\text{Gasphase} \underset{\text{Gasaustrittsgeschwindigkeit}}{\overset{\text{Gaslösegeschwindigkeit}}{\rightleftharpoons}} \text{flüssige Phase}$$

Die Vorgänge in der Sprudelflasche[1]) lassen sich graphisch darstellen:

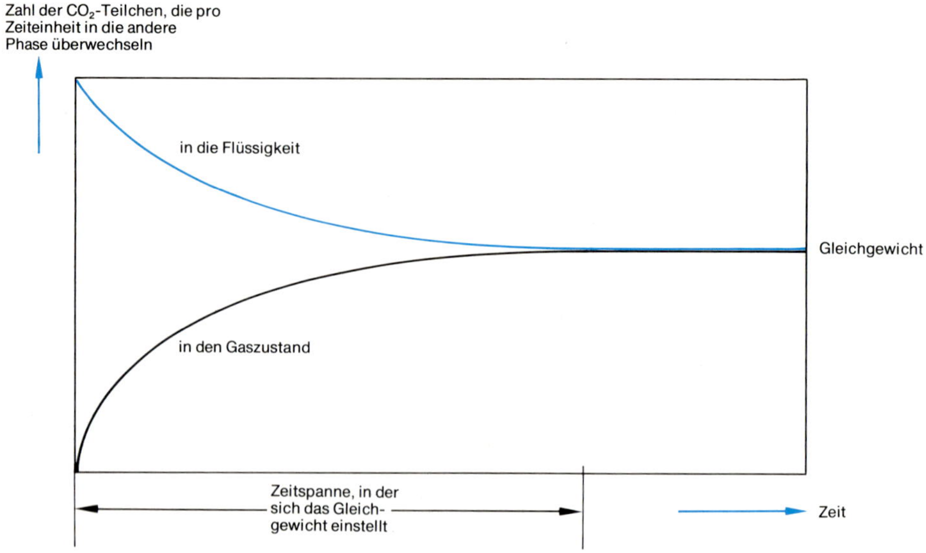

Abb. 174 Einstellen eines Gaslösegleichgewichtes

Die Gaslösegeschwindigkeit ist proportional dem Gasdruck, denn dieser ist ein Maß für die Anzahl der im Gasvolumen über der Flüssigkeit befindlichen Teilchen:

$$\text{Gaslösegeschwindigkeit} = k_1 \cdot p(\text{Gas})$$

Die Gasaustrittsgeschwindigkeit ist proportional der Anzahl der Teilchen, die sich im Flüssigkeitsvolumen befinden (= Konzentration des gelösten Gases α(Gas in Lösung).

$$\text{Gasaustrittsgeschwindigkeit} = k_2 \cdot \alpha(\text{Gas in Lösung})$$

Im Falle des eingestellten Gleichgewichtes sind beide Geschwindigkeiten gleich. Daher ergibt sich:

$$k_1 \cdot p(\text{Gas}) = k_2 \cdot \alpha(\text{Gas in Lösung})$$

umstellen:

$$\frac{\alpha(\text{Gas in Lösung})}{p(\text{Gas})} = \frac{k_1}{k_2} = A$$

Dividiert man die beiden Konstanten k_1 und k_2, so erhält man wieder eine Konstante: A.

Gesetz von W. Henry:

$$\frac{\alpha(\text{Gas in Lösung})}{p(\text{Gas})} = A \qquad \alpha(\text{Gas in Lösung}) = A \cdot p(\text{Gas})$$

[1]) Für die hier angestellte grundsätzliche Betrachtung ist es von untergeordneter Bedeutung, daß ein kleiner Teil des Kohlenstoffdioxids mit Wasser reagiert.

Das Henrysche Gesetz besagt:

Die Löslichkeit eines Gases in einer Flüssigkeit ist bei konstanter Temperatur dem Druck dieses Gases über der Flüssigkeitsoberfläche proportional.

Die Konstante A im Henryschen Gesetz heißt Bunsenscher Löslichkeits- oder Absorptionskoeffizient. Sie ist zahlenmäßig gleich der Gasportion (in Liter), die sich bei 20 °C und 1013 mbar Partialdruck des jeweiligen Gases in einem Liter Lösemittel löst.

Tabelle 34

Gas	Bunsenscher Absorptionskoeffizient in Liter Gas (20 °C, 1013 mbar Gasdruck pro Liter Wasser
H_2	0,01819
O_2	0,03103
N_2	0,01545
CO_2	0,878
Luft	0,01871
H_2S	2,5282
C_2H_6	0,0472
C_2H_4	0,122
C_2H_2	1,03

Temperatureinfluß auf die Löslichkeit von Gasen in Flüssigkeiten

Die Absorption von Gasen in Flüssigkeiten ist ein exothermer Vorgang, so daß bei steigender Temperatur die Löslichkeit der Gase abnimmt. (Vgl. Prinzip von der Flucht vor dem Zwang, Seite 212.)

Tabelle 35: Abnahme der Löslichkeit von Ammoniak in Wasser in Abhängigkeit von der Temperatur

Temperatur in ° C	g NH_3-Gas pro g Wasser bei 1013 mbar NH_3-Druck
0	0,875
20	0,526
40	0,307
50	0,229

Durch Erhitzen lassen sich somit Gase aus Flüssigkeiten austreiben. Praktische Anwendung findet dies z. B. beim Austreiben von CO_2 durch Kochen bei Karbonat-Titrationen mit Säuren.

Einen weiteren Einfluß auf die Löslichkeit von Gasen hat die Reinheit des Lösemittels. Sind bereits andere Stoffe im Lösemittel gelöst (z. B. Salze, andere Gase), so kann das Lösemittel nur eine kleinere Gasmenge absorbieren, als die gleiche Menge reinen Lösemittels aufnehmen würde.

Beispiel:

In Flußwasser gelöste Salze bedeuten geringere Aufnahmefähigkeit für Luftsauerstoff.

Das Henrysche Gesetz gilt exakt nur für ideale Gase und mit hinreichender Genauigkeit für Gase mit geringer Löslichkeit. Bei sehr gut löslichen Gasen, wie NH_3 und SO_2, nimmt der Wert der Absorptionskonstanten mit steigendem Druck ab, da diese Gase mit dem Lösemittel Wasser in verhältnismäßig großem Umfang reagieren.

Aufgabenbeispiel:

Ein Liter Wasser löst im Normzustand 0,049 Liter O_2. Wieviel Sauerstoff löst sich in 10 l Wasser bei 0 °C und 20,26 bar Sauerstoffdruck (= 20facher Normdruck)?

Lösung: $\alpha = A \cdot p$

$$\alpha = \frac{0{,}049\ \text{L}}{\text{L} \cdot 1{,}013\ \text{bar}} \cdot 20{,}26\ \text{bar} = 0{,}049\ \frac{\text{L}}{\text{L}} \cdot 20$$

α = 0,980 Liter O_2 pro Liter Wasser

V_O = 9,8 Liter Sauerstoff in 10 l Wasser.

3.1.2 Verteilung eines Stoffes zwischen zwei flüssigen Phasen

Löst sich ein Stoff in zwei praktisch nicht miteinander mischbaren Lösemitteln, so verteilt sich dieser nach seiner Löslichkeit in den einzelnen reinen Lösemitteln.

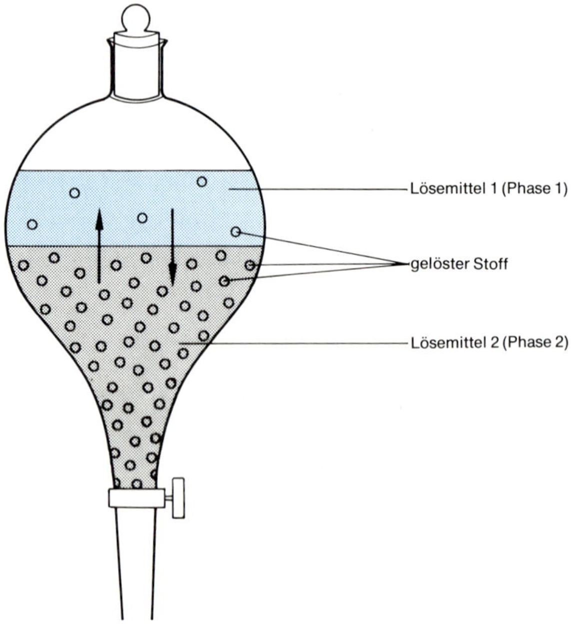

Abb. 175 Verteilungsgleichgewicht eines Stoffes in zwei flüssigen Phasen

$$\text{Phase 2} \rightleftharpoons \text{Phase 1}$$

Die Geschwindigkeit des Übertritts der teilcjen des gelösten Stoffes von einer Phase in die andere ist im Gleichgewichtszustand in beide Richtungen gleich groß.

Es kommt nicht darauf an, ob der Stoff gasförmig, flüssig oder fest ist, er darf jedoch keine gegenseitige Mischbarkeit der beiden Lösemittel bewirken.

Das Verteilungsgleichgewicht besagt:

Das Verhältnis der Konzentrationen des gelösten Stoffes in den beiden flüssigen Phasen ist konstant.

$$\frac{c(\text{in Phase 1})}{c(\text{in Phase 2})} = C$$

C ist der Verteilungskoeffizient nach Nernst, das Gesetz heißt Nernstsches Verteilungsgesetz. c gibt die Konzentration des gelösten Stoffes in den Phasen 1 und 2 an.

Das Nernstsche Verteilungsgesetz gilt in dieser Form nur, wenn der gelöste Stoff in beiden Phasen in gleicher Form vorliegt. Organische Säuren dissoziieren z. B. in wäßriger Lösung und dimerisieren in unpolaren Lösemitteln. Der Verteilungskoeffizient C ist für solche Fälle nicht konstant.

Tabelle 36: Verteilung von Ethanol zwischen Wasser und Tetrachlorkohlenstoff bei 25° C

mol Ethanol in 1 l Wasser	mol Ethanol in 1 l Tetra	C
0,406	0,0097	41,8
0,792	0,0201	39,4
1,477	0,0353	41,8

Da der Verteilungskoeffizient fast konstant ist, liegt das Ethanol in beiden Phasen in der gleichen Molekülform vor.

Tabelle 37: Verteilung von Essigsäure zwischen Wasser und Diethylether

mol Essigsäure in 1 l Wasser	mol Essigsäure in 1 l Ether	C
0,0132	0,00609	2,17
0,1341	0,06355	2,11
1,260	0,7413	1,70

Das Nernstsche Verteilungsgesetz kann auf diesen Fall nicht angewandt werden, da Essigsäure in Wasser dissoziiert und in Ether dimerisiert. Noch stärker sind die Abweichungen bei Substanzen, die anteilmäßig stärker mit Wasser reagieren.

Tabelle 38: Verteilung von Chlorwasserstoff zwischen Wasser und Benzol bei 20° C

mol HCl in 1 l Wasser	mol HCl in 1 l Benzol	C
0,946	$0{,}494 \cdot 10^{-4}$	20000
2,599	$7{,}68 \cdot 10^{-4}$	3400
8,555	0,025	342
19,709	0,507	38,9

Praktische Anwendung des Verteilungsgleichgewichts

Mit Hilfe des Verteilungsgleichgewichts ist es möglich, einen gelösten Stoff in ein anderes Lösemittel mit größerer Löslichkeit für diesen Stoff zu überführen. Es werden vor allem organische Lösemittel verwendet, mit denen man organische Stoffe aus wäßrigen Lösungen im Scheidetrichter ausschüttelt (extrahiert), um durch nachfolgendes Abdestillieren des Lösemittels den organischen Stoff rein zu erhalten.

Bei der praktischen Durchführung einer Extraktion ist zu beachten, daß bei mehrmaliger Anwendung kleiner Lösemittelportionen ein größerer Wirkungsgrad erzielt wird, als wenn die gesamte Lösemittelmenge auf einmal eingesetzt wird.

Diese für das praktische Arbeiten sehr wichtige Regel soll an einem Beispiel erläutert werden:

Beispiel:

Gegeben sind 100 ml Wasser, in denen a Gramm einer Substanz gelöst sind, die insgesamt nur mit 100 ml Benzol ausgeschüttelt werden sollen, wobei der Stoff sich 10mal so gut in Benzol wie in Wasser löst.

Nach Einsetzen in das Nernstsche Verteilungsgesetz erhält man bei Anwendung der gesamten Benzolmenge in einer Portion folgende Verteilung:

$$\frac{\frac{x}{100}}{\frac{a-x}{100}} = 10 \quad \text{daraus folgt } x = \frac{10}{11}\,a$$

x = Grammenge an ausgeschüttelter Substanz

Das sind 91% der ursprünglich in Wasser gelösten Stoffmenge a.

Bei zweimaliger Extraktion mit je 50 ml Benzol gilt für die erste Extraktion:

$$\frac{\frac{x}{50}}{\frac{a-x}{100}} = 10 \qquad \text{folgt } x = \frac{5}{6}\,a,$$

das bedeutet, daß noch $\frac{1}{6}$ von a in der wäßrigen Lösung verbleiben. Extrahiert man diese Restmenge mit der zweiten Benzolportion (50 ml), so erhält man:

$$\frac{\frac{x}{50}}{\frac{\frac{1}{6}a-x}{100}} = 10 \qquad \text{folgt } x = \frac{5}{36}\,a$$

Insgesamt werden nach zweimaligem Ausschütteln $\frac{5}{6}a + \frac{5}{36}a = \frac{35}{36}a$ extrahiert, das sind 97% der ursprünglichen Grammenge a.

Bei mehrfacher Extraktion mit kleiner werdenden Lösemittelportionen ergeben sich folgende Prozentwerte des Stoffes a, der extrahiert wird:

Tabelle 39: Extraktion mit 100 ml Lösemittel

Zahl der Extraktionen ↓ / Portionen des Extraktionsmittels →	1 × 100 ml	2 × 50 ml	3 × 33,3 ml	4 × 25 ml	5 × 20 ml	10 × 10 ml
1	90,91	83,33	76,92	71,4	66,66	50,0
2	—	13,88	17,75	20,4	22,22	25,0
3	—	—	3,96	5,85	7,4	12,5
4	—	—	—	1,68	2,47	6,25
5	—	—	—	—	0,82	3,12
6	—	—	—	—	—	1,56
7	—	—	—	—	—	0,78
8	—	—	—	—	—	0,39
9	—	—	—	—	—	0,195
10	—	—	—	—	—	0,097
Gesamtprozent	90,91	97,21	98,63	99,33	99,57	99,832

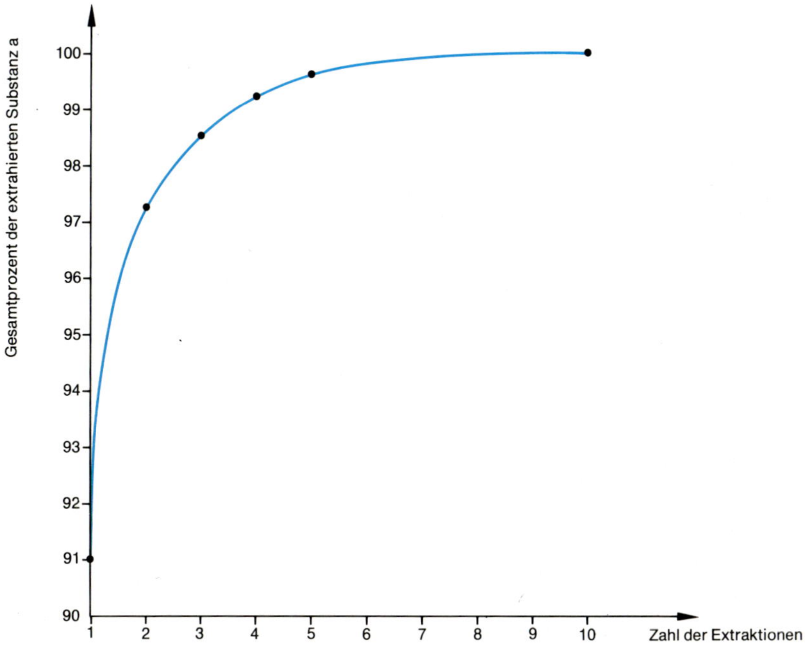

Abb. 176 Grafische Darstellung des Extraktionsergebnisses für das obige Beispiel

Die Tabelle und die Graphik zeigen, daß nach drei- bis viermaligem Ausschütteln der Extraktionserfolg in Relation zur Zahl der Schüttelversuche am größten ist. Alle weiteren Extraktionen bringen nur einen geringen Prozent-Zuwachs an Substanz a.

In der Praxis wird nicht nur der Scheiderichter, sondern auch der Perforator für die Extraktion von flüssigen Phasen benutzt. Es ist dabei zu beachten, daß das Lösemittel eine kleinere Dichte als die Lösung besitzt. Vorteilhaft ist, daß ständig die extrahierte Flüssigkeit von frischer Extraktionsflüssigkeit durchströmt wird, da diese in einem Kreislauf ständig wiederverwendet wird.

Für die Extraktion fester Stoffe (Naturstoffe, wie z. B. Tee) wird in der Regel eine Apparatur nach Soxhlet verwendet. Sowohl im Perforator als auch im Soxhlet sammelt sich der Extrakt im Lösemittel, das bei gleichzeitiger Destillation als reines Lösemittel in den Kreislauf zurückkehrt. Der Vorteil dieser Methoden liegt darin, daß zum Extrahieren ständig reines Lösemittel angewendet wird und daß man trotzdem mit verhältnismäßig geringen Lösemittelmengen auskommt.

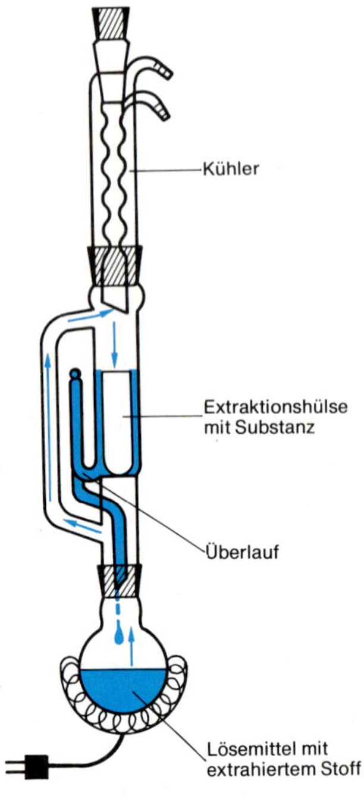

Abb. 177 Soxhlet

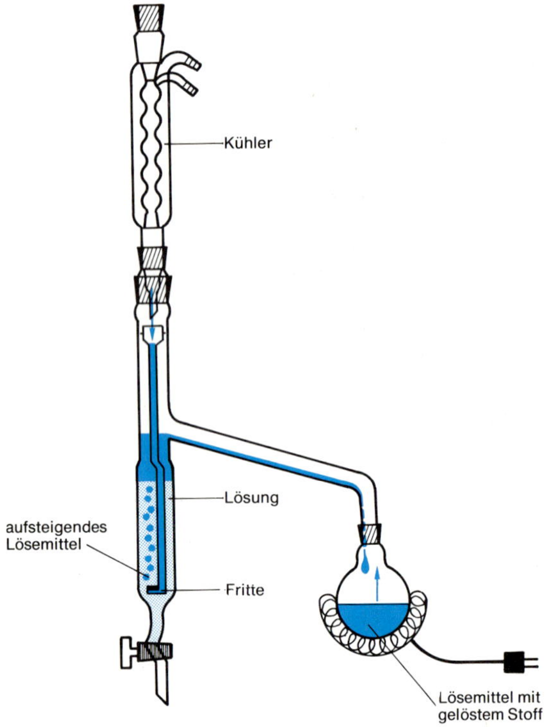

Abb. 178 Perforator

Gegenstromextraktion nach Craig

Man kann den Vorgang des Ausschüttelns auch zur Trennung von Substanzgemischen heranziehen, deren Komponenten verschiedene Verteilungskoeffizienten aufweisen.

Beispiel:

Ein Gemisch enthält a Gramm der Substanz 1 (C = 1) und b Gramm der Substanz 2 (C = 4). Die Verteilungskoeffizienten beziehen sich auf die beiden Lösemittel Wasser und Äther. Stoff 2 ist also in Wasser besser als in Äther löslich und verbleibt nach dem ersten Ausschütteln der ursprünglich wäßrigen Lösung mit $\frac{4}{5}$ b im Wasser, nachdem $\frac{1}{5}$ b im gleich großen Äthervolumen gelöst sind. Von Substanz 1 sind $\frac{a}{2}$ Gramm im Wasser, $\frac{a}{2}$ Gramm im Äther anzutreffen. Schüttelt man nun die wäßrige Lösung noch einmal mit der gleichen Menge Äther aus, so verbleiben darin von Substanz 1 nur noch $\frac{a}{4}$, von Substanz 2 aber $\frac{4}{5}$ von $\frac{4}{5}$ b, das sind noch ca. $\frac{3}{5}$ b. Wird andererseits der Ätherextrakt in gleicher Weise mit Wasser extrahiert, so verbleibt im Äther relativ mehr Substanz 1.

Eine systematische Weiterführung dieser Extraktionen, bei denen ständig die wäßrige Phase mit Äther, die ätherische Phase mit Wasser reextrahiert wird, führt schließlich zur vollständigen Trennung der beiden Stoffe, von denen sich der eine im Wasser, der andere im Äther anreichert. Diese Methode läßt sich kontinuierlich durchführen und spielt in der chemischen Technik eine große Rolle.

Auch bei chromatografischen Trennungen laufen viele Extraktionen hintereinander ab (vgl. Kapitel Chromatografie).

3.1.3. Löslichkeitsprodukt

Viele Salze lösen sich in Wasser schlecht. Von diesen Verbindungen, wie AgCl, $BaSO_4$, $CaCO_3$ gehen nur geringe Mengen in Lösung, der größte Teil der Substanz bleibt als Bodenkörper (= Niederschlag) auf dem Boden des Gefäßes zurück. Darüber steht die gesättigte Lösung. Es bildet sich ein Gleichgewicht zwischen Bodenkörper (fester Phase) und gesättigter Lösung (flüssige Phase). Aus dem Kristallgitter treten ständig Ionen in die Lösung über, und aus der Lösung werden ständig Ionen in das Gitter des Salzes eingebaut. Im Gleichgewichtszustand laufen beide Vorgänge gleich schnell ab:

Auflösungsgeschwindigkeit
= Kristallisationsgeschwindigkeit

Die Auflösungsgeschwindigkeit ist proportional der Oberfläche des festen Salzes.

Je größer dessen Oberfläche ist, desto mehr Ionen gehen in die flüssige Phase über.
Auflösungsgeschwindigkeit = k_1 · Oberfläche

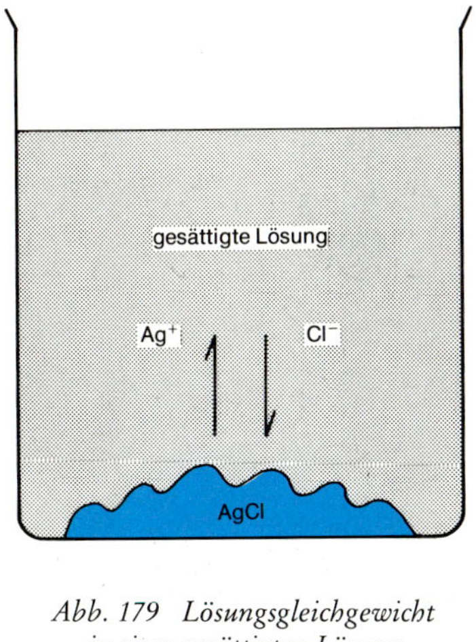

Abb. 179 Lösungsgleichgewicht in einer gesättigten Lösung

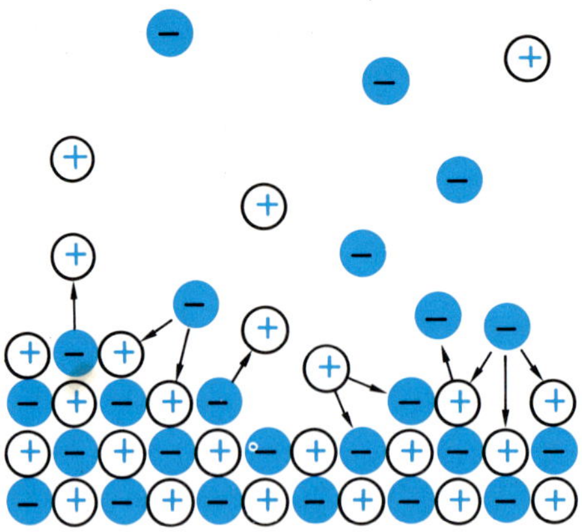

Abb. 180 Bodenkörper und gesättigte Lösung eines Salzes vom Typ A^+B^-

Die Kristallisationsgeschwindigkeit hängt zunächst einmal von der jeweiligen Konzentration der in der Lösung befindlichen Ionen ab. Diese Ionen führen in der Lösung ihre unregelmäßige Wärmebewegung aus. Dabei prallen einige dieser Ionen auf den Feststoff. Bei diesem Aufprall werden die Ionen nur dann in den Gitterverband eingebaut, wenn sie die „richtigen" Stellen im Gitter treffen. Die positiven Ionen müssen negative Gitterstellen treffen, bei den negativen Ionen ist es umgekehrt. Es ist einleuchtend, daß um so mehr Ionen die richtigen Gitterstellen treffen und in das Gitter eingebaut werden, je mehr Ionen im Lösungsvolumen enthalten sind. Dies gilt für beide Ionenarten.

Das Gitter wird nur dann schnell aufgebaut, wenn Kationen und Anionen in größerer Konzentration vorliegen. Ist dagegen z. B. nur die Kationenkonzentration hoch, die zugehörige Anionenkonzentration dagegen sehr gering, so werden zwar die Kationengitterstellen schnell besetzt, die Anionenstellen dagegen sehr langsam. Die Kristallisationsgeschwindigkeit ist daher in diesem Falle trotz der hohen Kationenkonzentration noch recht gering.

Die Zahl der Ionen, die in den Kristallverband übergehen, hängt außerdem von der Größe der Oberfläche ab, die der Bodenkörper hat. Für die Ionen der Lösung bedeutet eine große Oberfläche nämlich eine Vielzahl von Möglichkeiten, „hängen" zu bleiben.

Aus diesen Betrachtungen ergibt sich:
Die Kristallisationsgeschwindigkeit ist den beiden Ionenkonzentrationen und der Oberfläche des Feststoffes proportional.

$$\text{Kristallisationsgeschwindigkeit} = k_2 \cdot c(\text{Anion}) \cdot c(\text{Kation}) \cdot \text{Oberfläche}$$

Im Gleichgewichtsfall kann man die Kristallisationsgeschwindigkeit und die Auflösegeschwindigkeit gleichsetzen. Man erhält:

$$k_2 \cdot c(\text{Anion}) \cdot c(\text{Kation}) \cdot \text{Oberfläche} = k_1 \cdot \text{Oberfläche}$$

Durch Kürzen und Umstellen ergibt sich:

$$c(\text{Anion}) \cdot c(\text{Kation}) = \frac{k_1}{k_2} = K$$

Gibt man die Konzentrationen in mol/l an, so nennt man die Konstante L = Löslichkeitsprodukt.

$$c(A^+) \cdot c(B^-) = L(AB)$$

Anmerkung zur Schreibweise:
$c(A^+)$ = molare Konzentration des Kations,
$c(B^-)$ = molare Konzentration des Anions.

Das Löslichkeitsprodukt gibt also an, wie groß das Produkt der Konzentrationen der Ionen, die den Bodenkörper bilden, in einer gesättigten Lösung ist.

Je kleiner das Löslichkeitsprodukt ist, desto schwerer löslich ist die betreffende Verbindung.

Das Löslichkeitsprodukt ist für jeden Stoff für eine bestimmte Temperatur eine charakteristische Konstante.

Für jede Lösung, die ein schwer lösliches Salz AB enthält, können folgende drei Fälle eintreten:

1. $c(A^+) \cdot c(B^-) < L(AB)$	Die gesamte Salzmenge ist gelöst, die Lösung ist ungesättigt.
2. $c(A^+) \cdot c(B^-) = L(AB)$	Die eingesetzte Salzmenge ist vollständig gelöst. Jede weitere Zugabe von AB würde als Bodenkörper verbleiben. Bei Zugabe von A^+- oder B^--Ionen würde sich ein Niederschlag bilden.
3. $c(A^+) \cdot c(B^-) > L(AB)$	Das Löslichkeitsprodukt ist überschritten. Es liegen nebeneinander gesättigte Lösung und Bodenkörper vor. Die Ausfällung erfolgt so lange, bis das Produkt der Ionenkonzentrationen der Lösung gleich dem Wert des Löslichkeitsproduktes ist.

Beispiel:

Das Löslichkeitsprodukt von AgCl in Wasser von 20° C beträgt $1{,}1 \cdot 10^{-10}\left(\frac{mol}{l}\right)^2$. Fällt ein Niederschlag von Silberchlorid aus, wenn 3 mg NaCl in 495 ml Wasser gelöst werden und 5 ml einer 0,01 M Silbernitratlösung zugefügt werden?

500 ml Gemisch enthalten $\frac{3 \cdot 10^{-3}}{58{,}5}$ mol Cl^- und $\frac{10^{-2} \cdot 5}{10^3}$ mol Ag^+, das sind $1 \cdot 10^{-4} \frac{mol}{l}$ Cl^- und $1 \cdot 10^{-4} \frac{mol}{l}$ Ag^+.

Das Produkt $c(Ag^+) \cdot c(Cl^-) = \left(1 \cdot 10^{-4} \frac{mol}{l}\right) \cdot \left(1 \cdot 10^{-4} \frac{mol}{l}\right)$ überschreitet das Löslichkeitsprodukt um den Faktor 10^2. Das bedeutet, daß sich ein AgCl-Niederschlag bildet. Und zwar bildet sich soviel, bis die Chlorid- und die Silberionenkonzentration je nur noch $\frac{1}{10}$ der anfänglichen Konzentrationen betragen.

Entstehen bei der Dissoziation der Verbindung mehrere Ionen der gleichen Sorte, so erscheint der Koeffizient der Dissoziationsgleichung als Exponent ihrer Konzentration.

$$\text{z. B.} \quad PbCl_2 \rightleftharpoons Pb^{2+} + 2\,Cl^-$$

$$L(PbCl_2) = c(Pb^{2+}) \cdot c^2(Cl^-)$$

In der technischen und in der analytischen Chemie spielt das Löslichkeitsprodukt von Verbindungen beim Ausfällen und Auflösen von Salzen eine wichtige Rolle. Als Beispiele für das Ausfällen seien die Fällung von relativ schwerlöslichem $NaHCO_3$ bei der Sodaherstellung und die Bildung von HgS in stark saurer Lösung, wo die Sulfidionenkonzentration nur äußerst gering ist, genannt.

Tabelle 40: Löslichkeitsprodukte wichtiger Verbindungen bei 20° C

Verbindung	L[1])	Verbindung	L[1])
$AgCl$	$1{,}1 \cdot 10^{-10}$	$Al(OH)_3$	10^{-33}
$AgBr$	$7{,}7 \cdot 10^{-13}$	$Fe(OH)_3$	$3{,}8 \cdot 10^{-38}$
AgJ	$9 \cdot 10^{-17}$	$Fe(OH)_2$	$2 \cdot 10^{-15}$
CaF_2	$3{,}2 \cdot 10^{-11}$	$Ni(OH)_2$	10^{-14}
		$Mg(OH)_2$	10^{-12}
$BaCO_3$	$8{,}1 \cdot 10^{-9}$	$Ca(OH)_2$	$8 \cdot 10^{-6}$
$BaSO_4$	$9{,}2 \cdot 10^{-11}$		
$CaCO_3$	$4{,}8 \cdot 10^{-8}$	HgS	10^{-54}
$CaSO_4$	$2{,}3 \cdot 10^{-4}$	CuS	10^{-40}
CaC_2O_4	$2{,}6 \cdot 10^{-9}$	CdS	10^{-28}
$PbCl_2$	$2{,}4 \cdot 10^{-4}$	PbS	10^{-28}
$PbSO_4$	$2{,}2 \cdot 10^{-8}$	CoS	10^{-26}
		ZnS	10^{-23}
		FeS	10^{-21}
		NiS	10^{-21}

Die bisherigen Aussagen zum Löslichkeitsprodukt haben nicht nur für besonders schwerlösliche ionogene Stoffe Gültigkeit. Dies soll hier kurz am Beispiel von NaCl erläutert werden. In einer gesättigten NaCl-Lösung liegt wie in allen gesättigten Lösungen ein Gleichgewicht vor:

$$NaCl_{Bodenkörper} \rightleftharpoons Na^+ + Cl^-$$

Erhöht man durch Einleiten von HCl-Gas die Cl^--Konzentration, so wird das Löslichkeitsprodukt von NaCl überschritten. NaCl fällt aus. Davon macht man praktisch Gebrauch, um NaCl zu reinigen. Das übliche Verfahren der Umkristallisation ist bei diesem Salz nicht möglich, da sich die Löslichkeiten von NaCl im kalten und warmen Wasser kaum unterscheiden (vgl. S. 109).

3.2 Das chemische Gleichgewicht

Es hat historische und keine sachlich zwingenden Gründe, daß man z. B. das thermische Zersetzungsgleichgewicht $NH_4Cl \rightleftharpoons NH_3 + HCl$ zu den sogenannten chemischen Gleichgewichten zählt, nicht aber das Lösungsgleichgewicht $NH_4Cl \rightleftharpoons NH_4^+ + Cl^-$. Aus dem Blickwinkel der physikalischen Chemie ist der Übergang zwischen physikalischen Vorgängen (hier Lösungsvorgang) und chemischen Vorgängen (hier thermische Dissoziation) fließend. In beiden Fällen findet eine Umgruppierung von Teilchen statt. Die Beträge an Wärmeenergie pro Mol Teilchen, die dabei umgesetzt werden, sind allerdings in den beiden genannten Fällen sehr verschieden: Bei der „chemischen" Reaktion sind sie viel größer. Aber gerade in bezug auf die Energiebeträge, die beim Binden und Trennen von Teilchen abgegeben und aufgewendet werden, ist der Übergang fließend.

---

[1]) Obwohl Löslichkeitsprodukte eine Einheit haben, z. B. $\frac{mol^2}{l^2}$, $\frac{mol^3}{l^3}$, werden sie gewöhnlich ohne Einheit angegeben.

3.2.1 Umkehrbare chemische Reaktionen

Ebenso wie im abgeschlossenen System eines Becherglases, in dem eine gesättigte Salzlösung und das Salz als Bodenkörper nebeneinander vorliegen, fortwährend Bodenkörper gelöst und rückgebildet wird, laufen auch chemische Reaktionen, die in einem abgeschlossenen Reaktionsgefäß stattfinden, in entgegengesetzter Richtung ab. Wenn die Teilchen der Ausgangsstoffe reaktionswirksam aufeinander treffen, bildet sich das Reaktionsprodukt. Wenn die Teilchen dieses Reaktionsproduktes aufeinander prallen, kommt es ebenfalls zur Reaktion, wobei die Teilchen der Ausgangsstoffe rückgebildet werden.

Ebensowenig wie beim Lösungsvorgang bedeutet die Umkehrbarkeit einer chemischen Reaktion, daß etwa grundsätzlich nur ein 50%iger Stoffumsatz stattfände. Es bedeutet aber, daß in einem geschlossenen System kein 100%iger Stoffumsatz stattfinden kann. Anders liegen die Dinge im offenen System. Führt man z. B. ständig frisches Lösemittel zu und die salzhaltige Lösung ab, so ist ein Bodenkörper völlig lösbar. Ebenso kann eine chemische Reaktion zu 100%igem Umsatz geführt werden, wenn die Teilchen des Reaktionsproduktes laufend aus dem Reaktionsgefäß entfernt werden, so daß sie nicht den Ausgangsstoff rückbilden können.

Im geschlossenen System sind umkehrbare chemische Reaktionen durch einen Gleichgewichtszustand gekennzeichnet, bei dem Reaktionsprodukte und Ausgangsstoffe nebeneinander vorliegen.

Versuch:

In einem Glaskolben wird in einem Wasserbad von 80° C etwas Phosphorpentabromid erhitzt. Dabei entsteht:

PBr_5	$\longrightarrow$	PBr_3	$+ Br_2$
gelb		farblos	braun
fest		flüssig	gasförmig

Gibt man zuerst PBr_3 und Br_2 in den Kolben, dann verläuft die Reaktion in umgekehrter Richtung:

$$PBr_3 + Br_2 \longrightarrow PBr_5$$

Das Versuchsergebnis ist in beiden Fällen das gleiche. Keine Reaktion verläuft vollständig nach einer Seite. Da Ausgangs- und Endprodukt nebeneinander vorliegen, erfüllt diese Reaktion die Bedingungen einer Gleichgewichtsreaktion:

$$PBr_5 \underset{\text{Rückreaktion}}{\overset{\text{Hinreaktion}}{\rightleftharpoons}} PBr_3 + Br_2$$

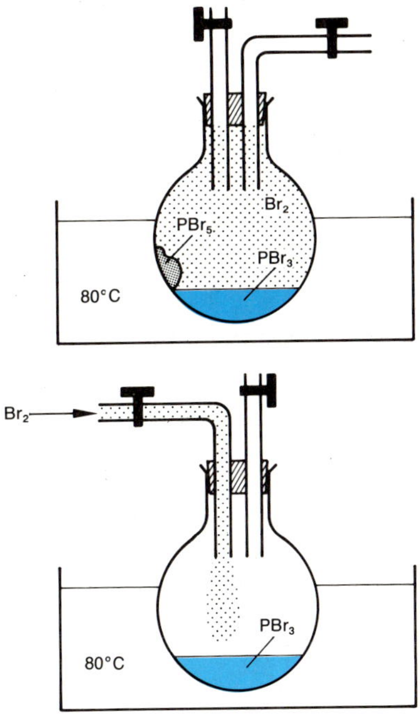

Abb. 181

3.2.2 Quantitative Beschreibung des chemischen Gleichgewichtes (Massenwirkungsgesetz)[1])

Das Iod-Wasserstoff-Gleichgewicht, bei dem alle Reaktionspartner in gasförmiger Phase vorliegen (sogenanntes homogenes Gleichgewicht), ist quantitativ sehr genau untersucht worden.

$$H_{2\,gasf.} + I_{2\,gasf.} \rightleftharpoons 2HI_{gasf.}$$

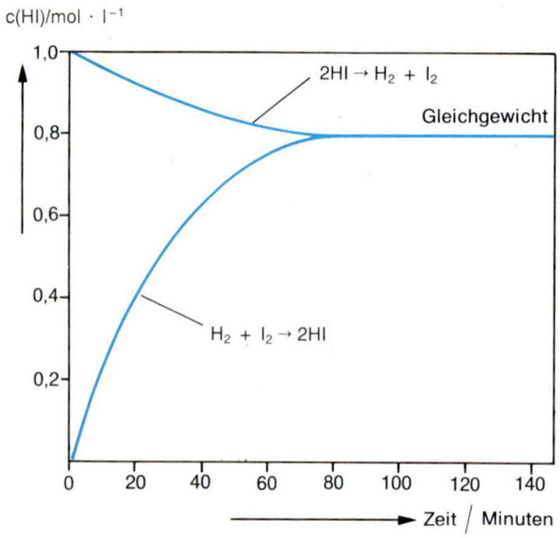

Abb. 182 Grafische Darstellung des HI-Zerfalls und der HI-Rückbildung im Kolben B

Füllt man analog zu dem Versuch mit den Phosphorbromiden zwei Gefäße

a) mit Iod und Wasserstoff (äquivalente Mengen) und

b) mit HI (in der äquivalenten Menge zu a) und erwärmt schrittweise auf 440 °C, so laufen in unterschiedlichem Umfang sowohl eine Bildungsreaktion: $I_2 + H_2 \longrightarrow 2HI$ als auch eine Zerfallsreaktion: $2HI \longrightarrow H_2 + I_2$ in beiden Kolben ab.

Überprüft man in bestimmten Zeitabständen die Konzentration von Iod (daraus ergeben sich die anderen Konzentrationen), so stellt man nach ca. 80 Minuten keine Konzentrationsänderung mehr fest, es herrscht Gleichgewicht zwischen HI-Bildung und HI-Zerfall.

Hinreaktion: $H_2 + I_2 \longrightarrow 2HI$

Zur Bildung von HI müssen H_2- und I_2-Moleküle im Reaktionsraum zusammenstoßen. Die Wahrscheinlichkeit solcher Zusammenstöße wird um so größer, je mehr H_2- und I_2-Moleküle sich im Reaktionsraum befinden.

Im gleichen Maße, wie sich die Zahl der Zusammenstöße zwischen den H_2- und den I_2-Molekülen erhöht, wächst auch die Reaktionsgeschwindigkeit der HI-Bildung. Diese Reaktionsgeschwindigkeit, die den Stoffumsatz pro Zeiteinheit angibt, ist der Zahl der Zusammenstöße zwischen H_2- und I_2-Molekülen und damit auch den Konzentrationen dieser beiden Komponenten proportional.

$$v_H = k_H \cdot c(H_2) \cdot c(I_2) \qquad (1)$$

Die Konstante k_H dient als Proportionalitätsfaktor. Gleichzeitig ist diese Konstante ein Maß dafür, wieviele der Zusammenstöße bezogen auf deren Gesamtzahl tatsächlich zur HI-Bildung führen.

[1]) Dieser etwas unglückliche – weil nicht aussagekräftige – Ausdruck wurde von Guldberg und Waage eingeführt. Sie veröffentlichten ihre grundlegenden Beiträge zum chemischen Gleichgewicht 1867.

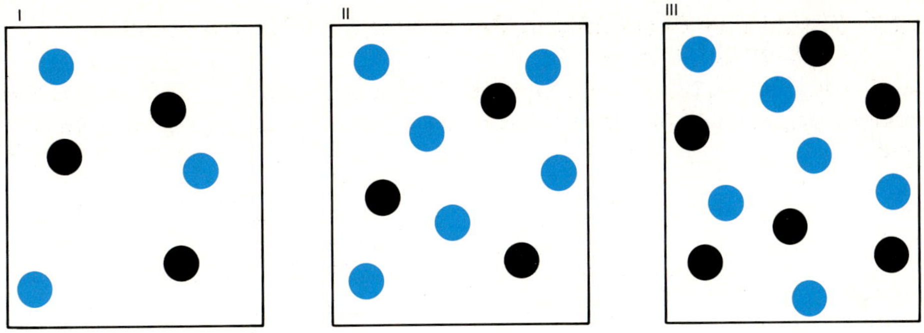

Abb. 183

Die Zahl der Zusammenstöße zwischen Teilchen der beiden verschiedenen Komponenten in einer bestimmten Zeit sei Z.

Die Konzentration der einen Komponente wurde verdoppelt. Dadurch verdoppelt sich auch die Zahl der Zusammenstöße zwischen Teilchen der beiden Komponenten in einer bestimmten Zeit. (2 Z)

Die Konzentrationen beider Komponenten wurden verdoppelt. Dadurch verdoppelt sich gegenüber dem Fall II die Zahl der Zusammenstöße noch einmal. Gegenüber Fall I ist die Zahl der Zusammenstöße zwischen den Teilchen beider Komponenten in der gleichen Zeit schon viermal so groß. (4 Z)

Rückreaktion: $2HI \longrightarrow H_2 + I_2$

Zur Rückbildung von H_2 und I_2 müssen HI-Moleküle zusammenstoßen. Bei besonders heftigen Zusammenstößen wird die HI-Bindung gelöst.

Für die Rückreaktion gilt ganz analog wie für die Hinreaktion: Es werden um so mehr HI-Moleküle in einer bestimmten Zeit zersetzt zu Wasserstoff und Iod, je größer die Zahl der Zusammenstöße zwischen den HI-Molekülen ist.

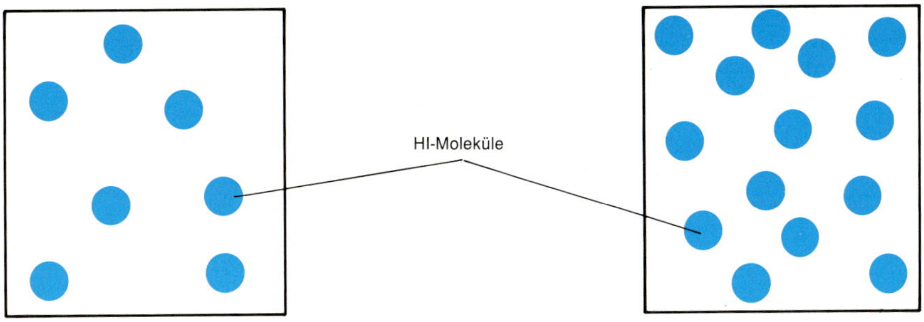

Abb. 184

Bei Verdoppelung der Anzahl der HI-Moleküle im Reaktionsraum erhöht sich die Wahrscheinlichkeit von Zusammenstößen zwischen diesen Teilchen, die alle miteinander reagieren können, um das Vierfache.

Die Zersetzungsgeschwindigkeit von HI wächst daher quadratisch mit der Konzentration von HI im Reaktionsraum.

$$v_R = k_R \cdot c^2(HI) \tag{2}$$

Ist zu Beginn der Reaktion im Reaktionsraum nur Wasserstoff und Iod enthalten, dann ist die Bildungsgeschwindigkeit von HI groß. Entsprechend ist zu Beginn die Zerfallsgeschwindigkeit von HI praktisch gleich Null, denn wenn noch kein HI gebildet wurde, so kann auch keines zerfallen. Im gleichen Maße aber, wie sich im Laufe der Reaktion HI bildet, steigt die Zerfallsgeschwindigkeit von HI, während die Bildungsgeschwindigkeit immer kleiner wird, da Ausgangsstoffe verbraucht werden, und damit deren Konzentration sinkt. Die Reaktionsgeschwindigkeiten nähern sich also einander und werden schließlich gleich. Das Gleichgewicht hat sich dann eingestellt. Die Konzentrationen ändern sich jetzt nicht mehr, da das Reaktionsprodukt, das sich durch die Hinreaktion bildet, mit gleicher Geschwindigkeit durch die Rückreaktion zersetzt wird. Dies ist im Beispiel HI bei 0,8 mol/Liter HI und je 0,1 mol/Liter I_2 und H_2 bei 443 °C gegeben.

$$H_2 + I_2 \underset{v_R}{\overset{v_H}{\rightleftharpoons}} 2\,HI \qquad \mathbf{v_H = v_R} \tag{3}$$

Nach dem Gleichsetzen von (1) und (2) ergibt sich:

$$k_H \cdot c(H_2) \cdot c(I_2) = k_R \cdot c^2(HI)$$

Durch Umstellen erhält man:

$$\frac{c^2(HI)}{c(H_2) \cdot c(I_2)} = \frac{k_H}{k_R} = K_c$$

Die Division zweier Konstanten ergibt eine neue Konstante: K_c.

Dies ist das Massenwirkungsgesetz für das HI-Gleichgewicht. K bezeichnet man als Gleichgewichtskonstante der HI-Bildung.

Für die allgemeine Gleichgewichtsreaktion

$$nA + mB \rightleftharpoons pC + qD$$

erhält man die Gleichgewichtskonstante

$$\frac{c^p(C) \cdot c^q(D)}{c^n(A) \cdot c^m(B)} = K_c$$

Diese von Guldberg und Waage gefundene quantitative Aussage zum chemischen Gleichgewicht besagt:

Der Quotient aus den im Gleichgewichtszustand herrschenden Konzentrationen der Endprodukte (in mol/l) und der Ausgangsstoffe (in mol/l) ist bei einer bestimmten Temperatur konstant. Die Konstante heißt Massenwirkungs- oder Gleichgewichtskonstante.

Die Größe K kennzeichnet die Lage des Gleichgewichtes. Die Konstante gibt aber keine Auskunft darüber, ob eine Reaktion schnell oder langsam abläuft.

Ist K > 1, so liegt das Gleichgewicht auf der Seite der Endprodukte;
ist K < 1, so liegt es auf der Seite der Ausgangsprodukte.

Beispiel 1:

$$[Ag(NH_3)_2]^+ \rightleftharpoons Ag^+ + 2NH_3$$

$$K_c = \frac{c(Ag^+) \cdot c^2(NH_3)}{c([Ag(NH_3)_2]^+)} = 7{,}94 \cdot 10^{-8} \frac{mol}{l}$$

Beispiel 2:

$$CH_3COOH + C_2H_5OH \rightleftharpoons CH_3\text{–}\underset{\underset{\displaystyle O}{\|}}{C}\text{–}O\text{–}C_2H_5 + H_2O$$

$$K_c = \frac{c(\text{Ester}) \cdot c(\text{Wasser})}{c(\text{Säure}) \cdot c(\text{Alkohol})} = 4$$

Das Zerfallsgleichgewicht des Diammin-Silber-Komplexes liegt in wäßriger Phase ganz auf der Seite des stabilen Komplexes, während der molare Esteranteil nach Einstellung des Veresterungsgleichgewichtes überwiegt.

Versuch zum Estergleichgewicht

a) **Esterbildung:** In einem Zweihals-Kolben (250 ml) werden 1 mol Ethanol, 60 ml Aceton (als Lösemittel) und 0,4 ml konzentrierte Schwefelsäure (als Katalysator) unter Rückfluß zum Sieden erhitzt und dann mit 1 mol Eisessig gleicher Temperatur versetzt. Das Gemisch wird in Abständen von 10 Minuten auf seine Essigsäurekonzentration durch Titration mit NaOH untersucht.

b) **Esterspaltung:** In einem zweiten Kolben wird 1 mol Essigsäureethylester mit 60 ml Aceton und 0,6 ml konzentrierter Schwefelsäure unter Rückfluß erhitzt und anschließend mit 1 mol Wasser von 75° C versetzt. Die Konzentrationszunahme von Essigsäure wird durch Titration mit NaOH ermittelt.

Versuchsergebnis:

Zeit in Minuten	Esterbildung		Esterspaltung	
	Verbrauch ml NaOH $c(NaOH) = 1 \frac{mol}{l}$	mol/l CH_3COOH	Verbrauch ml NaOH $c(NaOH) = 1 \frac{mol}{l}$	mol/l CH_3COOH
10	16,2	3,25	1,1	0,22
20	14,8	2,96	2,0	0,40
30	13,2	2,46	2,8	0,56
40	12,1	2,42	3,6	0,72
50	11,5	2,30	4,4	0,88
60	11,1	2,22	5,1	1,02
80	10,3	2,06	6,4	1,28
110	9,9	1,98	7,9	1,58
140	9,7	1,94	8,8	1,76
170	9,5	1,90	9,2	1,84
200	9,5	1,90	9,4	1,88
230	9,5	1,90	9,4	1,88

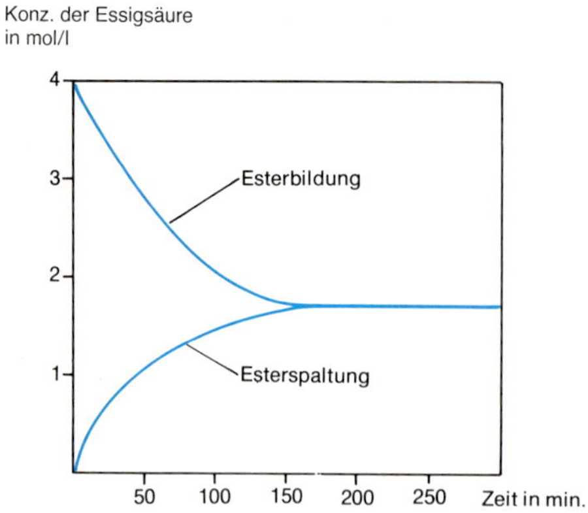

Abb. 185 Zeitlicher Verlauf der Esterbildung und Esterspaltung

Rechenbeispiel zum Estergleichgewicht

Wenn man 1 mol Ethanol und 1 mol Essigsäure reagieren läßt, so erhält man im Gleichgewicht $\frac{2}{3}$ mol Ester und $\frac{2}{3}$ mol Wasser.

a) Wie groß ist die Gleichgewichtskonstante K?
b) Wieviel mol Essigsäure erhält man, wenn man bei gleicher Temperatur 1 mol Ester mit 1 mol Wasser umsetzt?

Lösung zu a):

Wenn bei der Reaktion $\frac{2}{3}$ mol Ester gebildet werden, so müssen aufgrund der Reaktionsgleichung auch je $\frac{2}{3}$ mol Essigsäure und Ethanol verbraucht worden sein. Bei Erreichen des Gleichgewichtszustandes können nur noch je $\frac{1}{3}$ mol Ethanol und Essigsäure vorliegen.

$$K_c = \frac{c(\text{Ester}) \cdot c(\text{Wasser})}{c(\text{Säure}) \cdot c(\text{Alkohol})} = \frac{\frac{2}{3} \cdot \frac{2}{3}}{\frac{1}{3} \cdot \frac{1}{3}} = 4$$

Lösung zu b):

Wenn x mol Ester gespalten werden, bleibt im Gleichgewicht eine Menge von (1–x) mol Ester und Wasser zurück, und es werden je x mol Säure und Alkohol gebildet, wenn die gleiche Temperatur wie bei a) vorliegt.

CH_3COOH	+	$C_2H_5OH \rightleftharpoons$	$CH_3{-}CO{-}OC_2H_5$	+	H_2O	
—		—	1 mol		1 mol	vorher
x mol		x mol	(1–x) mol		(1–x) mol	im Gleichgewicht

$$\frac{(1-x) \cdot (1-x)}{x \cdot x} = 4 \qquad x = \frac{1}{3}$$

Es liegen somit im Gleichgewicht je $\frac{1}{3}$ mol Säure und Alkohol mit je $\frac{2}{3}$ mol Ester und Wasser vor.

Gasgleichgewichte

Verläuft eine Gleichgewichtsreaktion in der Gasphase, wie z. B. bei der Ammoniaksynthese,

$$\underset{\text{gasf.}}{3H_2} + \underset{\text{gasf.}}{N_2} \rightleftharpoons \underset{\text{gasf.}}{2NH_3}$$

dann wird zur Berechnung der Gleichgewichtskonstanten gewöhnlich nicht die Konzentration, sondern der jeweilige Partialdruck eingesetzt:

$$K_c = \frac{c^2(NH_3)}{c^3(H_2) \cdot c(N_2)}$$

$$K_p = \frac{p^2(NH_3)}{p^3(H_2) \cdot p(N_2)}$$

$p(NH_3)$ = Partialdruck von Ammoniak
$p(H_2)$ = Partialdruck von Wasserstoff
$p(N_2)$ = Partialdruck von Stickstoff

3.2.3 Verschiebung der Gleichgewichte durch Änderung der Konzentration und des Druckes

Erhöht man bei einer sich im Gleichgewicht befindlichen Reaktion bei gleichbleibender Temperatur die Konzentration eines beteiligten Ausgangsstoffes, dann werden dessen Teilchen öfter in Zusammenstöße verwickelt und reagieren häufiger. Die Reaktionsgeschwindigkeit in Richtung der Endprodukte erhöht sich. Dies hat zwei Folgen:

a) die ursprünglich erhöhte Konzentration des Ausgangsstoffes vermindert sich;
b) die Konzentration der Endprodukte steigt.

Das Gleichgewicht verschiebt sich also derart, daß die Konzentrationserhöhung des zugesetzten Ausgangsstoffes ausgeglichen wird und mehr Endprodukt im Gleichgewicht vorliegt.

Eine Verringerung der Konzentration eines Ausgangsproduktes setzt die Zahl der wirksamen Zusammenstöße, durch die die Endprodukte gebildet werden, herab. Die Reaktionsgeschwindigkeit in Richtung auf die Endprodukte wird kleiner, während die Reaktion in der Gegenrichtung zunächst noch in unverminderter Geschwindigkeit abläuft.

Es wird wegen dieser größeren Rückreaktionsgeschwindigkeit mehr Ausgangsprodukt gebildet, bis sich ein neues Gleichgewicht einstellt.

Ein bemerkenswertes Beispiel für die Umkehrbarkeit einer Reaktion durch Änderung der Konzentration ist:

$$Na_2CO_3 + CaCl_2 \rightleftharpoons CaCO_3 + 2\,NaCl$$

Beim Sodaauszug der qualitativen Analyse wird ein großer Überschuß an Na_2CO_3 angewendet. Die Folge ist eine praktisch vollständige Ausfällung der Calciumionen als $CaCO_3$.

An den Salzseen Afrikas und Amerikas dagegen kommt es zu Ablagerungen von Na_2CO_3 als Folge der großen Natriumchlorid-Konzentration im Wasser.

Bei Gasreaktionen wirkt eine Druckerhöhung wie eine Konzentrationserhöhung, weil beim Komprimieren die Teilchenzahl pro Volumeneinheit größer wird. Nimmt nun im Verlauf einer Gasreaktion die Molzahl (≙ Teilchenzahl) ab, so wirkt Druckerhöhung wie eine Erhöhung der Konzentration der Ausgangsstoffe. Eine technisch bedeutsame Anwendung dieser Art der Gleichgewichtsverschiebung ist die Ammoniak-Synthese:

$$N_2 + 3\,H_2 \rightleftharpoons 2\,NH_3$$

Wie die Reaktionsgleichung zeigt, verringert sich bei der Hydrierung die Molzahl. Durch Druckanwendung verschiebt sich das Gleichgewicht in Richtung auf eine Volumenverminderung und damit zu einer Erhöhung der NH_3-Ausbeute.

Bei der Reaktion

$$CO + H_2O_{Dampf} \rightleftharpoons CO_2 + H_2$$

ändert sich das Gesamtvolumen nicht, weil keine Änderung der Molzahl eintritt. Eine Druckerhöhung bedeutet hier sowohl für die Ausgangsstoffe Kohlenmonoxid und Wasserdampf als auch für die Produkte eine gleichgroße Zunahme der Konzentration.

Mischt man aber mehr Wasserdampf zu, erhöht man also den Partialdruck des Wasserdampfs, so wird ein größerer Anteil des Kohlenmonoxids umgesetzt, das Gleichgewicht wird weiter nach rechts verschoben.

Die quantitativen Auswirkungen von Konzentrationsänderungen lassen sich mit dem Massenwirkungsgesetz berechnen.

Aufgabenbeispiel:

Es soll die Estermenge berechnet werden, die man bei der Veresterung von 1 mol Essigsäure mit 10 mol Ethanol erhält. Die Konstante K_c ist gleich 4.

Lösung:

Bei Einsatz gleicher Mengen Säure und Alkohol erhält man 66,7% Esterausbeute. Unter den neuen Voraussetzungen erhält man x mol Ester und x mol Wasser, während die Konzentration der Ausgangsstoffe um diese Werte abnimmt. Im Gleichgewichtszustand ist die Konzentration für Ethanol (10–x) mol und für Essigsäure (1–x) mol.

	C_2H_5OH	+ $CH_3COOH \rightleftharpoons$	$CH_3\text{-}CO\text{-}OC_2H_5$	+ H_2O
voher	10 mol	1 mol	—	—
im Gleichgewicht	(10–x) mol	(1–x) mol	x mol	x mol

Nach Einsetzen dieser Werte in das Massenwirkungsgesetz erhält man:

$$K_c = \frac{x \cdot x}{(10-x) \cdot (1-x)} = 4 \qquad x = 0{,}973$$

Es entstehen 0,973 mol Ester. Bezogen auf die eingesetzte Essigsäure ist die Esterausbeute 97,3%.

3.2.4 Temperaturabhängigkeit des Gleichgewichtes[1])

Die in einem Gleichgewicht befindlichen Teilchen der Reaktionspartner führen regellose Wärmebewegungen aus. Diese Wärmebewegung bedingt, daß jedes Atom die Möglichkeit oder die Tendenz hat, seinen gegenwärtigen Bindungszustand zu verlassen und in einen anderen überzugehen (Fluchttendenz). Ist ein Atom mit einem anderen verbunden, so kann es durch einen heftigen Stoß in Freiheit gesetzt werden. Umgekehrt können solche entstandenen Einzelatome durch energieärmere Zusammenstöße Verbindungen eingehen. Weitere nicht zu starke Zusammenstöße können dazu führen, daß ein größeres Molekül aufgebaut wird. Der Zufall solcher Zusammenstöße bewirkt, daß alle Möglichkeiten nebeneinander vorliegen können.

Beobachtungen zeigen: Bei Temperaturerhöhung werden überwiegend solche Reaktionen begünstigt, bei denen die zugeführte Wärmeenergie in chemische Energie der Produkte umgewandelt und so verbraucht wird. Solche Reaktionen heißen endotherme Reaktionen. Sie können Aufbau- und Spaltreaktionen sein. Umgekehrt werden Reaktionen, in deren Verlauf Wärmeenergie frei wird, sogenannte exotherme Reaktionen, durch Wärmeentzug und Temperaturerniedrigung begünstigt. Nun ist von den beiden gegenläufigen Reaktionen, die zum Gleichgewichtszustand führen, immer eine exotherm und die andere endotherm.

Bei Temperaturerhöhung stellt sich der Gleichgewichtszustand so ein, daß die endotherme Reaktion in größerem Umfang abgelaufen ist.

[1]) Zur Temperaturabhängigkeit der Reaktionsgeschwindigkeit vgl. Seite 239.

Bei Temperaturerniedrigung wird das Gleichgewicht umgekehrt zu den Substanzen hin verschoben, deren Bildung mit Wärmeabgabe verbunden ist. Bei Temperaturerhöhung verschieben sich die Gleichgewichte

$$A + B \rightleftharpoons C + D \text{ (exotherm) nach links,}$$
$$X + Y \rightleftharpoons Z + U \text{ (endotherm) nach rechts.}$$

Eine sehr starke Temperaturerhöhung bewirkt viel größere Bewegungsenergie der Teilchen. Die Zusammenstöße werden viel energiereicher. Solchen heftigen Zusammenstößen können schwächere Bindungen zwischen den Atomen aber nicht mehr standhalten, während festere Bindungen durchaus erhalten bleiben. Bei höheren Temperaturen wird man daher im Reaktionsraum weit weniger lockere Bindungen und dafür viel mehr stabile Bindungen antreffen. Bei sehr hohen Temperaturen finden wir deshalb überwiegend freie Einzelatome, daneben höchstens noch sehr stabile kleine Moleküle, wie z. B. zweiatomige Gase (Beispiel 1). Solche kleinen Bruchstücke (z. B. freie N-Atome) können unter Umständen sehr stabile Bindungen untereinander eingehen, die dann sogar den extrem heftigen Zusammenstößen mit anderen Teilchen bei den sehr hohen Temperaturen standhalten. So bilden z. B. die einzelnen N-Atome N_2-Moleküle mit der sehr starken $N \equiv N$-Dreifachbindung. In analoger Weise entsteht aus den Bruchstücken des Methans im elektrischen Lichtbogen die stabilere $C \equiv C$-Dreifachbindung des Ethins (Beispiel 2, S. 212). Sind die Temperaturen nicht so extrem hoch, so steigt die Wahrscheinlichkeit, immer mehr weniger feste Bindungen im Reaktionsraum anzutreffen (Beispiel 3, Cracken, und Beispiel 4, S. 212).

Bei sehr niedrigen Temperaturen können sich dagegen sehr viel lockere Bindungen neben starken Bindungen halten. So können sich z. B. bei −200° C in flüssiger Luft neben den starken Bindungen der O_2- und N_2-Moleküle die schwachen zwischenmolekularen Bindungen halten, die die einzelnen Moleküle in der Flüssigkeit beieinanderhalten. Entsprechend können bei Raumtemperatur viele Wasserstoffbrücken im Wasser den Teilchenzusammenstößen wenigstens eine Zeit lang standhalten, so daß es immer eine große Zahl dieser schwachen Bindungen im flüssigen Zustand des Wassers gibt.

Bei hohen Temperaturen verlagert sich ein im Gleichgewicht befindliches System derart, daß sich kleine Moleküle mit starken Bindungen im System anreichern, Stoffe mit geringen Bindekräften dagegen in ihrer Konzentration vermindern.

Wird die Temperatur noch stärker erhöht, so werden auch stabilere, kleine Moleküle in Atome und Atome in Kationen und Elektronen zerschlagen. Geschieht dies in erheblichem Umfang, so spricht man vom Plasmazustand, einem vierten Aggregatzustand.

Beispiele:

1. Thermische Dissoziation des Wassers:

$$2\,H_2O \underset{\text{exotherm}}{\overset{\text{endotherm}}{\rightleftharpoons}} 2\,H_2 + O_2$$

Das Zerstören von Bindungen im Wasser erfordert Energie. Wird diese in Form von Wärmeenergie bereitgestellt, so verschiebt sich das Gleichgewicht in Richtung auf die Spaltprodukte.

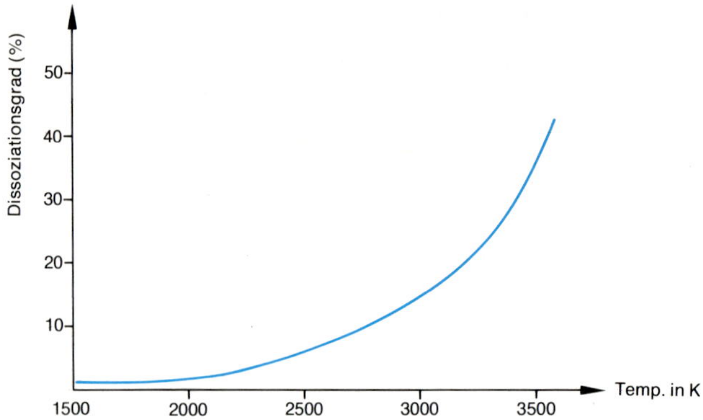

Abb. 186 Thermische Dissoziation des Wasserdampfes

2. Pyrolyse von Methan

$$2\,CH_4 \xrightleftharpoons{\text{endotherm}} C_2H_2 + 3\,H_2$$

Bei hoher Temperatur vergrößert sich der Anteil der stabilen Bindungen.

3. Thermisches Cracken

gesättigte Kohlenwasserstoffe $\xrightleftharpoons{\text{endotherm}}$ Crackprodukte (vor allem: Methan, Ethen, Propen, C_4-Kohlenwasserstoffe, Aromaten, Ruß, Wasserstoff)

Viele weniger stabile C–C- und C–H-Bindungen werden zerstört. Es reichern sich im Gleichgewichtsreaktionsraum kleine Bruchstücke (C, H_2, Methan), aber auch größere Moleküle mit stabileren Bindungen (aromatische Kohlenstoffverbindungen) an.

4. $$2\,SO_2 + O_2 \xrightleftharpoons[\text{endotherm}]{\text{exotherm}} 2\,SO_3$$

Bei höherer Temperatur (z. B. 1000 °C) vergrößert sich der Anteil der kleineren und stabileren Moleküle SO_2 und O_2.

5. Verdampfen und Kondensieren von Wasser

$$H_2O\,(fl.) \xrightleftharpoons[\text{exotherm}]{\text{endotherm}} H_2O(g.)$$

Beim Verdampfen von flüssigem Wasser werden die zwischenmolekularen lockeren Bindungen gelöst. Das Gleichgewicht verschiebt sich dadurch bei höherer Temperatur auf die Seite frei beweglicher Einzelmoleküle des Wassers.

3.2.5 Das Prinzip der Flucht vor dem Zwang

Die Beispiele für die Einflüsse von Konzentrations-, Druck- und Temperaturänderungen auf Gleichgewichte zeigen ein gemeinsames Merkmal. Dieses Merkmal ist die Fluchttendenz oder die Verschiebbarkeit einer im Gleichgewicht befindlichen Reaktion. Nach dem Entdecker nennt man es auch Le Chatelier-Prinzip:

Übt man auf ein System, das sich im Gleichgewicht befindet, durch Änderung der äußeren Bedingungen (Konzentration, Druck, Temperatur) einen Zwang aus, so verschiebt sich die Lage des Gleichgewichts derart, daß der äußere Zwang auf ein Minimum reduziert wird. Das System weicht dem Zwang aus.

3.2.6 Ionengleichgewichte

Säuren, Hydroxide und Salze sind drei Stoffgruppen, die als Elektrolyte bezeichnet werden. Es sind Stoffe, die bereits im festen Zustand aus Ionen aufgebaut sind (echte Elektrolyte) oder erst durch Reaktion mit dem Lösemittel (Wasser) Ionen bilden. Bei starken Elektrolyten liegen in wäßriger Lösung alle Teilchen als Ionen vor, während sich bei schwachen Elektrolyten ein Gleichgewichtszustand zwischen undissoziierten und dissoziierten Teilchen bildet.

Ionenprodukt des Wassers

Durch Leitfähigkeitsmessung kann man feststellen, daß doppelt destilliertes Wasser eine sehr geringe elektrische Leitfähigkeit besitzt. Diese geringe Leitfähigkeit beruht auf der Anwesenheit von Ionen, die durch Selbstprotolyse des Wassers (= Eigendissoziation) entstanden sind.

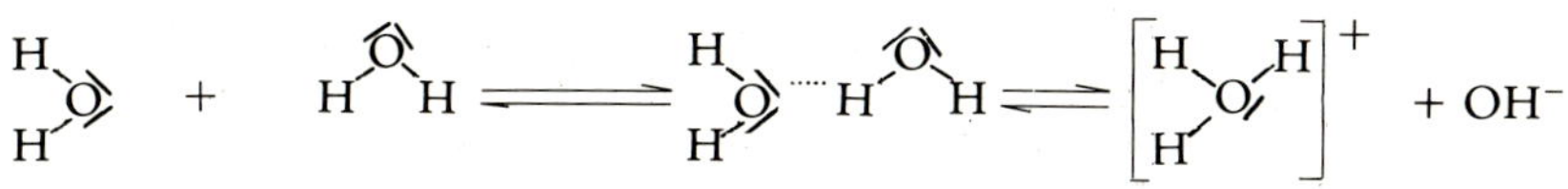

$$2\,H_2O \rightleftharpoons [H_3O]^+ \quad + OH^-$$

Die Gleichgewichtskonstante errechnet man aus:

$$\frac{c(H_3O^+) \cdot c(OH^-)}{c^2(H_2O)} = K_c$$

Die Wasserkonzentration kann als konstant angesehen werden (55,6 mol/l). Daher kann man die Gleichgewichtskonstante K und die Wasserkonzentration zu einer neuen Konstante zusammenfassen.

$$c(H_3O^+) \cdot c(OH^-) = K \cdot c^2(H_2O) = K_W$$

$$c(H_3O^+) \cdot c(OH^-) = K_W$$

Dieses Produkt bezeichnet man als das Ionenprodukt des Wassers.

$$c(H_3O^+) \cdot c(OH^-) = 10^{-14}\ \frac{mol^2}{Liter^2} \quad \text{bei 24 °C}$$

Im neutralen Wasser entstehen durch Eigendissoziation gleichviele H_3O^+- und OH^--Ionen.

$$c(H_3O^+) = c(OH^-)$$

$$c^2(H_3O^+) = 10^{-14} \left(\frac{mol}{l}\right)^2$$

$$c(H_3O^+) = c(OH^-) = 10^{-7}\ mol/l$$

Das Ionenprodukt des Wassers ist wie alle Gleichgewichtskonstanten von der Temperatur abhängig. Da die Dissoziation (= Selbstprotolyse) des Wassers $2H_2O \rightleftharpoons H_3O^+ + OH^-$ ein endothermer Vorgang ist, wird das Ionenprodukt des Wassers mit steigender Temperatur größer.

Tabelle 41: Temperaturabhängigkeit der Selbstprotolyse des Wassers

Temperatur in °C	K_W in $\frac{mol^2}{Liter^2}$	$c(H_3O^+) = c(OH^-)$ in $\frac{mol}{l}$
0	$0{,}116 \cdot 10^{-14}$	$0{,}34 \cdot 10^{-7}$
18	$0{,}608 \cdot 10^{-14}$	$0{,}78 \cdot 10^{-7}$
25	$1{,}103 \cdot 10^{-14}$	$1{,}05 \cdot 10^{-7}$
50	$5{,}954 \cdot 10^{-14}$	$2{,}44 \cdot 10^{-7}$
100	$59{,}29 \cdot 10^{-14}$	$7{,}7 \cdot 10^{-7}$
1 000¹)	$1 \cdot 10^{-7}$	$3{,}2 \cdot 10^{-4}$

Außerdem läßt sich, ebenfalls charakteristisch für Gleichgewichte, durch Konzentrationserhöhung eines Partners die Konzentration des anderen am Gleichgewichtszustand beteiligten Stoffes beeinflussen.

Setzt man zu Wasser bei Zimmertemperatur eine Säure zu, so erhöht sich die H_3O^+-Konzentration, während die OH^--Konzentration aufgrund der Bildung von undissoziiertem Wasser abnimmt. Der Wert des Ionenproduktes von 10^{-14} bleibt erhalten, denn nur Temperaturänderungen, nicht aber Konzentrationsänderungen führen zu einem neuen Zahlenwert für die Konstante K_W.

Ideal verdünnte Lösungen

Wasser, das durch Selbstprotolyse eine äußerst geringe Konzentration an Ionen enthält ($c(H_3O^+) = 1 \cdot 10^{-7} \frac{mol}{l}$), ist ein Beispiel für eine ideale Lösung. Ideale Lösung bedeutet ideal verdünnte Lösung. Im Gegensatz zu konzentrierteren Lösungen, meist $c > 0{,}01$ mol/l, liegen in idealen Lösungen die Ionen oder Moleküle des gelösten Stoffes einzeln und nicht in Form von Ionen- oder Molekülschwärmen vor. Das lockere Aneinanderhaften der Teilchen hat zur Folge, daß die Lösung für Messungen nach der Gleichgewichtslehre, nach der Gefrierpunkterniedrigung usw. weniger konzentriert erscheinen, als ihrer Einwaage entspricht. Die „Aktivität“ solcher Lösungen ist kleiner als ihre Stoffmengen- oder Äquivalentkonzentration.

Für Überschlagsrechnungen – solche sind es dann auch nur! – setzt man aber auch in konzentrierteren Lösungen, z.B. $c = 1$ mol/l, die Aktivität mit der Stoffmengen- oder Äquivalentkonzentration gleich.

Der pH-Wert

Die H_3O^+-Konzentration spielt bei vielen chemischen Prozessen eine wichtige Rolle. Zur Angabe dieser Konzentration hat man den pH-Wert eingeführt.

Der pH-Wert ist der negative dekadische Logarithmus der Hydroniumionenkonzentration in Mol pro Liter.

$$pH = -\lg c(H_3O^+) \text{ oder } c(H_3O^+) = 10^{-pH}$$

Entsprechend wird die OH^--Konzentration als pOH-Wert angegeben:

$$pOH = -\lg c(OH^-)$$

¹) In diesem überkritischen Zustand ist ein Druck von 10 kbar erforderlich, um die „normale“ Dichte von $1\ g \cdot cm^{-3}$ zu erzeugen.

Das Ionenprodukt des Wassers

$$c(H_3O^+) \cdot c(OH^-) = 10^{-14}$$

lautet logarithmiert

$$\lg c(H_3O^+) + \lg c(OH^-) = -14$$

und mit −1 multipliziert

$$pH + pOH = 14$$

In wäßrigen Lösungen gilt:

$c(H_3O^+) > c(OH^-)$ bzw. $pH < 7 \Rightarrow$ saure Reaktion
$c(H_3O^+) = c(OH^-)$ bzw. $pH = 7 \Rightarrow$ neutrale Reaktion
$c(H_3O^+) < c(OH^-)$ bzw. $pH > 7 \Rightarrow$ alkalische Reaktion

Tabelle 42: Zusammenhang zwischen Äquivalentkonzentration einer starken Säure bzw. Lauge und dem pH-Wert

Äquivalentkonzentration	$c(H_3O^+)$	$c(OH^-)$	pH	pOH
$c(\frac{1}{1}HCl) = 1\ mol \cdot l^{-1}$	10^0	10^{-14}	0	14
$c(\frac{1}{1}HCl) = 0{,}1\ mol \cdot l^{-1}$	10^{-1}	10^{-13}	1	13
$c(\frac{1}{1}HCl) = 0{,}01\ mol \cdot l^{-1}$	10^{-2}	10^{-12}	2	12
$c(\frac{1}{1}HCl) = 0{,}001\ mol \cdot l^{-1}$	10^{-3}	10^{-11}	3	11
.	.	.	.	.
.	.	.	.	.
.	.	.	.	.
.	.	.	.	.
reines Wasser	10^{-7}	10^{-7}	7	7
.	.	.	.	.
.	.	.	.	.
.	.	.	.	.
$c(\frac{1}{1}NaOH) = 0{,}001\ mol \cdot l^{-1}$	10^{-11}	10^{-3}	11	3
$c(\frac{1}{1}NaOH) = 0{,}01\ mol \cdot l^{-1}$	10^{-12}	10^{-2}	12	2
$c(\frac{1}{1}NaOH) = 0{,}1\ mol \cdot l^{-1}$	10^{-13}	10^{-1}	13	1
$c(\frac{1}{1}NaOH) = 1\ mol \cdot l^{-1}$	10^{-14}	10^0	14	0

Protolysekonstante und pH-Wert schwacher Elektrolyte

Eine Essigsäure mit der Stoffmengenkonzentration $c(HAc) = 1\ mol \cdot l^{-1}$ enthält nicht 1 mol H_3O^+-Ionen pro Liter, da der Protolysegrad α (= Dissoziationsgrad) sehr klein ist.

$$HAc + H_2O \rightleftharpoons H_3O^+ + Ac^- \quad (1)$$

(Zur Schreibweise: HAc = Essigsäure, Ac^- = Acetation)
bzw. in alter Schreibweise als Dissoziation

$$HAc \rightleftharpoons H^+ + Ac^- \quad (2)$$

Gleichung (1) beschreibt die tatsächlich ablaufende Protolysereaktion, während Gleichung (2) die Dissoziation der Essigsäure darstellt. In der alten Schreibweise fehlt das Wasser als auslösender Reaktionspartner der Dissoziation.

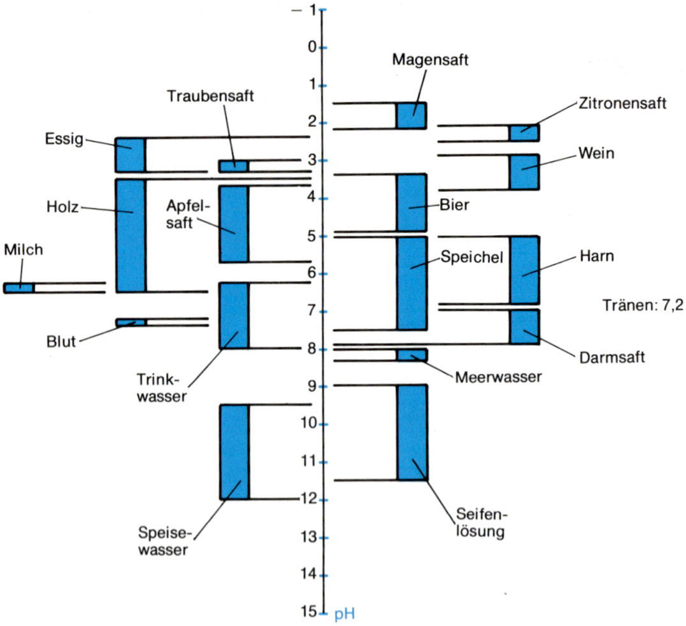

Abb. 187 pH-Werte verschiedener Stoffe

Da beide Arten der Darstellung heute noch verwendet werden, sollen sie nebeneinander gestellt werden:

<table>
<tr><th>Dissoziation</th><th>Protolyse</th></tr>
<tr><td>Das Massenwirkungsgesetz für Gleichung (2) lautet:
$$\frac{c(H^+) \cdot c(Ac^-)}{c(HAc)} = K_c$$
Die Konstante K heißt Dissoziationskonstante.
Sie hat den Wert für Essigsäure
$$K_c = 1{,}75 \cdot 10^{-5}\ \frac{mol}{l}\ \text{bei}\ 25°\ C$$</td><td>Das Massenwirkungsgesetz für Gleichung (1) lautet:
$$\frac{c(H_3O^+) \cdot c(Ac^-)}{c(HAc) \cdot c(H_2O)} = K'_c$$
Da man in verdünnten Lösungen die Wasserkonzentration als konstant ansehen kann, kann man diese mit der Konstanten K′ zusammenfassen zu einer neuen Konstanten.
$$\frac{c(H_3O^+) \cdot c(Ac^-)}{c(HAc)} = K' \cdot c(H_2O) = K_c$$
Die Konstante K_c heißt Protolysekonstante.</td></tr>
<tr><td colspan="2">Aus dem Vergleich ergibt sich, daß Dissoziationskonstante und Protolysekonsante den gleichen Wert haben.</td></tr>
</table>

Es ist zu beachten, daß hier c(HAc) nur für die Konzentration an nicht protolysierter Essigsäure steht und nicht wie in der Maßanalyse für die Gesamtkonzentration der Säure.

Bilden sich im Verlauf einer Protolyse H_3O^+-Ionen, so heißt die Gleichgewichtskonstante K_s = Säurekonstante.

$$HAc + H_2O \rightleftharpoons H_3O^+ + Ac^-$$

$$K_s = \frac{c(H_3O^+) \cdot c(Ac^-)}{c(HAc)}$$

Bilden sich im Verlauf einer Protolyse OH^--Ionen, so heißt die Gleichgewichtskonstante K_B = Basenkonstante.

$$Ac^- + H_2O \rightleftharpoons HAc + OH^-$$

$$K_B = \frac{c(OH^-) \cdot c(HAc)}{c(Ac^-)}$$

Für ein zusammengehörendes Säure-Base-Paar, im obigen Beispiel Essigsäure/Acetationen, ergibt sich folgender Zusammenhang zwischen K_S und K_B:

$$K_S \cdot K_B = \frac{c(H_3O^+) \cdot c(Ac^-)}{c(HAc)} \cdot \frac{c(OH^-) \cdot c(HAc)}{c(Ac^-)} \quad \text{(kürzen)}$$

$$K_S \cdot K_B = c(H_3O^+) \cdot c(OH^-)$$

$$K_S \cdot K_B = K_W = 10^{-14} \left(\frac{mol}{l}\right)^2$$

Da K_S und K_B für schwach protolysierte Stoffe sehr kleine Zahlenwerte sind, gibt man häufig nur ihren negativen dekadischen Logarithmus an. Diese negativen Exponenten zur Basis 10 nennt man pK_S- und pK_B-Werte.

Demnach gilt für ein zusammengehörendes Säure-Base-Paar:

$$pK_S + pK_B = 14$$

Tabelle 43: Säure- und Basenkonstante für wäßrige Lösungen bei 25° C

pK_B	Gleichgewichtsreaktion					pK_S
12,08	HSO_4^-	$+ H_2O$	$\rightleftharpoons$	H_3O^+	$+ SO_4^{2-}$	1,92
12,04	H_2SO_3	$+ H_2O$	$\rightleftharpoons$	H_3O^+	$+ HSO_3^-$	1,96
12,04	H_3PO_4	$+ H_2O$	$\rightleftharpoons$	H_3O^+	$+ H_2PO_4^-$	1,96
6,79	$H_2PO_4^-$	$+ H_2O$	$\rightleftharpoons$	H_3O^+	$+ HPO_4^{2-}$	7,21
1,68	HPO_4^{2-}	$+ H_2O$	$\rightleftharpoons$	H_3O^+	$+ PO_4^{3-}$	12,32
20	HCl	$+ H_2O$	$\rightleftharpoons$	H_3O^+	$+ Cl^-$	−6
4,79	NH_4^+	$+ H_2O$	$\rightleftharpoons$	H_3O^+	$+ NH_3$	9,21
6,94	H_2S	$+ H_2O$	$\rightleftharpoons$	H_3O^+	$+ HS^-$	7,06
1,1	HS^-	$+ H_2O$	$\rightleftharpoons$	H_3O^+	$+ S^{2-}$	12,9
9,24	CH_3COOH	$+ H_2O$	$\rightleftharpoons$	H_3O^+	$+ CH_3COO^-$	4,76

Aus dem Protolysegleichgewicht der Essigsäure läßt sich der pH-Wert von Essigsäurelösungen berechnen.

In reiner Essigsäurelösung sind die Stoffmengenkonzentrationen von H_3/O^+-Ionen und Ac^--Ionen gleich.

$$C(H_3O^+) = c(Ac^-)$$

Die Konzentration an undissoziierter Essigsäure im Gleichgewichtszustand ist:

$$c(HAc) = c - c(H_3O^+)$$

(c = Gesamtkonzentration an Säure)

Setzt man diese Ausdrücke zur Berechnung der Gleichgewichtslage ein, so ergibt sich:

$$\frac{c(H_3O^+) \cdot c(H_3O^+)}{c - c(H_3O^+)} = K$$

Daraus läßt sich $c(H_3O^+)$ berechnen (Gleichung 2. Grades). Dieser Rechenweg läßt sich aber durch folgende Überlegung sehr vereinfachen: Die H_3O^+-Konzentration ist bei sehr kleinem Dissoziationsgrad α verschwindend gering gegenüber der Konzentration an undissoziierter Säure. Praktisch die gesamte Säure liegt in Form undissoziierter Essigsäure vor. Daher kann man, ohne daß der Fehler groß wird, den undissoziierten Anteil c(HAc) und die Gesamtkonzentration c gleichsetzen.

$$c(HAc) \approx c$$

Dann vereinfacht sich der Ausdruck:

$$\frac{c(H_3O^+) \cdot c(H_3O^+)}{c} \approx K$$

$$c(H_3O^+) \approx \sqrt{K \cdot c}$$

Beispielaufgabe 1:

Der pH-Wert einer Essigsäure mit der Stoffmengenkonzentration c(Essigsäure) = $0{,}1 \frac{mol}{l}$ ist zu berechnen.

$$c(H_3O^+) \approx \sqrt{K \cdot c \left(\frac{mol}{l}\right)^2} \qquad c(\text{Essigsäure}) = 0{,}1 \frac{mol}{l}$$

$$c(H_3O^+) \approx \sqrt{0{,}1 \cdot 1{,}75 \cdot 10^{-5} \left(\frac{mol}{l}\right)^2} \qquad K = 1{,}75 \cdot 10^{-5} \frac{mol}{l}$$

$$c(H_3O^+) \approx 1{,}32 \cdot 10^{-3} \frac{mol}{l}$$

$$c(H_3O^+) \approx 10^{0,121} \cdot 10^{-3} \frac{mol}{l}$$

$$c(H_3O^+) \approx 10^{-2,879} \frac{mol}{l}$$

$$pH \approx 2{,}88$$

Zum Vergleich:

pH-Wert mit Vereinfachung berechnet = 2,8785,
pH-Wert ohne Vereinfachung berechnet = 2,8814.

Beispielaufgabe 2:

Der pH-Wert einer Natriumacetatlösung mit der Stoffmengenkonzentration c(NaAc) = $1 \frac{mol}{l}$ ist zu berechnen.

Aus dem Protolysegleichgewicht $Ac^- + H_2O \rightleftharpoons OH^- + HAc$ ergibt sich

$$K_B = \frac{c(OH^-) \cdot c(HAc)}{c(Ac^-)} = \frac{c^2(OH^-)}{c(Ac^-)}$$

Da CH_3COO^- eine schwache Base ist und nur in geringem Umfang mit Wasser reagiert, kann man die Gleichgewichtskonzentration $c(Ac^-) \approx c$ setzen. c ist die Gesamtkonzentration an Natriumacetat aus der Einwaage.

$$K_B \approx \frac{c^2(OH^-)}{c}$$

$$c(OH^-) \approx \sqrt{K_B \cdot c}$$

$$c(OH^-) \approx \sqrt{10^{-9,25}\,\frac{mol}{l} \cdot 1\,\frac{mol}{l}}$$

$$c(OH^-) \approx 10^{-4,625}\,\frac{mol}{l}$$

$$pOH \approx 4,625$$

$$\underline{\underline{pH \approx 9,4}}$$

Zusammenhang zwischen Protolysegrad α und Protolysekonstante K

Der Protolysegrad α ist das Verhältnis von protolysiertem Anteil zur Gesamtkonzentration vor Beginn der Protolyse.

$$\alpha = \frac{\text{protolysierte Teilchen}}{\text{Gesamtzahl der Teilchen vor Beginn der Protolyse}}$$

In einer Essigsäurelösung mit c(Essigsäure) = 0,1 mol · l^{-1} sind von ursprünglich 1000 Essigsäure-Molekülen 13 protolysiert (= dissoziiert). α ist demnach 0,013 oder 1,3 %.

	HAc	+	H_2O	$\rightleftharpoons$	H_3O^+	+	Ac^-
Konzentration vor der Protolyse	c				—		—
im Gleichgewicht	$c - \alpha \cdot c$				$\alpha \cdot c$		$\alpha \cdot c$

Die Gleichgewichtskonstante K_S für diese Protolyse ist

$$K_S = \frac{c(H_3O^+) \cdot c(Ac^-)}{c(HAc)} = \frac{\alpha \cdot c \cdot \alpha \cdot c}{c(1-\alpha)} \text{ und gekürzt}$$

$$K_S = \frac{\alpha^2 \cdot c}{1-\alpha}$$

Diese Gleichung heißt Ostwaldsches Verdünnungsgesetz.

Wenn α sehr klein ist, dann ist im Nenner $1-\alpha \approx 1$.

Für sehr schwache Elektrolyte kann man daher mit guter Näherung schreiben:

$$\alpha^2 \cdot c \approx K$$

$$\alpha \approx \sqrt{\frac{K}{c}}$$

In der Tabelle sind mit Hilfe dieser Gleichung die Dissoziationsgrade verschiedener Essigsäurelösungen berechnet worden.

Tabelle 44: Dissoziationsgrad bei verschiedener Essigsäurekonzentration

Stoffmengenkonzentration	Dissoziationsgrad = Protolysegrad
c(Essigsäure) = 1 $mol \cdot l^{-1}$	$0{,}417 \cdot 10^{-2}$
c(Essigsäure) = 0,1 $mol \cdot l^{-1}$	$1{,}32 \cdot 10^{-2}$
c(Essigsäure) = 0,01 $mol \cdot l^{-1}$	$4{,}17 \cdot 10^{-2}$
c(Essigsäure) = 0,001 $mol \cdot l^{-1}$	$13{,}2 \cdot 10^{-2}$

Bestimmung der Protolysekonstanten durch Titration

Die Protolysekonstante einer schwachen Säure oder Base kann durch pH-Messung, durch Leitfähigkeitsmessungen oder durch Titration bestimmt werden. Die Bestimmung durch Titration ist besonders einfach.

Versuch:

25 ml einer Essigsäurelösung (c(Essigsäure) ≈ 0,1 $mol \cdot l^{-1}$) werden gegen Phenolphthalein genau titriert.

Verbrauch: 26,0 ml Natronlauge, c(NaOH) = $0{,}1 \ \frac{mol}{l}$

Danach wird genau die Hälfte des Verbrauchs (= 13 ml NaOH) zu weiteren 25 ml der gleichen Essigsäure ohne Indikator zugesetzt. Die H_3O^+-Konzentration in mol pro Liter ist dann in dieser zweiten Probe gleich der Dissoziationskonstanten.

Erklärung:

$$\frac{c(H_3O^+) \cdot c(Ac^-)}{c(HAc)} = K_s$$

Wird genau die Hälfte der vorhandenen Säure neutralisiert, so ist die Konzentration des entstandenen Salzes (≙ Ac^-) gleich der Konzentration der verbliebenen Säure HAc.

$$c(Ac^-) = c(HAc) \xrightarrow{\text{folgt}} \frac{c(Ac^-)}{c(HAc)} = 1$$

$$c(H_3O^+) \cdot \frac{c(Ac^-)}{c(HAc)} = K_S$$

Dieser Ausdruck ist gleich 1.

$$c(H_3O^+) = K_S$$

$$pH = pK_S$$

Der gemessene pH-Wert ist dann gleich dem pK_S-Wert.

Abstumpfen

Gibt man zu einer schwachen Säure oder Base deren Salz (z. B. zu Essigsäure Natriumacetat, zu Ammoniak NH_4Cl), so verschiebt sich der pH-Wert in Richtung auf den Neutralpunkt.

Rechenbeispiel:

Zu 1 Liter Essigsäure ($c(\text{Essigsäure}) = 0{,}1\ \text{mol} \cdot l^{-1}$) gibt man 8,2 g Natriumacetat (= 0,1 mol).

$$c(HAc) = 0{,}1\ \text{mol} \cdot l^{-1}\ \text{(aus Essigsäure)}$$
$$c(Ac^-) = 0{,}1\ \text{mol} \cdot l^{-1}\ \text{(aus Na-Acetat)}$$

$$\frac{c(H_3O^+) \cdot c(Ac^-)}{c(HAc)} = K_S$$

$$c(H_3O^+) = \frac{K_S \cdot c(HAc)}{c(Ac^-)}$$

$$c(H_3O^+) = \frac{K_S \cdot 0{,}1\ \text{mol}}{0{,}1\ \ \ l}$$

$$c(H_3O^+) = 1{,}75 \cdot 10^{-5}\ \frac{\text{mol}}{l}$$

$$\underline{\underline{pH = 4{,}76}}$$

Auch starke Elektrolyte können abgestumpft werden. Gibt man z. B. zu verdünnter Salzsäure Natriumacetat, so wird zunächst Essigsäure gebildet.

$$NaAc + HCl \rightarrow HAc + NaCl$$

Die gebildete Essigsäure protolysiert durch den Überschuß an Acetationen Wassermoleküle nur in äußerst geringem Umfang.

Puffern

Gibt man zu einer mit Natriumacetat abgestumpften Essigsäure eine starke Säure, so verschiebt sich der pH-Wert nur unwesentlich.

> Eine Lösung aus schwacher Säure (bzw. Base) und ihrem Salz nennt man Pufferlösung.

Rechenbeispiel:

Zu einer Pufferlösung, die aus 1 Liter Essigsäure ($c(\text{Essigsäure}) = 0{,}1\ \text{mol} \cdot l^{-1}$) und 0,1 mol Natriumacetat besteht (vgl. voriges Beispiel beim Abstumpfen), werden 4,3ml 36%ige HCl (= 0,05mol) zugesetzt. Der neue pH-Wert soll berechnet werden.

Die Ausgangsmengen sind: 0,1mol Essigsäure
0,1mol Natriumacetat
0,05mol HCl.

0,05mol HCl reagieren mit 0,05mol NaAc zu 0,05mol Essigsäure und 0,05mol NaCl.

Die HCl wird praktisch völlig verbraucht. Es verbleiben:

0,1mol HAc + 0,05mol HAc = 0,15mol HAc
0,1mol NaAc − 0,05mol NaAc = 0,05mol NaAc

Der neue pH-Wert ergibt sich wieder aus dem Massenwirkungsgesetz:

$$\frac{c(H_3O^+) \cdot c(Ac^-)}{c(HAc)} = K_S = 1{,}75 \cdot 10^{-5}\ \frac{mol}{l}$$

$$c(H_3O^+) = \frac{K_S \cdot c(HAc)}{c(Ac^-)}$$

$$c(H_3O^+) = \frac{1{,}75 \cdot 10^{-5} \cdot 0{,}15\ mol}{0{,}05\ l}$$

$$c(H_3O^+) = 5{,}25 \cdot 10^{-5}\ \frac{mol}{l}$$

$$\underline{\underline{pH = 4{,}28}}$$

Der pH-Wert einer Pufferlösung ist äußerst stabil:

a) Er ändert sich nur wenig bei Säure- oder Basezusatz.

b) Er ändert sich nicht bei Verdünnen, da sich die Säure- bzw. Basen-Konzentration (im Zähler des Massenwirkungsausdrucks) und die Salzkonzentration (im Nenner) im gleichen Maße ändern.

4 Energie bei chemischen Reaktionen

4.1 Die chemische Energie, exotherme und endotherme Reaktionen

Eine Stoffportion, die aus sich heraus Arbeit verrichten kann, nennt man energiereich. Ein Körper kann diese Fähigkeit auf Grund verschiedener Ursachen haben:

- Auf Grund seiner besonderen Lage, z. B. Wasservorrat in einem hochgelegenen Becken eines Pumpspeicher-Kraftwerks. Diese Energieart heißt potentielle Energie.
- Auf Grund hoher Geschwindigkeit, z. B. Wind, der ein Windrad treibt. Diese Energieart heißt kinetische Energie.
- Auf Grund einer Spannung im Körper, wie z. B. in einer Uhrfeder.
- Auf Grund einer besonders hohen Durchschnittsgeschwindigkeit der atomaren Teilchen (z. B. Moleküle) des Körpers. Diese Energieart heißt Wärmeenergie.
- Auf Grund getrennter verschiebbarer Ladungsträger. Diese Energieart heißt elektrische Energie.
- Auf Grund besonders labiler chemischer Bindungen, wie sie z. B. in den Molekülen eines Sprengstoffes vorliegen. Diese Energieart heißt chemische Energie.

Man kann aus diesen Systemen immer nur Energie entnehmen, wenn für das System die Möglichkeit besteht, in einen energieärmeren Zustand überzugehen,

- wenn also z. B. Wasser aus dem hochgelegenen Speicherbecken auf ein tieferes Niveau herabfließen kann;
- wenn schnell strömende Luft auf ein sich langsamer bewegendes Windrad trifft, das den Wind bremst;
- wenn Ausgangsstoffe mit locker gebundenen Atomen in Produkte überführt werden können, in denen die Bindungen im Durchschnitt fester sind.

Es gibt eine Vielzahl von verschiedenen Energieformen, die ineinander umwandelbar sind. Einige Beispiele sollen das verdeutlichen:

Energieform		Energieform
Elektrische Energie	—— Tauchsieder ⟶ ⟵ Thermoelement ——	Wärmeenergie
Elektrische Energie	—— Laden eines Akkus ⟶ ⟵ Entladen einer Batterie ——	Chemische Energie
Elektrische Energie	—— Neonröhre ⟶ ⟵ Fotozelle ——	Lichtenergie
Chemische Energie	—— Glühwürmchen ⟶ ⟵ Fotosynthese ——	Lichtenergie
Chemische Energie	—— Verbrennung ⟶ ⟵ Thermische Dissoziation ——	Wärmeenergie

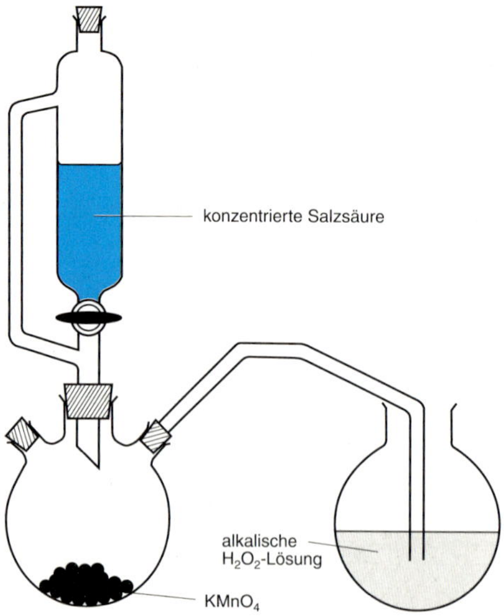

Abb. 188 Chemolumineszenz von Sauerstoff

Versuch 1:

Energieumwandlungen bei der Herstellung und Reaktion von Knallgas:

In einem Knallgascoulometer oder in einem Hoffmannschen Apparat wird verdünnte Schwefelsäure elektrolysiert. Wenn elektrische Energie in chemische Energie umgewandelt wird, spricht man von Elektrolyse. Das H_2/O_2-Gemisch wird in ein Schälchen mit Seifenlösung geleitet, die Knallgasblasen mit einem Holzspan gezündet. Die chemische Energie des Knallgases wird in Wärmeenergie, Lichtenergie und Druckenergie (Explosionsknall) umgewandelt.

Versuch 2:

Umwandlungen von chemischer Energie in Lichtenergie (Chemolumineszenz):

Leitet man in der dargestellten Weise Chlorgas in eine alkalische Wasserstoffperoxidlösung (ca. 5%ig an H_2O_2), so wird Cl_2 zu Chloridionen reduziert und H_2O_2 zu Sauerstoff oxidiert. Ein Teil der dabei freiwerdenden Energie wird in Form von rotem Licht (Verdunkeln!) abgegeben.

Das Wechselspiel der Energieumwandlungen, an denen chemische Stoffe als Speicher für chemische Energie beteiligt sind, zeigt sich besonders schön am Beispiel der Energieversorgung für die Lebensvorgänge:

1. Wärme- und Lichtenergie der Sonne werden in den Pflanzen durch fotochemische Reaktion in chemische Energie umgewandelt. Träger dieser Energie sind in erster Linie die Kohlehydrate.
2. Diese chemische Energie wird z. B. beim Menschen für folgende Vorgänge freigegeben:
   a) Umwandlung in Wärmeenergie zum Aufrechterhalten der Körpertemperatur,
   b) Umwandlung in mechanische Energie zum Verrichten der Muskelarbeit,
   c) Umwandlung in chemische Energie beim Aufbau anderer chemischer Verbindungen, für deren Bildung Energie benötigt wird,
   d) Umwandlung in elektrische Energie für die Funktion des Nervensystems und des Gehirns,
   e) Pumpen von Ionen und Molekülen gegen das Konzentrationsgefälle im Körper.

Chemische Reaktionen, in deren Verlauf chemische Energie in Form anderer Energiearten frei wird, heißen exotherme Reaktionen.

Chemische Reaktionen, für deren Ablauf fortwährend Energie zugeführt werden muß, heißen endotherme Reaktionen.

Bei exothermen Reaktionen sind die Bindungen in den Ausgangsstoffen durchschnittlich weniger fest als in den Produkten. Es wird weniger Energie zum Aufbrechen der schwachen Bindungen benötigt als beim Knüpfen der neuen, im Durchschnitt festeren Bindungen frei wird. Dies gilt, wenn die Zahl der gelösten und der neu geknüpften Bindungen gleich groß ist:

$$2\,H{-}H \;+\; O{=}O \;\rightarrow\; 2\,H{-}O{-}H, \text{ exotherm.}$$

Die Bindungen im H_2O sind also besonders fest.

Der Energieinhalt eines Stoffes wird als Enthalpie bezeichnet, wenn die Messung des Energieinhaltes in einem offenen Gefäß stattfindet, der Druck bei der Messung also konstant bleibt. Die Enthalpie einer chemischen Substanz ist die Summe der thermischen und chemischen Energie. Daher steigt die Enthalpie eines ganz bestimmten Stoffes, auch wenn sich dieser chemisch nicht verändert, aber vom festen über den flüssigen zum gasförmigen Zustand gebracht wird, laufend an. Die absoluten Werte der Enthalpien sind nicht meßbar. Um dennoch einen Bezug zu haben, definiert man die Enthalpien der Elemente im Standard-Zustand (25° C und Normdruck) gleich Null.

Wird bei einer chemischen Reaktion Energie frei, so heißt dies:

Der Energieinhalt (Enthalpie) der Ausgangsstoffe ist höher als der der Endprodukte; die Differenz zwischen den Enthalpien der Ausgangs- und Endstoffe ist gleich der abgegebenen Energie.

Wird bei einer chemischen Reaktion Energie investiert und in chemische Energie umgewandelt, so heißt dies entsprechend:

Der Energieinhalt der Ausgangsstoffe ist niedriger als der der Endprodukte. Die Differenzenergie wird benötigt.

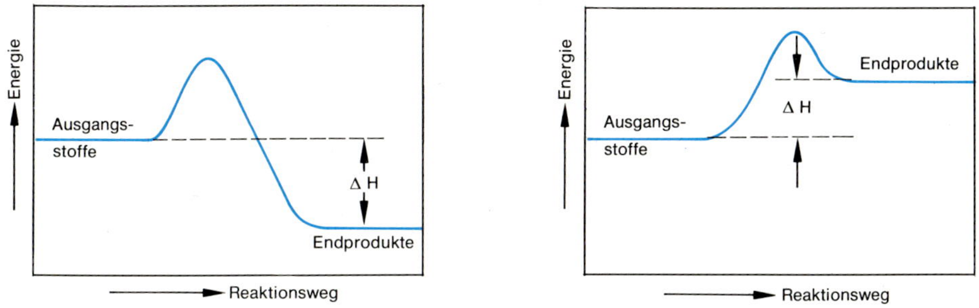

Reaktion, bei der chemische Energie in andere Formen der Energie umgewandelt wird (z. B. Wärme)

Reaktion, bei der eine andere Energieform in chemische Energie umgewandelt wird.

Abb. 189 Exotherme und endotherme Reaktion

Die abgegebene bzw. aufgenommene Differenzenthalpie wird mit dem Symbol ΔH gekennzeichnet. Ist die Enthalpie der Ausgangsstoffe höher als die der Endprodukte, so verläuft die chemische Reaktion exotherm. Energie wird vom System abgegeben. ΔH wird daher negativ. Im umgekehrten Falle, wenn dem System Energie zugeführt worden ist, wird ΔH positiv. Der „Energieberg“, den die Ausgangsstoffe empor müssen, veranschaulicht die Startenergie. So muß z. B. ein Streichholz, bevor es brennt, angerissen werden.

4.1.1 Reaktionswärme

Eine wichtige Energieform bei chemischen Reaktionen ist die Wärmeenergie, die bei exothermen und endothermen Reaktionen als Reaktionswärme auftritt. Die Reaktionswärme wird in Joule (J) oder Kilojoule (kJ) pro molarem Umsatz angegeben.

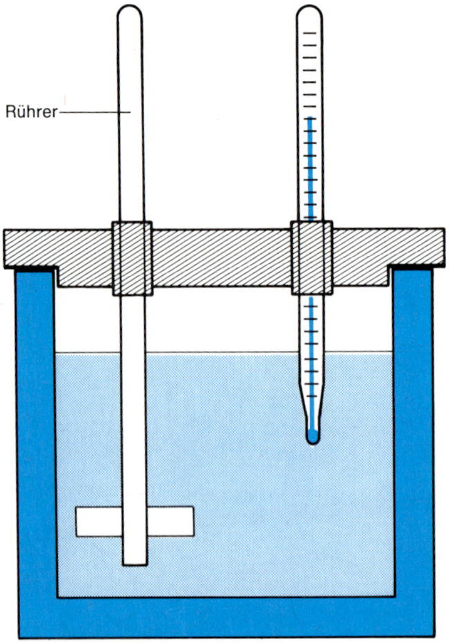

Abb. 190 Einfaches Kalorimeter

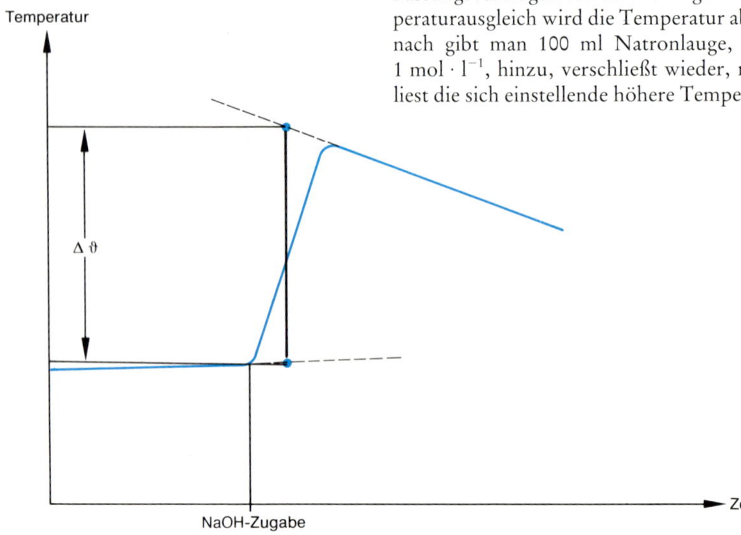

Abb. 191 Grafische Bestimmung der Temperaturdifferenz Δϑ bei einer kalorischen Messung

Beispiel:

$$NH_3 + HCl \rightleftharpoons NH_4Cl;$$
$$\Delta H = -175{,}6 \frac{kJ}{mol}$$

Bei komplexeren Reaktionen ist es dagegen üblich, die Reaktionsenthalpie pro Formelumsatz, so wie die Reaktionsgleichung lautet, anzugeben.

Beispiel:

$$3\,Fe_3O_4 + 8\,Al \longrightarrow 4\,Al_2O_3 + 9\,Fe$$
$$\Delta H = -3{,}18 \cdot 10^3\ \text{kJ pro Formelumsatz}$$

Messung der Reaktionswärme

Zur Messung der Reaktionswärme bei konstantem Druck (= Reaktionsenthalpie) führt man die entsprechende Reaktion in einem Kalorimeter aus.

Versuch:

In einem Kalorimeter soll die Reaktionswärme der Neutralisationsreaktion

$$H_3O^+ + OH^- \longrightarrow 2\,H_2O$$

bestimmt werden. Dazu werden 100 ml Salzsäure, $c(HCl) = 1\ mol \cdot l^{-1}$, in ein Kalorimeter mit einem Fassungsvermögen von ca. 250 ml gefüllt. Nach Temperaturausgleich wird die Temperatur abgelesen. Danach gibt man 100 ml Natronlauge, $c(NaOH) = 1\ mol \cdot l^{-1}$, hinzu, verschließt wieder, rührt um und liest die sich einstellende höhere Temperatur ab.

Meßwerte: 100 ml Salzsäure, $c(HCl) = 1\ mol \cdot l^{-1}$
100 ml Natronlauge, $c(NaOH) = 1\ mol \cdot l^{-1}$ } $\frac{1}{10}$ mol Umsatz

Temperaturdifferenz $\Delta\vartheta = 6{,}5\ K$

Wärmeaufnahme des Kalorimeters $= 41{,}9 \frac{Joule}{K}$ (= Wasserwert des Gerätes)

Berechnung der Reaktionswärme:

$$W = \underbrace{m \cdot c \cdot \Delta\vartheta}_{\text{Erwärmung der Flüssigkeit}} + \underbrace{W_w \cdot \Delta\vartheta}_{\text{Wärmeaufnahme des Kalorimeters}}$$

$$W = 200\ g \cdot 4{,}19\ \frac{J}{g \cdot K} \cdot 6{,}5\ K + 41{,}9\ \frac{J}{K} \cdot 6{,}5\ K$$

$$W = 5712\ \text{Joule pro 0,1 mol Umsatz}$$

$$\Delta H = -57\,120\ \frac{J}{mol} = -57{,}12\ \frac{kJ}{mol}$$

Analog lassen sich weitere Enthalpien ermitteln, wie z. B. die Kristallisationsenthalpie oder die Verdünnungsenthalpie.

Versuch:

Bestimmung einer Kristallisationsenthalpie

Führt man den Versuch im Kalorimeter analog mit $Ba(OH)_2$-Lösung und verdünnter H_2SO_4 durch, so errechnet sich, bezogen auf 1 mol gebildetes Wasser, eine Reaktionswärme von 75,8 kJ. Die gegenüber 57,1 kJ zusätzlich freigewordene Wärme ist durch Kristallisation von $BaSO_4$ entstanden. Die Kristallisationswärme von $BaSO_4$ beträgt:

  75,8 kJ
– 57,1 kJ
―――――――
  18,7 kJ für ein halbes mol $BaSO_4$

und 37,4 kJ pro mol $BaSO_4$

4.1.2 Standard-Bildungswärmen

Für die Thermochemie besonders wichtige Größen sind die Standard-Bildungswärmen (= Standard-Bildungs-Enthalpien). Dies sind die Bildungswärmen von 1 mol des jeweiligen Stoffes aus den Elementen im Standard-Zustand (25° C und Normdruck). Die Standard-Bildungswärmen von Elementen sind definitionsgemäß gleich Null. Die nachfolgende Tabelle gibt einige Standard-Bildungswärmen an. Die Werte für die angegebenen Sauerstoffverbindungen sind identisch mit den Verbrennungswärmen.

Tabelle 45: Standard-Bildungswärmen einiger Stoffe

Stoff	Standard-Bildungswärme in kJ pro mol	Stoff	Standard-Bildungswärme in kJ pro mol
CaO	– 635	CO (gasf.)	– 120
MgO	– 620	CO_2 (gasf.)	– 402
Al_2O_3	– 1674	H_2O (flüssig)	– 286
Fe_2O_3	– 823	H_2O (gasf.)	– 243
ZnO	– 349	H_2S (gasf.)	– 20,2
PbO	– 221	HCl (gasf.)	– 92,3
CuO	– 156	HBr (gasf.)	– 36,3
Ag_2O	– 27,2	HI (gasf.)	+ 26
SO_2 (gasf.)	– 298	NH_3 (gasf.)	– 46,1
NO (gasf.)	+ 90,5	CH_4 (gasf.)	– 74,0
NO_2 (gasf.)	+ 34		

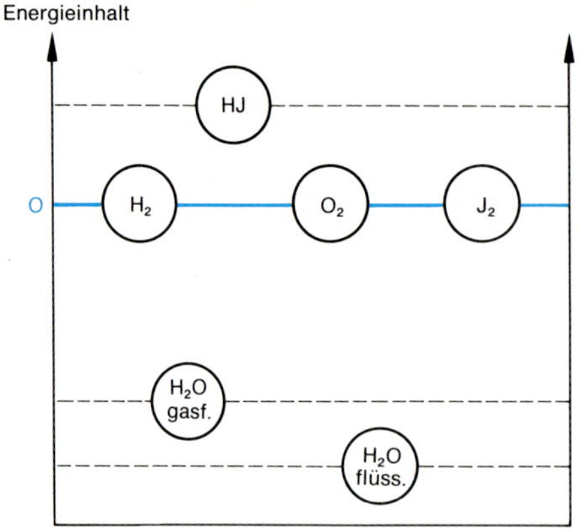

Abb. 192 Energieniveau exothermer und endothermer Verbindungen bezogen auf die Nullinie

Die Bildungswärme einer Verbindung ist ein Maß für ihre Stabilität, wobei Verbindungen mit hohen negativen Werten am stabilsten sind. In der grafischen Darstellung, die den Energieinhalt von Verbindungen zeigt, erscheinen endotherme Verbindungen mit positiven Standard-Bildungswärmen oberhalb der Nullinie, da zu ihrer Bildung Energie nötig ist. Verbindungen mit negativen Standard-Bildungswärmen erscheinen entsprechend unter der Nullinie.

Die Reaktionswärme einer chemischen Umsetzung ist die Differenz zwischen der Summe der Standard-Bildungswärmen der Endprodukte vermindert um die Summe der Standard-Bildungswärmen der Ausgangsprodukte.

Beispiel 1: Endotherme Reaktion

Berechnung der Reaktionswärme des Wassergasgleichgewichtes aus den Standard-Bildungswärmen der beteiligten Stoffe.

$$C + H_2O_{gasf.} \longrightarrow CO + H_2$$

$$O + \left(-243\,\frac{kJ}{mol}\right) \qquad -120\,\frac{kJ}{mol} + O$$

$$\Delta H = +123 \text{ kJ pro Formelumsatz}$$

In der grafischen Darstellung wird dieser Sachverhalt besonders deutlich:

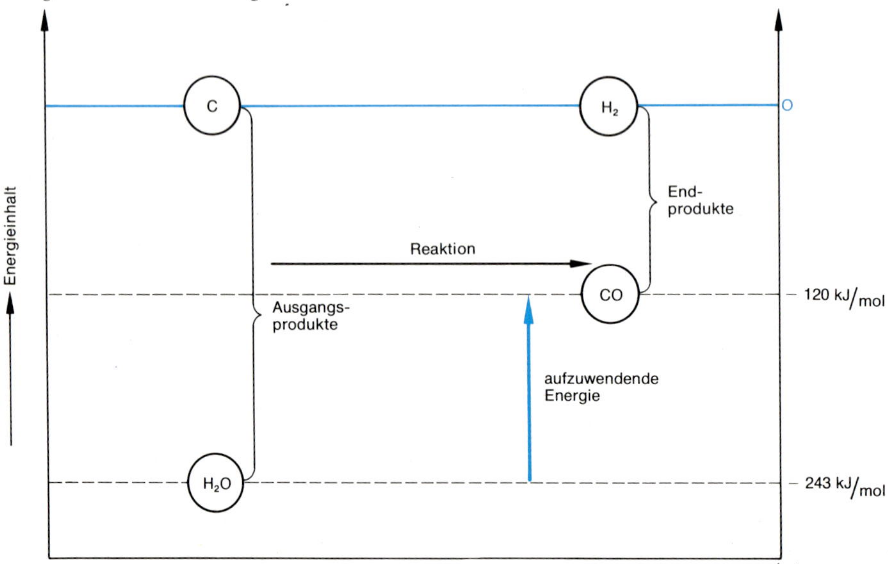

Abb. 193 Berechnung der Reaktionsenthalpie für eine endotherme Reaktion

Beispiel 2: Exotherme Reaktion

$$PbO + H_2 \rightarrow Pb + H_2O_{(flüssig)}$$

$$-221\ \frac{kJ}{mol} + O \quad O + \left(-286\ \frac{kJ}{mol}\right)$$

$$\Delta H = -65\ kJ\ \text{pro Formelumsatz}$$

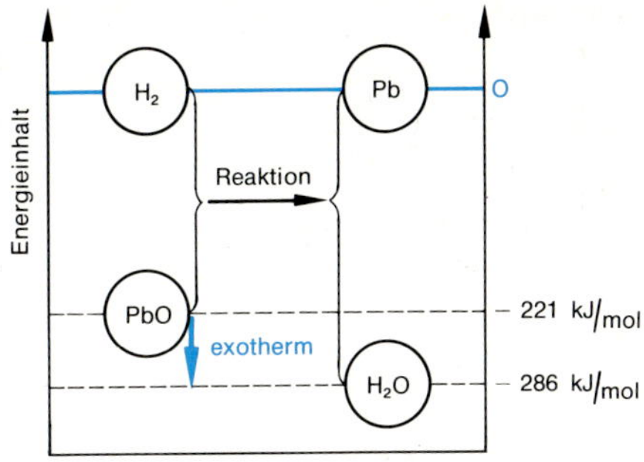

Abb. 194 Berechnung der Reaktionsenthalpie für eine exotherme Reaktion

4.1.3 Verbrennungswärme

Wird ein Mol einer Verbindung oder eines Elementes in Sauerstoff bei konstantem Druck verbrannt, so bezeichnet man die frei werdende Reaktionswärme als Verbrennungswärme (= Verbrennungsenthalpie). Bei der Bestimmung wird elektrisch gezündet. Die heißen Verbrennungsgase können dann eine Flüssigkeitsportion aufheizen. Aus deren Erwärmung läßt sich die abgegebene Verbrennungswärme berechnen.

Bezogen auf 1 kg Substanz spricht man von spezifischer Verbrennungswärme, bezogen auf 1 mol Substanz von molarer Verbrennungswärme.

Tabelle 46: Verbrennungsenthalpien einiger Stoffe in kJ pro mol

Stoff	Formel	Aggregatzustand	Verbrennungsenthalpie in kJ pro mol
Methan	CH_4	gasförmig	– 893
Ethan	C_2H_6	gasförmig	– 1562
Propan	C_3H_8	gasförmig	– 2222
n-Butan	C_4H_{10}	gasförmig	– 2880
n-Pentan	C_5H_{12}	gasförmig	– 3520
n-Octan	C_8H_{18}	flüssig	– 5460
Ethen	C_2H_4	gasförmig	– 1410
Ethin	C_2H_2	gasförmig	– 1310
Benzol	C_6H_6	flüssig	– 3280
Cyclohexan	C_6H_{12}	flüssig	– 3930
Methanol	$CH_3\text{–}OH$	flüssig	– 725
Ethanol	$CH_3\text{–}CH_2\text{–}OH$	flüssig	– 1370
1-Propanol	$C_3H_7\text{–}OH$	flüssig	– 2020

Die Tabelle zeigt, daß die Verbrennungswärmen in den homologen Reihen der aliphatischen Kohlenwasserstoffe ganz regelmäßig zunehmen. Auf eine jeweils neu eingeführte $-CH_2$-Gruppe entfällt ein Zuwachs an Verbrennungswärme von recht genau 660 kJ.

		Zuwachs
CH_4	893 kJ pro mol	
		671 kJ pro mol
$CH_3–CH_3$	1562 kJ pro mol	
		660 kJ pro mol
$CH_3–CH_2–CH_3$	2222 kJ pro mol	
		658 kJ pro mol
$CH_3–CH_2–CH_2–CH_3$	2880 kJ pro mol	
		640 kJ pro mol
$CH_3–CH_2–CH_2–CH_2–CH_3$	3520 kJ pro mol	

Man kann die Verbrennungswärme organischer Verbindungen durch die Summe der Verbrennungswärmen der einzelnen Atomgruppen berechnen.

4.1.4 Heizwert

In der Technik werden die Verbrennungswärmen nicht auf 1 mol bzw. 1 kmol bezogen, sondern bei Feststoffen und Flüssigkeiten auf 1 kg, bei Gasen auf 1 m^3 im Normzustand.

Tabelle 47: Heizwerte einiger Brennstoffe

Feste Stoffe	Heizwert in kJ pro kg
Anthrazit	35 200 — 36 100
Steinkohle	30 200 — 34 400
Braunkohlen-Brikett	16 800 — 20 100
Holz, trocken	14 700 — 16 800
flüssige Stoffe	**Heizwert in kJ pro kg**
Gasöl	42 300 — 43 500
Benzin	41 900 — 43 500
Dieselkraftstoff	41 500 — 42 300
Petroleum	40 200 — 41 900
Benzol	40 200 — 41 000
Heizöl	38 800 — 41 000
Spiritus	26 000 — 27 200
Gase	**Heizwerte in kJ pro m^3**
Propan	105 000
Acetylen	57 000
Kohlenoxid	12 600
Wasserstoff	10 900
Erdgas*)	35 200
Gichtgas	4 000

*) Erdgas wird durch N_2-Zusatz auf den in der Tabelle angegebenen, genormten Heizwert des öffentlichen Gasverbrauchs eingestellt.

Wenn bei einer Verbrennung Wasserdampf entsteht und dieser kondensiert, so wird zusätzlich dessen Kondensationswärme frei. Bei technischen Verbrennungsprozessen ist die Bildung von Kondenswasser unerwünscht. Von dem sogenannten oberen Heizwert muß man daher die Verdampfungswärme des Wassers abziehen, um die wirkliche Nutzungsenergie, den unteren Heizwert, zu erhalten. In der obigen Tabelle ist stets der untere Heizwert angegeben.

4.1.5 Das Gesetz der konstanten Wärmesummen (Heßscher Satz)

Die bei einer chemischen Reaktion insgesamt aufgenommene oder abgegebene Wärmeenergie ist unabhängig vom Weg der Reaktion.

Beispiel:

Die Herstellung einer wäßrigen Lösung von Ammoniumchlorid aus den Gasen NH_3 und HCl und Wasser kann in mehrere Teilschritte zerlegt werden:

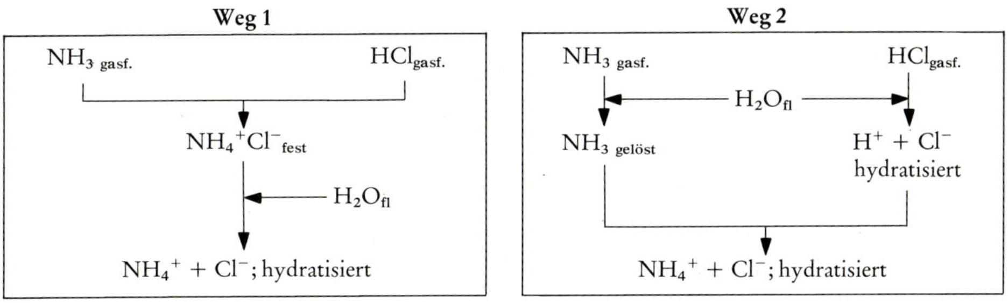

1. NH_3 und HCl reagieren in der Gasphase.

$$NH_3\,(gasf.) + HCl\,(gasf.) \longrightarrow NH_4Cl\,(fest) \quad \Big| \quad \Delta H_1 = -175\,\frac{kJ}{mol}$$

Das entstandene NH_4Cl wird in Wasser gelöst.

$$NH_4Cl\,(fest) + aqua \longrightarrow NH_4Cl\,(gelöst)^{1)} \quad \Big| \quad \Delta H_2 = +16{,}8\,\frac{kJ}{mol}$$

Durch Addition der beiden Gleichungen erhält man:

$$NH_3(gasf.) + HCl\,(gasf.) + aqua \longrightarrow NH_4Cl\,(gelöst)$$

Die Reaktionswärme beträgt somit:

$$\Delta H = \Delta H_1 + \Delta H_2 = (-175 + 16{,}8)\,\frac{kJ}{mol} = -158\,\frac{kJ}{mol}$$

2. Wir können auch zuerst die beiden Gase in Wasser lösen.

$$NH_3(gasf.) + aqua \longrightarrow NH_3(gelöst) \quad \Big| \quad \Delta H_1 = -35{,}2\,\frac{kJ}{mol}$$

$$HCl(gasf.) + aqua \longrightarrow H^+Cl^-(gelöst) \quad \Big| \quad \Delta H_2 = -72{,}4\,\frac{kJ}{mol}$$

---

1) In Wasser gelöste Substanzen kennzeichnet man auch durch den Zusatz aq: NH_4Cl aq.

Anschließend lassen wir die Lösungen miteinander reagieren:

$$NH_3\,(\text{gelöst}) + H^+Cl^-\,(\text{gelöst}) \longrightarrow NH_4Cl\,(\text{gelöst}) \quad | \quad \Delta H_3 = 50{,}4\,\frac{kJ}{mol}$$

Die Reaktionsenthalpie beträgt somit $\Delta H = (-35{,}2 - 72{,}4 - 50{,}4)\ kJ \cdot mol^{-1}$

$\underline{\underline{\Delta H = -158\ kJ\ \text{pro mol}}}$

Für die Reaktionswärme ist es also gleichgültig, auf welchem Weg man von den Ausgangs- zu den Endstoffen gelangt.

Auf der Grundlage des Heßschen Satzes war es auch möglich, die schwer zu messende Bildungswärme von CO zu bestimmen.

$$C + O_2 \longrightarrow CO_2 \qquad \Delta H = -402\ kJ \cdot mol^{-1}$$

$$CO + \tfrac{1}{2}O_2 \longrightarrow CO_2 \qquad \Delta H = -282\ kJ \cdot mol^{-1}$$

$$C \longrightarrow CO_2 \qquad \Delta H = -402\ kJ \cdot mol^{-1}$$

$$C \xrightarrow{\Delta H_{CO}} CO \xrightarrow{-282\ kJ} CO_2 \qquad \Delta H = -402\ kJ \cdot mol^{-1}$$

$$\Delta H_{CO} + (-282\ kJ \cdot mol^{-1}) = -402\ kJ \cdot mol^{-1}$$

$$\underline{\underline{\Delta H_{CO} = -120\,\frac{kJ}{mol}}}$$

Ganz ähnlich lassen sich auch Bindungsenergien und Gitterenergien aus experimentell bestimmbaren Größen berechnen:

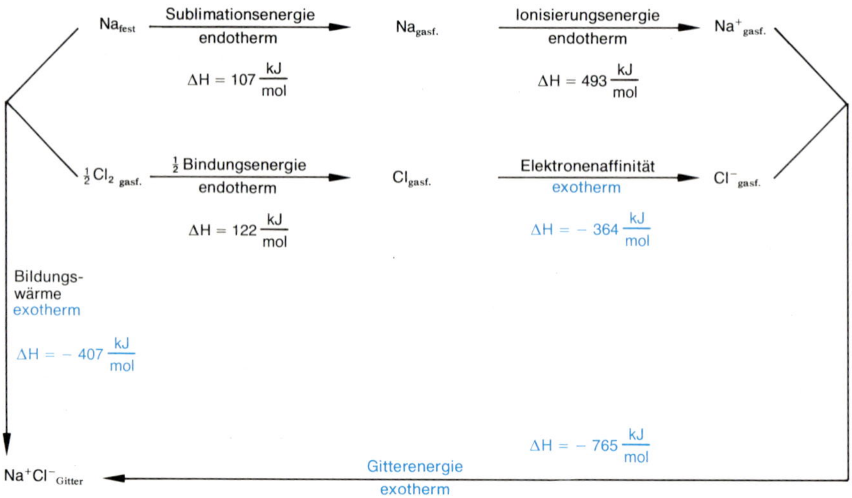

Abb. 195 Haber-Bornscher Kreisprozeß zur Berechnung der Gitterenergie von Natriumchlorid

4.1.6 Fotochemische Reaktionen

Licht kann endotherme chemische Reaktionen unterhalten und umgekehrt bei exothermen Reaktionen frei werden (vgl. Chemolumineszens, Seite 223).

Versuch:

Von zwei Proben frisch gefälltem Silberbromid, die auf Filter gebracht wurden, wird eine am Licht, die andere im Dunkeln aufbewahrt. Ein Vergleich beider Proben zeigt nach einiger Zeit, daß die Probe im Licht dunkler geworden ist, die andere Probe dagegen unverändert ist. Die Veränderung ist auf eine fotochemische Reaktion zurückzuführen.

$$AgBr \xrightarrow{\text{Lichtenergie}} Ag + \tfrac{1}{2}\,Br_2$$

Fein verteiltes Silber sieht grauviolett aus.

Licht kann chemische Reaktionen auslösen (Aktivierungsenergie), wobei diese dann von selbst weiter ablaufen. Es kann aber auch die für einen endothermen Prozeß notwendige Energie in Form von Licht aufgebracht werden. Ein Beispiel für den Fall Aktivierungsenergie (= Startenergie) ist die Chlorknallgasexplosion, bei der als Startreaktion Cl_2-Moleküle in Cl-Radikale gespalten werden.

Die Zersetzung des AgBr ist ein Beispiel dafür, daß Licht die gesamte Energie einer endothermen Reaktion liefert. Die Voraussetzung für eine fotochemische Reaktion ist, daß das Licht von dem Stoff absorbiert wird (farbige Stoffe absorbieren ihre jeweilige Komplementärfarbe).

Fotochemisches Äquivalenzgesetz

Licht besteht nach der Planckschen Quantentheorie aus kleinen „Energiepaketen“, den Lichtquanten, deren Energie $W = h \cdot f$ ist, wobei h eine Naturkonstante, das Plancksche Wirkungsquantum ($h = 6{,}625 \cdot 10^{-34}\,Ws^2$) und f die Frequenz des Lichtes ist.

Bei einer fotochemischen Umsetzung kann immer nur ein Materieteilchen (Atom, Molekül oder Ion) mit einem Lichtquant reagieren.

Dieses Gesetz heißt fotochemisches Äquivalenzgesetz.

Beispielaufgabe:

Man kann mit diesem Gesetz z. B. berechnen, ob rotes Licht die AgBr-Zersetzung ermöglicht.

Rotes Licht der Wellenlänge $\lambda = 700$ nm hat die Frequenz
$f = 4{,}28 \cdot 10^{14}\,s^{-1}$.

Danach ist die Energie eines Quants
$W = h \cdot f$
$W = 2{,}84 \cdot 10^{-19}$ Ws.

1 mol AgBr enthält die Loschmidtsche Anzahl ($6{,}022 \cdot 10^{23}$) Formeleinheiten.

Da jedes AgBr mit einem Quant reagiert, werden für 1 mol AgBr die Loschmidtsche Anzahl Quanten benötigt, deren Energie sich ergibt aus

$$\ddot{A} = W \cdot N_L$$
$$\ddot{A} = 2{,}84 \cdot 10^{-19}\,Ws \cdot 6{,}022 \cdot 10^{23} \cdot mol^{-1}$$
$$\ddot{A} = 171 \text{ kJ pro mol}$$

Dies ist der Energiewert eines Lichtäquivalents von rotem Licht. Die zur Reaktion notwendigen Energien sind

$$AgBr \longrightarrow Ag + \tfrac{1}{2}Br_2; \quad \Delta H = +\ 99{,}3 \text{ kJ pro mol AgBr}$$
$$Cl_2 \longrightarrow 2\,Cl; \quad \Delta H = +\ 243 \text{ kJ pro mol } Cl_2$$

Der Zahlenvergleich zeigt, daß rotes Licht die fotochemische AgBr-Zersetzung ermöglicht, sofern man dafür sorgt, daß das rote Licht auch vom AgBr absorbiert wird. Die Startreaktion der Chlorknallgas-Reaktion läßt sich dagegen mit rotem Licht nicht erzwingen.

Wie die folgende Tabelle zeigt, ist UV-Strahlung dagegen in der Lage, Cl_2 zu spalten. Bei Chlorierungen, die nach dem radikalischen Mechanismus ablaufen (sog. SSS-Bedingungen), wird daher häufig mit UV-Strahlung belichtet.

Die Energiewerte von jeweils der Loschmidtschen Anzahl Lichtquanten (= 1 mol Lichtquanten) sind in der Tabelle angegeben.

Tabelle 48: Energieinhalte von 1 mol Lichtquanten verschiedener Wellenlänge

Farbe	Wellenlänge in nm	Energiewert des Lichtäquivalents in kJ
Ultraviolett	350	343
Violett	400	300
Blau	450	266
Blaugrün	500	240
Grün	550	228
Gelb	600	200
Orange	650	185
Rot	700	171
Dunkelrot	750	160

4.2 Änderung der Enthalpie und Entropie als Triebkraft von Reaktionen

Aus Erfahrung weiß man, daß alle Naturvorgänge, die „von selbst" ablaufen, eine bestimmte Richtung haben. Gibt man z. B. ein glühendes Stück Eisen in Wasser, so erwärmt sich stets das Wasser. Man beobachtet nie, daß z. B. ein Teil des Wassers zu Eis erstarrt und das glühende Eisen noch heißer wird, obwohl dies dem Energieerhaltungssatz nicht widersprechen würde. Die Wärme geht immer nur auf den kälteren Körper über.

Beim Fallen eines Steines wandelt sich potentielle in kinetische Energie um, die sich beim Aufprall auf die Erde wiederum in Wärmeenergie umwandelt. Auch die Umkehrung dieses Vorgangs ist nach dem 1. Hauptsatz der Wärmelehre nicht verboten. Tatsächlich wissen wir aber, daß der Stein niemals unter Abkühlung seiner Umgebung „von allein" nach oben steigen würde. Ähnlich verhalten sich exotherme Reaktionen, die nach einer gewissen Aktivierung „von selbst" ablaufen. Ein angerissenes Streichholz brennt von allein weiter. Metalle und Nichtmetalle reagieren besonders leicht, wenn die Bildungswärmen der entstehenden Salze stark negativ sind. Moleküle entstehen immer dann sehr leicht, wenn ihre Bildungsenergien sehr groß sind. Weiterhin reagieren Moleküle mit unpolaren oder leicht polarisierten Bindungen heftig miteinander, wenn das entstehende Molekül stark polarisierte Bindungen besitzt. Daher haben die Kohlenwasserstoffe besonders hohe Verbrennungswärmen, da sich aus den ursprünglich vorhandenen unpolaren C–C- und C–H-Bindungen Moleküle mit polarisierten Atombindungen bilden (CO_2, CO, H_2O).

Es besteht die Tendenz, daß Stoffe einen möglichst energiearmen Zustand einnehmen. Man bezeichnet das als „Prinzip vom Energieminimum". Es gibt nun aber auch freiwillig ablaufende Vorgänge und Reaktionen, z. B. das Verdunsten einer Flüssigkeit, das Lösen eines Salzes oder die Reaktion von Wasserdampf mit Koks bei 1500° C, die nicht dem Prinzip vom Energieminimum folgen, da diese Vorgänge unter fortwährendem Energieaufwand ablaufen.

Auf Grund dieser Beobachtungen kann die abgegebene oder aufgenommene Reaktionsenthalpie ΔH nicht allein als Triebkraft der Reaktionen angesehen werden. Es muß also neben der Reaktionswärme noch eine andere Größe auf den Reaktionsverlauf einwirken. Diese Größe nannte Clausius[1]) Entropie.

Die Entropie ist ein Maß für die Unordnung der Teilchen in einem System.

Im Verlauf der zuletzt genannten endothermen Reaktionen nimmt die Unordnung der Teilchen zu. So herrscht z. B. in einer Flüssigkeit ein größerer Zustand der Ordnung als im Dampf dieser Flüssigkeit, wo die Wärmebewegung der Teilchen heftiger und damit noch regelloser ist. Je kleiner die Ordnung ist, desto größer ist die Entropie in einem System. Die Tendenz, einen Zustand möglichst geringer molekularer Ordnung zu erreichen, ist die zweite Größe, die Reaktionsabläufe bewirkt.

Beim Vorgang des Verdunstens wirken die beiden Tendenzen – energiearmer Zustand und Entropiezunahme – einander entgegen. Wie das Beispiel vom Verdunsten weiter zeigt, ist der Übergang in den gasförmigen Zustand besonders bei höheren Temperaturen und schließlich besonders beim Siedepunkt begünstigt.

Mit steigender Temperatur wird also der Einfluß der Entropiezunahme ΔS immer größer.

In einem fehlerfreien Kristall herrscht bei der Temperatur des absoluten Nullpunktes die größtmögliche Ordnung. Die Entropie beträgt dann Null. Das Erwärmen, Schmelzen und Verdampfen bedeutet eine Entropiezunahme:

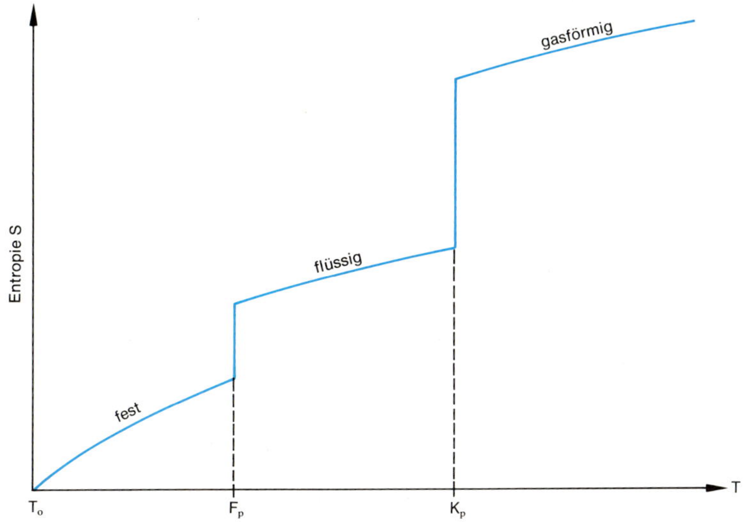

Abb. 196 Entropiezunahme beim Erwärmen (schematisch)

[1]) Rudolf Emanuel Clausius, deutscher Physiker 1822–1888.

Das gleiche gilt für eine chemische Reaktion, bei der z. B. aus einem festen und einem gasförmigen Stoff nur gasförmige Reaktionsprodukte entstehen, wie z. B. bei

$$C_{fest} + H_2O_{gasf.} \longrightarrow H_{2_{gasf.}} + CO_{gasf.}$$

Die Entropie nimmt ebenfalls zu, wenn sich die Teilchenzahl im Verlauf der Reaktion vergrößert. Z. B. ist dies bei der Zersetzung von Kalk der Fall:

$$CaCO_{3_{fest}} \longrightarrow CaO_{fest} + CO_{2_{gasf.}}$$

Zusammenfassend kann man sagen, daß der Ablauf einer Reaktion sowohl durch die Reaktionswärme als auch durch die entstehende Unordnung bestimmt wird.

Exotherme Vorgänge verlaufen nur dann freiwillig, wenn die Ordnung der Teilchen gleich bleibt oder nicht wesentlich größer wird.

Freiwillig verlaufende endotherme Vorgänge sind immer mit einer Zunahme der Entropie verbunden.

Der quantitative Zusammenhang für die Voraussage, ob eine Reaktion freiwillig abläuft, lautet:

$$\Delta G = \Delta H - T \cdot \Delta S$$

Dieses von Gibbs[1]) 1885 formulierte Gesetz über die Triebkraft einer Reaktion gilt in der angegebenen Form bei konstanter Reaktionstemperatur und konstantem Druck.

ΔH bedeutet Reaktionsenthalpie (mit positivem Vorzeichen bei endothermen Reaktionen);
ΔS bedeutet Differenz der Standard-Entropien der End- und Ausgangsstoffe;
T ist die Reaktionstemperatur;
ΔG bedeutet Änderung der freien Enthalpie.

Diese freie Enthalpie ΔG ist die eigentliche Triebkraft der chemischen Reaktion. Sie heißt daher auch thermodynamisches Potential. Sie nimmt bei allen freiwilligen Vorgängen ab. ΔG ist dann negativ. Bei nicht freiwillig ablaufenden Reaktionen ist ΔG positiv. Bei tiefen Temperaturen hat der Term $T \cdot \Delta S$ nur geringen Einfluß auf die freie Energie, bei hoher Temperatur kann der Einfluß von $T \cdot \Delta S$ überwiegen.

Die folgende Tabelle gibt einige Standard-Entropien (25° C, 1013 mbar) wieder, die aus thermodynamischen Daten berechnet wurden:

[1]) amerikanischer Mathematiker, 1839–1903.

Tabelle 49: Standard-Entropien S° in $\frac{J}{K \cdot mol}$

Stoff	S°	Stoff	S°	Stoff	S°
H_2O (g.)	189,4	Fe_2O_3 (f.)	90,0	HF (g.)	174
H_2O (fl.)	70,2	CuO (f.)	43,6	HCl (g.)	187
NH_3 (g.)	193	PbO (f.)	67,0	HBr (g.)	199
NO (g.)	211			HJ (g.)	207
CO (g.)	198	Cu (f.)	33,4		
CO_2 (g.)	214	Fe (f.)	27,2	NaF (f.)	54,9
				NaCl (f.)	72,4
O_2 (g.)	205			NaBr (f.)	84,3
H_2 (g.)	131			NaJ (f.)	94,6
N_2 (g.)	192				

Beispiel:

Berechnung der Triebkraft einer exothermen Reaktion

$$2\,Cu + O_2 \longrightarrow 2\,CuO;\ \Delta H = -\ 311{,}2\ \text{kJ pro Formelumsatz}$$

Dies ist ein Vorgang, der aufgrund der hohen Bildungswärme sehr leicht ablaufen müßte. Die Ordnung nimmt aber sehr zu, wodurch die freie Enthalpie kleiner ist als 155,6 $\frac{kJ}{mol\ CuO}$

Berechnung der Entropieänderung:

$$\underbrace{\underset{2 \cdot 33{,}4}{2\,Cu} + \underset{205}{O_2}}_{271{,}8} \longrightarrow \underbrace{\underset{2 \cdot 43{,}6}{2\,CuO}}_{87{,}2} \qquad \Delta H = -311{,}2\ kJ$$

$$\Delta S = -184{,}6\ \frac{J}{K \cdot 2\ mol}$$

$$\Delta S = -92{,}3\ \frac{J}{K \cdot mol}$$

Läuft die Oxidation des Kupfers bei 100° C = 373 K ab?

Berechnung der freien Enthalpie (= Triebkraft):

$$\Delta G = -155{,}6\ \frac{kJ}{mol} - \left(-\ 373\ K \cdot 92{,}4\ \frac{J}{K \cdot mol}\right)$$

$$\Delta G = -121{,}2\ \frac{kJ}{mol}$$

Die Reaktion läuft also bei 100° C freiwillig ab. Bei hohen Temperaturen überwiegt aber der Ausdruck T · ΔS immer mehr. Die gleiche Reaktion bei 1500° C durchgeführt ergibt folgende Energiebilanz (für 1 mol gebildetes CuO):

$$\Delta G = -155{,}6\ \frac{kJ}{mol} - \left(-1773\ K \cdot 92{,}3\ \frac{J}{K \cdot mol}\right)$$

$$\Delta G = +8{,}4\ \frac{kJ}{mol}$$

Die Reaktion verläuft jetzt freiwillig nur noch in umgekehrter Richtung[1]).

[1]) Bei dieser Berechnung wurde – zur Vereinfachung – davon ausgegangen, daß die Enthalpien und Entropien im Standardzustand denen bei 1500° C gleich sind.

Auch die Tendenz zum Lösen von Substanzen oder zum Entmischen von Lösungen hängt davon ab, ob die freie Energie negativ oder positiv ist. Da beim Lösen die Entropie ausnahmslos zunimmt, wird die Löslichkeit bei niedriger Lösemitteltemperatur ganz wesentlich von der Gitterenergie und der Solvatationsenergie beeinflußt (vgl. Seite 104). Wegen der meist starken Entropiezunahme steigt die Löslichkeit aber häufig mit steigender Temperatur wegen $T \cdot \Delta S$ stark an (vgl. Umkristallisieren, Seite 109).

4.3 Reaktionsgeschwindigkeit und Startenergie

Nach dem bisher Gesagten könnte man vielleicht annehmen, Reaktionen mit starker Triebkraft würden auch besonders schnell ablaufen. Die Erfahrung zeigt, daß dies aber nur selten zutrifft. Ein Gemisch von Sauerstoff und Wasserstoff kann bei Zimmertemperatur beliebig lange aufbewahrt werden, ohne eine merkliche Reaktion zu zeigen. Andererseits gibt es Reaktionen mit einem kleinen negativen ΔG, wie die Reaktion $2\,NO + O_2 \longrightarrow 2\,NO_2$, die sofort ablaufen.

Wie bereits erläutert (siehe S. 204) hängt die Geschwindigkeit einer Reaktion davon ab, wie viele reaktionswirksame Zusammenstöße zwischen den Teilchen der Reaktionspartner pro Zeiteinheit stattfinden. Die freie Enthalpie ΔG sagt darüber aber nichts aus, sondern gibt nur an, ob und zu welchen neuen Bindungen zwischen den Teilchen der Reaktionspartner es kommen kann. Zu möglichen neuen Bindungen kommt es nur dann, wenn die Teilchen der Reaktionspartner, z. B. H_2 und O_2 im Knallgas, einen genügend großen Energieinhalt haben, um beim Zusammenstoß miteinander zu reagieren. Die Teilchen müssen eine für jede Reaktion spezifische Energieschwelle, die sogenannte Startenergie oder Aktivierungsenergie, überschreiten.

Abb. 197 Maxwell-Boltzmannsche Energieverteilung

Die Zahl der reaktionsbereiten Teilchen nimmt mit der Temperatur zu, da sich die Energieverteilungskurve bei steigender Temperatur verschiebt (vgl. Seite 125).

Bei exothermen Reaktionen, wie der Knallgasreaktion, kann, sobald die Reaktion an einer Stelle des Gemisches gestartet ist, durch die freiwerdende Reaktionswärme die Reaktionsgeschwindigkeit explosionsartig gesteigert werden.

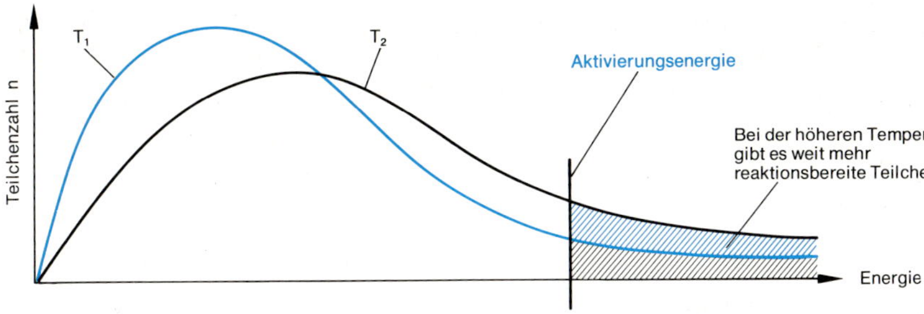

Abb. 198 Energieverteilung für zwei Temperaturen, $T_2 > T_1$

Für die Verschiebung der Energieverteilungskurve und der damit zusammenhängenden Zunahme der Reaktionsgeschwindigkeit gibt es eine Faustregel (Regel von van't Hoff):

Ausgehend von 0° C verdoppelt sich die Reaktionsgeschwindigkeit etwa bei einer Temperatursteigerung um 10 K.

Sie hat sich also bei 10° C gegenüber 0° C etwa verdoppelt,
20° C gegenüber 0° C etwa vervierfacht usw.

Hierin liegt einer der Gründe, warum in chemischen Laboratorien soviel „gekocht" wird, also die Reaktionstemperatur bis zum Siedepunkt der jeweiligen Lösung bzw. Mischung geführt wird. Andererseits erklärt diese Faustregel auch zu einem wesentlichen Teil, warum tiefgefrorene Lebensmittel so lange haltbar sind.

4.3.1 Einfluß von Katalysatoren auf die Startenergie und die Reaktionsgeschwindigkeit

Chemische Reaktionen, die durch die Anwesenheit bestimmter Stoffe schneller oder langsamer ablaufen, nennt man katalysierte (= katalytische) Reaktionen (= Katalyse). Stoffe, die diese Wirkung hervorrufen, nennt man Katalysatoren (beschleunigen) bzw. Inhibitoren (verzögern).

Ein Katalysator ist ein Stoff, der die Reaktion hervorrufen, ihre Geschwindigkeit ändern und sie einen bestimmten Weg, d. h. zu bestimmten Endprodukten, führen kann.

Das allgemeine Prinzip der Katalyse soll an der Reaktion

$$A + B \longrightarrow AB$$

dargestellt werden. Die Reaktion soll eine hohe Aktivierungsenergie erfordern, also bei Zimmertemperatur sehr langsam ablaufen.

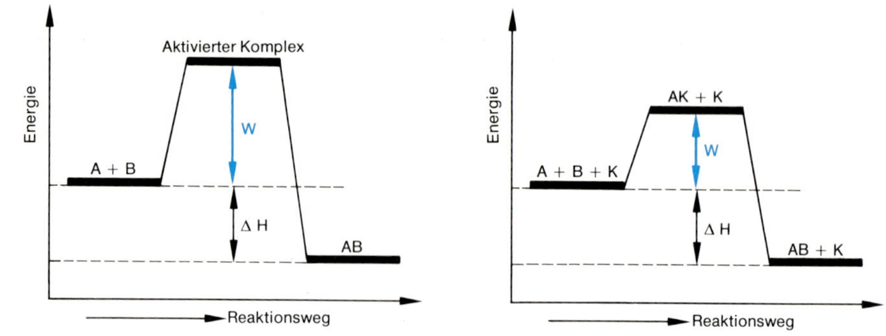

Abb. 199 Vereinfachtes Energiediagramm einer Reaktion und ihrer Katalyse

Diese Reaktion kann wesentlich beschleunigt werden, wenn dem System ein geeigneter Katalysator K zugesetzt wird, der leicht mit einem der Ausgangsstoffe ein Zwischenprodukt AK bildet,

$$A + K \longrightarrow AK$$

und wenn dieses Zwischenprodukt leicht mit B reagiert, wobei AB und der Katalysator K entstehen.

$$AK + B \longrightarrow AB + K$$

Eine Reaktionsbeschleunigung kann nur eintreten, wenn die Teilreaktionen eine geringere Aktivierungsenergie W besitzen, als der Reaktion ohne Katalysator zukommt. Die Energieverhältnisse werden aus der nachfolgenden Grafik deutlich:

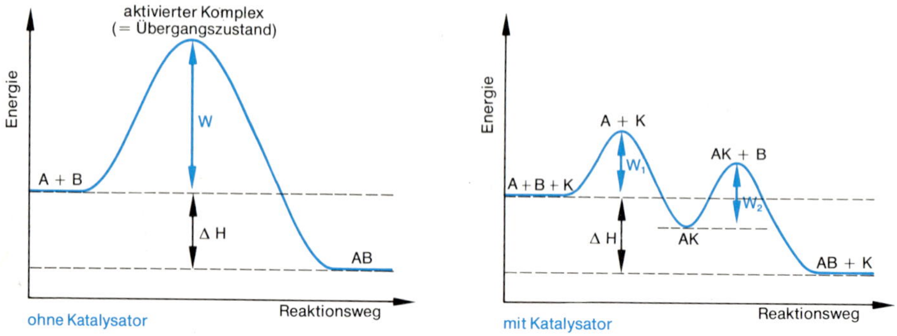

Abb. 200 Energiediagramm einer Reaktion und ihrer Katalyse

Diese Vorstellung gilt sowohl für die homogene (alle Reaktionspartner und der Katalysator liegen im gleichen Aggregatzustand vor) als auch für die heterogene Katalyse (die Reaktionspartner und der Katalysator haben verschiedene Aggregatzustände). In letzterem System werden nicht unbedingt Zwischenprodukte im chemischen Sinne gebildet, sondern die Reaktionspartner können durch Adsorptionskräfte an die Katalysatoroberfläche gebunden werden.

Ein Katalysator erniedrigt die Aktivierungsenergie einer Reaktion und erhöht dadurch die Reaktionsgeschwindigkeit.

Dies wird besonders deutlich in der grafischen Darstellung mit Hilfe der Energieverteilungskurve:

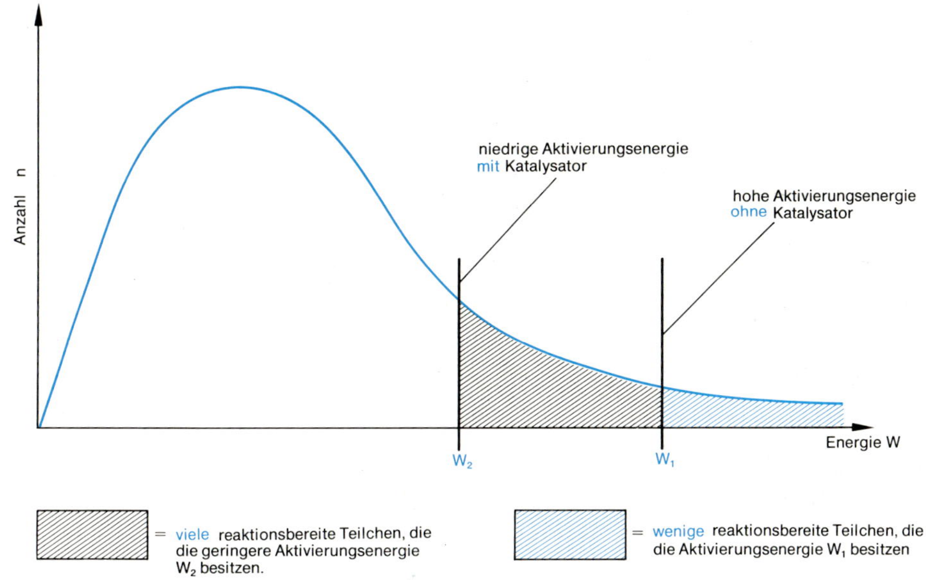

Abb. 201 Aktivierungsenergie einer Reaktion mit und ohne Katalysator

Versuch:

Knallgasgemische lassen sich bei Zimmertemperatur mit Palladiumasbest zünden. Das Knallgasgemisch wird dazu in Seifenlösung geleitet und die Seifenblasen mit Pd-Asbest, das man an der Spitze eines Holzstäbchens befestigt, berührt.

Ähnlich wie für die Triebkraft ΔG beschrieben, setzt sich auch die freie Aktivierungsenergie, die die Reaktionsgeschwindigkeit einer Katalyse bestimmt, aus der Aktivierungsenergie **und** der Aktivierungsentropie zusammen. Die Aktivierungsentropie bezieht sich auf die Ordnung der Reaktionspartner im Übergangszustand. Die Ordnung im Übergangszustand ist natürlich stets größer als die der einzelnen reagierenden Teilchen. Für die Reaktionsgeschwindigkeit bedeutet das: Die Reaktion wird nicht so stark beschleunigt, wie dem Anteil der Teilchen mit mindestens Aktivierungsenergie entspricht.

5 Elektrochemie

5.1 Elektrolytleitfähigkeit

5.1.1 Leiter erster und zweiter Ordnung

Leiter erster Ordnung

Zu den Leitern 1. Ordnung zählt man die Metalle und Halbleiter.

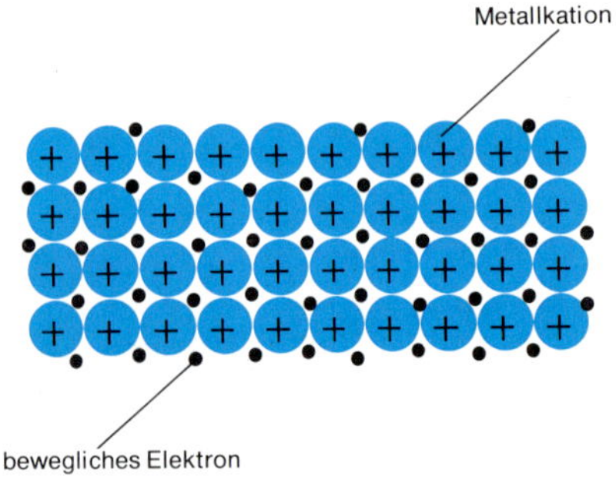

Abb. 202 Metallgitter

Aufbau und Eigenschaften von Metallen lassen sich durch die Metallbindung erklären. Alle Metalle besitzen auf ihrer Valenzschale nur wenige Elektronen. Die Metallatome geben diese Elektronen ab. Es verbleiben positive Metallionen. Die positiven Metallionen sollten sich eigentlich aufgrund ihrer gleichartigen Ladungen abstoßen. Sie werden aber von den negativen Elektronen zusammengehalten, die sich zwischen den Metallionen wie ein „Elektronengas" sehr frei bewegen können. Diese sehr beweglichen Elektronen bedingen die besonderen Eigenschaften der Metalle:

a) *Härte der Metalle und Schmelzpunkt:* Je mehr Valenzelektronen ein Metall besitzt, desto dichter wird die Ladung des „Elektronengases". Im gleichen Maße steigt auch die Ladigkeit der positiven Metallionen. Daraus ergeben sich große Anziehungskräfte im Gitter.

   Schmelzpunkt und Härte der Metalle steigen mit der Anzahl der Valenzelektronen (bei vergleichbarem Durchmesser der Atome).

b) *Lichtabsorption:* Alle Metalle sind, sofern sie im fein verteilten Zustand vorliegen, schwarz (Beispiele: Pt-Mohr, Raney-Nickel, Eisenpulver). Die sehr beweglichen Metallelektronen können sehr leicht die Lichtenergie aufnehmen und in Bewegungsenergie umwandeln.

c) *Wärmeleitfähigkeit:* Metalle haben von allen Stoffen die höchsten Wärmeleitfähigkeiten. Auch hierfür sind die beweglichen Elektronen des Metalls verantwortlich. Die Elektronen können sehr leicht von einer Heizquelle in verstärkte Wärmebewegung versetzt werden und diese Wärmebewegung aufgrund der großen Beweglichkeit auf andere Metallgitterteile übertragen.

d) *Elektrische Leitfähigkeit:* Wird an Metalle eine Spannung angelegt, so wandern die beweglichen Elektronen durch das Metall zum Pluspol der Spannungsquelle. Diese Elektronenwanderung wird als elektrischer Strom bezeichnet. Dabei überlagern sich die ungerichtete Wärmebewegung und die zum Pluspol gerichtete Wanderung der Elektronen. Die Elektronen driften also.

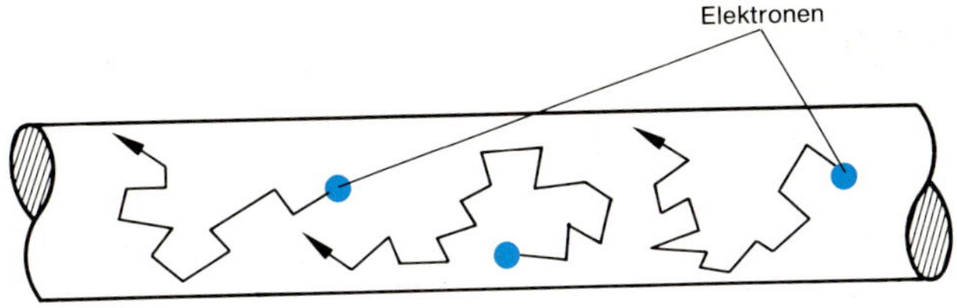

Abb. 203 Elektronendrift im festen, metallischen Leiter

Metallische Leiter und Halbleiter heißen Leiter 1. Ordnung. Der Stromfluß kommt durch Elektronenwanderung zustande.

Die Stromstärke 1 Ampere (1A) ist dann erreicht, wenn $6{,}25 \cdot 10^{18}$ Elektronen pro Sekunde durch den Leiterquerschnitt hindurchwandern.

Leiter 2. Ordnung

Reines Wasser ist praktisch ein Nichtleiter. Löst man darin aber Salze, Säuren oder Basen auf, so sind diese Lösungen leitend. Ebenso haben auch Schmelzen der Salze (einschließlich Hydroxide) elektrische Leitfähigkeit.

Elektrolyte sind Leiter 2. Ordnung. Beim Anlegen von Gleichspannung kommt Stromfluß durch Ionenwanderung und Ionenentladung zustande.

Versuch:

1. In ein Gefäß mit dest. Wasser werden zwei saubere Metallelektroden mit einem Abstand von z. B. 40 mm getaucht. Über einen Strom- und hochohmigen Spannungsmesser wird eine stellbare Gleichspannung von 0 bis 100 V angelegt.
2. In das Gefäß mit dem destillierten Wasser wird wenig verdünnte Salzsäure gegeben. Der Strommesser wird auf einen größeren Meßbereich umgeschaltet und die Spannung von 0 auf 100 V erhöht.

Meßwerte:

dest. Wasser		stark verd. Salzsäure	
U in V	I in mA	U in V	I in mA
10	0,10	10	1,5
20	0,20	20	4,0
30	0,26	30	8,0
40	0,37	40	14
50	0,48	50	20
60	0,60	60	30
70	0,68	70	50
80	0,86	80	80
90	1,00	90	130
100	1,10	100	170

Die geringe Leitfähigkeit des destillierten Wassers kommt durch Verunreinigungen (z. B. $CO_2 + 2H_2O \rightleftharpoons HCO_3^- + H_3O^+$) und durch Selbstprotolyse

$$(H_2O + H_2O \rightleftharpoons OH^- + H_3O^+)$$

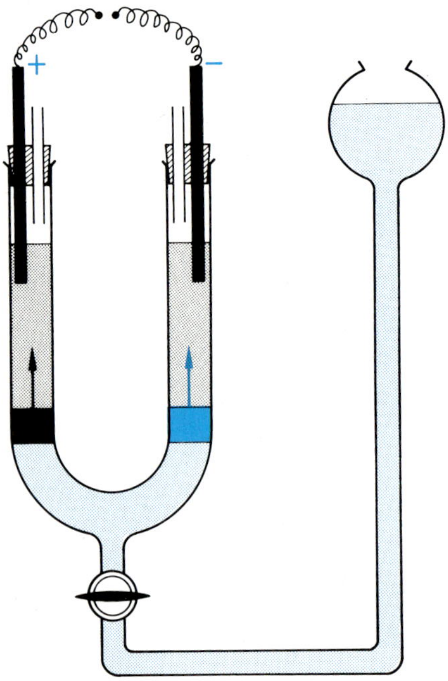

Abb. 204 Versuch zur Ionenwanderung

zustande. Für Elektronen ist Wasser ein Nichtleiter. Die größere Leitfähigkeit der verdünnten Salzsäure-Lösung kommt durch Wanderung der H_3O^+- und Cl^--Ionen und durch ihre Entladung in H_2 und Cl_2 zustande.

Ionenwanderung

Die Ionenwanderung kann durch Versuche sichtbar gemacht werden.

Versuch:

Man stellt ein Gemisch aus 10 ml gesättigter Kupfersulfatlösung und 10ml gesättigter Kaliumdichromatlösung her. Die Lösung wird mit 3g Harnstoff versetzt (zum Eindicken). Das Vorratsgefäß zum U-Rohr wird mit der Lösung gefüllt.

In das U-Rohr füllt man 5%ige Schwefelsäure. Durch Öffnen des Hahns unterschichtet man die verdünnte Schwefelsäure so lange, bis die Platinelektroden ca. 1 cm tief eintauchen. Eine Gleichspannung von 40 V wird angelegt.

Aus der gefärbten Lösung wandern blaue Kupferionen durch die farblose Schwefelsäure zur Katode, während die gelbroten Dichromationen zur Anode wandern.

Die Wanderungsgeschwindigkeit ist sehr gering. In einer halben Stunde ist die Ionenfront ca. 1 cm fortgeschritten.

Der auf der Ionenwanderung basierende Strom in Elektrolyten kann natürlich, wie die Versuche zeigen, mit Meßgeräten gemessen werden, deren Meßwerke und deren Zuleitungen aus Metall bestehen. Ionen können aber nicht durch das Metall fließen. An der Oberfläche der Elektroden findet vielmehr ein Entladen der Ionen statt:

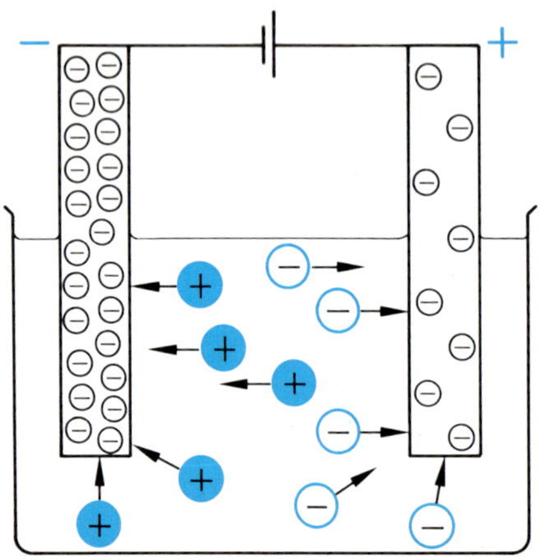

Abb. 205 Ionenstrom in einem Elektrolyten

Die Anode ist durch Elektronenmangel, die Katode durch Elektronenüberschuß ausgezeichnet. Dieser Zustand wird durch die Spannungsquelle verursacht. Tauchen nun diese Elektroden in einen Elektrolyt, so werden die negativen Ionen (Anionen) von der Anode (+Pol) angezogen. Die positiven Ionen (Kationen) von der Katode (−Pol). Die Anionen geben Elektronen an die Anode ab, wodurch deren Elektronenmangel verringert wird. An der Katode nehmen die Kationen Elektronen auf und verringern den Elektronenüberschuß der Katode. Da aber nach wie vor die Spannungsquelle angeschlossen ist, „saugt" diese die hinzugekommenen Elektronen der Anode ab und „pumpt" sie in die Katode. Somit bewegen sich im Elektrolyt Ionen, durch die Elektroden und entsprechend durch das Meßgerät aber Elektronen.

Leitfähigkeit von Salzschmelzen

Auch Salze im festen Zustand bestehen aus Ionen. Diese sind fest in ein Kristallgitter eingebaut und kaum beweglich. Salze leiten daher in der Regel den elektrischen Strom im festen Zustand nicht. Wird das Salz geschmolzen, so wird das geordnete Ionengitter zerstört. In der Schmelze sind die Ionen frei beweglich.

Salzschmelzen leiten den elektrischen Strom.

Versuch:

In einen Porzellantiegel wird Zinn(II)chlorid ($SnCl_2$) eingefüllt. Zwei Kohleelektroden, die mit einer Spannungsquelle verbunden sind, tauchen in das Salz ein. Wird eine Spannung von 10 V angelegt, so fließt durch das feste Salz kein Strom. Wird das Salz mit Hilfe eines Bunsenbrenners geschmolzen, so setzt plötzlich ein Stromfluß ein. Nimmt man den Brenner weg und läßt erkalten, so sinkt der Strom nach dem Erstarren wieder auf Null.

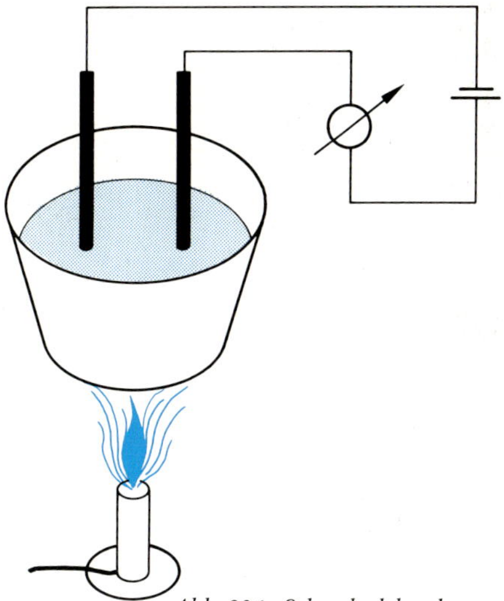

Abb. 206 Schmelzelektrolyse

5.1.2 Spannung und Stromstärke beim Durchgang durch einen elektrolytischen Leiter

Versuch:

Eine verdünnte Kupfersulfatlösung wird in ein Gefäß mit zwei Platin-Elektroden gefüllt. Die beiden Elektroden werden mit einer regelbaren Wechselspannungsquelle verbunden; ein Strommesser wird in den Kreis eingeschaltet.

Die Spannung wird langsam hochgeregelt, und die entsprechenden Ströme werden auf dem Amperèmeter abgelesen.

Danach wird der Versuch mit Gleichspannung entsprechend wiederholt, wobei insbesondere der Spannungsbereich von 0 bis ca. 2 V noch in weitere Einzelschritte zerlegt werden muß.

Die Meßwerte ergeben in der grafischen Darstellung verschiedene Bilder für Gleich- und Wechselstrom.

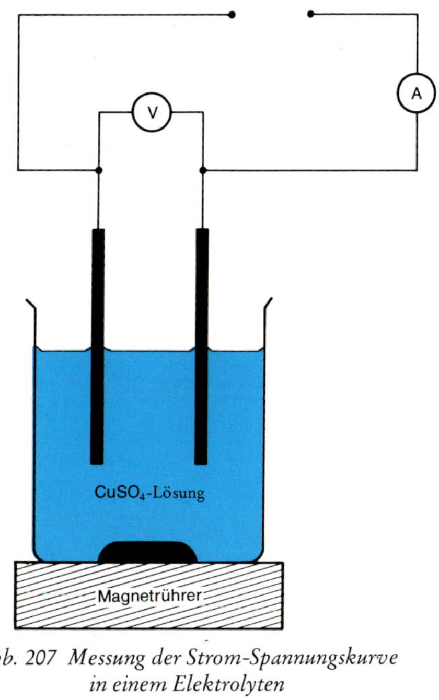

Abb. 207 Messung der Strom-Spannungskurve in einem Elektrolyten

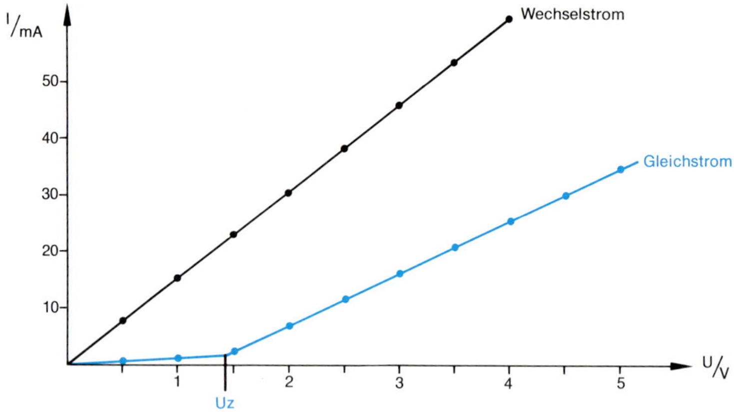

Abb. 208 Strom-Spannungs-Kurven in einem Elektrolyten

Versuchsergebnis:

a) Wechselstrom – Die Strom-Spannungs-Kurve in einem Elektrolyten ist bei angelegter Wechselspannung linear.

b) Gleichstrom – Bei geringen Spannungen fließt praktisch kein Strom. Erst nach Überschreiten der Zersetzungsspannung U_z steigt die Stromkurve an.

Die angelegte Spannung muß zunächst die Polarisationsspannung (vgl. dazu Kap. 5.2.2) überschreiten; erst dann fließt ein Strom.

Die Zersetzungsspannung hängt von der Konzentration und insbesondere von der Natur des Elektrolyten ab.

Tabelle 50: Zersetzungsspannungen von Lösungen mit c = 0,5 mol · l^{-1}

$ZnSO_4$	2,35 V
$NiSO_4$	2,09 V
H_2SO_4	1,67 V
$CuSO_4$	1,49 V

Die Zersetzungsspannungen werden um so kleiner (bei gleichem Anion), je edler das Kation ist (vgl. Spannungsreihe der Metalle). Zum Entladen des Zn^{2+}-Ions ist also mehr Energie (= energiereichere Elektronen, die man durch höhere Spannung erhält) erforderlich als zum Entladen der Cu^{2+}-Ionen.

5.1.3 Elektrischer Widerstand und elektrische Leitfähigkeit von Elektrolyten

Der elektrische Widerstand und die elektrische Leitfähigkeit hängen eng zusammen. Ist der elektrische Widerstand groß, so ist die elektrische Leitfähigkeit gering, ist der Widerstand niedrig, so ist die Leitfähigkeit hoch.

$$\text{elektrische Leitfähigkeit (= Leitwert)} = \frac{1}{\text{elektrischer Widerstand}}$$

$$\text{und in Einheiten} \qquad 1 \text{ Siemens (1 S)} = \frac{1}{1 \text{ Ohm } (\Omega)}$$

Ein Leiter mit dem Widerstand 10 Ω besitzt demnach die Leitfähigkeit

$$\frac{1}{10\ \Omega} = 0{,}1\ \Omega^{-1} = \underline{\underline{0{,}1\ \text{S}}}$$

Messungen des elektrischen Widerstandes ergeben also gleichzeitig den Leitwert.

Die Messung des elektrischen Widerstandes von elektrischen Leitern kann mit der Brückenschaltung nach Wheatstone ausgeführt werden (vgl. Abb.). An die beiden Endpunkte eines Widerstandsdrahtes (A und B) wird eine konstante Spannung angelegt. An die beiden Endpunkte wird ein paralleler Kreis mit einem unbekannten Widerstand R_X (Meßobjekt) und einem bekannten Vergleichswiderstand R angeschlossen. Der Punkt C zwischen den beiden Widerständen R_X und R ist über einen Spannungsmesser leitend mit einem Kontakt verbunden, der längs des Widerstandsdrahtes verschoben werden kann. Der Kontakt wird so lange verschoben, bis das Meßgerät zwischen C und D keine Spannung mehr anzeigt. Dann ist der Spannungsabfall von A nach C gleich dem Spannungsabfall von A nach D, und es gilt:

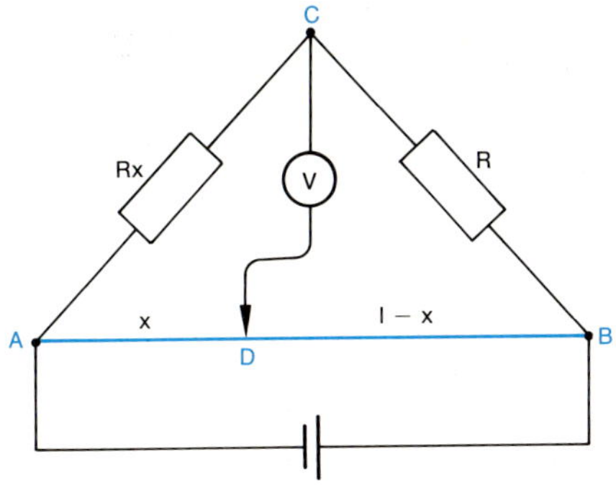

Abb. 209
Wheatstonesche Brückenschaltung

$$\frac{R_X}{x} = \frac{R}{l-x}$$

Nach Umstellen erhält man den gesuchten Widerstand R_X:

$$R_X = \frac{R \cdot x}{l-x}$$

Zur Messung des Widerstands bzw. des Leitvermögens von Elektrolyten ist Gleichspannung ungeeignet, da sich hierbei der Elektrolyt zersetzt (Elektrolyse, vgl. Kapitel 5.2) und Polarisation auftritt.

Das Leitvermögen von Elektrolyten wird mit Wechselspannung von der Frequenz 50 bis 1000 Hz gemessen.

Dabei tritt an die Stelle des unbekannten Widerstandes R_X das Gefäß mit dem Elektrolyten. Da die Leitfähigkeit temperaturabhängig ist, muß ihre Messung im Thermostaten erfolgen!

Die relative Genauigkeit der Längenmessung am Widerstandsdraht ist am größten, wenn die Kontaktstelle D etwa in die Mitte geschoben wird, also x etwa gleichlang l-x ist, was $R_x \approx R$ voraussetzt. Deswegen verwendet man einen bekannt veränderlichen Widerstand R.

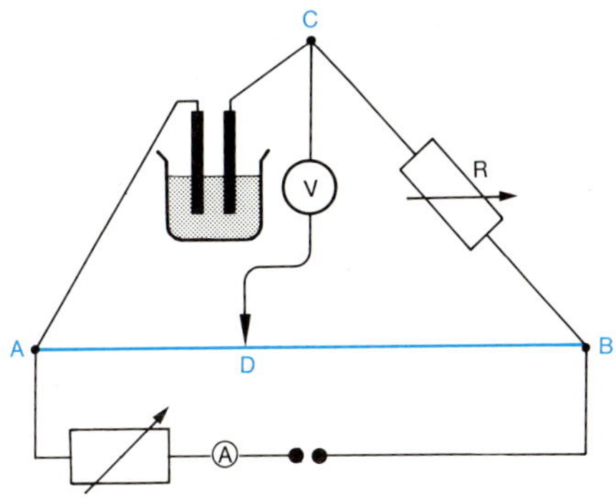

Abb. 210 Praxisgerechte Wheatstonesche Brückenschaltung zur Messung der Elektrolytleitfähigkeit

5.1.4 Spezifische Leitfähigkeit von Elektrolyten ($\varkappa$)

Der spez. Widerstand und die spez. Leitfähigkeit stehen in einem analogen Verhältnis zueinander wie Widerstand und Leitwert:

$$\varrho = R \cdot \frac{A}{l}$$

$$\varkappa = \frac{1}{\varrho}$$

Für metallische Leiter besitzt der spez. Widerstand die Einheit $\Omega \cdot \frac{mm^2}{m}$.

Für Halbleiter und Elektrolyte wählt man als Bezugsquerschnitt des Leiters 1 cm^2, als Bezugslänge 1 cm (dies ergibt einen Würfel mit 1 cm Kantenlänge). ϱ erhält dadurch die Einheit $\Omega \cdot \frac{cm^2}{cm} = \Omega \cdot cm$.

Die Einheit der für Elektrolyte besonders wichtigen spezifischen Leitfähigkeit ergibt sich durch Einsetzen der Einheiten in die Gleichung:

$$\varkappa = \frac{1}{\varrho} \Rightarrow \frac{1}{\Omega \cdot cm} = \Omega^{-1} \cdot cm^{-1} = S \cdot cm^{-1} = \frac{S}{cm}$$

Die spezifische Leitfähigkeit ist die Leitfähigkeit von 1 cm^3 Lösung, gemessen zwischen Elektroden von je 1 cm^2 Fläche in 1 cm Abstand.

Elektrodenkennziffer

In einem beliebigen Elektrolysegefäß sind die Größen A und l nicht exakt anzugeben. Der Quotient $\frac{l}{A}$ hat aber für ein bestimmtes Gefäß mit fest angeordneten Elektroden einen konstanten Wert, den man als Elektrodenkennziffer oder Widerstandskapazität C des Gefäßes bezeichnet. Dieser Wert muß durch Eichlösungen ermittelt werden.

$$R = \varrho \cdot \frac{l}{A} \quad \bigg| \quad \frac{l}{A} = C$$

$$R = \varrho \cdot C \quad \text{oder} \quad C = \varkappa \cdot R$$

Bei Leitfähigkeitsmessungen werden die Elektroden der Betriebsgeräte meistens auf gleiche Elektrodenkennziffer abgestimmt. Diese soll bei verdünnten Lösungen 0,01 bis 0,1 cm^{-1} betragen. Ein gebräuchlicher Wert ist 0,05 cm^{-1}. Zur Bestimmung der Elektrodenkennziffer werden folgende Lösungen verwendet:

Tabelle 51:

Lösung	$\varkappa$ (S · cm^{-1})	ϑ in ° C
gesättigte NaCl-Lsg.	0,2161	18
KCl-Lösung, c(KCl) = 1 mol · l^{-1}	0,09824	18
KCl-Lösung, c(KCl) = 1 mol · l^{-1}	0,11173	25
KCl-Lösung, c(KCl) = 0,1 mol · l^{-1}	0,011191	18
KCl-Lösung, c(KCl) = 0,1 mol · l^{-1}	0,012886	25
KCl-Lösung, c(KCl) = 0,01 mol · l^{-1}	0,0012227	18
KCl-Lösung, c(KCl) = 0,01 mol · l^{-1}	0,0014114	25

Bei sehr verdünnten Eichlösungen, z. B. bei KCl-Lösung c(KCl) = 0,01 mol · l^{-1}, muß zum Tabellenwert von $\varkappa$ die spez. Leitfähigkeit von Wasser hinzugezählt werden.

$$\varkappa(\text{verd. KCl-Lösung}) + \varkappa(H_2O) = \varkappa(\text{Gesamt})$$

Beispielaufgabe zur Berechnung der Widerstandskapazität (Eichung):

Wie groß ist die Widerstandskapazität eines Leitfähigkeitsmeßgefäßes, wenn bei 25 °C mit einer KCl-Lösung, c(KCl) = 1 mol · l^{-1}, ein Widerstand von R = 35,00 Ω gemessen wurde?

Lösung:

$$\varkappa(\text{KCl-Lösung}) = 0{,}11173\ \Omega^{-1}\ cm^{-1}$$
$$C = \varkappa \cdot R$$
$$C = 0{,}11173\ \Omega^{-1}\ cm^{-1} \cdot 35\ \Omega$$
$$\underline{\underline{C = 3{,}9106\ cm^{-1}}}$$

Beispielaufgabe zur Berechnung der spezifischen Leitfähigkeit aus den Meßwerten einer Leitfähigkeitsmessung:

Welche spezifische Leitfähigkeit $\varkappa$ hat eine genau 5%ige H_2SO_4 bei 18° C, wenn mit dem im vorigen Beispiel geeichten Gefäß ein Widerstand von R = 18,755 Ω gemessen wurde?

Lösung:

$$\varkappa = \frac{C}{R}$$
$$\varkappa = \frac{3{,}9106\ cm^{-1}}{18{,}755\ \Omega}$$
$$\underline{\underline{\varkappa = 0{,}2085\ \Omega^{-1} \cdot cm^{-1}}}$$

Abhängigkeit der spezifischen Leitfähigkeit von der Konzentration der Elektrolytlösungen

Ausgehend von niedrigen Konzentrationen nimmt die Leitfähigkeit in der Regel mit steigender Konzentration zu, da die Zahl der Ionen größer wird. Oft aber beobachtet man, daß die Leitfähigkeit bei einer bestimmten Konzentration ein Maximum erreicht und danach wieder abfällt, wenn die Konzentration noch weiter steigt.

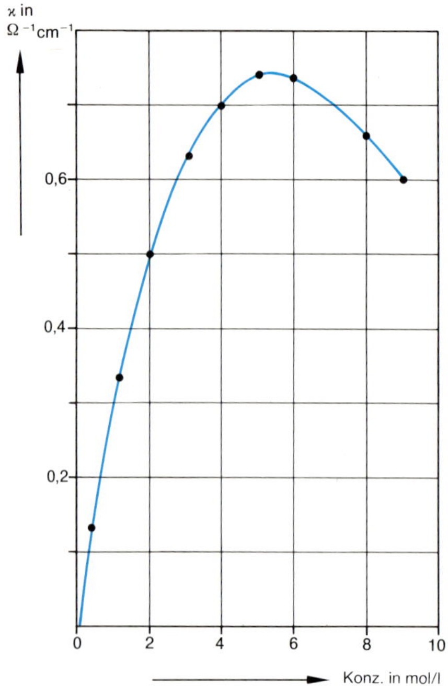

Abb. 211

Ein Beispiel hierfür ist die Salzsäure, deren spezifische Leitfähigkeit in Abhängigkeit von der Konzentration in der nebenstehenden Abbildung dargestellt ist. Die Bedeutung derartiger Diagramme liegt vor allem in der Anwendung für Konzentrationsüberwachungen bei Fabrikationsprozessen. Aus einer gemessenen spez. Leitfähigkeit läßt sich direkt im Diagramm die entsprechende Konzentration ablesen. Dazu sind keine zeitraubenden Analysen notwendig. Das Ergebnis wird elektrisch einer zentralen Überwachungsstation zugeleitet.

Spezifische Leitfähigkeit von Elektrolyten, die mehrere Salzkomponenten enthalten

In der Technik wird stets die Überwachung des Salzgehaltes von Kesselspeisewasser und dgl. verlangt. Hier liegt ein Beispiel dafür vor, daß mehrere Elektrolytkomponenten gleichzeitig in geringen Konzentrationen vorliegen. Handelt es sich um Konzentrationen bis max. 100 mg/l, dann addieren sich die Einzelleitfähigkeiten, die jede einzelne Komponente bewirken würde, wenn sie alleine vorläge, zur Gesamtleitfähigkeit.

Beispiel:

Enthält ein Wasser pro Liter 60 mg $CaSO_4$, 40 mg KCl und 80 mg $MgCl_2$, so sind die durch die Salze bedingten Einzelleitfähigkeiten aus dem Diagramm zu entnehmen:

60 mg $CaSO_4$ pro Liter	98 $\mu S \cdot cm^{-1}$
40 mg KCl pro Liter	68 $\mu S \cdot cm^{-1}$
80 mg $MgCl_2$ pro Liter	178 $\mu S \cdot cm^{-1}$
Die Gesamtleitfähigkeit beträgt:	344 $\mu S \cdot cm^{-1}$

Überprüfung von destilliertem Wasser

Mit Hilfe von Leitfähigkeitsmessungen wird im Labor die Güte von chem. reinem Wasser überwacht, das durch Ionenaustauscher entsalzt wird. Am Ausgang des Ionenaustauschers messen zwei Elektroden die spez. Leitfähigkeit des ausfließenden Wassers. Die spez. Leitfähigkeit sollte zwischen 0,5 bis 2 $\mu S \cdot cm^{-1}$ liegen.

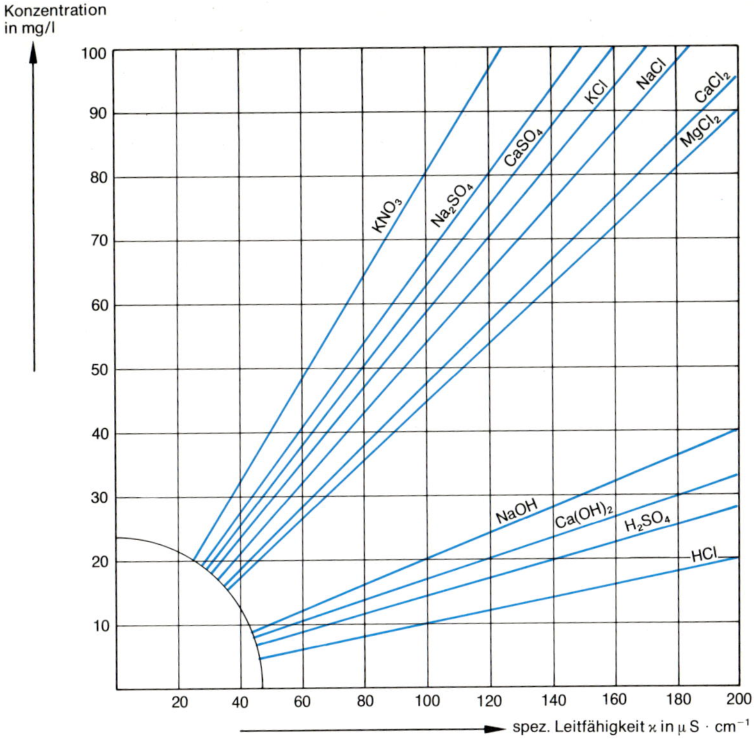

Abb. 212 Leitfähigkeitskurven von Lösungen verschiedener Salze, Säuren und Basen bei 18° C.

Einfluß der Temperatur auf die spezifische Leitfähigkeit von Elektrolyten

Versuch:

Der Einfluß der Temperatur auf die Leitfähigkeit von $CuSO_4$-Lsg. wird untersucht. Dazu wird die verd. $CuSO_4$-Lsg. in ein Becherglas gefüllt, in das zwei Platinelektroden eintauchen. Die Lösung wird mittels Magnetrührer gerührt, die Platte des Magnetrührers ist beheizbar.

Es wird eine konstante Spannung (Wechselspannung) von ca. 3 V angelegt. Der Strom wird jeweils nach Erwärmung um 10 K abgelesen.

Versuchsergebnis:

Der Strom und damit die Leitfähigkeit steigen mit der Temperatur an. Ursache hierfür ist die Abnahme der Viskosität des als Lösemittel dienenden Wassers, wodurch die Wanderung der Ionen erleichtert wird. So nimmt die Viskosität des Wassers im Bereich von + 10° C und + 20° C pro Grad um etwa 2,3% ab; entsprechend nimmt die Leitfähigkeit um etwa diesen Betrag zu.

Die Zunahme (in Ausnahmefällen auch Abnahme) der Leitfähigkeit mit steigender Temperatur kann zusätzlich auch durch den Dissoziationsgrad und durch das Auflösen von Ionenschwärmen bedingt sein. Auch diese Vorgänge sind temperaturabhängig.

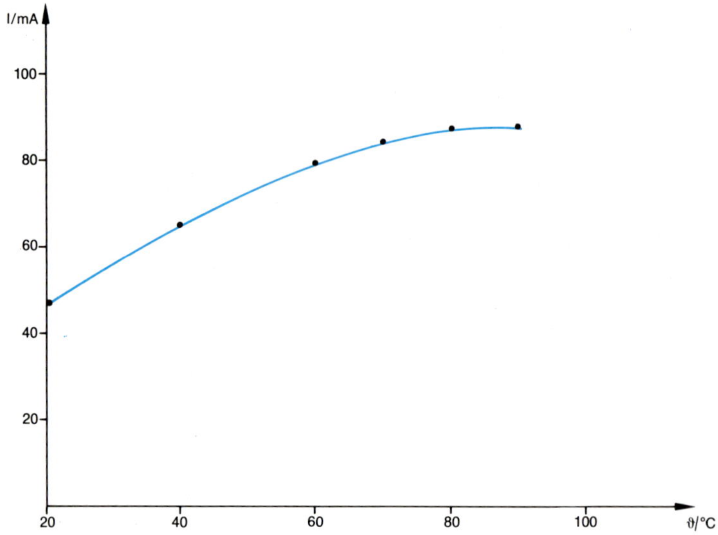

Abb. 213 Einfluß der Temperatur auf die Elektrolytleitfähigkeit von $CuSO_4$-Lsg.

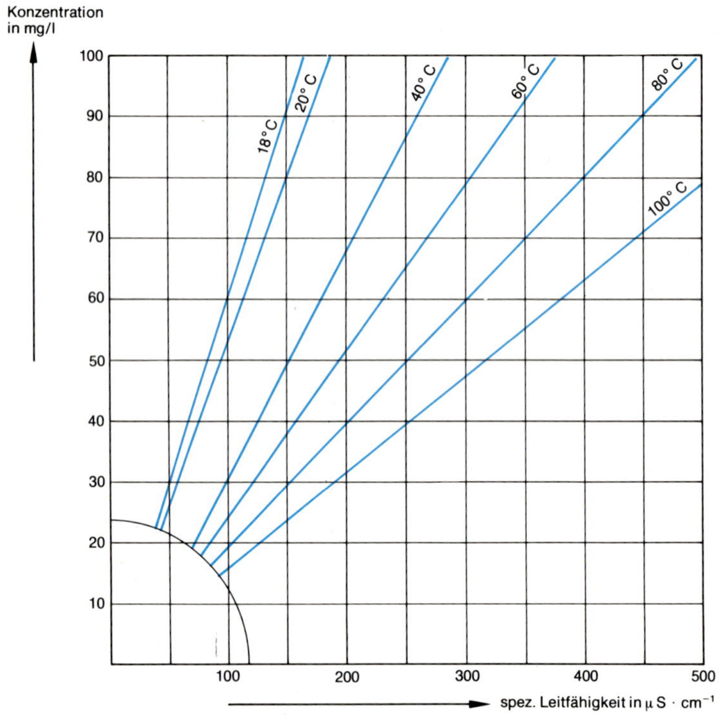

Abb. 214
Abhängigkeit der spezifischen Leitfähigkeit von KCl-Lösungen von der Temperatur und der Konzentration

5.1.5 Äquivalentleitfähigkeit und molare Leitfähigkeit

Für Elektrolytlösungen ist der Zusammenhang zwischen der Leitfähigkeit und der Stoffmengen- bzw. Äquivalentkonzentration der Lösung von Interesse. Hierzu hat man zwei besondere Begriffe eingeführt: die Äquivalentleitfähigkeit Λ und die molare Leitfähigkeit μ.

Unter der Äquivalentleitfähigkeit versteht man die Leitfähigkeit des nebenstehend abgebildeten Gefäßes, wenn man gerade so viel Lösung hineingibt, daß es 1 Äquivalent des Elektrolyts enthält.

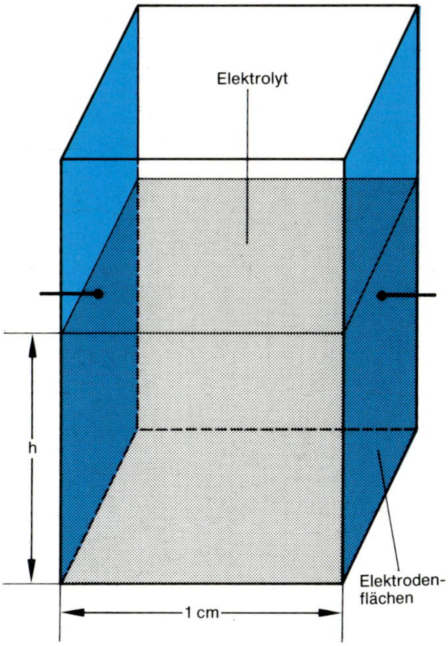

Abb. 215 Messung der Äquivalentleitfähigkeit

Bei vorgegebener Bodenfläche ergibt sich für konzentriertere Lösungen eine geringere Füllhöhe h als bei verdünnteren Lösungen. Entsprechend wird auch bei konzentrierten Lösungen weniger Elektrodenfläche benetzt, als bei verdünnteren Lösungen.

Wird die Äquivalentkonzentration mit c(eq) bezeichnet, so ist das Volumen der Lösung $\frac{1000}{c(eq)}$ cm^3. Dieses Volumen enthält dann 1 Äquivalent des Stoffes.

Die Elektrodenfläche einer Elektrode, die eintaucht, ist dann $\frac{1000}{c(eq)}$ cm^2. Diese Fläche entspricht dem Leiterquerschnitt.

Setzt man diese Fläche und den Abstand 1 cm in die allgemeine Formel für der Leitwert L ein, so erhält man:

$$R = \varrho \cdot \frac{l}{A}$$

$$L = \varkappa \cdot \frac{A}{l}$$

$$\Lambda = \varkappa \cdot \frac{1000}{c(eq)}$$

Die Einheit von Λ ist $\Omega^{-1}cm^2 \cdot mol^{-1}$

Entsprechend gilt für die Konzentrationsangabe c in mol/l:

$$\mu = \varkappa \cdot \frac{1000}{c}$$

Bei Elektrolyten, die aus zwei einladigen Ionen zusammengesetzt sind, besteht kein Unterschied zwischen der Äquivalent- und der molaren Leitfähigkeit. Bei Elektrolyten mit zweiladigen Ionen ist die molare Leitfähigkeit doppelt so groß wie die Äquivalentfähigkeit, mit dreiladigen Ionen dreimal so groß usw.

Verfolgt man die Konzentrationsabhängigkeit der spezifischen Leitfähigkeit eines Elektrolyten (z. B. KCl), so stellt man fest, daß die spezifische Leitfähigkeit mit der Konzentration zunimmt. Dies ist auf die größere Zahl von Ionen zurückzuführen. Es besteht aber keine direkte Proportionalität zwischen der spezifischen Leitfähigkeit und der Konzentration; die spezifische Leitfähigkeit steigt langsamer als die Konzentration, wie aus der Tabelle hervorgeht:

Tabelle 52: Spezifische und Äquivalentleitfähigkeit von KCl bei 18° C

Konzentration c(KCl) in $mol \cdot l^{-1}$	$\varkappa$ ($\Omega^{-1}cm^{-1}$)	Λ ($\Omega^{-1}cm^2 \cdot mol^{-1}$)
10^{-4}	$1{,}295 \cdot 10^{-5}$	129,5
10^{-3}	$1{,}276 \cdot 10^{-4}$	127,6
10^{-2}	$1{,}223 \cdot 10^{-3}$	122,3
10^{-1}	$1{,}119 \cdot 10^{-2}$	111,9
1	$0{,}982 \cdot 10^{-1}$	98,2

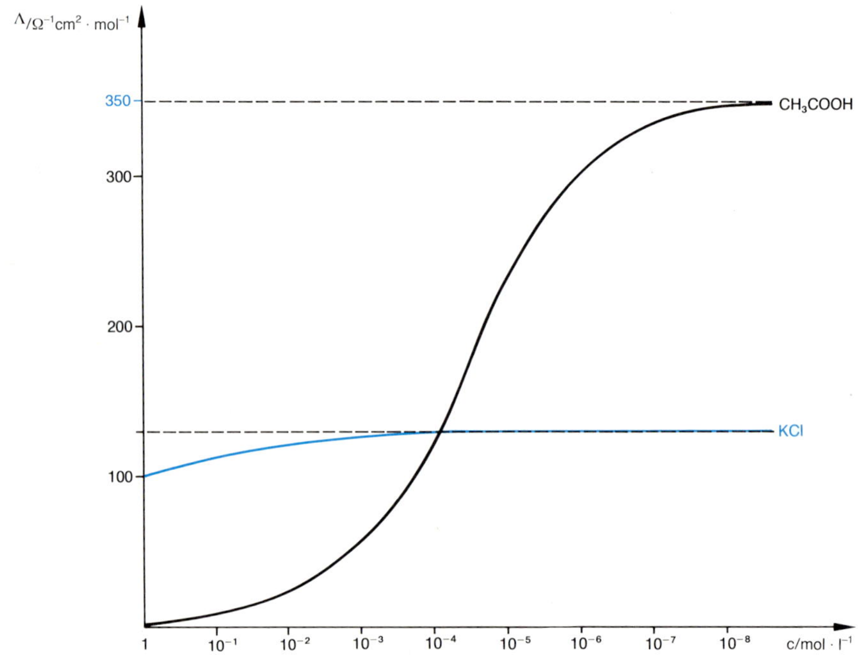

Abb. 216 Abhängigkeit der Äquivalentleitfähigkeit von KCl und Essigsäure von der Konzentration

Bei zehnfacher Steigerung der KCl-Konzentration vergrößert sich die spezifische Leitfähigkeit stets etwas weniger als zehnmal. Diese Abhängigkeit geht noch deutlicher aus den Werten der Äquivalentleitfähigkeit hervor, die mit der Verdünnung zunehmen. Die Äquivalentleitfähigkeit strebt bei immer weiter fortschreitender Verdünnung einem Grenzwert zu, der bei KCl den Wert 130,1 hat und durch Extrapolation aus der experimentell zu ermittelnden Kurve erhalten wird. Dieser Grenzwert wird mit dem Symbol Λ_∞ bezeichnet. Bei dieser idealen Verdünnung behindern sich die Ionen des gelösten Stoffes nicht mehr.

Bei schwachen Elektrolyten ändert sich die Äquivalentleitfähigkeit innerhalb weit größerer Grenzen. Hier wirkt sich der mit der Verdünnung stark steigende Protolysegrad α aus, wie das Beispiel der Essigsäure zeigt.

Das Gleichgewicht

$$CH_3COOH + H_2O \rightleftharpoons CH_3COO^- + H_3O^+$$

verschiebt sich beim Verdünnen (= Zugabe des Reaktionspartners H_2O in immer größerem Überschuß) immer mehr nach rechts.

5.1.6 Bestimmung des Protolyse- bzw. Dissoziationsgrades aus Leitfähigkeitsmessungen

Bei starken Elektrolyten, die auch bei höheren Konzentrationen völlig dissoziieren, erklärt sich die höhere Äquivalentleitfähigkeit bei fortschreitender Verdünnung damit, daß die gegenseitige Behinderung der wandernden Ionen geringer wird. Bei schwachen Elektrolyten dagegen werden durch Dissoziation beim Verdünnen neue Ladungsträger gebildet. Nach Arrhenius kann man angenähert den Dissoziationsgrad berechnen nach der Beziehung:

$$\alpha = \frac{\Lambda_c}{\Lambda_\infty},$$

wobei Λ_c die Äquivalentleitfähigkeit bei der gerade herrschenden Konzentration c ist.

Rechenbeispiel:

Der Protolysegrad der Essigsäure soll berechnet werden.

Für die Konzentration $c(HAc) = 10^{-2}\,mol \cdot l^{-1}$

ist $\Lambda_c = 14{,}3\,\Omega^{-1}\,cm^2 \cdot mol^{-1}$

und $\Lambda_\infty = 350{,}0\,\Omega^{-1}\,cm^2 \cdot mol^{-1}$

$$\alpha = \frac{14{,}3}{350}$$

$$\alpha = 0{,}0409\ (\triangleq 4{,}09\%)$$

Tabelle 53: Protolysegrad und Säurekonstante für verschiedene Essigsäure-Konzentrationen bei 18 °C

Konzentration $c(HAc)$ in $mol \cdot l^{-1}$	Λ_c in $\Omega^{-1} \cdot cm^2 \cdot mol^{-1}$	Λ_∞ in $\Omega^{-1} \cdot cm^2 \cdot mol^{-1}$	$\alpha = \frac{\Lambda_c}{\Lambda_\infty}$	K_S (aus α berechnet) in $\frac{mol}{l}$
1,0	1,32	350	0,00377	$1{,}42 \cdot 10^{-5}$
0,5	2,01	350	0,00574	$1{,}65 \cdot 10^{-5}$
0,1	4,60	350	0,01314	$1{,}75 \cdot 10^{-5}$
0,01	14,3	350	0,04086	$1{,}74 \cdot 10^{-5}$
0,001	41	350	0,1171	$1{,}55 \cdot 10^{-5}$

Mittel: $1{,}62 \cdot 10^{-5} \frac{mol}{l}$

Tabelle 54: Protolysegrad und Basenkonstante für verschiedene Ammoniak-Konzentrationen, berechnet aus ihrer Äquivalentleitfähigkeit bei 18° C

Konzentration c(HAc) in mol · l^{-1}	Λ_c in $\Omega^{-1} \cdot cm^2 \cdot mol^{-1}$	Λ_∞ in $\Omega^{-1} \cdot cm^2 \cdot mol^{-1}$	$\alpha = \frac{\Lambda_c}{\Lambda_\infty}$	K_B (aus α berechnet) in $\frac{mol}{l}$
1,0	0,89	238,5	0,0037	$1{,}37 \cdot 10^{-5}$
0,5	1,35	238,5	0,0057	$1{,}63 \cdot 10^{-5}$
0,1	3,3	238,5	0,0138	$1{,}93 \cdot 10^{-5}$
0,01	9,6	238,5	0,0403	$1{,}69 \cdot 10^{-5}$
0,001	28,0	238,5	0,118	$1{,}58 \cdot 10^{-5}$

Mittel: $1{,}64 \cdot 10^{-5} \frac{mol}{l}$

5.1.7 Gesetz der unabhängigen Ionenleitfähigkeiten

In der Tabelle sind die Äquivalentleitfähigkeiten (Λ_∞) verschiedener Salze dargestellt.

Tabelle 55: Äquivalentleitfähigkeiten bei unendlicher Verdünnung (Λ_∞ in $\Omega^{-1} \cdot cm^2 \cdot mol^{-1}$) bei 18 °C

	K^+	Na^+	Li^+
Cl^-	130,1	109,0	98,9
NO_3^-	126,5	105,3	95,2
F^-	111,3	90,1	–

Differenzen zwischen den Zeilen (Cl^-/NO_3^- bzw. NO_3^-/F^-): 3,6; 15,2

Differenzen zwischen den Spalten (K^+/Na^+ bzw. Na^+/Li^+): 21; 10

Geht man von den Kaliumverbindungen aus (KCl, KNO_3, KF) und ersetzt das Kation K^+ durch Na^+, so ändern sich in allen drei Fällen die Λ_∞-Werte um den gleichen Betrag. Das Anion spielt hierbei offenbar keine Rolle.

Vergleicht man nun in gleicher Weise z. B. die Chloride von K, Na und Li (KCl, NaCl, LiCl) mit den entsprechenden Nitraten, tauscht man also das Anion aus, so beobachtet man ganz analog eine Änderung um den gleichen Betrag.

Kohlrausch zog aus der Tatsache, daß die angeführten Differenzen von der Natur des gemeinsamen Ions unabhängig sind, die Schlußfolgerung:

> Bei unendlicher Verdünnung ergibt sich die Äquivalentfähigkeit des Elektrolyten durch die Summe der Äquivalentleitfähigkeiten der entsprechenden Ionenarten, die den Ladungstransport unabhängig voneinander durchführen.
>
> $$\Lambda_\infty = \Lambda_{Kation} + \Lambda_{Anion}$$

In der nachstehenden Tabelle sind einige wichtige Kationen- und Anionen-Äquivalentleitfähigkeiten aufgeführt. Diese Werte nennt man kurz Ionenbeweglichkeiten. Gleichzeitig sind tatsächliche Wanderungsgeschwindigkeiten für ein Spannungsgefälle von 1 V/cm und 18° C angegeben.

Tabelle 56: Beweglichkeiten und wahre Geschwindigkeiten von Ionen bei 18° C

Kationen			Anionen		
Kation	Λ_K ($\Omega^{-1}cm^2 \cdot mol^{-1}$)	v_{Kation} in m/s	Anion	Λ_A ($\Omega^{-1}cm^2 \cdot mol^{-1}$)	v_{Anion} in m/s
H_3O^+	315	$32{,}7 \cdot 10^{-6}$	OH^-	174	$18{,}0 \cdot 10^{-6}$
Li^+	33,1	$3{,}46 \cdot 10^{-6}$	Cl^-	65,3	$6{,}76 \cdot 10^{-6}$
Na^+	43,3	$4{,}56 \cdot 10^{-6}$	Br^-	67,3	$6{,}97 \cdot 10^{-6}$
K^+	64,5	$6{,}66 \cdot 10^{-6}$	J^-	66,1	$6{,}85 \cdot 10^{-6}$
Ag^+	54	$5{,}6 \cdot 10^{-6}$	NO_3^-	61,6	$6{,}38 \cdot 10^{-6}$
NH_4^+	64,5	$6{,}66 \cdot 10^{-6}$	CH_3COO^-	35	$3{,}7 \cdot 10^{-6}$
$\frac{1}{2} Mg^{2+}$	45,5	$4{,}72 \cdot 10^{-6}$	MnO_4^-	54	$5{,}6 \cdot 10^{-6}$
$\frac{1}{2} Cu^{2+}$	51,6	$5{,}35 \cdot 10^{-6}$	$\frac{1}{2} SO_4^{2-}$	67,9	$7{,}4 \cdot 10^{-6}$

Die Wanderungsgeschwindigkeiten von H_3O^+- und OH^--Ionen liegen weit über denen der anderen Ionen. Bei vergleichbaren Konzentrationen besitzen daher Elektrolyte mit H_3O^+- oder OH^--Ionen eine hervorstechend gute Leitfähigkeit.

5.1.8 Bestimmung des Ionenproduktes von Wasser und der Löslichkeit schwerlöslicher Salze durch Leitfähigkeitsmessungen

Die Leitfähigkeit schwerlöslicher Salze (z. B. $BaSO_4$, AgCl, FeS usw.) wird durch den gelösten, in Ionen vorliegenden Anteil bestimmt. Über dem Bodensatz bildet sich bei solchen Salzen eine gesättigte Lösung, die aber so stark verdünnt ist, daß sich die Ionen bei ihrer Wanderung im elektrischen Feld nicht behindern. Die Äquivalentleitfähigkeit entspricht daher dem Maximalwert Λ_∞ für unendliche Verdünnung.

In der Beziehung $\Lambda = \frac{\varkappa \cdot 1000}{c(eq)}$ sind mit Λ und c(eq) zunächst zwei unbekannte Größen enthalten, wenn $\varkappa$ gemessen wird. Da aber die Lösungen über dem Bodensatz so stark verdünnt sind, wird Λ zu Λ_∞. Aus dem Kohlrausch-Gesetz über die unabhängigen Ionenleitfähigkeiten ergibt sich weiterhin:

$$\Lambda_\infty = \Lambda_{Kation} + \Lambda_{Anion}$$

Λ_∞ kann auf diesem Wege aus den Tabellenwerten ermittelt werden. Für die Konzentration c(eq) ergibt sich durch Umstellen:

$$c(eq) = \frac{\varkappa \cdot 1000}{\Lambda_\infty}$$

$$c(eq) = \frac{\varkappa \cdot 1000}{\Lambda_{Kation} + \Lambda_{Anion}}$$

Beispielaufgabe:

Bestimmung der Löslichkeit und des Löslichkeitsproduktes von AgCl.

Die Löslichkeit von AgCl soll ermittelt werden. Dazu wird die spez. Leitfähigkeit einer gesättigten AgCl-Lsg. bei 18° C gemessen: $\varkappa = 3{,}41 \cdot 10^{-6}\ \Omega^{-1}cm^{-1}$.

In diesem Wert ist noch die spez. Leitfähigkeit von dem verwendeten Wasser enthalten mit $\varkappa_{Wasser} = 1{,}6 \cdot 10^{-6}\ \Omega^{-1}cm^{-1}$.

Die eigentliche spez. Leitfähigkeit von AgCl ist demnach die Differenz aus beiden Werten:

$$\varkappa(AgCl) = \varkappa(gemessen) - \varkappa(H_2O)$$

$$\varkappa(AgCl) = 1{,}81 \cdot 10^{-6}\ \Omega^{-1}cm^{-1}$$

Λ_∞ ergibt sich aus der Tabelle:

$$\Lambda_{Ag^+} = 54\ \Omega^{-1}cm^2 \cdot mol^{-1}$$

$$\Lambda_{Cl^-} = 65{,}3\ \Omega^{-1}cm^2 \cdot mol^{-1}$$

$$\Lambda_\infty = 119{,}3\ \Omega^{-1}cm^2 \cdot mol^{-1}$$

Durch Einsetzen ergibt sich:

$$c(eq) = \frac{1{,}81 \cdot 10^{-6} \cdot 1000\ mol}{119{,}3}$$

$$c(eq) = 1{,}52 \cdot 10^{-5}\ mol\ pro\ Liter$$

Dies entspricht 2,18 mg AgCl pro Liter

Beispielaufgabe:

Bestimmung des Ionenproduktes von Wasser

Analog zur Bestimmung des dissoziierten Anteils von schwerlöslichen Salzen läßt sich der geringe protolysierte Anteil des Wassers bestimmen, der aus H_3O^+ und OH^--Ionen besteht.

$$2H_2O \rightleftharpoons H_3O^+ + OH^-$$

Die spezifische Leitfähigkeit für absolut reines Wasser wurde erstmalig im Jahre 1894 von Kohlrausch und Heydweiler mit $\varkappa = 0{,}0384 \cdot 10^{-6}\ \Omega^{-1}cm^{-1}$ für 18° C gemessen. Daraus läßt sich der dissoziierte Anteil und das Ionenprodukt des Wassers berechnen:

$$\Lambda_\infty = \Lambda_{H_3O^+} + \Lambda_{OH^-}$$

$$\Lambda_\infty = 489\ \Omega^{-1}cm^2 \cdot mol^{-1}$$

$$\Lambda(H_3O^+) = 315\ \Omega^{-1}cm^2 \cdot mol^{-1}$$

$$\Lambda(OH^-) = 174\ \Omega^{-1}cm^2 \cdot mol^{-1}$$

$$c(eq) = \frac{\varkappa \cdot 1000}{\Lambda_\infty}$$

$$c(eq) = \frac{0{,}0384 \cdot 10^{-6} \cdot 1000}{489}$$

$$c(eq) = 0{,}785 \cdot 10^{-7}\ mol \cdot l^{-1}$$

Ergebnis:

In einem Liter absolut reinem Wasser sind $0{,}785 \cdot 10^{-7}$ mol Wasser dissoziiert (protolysiert). Folglich ist die H_3O^+-Ionenkonzentration ebenso wie auch die OH^--Konzentration $0{,}785 \cdot 10^{-7}$ mol/l.

$$c(H_3O^+) = 0{,}785 \cdot 10^{-7}\ \frac{mol}{l}$$

$$c(OH^-) = 0{,}785 \cdot 10^{-7}\ \frac{mol}{l}$$

Das Ionenprodukt $c(H_3O^+) \cdot c(OH^-)$ ist dann $0{,}62 \cdot 10^{-14} \left(\frac{mol}{l}\right)^2$ bei 18 °C.

5.1.9 Leitfähigkeitstitration (Konduktometrie)

Verschiedene Ionen wandern im elektrischen Feld unterschiedlich schnell (vgl. Tabelle S. 56). Sind äquivalente Ionenkonzentrationen vorhanden, dann ist die Leitfähigkeit einer Lösung mit schnell wandernden Ionen höher als die Leitfähigkeit einer Lösung mit langsamer wandernden Ionen. Dies läßt sich für Analysen ausnutzen. Die Leitfähigkeit dient als elektrischer Indikator einer Titration.

Versuch:

In ein 500 ml Becherglas werden zwei Platinelektroden gebracht. 25 ml Salzsäure, $c(HCl) \approx 0{,}1\ mol \cdot l^{-1}$, werden einpipettiert und auf ca. 300 ml verdünnt. Nach Anlegen einer geringen Wechselspannung wird aus einer Bürette Kalilauge, $c(KOH) = 0{,}1\ mol \cdot l^{-1}$, portionsweise zugegeben. Der Strom wird jeweils nach Zugabe von KOH an einem Meßgerät abgelesen.

Wie ein Blindversuch durch Zutropfen einer entsprechenden Menge reinen Wassers leicht zeigen kann, wird die Leitfähigkeit durch die geringfügige Volumenänderung kaum beeinflußt. Das Amperèmeter zeigt während der Titration zunächst ständig abfallende Werte, bis bei Erreichen von ca. 25 ml KOH-Lösung (Äquivalenzpunkt) der Strom plötzlich wieder steigt.

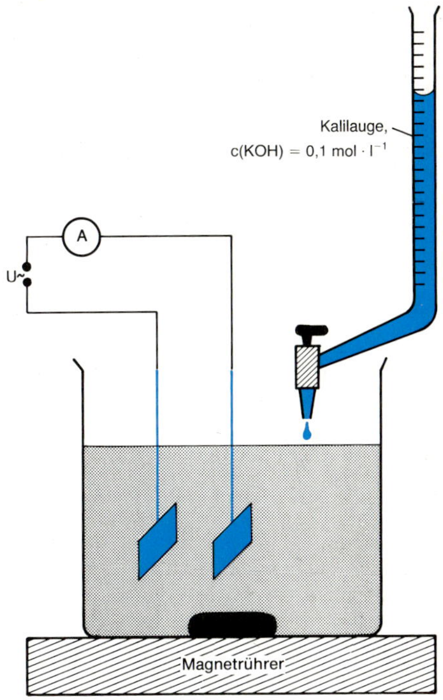

Abb. 217 Leitfähigkeitstitration

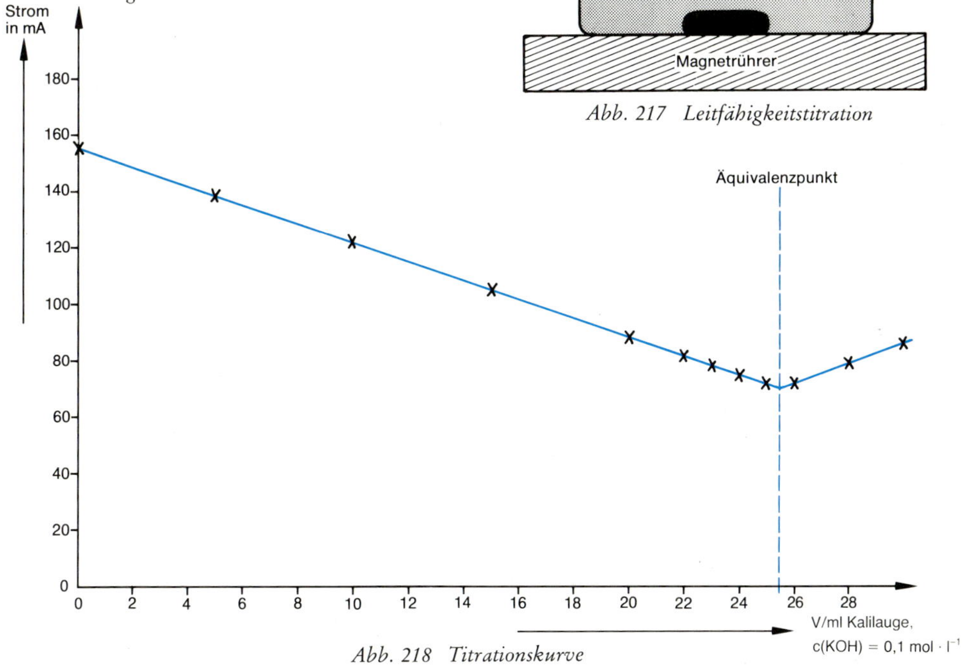

Abb. 218 Titrationskurve

Meßwerte:

Volumen der zugestopften Kalilauge, $c(KOH) = 0{,}1\ mol \cdot l^{-1}$, in ml	0	5	10	15	20	22	23	24	25	26	28	30	32
Strom in mA	155	138	125	108	90	82	79	75	71	72	80	88	93

$$HCl + KOH \longrightarrow H_2O + KCl$$

$$H_3O^+ + Cl^- + K^+ + OH^- \longrightarrow 2H_2O + K^+ + Cl^-$$

Vor der Titration sind vorhanden: H_3O^+, Cl^-
nach der Titration sind vorhanden: K^+, Cl^-.

Während der Titration wird H_3O^+ durch K^+ ersetzt.

H_3O^+ wandert schnell,
K^+ wandert langsam.

Beim Ersetzen von H_3O^+ durch K^+ sinkt die Leitfähigkeit.

In Äquivalenzpunkt sind alle H_3O^+-Ionen durch langsamere K^+-Ionen ersetzt. Bei weiterer Zugabe von KOH wird die Ionenmenge erhöht (Überschuß), daher steigt die Leitfähigkeit wieder an. Der Knickpunkt im Diagramm entspricht dem Äquivalenzpunkt.

Der exakte Äquivalenzpunkt wird durch Extrapolieren der beiden Geraden ermittelt.

Versuch:

Fällungstitration; analog dem vorigen Versuch werden 25 ml ca. Natriumchlorid-Lösung, $c(NaCl) \approx 0{,}1\ mol \cdot l^{-1}$, im Becherglas verdünnt und mit Silbernitrat-Lösung, $c(AgNO_3) = 0{,}1\ mol \cdot l^{-1}$, titriert.

Meßwerte:

Volumen der zugestopften Silbernitrat-Lösung, $c(AgNO_3) = 0{,}1\ mol \cdot l^{-1}$, in ml	0	5	10	15	20	22	24	25	26	28	30	33	36
Strom (mA)	50	50	50	51	50	50	50	51	53	57	65	76	85

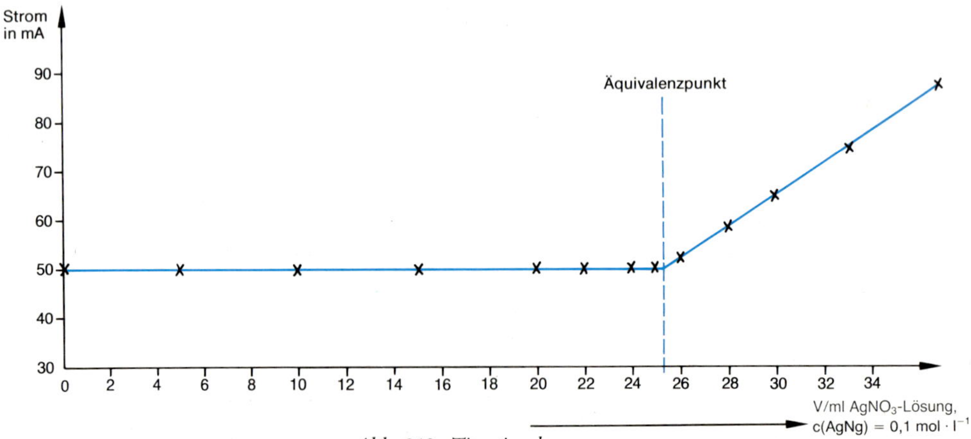

Abb. 219 Titrationskurve

Erklärung:

$$AgNO_3 + NaCl \longrightarrow AgCl + NaNO_3$$
$$Ag^+ + NO_3^- + Na^+ + Cl^- \longrightarrow AgCl + Na^+ NO_3^-$$

Vor der Titration sind vorhanden: Na^+, Cl^-,
nach der Titration sind vorhanden: Na^+, NO_3^-;

Cl^--Ionen werden durch NO_3^--Ionen ersetzt.

Cl^--Ionen wandern praktisch genauso schnell wie NO_3^--Ionen. Dadurch ändert sich die Leitfähigkeit während der Titration zunächst nicht. Nach Überschreiten des Äquivalenzpunktes bringt der zugesetzte $AgNO_3$-Überschuß einen Anstieg der Leitfähigkeit.

Anwendungsmöglichkeiten und Kurventypen konduktometrischer Titrationen

Acidimetrische Titrationen: Prinzipiell lassen sich konduktometrisch starke und schwache Säuren bzw. Basen miteinander titrieren.

Titration einer starken Säure mit einer starken Base:

Der prinzipielle Kurvenverlauf ist schon im Diagramm zum obigen Versuch (HCl + KOH) dargestellt.

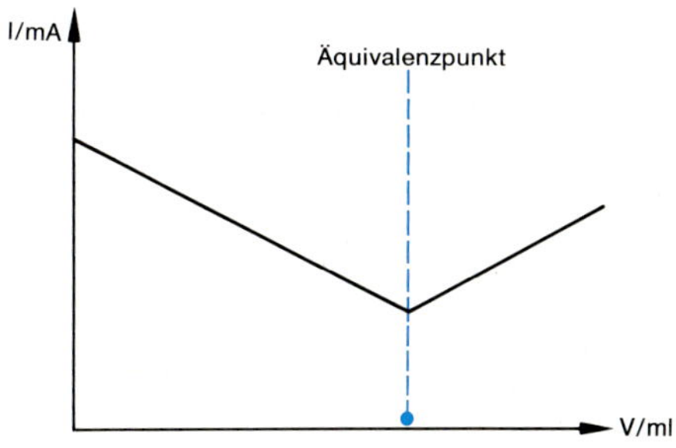

Abb. 220

Titration einer mittelstarken oder schwachen Säure mit einer starken Base:

Kurve ① stellt die Neutralisation einer starken, Kurve ② einer mittelstarken, Kurve ③ einer schwachen Säure mit einer starken Base dar. Im Falle von schwachen Säuren steigt die Leitfähigkeit schon vor dem Erreichen des Äquivalenzpunktes an, da das gebildete Salz eine höhere Leitfähigkeit bewirkt als die wegtitrierte Säure. Der Äquivalenzpunkt ist dann nicht so deutlich zu erkennen.

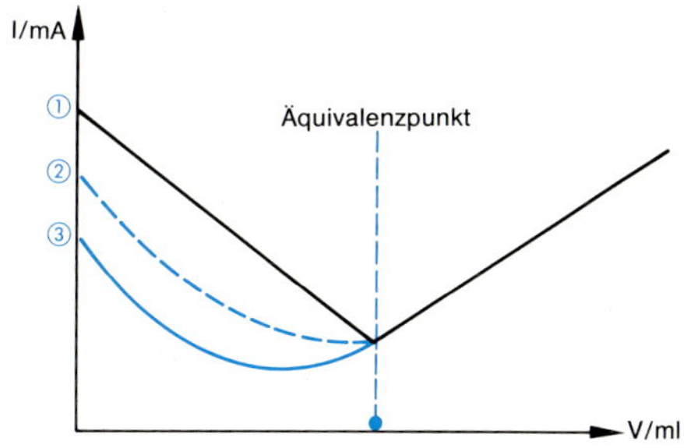

Abb. 221

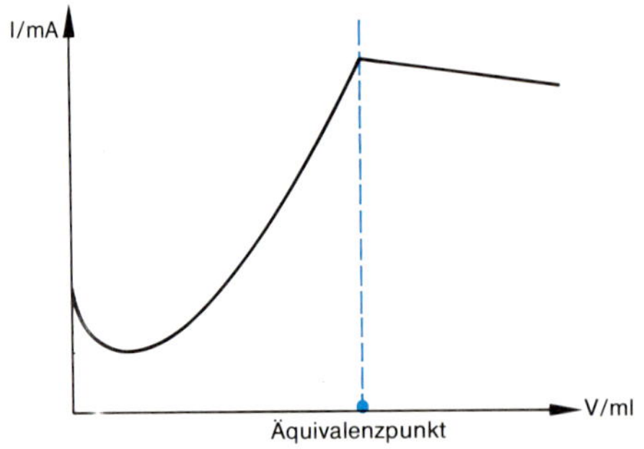

Abb. 222

Titration einer schwachen Säure mit einer schwachen Base:

Die Kurve stellt den Titrationsverlauf von Essigsäure mit Ammoniak dar. Die starke Zunahme der Leitfähigkeit stammt vom gebildeten $NH_4^+CH_3COO^-$. Der Äquivalenzpunkt ist als Knick erkennbar. Nach dessen Überschreiten zeigt sich ein mäßiger Abfall der Leitfähigkeit, da das zugegebene Ammoniakwasser nicht zur Erhöhung der Leitfähigkeit beiträgt.

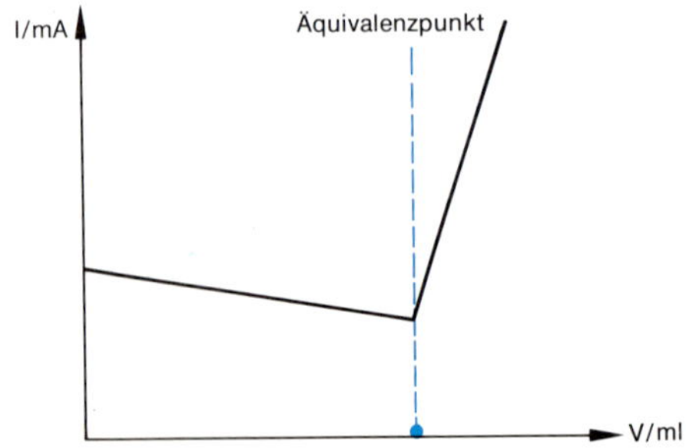

Abb. 223

Substitutionstitrationen

In den Lösungen von Salzen schwacher Basen mit starken Säuren (z. B. NH_4Cl) läßt sich konduktometrisch die gebundene Base durch verdrängende Titration mit starken Laugen bestimmen, in den Lösungen von Salzen schwacher Säuren mit starken Basen (z. B. Na-Acetat) die gebundene schwache Säure durch verdrängende Titration mit starker Säure. Die nebenstehende Kurve gilt für die Titration von NH_4Cl mit NaOH.

$$NH_4^+ + Cl^- + Na^+ + OH^- \longrightarrow NH_3 + H_2O + Na^+ + Cl^-$$

Vor der Titration sind vorhanden: NH_4^+, Cl^-,
nach der Titration sind vorhanden: Na^+, Cl^-.

Während der Titration werden die besser leitenden NH_4^+-Ionen durch die schlechter leitenden Na^+-Ionen ersetzt, die Leitfähigkeit sinkt. Der Überschuß an NaOH läßt nach Überschreiten des Äquivalenzpunktes die Leitfähigkeit wieder stark ansteigen.

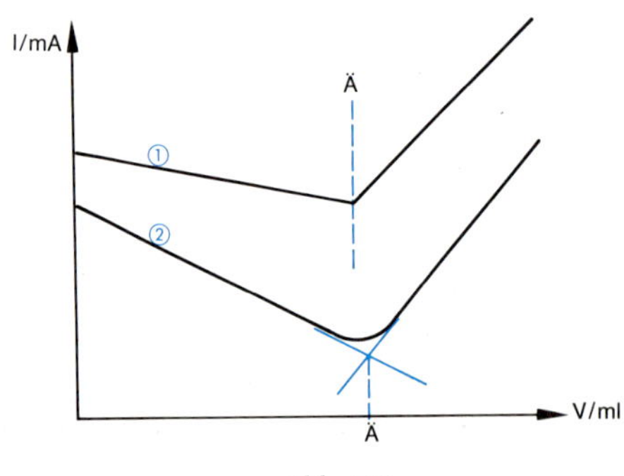

Abb. 224

Fällungstitrationen

Als Beispiel für konduktometrische Fällungstitrationen kann der oben angeführte Versuch ($NaCl + AgNO_3$) dienen, bei dem AgCl ausfällt. Ist der Niederschlag extrem schwer löslich, so ergibt sich ein scharfer Knick in der Leitfähigkeitskurve, wenn der Äquivalenzpunkt erreicht ist. (Kurve ①). Besitzt der Niederschlag jedoch eine stärkere Löslichkeit, so ergibt sich ein gebogenes Übergangsstück im Kurvenzug im Bereich des Äquivalenzpunktes, das um so ausgeprägter ist, je stärker der Niederschlag löslich ist (Kurve ②).

5.2 Elektrolyse

5.2.1 Die elektrolytische Stoffabscheidung

Bei Elektrolysen laufen zwei Vorgänge ab:

1. Ionenwanderung,
2. chemische Reaktionen an den Elektrodenoberflächen.

Bei der Elektrolyse einer Salzsäure-Lösung werden die zur Anode gewanderten Chlorid-Ionen zu Chlor oxidiert.

Reaktion an der Anode:

$$2Cl^- \rightarrow Cl_2 + 2e^- \quad | \quad \text{Oxidation}$$

Die zur Katode gewanderten Hydronium-Ionen werden zu Wasserstoff und Wasser entladen, also reduziert.

Reaktion an der Katode:

$$2H_3O^+ + 2e^- \longrightarrow H_2 + 2H_2O \mid \text{Reduktion}$$

Der Gesamtvorgang ist:

$$2H_3O^+ + 2Cl^- \xrightarrow{\pm 2e^-} H_2 + Cl_2 + 3H_2O$$

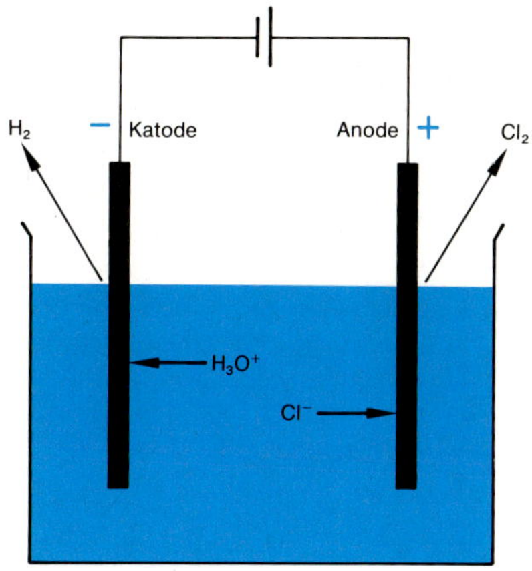

Abb. 225 Elektrolyse wäßriger Salzsäurelösung

Unter Elektrolyse versteht man den Gesamtvorgang des Wanderns und Reagierens von Ionen unter unmittelbarer Mitwirkung des elektrischen Gleichstroms.

Bei jeder Elektrolyse erfolgt an der Anode eine Oxidation, an der Katode eine Reduktion. Im Gegensatz zu den sonstigen Redoxreaktionen verlaufen bei der Elektrolyse Oxidation und Reduktion räumlich getrennt voneinander ab.

Elektrolysen sind endotherme Redoxreaktionen.

Wenn der Spannungsunterschied zwischen Anode und Katode groß ist, an der Anode also starker „Elektronensog" herrscht, und an der Katode besonders energiereiche Elektronen zur Verfügung stehen (= starker „Elektronendruck"), werden auch besonders stabile Kationen und Anionen entladen. Stabile Kationen sind

$$Ni^{2+} > Pb^{2+} > Cu^{2+} > Ag^+ > Au^{3+},$$

stabile Anionen sind

$$OH^- < J^- < Br^- < Cl^- < F^-.$$

Die Redoxpotentiale (siehe Seite 275) geben Auskunft über die Leichtigkeit bzw. Schwierigkeit, mit der Kationen und Anionen entladen werden, d. h. wie leicht oder schwer sie oxidierbar bzw. reduzierbar sind. Abweichungen können auftreten, wenn Überspannungen (vgl. Seite 265) auftreten, und wenn starke Unterschiede zwischen den entsprechenden Ionenkonzentrationen vorliegen (die Zersetzungsspannung ist bei höheren Konzentrationen immer niedriger als bei verdünnteren Lösungen).

5.2.2 Elektrochemische Polarisation bei der Elektrolyse

Die Reihenfolge, in der Ionen bei steigender angelegter Spannung abgeschieden werden, hängt von der Zersetzungsspannung (= Abscheidespannung) ab. Die Ionen, für die die niedrigste Zersetzungsspannung nötig ist, werden zuerst abgeschieden. Die Abscheidungsspannung hängt eng mit den Redoxpotentialen zusammen. Um den Sachverhalt zu klären, soll im folgenden geklärt werden, welche Spannung der Abscheidungsspannung entgegenwirkt. Diese Spannung heißt Polarisationsspannung.

Die Polarisationsspannung ist dem Betrag nach ebenso groß wie die Zersetzungsspannung, aber ihr entgegengesetzt gerichtet.

Versuch:

Im Hoffmannschen Apparat elektrolysiert man einige Minuten verdünnte Schwefelsäure. Dann wird der Strom unterbrochen, und die beiden Elektroden werden mit einem Spannungsmesser verbunden. Das Meßgerät zeigt eine Spannung an, obschon die Elektroden nicht mehr mit einer fremden Spannungsquelle verbunden sind. Diese auftretende Spannung heißt Polarisationsspannung.

Die Polarisationsspannung hat zwei Ursachen:

a) Konzentrationserscheinungen,

b) Veränderung der Elektrodenoberfläche während der Elektrolyse.

Konzentrationspolarisation

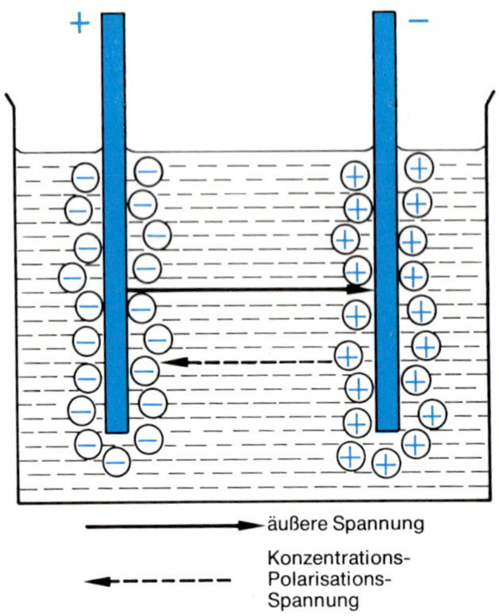

Abb. 226 Entstehung der Konzentrationspolarisation

Unter dem Einfluß des elektrischen Feldes kommt es zu einer Anreicherung von positiven Ionen im Katodenraum und von negativen Ionen im Anodenraum. Die positiven Ionen um die Katode stellen eine positive Ladungswolke dar, die negativen Ionen um die Anode stellen eine negative Ladungswolke dar. Zwischen beiden Ladungswolken herrscht eine Spannung, die der von außen angelegten Spannung zwischen den Elektroden entgegengerichtet ist.

Durch Rühren läßt sich diese Konzentrationspolarisation weitgehend beseitigen.

Bei Wechselspannung tritt dieser Effekt ebenso wie die nachfolgend beschriebene Polarisation durch chemische Veränderung der Elektrodenoberfläche nicht auf. Daher werden Leitfähigkeitsmessungen stets mit Wechselspannung durchgeführt.

Polarisation durch chemische Veränderung der Elektrodenoberfläche

Im Beispiel der Elektrolyse verdünnter Schwefelsäure wird an der Anode O_2, an der Katode H_2 gebildet. Die ursprünglich völlig gleichen Elektroden (z. B. Pt) überziehen sich rasch mit einem Film des entsprechenden Gases, wodurch aus der Pt-Elektrode praktisch eine Sauerstoff- bzw. Wasserstoffelektrode wird. Damit ist ein galvanisches Element (vgl. Kapitel Volta-Element, S. 297) entstanden, das eine ganz bestimmte Spannung besitzt. Diese ist wie im Falle der Konzentrations-Polarisation der angelegten Spannung entgegengerichtet.

Die beiden Polarisationseffekte addieren sich.

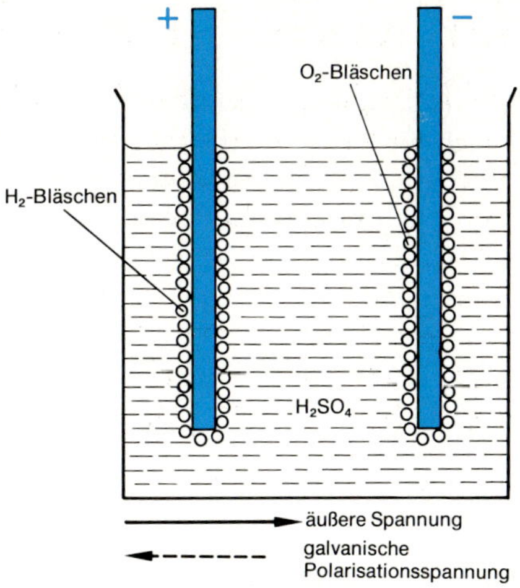

Abb. 227 Entstehung der Polarisation durch Stoffabscheidung

Die Polarisationsspannung ist der äußeren Spannung entgegengerichtet. Ein Strom kann erst fließen, wenn die äußere Spannung etwas größer ist als die Polarisationsspannung.

5.2.3 Die Überspannung

Werden an der Anode und Katode Gase, insbesondere Wasserstoff und Sauerstoff, abgeschieden, so ist zur Elektrolyse meist eine höhere Spannung als die theoretisch erwartete Zersetzungsspannung nötig. Den Spannungsmehrbetrag, den man über die theoretische Zersetzungsspannung hinaus anwenden muß, nennt man Überspannung.

Die Überspannung ist abhängig von:

1. der Art des abgeschiedenen Gases,
2. dem Elektrodenmaterial (besonders von dessen Reinheit),
3. der Stromdichte.

Tabelle 57: Wasserstoff- und Sauerstoff-Überspannungen an verschiedenen Elektroden in Kalilauge, $c(KOH) = 1\ mol \cdot l^{-1}$

Elektrode	H_2-Überspannung an der Katode in Volt	O_2-Überspannung an der Anode in Volt
Platiniertes Pt	0,0	0,25
Pd	0,0	0,43
Fe	0,08	0,25
glattes Pt	0,09	0,45
Ag	0,15	0,41
Ni	0,21	0,06
Pb	0,64	0,31
Zn	0,70	
Hg	0,78	

Für die gleichzeitige Abscheidung von Wasserstoff und Sauerstoff aus 1N KOH ist eine Zersetzungsspannung von 1,23 Volt zu erwarten. Dieser Wert entspricht der Spannung eines galvanischen H_2/O_2-Elementes. Werden platinierte Pt-Elektroden verwendet, so würde für die H_2-Abscheidung diese Spannung ausreichen. Eine Elektrolyse kommt aber erst in Gang, wenn beide Stoffe abgeschieden werden können. Für die O_2-Abscheidung sind aber 0,25 Volt mehr nötig. Damit liegt die aufzuwendende Spannung bei 1,23 V + 0,25 V = 1,48 Volt.

Werden Zink- oder Quecksilber-Katoden verwendet, so wird die Abscheidung des Wasserstoffs außerordentlich erschwert.

Auf Grund der Überspannung ist es möglich, aus wäßrigen Lösungen unedlere Metalle als Wasserstoff abzuscheiden.

Beispiele:

1. Zink kann mittels Elektrolyse aus schwefelsaurer $ZnSO_4$-Lösung an einer Zink-Katode abgeschieden werden.

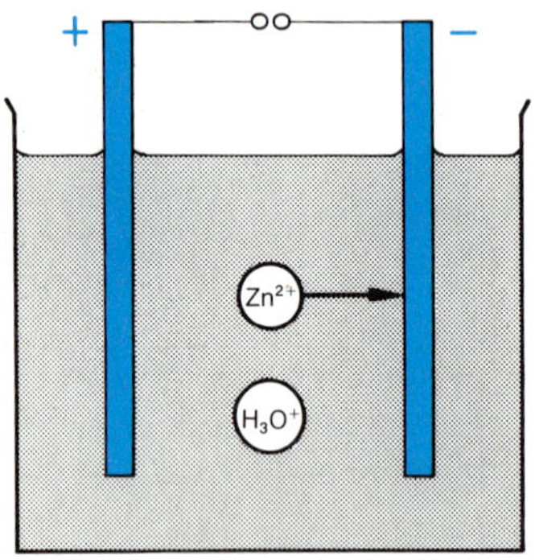

Abb. 228 Abscheidung von Zink aus wäßriger Lösung

Die theoretisch zu erwartende Zersetzungsspannung des Wasserstoffs liegt bei konzentrierten Zinksalzlösungen, in denen die Zn^{2+}-Konzentration höher ist als die H_3O^+-Konzentration, um etwa 0,6 Volt unter der Zersetzungsspannung für die Zinkabscheidung.

Wasserstoff würde ohne das Auftreten der Überspannung abgeschieden. In Wirklichkeit aber müssen für die Wasserstoff-Abscheidung ca. 0,70 Volt mehr aufgebracht werden, so daß die Abscheidung des Zinks weniger Spannung erfordert und daher zuerst abläuft.

2. In ähnlicher Weise wird aus wäßriger NaCl-Lösung Natrium an Quecksilberkatoden abgeschieden, da der Wasserstoff wegen seiner hohen Überspannung an Quecksilberkatoden nur mit höherer Spannung abgeschieden wird. Diese Erscheinung macht die großtechnische Chloralkali-Elektrolyse erst möglich.

3. Bei der NaCl-Elektrolyse aus wäßrigen Lösungen wird an der Anode ganz überwiegend Chlor abgeschieden, obwohl Sauerstoff zu erwarten wäre. Die Überspannung des Sauerstoffs an Kohleanoden ist aber größer als die des Chlors.

   Zusätzlich wirkt sich hier aber auch die hohe Cl^--Ionenkonzentration aus, die die Zersetzungsspannung für die Cl^--Ionen herabsetzt.

   Bei der Elektrolyse verdünnter NaCl-Lösungen beobachtet man daher anteilmäßig mehr abgeschiedenen Sauerstoff.

5.2.4 Gesetz der elektrolytischen Stoffabscheidung (Faraday-Gesetz)

Faraday hat in den Jahren 1833/34 die Frage beantwortet, welche Ladungsmengen zur Abscheidung bestimmter Stoffmengen im Verlauf einer Elektrolyse benötigt werden.

Aus heutiger Sicht läßt sich das Prinzip derartiger elektrochemischer Berechnungen am einfachsten und grundlegendsten anhand der betreffenden Ionengleichung verstehen.

Bei der Elektrolyse von Salzsäure-Lösung lautet diese Ionengleichung für die Reduktion an der Katode:

$$\underset{}{2H_3O^+} + \underset{2\,mol}{2e^-} \longrightarrow \underset{1\,mol}{H_2\uparrow} + 2H_2O$$

Demnach wird 1 mol H_2 (2,00 g bzw. 22,4 Liter im Normzustand) von 2 mol Elektronen abgeschieden.

Die gleiche Ladungsmenge von 2 mol Elektronen liefern an der Anode die Chloridionen in den äußeren Stromkreis, wenn aus ihnen 1 mol Cl_2 wird:

$$2\,Cl^- \longrightarrow \underset{1\,mol}{Cl_2\uparrow} + \underset{2\,mol}{2e^-}$$

Der Gesamtvorgang lautet in vereinfachter Schreibweise:

$$2H^+ + 2Cl^- \pm 2e^- \longrightarrow H_2 + Cl_2$$

Bei der Elektrolyse von Salzsäure-Lösung werden durch Aufnahme bzw. Abgabe von 2mol Elektronen = $2 \cdot 6{,}022 \cdot 10^{23}$ Elektronen insgesamt 2,00 g Wasserstoff und 71,0 g Chlor abgeschieden.

Aus der Dauer einer Elektrolyse (Zeit in Sekunden) und aus der Stromstärke (in Ampere) läßt sich berechnen, welche Elektronenmenge an der Anode aufgenommen bzw. an der Katode abgegeben wurde. 1 mol Elektronen hat die Ladung (Avogadrosche Zahl mal Elementarladung).

$$Q = 6{,}022 \cdot 10^{23} \cdot 1{,}602 \cdot 10^{19}\ As$$

$$\underline{\underline{Q = 96{,}5 \cdot 10^3\ As = 26{,}8\ Ah}}$$

Aus den entsprechenden Ionengleichungen ergibt sich: Durch Aufnahme bzw. Abgabe von 1 mol Elektronen werden

1 mol einladige Ionen abgeschieden, z. B. Ag^+, Cl^-,
$\frac{1}{2}$ mol zweiladige Ionen abgeschieden, z. B. Cu^{2+}, O^{2-},
$\frac{1}{3}$ mol dreiladige Ionen abgeschieden, z. B. Al^{3+}, Au^{3+}.

Die Stoffmengen, die bei Aufnahme bzw. Abgabe von 1 mol Elektronen abgeschieden (= reduziert bzw. oxidiert) werden, nennt man 1 Äquivalent.

Die Ladung von einem Mol Elektronen beträgt genau 96485,44 As ± 1,4 ppm[1]). Diese Ladungsmenge heißt Faraday-Konstante (1 F ≈ 96500 As/mol).
Ein Faraday scheidet ein Äquivalent eines Stoffes ab (z. B. 1 mol Ag^+, $\frac{1}{2}$ mol Cu^{2+}).

1) Messung 1981 am National Bureau of Standards, USA.

Beispiel 1:

Es ist zu berechnen, wieviel Milligramm Silber in genau einer Sekunde abgeschieden werden, wenn die Stromstärke genau 1 Ampere beträgt.

$$Ag^+ + e^- \longrightarrow Ag$$

96485 As bewirken die Abscheidung von 107,88 g Ag

1 As bewirkt die Abscheidung von $\frac{107{,}88 \cdot 10^3}{96485}$ mg Ag = $\underline{\underline{1{,}118 \text{ mg Ag}}}$

Beispiel 2:

Eine $NiSO_4$-Lösung wird 2,5 Stunden lang elektrolysiert, wobei ein Strom von 0,80 A fließt. Wieviel Nickel wird abgeschieden?

Die Ladung Q beträgt 0,8 A · 2,5 h = 2,0 Ah

96485 As ≈ 26,8 Ah scheiden 29,35 g Nickel ab ($\triangleq \frac{1}{2}$ mol Ni^{2+}),

2,0 Ah scheiden $\frac{29{,}35 \cdot 2{,}0}{26{,}8}$ g Nickel ab = $\underline{\underline{2{,}15 \text{ g Nickel}}}$

Beispiel 3:

Ein elektrischer Strom von 0,6 A scheidet in 1 h 14 min. 24 sek. 0,814 g eines Metalls ab. Wie groß ist die Äquivalenzmasse des Metalls?

Die Ladung Q beträgt 0,6 A · 4464 s = 2678 As.

2678 As scheiden 0,814 g des Metalls ab,

96472 As scheiden $\frac{0{,}814 \cdot 96472}{2678}$ g des Metalls ab

$= \underline{\underline{29{,}32 \frac{\text{g}}{\text{Äquivalent}}}}$

5.2.5 Elektrogravimetrie

Bei der Elektrogravimetrie werden Metallkationen vollständig auf einer Platinkatode abgeschieden und ausgewogen. Damit kann der Metallgehalt einer Metallsalzlösung bestimmt werden.

Praktische Hilfsmittel:

a) Elektrische Schaltung:

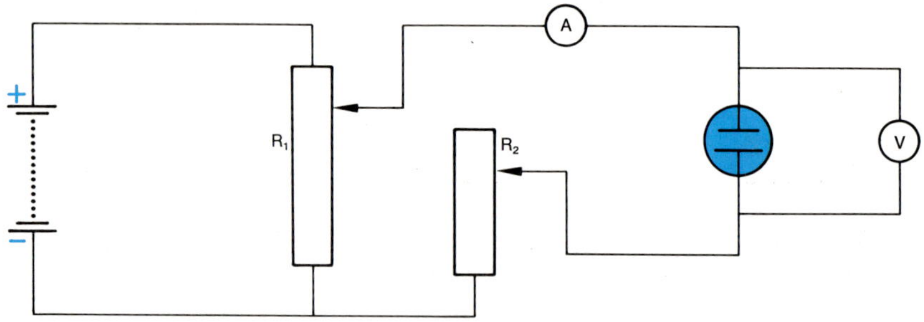

Abb. 229 Elektr. Schaltung für die elektrogravimetrische Analyse

Zur Ausführung von elektrolytischen Bestimmungen braucht man eine Gleichspannungsquelle von 2 bis 6 Volt. Dazu eignen sich z. B. mehrere hintereinander geschaltete Zellen eines Bleiakkus.

Mit den Widerständen R_1 und R_2 lassen sich Spannung und Strom im Analysengefäß regeln.

b) *Elektrolysegefäße:*

Als Elektrodenmaterial wird gewöhnlich Platin mit Zusatz von Iridium verwendet. Die Elektrode, die das Metall aufnimmt (in der Regel die Katode) soll eine möglichst große Oberfläche haben. Daher bestehen Abscheidungselektroden vorwiegend aus zylinderförmigen Drahtnetzen, die am Rand zur größeren Haltbarkeit durch Pt-Draht verstärkt sind und einen Pt-Draht zum elektrischen Anschluß haben. Als Gegenelektrode dient ein spiralförmiger Platindraht, der in den Drahtnetzzylinder hineinreicht.

Für die praktische Durchführung ist zu beachten:

1. Die Katode ist vor der Bestimmung mit konz. HNO_3 zu säubern und nach Trocknung zu wiegen.
2. Der Strom darf nicht zu hoch eingestellt werden, da sonst das Metall zu schnell abgeschieden wird. Die Metallionen aus der Lösung können wegen ihrer geringen Wanderungsgeschwindigkeit nicht so schnell nachrücken, wie die Abscheidung erfolgt. Der Raum um die Katode verarmt an Metallionen, wodurch die Abscheidung von Wasserstoff möglich wird. Dies verfälscht die Analysenergebnisse.
3. Sowohl Heizung als auch Rühren wirken dem entgegen, so daß höhere Ströme und damit kürzere Analysenzeiten möglich werden.
4. Das Ende der Abscheidung läßt sich mit einem Kunstgriff erkennen. Zu Beginn der Elektrolyse ragt die Netzkatode etwas aus der Lösung heraus. Senkt man sie nach einiger Zeit etwas tiefer in den Elektrolyt, dann wird die Abscheidung auch an dem Stück der Katode einsetzen, das neu in die Lösung eintaucht und bislang blank geblieben war. Bleibt dieses Stück blank, dann ist die Abscheidung quantitativ. Andernfalls muß weiter elektrolysiert werden.

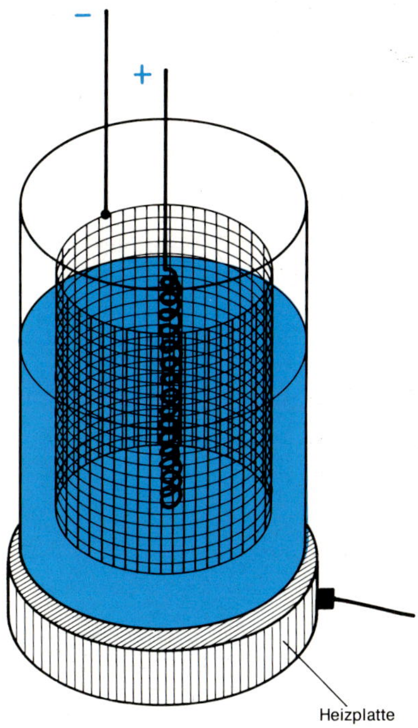

Abb. 230 Anordnung für die katodische Abscheidung

Das Ende der Abscheidung ist auch an einem Anstieg der Spannung zu erkennen.

Elektrogravimetrische Trennungen

Die Kationen verschiedener Metalle benötigen zur Abscheidung unterschiedliche Zersetzungsspannungen. Die Zersetzungsspannungen für Kationen edler Metalle sind geringer als die von Kationen unedlerer Metalle.

Darauf beruht die Methode elektrogravimetrischer Trennungen:

Zunächst wird mit niedrigerer Spannung das edlere Metall abgeschieden und dann nach der Reihenfolge der Spannungsreihe die unedleren mit jeweils höheren Spannungen.

Die Zersetzungsspannungen zweier zu trennender Stoffe müssen weit genug auseinanderliegen, damit die Trennung vollständig wird. Die Zersetzungsspannungen sollten mindestens 0,2 Volt auseinanderliegen.

Der Grund für diese Bedingung liegt in der sich ständig erhöhenden Zersetzungsspannung während der Elektrolyse, die auf die Konzentrationsabnahme (= Verdünnung) zurückzuführen ist. Die Berechnung der zunehmenden Zersetzungsspannung ist mit Hilfe der Nernstschen Gleichung (vgl. Seite 283) möglich. Bei einer Kobaltsulfatlösung, $c(CoSO_4) = 1 \text{ mol} \cdot l^{-1}$, nimmt sie z. B. von 1,92 V auf 2,04 V zu, wenn 99,99 % des Kobalts abgeschieden sind.

Die Trennung von Kationen, deren Abscheidungsspannungen dicht beieinander liegen, ist aber möglich, wenn eine der beiden Ionensorten durch Komplexbildung maskiert wird.

5.2.6 Coulometer, Coulometrie

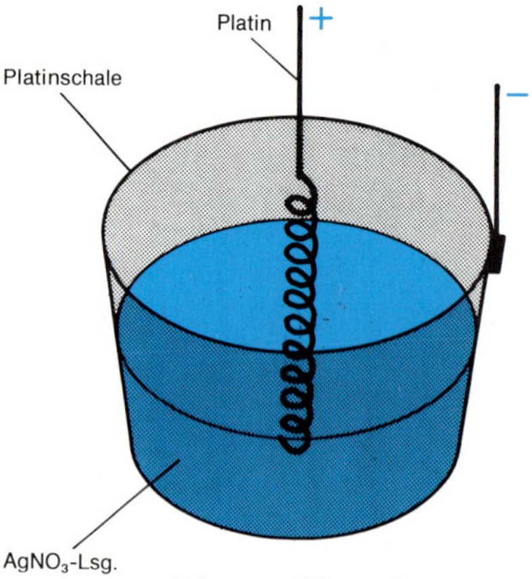

Abb. 231 Silbercoulometer

Die Einheit der elektrischen Ladung 1 As nennt man zu Ehren des Ingenieurs und Physikers Coulomb (vgl. Coulombsches Gesetz) 1 C, das ist ein Coulomb. Die von Faraday gefundenen Gesetzmäßigkeiten der elektrolytischen Stoffabscheidung geben den Zusammenhang zwischen der durch einen Elektrolyten fließenden Ladung (I · t) und der dadurch abgeschiedenen Stoffmenge wieder. Einerseits läßt sich aus der Ladung die entsprechende Stoffmenge berechnen; in Umkehrung der Rechnung kann aber auch aus der abgeschiedenen Stoffmenge die Ladung berechnet werden, die zu dieser Abscheidung geführt hat.

Beispiel:

In einem Silbercoulometer werden 0,246 g Ag abgeschieden. Wie groß ist die Ladung, die diese Abscheidung bewirkte?

107,9 g Ag werden von 96 488 As abgeschieden.

$$0{,}246 \text{ g Ag werden von } \frac{96\,488 \cdot 0{,}246}{107{,}9} \text{ As abgeschieden}$$

$$= \underline{\underline{220 \text{ As}}}$$

Coulometrie

Die Coulometrie gestattet durch Messung der Ladung, die über zwei großflächige Elektroden durch eine Elektrolytlösung fließt, die unmittelbare Bestimmung chemischer Substanzen auf Grund elektrochemischer Redoxvorgänge.

Beispiel 1 (Potentiostatische Coulometrie)

Fe(II) soll durch Oxidation zu Fe(III) bestimmt werden. Die Oxidation erfolgt im Anodenraum bei einer konstanten Spannung, die gerade zur Oxidation von Fe(II) zu Fe(III) ausreicht. Ist alles Eisen oxidiert, sinkt der Strom praktisch auf Null ab. Die Ladung, die das Fe(II) quantitativ oxidiert hat, läßt sich entweder mit einem Coulometer oder mit Amperemeter und Stoppuhr ermitteln. Aus der Ladung läßt sich die äquivalente Menge Eisen ermitteln.

Beispiel 2 (Coulometrische Titration)

Die Bestimmung von As(III) kann iodometrisch erfolgen. Aus As(III) wird dabei As(V). Bei der Coulometrischen Titration fließt ein konstanter Strom durch die Analysenlösung, die neben dem zu bestimmenden Arsen(III)-iodid enthält. As(III) wird anodisch zu As(V) oxidiert. Ist dies vollständig geschehen, erkennt man den Endpunkt der Titration an einem auftretenden Iodüberschuß, der mit Stärke sichtbar gemacht wird. Im Gegensatz zur Maßanalyse wird der As-Gehalt nicht aus dem Verbrauch einer Iod-Maßlösung berechnet, sondern aus der während der Titrationsdauer durch die Lösung geflossenen Ladung bestimmt (I · t). Diese Ladung ist der Arsenmenge äquivalent.

5.2.7 Polarografie

Die Polarografie ist ein elektrochemisches Analysenverfahren. Dabei werden automatisch Strom-Spannungs-Kurven aufgenommen von Lösungen, die mittels einer tropfenden Quecksilber-Katode und einer ruhenden Quecksilber-Anode elektrolysiert werden. Die für die Methode wesentliche Quecksilber-Tropf-Elektrode besteht aus einer äußerst feinen, mit Hg gefüllten Glaskapillare, die in die Untersuchungslösung eintaucht, und aus der in gewissen gleichen Abständen kleinste Quecksilber-Tröpfchen herausfallen. Die Verwendung dieser Elektrode hat folgende Vorteile: Es werden an ihr praktisch alle Metalle ohne störende Wasserstoff-Entwicklung abgeschieden, was auf die große Überspannung des Wasserstoffs an Quecksilber und auf die Erniedrigung der Abscheidespannung der unedlen Metalle infolge Amalgambildung zurückzuführen ist. Zudem erneuert sich stets die Katode durch das Tropfen, so daß sich die bei der Elektrolyse abgeschiedenen Stoffe

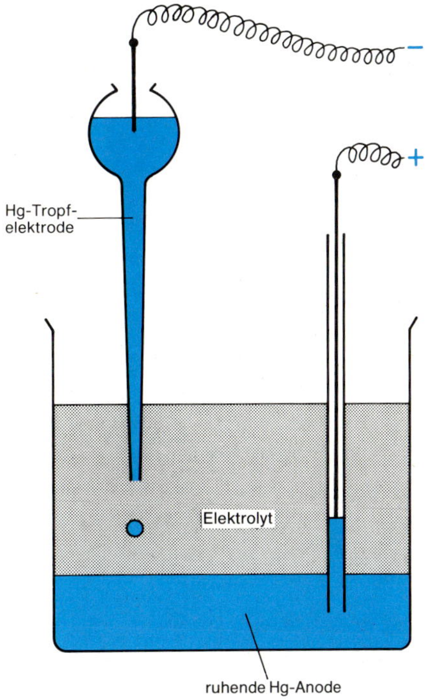

Abb. 232 Anordnung einer polarografischen Analyse

nicht an ihr anreichern können (keine Polarisation durch Veränderung der Elektrodenoberfläche).

Bei einer polarografischen Analyse wird automatisch die Spannung langsam bis zum Höchstwert der Spannungsquelle gesteigert. Der jeweils fließende Strom wird von einem Schreiber aufgezeichnet.

Liegt in der Analysenlösung ein Gemisch verschiedener Metallkationen vor, so steigt der Strom jeweils sprunghaft an, wenn die Abscheidespannung eines weiteren Metallkations erreicht ist, da dieses dann mit am Ladungstransport teilnehmen kann.

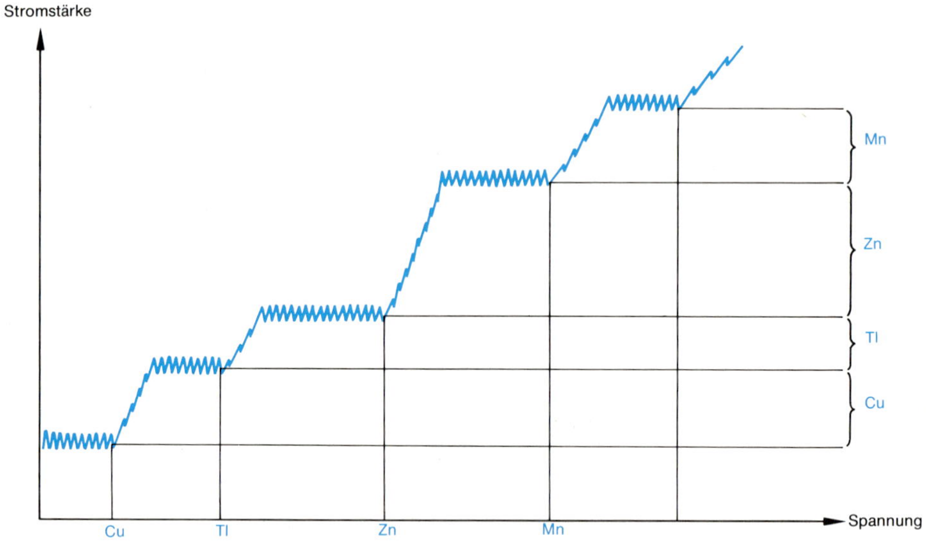

Abb. 233 Polarografische Strom-Spannungs-Kurve

Liegt z. B. ein Gemisch von Cu^{2+}-, Tl^{2+}-, Zn^{2+}- und Mn^{2+}-Ionen in der Analysenlösung vor, so wird der Stromfluß zunächst nur von den Cu^{2+}-Ionen, dann bei Erreichen der Abscheidespannung von Tl^{2+} auch zusätzlich von den Tl^{2+}-Ionen, nach weiterer Spannungssteigerung auch zusätzlich von den Zn^{2+}-Ionen und schließlich von den Mn^{2+}-Ionen bestimmt. Im Gegensatz zur Elektrogravimetrie werden die Stoffe nicht vollständig abgeschieden; im Gegenteil, die Analysenlösung wird fast nicht verändert. Aus der Stromspannungskurve läßt sich erkennen, welche Metallionen die Lösung enthält und in welcher Konzentration sie vorliegen.

Die Art der Ionen erkennt man aus den Abscheidespannungen, bei denen der Strom sprunghaft steigt. Ihre Konzentration erkennt man aus der Höhe der Stromzunahme. Außer Metallionen lassen sich auch anorganische Anionen (z. B. CN^-, HS^-) und wasserlösliche organische Verbindungen bestimmen, soweit sie reduzierbare oder oxidierbare Gruppen aufweisen.

5.2.8 Anodische Metallauflösung

Besteht bei einer Elektrolyse das Elektrodenmaterial nicht aus dem edlen Platin oder vergleichbaren anderen edlen Metallen, dann kann es zu einer Auflösung der Anode kommen. Saugt man aus dem Metallgitter der Anode Elektronen ab, so stoßen sich die zurückbleibenden positiven Ionen des Gitters gegenseitig ab. Das Metallgitter löst sich auf.

Versuch:

Eine Projektionsküvette wird mit verdünnter Schwefelsäure gefüllt. Als Elektroden dienen zwei dicke Kupferdrähte, von denen die Katode tiefer, bis auf den Boden reicht. Wird eine Gleichspannung von 3 bis 4 Volt angelegt, so beobachtet man an der Katode zunächst lebhafte Wasserstoffentwicklung, während sich an der Anode blaue Schlieren von Kupfersulfat bilden. Läßt man den Versuch ca. 10 bis 15 Minuten laufen, so füllt sich vom Boden her die Küvette mit der blauen Kupfersulfatlösung. Diese erreicht schließlich die Katode, es kommt zur Abscheidung von Kupfer, was man an einer Verdickung der Katode erkennen kann. Die Wasserstoffentwicklung läßt etwas nach. Nach Beendigung des Versuches ist die Anode blank und stark „angefressen", die Katode weist einen Belag von schwammigem Kupfer auf, der nur von der Anode stammen kann.

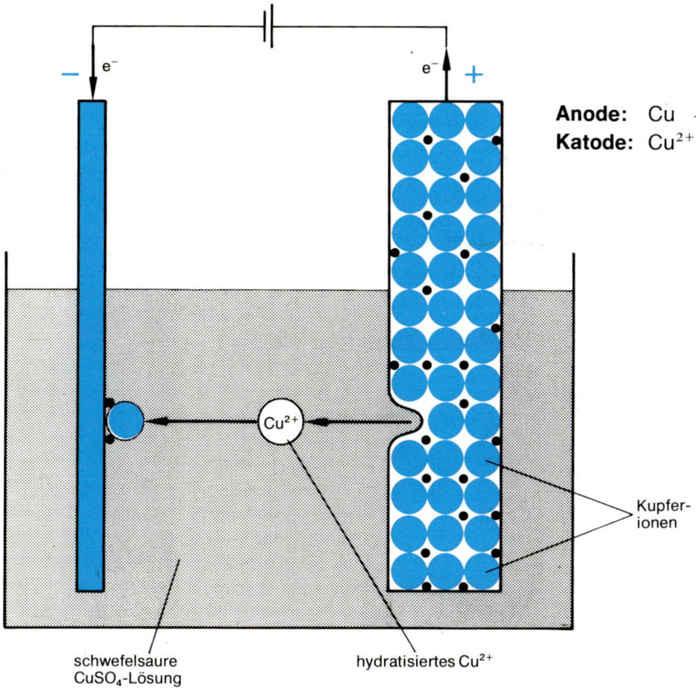

Anode: $Cu \longrightarrow Cu^{2+} + 2e^-$
Katode: $Cu^{2+} + 2e^- \longrightarrow Cu$

Abb. 234 Schema der Kupferraffination

Das Auflösen von Metallanoden und der gleichzeitige Niederschlag der gebildeten Ionen an der Katode hat vor allem zwei technische Bedeutungen:

1. Erzeugung galvanischer Überzüge (z. B. Versilbern, Verchromen usw.),
2. Reinigung von technisch gewonnenen Metallen. (Das Katodenmaterial ist reiner als das ursprünglich eingesetzte Anodenmaterial.)

Der auftretende Reinigungseffekt soll am Beispiel der Kupferraffination erläutert werden. Als Anode wird das zu reinigende Rohkupfer in dicken Blöcken verwendet und in schwefelsaure Kupfersulfat-Lösung getaucht. Als Katode dienen dünne Bleche aus hochreinem Kupfer. Das Rohkupfer enthält neben unedleren Metallen, wie Eisen und Nickel, auch die Edelmetalle Silber, Gold sowie Platinmetalle.

Da die unedleren Metalle leichter Elektronen abgeben als die edleren, gehen sie mit dem Kupfer in Lösung. Die Edelmetalle sinken ungelöst als Anodenschlamm zu Boden, sie benötigen zur Auflösung ein positiveres Potential als Kupfer. An der Katode scheidet sich aber nur Kupfer ab, die unedleren Metalle bleiben in Lösung, da für sie die vorhandene Spannung zur Abscheidung nicht ausreicht. Damit ist das Kupfer von seinen Verunreinigungen befreit.

5.2.9 Anodische Oxidation und katodische Reduktion mit Ionenumladungen

Bei Elektrolysen wirkt die Anode wie ein Oxidationsmittel (sie entzieht Elektronen) und die Katode wie ein Reduktionsmittel. Durch die angelegte Spannung ist die Stärke der oxidierenden bzw. reduzierenden Wirkung beliebig regelbar. Dadurch sind auch Reaktionen möglich, die mit rein chemischen Mitteln nicht zu erreichen sind, wie z. B. die Oxidation von Fluorid-Ionen zu Fluor (Schmelzelektrolyse von Fluoriden).

Neben der elektrolytischen Entladung von Ionen lassen sich mit elektrischem Gleichstrom auch Oxidationen und Reduktionen bewirken, bei denen Moleküle oxidiert bzw. reduziert werden oder Ionen in andere Ionen umgewandelt werden oder Metalle an der Oberfläche oxidiert werden (z. B. Eloxal).

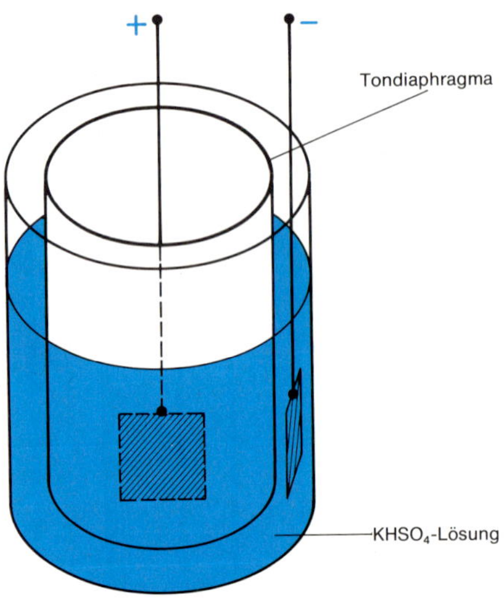

Abb. 235 Herstellung von $K_2S_2O_8$ durch anodische Oxidation

Drei einfach durchführbare Beispiele sind:

Beispiel 1:

Herstellung von Kaliumperoxidisulfat

Um den Anodenraum vom Katodenraum zu trennen, wird ein poröses Tondiaphragma in ein Becherglas gestellt, und das ganze mit gesättigter $KHSO_4$-Lösung gefüllt. Zwei Platinelektroden werden eingesetzt. Das Gefäß wird gut gekühlt (Arbeitstemperatur unter +10° C) und mit einem Strom von ca. 3 A elektrolysiert. Schon bald scheidet sich an der Anode $K_2S_2O_8$ ab. Das Diaphragma schützt dieses Oxidationsprodukt vor dem Angriff des katodisch entwickelten Wasserstoffs.

$$2\,HSO_4^- + 2\,H_2O \longrightarrow S_2O_8^{2-} + 2e^- + 2\,H_3O^+$$

Zur Oxidation von 1 mol Hydrogensulfationen muß 1 mol Elektronen (≙ 1 Faraday) abgegeben werden.

Beispiel 2:

$$Cr^{3+} + 12\,H_2O \longrightarrow CrO_4^{2-} + 3\,e^- + 8\,H_3O^+$$

Zur Oxidation von 1 mol Cr^{3+}-Ionen sind 3 mol Elektronen (≙ 3 Faraday) erforderlich.

Beispiel 3:

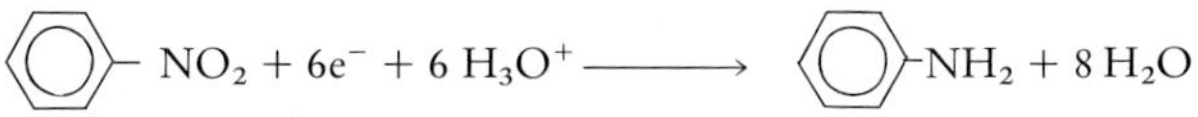

Zur Reduktion von 1 mol Nitrobenzol zu Anilin sind 6 mol Elektronen (≙ 6 Faraday) erforderlich.

5.3 Galvanische Elemente

5.3.1 Die Entstehung von Redox-Potentialen

Versuch:

Verschiedene Metalle werden in die Lösungen anderer Metallsalze eingetaucht. Es kommt in einigen Fällen zur Abscheidung des vorher in Ionenform vorliegenden Metalls, in anderen Fällen dagegen nicht. In der Tabelle ist das Versuchsergebnis festgehalten, wobei Metallausscheidung mit + gekennzeichnet ist.

Metall taucht in die Lösung von	$ZnSO_4$	$CuSO_4$	$AgNO_3$
Zink	×	+	+
Kupfer	—	×	+
Silber	—	—	×

Beim Eintauchen von blankgeschmirgeltem Zink in $CuSO_4$-Lösung scheidet sich ein metallischer Kupferüberzug ab.

$$Cu^{2+} + 2e^- \longrightarrow Cu$$

Die Elektronen, die die Cu^{2+}-Ionen bei diesem Vorgang benötigen, können nur vom Zink stammen:

$$Zn \longrightarrow Zn^{2+} + 2e^-$$

Durch Zusammenfassen beider Teilgleichungen ergibt sich die Gesamtreaktion:

$$Zn + Cu^{2+} \rightleftharpoons Zn^{2+} + Cu$$

Das Gleichgewicht liegt ganz auf der rechten Seite.

Elektronen sind vom Zink an die Kupferionen abgegeben worden. Das Zink wurde oxidiert, die Kupferionen sind reduziert worden.

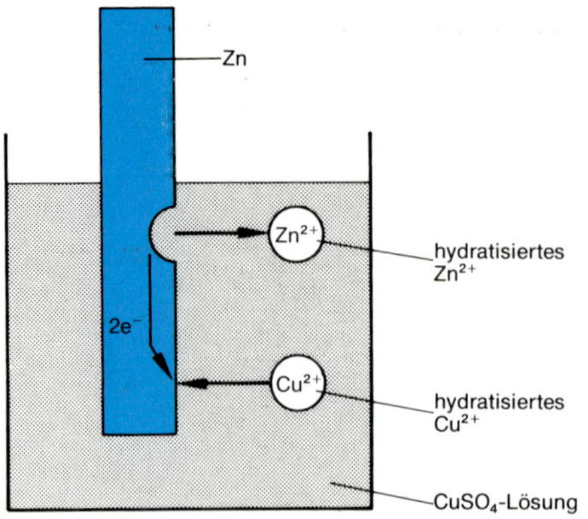

Abb. 236 Abscheidung von Cu auf einem Zinkblech, das sich dabei teilweise auflöst

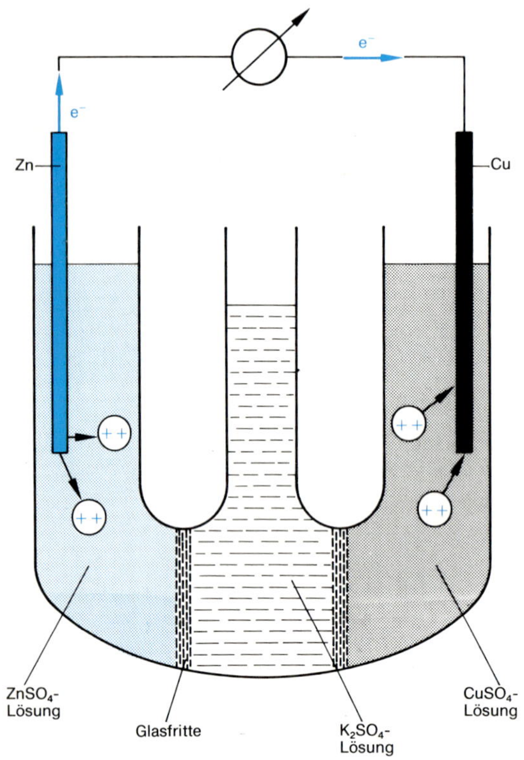

Abb. 237 Galvanisches Cu/Zn-Element (Daniell-Element)

Den Elektronenübergang kann man physikalisch als elektrischen Strom auffassen. Der Vorgang spielt sich hierbei aber in atomaren Dimensionen ab und läßt sich daher nicht mit elektrischen Meßgeräten nachweisen. Werden aber die beiden Teilreaktionen, die Reduktion von Cu^{2+}-Ionen und die Oxidation des Zinks, räumlich voneinander getrennt, so wird auch der Elektronenstrom meßbar. Die Durchführung der räumlichen Trennung bedeutet, daß die Cu^{2+}-Ionen nicht mehr unmittelbar Elektronen aus dem Zinkgitter beziehen. Wie Abb. 237 zeigt, beziehen sie die Elektronen über den Umweg des Kupferstabes und der elektrischen Leitung zum Zinkstab. Der Elektronenübergang kann mit elektrischen Meßgeräten gemessen werden[1]).

Ein Vorteil dieser Anordnung besteht darin, daß der Zinkstab trotz Elektronenlieferung ein Zinkstab bleibt und nicht oberflächlich zum Kupferstab wird, wie das beim Versuch nach Abbildung 236 geschieht. Ein weiterer Vorteil ist bei Verwendung eines Voltmeters mit hohem Innenwiderstand gegeben. Dadurch läuft die Reaktion nur in sehr geringem Umfang ab, da nur ein geringer Strom durch das Voltmeter fließt. Die Konzentrationen der Cu^{2+}-Ionen (abnehmend) und der Zn^{2+}-Ionen (zunehmend) ändern sich dadurch praktisch nicht, das Reaktionsgleichgewicht verschiebt sich also nicht. Betragen im Versuch nach Abb. 237 die Stoffmengenkonzentrationen $c(CuSO_4)$ und $c(ZnSO_4)$ jeweils 1 mol/l, so zeigt das Voltmeter 1,11 V an. Dieser Meßwert ist ein sog. Redoxpotential.

Die Reaktion

$$Zn + Cu^{2+} \pm 2e^- \rightleftharpoons Zn^{2+} + Cu$$

[1]) Wie bei Elektrolysezellen wird auch bei galvanischen Elementen der Pol, an dem eine Oxidation stattfindet, Anode genannt. Entsprechend heißt der Pol, an dem eine Reduktion erfolgt, Katode (DIN 50900).

läuft also freiwillig und exotherm von links nach rechts ab. Da keine wesentliche Entropieänderung eintritt (der Zunahme an Ordnung für das abgeschiedene Kupfer steht die Unordnung durch das aufgelöste Zink gegenüber), muß die Triebkraft dieser Reaktion in der Enthalpieänderung liegen. Das Voltmeter zeigt, daß beim Übergang von je 2 Elektronen $2 \cdot 1{,}11$ eV chemische Energie frei werden.

Mit einem ersten, flüchtigen Blick auf die Reaktionsgleichung könnte man folgern, daß die Reaktion stattfände, weil die Cu^{2+}-Ionen stärker Elektronen anziehen als Zn^{2+}. Wie ein Vergleich der Ionisierungsenergien für Cu- und Zn-Atome zeigt,

$$28{,}2\ \frac{\text{eV}}{\text{Atom}}\ \text{bei Cu,}$$

$$27{,}6\ \frac{\text{eV}}{\text{Atom}}\ \text{bei Zn}$$

(Summe der Ionisierungsenergien für die Abspaltung des ersten und zweiten Elektrons)

ziehen „nackte“ (= nicht hydratisierte) Cu^{2+}-Ionen zwar Elektronen stärker an als „nackte“ Zn^{2+}-Ionen, der Energieunterschied ist aber viel kleiner als der hier gemessene.

Bei der Reaktion $Zn + Fe^{2+} \pm 2e^- \rightleftharpoons Zn^{2+} + Fe$ ist sogar die Ionisierungsenergie für das Zink größer als für das Eisen, $27{,}6\ \frac{\text{eV}}{\text{Atom}}$ und $24\ \frac{\text{eV}}{\text{Atom}}$, trotzdem löst sich das Zink auf und nicht das Eisen, und die Reaktion ist mit $2 \cdot 0{,}32$ eV für je zwei ausgetauschte Elektronen exotherm.

Das bei Verwendung von $ZnSO_4$- und $FeSO_4$-Lösung ($c(ZnSO_4)$ und $c(FeSO_4)$ jeweils 1 mol/l) gemessene Redoxpotential ist 0,32 V. Der Unterschied der Ionisierungsenergien allein erklärt den Ablauf der Redoxreaktion also nicht.

Die Faktoren, die die Redoxpotentiale bestimmen, sind:
1. Unterschied der Gitterenergien der Metalle,
2. Unterschied der Ionisierungsenergien,
3. Unterschied der Hydratationsenergien der Metallionen.

Folgende Übersicht veranschaulicht die Etappen der energetischen Betrachtung:

	Zn_{fest}		Cu_{fest}	
endotherm	↓	Gitterenergie	↑	exotherm
	$Zn_{gasf.}$		$Cu_{gasf.}$	
endotherm	↓	Ionisierungsenergie	↑	exotherm
	$Zn^{2+}_{gasf.}$		$Cu^{2+}_{gasf.}$	
exotherm	↓	Hydrationsenergie	↑	endotherm
	Zn^{2+} hydratisiert		Cu^{2+} hydratisiert	

$$Zn + Cu^{2+} \cdot aq \rightleftharpoons Zn^{2+} \cdot aq + Cu \qquad \Delta G = -2{,}22\,\frac{\text{eV}}{\text{Atom}} = -133{,}7\,\frac{\text{kJ}}{\text{mol}}$$

Hauptsächliche Ursache für den Ablauf dieser Reaktion ist die fast dreimal so große Gitterenergie des Kupfers verglichen mit der des Zinks (Kupfer hat einen sehr viel höheren Schmelzpunkt und Siedepunkt als Zink). Die Ionisierungsenergien und die Hydrationsenergien weisen nur kleine Unterschiede auf.

In welchem Umfang die Reaktion $Cu \rightleftharpoons Cu^{2+} + 2e^-$ getrennt von der Reaktion $Zn^{2+} + 2e^- \rightleftharpoons Zn$ abläuft, läßt sich nicht messen. Man kann nur sagen, daß der Kupferstab verglichen mit einem Zinkstab, der in eine Zinksulfatlösung eintaucht, positiver geladen wird (Abb. 238). Die Gleichgewichtsreaktionen in der hier dargestellten Anordnung kommen aber schnell zum Stillstand, da das relativ immer positiver werdende Kupfer die weitere Abscheidung von positiven Cu^{2+}-Ionen verhindert und entsprechend das relativ immer negativer werdende Zink keine weiteren positiven Zn^{2+}-Ionen in die Lösung entläßt. Die Aufladung der eintauchenden Metalle erreicht also einen Höchstwert und bleibt dann konstant.

Die Messung dieser absoluten Potentiale ist unmöglich.

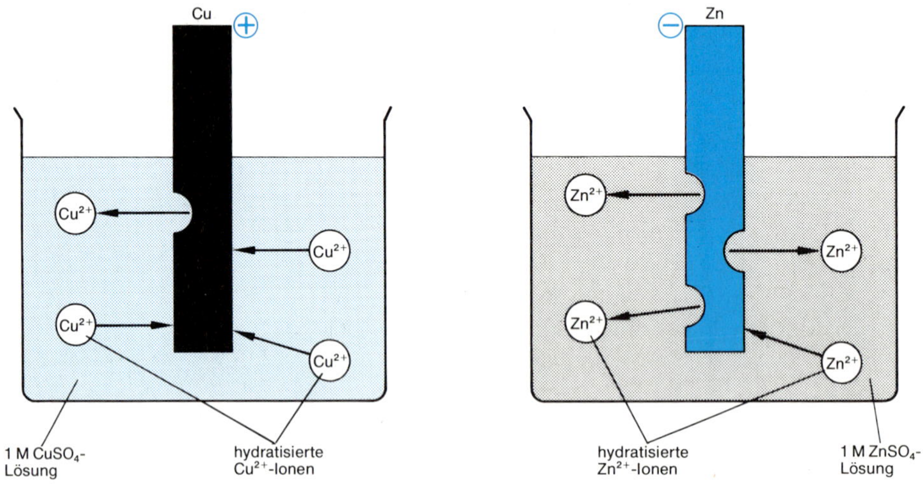

Abb. 238 Relative Aufladung eines Kupfer- und eines Zinkstabes

Um das Potential zwischen dem Metall und der Lösung zu messen, müßte ein Meßfühler des Spannungsmessers am Metall angeklemmt werden, der zweite müßte in die Lösung eintauchen, wodurch aber wieder ein neues Potential entsteht.

In der Praxis muß man sich damit begnügen, die Potentiale zweier Halbelemente, wie die Anordnungen Cu in $CuSO_4$-Lösung und Zn in $ZnSO_4$-Lösung (entsprechend auch für andere Metalle) genannt werden, miteinander zu vergleichen. Dies geschieht dadurch, daß man die beiden Metalle über ein Spannungsmeßgerät leitend miteinander verbindet und desgleichen einen elektrolytisch leitenden Kontakt zwischen den Lösungen herstellt. Eine solche Anordnung ist ein galvanisches Element.

Das Potential eines Halbelements (= Redoxpaares, z. B. Cu/Cu^{2+}) ist nur als Vergleichswert zu einem zweiten Halbelement (Vergleichs- oder Bezugselektrode) zu bestimmen.

Für Demonstrationsmessungen eignet sich auch die Anordnung mit einem Tonzylinder als Diaphragma anstelle des Wagnerschen Doppel-U-Rohres, da hier der Spannungsverlust durch den geringen Innenwiderstand der Lösung kleiner ist.

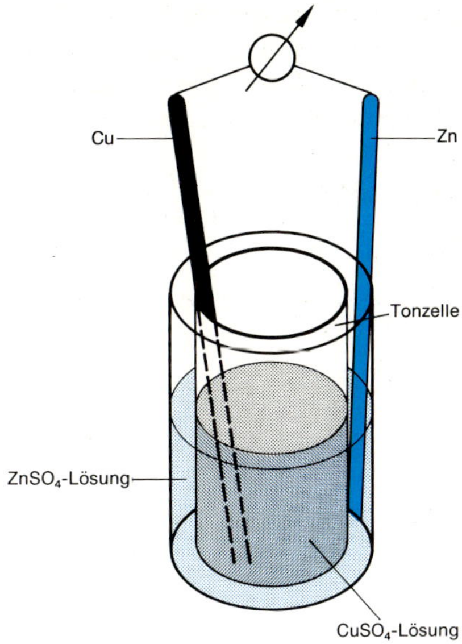

Abb. 239 Galvanisches Element mit Tondiaphragma

5.3.2 Die Wasserstoffelektrode und die Redoxreihe (Spannungsreihe)

Analog den Halbelementen Cu/Cu^{2+} oder Zn/Zn^{2+} läßt sich ein Halbelement H_2/H_3O^+ aufbauen. Dieses Halbelement hat als sogenannte Wasserstoffelektrode außerordentliche Bedeutung erlangt, weil es als Vergleichs-Elektrode für alle anderen Halbelemente dient und alle Potentiale (= gemessene Spannungen) auf diese Elektrode bezogen sind.

Die Normalwasserstoffelektrode besteht aus Platin mit fein verteilter Oberfläche, das von Wasserstoffgas unter Normaldruck umspült wird. Das Platinblech taucht in eine Lösung, deren Konzentration $c(H_3O^+)$ 1 mol/l beträgt. Das Platinblech dient nur als Zu- bzw. Ableitung der Elektronen und hält durch seine schwammige Struktur den Wasserstoff in feinster Verteilung an der Elektrode eine Zeitlang fest. Vergleicht man die Aufladung der Wasserstoffelektrode aus der Reaktion

$$H_2 + 2H_2O \rightleftharpoons 2H_3O^+ + 2e^-$$

mit der Aufladung des Halbelements Cu/Cu^{2+}

$$Cu \rightleftharpoons Cu^{2+}(aq) + 2e^-$$

so zeigt das Meßgerät, daß der Kupferstab elektrisch positiv und das Platinblech der Wasser-

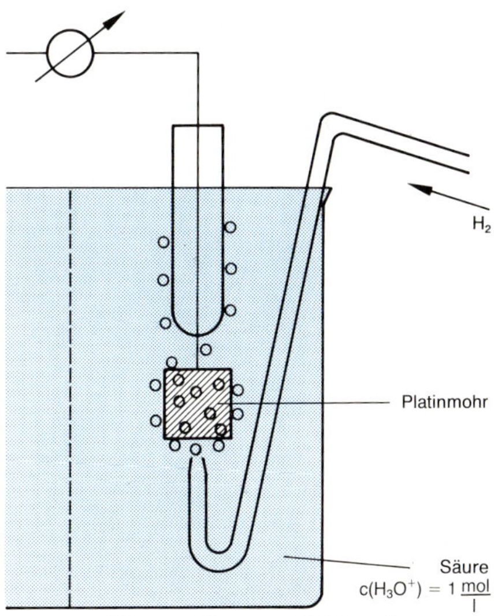

Abb. 240 Wasserstoffelektrode

stoffelektrode negativ geladen ist. Daher wird in Tabellen das Cu/Cu^{2+}–Potential, bezogen auf die Wasserstoffelektrode, mit positivem Vorzeichen versehen. Entsprechend erhalten alle Halbelemente, die wie z. B. Fe/Fe^{2+} gegenüber der Wasserstoffelektrode ein negatives Potential aufweisen, ein negatives Vorzeichen vor der gemessenen Spannung.

Vergleicht man eine solche Wasserstoffelektrode mit einer in jeder Hinsicht gleichen zweiten Wasserstoffelektrode, so erhält man als Meßwert natürlich den in der Tabelle angegebenen Meßwert von 0,00 Volt.

Die Potentiale ergeben nach Größe und Vorzeichen geordnet die Redoxreihe der Metalle (= Spannungsreihe der Metalle). Wegen der Konzentrationsabhängigkeit sind alle Potentiale mit Lösungen gemessen worden, die jeweils 1 mol aktive Metallionen pro Liter enthalten. Man bezeichnet sie dann als Normalpotentiale.

Tabelle 58: Normalpotentiale einiger Redoxpaare (Spannungsreihe der Metalle)[1]

Redoxpaar	Normalpotential in Volt
Li/Li^+	− 2,96
K/K^+	− 2,92
Ca/Ca^{2+}	− 2,87
Na/Na^+	− 2,71
Mg/Mg^{2+}	− 2,40
Al/Al^{3+}	− 1,70
Mn/Mn^{2+}	− 1,10
Cr/Cr^{3+}	− 1,00
Zn/Zn^{2+}	− 0,76
Fe/Fe^{2+}	− 0,44
Cd/Cd^{2+}	− 0,40
Co/Co^{2+}	− 0,29
Ni/Ni^{2+}	− 0,22
Sn/Sn^{2+}	− 0,14
Pb/Pb^{2+}	− 0,12
$H_2/2\,H_3O^+$	0,00
Sb/Sb^{3+}	+ 0,2
Bi/Bi^{3+}	+ 0,2
As/As^{3+}	+ 0,3
Cu/Cu^{2+}	+ 0,35
Ag/Ag^+	+ 0,80
Hg/Hg^{2+}	+ 0,85
Au/Au^{3+}	+ 1,30
Pt/Pt^{2+}	+ 1,60

Aus der Redoxreihe läßt sich jedes beliebige Potential zwischen zwei Metallen, die in Lösungen ihrer Salze $\left(c(\text{Salz}) = 1\,\frac{\text{mol}}{\text{l}}\right)$ eintauchen, bestimmen. Das Potential ergibt sich als Differenz der in der Redoxreihe angegebenen Normalpotentiale. So hat z. B. ein Cu/Zn-Element eine Spannung von 1,11 V, ein Fe/Pb-Element 0,36 V und ein Cu/Ag-Element 0,45 V. Dabei bildet stets das obenstehende Metall den Minuspol, während der Pluspol immer vom tiefer stehenden Metall gebildet wird.

Das gemessene Potential wird um so größer, je weiter die Metalle, die die beiden Halbelemente bilden, in der Redoxreihe auseinanderstehen.

Bei den galvanischen Elementen spielen sich immer Oxidations- und Reduktionsvorgänge ab; das unedlere Metall geht in Lösung (wird oxidiert), das edlere Metall scheidet sich ab (wird reduziert). Der Name „Redoxpotential" drückt dies aus. Nun lassen sich aber auch von Redoxsystemen, an denen Metalle entweder nur teilweise oder gar nicht mehr beteiligt sind, Redoxpotentiale messen.

[1]) Die Normalpotentiale ergeben sich nur bei Verwendung der entsprechenden Metalle in höchster Reinheit in 1-aktiven Lösungen ihrer Salze. Bei der Verwendung technisch reiner Metalle und z. B. Seewasser als Elektrolyt, tauschen einige Metalle ihren Platz in der Spannungsreihe.

Versuch:

In ein Becherglas mit Tonzelleneinsatz füllt man Kaliumpermanganatlösung $\left(c(KMnO_4) = 1\ \frac{mol}{l}\right)$ und in die Tonzelle Eisen(II)-sulfat-Lösung $\left(c(FeSO_4) = 1\ \frac{mol}{l}\right)$. Führt man zwei Platin-Elektroden in die Lösungen und verbindet sie mit einem Spannungsmesser, so zeigt das Meßgerät eine Spannung von 0,75 V an. Dabei ist das Platinblech, das in die $KMnO_4$-Lösung eintaucht, positiver, das andere negativer geladen.

– Pol: $5\,Fe^{2+} \longrightarrow 5\,Fe^{3+} + 5e^-$ [1]

+ Pol:

$MnO_4^- + 8\,H_3O^+ + 5e^- \longrightarrow Mn^{2+} + 12\,H_2O$

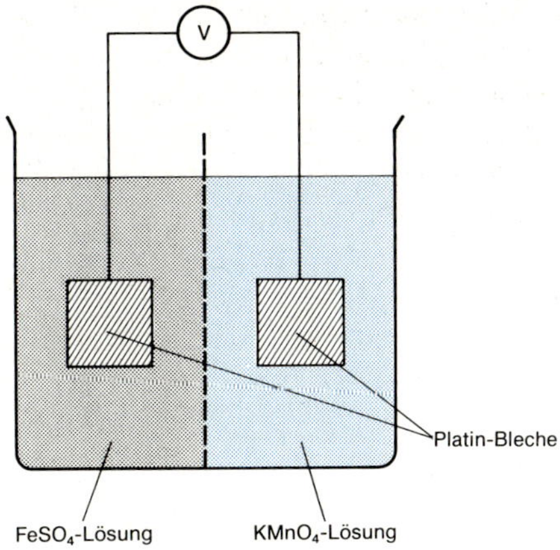

Abb. 241 Messung des Redoxpotentials

Versuch:

In analoger Weise kann das Redoxpotential gemessen werden, das die Oxidation von Jodid zu Jod mit Brom als Oxidationsmittel bestimmt.

– Pol: $2\,J^- \longrightarrow J_2 + 2e^-$

+ Pol: $Br_2 + 2e^- \longrightarrow 2\,Br^-$

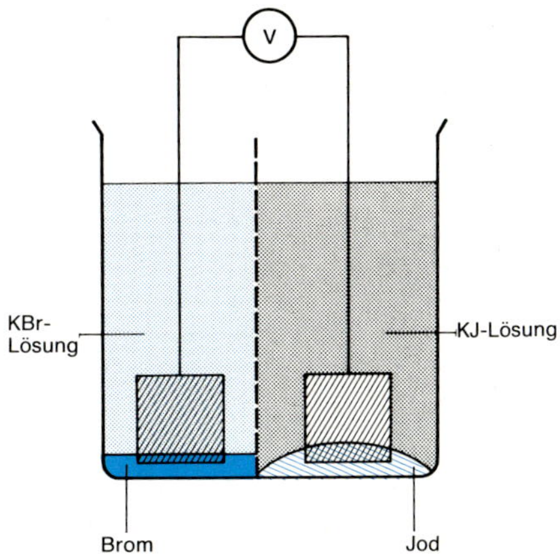

Abb. 242 Messung des Redoxpotentials

Auch bei diesen Nichtmetallelektroden ergibt sich das gemessene Redoxpotential aus der Differenz der beiden nicht direkt meßbaren Einzelpotentiale. Im Beispiel des galvanischen Elements MnO_4^-/Fe^{2+} lädt sich das Platinblech beim bloßen Eintauchen in eine $KMnO_4$-Lösung relativ positiv auf. Das in die $FeSO_4$-Lösung tauchende Blech wird relativ negativ, da Fe^{2+}-Ionen leichter Elektronen an das Blech abgeben als MnO_4^-.

+ Pol: [+] (Pt-Blech) $\Longleftarrow 5e^- + MnO_4^- + 8\,H_3O^+ \rightleftharpoons Mn^{2+} + 12\,H_2O$

– Pol: $5\,Fe^{2+} \rightleftharpoons 5\,Fe^{3+} + 5e^- \Longrightarrow$ [–] (Pt-Blech)

[1]) Vgl. Fußnote auf Seite 276.

Fügt man die beiden Halbelemente zu einem galvanischen Element zusammen, so ergibt sich das Meßpotential.

Es besteht kein Unterschied prinzipieller Art zwischen den Redoxpotentialen von Nichtmetallelektroden und denen von Metallelektroden.

Auch die Redoxpotentiale der Nichtmetalle und Ionenumladungen werden auf die Wasserstoff-Normalelektrode bezogen und werden in einer eigenen Redoxreihe eingeordnet oder gemeinsam mit der Spannungsreihe der Metalle tabelliert.

Tabelle 59: Normalpotentiale von Nichtmetallelektroden und Ionen-Umladungen

Redoxpaar		Normalpotential in Volt
S^{2-}	$\rightleftharpoons S + 2e^-$	− 0,51
Sn^{2+}	$\rightleftharpoons Sn^{4+} + 2e^-$	+ 0,15
Cu^+	$\rightleftharpoons Cu^{2+} + e^-$	+ 0,17
$4\,OH^-$	$\rightleftharpoons O_2 + 2\,H_2O + 4e^-$	+ 0,40 (bei pH 14)
$2\,I^-$	$\rightleftharpoons I_2 + 2e^-$	+ 0,58
Fe^{2+}	$\rightleftharpoons Fe^{3+} + e^-$	+ 0,75
$2\,Br^-$	$\rightleftharpoons Br_2 + 2e^-$	+ 1,07
$12\,H_2O + Cr^{3+}$	$\rightleftharpoons CrO_4^{2-} + 8H_3O^+ + 3e^-$	+ 1,30
$2\,Cl^-$	$\rightleftharpoons Cl_2 + 2e^-$	+ 1,36
$12\,H_2O + Mn^{2+}$	$\rightleftharpoons MnO_4^- + 8\,H_3O^+ + 5e^-$	+ 1,50
Pb^{2+}	$\rightleftharpoons Pb^{4+} + 2e^-$	+ 1,80
$2\,SO_4^{2-}$	$\rightleftharpoons S_2O_8^{2-} + 2e^-$	+ 2,05
$2\,F^-$	$\rightleftharpoons F_2 + 2e^-$	+ 2,85

Die Kenntnis der Redoxpotentiale ermöglicht Voraussagen über den Ablauf von Redoxreaktionen.

So sind die Stoffe mit hohem positivem Redoxpotential starke Oxidationsmittel (z. B. F_2, $S_2O_8^{2-}$ und MnO_4^-), während ein hohes negatives Potential kennzeichnend für starke Reduktionsmittel ist (z. B. K, Al, S^{2-}).

Allgemein gilt:

Ein oxidierbarer Stoff kann nur von einem Oxidationsmittel mit positiverem Redoxpotential oxidiert werden.

Beispiele:

	MnO_4^-	(+ 1,50)	oxidiert	Cl^-	zu	Chlor	(+ 1,36)
	Br_2	(+ 1,07)	oxidiert	Fe^{2+}	zu	Fe^{3+}	(+ 0,75)
	Cl_2	(+ 1,36)	oxidiert	Br^-	zu	Brom	(+ 1,07)
	Fe^{3+}	(+ 0,75)	oxidiert	I^-	zu	Iod	(+ 0,58)
aber	Fe^{3+}	(+ 0,75)	oxidiert nicht	Br^-	zu	Brom	(+ 1,07)
	Iod	(+ 0,58)	oxidiert nicht	Fe^{2+}	zu	Fe^{3+}	(+ 0,75)

5.3.3 Die Konzentrationsabhängigkeit der Redox-Potentiale, Nernstsche Gleichung

Redoxprozesse sind Gleichgewichtsreaktionen. Aufnahme und Abgabe der Elektronen sind umkehrbar. Die Lage chemischer Gleichgewichte ändert sich aber mit den Konzentrationen der beteiligten Stoffe.

Gleichgewicht: $Me \rightleftharpoons Me^{2+} + 2e^-$

Durch Erhöhung der Metallionenkonzentration verschiebt sich das Gleichgewicht nach links, wodurch die negative Aufladung dieser Metallelektrode geringer wird.

Bei Änderung der Konzentrationen ändern sich auch die Redoxpotentiale.

Versuch:

Die Spannung eines Elements aus Zn/Zn^{2+} und Fe^{2+}/Fe^{3+} (die Ionenkonzentrationen betragen jeweils 1 mol/l) wird in der Anordnung mit der Tonzelle gemessen. Man mißt einen Wert von 1,5 V.

Nach Zusatz von NaF zu den Eisensalzen sinkt das Potential auf 0,8 V ab.

Das Fluorid komplexiert das Fe^{3+} zu $[FeF_6]^{3-}$, wodurch die Fe^{3+}-Konzentration sinkt. Die Folge ist das geänderte Potential.

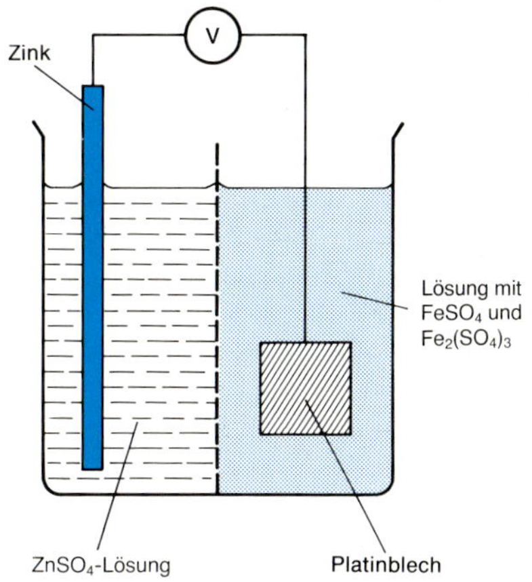

Abb. 243 Messung des Redoxpotentials Fe^{2+}/Fe^{3+} bei verschiedenen Fe^{3+}-Konzentrationen bezogen auf die Vergleichselektrode Zn/Zn^{2+}

Den quantitativen Zusammenhang zwischen dem Redoxpotential E und der Konzentration liefert die Nernstsche Gleichung.

Sie lautet:

a) für Metalle, die in eine Lösung ihres Salzes eintauchen:

$$E = E_o + \frac{0{,}059}{n} V \cdot \lg c(Me^{n+})$$

E = Redoxpotential bei der vorhandenen Konzentration
E_o = Normalpotential des Metalls (aus der Redoxreihe entnommen)
n = Ladigkeit des Ions

b) für die Redoxpotentiale bei Ionenumladungen:

$$E = E_o + \frac{0{,}059}{n} V \cdot \lg \frac{c(Ox)}{c(Red)}$$

E ist wiederum das Redoxpotential bei den vorliegenden Konzentrationen.

E_o ist das Normalpotential der Ionenumladung, c(Ox) und c(Red) sind die Stoffmengenkonzentrationen des Oxidations- und des Reduktionsmittels.

Beispiele:

$Fe^{2+} \rightleftharpoons Fe^{3+} + e^-$

Reduktionsmittel — Oxidationsmittel

$$E = E_o + \frac{0{,}059}{1}\,V \cdot \lg \frac{c(Fe^{3+})}{c(Fe^{2+})}$$

$Mn^{2+} + 12\,H_2O \rightleftharpoons MnO_4^- + 8\,H_3O^+ + 5e^-$

Reduktionsmittel — Oxidationsmittel

$$E = E_o + \frac{0{,}059}{5}\,V \cdot \lg \frac{c(MnO_4^-) \cdot c^8(H_3O^+)}{c(Mn^{2+})}$$

Anwendungen der Nernstschen Gleichung

1. Berechnung des Potentials eines galvanischen Elements bei gegebener Konzentration.

Beispiel:

Das Potential eines Cu/Zn-Elementes soll berechnet werden, wenn die $CuSO_4$-Konzentration 0,1 mol/l und die $ZnSO_4$-Konzentration 2 mol/l beträgt.

Die Potentiale der beiden Halbelemente müssen zunächst getrennt berechnet werden:

Cu/Cu²⁺

$$E_{Cu} = E_O + \frac{0{,}059}{2}\,V \cdot \lg c(Cu^{2+})$$

$$E_{Cu} = +\,0{,}35\ V + \frac{0{,}059}{2}\,V \cdot \lg 0{,}1$$

$$E_{Cu} = +\,0{,}32\ V$$

Zn/Zn²⁺

$$E_{Zn} = -\,0{,}76\ V + \frac{0{,}059}{2}\,V \cdot \lg 2$$

$$E_{Zn} = -\,0{,}75\ V$$

Das Potential des galvanischen Elements ist dann die Differenz aus E_{Cu} und E_{Zn}:

$$E = +\,0{,}32\ V - (-\,0{,}75\ V)$$

$$\underline{\underline{E = 1{,}07\ V}}$$

2. Berechnung des Redox-Potentials von Oxidations- bzw. Reduktionsmitteln („Oxidationskraft“ bzw. „Reduktionskraft“).

Beispiel:

Das Redoxpotential einer Lösung mit $c(KMnO_4) = 2\ mol \cdot l^{-1}$, $c(H_3O^+) = 2\ mol \cdot l^{-1}$, $c(Mn^{2+}) = 0{,}01\ mol \cdot l^{-1}$ soll berechnet werden.

$$E = E_o + \frac{0{,}059}{5}\,V \cdot \lg \frac{c(MnO_4^-) \cdot c^8(H_3O^+)}{c(Mn^{2+})}$$

$$E = +\,1{,}50 + \frac{0{,}059}{5}\,V \cdot \lg \frac{2 \cdot 2^8}{0{,}01}$$

$$\underline{\underline{E = 1{,}56\ V}}$$

Das Oxidationspotential von MnO_4^- nimmt mit der MnO_4^--Konzentration und besonders stark mit der H_3O^+-Konzentration der Lösung zu. Höhere Mn^{2+}-Konzentration vermindert das Oxidationspotential und damit die „Oxidationskraft".

Anwendung:

Bei der maßanalytischen Bestimmung von Fe^{2+} mit Permanganat-Lösung stören die Cl^--Ionen, da sie ebenfalls von Permanganat oxidiert werden können. Daher muß die oxidierende Wirkung von MnO_4^- bei dieser Titration abgeschwächt werden. Dies geschieht durch Zusatz von Reinhard-Zimmermann-Lösung, die neben anderem Mn^{2+} enthält. Das Gleichgewicht

$$MnO_4^- + 8\,H_3O^+ + 5e^- \rightleftharpoons Mn^{2+} + 12\,H_2O$$

verschiebt sich dadurch nach links. Zusatz von Säure verschiebt das Gleichgewicht dagegen nach rechts.

Ein absolut reines Oxidationsmittel, das im Falle des Permanganats nur aus MnO_4^-- und H_3O^+-Anteilen in der wäßrigen Lösung bestehen würde und kein Mn^{2+} enthielte, hätte das Oxidationspotential $E = \infty$, da der logarithmische Ausdruck mit 0 im Nenner gegen Unendlich ginge. Dies ist unmöglich; es existiert niemals ein absolut reines Oxidationsmittel. Kaliumpermanganat enthält daher wenigstens in Spuren Mn^{2+} oder evtl. auch Mn^{4+}, jedes Fe(III)-Salz enthält immer etwas Fe(II) usw.

5.3.4 Potentiometrische Konzentrationsbestimmungen

Vergleichselektroden

Die Konzentrations-Abhängigkeit der Redoxpotentiale kann zur Messung von Konzentrationen angewandt werden. Diese Methode wird als Potentiometrie bezeichnet. Sie eignet sich wegen der logarithmischen Abhängigkeit des Redoxpotentials von der Konzentration besonders gut zur Messung kleiner Konzentrationen.

Man benötigt dazu eine Vergleichselektrode (Standard-Elektrode) mit bekanntem, konstantem Potential. Solche Vergleichselektroden sind die Kalomelelektrode und die Argentalelektrode.

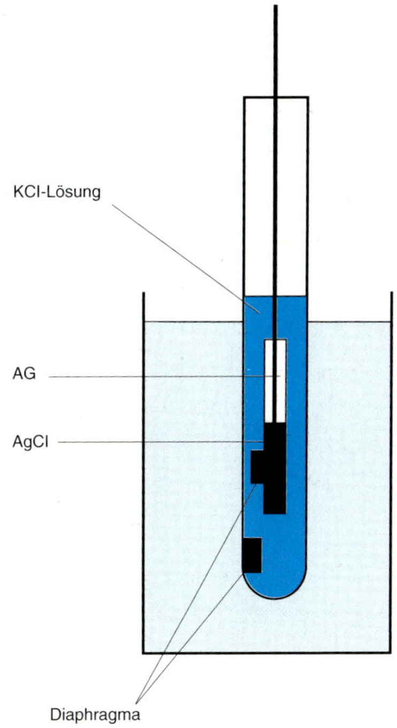

Abb. 244 Kalomelelektrode

Argentalelektrode:

Die Elektrode besteht aus einem Silberstab, der mit einer AgCl-Paste bestrichen ist. Wird diese Elektrode in eine Lösung eingetaucht, so bildet sich eine gesättigte Lösung von Ag^+ über dem AgCl. In der Argentalelektrode bildet sich das Potential zwischen Ag und Ag^+.

$$Ag \rightleftharpoons Ag^+ + e^-$$

Die Ag^+-Konzentration kann sich nicht

ändern, wenn die Elektrode in Betrieb ist, da die AgCl-Beschichtung immer für Sättigung der Lösung sorgt. Damit bleibt aber auch das Potential der Elektrode konstant. Die Konzentration der Kaliumchlorid-Lösung beträgt in der Regel 1mol/l oder 3mol/l. Bei höheren Chlorid-Konzentrationen ist wegen des

Gleichgewichtes)* $Ag^+ + Cl^-$

die Ag^+-Konzentration geringer als bei niedrigeren Cl^--Konzentrationen.
Die KCl-Konzentration beeinflußt somit über die Ag^+-Konzentration das Potential der Elektrode.
Potentiale der Argentalelektrode bei verschiedenen KCl-Konzentrationen (25 ° C):

Kaliumchlorid-Lösung, c (KCl) = 1mol/l	E = + 0,2363V
Kaliumchlorid-Lösung, c (KCl) = 3 mol/l	E = + 0,2070V

Kalomelelektrode:
Diese Elektrode besteht aus Quecksilber, über dem sich eine Paste aus Hg und schwerlöslichem Hg_2Cl_2 und darüber KCl-Lösung befindet (vergl. Abb. 249, S. 289). Damit dient das Hg/Hg^+-Potential als Vergleichswert.

Potentiometrische pH-Messung

Bei der potentiometrischen pH-Messung werden unterschiedliche H_3O^+-Ionen-Konzentrationen gemessen. Man verwendet ein galvanisches Element:

$H_2/2H_3O^+ \,|\, Ag/Ag^+$ (Argental-Vergleichselektrode)

Die H_3O^+-Ionen-Konzentration ist die einzig veränderliche Größe in diesem System und kann daher aus dem gemessenen Potential bestimmt werden.

Das Potential dieses Elements ergibt sich aus der Differenz der beiden Einzelpotentiale:

$$E_{gemessen} = E_{Vergleichselektrode} - E_{H_2/2H_3O^+}$$

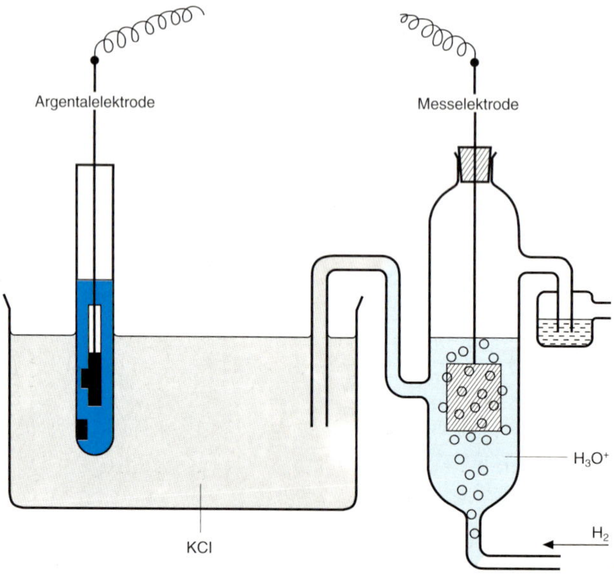

Abb. 245 Potentiometrische pH-Messung

Das Potential der Argentalelektrode ist konstant (bei c(KCL) = 1 mol/l E = 0,2363 V).

Ist die H_3O^+-Konzentration $c(H_3O^+) = 1$ mol/l, so ist $E_{H_2/2H_3O^+} = 0$; das Meßpotential beträgt dann 0,2363 V.

Für beliebige andere H_3O^+-Konzentrationen ändert sich dieser Wert, da $E_{H_2/2H_3O^+}$ für $c(H_3O^+) > 1$ mol/l positiv, für $c(H_3O^+) < 1$ mol/l negativ wird.

$$E_{H_2/2H_3O^+} = E_{Vergleichselektrode} - E_{gemessen}$$

Berechnungsbeispiel:

Es wird gegen eine Argentalelektrode (mit c(KCl) = 1 mol/l) ein Potential von 0,2621 V gemessen. Der ph-Wert der Lösung soll daraus berechnet werden.

$$E_{H_2/2H_3O^+} = +0{,}2363\ \text{V} - 0{,}2621\ \text{V}$$
$$E_{H_2/2H_3O^+} = -0{,}0258\ \text{V}$$

Nach der Nernstschen Gleichung ist wegen $H_2 + 2H_2O \rightleftharpoons 2H_3O^+ + 2e^-$

$$E_{H_2/2H_3O^+} = E_0 + \frac{0{,}059}{2}\ \text{V} \cdot \lg c^2(H_3O^+)$$

Nach lg $c(H_3O^+)$ umgestellt ergibt sich

$$\lg c^2(H_3O^+) = \frac{E_{H_2/2H_3O^+} - E_0}{0{,}0295} \text{ mit } E_0 = 0$$

$$\lg c^2(H_3O^+) = \frac{E_{H_2/2H_3O^+}}{0{,}0295}$$

$$\lg c^2(H_3O^+) = \frac{-0{,}0258}{0{,}0295} = -0{,}8746$$

$$\lg c^2(H_3O^+) = \frac{-0{,}8746}{2} = -0{,}437$$

$$pH = -\lg c(H_3O^+)$$

$$\underline{\underline{pH = 0{,}437 \approx 0{,}44}}$$

In der Praxis wird anstelle der schwer zu handhabenden Wasserstoffelektrode die Glaselektrode verwendet.

Die Glaselektrode

Im Jahre 1906 wurde von Cremer entdeckt, daß an Glasmembranen Potentialdifferenzen gegenüber H_3O^+-haltigen Lösungen auftreten. Die Glaselektrode besteht aus einem dicken Halsteil, an dem in der Regel in Kölbchenform eine dünnwandige Membran aus einem Spezialglas angebracht ist. Das Kölbchen ist mit einer Pufferlösung gefüllt, die mit KCl gesättigt wurde. Taucht die Glaselektrode in die H_3O^+-haltige Meßflüssigkeit ein, so bilden sich sowohl an der Innen- als auch an der Außenwand der Glasmembran Potentiale

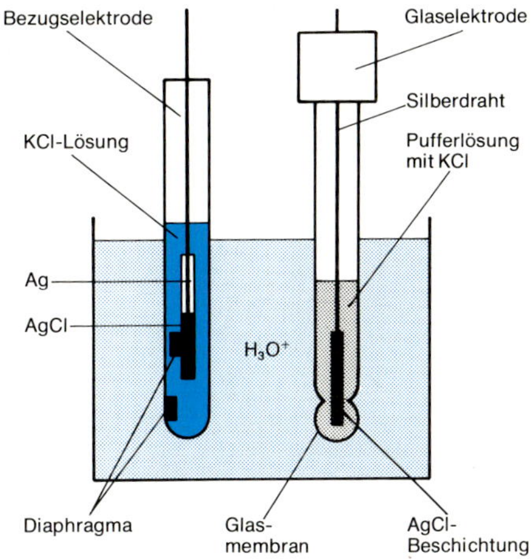

Abb. 246 pH-Messung mit einer Glaselektrode als Meßelektrode

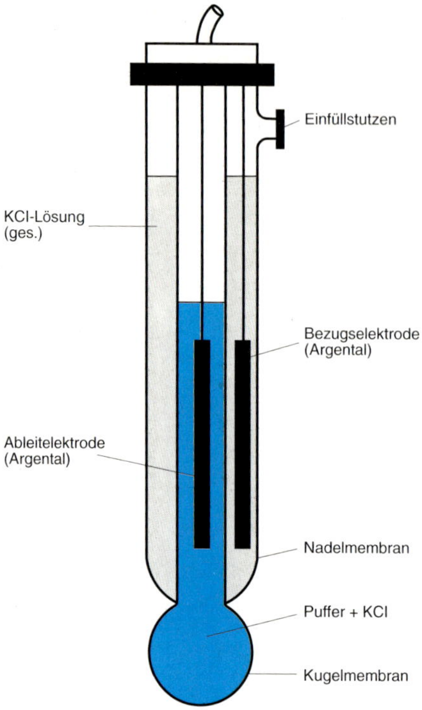

Abb. 247
Skizze der Einstabmeßkette

aus. Die Differenz der Potentiale ist dann ein Maß für den Unterschied der pH-Werte der Meßlösung und der Pufferlösung im Innern der Elektrode.

Zur Ableitung der Potentialdiffernz zwischen den beiden Phasen dient eine Ableitelektrode, die in die Pufferlösung im Innern der Glaselektrode eintaucht.

Beim Umgang mit Elektroden ist zu beachten, daß vor allem bei der Glaselektrode und der Silberchloridelektrode durch den Einfluß von Sonnenlicht beträchtliche Meßfehler auftreten.

Einstabmeßkette

Im praktischen Gebrauch wird häufig die Glaselektrode als Meßelektrode zusammen mit der Bezugselektrode in einem Meßstab untergebracht. Ein solches Meßgerät nennt man Einstabmeßkette.

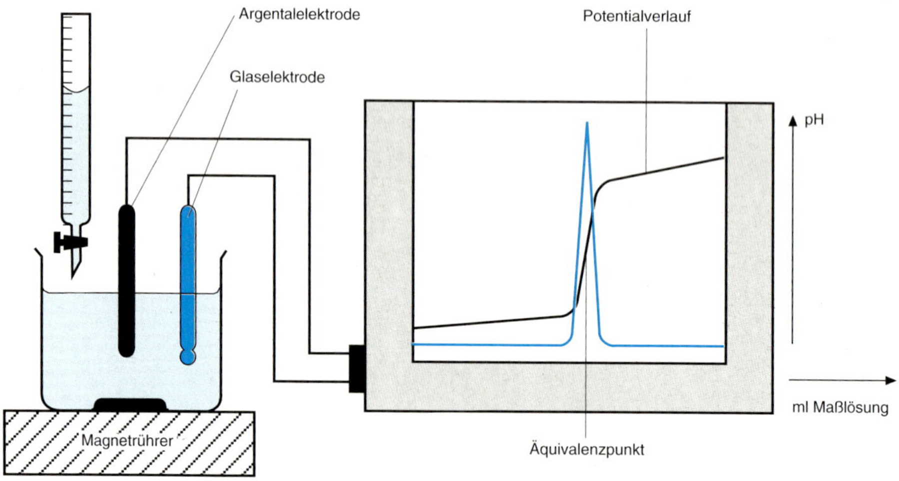

Abb. 248 Schema einer potentiometrischen Säure-/Base-Titration
Die Potentialverlaufskurve wird mathematisch so umgeformt, daß der Äquivalenzpunkt als Maximum erscheint (blaue Kurve)

Potentiometrische Säure-Basen-Titrationen

Die potentiometrische pH-Messung erlaubt die Aufzeichnung des pH-Wertes während einer ganzen acidimetrischen Titration. Man erhält pH-Verlaufskurven mit einem starken pH-Sprung am Äquivalenzpunkt. Der jeweilige pH-Wert wird in einem Diagramm als Funktion der zugetropften Meßlösung aufgetragen. Die Titration, die ohne Farbindikator durchgeführt wird, wird über den Äquivalenzpunkt hinaus weitergeführt, um den pH-Sprung exakt zu erhalten. Besonders zuverlässig und bequem läßt sich eine potentiometrische Titration durchführen, wenn ein Dosierautomat und ein automatischer pH-Schreiber verwendet werden. Die pH-Verlaufskurve (schwarze Kurve) wird dabei in der Regel in differenzierter Form aufgeschrieben (blaue Kurve), wodurch der Potentialsprung als Peak besonders erkennbar wird (Abb. 248).

Potentiometrische Bestimmung weiterer Ionen

Die vielfältigen Möglichkeiten potentiometrischer Bestimmungen sollen im folgenden nur am Beispiel der Argentometrie erläutert werden.

Potentiometrische Ag^+-Bestimmung

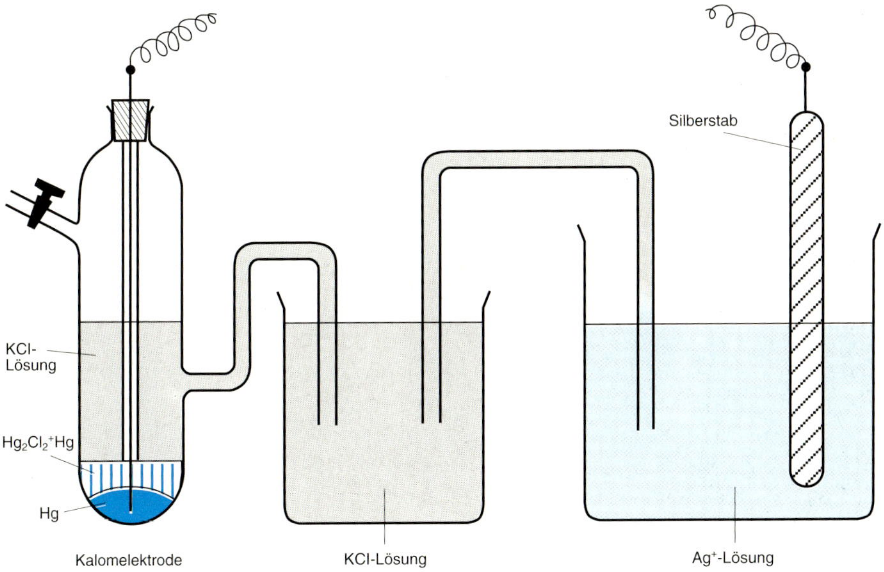

Abb. 249 Schema einer potentiometrischen Silber-Bestimmung

Zur Ag^+-Bestimmung taucht ein Silberstab in die Analysenlösung, wodurch das Halbelement Ag/Ag^+ entsteht.

Als Vergleichselektrode kann die Kalomelelektrode mit ihrem konstanten Potential dienen.

Element: Hg/Hg^+ ⋮ Ag/Ag^+

Die einzig veränderliche Größe in diesem System ist die Ag^+-Konzentration, die somit bestimmend für das Potential ist. Aus dem gemessenen Potential kann die Ag^+-Konzentration berechnet werden.

Beispiel:

Die Konzentration $c(Ag^+)$ in einer gesättigten AgCl-Lösung und das Löslichkeitsprodukt von AgCl sollen bestimmt werden. Dazu wird das Potential zwischen einer Silber-Elektrode, die in gesättigte AgCl-Lösung eintaucht, und einer Kalomelelektrode gemessen.

Meßpotential: + 0,23 V gegenüber der Kalomelelektrode

Vergleichspotential (Kalomelelektrode mit c(KCl) = 1 mol/l): + 0,28 V gegenüber der Wasserstoffelektrode.

Lösung:

Das Meßpotential des galvanischen Elements ergibt sich wie immer aus der Differenz der Einzelpotentiale

$$E_{gemessen} = E_{Ag/Ag^+} - E_{Kalomelelektrode}$$
$$E_{Ag/Ag^+} = E_{gemessen} + E_{Kalomelelektrode}$$
$$E_{Ag/Ag^+} = +0{,}23\ V + 0{,}28\ V$$
$$\underline{\underline{E_{Ag/Ag^+} = +0{,}51\ V}}$$

Das Normalpotential von Ag/Ag^+ beträgt $E_o = +0{,}80$ V.

$$E = E_o + \frac{0{,}059}{1} V \cdot \lg c$$
$$\lg c = \frac{E - E_o}{0{,}059\ V}$$
$$\lg c = -4{,}92$$
$$\underline{\underline{c = 1{,}2 \cdot 10^{-5}\ mol/l}}$$

Das Löslichkeitsprodukt ist

$$L(AgCl) = c(Ag^+) \cdot c(Cl^-)$$
$$c(Ag^+) = c(Cl^-)$$
$$L(AgCl) = c^2(Ag^+)$$
$$L(AgCl) = (1{,}21 \cdot 10^{-5})^2$$
$$\underline{\underline{L(AgCl) = 1{,}5 \cdot 10^{-10}\ (mol/l)^2}}$$

Potentiometrische Ag^+-Titration

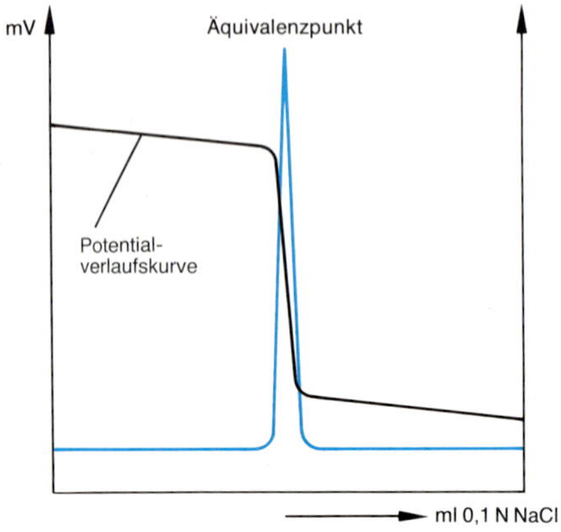

Abb. 250 Potentialverlauf bei einer potentiometrischen Ag^+-Bestimmung mit Natriumchlorid-Lösung, c(NaCl) = 0,1 mol/l (zur blauen Kurve, vgl. Abb. 248)

Läßt man zu einer Ag^+-Lösung, in die als Elektrode ein Silberstab und eine Kalomelelektrode eintauchen, langsam Natriumchlorid-Lösung, c(NaCl) = 0,1 mol/l, zulaufen, und zeichnet man dabei die Potentialkurve auf, so erkennt man den Äquivalenzpunkt an einem starken Potentialsprung.

Das Potential des Halbelements Ag/Ag^+ wird immer geringer, da Ag^+-Ionen wegtitriert werden. Dadurch nähert sich das Ag/Ag^+-Potential dem der Kalomelelektrode, das Meßpotential (Differenz aus Ag/Ag^+ und Kalomelelektrode) wird geringer.

Potentiometrische Halogenidbestimmung

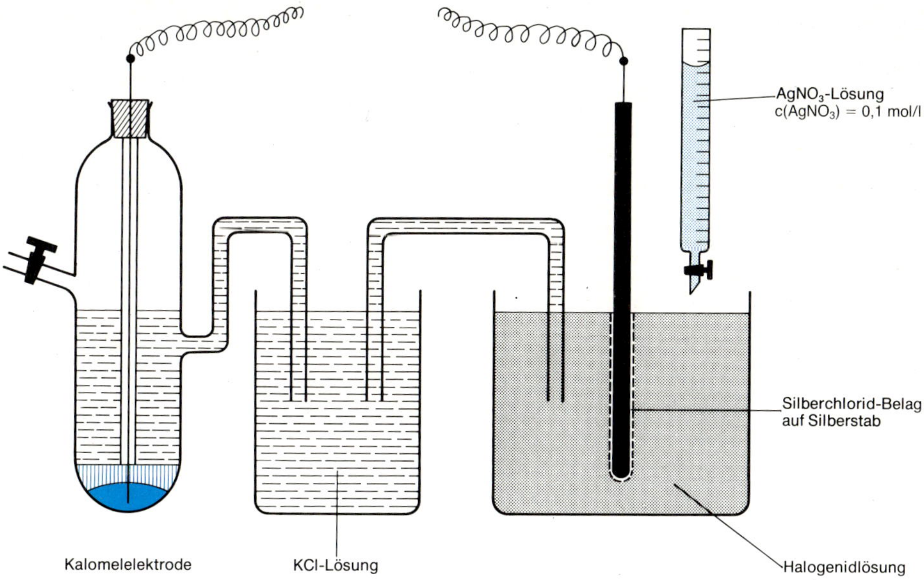

Abb. 251 Schema einer potentiometrischen Halogenidbestimmung mit $AgNO_3$-Lsg.

Die Halogenide Cl^-, Br^- und I^- lassen sich analog der potentiometrischen Silbertitration bestimmen. In die Halogenidlösung taucht eine Kalomelelektrode und ein mit AgCl überzogener Silberstab ein.

Das Element wird wieder gebildet aus:

Hg/Hg^+	Ag/Ag^+
unverändert	Die Ag^+-Konzentration wird gemäß dem Löslichkeitsprodukt $L(AgCl) = c(Ag^+) \cdot c(Cl^-)$ von der Cl^--Konzentration beeinflußt. Wird Cl^- durch $AgNO_3$-Lsg. wegtitriert, dann steigt die Ag^+-Konzentration und damit das Potential Ag/Ag^+. Am Äquivalenzpunkt sinkt sprunghaft der Logarithmus der Cl^--Konzentration, wodurch sich sprunghaft der Logarithmus der Ag^+-Konzentration ändert. Die Folge ist wieder ein Potentialsprung.

Nach der gleichen Methode lassen sich Cl^-, Br^- und I^- auch direkt nebeneinander bestimmen. Zunächst fällt bei Zugabe von $AgNO_3$-Lösung das am schwersten lösliche AgI aus, danach AgBr und zum Schluß AgCl.

Die jeweilige Konzentration an Ag^+-Ionen wird durch das Löslichkeitsprodukt der drei Silberhalogenide bestimmt. Während der AgI-Ausfällung ist die Ag^+-Konzentration am geringsten. Die Ag^+-Konzentration steigt aber plötzlich an, wenn das Ende der AgI-Ausfällung erreicht ist und das AgBr ausfällt, da AgBr besser löslich ist als AgI. Die plötzliche Erhöhung der Ag^+-Konzentration bewirkt eine sprunghafte Zunahme des Potentials. Das gleiche wiederholt sich, wenn alles AgBr ausgefällt ist, und die AgCl-Ausfällung beginnt. Auch hier steigt die Ag^+-Konzentration wegen der besseren Löslichkeit von AgCl gegenüber AgBr sprunghaft an. Das Meßpotential steigt dabei ebenfalls sprunghaft an.

Den dritten Potentialsprung verzeichnet man nach Fällung des gesamten Chlorids. Die Ag^+-Konzentration wird nun durch den Überschuß an $AgNO_3$ bestimmt.

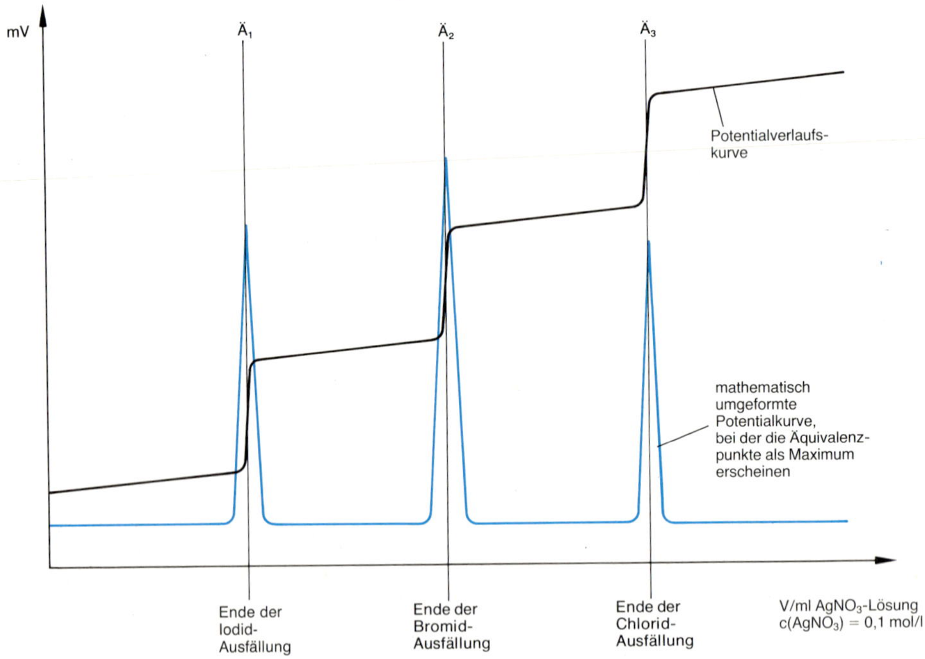

Abb. 252 Potentialverlauf bei einer Titration nebeneinander vorliegender Chlorid-, Bromid- und Iodid-Ionen mit $AgNO_3$-Lösung

Der Verbrauch an Maßlösung für Iodid ergibt sich auf der waagerechten Achse von Null bis zum Äquivalenzpunkt $Ä_1$, der Verbrauch für Bromid ergibt sich aus $Ä_2 - Ä_1$, der Verbrauch für Chlorid entsprechend aus $Ä_3 - Ä_2$.

5.3.5 Zusammenhang zwischen galvanischen Elementen und Elektrolyse

Legt man an ein Daniell-Element (Cu/Zn) eine Gleichspannung an, wobei Zink negativ und Kupfer positiv gepolt wird, so geht an der Anode Kupfer in Lösung, während an der Katode Zink abgeschieden wird.

Dieser Vorgang setzt erst nach Überschreiten einer Mindestspannung (Abscheidespannung, vgl. Kap. Elektrolyse) ein. Die Abscheidung von Zink und die Auflösung von Kupfer entsprechen genau der Umkehrung der Vorgänge, die in dem Cu/Zn-Element normalerweise freiwillig ablaufen.

Die Elektrolyse ist die zwangsweise Umkehrung der Vorgänge, die in einem galvanischen Element freiwillig ablaufen.

Beispiel:

$$Cu^{2+} + Zn \underset{\text{Elektrolyse}}{\overset{\text{galvanische Reaktion}}{\rightleftarrows}} Cu + Zn^{2+} + \text{el. Energie}$$

Die Konsequenz dieser Umkehrung ist: Bei einer Elektrolyse muß stets mindestens die Spannung angelegt werden, die das galvanische Element liefert.

Betrag der Abscheidespannung $\geqslant$ Betrag der Spannung des entsprechenden galvanischen Elements

Beispiele:

Bei der Elektrolyse des Daniell-Elements (Cu/Zn) muß mindestens die Spannung angelegt werden, die dem Cu/Zn-Element entspricht.

Bei der Elektrolyse von wäßriger HCl muß mindestens die Spannung angelegt werden, die dem Element H_2/Cl_2 entspricht, da die Elektroden (z. B. Pt) sich sofort mit Wasserstoff- bzw. Chlorgas überziehen und damit dieses Element entsteht.

Die „Polarisation durch Veränderung der Elektrodenoberfläche" (vgl. Kap. Elektrolyse) läßt sich damit so erklären:

Werden bei einer Elektrolyse Stoffe abgeschieden, so entsteht ein galvanisches Element. Dieses hat ein ganz bestimmtes Potential. Will man elektrolysieren, so muß man mindestens dieses Potential aufbringen. Nach der Nernstschen Gleichung läßt sich das Potential des bei der Elektrolyse entstehenden galvanischen Elements berechnen. Die so berechnete Spannung ist gleichzeitig die Mindestspannung für die Durchführung der Elektrolyse.

Am Beispiel der Akkumulatoren zeigt sich besonders deutlich die Umkehrbarkeit von Elektrolyse und galvanischer Reaktion. Die Elektroden verändern sich dabei. Die entsprechende Polarisationsspannung ist hierbei erwünscht, denn nach der Elektrolyse (= Ladevorgang) dienen Akkus ja als Spannungs- und Stromquellen.

5.3.6 Akkumulatoren

Akkumulatoren sind galvanische Elemente, die als Spannungs- und Stromquellen dienen. Sie sind nach Ablauf der galvanischen Reaktion wieder aufladbar. Beim Aufladen wird elektrische Energie in chemische Energie umgewandelt und gespeichert. Die Aufladung ist eine Elektrolyse. Beim Entladen arbeitet der Akku als galvanisches Element. Ladung und Entladung können beliebig oft wiederholt werden.

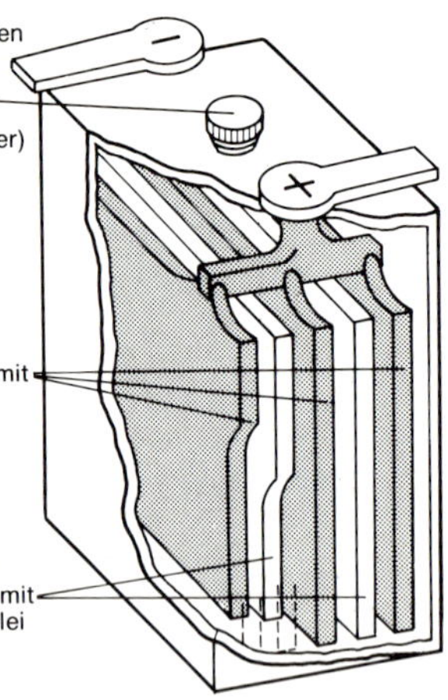

Abb. 253 Bleiakkumulator

Der Bleiakkumulator

Der Bleiakku ist der meistgebrauchte Akkumulator. Er enthält eine Blei- und eine Bleidioxid-Elektrode. Als Elektrolyt wird 20%ige Schwefelsäure (Akkusäure) verwendet.

Das Bleidioxid und das schwammige Blei der Elektroden werden von einem Bleigitter gehalten.

Die Vorgänge beim Laden und Entladen des Bleiakkus lassen sich anhand eines einfachen Versuchs darstellen:

Versuch:

Zwei Bleiplatten werden in 20%ige Schwefelsäure getaucht und mit den Polen einer Gleichspannungsquelle (ca. 3 V) verbunden. Entfernt man nach einigen Minuten die Spannungsquelle und verbindet statt dessen die Platten mit einem Spannungsmesser, so zeigt dieser eine Spannung von 2 V an. Ein danach in den Stromkreis geschalteter Strommesser zeigt kurzzeitig einen beträchtlichen Strom an, der aber bald auf Null absinkt.

Bei dem beschriebenen Versuch spielen sich folgende Vorgänge ab:

1. Zunächst überzieht sich das Blei an der Oberfläche mit Bleisulfat.
2. Laden des Akkus:

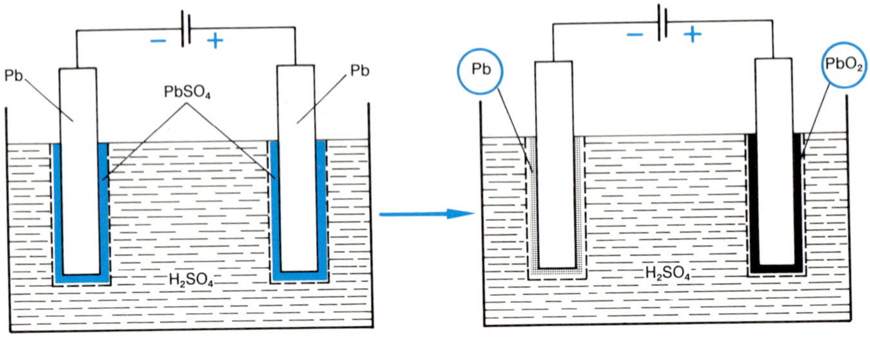

Abb. 254 Laden des Akkus

Erzwungene Vorgänge am:

– Pol:	$Pb^{2+} + 2e^- \longrightarrow Pb$	(Reduktion)
+ Pol:	$Pb^{2+} + 6H_2O \longrightarrow PbO_2 + 4H_3O^+ + 2e^-$	(Oxidation)
Gesamtvorgang beim Laden:	$2Pb^{2+} + 6H_2O \longrightarrow Pb + PbO_2 + 4H_3O^+$	

3. Entladen der Akkus

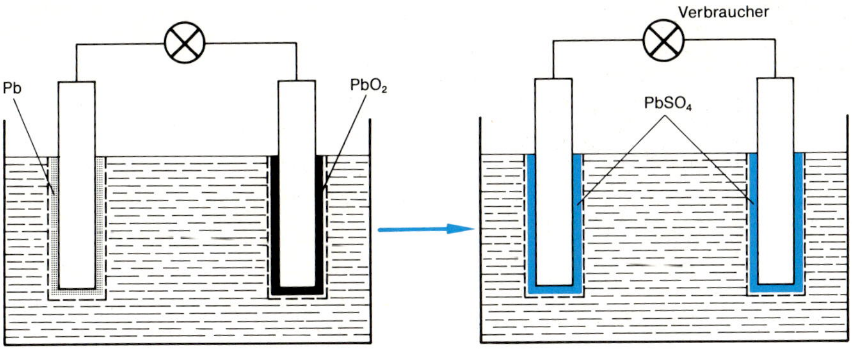

Abb. 255 Entladen des Akkus

– Pol:	Pb	$\longrightarrow$	$Pb^{2+} + 2e^-$ (Oxidation)
+ Pol:	$PbO_2 + 4H_3O^+ + 2e^-$	$\longrightarrow$	$Pb^{2+} + 6H_2O$ (Reduktion)
Gesamtvorgang beim Entladen:	$Pb + PbO_2 + 4H_3O^+$	$\longrightarrow$	$2\,Pb^{2+} + 6H_2O$

Vergleicht man die Einzelvorgänge an den Elektroden sowie auch den Gesamtvorgang beim Laden und Entladen, so kann man feststellen, daß alle Vorgänge, die beim Laden erzwungenermaßen ablaufen, beim Entladen freiwillig in der Gegenrichtung vor sich gehen.

Laden und Entladen lassen sich zu der Akkumulatorengleichung zusammenfassen:

$$Pb + PbO_2 + 4H_3O^+ \underset{\text{Laden (endotherm)}}{\overset{\text{Entladen (exotherm)}}{\rightleftharpoons}} 2Pb^{2+} + 6H_2O$$

bzw.

$$Pb + PbO_2 + 2H_2SO_4 \underset{\text{Laden (endotherm)}}{\overset{\text{Entladen (exotherm)}}{\rightleftharpoons}} 2PbSO_4 + 2H_2O$$

Beim Entladen wird Schwefelsäure verbraucht, ihre Konzentration sinkt. Umgekehrt steigt ihre Konzentration beim Laden. Die Säurekonzentration ist somit ein Maß für den Ladungszustand des Akkus. Mit Hilfe eines Schwimmers (Spindel) läßt sich der Ladungszustand überprüfen.

Der Schwimmer steigt beim Laden (höhere Dichte auf Grund steigender Säurekonzentration) und fällt beim Entladen.

Praktische Hinweise zum Laden:

Zum Laden des Akkus wird eine Gleichspannung von 2,3 V je Zelle angelegt (Pluspol an Pluspol, Minuspol an Minuspol). Das Laden sollte über einen längeren Zeitraum andauern, damit bis in „die Tiefe" der Platten geladen wird. Gegen Ende der Aufladung steigt die Spannung an. Es kann zur Elektrolyse der Akkusäure kommen. Wegen des dabei entstehenden Knallgases sollten Akkus nie in geschlossenen Räumen geladen werden. Auch darf in solchen Räumen kein offenes Feuer angezündet werden. Die Schraubverschlüsse des Akkus sind beim Laden wegen der möglichen Gasbildung abzuschrauben. Wird ein Akku zu lange im ungeladenen Zustand aufbewahrt, verwandelt sich das reaktionsfähige, fein verteilte Bleisulfat in eine reaktionsträge Schicht (Alterung). Der Akku wird dadurch unbrauchbar.

Der Edison-Akku

Der Edison-Akku oder Eisen-Nickel-Sammler ist unempfindlicher und leichter als der Bleiakku. Er enthält eine Eisen- und eine Nickel-Elektrode, die in 20%ige Kalilauge eintauchen. Eisen und Nickel überziehen sich dabei mit einer Schicht aus $Fe(OH)_2$ bzw. $Ni(OH)_2$.

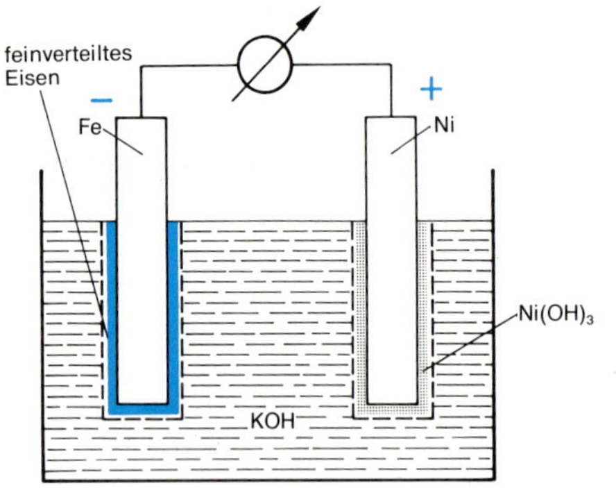

Abb. 256 Edison-Akku im geladenen Zustand (schematisch)

Ladevorgang:

$+$ Pol: $2Ni^{2+} \longrightarrow 2Ni^{3+} + 2e^-$
$-$ Pol: $Fe^{2+} + 2e^- \longrightarrow Fe$

Entladevorgang:

$+$ Pol: $2Ni^{3+} + 2e^- \longrightarrow 2Ni^{2+}$
$-$ Pol: $Fe \longrightarrow Fe^{2+}\ 2e^-$

Gesamtvorgang:

$$Fe + 2Ni^{3+} \underset{\text{Laden}}{\overset{\text{Entladen}}{\rightleftharpoons}} Fe^{2+} + 2Ni^{2+}\text{, exotherm}$$

bzw.

$$Fe + 2Ni(OH)_3 \underset{\text{Laden}}{\overset{\text{Entladen}}{\rightleftharpoons}} Fe(OH)_2 + 2Ni(OH)_2\text{, exotherm}$$

Der Eisen-Nickel-Sammler gibt pro Akkuzelle nur eine maximale Spannung von 1,3 V ab.

5.3.7 Das Volta-Element, Trockenbatterie

Versuch:

Taucht man eine Zink- und eine Kohleplatte in ein mit verdünnter Salzsäure gefülltes Becherglas und verbindet die beiden Platten mit einem Spannungsmesser, so mißt man eine Spannung von ca. 1,6 V.

Die Anordnung heißt Volta-Element.

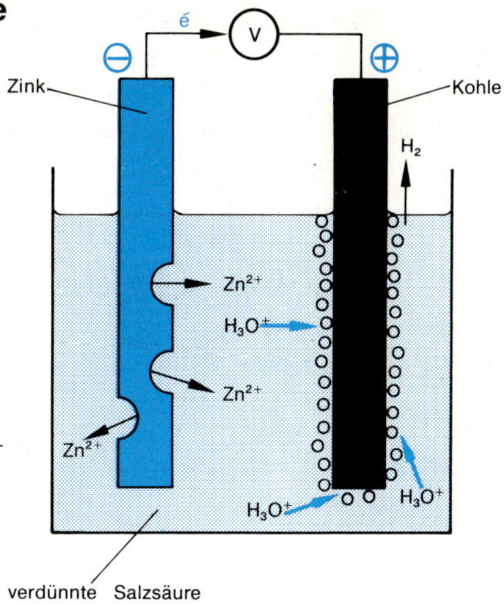

Abb. 257 Volta-Element

Die galvanische Reaktion besteht in der Auflösung des Zinks durch die H_3O^+-Ionen:

$$\begin{array}{llll} Zn & & \longrightarrow & Zn^{2+} + 2e^- \\ 2H_3O^+ & + 2e^- & \longrightarrow & H_2 + 2H_2O \\ \hline Zn & + 2H_3O^+ & \longrightarrow & Zn^{2+} + H_2 + 2H_2O \end{array}$$

H_3O^+-Ionen nehmen Elektronen vom Zink auf. Wegen der hohen Überspannung des Wasserstoffs an Zink ist dessen Abscheidung aber erschwert. An der Kohle kann sich der Wasserstoff dagegen leicht abscheiden.

Die Zink-Elektronen fließen über das Meßgerät zur Kohle, und hier nehmen die H_3O^+-Ionen diese Elektronen auf.

Die Zink-Katode löst sich auf, die Kohle-Anode bleibt unverändert. Volta-Elemente lassen sich auch aus anderen Elektroden und anderen Elektrolyten aufbauen.

Galvanische Elemente, die wie das Volta-Element aufgebaut sind, bilden sich, wenn zwei verschiedene Metalle, die leitend miteinander verbunden sind, in einen Elektrolyten eintauchen.

Das Prinzip des Volta-Elements findet bei der Trockenbatterie Anwendung:

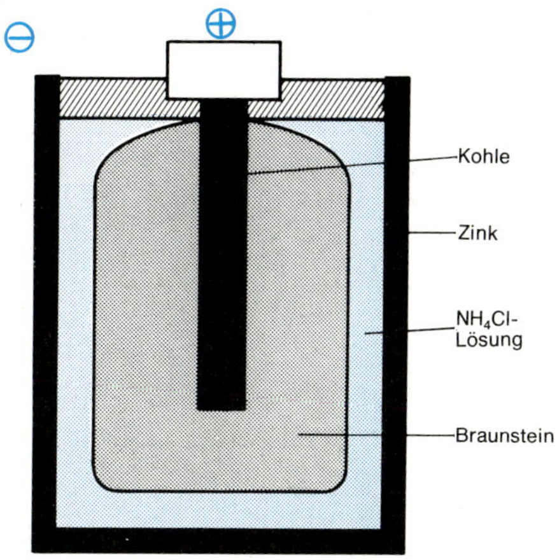

Abb. 258 Trockenbatterie

Das galvanische Element wird durch Zink als Katode und Kohle als Anode gebildet. In einen Zinkbecher, der mit eingedickter NH_4Cl-Lösung gefüllt ist, taucht ein Kohlestab. Die NH_4^+ liefern gemeinsam mit dem Wasser die H_3O^+-Ionen. Diese werden wie oben beschrieben an der Kohle abgeschieden, indem sie Elektronen vom Zink aufnehmen, die über die leitende Verbindung vom Zink zur Kohle geflossen sind. Der Zinkbecher löst sich allmählich auf. Der Braunstein (Depolarisator) bindet den abgeschiedenen Wasserstoff zu H_2O bzw. reagiert unmittelbar unter Elektronenaufnahme:

$$8\,MnO_2 + 8\,H_2O + 8\,e^- \longrightarrow 8\,MnO(OH) + 8\,OH^-.$$

In den auslaufsicheren „Super-Dry"-Trockenbatterien ist das galvanische Element nicht nur mit einem Stahlmantel umgeben, sondern man verwendet auch andere Elektrolytflüssigkeiten ($ZnCl_2$).

Zur technischen Energieerzeugung sind Trockenbatterien aus Kostengründen ungeeignet. Zur Erzeugung einer kWh benötigt man etwa 1 kg reines Zink, die elektrische Energie wäre viel zu teuer.

5.3.8 Brennstoffzellen

Brennstoffzellen sind galvanische Elemente, mit deren Hilfe es gelingt, den völlig ungeordneten Elektronenübergang bei einer Verbrennungsreaktion zu ordnen und die Elektronen über einen äußeren Stromkreis zu leiten. Die Verbrennungsenergie wird dabei in Form von elektrischer Energie frei. Die Vorgänge in Brennstoffzellen werden im Gegensatz zu den heißen Verbrennungen „kalte Verbrennung" genannt.

Kalte Verbrennung: Brennstoff + $O_2 \longrightarrow$ Oxidationsprodukt(e), el. Energie wird frei
Heiße Verbrennung: Brennstoff + $O_2 \longrightarrow$ Oxidationsprodukt(e), Wärme wird frei

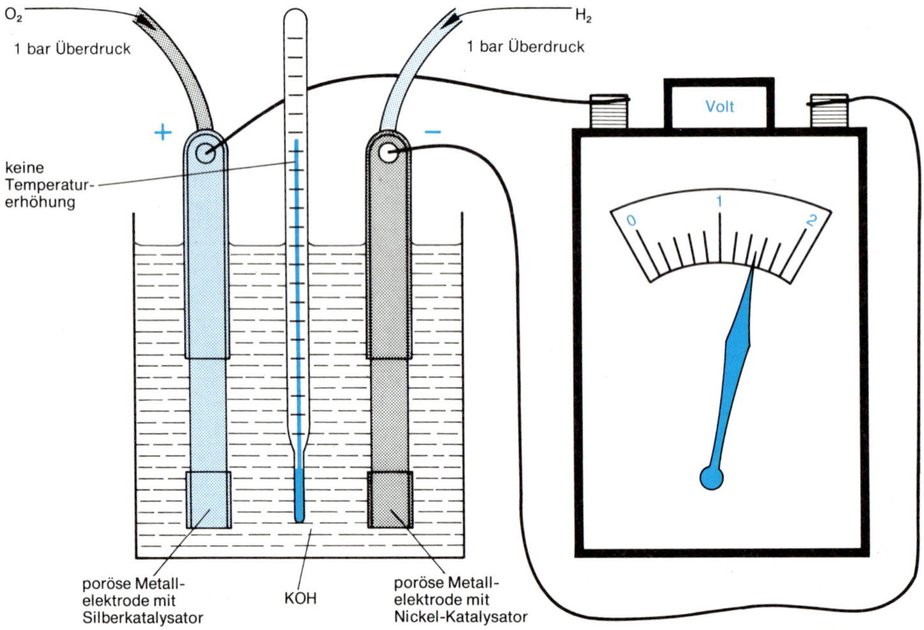

Abb. 259

Die Abbildung 259 zeigt die prinzipielle Anordnung einer Brennstoffzelle, wie sie 1955 von Justi in seinem historischen Schauversuch zur „kalten Verbrennung“ von Knallgas vorgeführt wurde.

Die Elektrodenvorgänge lassen sich durch die Reaktionsgleichungen beschreiben:

$$\begin{array}{llcl} + \textbf{ Pol:} & O_2 + 2H_2O + 4e^- & \longrightarrow & 4OH^- \\ - \textbf{ Pol:} & 2H_2 + 4H_2O & \longrightarrow & 4H_3O^+ + 4e^- \\ \hline \text{Gesamtreaktion:} & 2H_2 + O_2 + 6H_2O & \longrightarrow & \underbrace{4OH^- + 4H_3O^+}_{8H_2O} \end{array}$$

In einen KOH-Elektrolyten tauchen zwei poröse Metallelektroden, die mit Nickel- bzw. Silber-Katalysatoren versehen sind (Raney-Nickel und Raney-Silber). H_2-Gas strömt in die Nickel-Elektrode, O_2-Gas in die Silber-Elektrode. Der Wasserstoff gibt seine Elektronen vor allem durch die Mitwirkung des Katalysators schnell an die Elektrode ab, wodurch diese negativ wird; Sauerstoff entzieht der Silber-Elektrode Elektronen und bildet mit Wasser OH^--Ionen. Schließlich vereinigen sich im Elektrolyten H_3O^+- und OH^--Ionen zu Wasser.

Außer Wasserstoff, mit dem z. Z. ca. 90% aller Brennstoffzellen betrieben werden, können auch andere Brennstoffe eingesetzt werden. Erprobt ist die Verbrennung von Methanol und Hydrazin. Beide Stoffe werden jeweils mit dem Elektrolyten vermischt.

Größte Schwierigkeiten bereitete die Entwicklung der Elektroden. An ihnen müssen Gas, Elektrolyt und Elektroden in innige Berührung gelangen. Sind die Poren der Elektroden zu eng, so saugen sich die Kapillaren voll Flüssigkeit, das Gas gelangt nicht hinzu. Sind die Poren aber zu weit, so wird der Elektrolyt durch den Gasdruck aus den Poren gedrängt. Die im Einsatz befindlichen Elektroden sind Doppelschichtelektroden, die aus Metallpulver gesintert werden. In die verhältnismäßig grobe Arbeitsschicht dieser Elektroden sind Körner aus dem feinen Katalysatorskelett eingebettet. Die gesamte Elektrode besteht dann aus zwei Schichten, die aufeinander liegen. Eine der beiden Schichten besitzt gröbere Kapillaren und ist daher weitgehend gasgefüllt; die andere Schicht hat feinere Kapillaren und saugt sich voll Elektrolyt. An der Berührungsfläche beider Schichten findet die elektrochemische Reaktion statt.

Brennstoffzellen wurden vor allem durch die Weltraumflüge des amerikanischen Gemini-Programms einer breiten Öffentlichkeit bekannt.

5.3.9 Lokalelement, elektrochemische Korrosion

Ein Lokalelement ist ein kleines, kurzgeschlossenes galvanisches Element, das durch Berührung zweier verschieden edler Metalle entsteht. Die Berührungsstelle taucht in eine Elektrolytlösung ein.

Das unedlere der beiden Metalle wird immer zur Anode[1]) und löst sich auf. Ein Lokalelement bildet sich z. B. bei der Auflösung von Zinkgranalien in Säure. Reinstes Zink löst sich nur schwer in Säuren, da Wasserstoff eine hohe Überspannung gegen Zink hat. Gibt man etwas Kupfersulfat-Lösung hinzu, so scheidet sich etwas Kupfer auf dem Zink ab.

$$Cu^{2+} + Zn \longrightarrow Cu + Zn^{2+}$$

[1]) Vgl. Fußnote auf Seite 276.

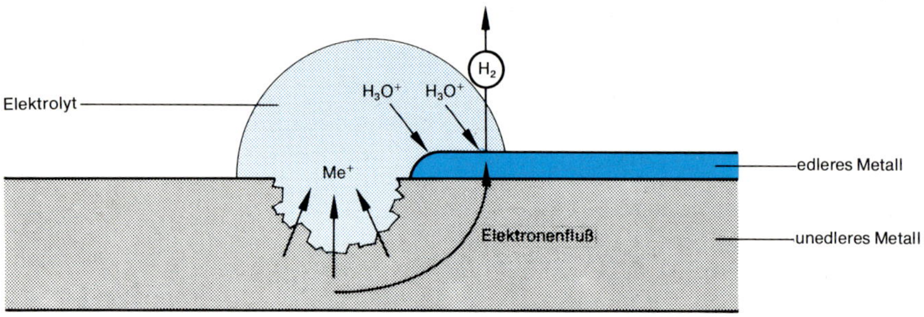

Abb. 260 Elektrochemische Korrosion

Damit entsteht ein Cu/Zn-Lokalelement. Das Zink löst sich stürmisch auf, da der Wasserstoff am Kupfer abgeschieden wird.

Elektrochemische Korrosion

Die Bildung von Lokalelementen ist eine der Hauptursachen für die Korrosion von Metallen. Insbesondere bei unedlen Metallen ist sie häufig.

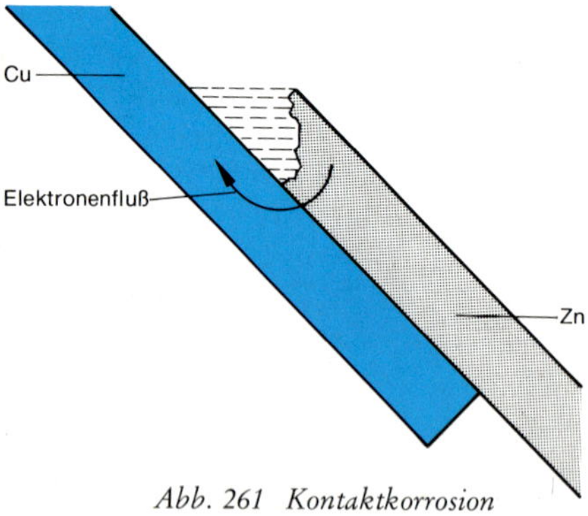

Abb. 261 Kontaktkorrosion

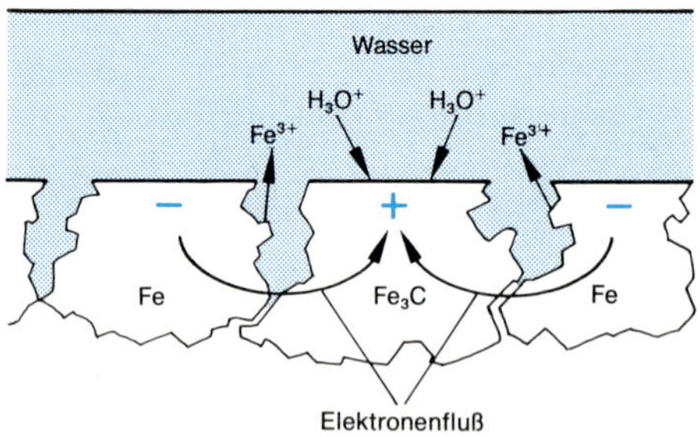

Abb. 262 Interkristalline Korrosion

Die Korrosionselemente werden immer dann gebildet, wenn zwei verschieden edle Metalle sich berühren und an der Berührungsstelle in einen Elektrolyt eintauchen. Die zwei verschieden edlen Metalle können auch von den einzelnen Kristallen einer Legierung gebildet werden. So unterliegt z. B. auch Stahl der elektrochemischen Korrosion, wobei die Zementitkristalle (Fe_3C) des Stahlgefüges den + Pol bilden, während sich die Ferrit-Kristalle (reines Fe) als unedler Bestandteil auflösen (Bildung von Rost).

Der unedlere Teil eines Korrosionselementes bildet immer die Anode und löst sich auf.

Versuch:

Der Angriff auf das jeweils unedlere Metall kann durch folgenden Versuch gezeigt werden:

Ein Eisennagel wird etwa zu einem Drittel mit Kupferdraht, ein weiterer Eisennagel mit Aluminiumdraht umwickelt. Alle verwendeten Metalle werden vorher mit Schmirgelpapier gereinigt.

Die so präparierten Nägel werden in eine Petrischale gelegt und mit einer heißen Lösung übergossen, die folgendermaßen bereitet wird:

Ca. 1 g Agar (zum Eindicken) wird in 100 ml heißem Wasser gelöst. Dazu werden einige Tropfen Phenolphthalein und eine Spatelspitze Kochsalz (als Elektrolyt) gegeben, sowie einige Körnchen $K_3[Fe(CN)_6]$.

Schon nach wenigen Minuten beobachtet man bei dem mit Zink umwickelten Nagel (Fe/Zn Element) am Eisen eine Rotfärbung. Dies ist ein Hinweis darauf, daß sich am Eisen Wasserstoff-Ionen abscheiden. Die sich anreichernden OH^--Ionen färben das Phenolphthalein rot. Das Zink geht dagegen in Lösung.

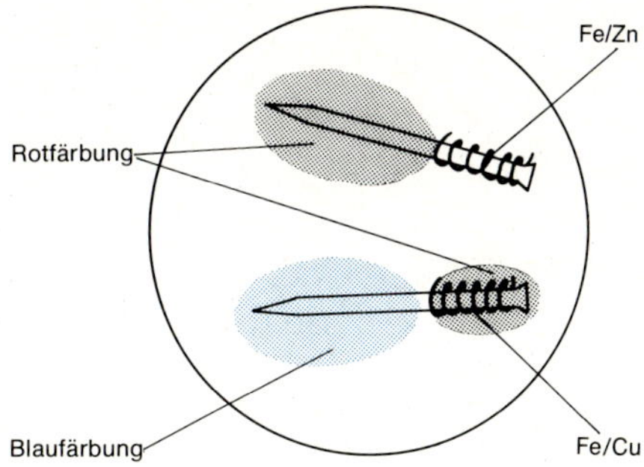

Abb. 262a

An dem Fe/Cu-Element beobachtet man hingegen am Eisen eine Blaufärbung. Sie kommt durch Fe^{2+}-Ionen zustande, die in Lösung gehen und durch $K_3[Fe(CN)_6]$ angezeigt werden. Die Rotfärbung am Kupfer zeigt wieder, daß hier Wasserstoff-Ionen abgeschieden werden.

Der Versuchsablauf kann besonders gut mit einem Tageslichtprojektor, auf den die Petrischale gestellt wird, verfolgt werden.

Die elektrochemische Korrosion kommt auch dann zustande, wenn kein direkt erkennbarer Elektrolyt vorliegt. Bei genügend hoher Luftfeuchtigkeit (mindestens 65%) bildet sich ein genügend dicker Feuchtigkeitsfilm auf allen Stoffen, der dann als Elektrolyt wirkt.

Katodischer Korrosionsschutz:

Neben den vielfältigen Möglichkeiten, durch Anstrichmittel Metalloberflächen vor Korrosion zu schützen, hat die Methode des katodischen Korrosionsschutzes große Bedeutung. Da immer bei Elementbildung das unedelste Metall zur Anode wird und sich auflöst[1]), kann man ein Metall dadurch schützen, daß man ein noch unedleres hinzufügt, wodurch nun dieses als Anode aufgelöst wird. Beispiele für solchen katodischen Schutz durch Opferanoden sind das Verzinken von Wasserleitungsrohren (Zn ist unedler als Fe) und der Schutz von Pipelines durch Magnesium.

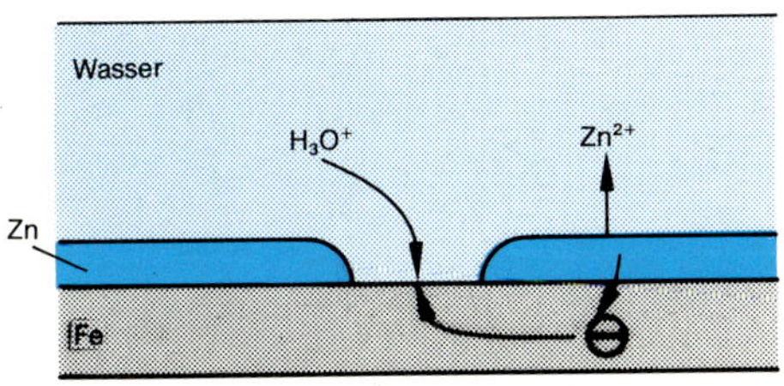

Abb. 263 Katodischer Schutz von Wasserleitungen durch Zink

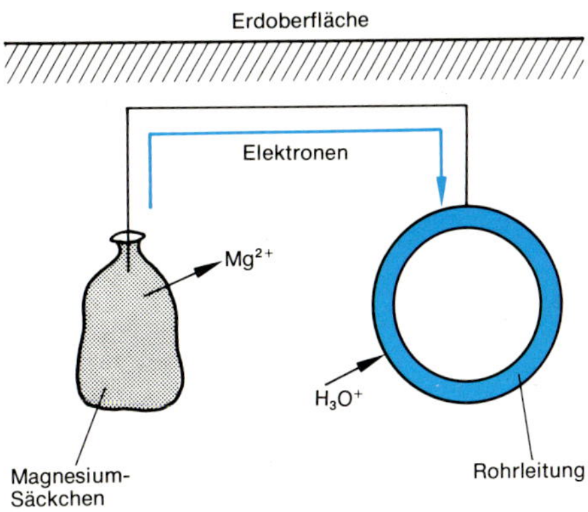

Abb. 264 Katodischer Schutz einer Pipeline durch Magnesium

[1]) Vgl. Fußnote auf Seite 276.

Metallische Überzüge aus unedleren Metallen bezeichnet man auch als echten Korrosionsschutz, Überzüge aus edleren Metallen (Beispiel Weißblech, Zinn auf Eisen) entsprechend als unechte Korrosionsschutz.

Katodischer Schutz kann auch durch Anlegen einer Gegenspannung erreicht werden, wobei diese aus einem elektrischen Netzgerät stammende Spannung die Spannung des Korrosionselementes kompensiert.

6 Stoffe und elektromagnetische Strahlung

6.1 Einteilung der elektromagnetischen Strahlung

Zur elektromagnetischen Strahlung zählen:

sichtbares Licht,
Wärmestrahlung (IR-Strahlung),
Ultraviolettstrahlen,
Röntgenstrahlen,
γ-Strahlen
Höhenstrahlen,
Hertzsche Wellen (Radiowellen, z. B. Kurzwellen, Mittelwellen usw.).

Alle diese elektromagnetischen Strahlungen haben Wellennatur und können daher mit den Kriterien der Wellenlehre beschrieben werden.

Als Kenngrößen von Wellen stehen zur Verfügung:

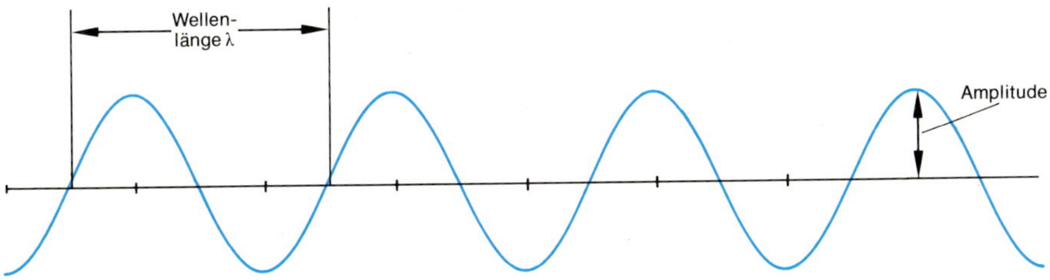

Abb. 265 Wellenlänge und Amplitude

Die Frequenz (Formelbuchstaben f bzw. ν) ist die wichtigste Kenngröße einer Welle. Sie gibt die Anzahl der in einer Sekunde ausgeführten Schwingungen an. Ihre Maßeinheit ist 1 Hertz (1 Hz = $1 s^{-1}$).

Die Ausbreitungsgeschwindigkeit c:

Alle elektromagnetischen Wellen besitzen im Vakuum bzw. in Luft die gleiche Ausbreitungsgeschwindigkeit von $c = 3{,}00 \cdot 10^8 \frac{m}{s}$. Nach der Grundgleichung der Wellenausbreitung

$$c = \lambda \cdot f$$

kann man aus einer bekannten Frequenz die Wellenlänge von elektromagnetischen Wellen berechnen und umgekehrt aus einer bekannten Wellenlänge die Frequenz.

Die Wellenzahl ist eine in der Spektrometrie häufig gebrauchte Größe. Man versteht darunter die Anzahl von Wellenlängen, die „gerade in einen Zentimeter passen".

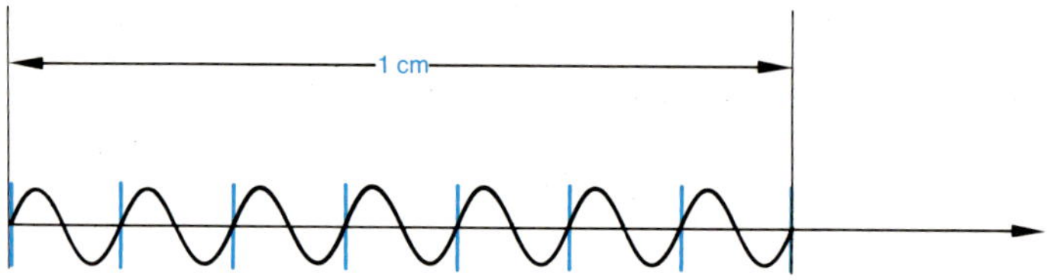

Abb. 265 a Wellenzahl

Wellenzahl n = 7 cm^{-1}

Die **Amplitude** ist ein Maß für die Intensität der Strahlung.

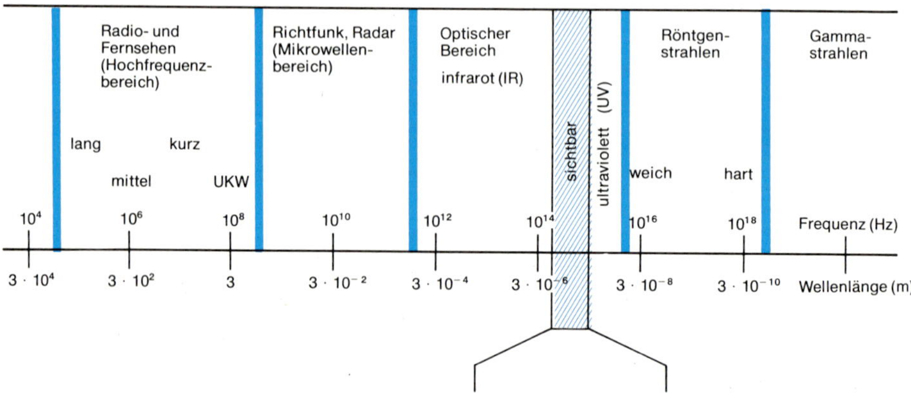

Farbe	Wellenlänge (nm)
Rot	760–620
Orange	620–595
Gelb	595–560
Grün	560–500
Blau	500–460
Indigo	460–430
Violett	430–380

Abb. 266 Übersicht über die elektromagnetischen Wellen, geordnet nach steigender Frequenz bzw. abnehmender Wellenlänge

Die Gesamtheit der elektromagnetischen Wellen bezeichnet man als elektromagnetisches Spektrum. Zwischen den elektrischen Wellen (Radio, Fernsehen) und dem sichtbaren Licht liegen die Wärmestrahlen (= Infrarot-Strahlen). Höhere Frequenzen als das sichtbare Licht haben die UV-Strahlen, noch höhere die Röntgenstrahlen und die γ-Strahlen. Am höchsten ist die Frequenz der Höhenstrahlen, die beim Eindringen von Elementarteilchen aus dem Weltall in die Erdatmosphäre entstehen.

Die Quantennatur elektromagnetischer Strahlung

Versuch:

Auf ein Elektroskop wird eine blanke Zinkplatte aufgesetzt. Das Elektroskop wird negativ aufgeladen. Wird dann die Zinkplatte mit dem an ultravioletten Strahlen reichen Licht einer Quecksilberdampflampe bestrahlt, so verliert die Platte sofort ihre Ladung.

Bei positiver Aufladung beobachtet man diese Wirkung nicht.

Wird der Versuch bei negativer Aufladung der Zinkplatte mit dem gelben Licht einer Na-Dampflampe wiederholt, so wird das Elektroskop auch bei sehr langer Bestrahlung der Zinkplatte nicht entladen.

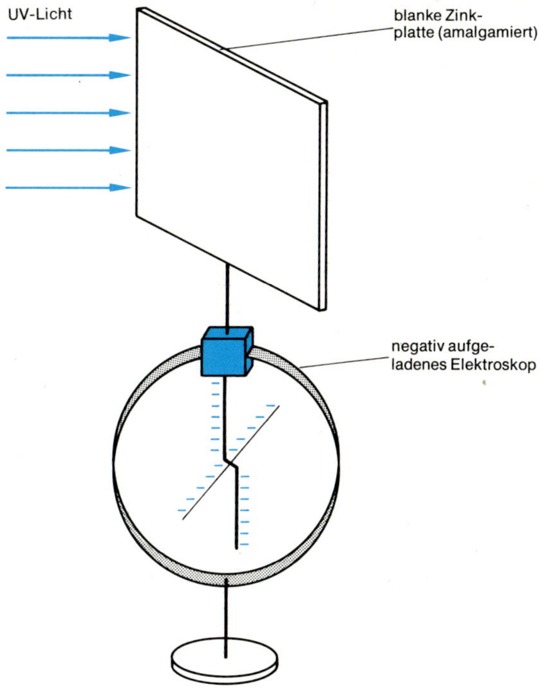

Abb. 267 Fotoeffekt

UV-Strahlung hat offenbar die Fähigkeit, Elektronen aus der Zinkplatte herauszuschlagen. Diese Fähigkeit heißt Fotoeffekt. Sichtbares Licht bewirkt, wie der Versuch zeigt, bei Zink diesen Fotoeffekt nicht. Es gibt aber eine ganze Reihe von Metallen, wie z. B. die Alkalimetalle Kalium und Cäsium, bei denen das Herauslösen von Elektronen weitaus leichter geht als beim Zink, so daß auch sichtbares Licht bei diesen Metallen einen Fotoeffekt bewirkt.

Die Erscheinung des Fotoeffekts läßt sich nur durch die Annahme erklären, daß Licht und UV-Strahlung (und darüber hinaus alle elektromagnetischen Strahlungen) Quantennatur haben. Man kann sich unter Lichtquanten winzige „Energiepakete" vorstellen. Die im obigen Versuch beobachteten Erscheinungen lassen sich unter Zuhilfenahme der Quantenvorstellung folgendermaßen erklären:

Zum Losschlagen eines Elektrons aus der Zinkplatte ist eine ganz bestimmte Energie erforderlich. Trifft ein Strahlungsquant auf die Platte, und reicht dessen Energie zum Loslösen des Elektrons aus, so verläßt das Elektron die Platte. Gleiches gilt für das Auftreffen aller anderen Strahlungsquanten der gleichen Sorte, so daß Elektronen aus der Platte herausgeschlagen werden.

Reicht aber die Energie eines Strahlungsquants einer anderen Sorte, wie z. B. beim gelben Licht, nicht aus, um ein Elektron loszuschlagen, so ändern auch beliebig viele auftreffende Strahlungsquanten dieser Sorte nichts daran: Kein einziges Strahlungsquant löst ein Elektron los, die Elektronen bleiben auf der Platte.

Aus dem Versuch ergibt sich, daß jedes einzelne Quant der UV-Strahlung energiereicher ist als jedes einzelne Quant des Lichtes der Na-Dampflampe. Die UV-Strahlung besteht offenbar aus größeren „Energieportionen".

Die Energie der einzelnen Strahlungsquanten ist proportional der Frequenz der Strahlung.

$$W = h \cdot f$$

Der Proportionalitätsfaktor h wird als Plancksches Wirkungsquantum bezeichnet.
$h = 6{,}625 \cdot 10^{-34}\ Ws^2$.

Zur Veranschaulichung:

Die Quantelung der Energie läßt sich in unserer gewohnten Größenordnung am Beispiel des Hagel- und Graupelschauers veranschaulichen. Die Gesamtenergie des aus den Wolken herabfallenden Eises ist in mehr oder weniger große Einzelportionen aufgeteilt (= Bewegungsenergie $\frac{m}{2} v^2$ der Graupel- bzw. Hagelkörner). Bei der feineren Körnung der Graupelkörner sind die Energieportionen klein. Jedes einzelne Graupelkorn hat dementsprechend geringe Wirkungen. So bleibt z. B. ein Glasdach eines Gewächshauses heil, auch wenn viele einzelne Graupelkörner darauf fallen. Beim Hagel sind die einzelnen Energieportionen groß. Jedes Hagelkorn besitzt eine beträchtliche Bewegungsenergie. Beim Auftreffen auf ein Glasdach vermag jedes Hagelkorn die Scheiben zu durchschlagen.

Der Vergleich zeigt: Es kommt darauf an, in welcher Weise ein ganz bestimmter Gesamtenergiebetrag gequantelt ist.

6.2 Brechzahl (Brechungsindex)

6.2.1 Das Brechungsgesetz

Ein Lichtstrahl erfährt beim Wechsel seines Ausbreitungsmediums (z. B. beim Übergang von Luft in Wasser) eine Richtungsänderung, sofern er schräg auf die Mediengrenzfläche auftrifft.

Der Vorgang heißt Brechung oder Refraktion. Die Lichtbrechung kommt durch die Wechselwirkung zwischen den elektromagnetischen Feldern des Lichtes und den durch die Elektronen hervorgerufenen elektromagnetischen Feldern in den Molekularstrukturen zustande.

Das Medium, in dem der Winkel zwischen Lichtstrahl und Einfallslot kleiner ist, heißt optisch dichteres Medium, das andere Medium, in dem dieser Winkel größer ist, heißt optisch dünneres Medium.

Bei Vergrößerung des Einfallswinkels wird auch der Brechungswinkel größer. Diese Abhängigkeit wird durch das Brechungsgesetz beschrieben. Dieses besagt:

Der Quotient aus dem Sinus des Einfallswinkels und dem Sinus des Brechungswinkels ist konstant.

$$\frac{\sin \alpha}{\sin \beta} = n \qquad n = \frac{c_1}{c_2}$$

Die Konstante n gibt gleichzeitig das Verhältnis der Ausbreitungsgeschwindigkeit der Wellen in den beiden Medien an.

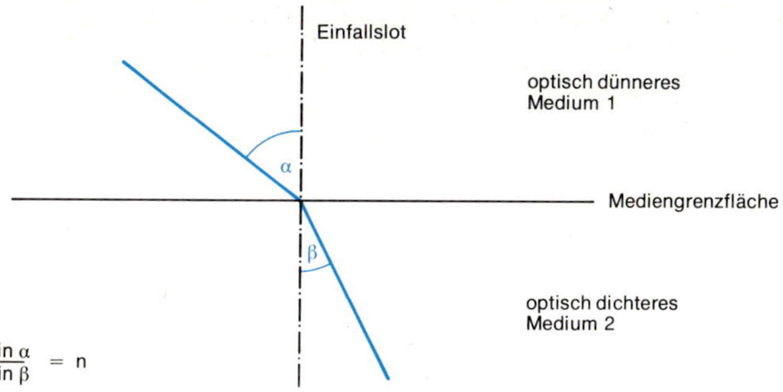

$$\frac{c_1}{c_2} = \frac{\sin\alpha}{\sin\beta} = n$$

Abb. 268 Brechung

Die Konstante n heißt Brechzahl. Sie ist eine Materialkonstante. Im Falle von flüssigen Stoffen läßt sich die Brechzahl leicht im Refraktometer auf die fünfte Dezimale genau bestimmen. Die Brechzahl ist wie Schmelz- und Siedepunkt eine wichtige Kenngröße eines Stoffes, insbesondere zur Bestimmung des Reinheitsgrades. Als optisch dünneres Medium dient dabei immer Luft. Die Brechzahl ist von der Temperatur und von der Frequenz des verwendeten Lichtes abhängig. Sie wird daher bei konstanter Temperatur (meist 20 °C) und mit monochromatischem Licht (= Licht einer Frequenz) gemessen. In Tabellen wird die Meßtemperatur und die Art des verwendeten Lichtes durch Indices ausgedrückt.

Beispiel:

n_{20}^{D} bedeutet Brechzahl, bei 20 °C gemessen bei Verwendung des gelben Lichtes einer Natriumdampflampe (D-Linie).

6.2.2 Bestimmung der Brechzahl durch Messung des Grenzwinkels der Totalreflexion, Refraktometer

Die Abbildung 269 zeigt, daß bei Vergrößerung des Winkels zum Lot im optisch dichteren Medium entsprechend auch der Brechungswinkel größer wird. Bei Überschreitung eines bestimmten Grenzwinkels aber gelangt kein Licht mehr in das optisch dünnere Medium, sondern wird an der Mediengrenzfläche vollständig reflektiert (Totalreflexion). Dieser Winkel heißt Grenzwinkel der Totalreflexion. Der entsprechende Brechungswinkel ist dann ein rechter Winkel.

Für den Grenzfall der Totalreflexion lautet das Brechungsgesetz:

$$\frac{\sin \llcorner}{\sin\beta_{gr}} = n, \text{ für } \llcorner = 90° \text{ folgt } \frac{1}{\sin\beta_{gr}} = n$$

Wird der Grenzwinkel der Totalreflexion gemessen, so läßt sich daraus die Brechzahl n berechnen.

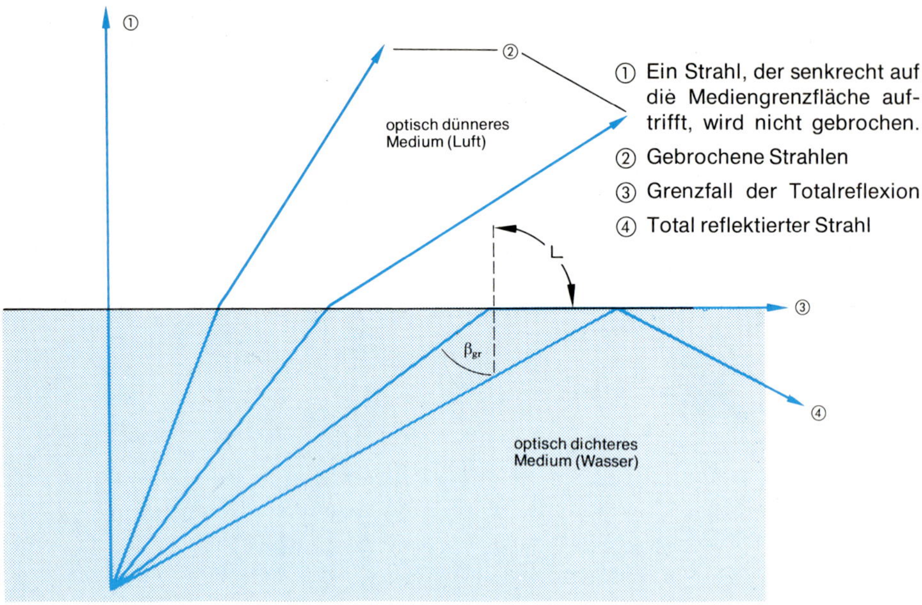

Abb. 269 Totalreflexion

Beispiel:

Der Grenzwinkel der Totalreflexion bei einer Flüssigkeit beträgt 0,820 rad (≙ 47°). Wie groß ist die Brechzahl n?

$$\beta_{gr} = 0{,}820 \text{ rad}$$
$$\sin \beta_{gr} = 0{,}731$$
$$\frac{1}{\sin \beta_{gr}} = \frac{1}{0{,}731} = n$$
$$\underline{\underline{n = 1{,}368}}$$

Bestimmung der Brechzahl mit dem Refraktometer

Im Refraktometer wird die Brechzahl von Flüssigkeiten durch Messung des Grenzwinkels der Totalreflexion bestimmt.

Prinzip des Eintauchrefraktometers:

Das Meßprisma taucht in die zu untersuchende Flüssigkeit. Die Brechzahl dieses Prismas ist größer als die der Flüssigkeit, das Prisma ist somit das optisch dichtere Medium gegenüber der Flüssigkeit. Die von unten her auf die Schrägfläche einfallenden Lichtstrahlen werden zum Lot hin gebrochen und gelangen über die Linse, die sie bündelt, auf einen Skalenschirm (schwarz gezeichneter Strahlenverlauf). Der Grenzfall der Totalreflexion ist bei den Lichtstrahlen gegeben, die streifend in die Prismenfläche einfallen. Der Einfallswinkel ist ein rechter Winkel, der Winkel im Prisma ist dann der Grenzwinkel der Totalreflexion (blau gezeichneter Strahlenverlauf). In den Bereich rechts von Punkt A auf der Skala kann kein Licht hingelangen, dieser Bereich erscheint dunkel, während der Bereich links von A hell erscheint, da das von unten einfallende diffuse Licht dort hingelangen kann. Für stärker brechende Flüssigkeiten erscheint der Punkt A weiter links, für schwächer brechende entsprechend weiter rechts. Die Skala wird direkt auf die Brechzahl geeicht, so daß diese unmittelbar ablesbar ist.

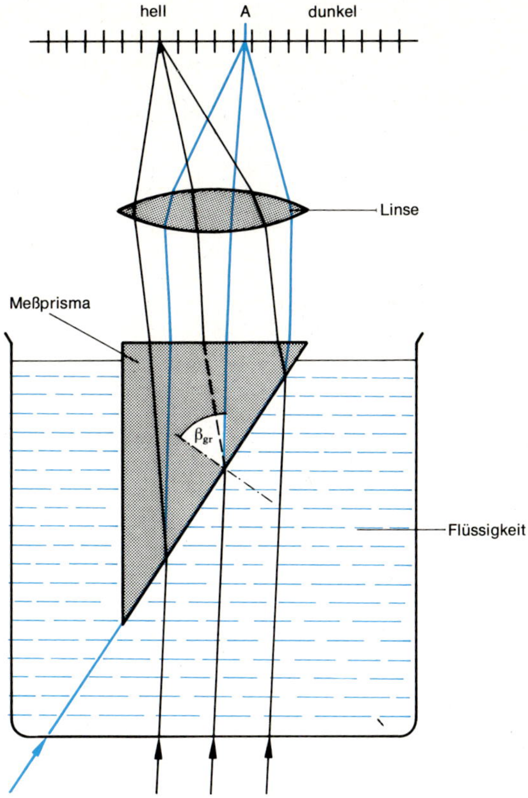

Abb. 270 Prinzip des Eintauchrefraktometers

Abbe-Refraktometer:

Dieses im Labor meist gebrauchte Refraktometer arbeitet nach dem gleichen Prinzip wie das oben erläuterte Eintauchrefraktometer.

Das Abbesche Refraktometer besteht aus einem aufklappbaren Prismenpaar, das durch Durchleiten von temperiertem Wasser (Thermostat) erwärmt werden kann. Man bringt die Substanz mit Hilfe eines Glasstabes zwischen diese Prismen. Dann wird der Beleuchtungsspiegel so gedreht, daß man beim Beobachten durch das Okular die Grenzlinie zwischen hellem und dunklem Bereich in das Fadenkreuz des Meßgeräts einstellt. Diese Trennungslinie zwischen hellem und dunklem Bereich ist allerdings nur bei Verwendung von monochromatischem Licht scharf. Bei Verwendung von Tageslicht, das ja je nach Wellenlänge unterschiedlich gebrochen wird, muß der farbige und unscharfe Übergang durch Drehen einer Dispersionstrommel beseitigt werden. Nach Ablesung der Temperatur wird die Brechzahl auf der mit in das Gesichtsfeld eingeblendeten Skala auf vier Stellen hinter dem Komma abgelesen.

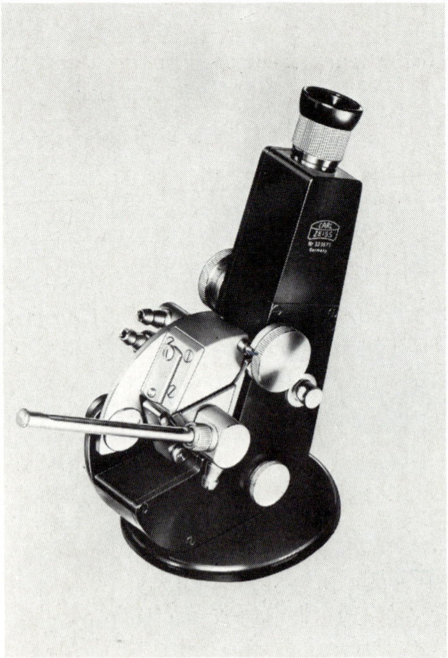

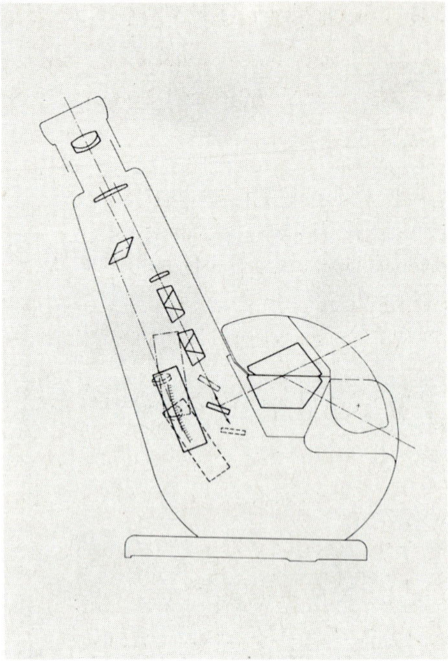

Abb. 271 Abbe-Refraktometer

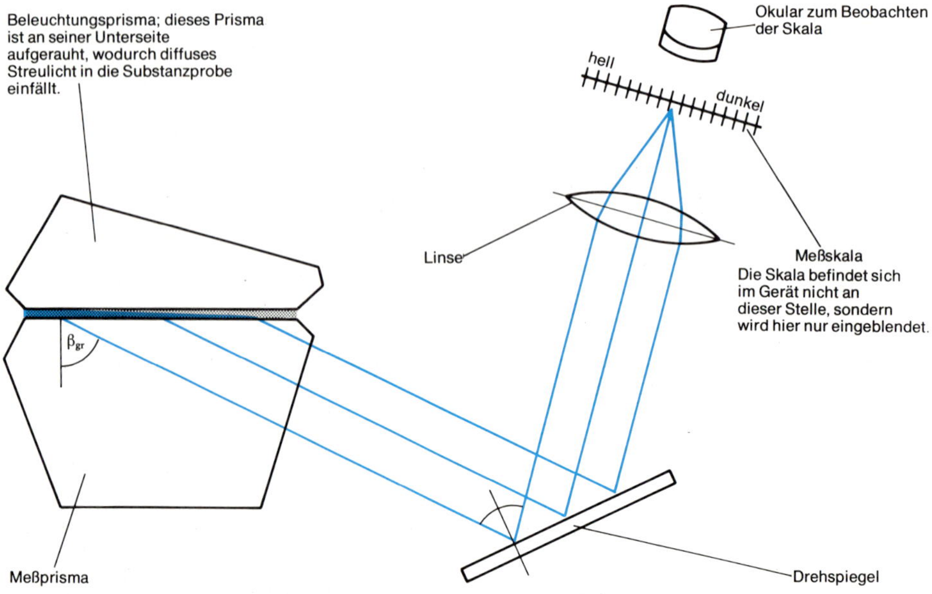

Abb. 272 Strahlengang durch ein Abbe-Refraktometer (vereinfacht)

6.3 Die optische Aktivität

Sehr viele Substanzen besitzen die Fähigkeit, die Schwingungsebene von polarisiertem Licht zu drehen. Man nennt solche Stoffe „optisch aktiv".

6.3.1 Polarisiertes Licht

Licht ist eine elektromagnetische Querwelle, d. h. die Schwingungen der elektrischen und magnetischen Felder erfolgen quer zur Ausbreitungsrichtung.

Gewöhnliches Licht, wie es von den bekannten Lichtquellen ausgeht, schwingt in verschiedenen Ebenen, die aber alle quer zur Ausbreitungsrichtung stehen!

Polarisiertes Licht schwingt nur in einer Ebene.

Mit Hilfe von Polarisationsfiltern kann man aus den vielen Schwingungsebenen des gewöhnlichen Lichtes eine Schwingungsebene ausfiltern und erhält so polarisiertes Licht.

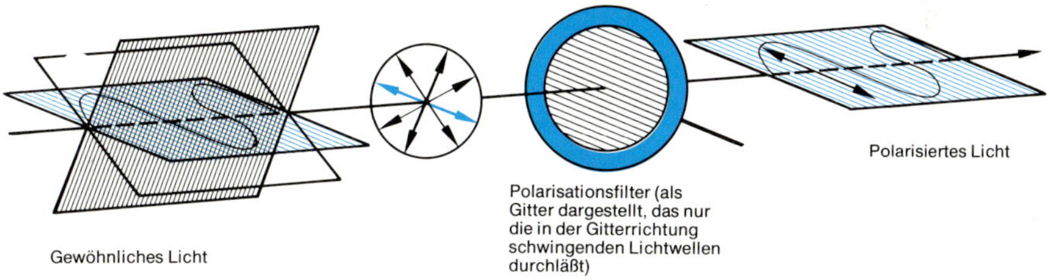

Abb. 273 Schematische Darstellung der Entstehung von polarisiertem Licht mit Hilfe eines Polarisationsfilters

Versuch:

Auf einer optischen Bank wird das gebündelte Licht einer Glühlampe durch zwei hintereinander stehende Polarisationsfilter geschickt und dann auf einem Schirm aufgefangen.

a) Beide Filter werden in die gleiche Richtung gestellt. Auf dem Schirm erscheint ein heller Fleck.
b) Das zweite Filter wird rechtwinklig zum ersten gedreht. Es geht kein Licht mehr durch die Anordnung hindurch.
c) Das zweite Filter wird auf beliebige Stellungen zwischen a) und b) eingestellt. In jedem Falle gelangt mehr oder weniger Licht auf den Schirm, und zwar um so mehr, je mehr man das zweite Filter dem ersten in seiner Einstellung annähert.

Mit der Anordnung zweier hintereinander angebrachter Polarisationsfilter läßt sich die Schwingungsebene des durch das 1. Filter (Polarisator) hindurchgehenden polarisierten Lichtes bestimmen. Wird das 2. Filter (Analysator) so gedreht, daß auf dem Schirm maximale Helligkeit erscheint, so zeigt die Ausrichtung dieses Filters damit die Schwingungsebene an. Empfindlicher reagiert allerdings das menschliche Auge auf minimale Helligkeit. Ist diese eingestellt, so liegt die Schwingungsebene des polarisierten Lichtes rechtwinklig zur Stellung des Analysators.

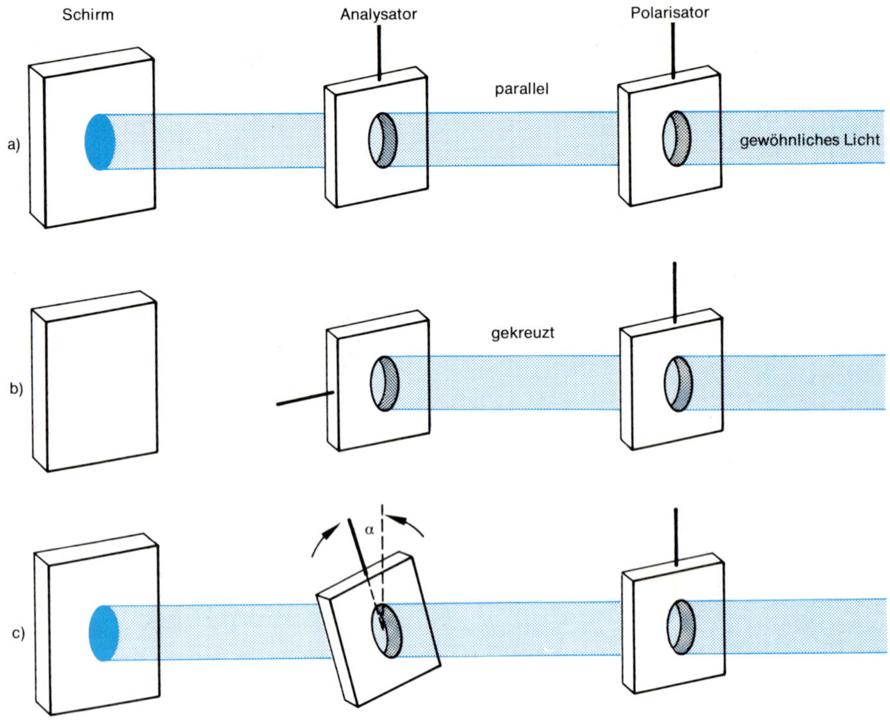

Abb. 274 Polarisationsfilter:
a) Polarisator und Analysator parallel b) Polarisator und Analysator gekreuzt
c) Polarisator und Analysator im beliebigen Winkel zueinander

6.3.2 Das optische Drehvermögen von Stoffen, Polarimeter

Versuch:

Zwei hintereinander angebrachte Polarisations-Filter werden so eingestellt, daß kein Licht hindurchfällt (die Filter stehen gekreuzt). Dann füllt man in eine Küvette, die zwischen den beiden Polarisationsfiltern steht, nacheinander

a) 20%ige Glukoselösung,
b) 20%ige Fructoselösung,
c) 20%ige Sacharoselösung.

In allen drei Fällen gelangt Licht durch den Analysator. Dieser wird nun so gedreht, daß wieder völlige Dunkelheit erreicht wird.

Versuchsergebnis:

D(+)-Glukose dreht rechts,
D(−)-Fruktose dreht links,
Sacharose dreht stark rechts.

Erklärung:

Durch die Lösungen in der Küvette wird die Schwingungsebene des polarisierten Lichtes gedreht, so daß Licht durch den Analysator hindurchtreten kann. Dreht man den Analysator so lange, bis wieder völlige Auslöschung eintritt, und liest man den Drehwinkel ab, so erhält man damit den Winkel, um den die Schwingungsebene des polarisierten Lichtes von den Lösungen gedreht wurde.

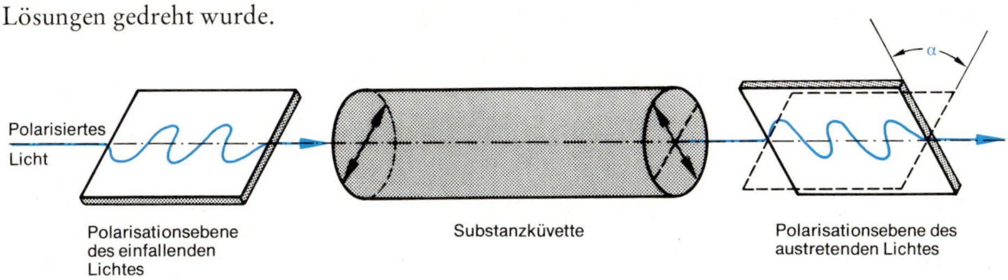

Abb. 275 Schematische Darstellung der Drehung der Polarisationsebene durch eine optisch aktive Substanz.

Der Drehsinn (rechts: +, links −), den die optisch aktive Substanz zeigt, wird immer vom Beobachter aus beurteilt, d. h. der polarisierte Lichtstrahl, der die Lösung durchstrahlt, muß auf den Beobachter zukommen. In der Abb. 275 dreht die Substanz die Polarisationsebene um den Winkel α nach links. Geräte, die diesen Drehwinkel von Flüssigkeiten messen, heißen Polarimeter; Polarimeter zur Zuckerbestimmung heißen Saccharimeter.

Der Aufbau der Polarimeter entspricht der obigen Versuchsanordnung. Die monochromatische Strahlung einer Lichtquelle wird zunächst mit einem Polarisator polarisiert. Eine Hälfte der Strahlung geht durch die Lösung zum Analysator, die andere Hälfte gelangt direkt zum Analysator. Das beobachtete Gesichtsfeld besteht aus zwei Hälften unterschiedlicher Helligkeit, die durch Drehen des Analysators auf gleiche Helligkeit eingestellt werden. Der Drehwinkel wird dann abgelesen.

Bei Verwendung einwandfreier Nicol-Prismen als Polarisationsfilter und lichtelektrischer Helligkeitsmessung läßt sich gerade noch eine Drehung von 0,1 Bogensekunden nachweisen.

6.3.3 Das spezifische Drehvermögen

Der Winkel, um den die Schwingungsebene des polarisierten Lichtes gedreht wird, ist für eine bestimmte Substanz (in einem bestimmten Lösemittel)

a) von der Temperatur,
b) von der Länge des Lichtweges durch die Substanz (Schichtdicke = Küvettenlänge),
c) von der Art des verwendeten Lichtes und
d) von der Konzentration abhängig.

Versuch:

Auf einer optischen Bank werden zwei Polarisationsfilter, die mit dem Licht einer Glühlampe durchstrahlt werden, in gekreuzte Stellung gebracht. Auf einem Beobachtungsschirm beobachtet man völlige Auslöschung.

In eine 15 cm lange und 5 cm breite Küvette füllt man eine wäßrige D(−)Fructose-Lösung (20 g Fructose in 100 ml Lösung). Stellt man die Küvette in Längsrichtung zwischen die beiden Polarisationsfilter, so erscheint ein heller Lichtfleck auf dem Schirm, der durch Drehen des Analysators wieder ausgelöscht werden kann. Meßergebnis: Drehwinkel $\alpha = 28°$ (= 0,488 rad).

Stellt man die Küvette quer in den Strahlengang (Schichtdicke = 5 cm), so mißt man einen Drehwinkel von $\alpha' = 9°$ (= 0,175 rad). Verdünnt man die Lösung mit Wasser auf die Hälfte, so mißt man einen Drehwinkel von $\alpha'' = 14°$ (= 0,244 rad), wenn die Küvette längs im Strahlengang steht.

Bei allen Messungen erreicht man nie völlige Dunkelheit auf dem Schirm, sondern man beobachtet stets das Auftreten von Farben. Dies ist auf die Verwendung der Glühlampe als Lichtquelle zurückzuführen. Licht verschiedener Wellenlänge wird unterschiedlich stark gedreht und kann daher niemals gleichzeitig durch den Analysator ausgelöscht werden.

Der Drehwinkel ist der Konzentration der Lösung und der Länge der durchlaufenen Schicht proportional.

Diese Gesetzmäßigkeit findet Anwendung bei Konzentrationsbestimmungen von optisch aktiven Stoffen.

Um eine Substanz zu charakterisieren, gibt man das spezifische Drehvermögen $[\alpha]$ an. Dies ist das Hundertfache des Drehwinkels α, bei einer 10 cm langen Küvette, bei 20° C und einer Konzentration von 1 g je 100 ml Lösung. Es gilt also:

$$[\alpha]^{20}_{D} = \frac{\alpha \cdot 100}{d \cdot \varrho}$$

d = Schichtdicke in dm

ϱ = Konzentration in Gramm je 100 ml Lösung

α = abgelesener Drehwinkel

$^{20}_{D}$ } bedeutet, daß die Bestimmung bei 20°C mit gelbem Natriumlicht durchgeführt wurde.

6.3.4 Chirale Struktur als Kennzeichen optisch aktiver Stoffe

Optische Aktivität tritt stets als Folge einer chiralen Struktur von Molekülen oder Kristallen auf. Chiral gebaute Körper lassen sich mit ihrem Spiegelbild nicht zur Deckung bringen, sie weisen kein Symmetriezentrum und keine Symmetrieebene auf. Ein anschauliches Beispiel ist die linke und rechte Hand. Die beiden Hände verhalten sich wie Bild und Spiegelbild. Hält man die rechte Hand vor einen Spiegel, so gleicht das Spiegelbild der linken Hand. Man spricht hier von Spiegelsymmetrie. Es gelingt aber niemals, etwa durch Drehen eine linke Hand mit einer rechten Hand zur Deckung zu bringen.

Optisch aktive Kristalle

Bei manchen optisch aktiven Stoffen ist die optische Aktivität nur im festen Zustand zu beobachten. Sie verschwindet beim Schmelzen oder Auflösen dieser Kristalle.

Beispiele: Quarz, Natriumchlorat, Kaliumbromat, Zinnober.

Es handelt sich um eine temporäre optische Aktivität (temporär = vorübergehend), die nur durch die Gitterstruktur bedingt ist.

Optisch aktive Kristalle existieren stets in zwei Formen, die sich wie eine rechte Hand zur linken, also wie Bild und Spiegelbild, verhalten.

Solche einander entsprechenden spiegelsymmetrischen Kristalle heißen enantiomorph. Enantiomorphe Kristalle drehen immer die Polarisationsebene in unterschiedlichem Drehsinn. So unterscheidet man beispielsweise nach dem Drehsinn Linksquarz und Rechtsquarz.

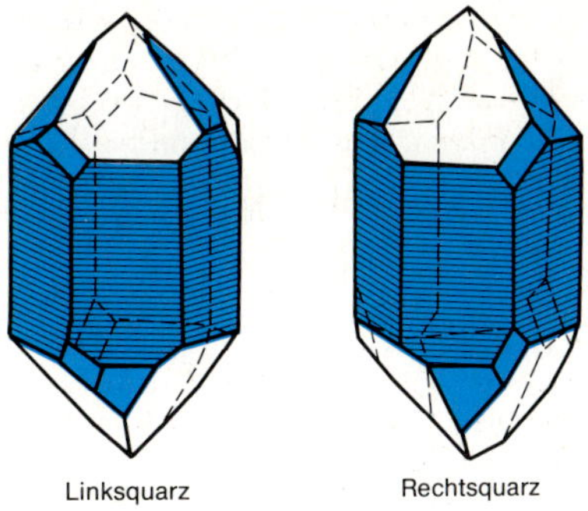

Abb. 276
Enantiomorphie des Quarzes

Permanente optische Aktivität

Behält ein Stoff seine optische Aktivität nach dem Schmelzen oder Auflösen bei, so ist dies ein Beweis, daß das Drehungsvermögen durch die Moleküle oder evtl. auch Ionen bedingt ist. Ein Beispiel hierfür ist die Weinsäure, die sowohl im kristallinen als auch im geschmolzenen und gelösten Zustand optisch aktiv ist und diese Eigenschaft auch noch in ihren Salzen zeigt. Die optische Aktivität ist hier Folge einer chiralen Molekülstruktur.

Diese Art der optischen Aktivität tritt am häufigsten bei organischen Verbindungen mit asymmetrischem Kohlenstoff auf. Es ist dies ein Kohlenstoffatom, dessen vier Valenzen durch vier verschiedene Atome oder Atomgruppen abgesättigt sind. Dadurch entstehen zwei optisch isomere Moleküle, die sich wie Bild und Spiegelbild verhalten und durch Drehen nicht deckungsgleich werden können.

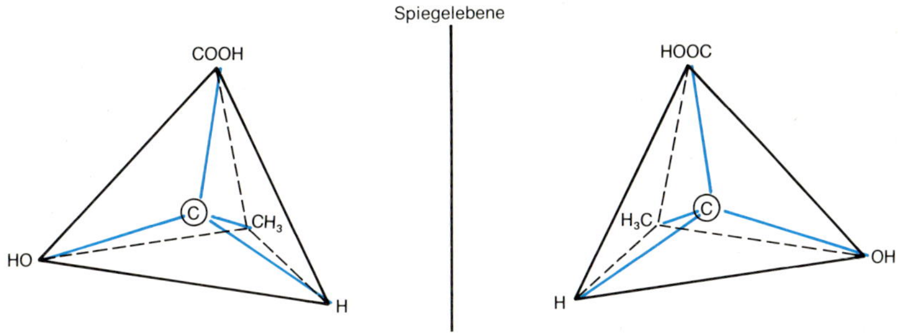

Abb. 277 Die optischen Antipoden der 2-Hydroxy-propansäure

Man bezeichnet spiegelbildisomere Moleküle als optische Isomere oder optische Antipoden, von denen das eine die Ebene des polarisierten Lichtes nach rechts und das andere um den gleichen Winkel nach links dreht. Diese optische Isomerie aus dem Bereich der Moleküle macht sich nach außen hin in den Kristallformen bemerkbar, denn die Kristalle der optischen Antipoden weisen Spiegelbildisomerie auf.

Es gibt auch viele aktive Stoffe ohne asymmetrisches C-Atom, die dennoch Spiegelbildisomerie aufweisen.

Neben dem Kohlenstoff sind auch andere Atome bekannt, die bei asymmetrischer Besetzung der Valenzen eine optische Aktivität verursachen (Beispiele: Si, P, N, S, Se, Te, Cr, Co).

Für die organische Chemie ist in diesem Zusammenhang von Bedeutung, daß die optische Aktivität von Kohlenstoffverbindungen ein unmittelbarer Beweis für die Tetraederstruktur des $-\overset{|}{\underset{|}{C}}-$ ist.

6.4 Emission von elektromagnetischer Strahlung

Im Kapitel 1 wurde auf die Bedeutung des von den angeregten Atomen ausgehenden (= emittierten) Lichtes für die Deutung atomarer Strukturen eingegangen. Hier soll nun der analytische Aspekt der Emission von elektromagnetischer Strahlung im Vordergrund stehen.

6.4.1 Flammenfärbung

Versuch:

Ein Platindraht, an dem sich etwas konzentrierte Salzsäure befindet, wird in eine gepulverte Substanz getaucht und dann in die nichtleuchtende Flamme eines Bunsenbrenners gehalten. Einige Stoffe erzeugen dabei charakteristische Flammenfärbungen:

Natrium	gelb
Kalium	violett
Kupfer, Barium	grün verschiedenen Farbtons
Calcium Strontium Lithium	rot verschiedenen Farbtons

Die Flammenfärbung des Kaliums wird meist überdeckt von der gelben Natriumfärbung. Betrachtet man die Flamme durch ein blaues Kobaltglas, so wird das gelbe Natriumlicht von diesem Glas absorbiert, wodurch die Kalium-Flammenfärbung wieder sichtbar wird. Sie erscheint durch das Kobaltglas karmesinrot.

Mit dem Flammentest können nur wenige Elemente nachgewiesen werden, da die Flamme des Bunsenbrenners nicht heiß genug ist, um die meisten anorganischen Verbindungen zu verdampfen und zum Leuchten anzuregen. Da von den Salzen die Chloride die relativ flüchtigsten sind, überführt man die vorliegenden Stoffe durch Benetzen mit konz. Salzsäure in die Chloride.

Die einfache Beobachtung der Flammenfärbung offenbart noch nicht, daß die Atome neben den genannten Farben auch Licht anderer Wellenlängen aussenden.

6.4.2 Spektralanalyse

Mit einem Spektralapparat läßt sich das von einer Lichtquelle ausgesandte Licht genauer untersuchen als mit dem bloßen Auge. Ein Spektralapparat ist z. B. ein Prismengerät, durch das das einfallende Licht in seine Einzelbestandteile zerlegt wird. Das durch die Lichtzerlegung entstehende farbige Band heißt Spektrum.

Enthält das untersucht Licht alle Spektralfarben, so spricht man von einem kontinuierlichen Spektrum. Die von leuchtenden Dämpfen („Flammenfärbung") ausgesendete Strahlung und das von bunten Gegenständen zurückgesendete Licht sind Beispiele für nicht-kontinuierliche Spektren.

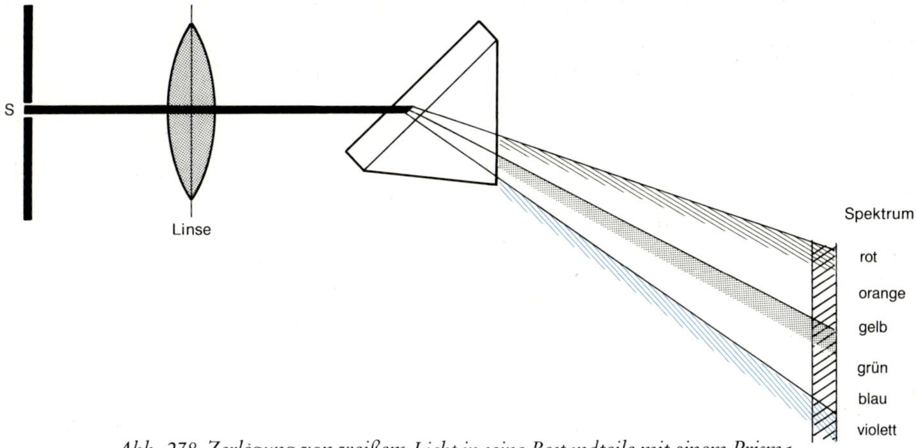

Abb. 278 Zerlegung von weißem Licht in seine Bestandteile mit einem Prisma

Das Spektroskop ist das einfachste Gerät zur Durchführung der qualitativen Spektralanalyse. Das Spektrum wird durch ein Objektiv mit dem Auge beobachtet.

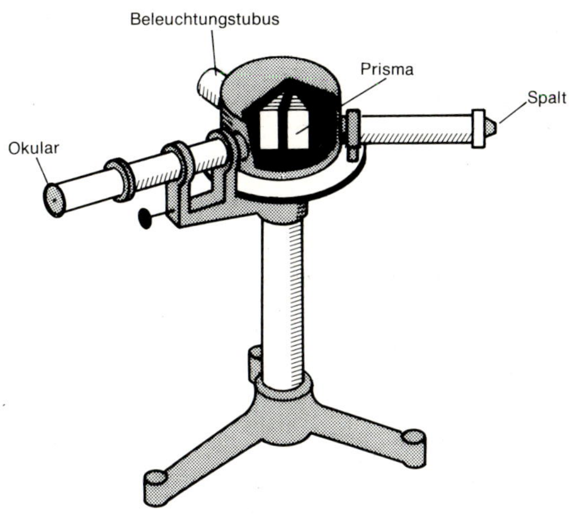

Abb. 279 Spektroskop

Spektrometer sind Geräte, die – im Unterschied zum menschlichen Auge – objektiv die Helligkeit der ausgesendeten Strahlung messen. Dies geschieht durch lichtelektrische Messung. Die nachfolgende Abbildung zeigt den prinzipiellen Aufbau eines Spektrometers. Wie beim Spektroskop wird das Licht z. B. durch ein Prisma zerlegt und durch eine nachfolgende Sammellinse gebündelt. Anstelle des vom Auge beobachteten Schirms tritt aber im Spektrometer eine Fotozelle, in der durch die Strahlung ein Fotostrom hervorgerufen wird. Dieser Fotostrom, der anschließend noch verstärkt wird, ist ein Maß für die Intensität der einfallenden Strahlung und damit für die Konzentration der strahlenden Atome bzw. Ionen. Wird nun die Fotozelle am gesamten Spektrum entlang bewegt, so kann die Intensität jeder Lichtfrequenz, die in diesem Spektrum enthalten ist, gemessen werden. Üblicher jedoch, als die Fotozelle zu bewegen, ist es, durch Drehen des Prismas nacheinander jeden Teil des Spektrums am Spalt der Fotozelle vorbeizudrehen. Trägt man das elektrische Detektorsignal über der Wellenlänge als Diagramm auf, so erhält man eine Kurve, die Aufschluß über Art und Intensität des beobachteten Spektrums gibt.

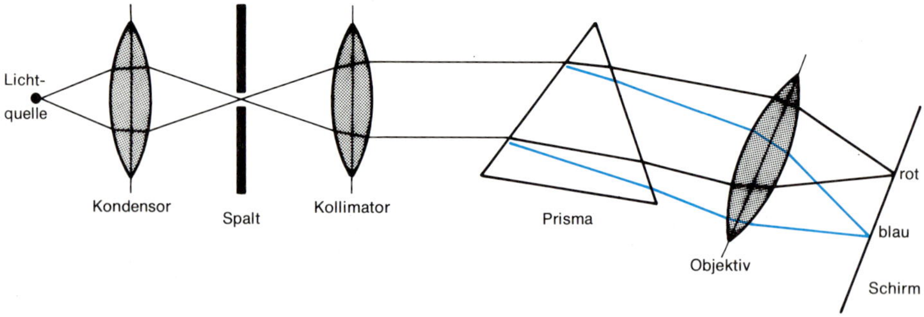

Abb. 280 Strahlengang in einem Spektroskop (es sind nur die roten und blauen Strahlen eingezeichnet)

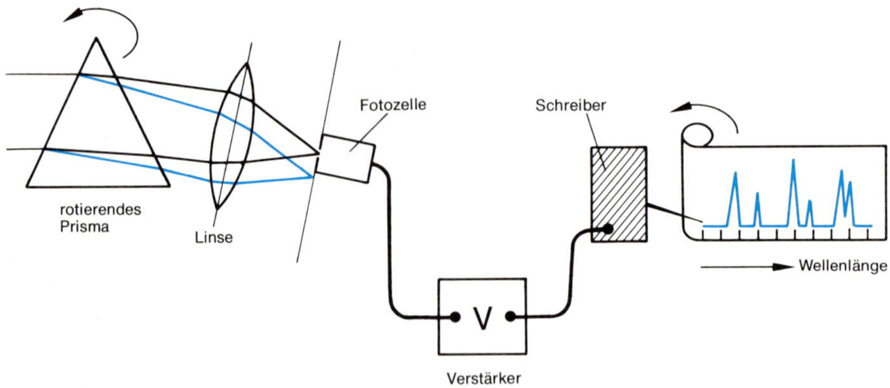

Abb. 281 Schema eines Spektrometers mit Fotozelle und Aufzeichnungsanordnung des Spektrums auf Papier

6.4.3 Die Arten der Emissionsspektren

Die Emissionsspektren lassen sich nach zwei Kriterien einteilen:

a) Nach dem atomaren Zustand des leuchtenden Stoffes:

Linienspektren werden von einatomigen Gasen ausgesandt bzw. von Gasen, die aus Anionen und Kationen oder aus Kationen und Elektronen (sog. Plasma) bestehen. Die einzelnen Linien entstehen durch Rücksprünge von Elektronen von höheren auf niedrigere Energieniveaus.

Bandenspektren werden von mehratomigen Gasen ausgesandt. Bei diesen Molekülspektren sind die Linien so dicht nebeneinander angehäuft, daß sie im Spektrum fast zusammenhängende Banden bilden.

Kontinuierliche Spekten werden von glühenden Schmelzen und Feststoffen ausgesandt.

b) Nach der Art der Heizquellen, durch die die Stoffe verdampft und zum Leuchten angeregt werden; danach unterscheidet man

   Flammenspektrum,
   Bogenspektrum,
   Funkenspektrum.

Die Emissionsspektren werden mit Fotozellen vermessen. Die Spektraltafel zeigt einige solche Aufnahmen.

Linienspektren:

Von den Emissionsspektren haben die Linienspektren für die Analytik die größte Bedeutung. Damit lassen sich Elemente auch in geringsten Mengen nebeneinander noch exakt identifizieren und im Spektrometer quantitativ bestimmen. Aus der riesigen Anzahl der Spektrallinien, die von den Atomen eines Elementes ausgesendet werden, wählt man dazu nur einige Hauptnachweislinien aus.

Das Auffinden neuer Spektrallinien in der Geschichte der Chemie war immer ein Hinweis auf ein neuentdecktes Element. Rubidium und Caesium waren die ersten Elemente, die auf diese Weise entdeckt wurden (durch Bunsen). Auch bei der Entdeckung der Edelgase spielte die Spektralanalyse die entscheidende Rolle.

Die Linienspektren der schwereren Elemente sind wesentlich linienreicher als das Spektrum des Wasserstoffatoms. Außerdem zeigt es sich, daß sie in bestimmter Weise von den Anregungsbedingungen abhängig sind.

Das Flammenspektrum erhält man, wenn man z. B. die Flamme eines Bunsenbrenners zum Verdampfen und Anregen der Substanz benutzt. Die Temperatur des Bunsenbrenners ist relativ niedrig, wodurch die Elektronen um nur kleinere Energiestufen angehoben werden. Dadurch erhält man auch nur relativ wenige Linien im Spektrum.

Bei vielen schwerflüchtigen Stoffen (u. a. auch die Sulfate der Erdalkalien) reicht die Temperatur des Brenners zum Verdampfen nicht aus, wodurch man gar kein Spektrum (und entsprechend beim Flammentest auch keine Flammenfärbung) erhält.

Das Bogenspektrum erhält man bei Verwendung eines elektrischen Lichtbogens als Heizquelle. Dazu wird die Substanz in den Krater einer Graphitelektrode eingefüllt und durch einen starken Gleichstrom-Lichtbogen auf hohe Temperaturen gebracht. Wird z. B. im Lichtbogen eine Metallegierung erhitzt, so besteht der Metalldampf aus neutralen Atomen, aus denen man dann das Spektrum erhält. Wegen der höheren Temperatur gegenüber der Bunsenbrennerflamme sind größere Anregungssprünge der Elektronen möglich, wodurch dann im Bogenspektrum neue Linien zu sehen sind, die diesen größeren Quantensprüngen der Elektronen entsprechen.

Im Funkenspektrum, bei dem die Anregung durch einen elektrischen Funken erfolgt, erhält man die Spektren der einfach oder mehrfach geladenen Kationen. Je nachdem, ob der Substanzdampf aus einfach, zweifach oder dreifach positiven Ionen besteht, spricht man vom ersten, zweiten oder dritten Funkenspektrum.

Das Bogenspektrum eines Elementes ähnelt sehr stark dem 1. Funkenspektrum des Elementes mit der nächsthöheren Ordnungszahl, da beide, Atom und Ion, die gleiche Elektronenanzahl in der Hülle haben.

Liegen viele Elemente in der Untersuchungssubstanz nebeneinander vor, so erhält man Spektren mit vielen Linien. Für solche Aufnahmen benötigt man ein Spektroskop mit hohem Auflösungsvermögen. Weiterhin erleichtert man die Auswertung solcher Linienspektren dadurch, daß man nur lang leuchtende Linien auswertet. Dies sind die intensivsten Linien, die zuletzt verschwinden, wenn die Konzentration des Elementes langsam abnimmt. Als Vergleichssubstanz wird ein spezielles Pulver, RU-Pulver (RU = raies ultimes = Dauerlinien) verwendet, das ca. 50 Elemente enthält. Durch Vergleich des erhaltenen Spektrums mit dem des RU-Pulvers läßt sich ermitteln, welche Elemente vorliegen (vgl. Abb. 282). Bei Metallanalysen funkt man zum Vergleich Legierungen genau bekannter Zusammensetzung ab.

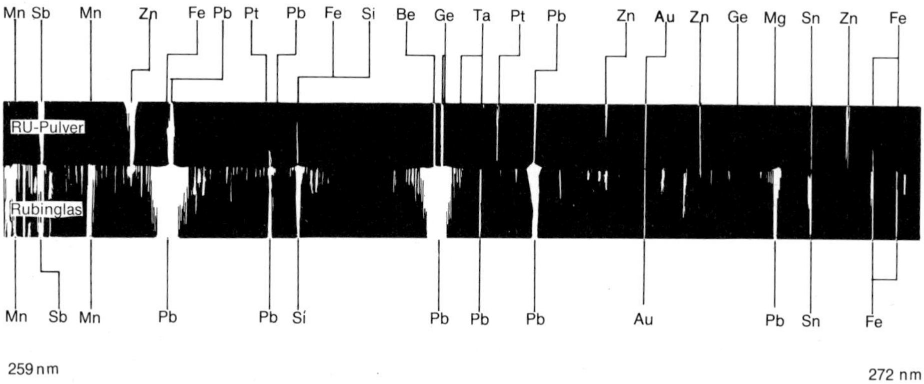

Abb. 282 Identifikation der Elemente im Rubinglas durch direkten Vergleich des Emissionsspektrums der Probe mit dem des RU-Pulvers. In diesen Spektren erscheinen die Linien weiß. Die Linien anderer Elemente, die noch in der Probe enthalten sind, z. B. Na und Ca, liegen außerhalb des gezeigten Spektralbereiches (259–272 nm)

6.5 Die Absorption elektromagnetischer Strahlung

Elektromagnetische Strahlung ist eine besondere Form von Energie. Absorbiert ein Stoff solche Strahlung, so nimmt er diese Energie auf. Aus der Art der aufgenommenen elektromagnetischen Strahlung (Frequenz) und damit aus der Größe der aufgenommenen Energiebeträge lassen sich wichtige Hinweise auf den molekularen Zustand eines Stoffes gewinnen.

Aus dem absorbierten Strahlungsanteil (bezogen auf die gesamte einfallende Strahlungsmenge) läßt sich die Konzentration von Stoffen bestimmen.

6.5.1 Kolorimetrie

Ein quantitatives Analysenverfahren, das die Intensität der Färbung vor allem von Lösungen mißt, ist die Kolorimetrie.

Spektren der Sonne und wichtiger Elemente

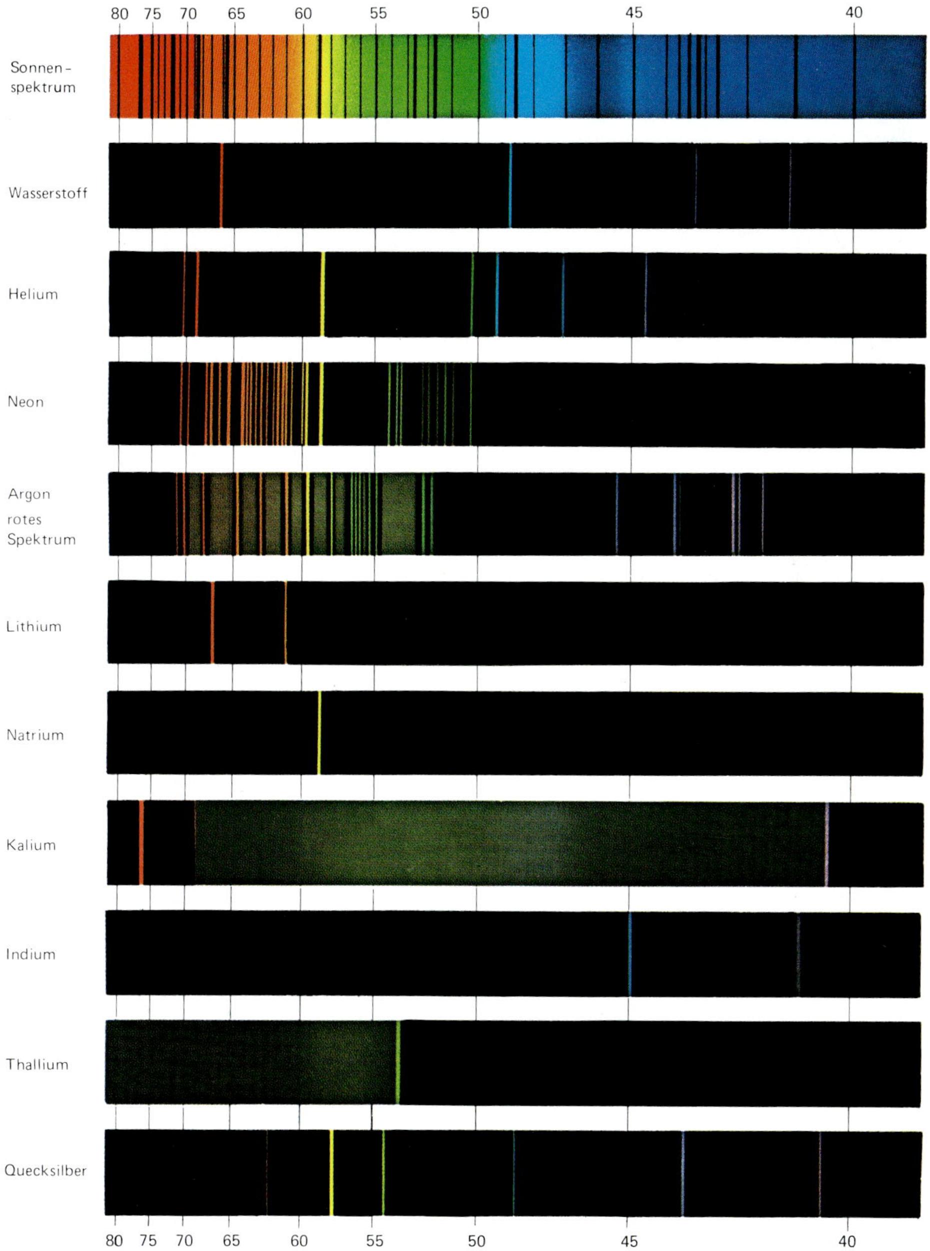

Quelle: Hofmann/Rüdorff: Anorganische Chemie. Vieweg, Braunschweig

Wenn ein Lichtstrahl auf eine Küvette mit einer gefärbten Lösung fällt, so wird

a) ein Teil reflektiert,

b) ein Teil absorbiert,

c) ein Teil durchgelassen.

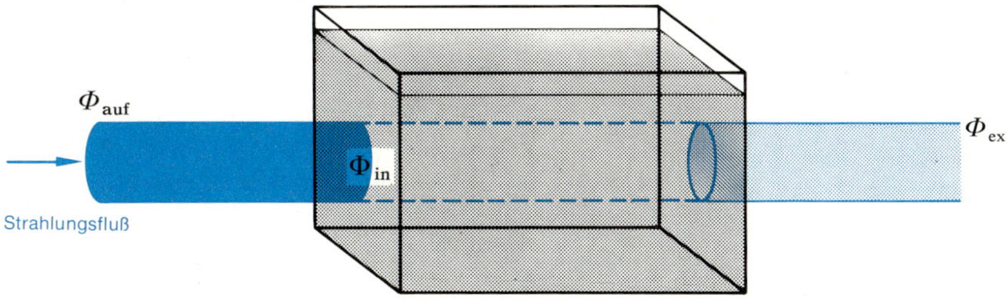

Abb. 283 Schwächung eines Lichtbündels beim Durchgang durch eine gefärbte Lösung

Vom Strahlungsfluß Φ_{auf} wird der Anteil Φ_R reflektiert. Der in die Lösung eintretende Anteil Φ_{in} ist also:

$$\Phi_{in} = \Phi_{auf} - \Phi_R$$

Der Reintransmissionsgrad τ (Transparenz) ist das Verhältnis des austretenden zum eingetretenen Strahlungsfluß:

$$\tau = \frac{\Phi_{ex}}{\Phi_{in}}$$

Der Zahlenwert von τ liegt zwischen Null (völlige Absorption) und Eins (völlige Durchlässigkeit). Häufig gibt man den Reintransmissionsgrad auch in Prozent an.

Der Reinabsorptionsgrad α ist ganz entsprechend das Verhältnis des absorbierten zum eingetretenen Strahlungsfluß:

$$\alpha = \frac{\Phi_A}{\Phi_{in}} = \frac{\Phi_{in} - \Phi_{ex}}{\Phi_{in}}$$

Für den Reinabsorptionsgrad α gilt das gleiche wie für den Reintransmissionsgrad τ. Sein Zahlenwert liegt zwischen 0 und 1. Der Reinabsorptionsgrad wird aber ebenfalls häufig in Prozent angegeben. Eine Absorption von 80% bedeutet, daß 80% des eingetretenen Lichtes absorbiert werden, d. h. α hat den Wert 0,8.

Der Reflexionsgrad R (= Glanz bei der Beurteilung von Beschichtungen) ist das Verhältnis des reflektierten Anteils zum auftreffenden Strahlungsfluß.

$$R = \frac{\Phi_R}{\Phi_{auf}}$$

Da Absorption, Reflexion und Transmission von der Frequenz der Strahlung abhängen, ist nach DIN 1349 der Vorsatz „spektraler" Reintransmissionsgrad usw. vorgesehen.

Die Abhängigkeit der Absorption von der Schichtdicke und der Konzentration; Absorptionsmaß (Extinktion)

Schickt man einen Lichtstrahl durch eine gefärbte Lösung, so wird um so mehr absorbiert, je höher die Anzahl der gelösten absorbierenden Teilchen ist, auf die der Lichtstrahl trifft. Es ist einleuchtend, daß diese Anzahl von zwei Größen abhängt:

a) von der Länge des Lichtweges durch die Lösung (Schichtdicke d),
b) von der Konzentration c.

Innerhalb der Lösung nimmt die Lichtintensität längs des Lichtweges nicht gleichmäßig ab, sondern die Absorption ist am Anfang größer als in den jeweils nachfolgenden Lösungsbereichen. Dies läßt sich durch eine einfache Wahrscheinlichkeitsüberlegung begründen: Am Anfang der Lösung ist die Zahl der einfallenden Lichtquanten sehr hoch; entsprechend ist auch die Wahrscheinlichkeit sehr hoch, daß viele davon auf absorbierende Teilchen treffen und absorbiert werden. Die jeweils nachfolgenden Flüssigkeitsschichten werden von immer weniger Lichtquanten getroffen, weswegen auch immer weniger davon absorbiert werden. Diese Aussagen lassen sich auch durch Messungen leicht überprüfen und bestätigen, indem man die Absorption zunächst in einer Küvette bestimmter Dicke, dann der doppelten, dreifachen, vierfachen usw. Dicke mißt und die Absorption in einem Diagramm in Abhängigkeit von der Schichtdicke aufzeichnet.

In gleich dicken aufeinanderfolgenden „Lösungsschichten" verringert sich der verbleibende Lichtanteil (Reintransmissionsgrad τ) jeweils um einen konstanten Faktor (in der Abb. 284 ist dieser Faktor 0,55). Eine solche Kurve heißt mathematisch e-Funktion. In logarithmischer Darstellung ergibt sich daraus eine Gerade (vgl. Abb. 284). Die Logarithmen ergeben eine abfallende Gerade unterhalb der Abszisse. Trägt man aber die Logarithmen mit umgekehrten Vorzeichen ($-\lg\tau$) in das Diagramm ein, so erhält man eine ansteigende Gerade. Immer, wenn sich in einem Diagramm eine Gerade ergibt, bedeutet dies, daß die Abszissen- und die Ordinatengröße einander proportional sind:

$-\lg\tau$ ist proportional der Schichtdicke

Für den Ausdruck $-\lg\tau$ hat man den Begriff spektrales Absorptionsmaß A (= Extinktion) eingeführt:

$$A = -\lg\tau$$

Wie Abb. 284 zeigt, nimmt mit steigender Lichtabsorption auch $-\lg\tau$ zu.

Das Absorptionsmaß A ist ein logarithmisches Maß für die Absorption.

Das Ergebnis der bisherigen Überlegungen läßt sich zusammenfassen in dem Satz:

Das Absorptionsmaß A ist der Schichtdicke d proportional.

$$A \sim d$$

Gleiche Überlegungen und Messungen wie für die Schichtdicke führen für die Konzentration zu einem ganz analogen Ergebnis:

Das Absorptionsmaß A ist der Schichtdicke d und der Konzentration c proportional.

$$A \sim d \cdot c$$

In jeder der fünf Teillängen, die insgesamt die Schichtdicke einer Küvette ausmachen sollen, wird der gleiche Anteil der jeweils in den Teilabschnitt eingestrahlten Lichtmenge absorbiert.

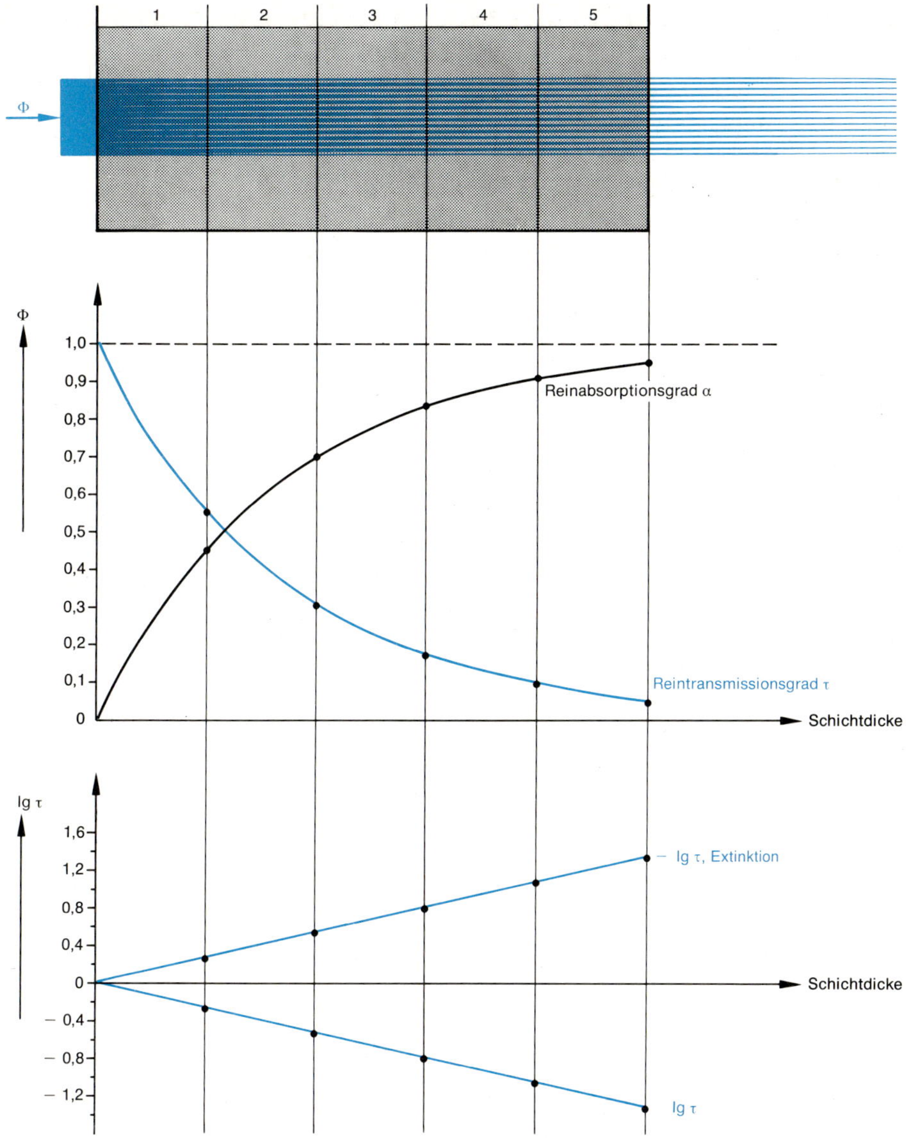

Abb. 284 Lichtabsorption in den einzelnen „Lösungsschichten" beim Durchgang von Licht durch eine Lösung bestimmter Konzentration.

Durch Einfügen eines Proportionalitätsfaktors $\varkappa$ erhält man aus dieser Beziehung eine Gleichung:

$$A = \varkappa \cdot d \cdot c$$

Diese Abhängigkeit ist das Absorptionsgesetz von Lambert-Beer. Der Koeffizient $\varkappa$ heißt Absorptionskoeffizient. Es ist eine stoffspezifische Größe, die auch von der verwendeten Lichtfrequenz abhängig ist.

Geht man von einer 1molaren Lösung aus und füllt diese in eine Küvette von 1 cm Dicke, und mißt man das Absorptionsmaß (= Extinktion) A = 0,699, so ergibt sich für den Absorptionskoeffizienten:

$$A = \varkappa \cdot d \cdot c$$

$$\varkappa = \frac{A}{d \cdot c}$$

$$\varkappa = \frac{0{,}699}{1\,\text{cm} \cdot 1\,\frac{\text{mol}}{\text{l}}}$$

$$\varkappa = 0{,}699 \cdot 10^3\ \frac{\text{cm}^2}{\text{mol}}$$

Der mit diesen Einheiten erhaltene Absorptionskoeffizient heißt dekadischer spektraler molarer Absorptionskoeffizient (!).

Konzentrationsbestimmung gefärbter Lösungen

Um kolorimetrisch die Konzentration einer gefärbten Lösung zu bestimmen, arbeitet man z. B. mit dem auf Seite 328 dargestellten Doppelstrahl-Spektrometer. Auch farblose Lösungen können fast immer durch chemische Umsetzungen angefärbt und damit der kolorimetrischen Messung zugänglich gemacht werden. Vor der kolorimetrischen Messung muß oft noch eine spektralfotometrische Ermittlung der günstigsten Lichtfrequenz durchgeführt werden, mit der gearbeitet wird. Es ist einleuchtend, daß zweckmäßig eine solche Lichtfrequenz gewählt wird, die besonders stark absorbiert wird. Anschließend wird mit Eichlösungen bekannter Konzentrationen eine Eichkurve für die betreffende Bestimmung erstellt. Die Extinktion aufgetragen gegen die Konzentration der Lösungen (konstante Schichtdicke) ergibt eine Gerade.

Für schnelle, wenig aufwendige Messungen, an die keine hohen Ansprüche der Genauigkeit gestellt werden, eignet sich auch ein Vergleichen ohne Fotometer. Dazu beurteilt man mit den Augen die Übereinstimmung zwischen der Probe einerseits und Vergleichslösungen, z. B. in Form gefärbter Glasscheiben, andererseits.

6.5.2 Die Absorptionsspektren

Verbleib der Energie bei der Absorption elektromagnetischer Strahlung

Stoffe absorbieren elektromagnetische Strahlung und nehmen dabei Energie auf. Die einzelnen Stoffe aber absorbieren nicht wahllos jede ankommende Strahlung gleichmäßig, sondern sie „suchen sich die zu ihrem molekularen bzw. atomaren Aufbau passenden Strahlungsarten aus“.

Die Aufgabe der Absorptionsspektrometrie liegt nun darin, auszumessen, welche Strahlungsarten (Frequenzen) vorzugsweise absorbiert werden, und wie stark die Absorption ist. Je nachdem, ob derartige Untersuchungen im Bereich des sichtbaren Lichtes, im Infrarotbereich oder im Bereich der Ultraviolettstrahlung durchgeführt wird, unterscheidet man:

Atomabsorptionsspektrometrie (ASS) Spektralfotometrie im sichtbaren Bereich	} Sichtbares Licht
IR-Spektrometrie	Infrarot-Strahlung
UV-Spektrometrie	Ultraviolett-Strahlung

Die einzelnen Strahlungsarten rufen bei der Absorption unterschiedliche Veränderungen im atomaren bzw. molekularen Bereich hervor. Die Tabelle gibt einen Überblick über den Verbleib der Energie bei der Absorption elektromagnetischer Strahlung (vereinfacht):

Strahlungsart	Hervorgerufene Veränderungen im atomaren bzw. molekularen Bereich
Sichtbares Licht	Anheben von Elektronen im Atom auf höhere Bahnen 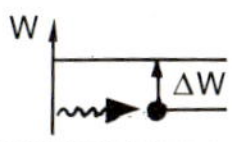 oder „Verschieben“ von Elektronen von einem d-Orbital zu einem energiereicheren anderen d-Orbital der gleichen Elektronenbahn. oder „Verschieben“ der π-Elektronen in hochkonjugierten organischen Molekülen.
UV-Strahlung	„Verschieben“ von π-Elektronen in organischen Molekülen.
IR-Strahlung	Erzeugung von Schwingungen im Molekül: z. B. Streckschwingungen: 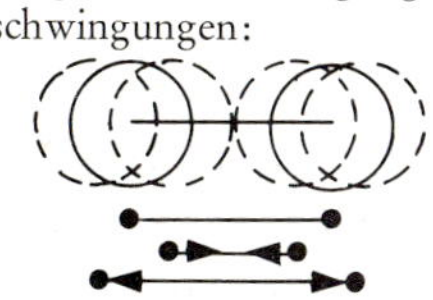

Frauenhofersche Linien / Atomabsorptionsspektrometrie

Versuch:

Untersucht man mit einem Spektralapparat das Sonnenlicht, so erkennt man, daß das Spektrum nicht kontinuierlich ist, sondern durch eine Reihe scharfer, schwarzer Linien unterbrochen wird (vergleiche Spektraltafel, Seite 220 f.).

Diese Linien heißen nach ihrem Entdecker Frauenhofersche Linien. Die stärksten dieser Linien bezeichnete Frauenhofer, auf der roten Seite des Spektrums beginnend, mit den großen Buchstaben A bis H. Besonders auffallend ist, daß die D-Linie (Doppellinie) genau an der Stelle liegt, an der im Emissionsspektrum die starke Natriumlinie (ebenfalls Doppellinie) zu sehen ist (vgl. Spektraltafel S. 220f.). Kirchhoff konnte hierfür auf Grund eigener Versuche eine Erklärung geben: Natriumdampf, der nicht so hoch erhitzt ist, um selbst zu leuchten, absorbiert Licht von genau derselben Frequenz wie dasjenige, das er selbst aussendet, wenn er zum Leuchten gebracht wird (vgl. hierbei die Ausführungen und den Versuch in Kapitel 1, S. 23).

Jeder Stoff absorbiert Licht von der gleichen Frequenz, wie er selbst zu emittieren vermag.

Auf Grund dieses von Kirchhoff formulierten Gesetzes ist beispielsweise die Frauenhofersche D-Linie so zu deuten, daß sich in der Sonnenatmosphäre Natriumdampf befindet, der selbst nicht oder nur schwächer leuchtet als die Sonnenoberfläche, von der die Hauptmenge des Lichtes zu uns gelangt. Dieser Natriumdampf verschluckt nun aus dem kontinuierlichen Sonnenspektrum einen gelben Lichtanteil, wodurch die dunkle D-Linie entsteht.

Die zahlreichen schwarzen Linien im Sonnenspektrum konnten ganz analog den weiteren Elementen zugeordnet werden. So konnte nachgewiesen werden, daß die meisten auf der Erde vorkommenden Elemente auch auf der Sonne vorkommen. Die C-, F- und G-Linien gehören zum Wasserstoffspektrum.

Analoge Untersuchungen mit sehr lichtstarken Spektralapparaten führten bei der Beobachtung vieler Sterne zu der Erkenntnis, daß auch dort die meisten der uns auf der Erde bekannten Elemente vorkommen.

Atomabsorptionsspektrometrie (AAS)[1])

Die Atomabsorptionsspektrometrie ist eine Analysenmethode, der das gleiche Prinzip zugrunde liegt wie den Frauenhoferschen Linien im Sonnenspektrum. Man verdampft die zu untersuchende Probe oder Lösung, so daß im Gasraum freie Atome entstehen. Dieses Verdampfen geschieht entweder dadurch, daß man die Lösung der Substanz mit Zerstäuber einer mehrere tausend Grad heißen Flamme zuführt (z. B. Luft-Acetylen oder Luft-Propan) oder die Probe in einer flammenlosen Technik aus einer elektrisch beheizten Graphitrohrküvette verdampft. Durch den Dampfraum schickt man von einer sogenannten Hohlkatodenröhre Strahlung des zu bestimmenden Elements (z. B. zur Cu-Bestimmung die Strahlung einer Cu-Dampf-Lampe). Die Atome absorbieren nun ihre Eigenstrahlung, und zwar um so mehr, je mehr Atome im Gasraum sind. Die nichtabsorbierte Strahlung wird lichtelektrisch gemessen.

[1]) vgl. S.23

Hohe Absorption entspricht einer hohen Konzentration des betreffenden Stoffes in der Probe.

Die Anordnung bedarf einer Eichung mit Lösungen genau eingestellter Konzentrationen. Das Verfahren ist sehr empfindlich. Die absoluten Nachweisgrenzen liegen meist in einer Größenordnung von 10^{-10} bis 10^{-12} g.

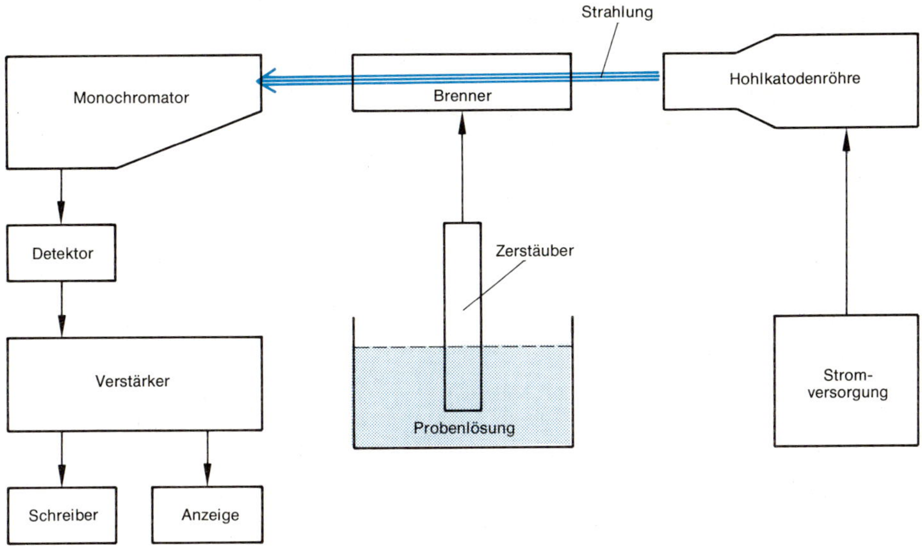

Abb. 285 Schema eines Atom-Absorptions-Spektrometers

Absorptionsspektren im sichtbaren Bereich des Spektrums und UV-Spekten

Während die Vorgänge der Atomabsorption nur bei atomisierten Stoffen und bei hohen Temperaturen ablaufen, zeigen viele Stoffe, die im Molekülverband vorliegen, auch bei normaler Temperatur eine Absorption von sichtbarem Licht oder UV-Strahlung. Jeder derartige Stoff absorbiert auch hier nur ganz bestimmte, für ihn charakteristische Frequenzen. Die Absorption im sichtbaren Bereich und im UV-Bereich ist eine Folge der Anregung von Elektronen, d. h. Elektronen werden dabei im Molekül in energiereichere Positionen verschoben, ohne dabei ihre Schale zu wechseln.

Spektralfotometer

Spektralfotometer sind Meßgeräte zum Bestimmen und Aufzeichnen derjenigen Frequenzen, die von einem Stoff bevorzugt absorbiert werden. Die Arbeitsweise eines solchen Geräts soll an einem Beispiel erläutert werden.

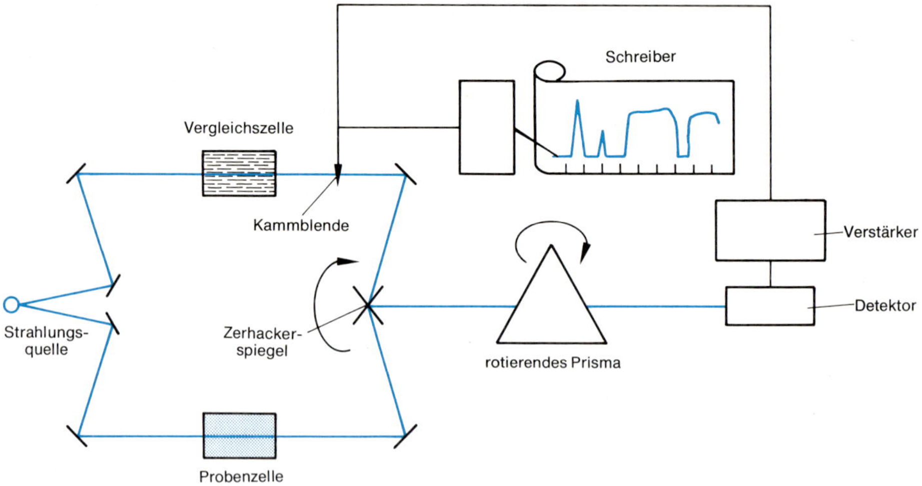

Abb. 286 Vereinfachtes optisches Schema eines Doppelstrahl-Spektrometers

Das Spektrometer enthält eine Strahlungsquelle, die Strahlung in einem bestimmten Frequenzbereich aussendet. Diese Strahlung wird geteilt und geht durch zwei Küvetten, von denen die eine die gelöste Probe, die andere nur das Lösemittel enthält. Die beiden Strahlungen werden dann auf ein langsam rotierendes Prisma gelenkt und gelangen dann in ein lichtelektrisches Meßgerät. Ein Paar schnell rotierender Zerhacker-Spiegel sorgen dafür, daß in sehr rascher Folge die beiden einfallenden Strahlen wechselweise auf das Prisma gelenkt werden. Auf diese Weise entsteht im Detektor ein starkes Signal, wenn der durch die Vergleichsprobe gekommene Strahl einfällt, und ein schwächeres Signal unmittelbar darauf, wenn der Strahl, der die Analysenprobe passiert hat, einfällt. Der Vergleich der beiden Detektorsignale gibt Auskunft über die Stärke der Absorption (großer Unterschied der Detektorsignale entspricht hoher Absorption). Da sich nun das Prisma langsam weiterdreht, werden so nacheinander für sämtliche Frequenzen die beiden Strahlen untersucht und verglichen. Wenn die beiden Strahlen gleiche Intensität haben, dann ergibt sich für die beiden Strahlen das gleiche Signal. Gibt aber der Vergleichsstrahl das größere Signal, dann bewegt sich eine Kammblende so weit in diesen Vergleichsstrahl hinein, bis dieser auf die gleiche Intensität abgeschwächt wird wie der zweite Strahl. Die Bewegung dieser Kammblende, die mit einem Verstärkerkreis und dem Schreiber verbunden ist, ist ein Maß für die Absorption. Der Schreiber bewegt sich über ein Blatt mit aufgetragener Wellenlängenskala, und das Absorptionsspektrum wird in Abhängigkeit von der Wellenlänge (bzw. Frequenz) aufgezeichnet.

Als Strahlungsquellen verwendet man für den sichtbaren Bereich Wolframfadenlampen (300 bis 1 000 nm) und für den UV-Bereich gewöhnlich Wasserstoffhochdrucklampen (200 bis 300 nm). Die UV-Spektren werden in der Regel nur bis zu einer Untergrenze von 210 nm aufgenommen, da die O_2-Moleküle unterhalb dieser Grenze zu absorbieren beginnen.

Welche Aussagen machen UV-Spektren und Absorptionsspektren im sichtbaren Bereich?

Das Spektrum ist für einen Stoff so charakteristisch wie z. B. Siedepunkt, Schmelzpunkt oder Brechungsindex. Es dient daher u. a. zur Identifizierung von Stoffen. Hinzu kommt, daß man aus den UV-Spektren vor allem Aussagen über im Molekül vorhandene Doppelbindungen erhält.

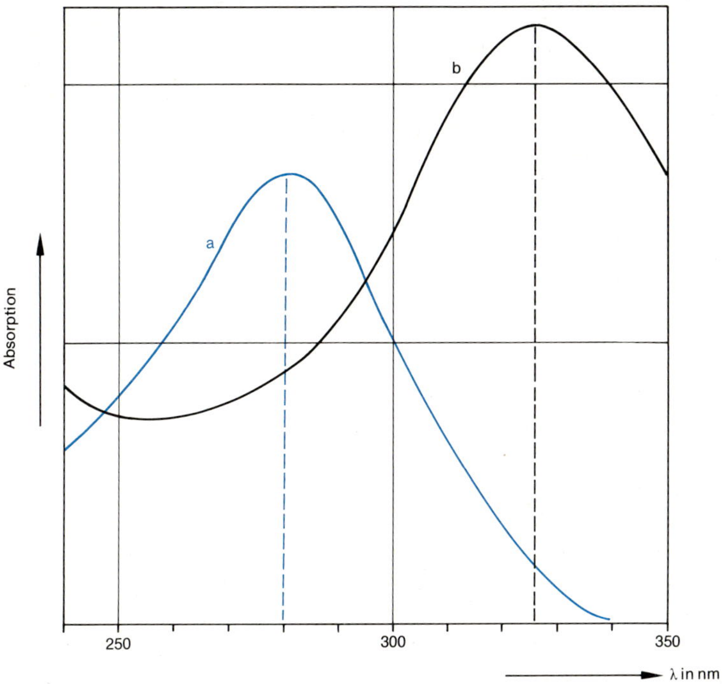

Abb. 287 UV-Spektren von a) Methylethylketon, $CH_3\text{-}\underset{\underset{O}{\|}}{C}\text{-}CH_2\text{-}CH_3$

und b) Methylvinylketon, $CH_3\text{-}\underset{\underset{O}{\|}}{C}\text{-}CH{=}CH_2$

Die UV-Spektren der beiden Verbindungen Methylethylketon und Methylvinylketon zeigen eine für die organische Chemie sehr bedeutungsvolle Gesetzmäßigkeit: Das Keton mit nur einer Doppelbindung absorbiert energiereichere UV-Strahlung als das Methylvinylketon, das zwei konjugierte Doppelbindungen enthält.

Das Absorptionsmaximum im UV-Bereich verschiebt sich um so mehr zu den längerwelligen Strahlen hin, je höher konjugiert die organische Verbindung ist.

Diese Aussage wird besonders deutlich in der nachfolgenden Abb., die die UV-Spektren dreier Verbindungen mit 3, 4 und 5 konjugierten Doppelbindungen zeigt.

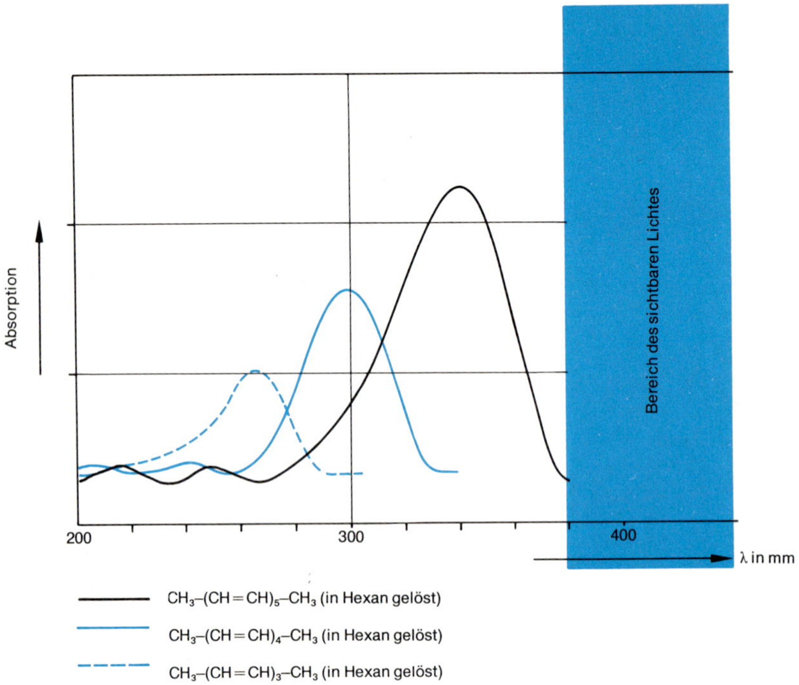

Abb. 288 Absorptionsspektren einiger Polyene

Es erscheint folgerichtig, daß bei einer noch weiter steigenden Zahl von konjugierten Doppelbindungen das Absorptionsmaximum schließlich im Bereich des sichtbaren Lichtes liegt; dies ist tatsächlich bei etwa 7 oder 8 in Konjugation stehenden Elektronenpaaren der Fall. Solche Stoffe sind dann farbig. Die organischen Farbstoffe (z. B. Azofarbstoffe oder Triphenylmethanfarbstoffe) enthalten dementsprechend auch mehr als sieben konjugierte Elektronenpaare.

Die Farbe von Stoffen

Stoffe offenbaren uns nur ihre Farben, wenn sie beleuchtet werden. Das geschieht in der Regel mit Sonnenlicht. Absorbiert ein Stoff, wie z. B. Methylethylketon (vgl. Abb. 287) nur UV-Strahlung und keine Anteile aus dem sichtbaren Sonnenspektrum, so gelangt das gesamte sichtbare Licht unverändert in unsere Augen. Die Substanz ist dann farblos (bzw. weiß, wenn es sich um einen kristallinen Feststoff handelt).

Anders ist es, wenn ein Stoff auch Anteile aus dem sichtbaren Bereich des Spektrums absorbiert, wie z. B. eine $Cr_2(SO_4)_3$-Lösung.

Aus dem gesamten einfallenden sichtbaren Spektrum absorbiert diese Lösung besonders stark die Violett-, Gelb- und Rotanteile. Halten wir diese Lösung also gegen das Sonnenlicht, so gelangen vorwiegend die Grün- und Blauanteile in unser Auge; daher erscheint diese Lösung grün (mit einem Blaustich).

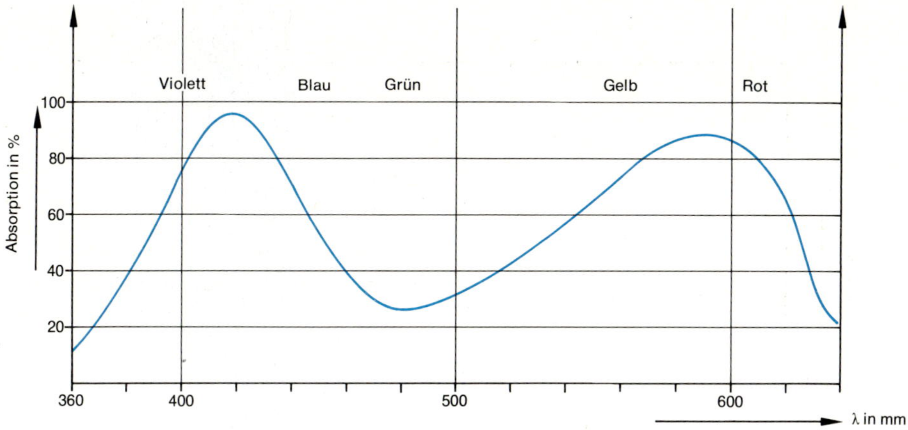

Abb. 289 Absorptionsspektrum einer wäßrigen Cr^{3+}-Lösung

Die folgende Tabelle gibt den Zusammenhang an zwischen dem jeweilig absorbierten Farbanteil und dem Farbeindruck, den wir dann von diesem Stoff haben.

Tabelle 60: Komplementärfarben

Absorbiertes Licht		
Wellenlänge in nm	Entsprechende Farbe	Beobachtete Farbe
400	Violett	Grünlichgelb
425	Indigoblau	Gelb
450	Blau	Orange
490	Blaugrün	Rot
510	Grün	Purpur
530	Gelbgrün	Violett
550	Gelb	Indigoblau
590	Orange	Blau
640	Rot	Blaugrün
730	Purpur	Grün

Infrarot-Spektren (IR-Spektren)

Die Infrarot-Spektrometrie untersucht die Absorptionserscheinungen im Infrarotbereich des Spektrums, und zwar vorzugsweise den

Wellenlängenbereich von 2000 bis 15000 nm (= 2 bis 15 µm).

Die einfallende IR-Strahlung regt im Molekül Schwingungen unterschiedlicher Art an, wie z. B. Streckschwingungen und Knickschwingungen.

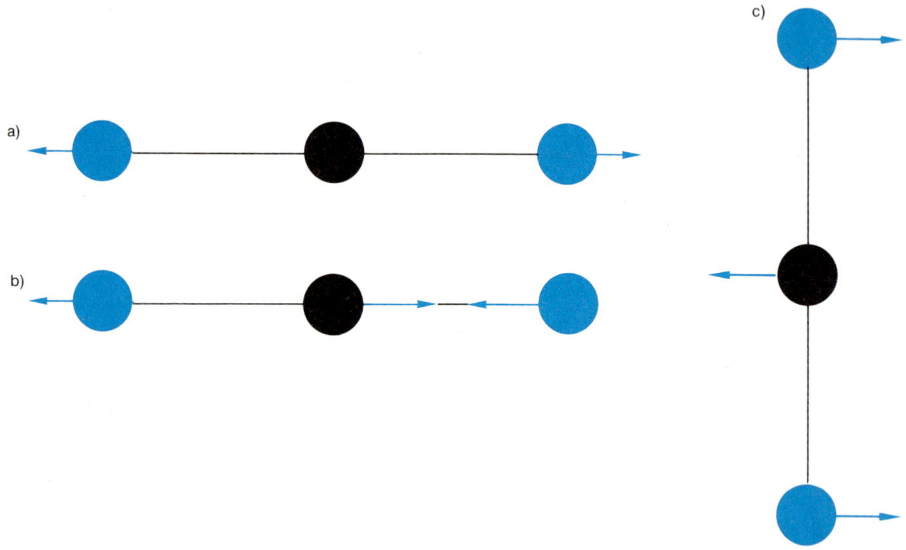

Abb. 290 Schwingungen im CO_2-Molekül
a) symmetrische Streckschwingung, b) unsymmetrische Streckschwingung, c) Knickschwingung

Schwingen zwei Atome im Molekül schnell gegeneinander (hohe Frequenz), so wird zur Anregung dieser Schwingung auch hochfrequente IR-Strahlung verschluckt. Langsam ablaufende Schwingungen (niedrige Frequenz) werden entsprechend durch niederfrequente IR-Strahlung angeregt. Man nennt diese Bedingung, daß bei der Anregung von Schwingungen Anregungsfrequenz (aus der Strahlung) und Schwingungsfrequenz (der Atome gegeneinander) gleich sind, Resonanz.

Es wird stets dieselbe Strahlungsfrequenz absorbiert, mit der die Schwingung im Molekül abläuft.

Die Frequenz einer Molekülschwingung läßt sich abschätzen, wie aus einem Analogieversuch ersichtlich wird:

Versuch:

An verschieden starke Schraubenfedern werden Kugeln unterschiedlicher Masse gehängt. Die belasteten Federn werden in Schwingung versetzt und die Schwingungsfrequenz wird beobachtet.

Versuchsergebnis:

Die Frequenz wird um so höher, je stärker die Feder ist, und um so niedriger, je größer die Masse wird.

Überträgt man das Ergebnis des Analogieversuchs auf molekulare Verhältnisse, so läßt sich sagen:

Die Frequenz der Molekülschwingungen ist um so größer, je stärker die Bindung ist, und um so kleiner, je größer die Masse der schwingenden Atome wird.

Unterschiedlichen Federstärken im Analogieversuch entsprechen unterschiedliche Bindungsstärken im Molekül, wobei deren Stärke von den Einfach- über die Doppelbindungen zu den Dreifachbindungen hin zunimmt. Es ist daher zu erwarten, daß Moleküle mit Dreifachbindungen hohe Schwingungsfrequenzen haben und diese auch aus der IR-Strahlung absorbieren, während Atome in Einfachbindungen niedrigere Frequenzen absorbieren.

Geht man bei vergleichbarer Bindungsstärke (z. B. Einfachbindungen) von unterschiedlichen Massen der schwingenden Atome aus, so wird bei Beteiligung großer Massen (z. B. C–I oder C–Br) die Frequenz niedrig sein; sie steigt aber mit abnehmender Masse. Im Falle der so außerordentlich geringen Masse des Wasserstoffs werden die Schwingungen so hochfrequent, daß sie sogar noch die schnellen Schwingungen der C≡C-Bindungen übertreffen.

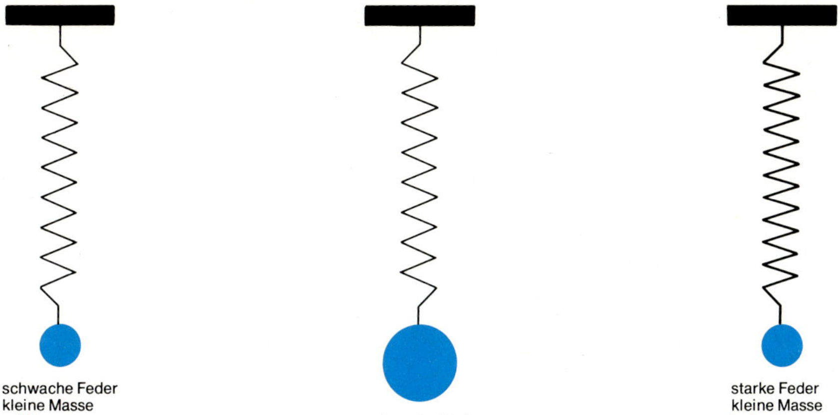

Abb. 291 Analogie zwischen schwingenden Kugeln und schwingenden gebundenen Atomen

Durch Messungen lassen sich diese Aussagen bestätigen. Die folgende Tabelle zeigt Molekülschwingungen, geordnet nach steigender Frequenz:

Tabelle 61: Absorption im IR-Bereich

Bindung	Ungefähre absorbierte Frequenz in $10^{13}s^{-1}$	Ungefähre absorbierte Wellenlänge in nm
C–I	1,5	20 000
C–Br	1,9	16 000
C–Cl	2,1	14 000
C–O	3,8	8 000
C–C	4,3 (bis 2,15)	7000 bis 14000
C=O	5,1	5 900
C=C	4,9	6 100
C≡C	6,7	4 500
C–H	9,1	3 500

Die jeweilige Absorptionslage ist in der Tabelle nur ungefähr angegeben, da sie auch von den benachbarten Molekülgruppen abhängt. So liegt z. B. der C=O-Peak

bei gesättigten Ketonen bei	5 800 bis 5 870 nm,
bei aromatischen Ketonen bei	5 880 bis 5 950 nm,
bei gesättigten Estern bei	5 710 bis 5 780 nm.

Der Vergleich der drei Spektren (Abb. 292) dieser vom Molekülaufbau her bekannten Stoffe ermöglicht eine Zuordnung der einzelnen Absorptionspeaks zu den entsprechenden Bindungen.

Beispiel 1:

Ethanol ist die einzige der drei Verbindungen ohne Carbonylgruppe (C = O). Das Keton und der Ester müssen dementsprechend in ihrem Spektrum einen Absorptionspeak aufweisen, den Ethanol in seinem Spektrum nicht besitzt. Dies ist nur bei ca. 5800 nm der Fall. Dieser Peak entspricht daher der C=O-Bindung.

Beispiel 2:

Methylethylketon besitzt als einzige der drei Verbindungen keine C–O-Einfachbindung. Sucht man also nach einem Peak, den Ethanol und der Ester gemeinsam haben, der aber beim Keton nicht vorkommt, so findet man einen solchen nur bei etwa 8000 nm. Dieser Peak entspricht daher der C–O-Einfachbindung.

Beispiel 3:

Ethanol besitzt als einzige der drei Verbindungen eine O–H-Bindung. Da an ihr Wasserstoff beteiligt ist, müßte ihr ein Peak im Bereich hoher Frequenzen links im Spektrum entsprechen, der aber nur im Ethanol-Spektrum vorhanden sein kann. Hier kommt nur der Peak bei 2700 nm in Frage, der dieser O–H-Bindung entspricht.

Beispiel 4:

Sucht man schließlich nach gemeinsamen Bindungen in den drei Verbindungen, so bleiben nur die C–C- und die C–H-Bindungen, die alle drei Verbindungen besitzen. Gemeinsame Peaks liegen bei ca. 3 500 nm und im rechten Teil des Spektrums, im sogenannten „Fingersprint-Gebiet". Die hochfrequente Absorption bei 3500 nm zeigt C–H-Bindungen an, die anderen Peaks gehören zu C–C-Bindungen.

Identifikation von Stoffen und Reinheitsuntersuchungen

IR-Spektren stellen gewissermaßen eine Art „Fingerabdruck" einer Substanz dar. Jede noch so geringe Änderung im Molekül bewirkt auch im Spektrum eine Veränderung. Daher können diese Spektren dazu benutzt werden, um Verbindungen zu identifizieren. Hierzu vergleicht man das Spektrum der fraglichen Substanz mit einem Vergleichsspektrum der reinen bekannten Substanz.

Verunreinigungen bewirken ebenfalls Änderungen im IR-Spektrum; meist treten zusätzliche Absorptionspeaks auf. Daher ist mit der IR-Spektroskopie auch eine Reinheitskontrolle möglich.

Um Mißverständnisse auszuschließen, sei hier abschließend darauf hingewiesen, daß das ganze Gebiet der IR-Spektrometrie in der Theorie weit komplizierter und in der Auswertung der Spektren weit schwieriger ist, als dies nach den obigen zum Thema hinführenden Erörterungen erscheinen mag. Dies gilt vor allem für die Strukturaufklärung unbekannter Verbindungen. Komplizierter molekularer Aufbau drückt sich in entsprechend komplizierten Spektren aus.

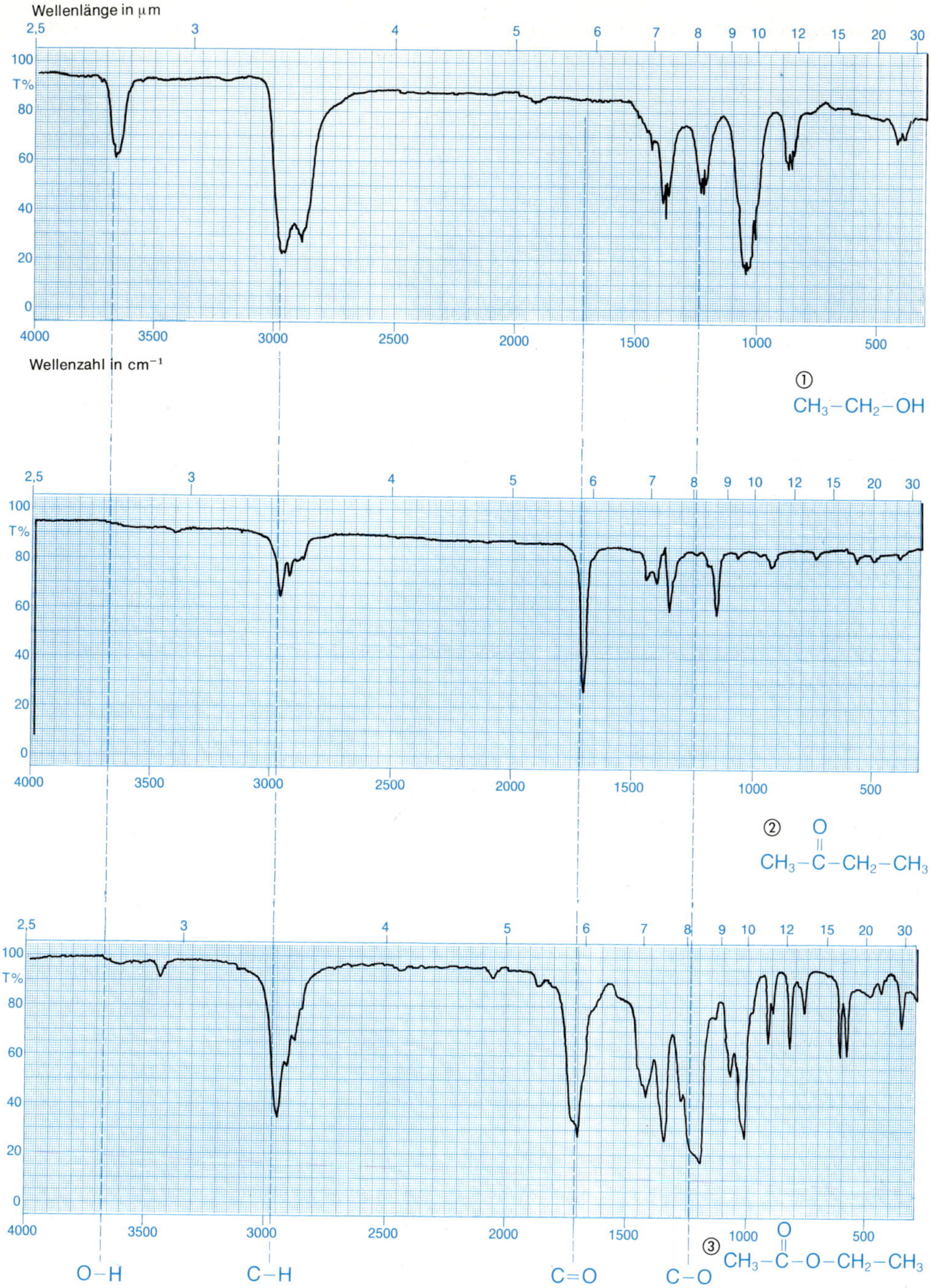

Abb. 292 IR-Spektren von Ethanol ①, Methylethylketon ② und Essigsäureethylester ③

Magnetische Kernresonanz-Spektrometrie (NMR)

Wird eine Wasserstoff enthaltende Verbindung in ein starkes homogenes Magnetfeld gebracht und Energie durch einen Radiosender (obere Spule in der Abb. 293) eingestrahlt, dann wird bei bestimmten Frequenzen ein Teil dieser Energie absorbiert. Sie wird vom Wasserstoff aufgenommen, wobei die Wasserstoffkerne in kreiselartige Bewegungen versetzt werden. Die Energieabsorption wird gemessen. Nun wird der Wasserstoff aber nicht immer von der gleichen Frequenz in seine Kreiselbewegung gebracht. Diese Frequenz hängt vielmehr davon ab, in welcher Form der Wasserstoff im Molekül gebunden ist.

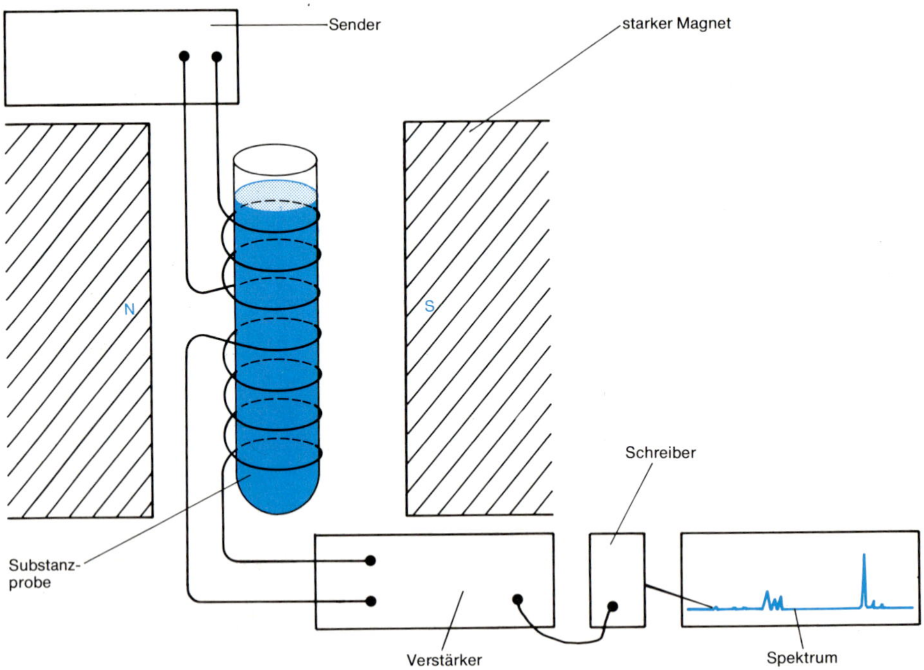

Abb. 293 Vereinfachte Darstellung eines NMR-Spektrometers

Beispiel:

Wird als Probe Ethylbenzol, 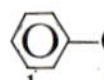–CH_2–CH_3, verwendet, so registriert man drei verschiedene Frequenzen, bei denen Energie absorbiert wird, durch die also die Wasserstoffkerne in kreiselnde Bewegung versetzt werden. Diese drei Frequenzen entsprechen den drei verschieden gebundenen Wasserstoffatomen:

a) dem Wasserstoff an dem aromatischen Kern,
b) dem Methylenwasserstoff,
c) dem Methylwasserstoff.

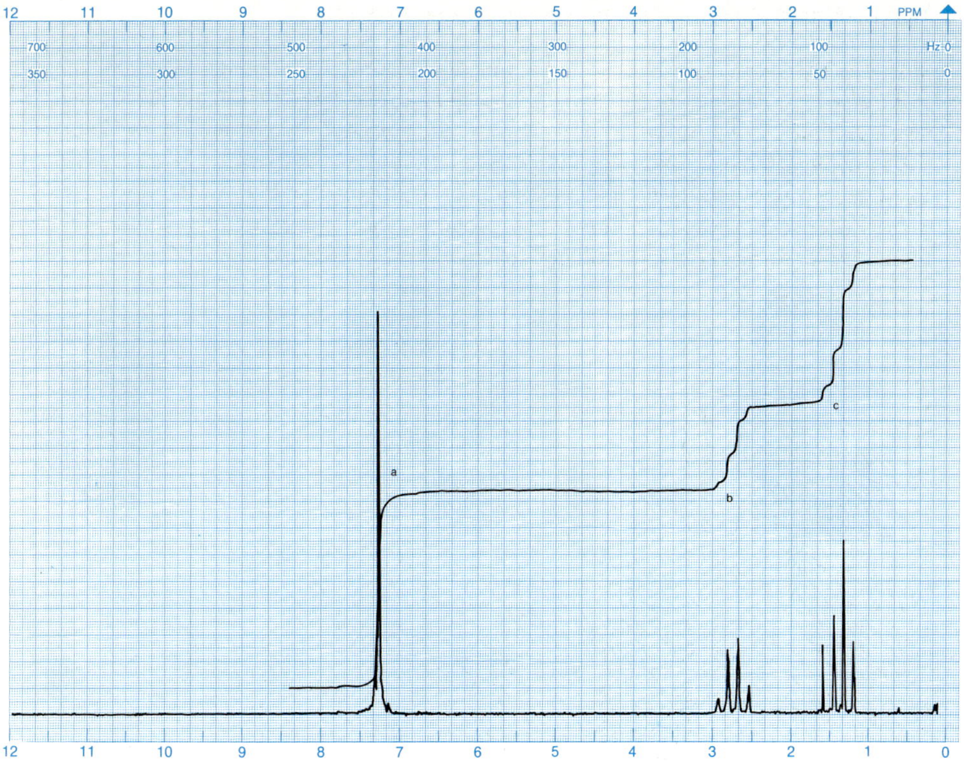

Abb. 294 NMR-Spektrum von Ethylbenzol

Kernresonanzspektren geben Auskunft über den in einer Verbindung enthaltenen Wasserstoff:

1. Aus dem NMR-Spektrum erkennt man, in welcher Form der Wasserstoff gebunden ist; so erkennt man z. B., ob der Wasserstoff in CH_3-, $-CH_2$-, $-OH$, $-NH_2$, $=CH-$ oder –Gruppen gebunden ist.
2. Die Flächen unter den Peaks werden durch einen Integrator ausgewertet und werden durch die Stufenhöhe der Integrationskurve dargestellt. Diese Flächen und damit die Stufenhöhen dieser Kurve verhalten sich wie die Anzahl der in den einzelnen Gruppen gebundenen Wasserstoffatome. Beim Ethylbenzol ist dieses Verhältnis 5 : 2 : 3 (5 H-Atome aus dem aromatischen System, 2 H-Atome in der Methylengruppe, 3 H-Atome in der Methylgruppe).

Die Lage der einzelnen Absorptionspeaks wird immer in Relation zu einer Testsubstanz angegeben, die zur Probe hinzugefügt und gleichzeitig mit ausgemessen wird. Meist verwendet man Tetramethylsilan (TMS = $Si(CH_3)_4$).

Massenspektrometrie

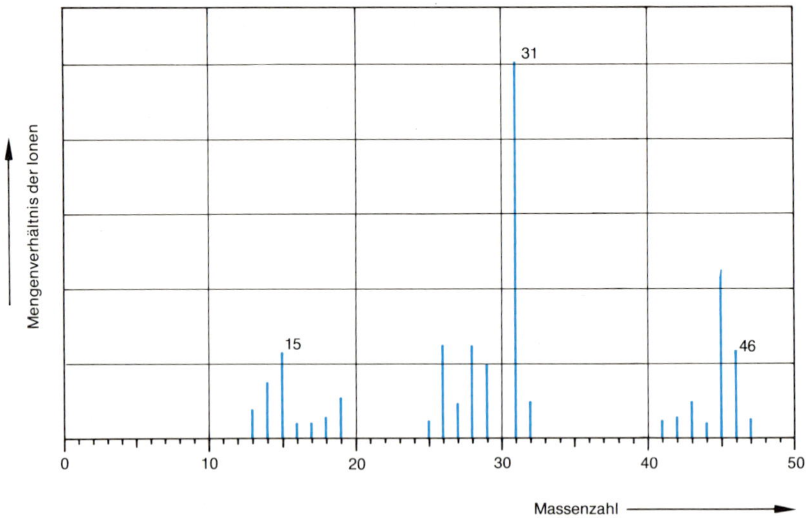

Abb. 295 Massenspektrogramm von Ethanol

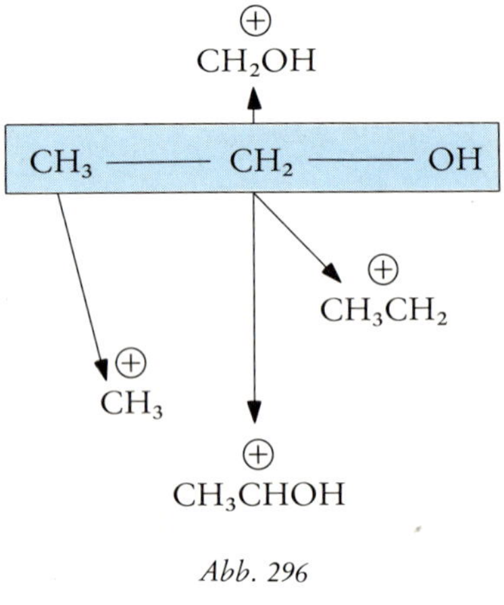

Abb. 296

Das Prinzip der Massenspektrometrie wurde im Zusammenhang mit Isotopen bereits in Kapitel 1 (vgl. Seite 45) dargestellt. Die Massenspektrometrie ist aber auch ganz unabhängig von Problemen der Isotopie zu einem wichtigen Instrument der Strukturaufklärung organischer Verbindungen geworden. Dies soll kurz an einem Beispiel dargestellt werden:

Aus dem Ethanolmolekül entstehen u. a. folgende Bruchstücke (Ionen):

Organische Moleküle werden in einer Ionisationskammer in verschieden große Bruchstücke gespalten, die dann im Massenspektrographen getrennt und registriert werden. Die Bruchstücke geben wertvolle Hinweise auf die Strukturelemente einer Verbindung.

Fluoreszenzfotometrie und Fluoreszenzspektrometrie

Das Wesen der Fluoreszenz

Wenn eine Lösung Strahlung absorbiert, so wandelt sich die aufgenommene Energie in der Regel schließlich in Wärme um. Es gibt jedoch Fälle, bei denen ein größerer oder kleinerer Teil der absorbierten Strahlungsenergie wieder in Form von Strahlung abgegeben wird.

Versuch:

Eine alkalische Lösung von Fluorescein, einem organischen Farbstoff, wird mit blauem Licht bestrahlt. Die Lösung leuchtet intensiv grün auf.

Wiederholt man den Versuch mit rotem Licht, so zeigt sich diese Erscheinung nicht.

Die Lösung absorbiert nur die energiereichen Lichtquanten des blauen Lichtes, nicht aber die energieärmeren des roten Lichtes. Nach außerordentlich kurzer Zeit (10^{-5} bis 10^{-8} Sekunden) gibt das Fluorescein einen Teil der Strahlungsenergie wieder ab. Die austretenden Lichtquanten sind energieärmer. Dies ist gleichbedeutend mit einer Verschiebung der Frequenz in Richtung auf kleinere Frequenzen hin (Regel nach Stokes). Aus dem blauen Licht wird auf diese Weise das austretende grüne Licht.

Die Frequenz der austretenden Fluoreszenzstrahlung ist kleiner als die der Erregerstrahlung.

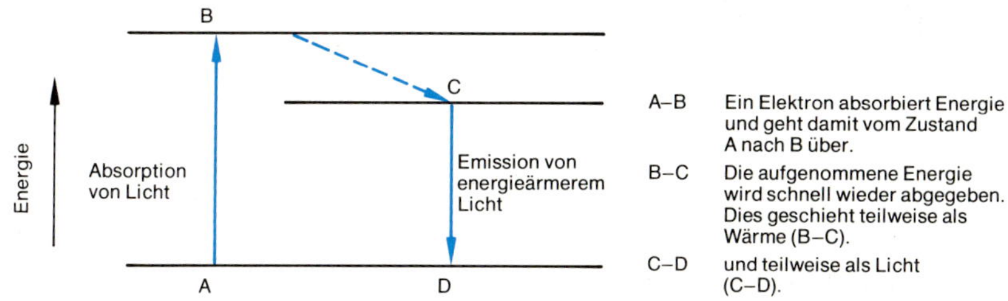

Abb. 297 Entstehung der Fluoreszenzstrahlung

Intensität und Farbe der Fluoreszenzstrahlung lassen sich zur Konzentrationsbestimmung fluoreszierender Stoffe (Fluoreszenzfotometrie) und als Fluoreszenzspektrometrie bei der Strukturaufklärung benutzen.

Fluoreszenzfotometrie

Aufgrund der Wellenlängenverschiebung bei der Fluoreszenz leuchten viele Stoffe bei Bestrahlung mit unsichtbaren Strahlungen, wie UV- oder Röntgenstrahlung, auf. Die einfallende Strahlung wird in längerwellige Strahlung umgewandelt, die dann im Bereich des sichtbaren Lichtes liegt. Schon allein die Farbe derartiger bei UV- oder Röntgenbestrahlung auftretenden Fluoreszenzen läßt wichtige Schlüsse auf den untersuchten Stoff zu. So lassen sich z. B. bei Verwendung einer UV-Quarz-Analysenlampe auf diese Weise Butter von Margarine, Tierblut von Menschenblut, echte Perlen von Zuchtperlen usw. unterscheiden. Das Verfahren wird auch häufig zur Auswertung von Chromatogrammen angewendet.

Durch Ausmessen der Intensität der Fluoreszenzstrahlung läßt sich die Konzentration von Stoffen bestimmen. Breite Anwendung findet dies bei der Röntgenfluoreszenzanalyse, die z. B. zur Gehaltsbestimmung von Legierungen eingesetzt wird.

Fluoreszenzspektrometrie

Untersucht man die Fluoreszenzstrahlung mit einem Spektralapparat, so stellt man fest, daß sie nicht einheitlich ist, sondern aus einer Reihe von Lichtfrequenzen besteht. Dies bedeutet, daß der bestrahlte Stoff nicht einheitlich nur einen ganz bestimmten Energiebetrag aus den ankommenden Lichtquanten absorbiert hat, sondern mehrere verschiedene. Die Größe der absorbierten Energiebeträge läßt sich leicht ermitteln, wenn man die ankommende Strahlung und die austretenden Strahlungsfrequenzen miteinander vergleicht. Die Aussagen dieser Fluoreszenzspektrometrie sind ganz ähnlich zu interpretieren wie die Absorptionsspektren (vor allem IR). Zur Durchführung solcher Untersuchungen benötigt man sehr starke Lichtquellen einheitlicher Wellenlänge. Daher kommen hier Laser zum Einsatz.

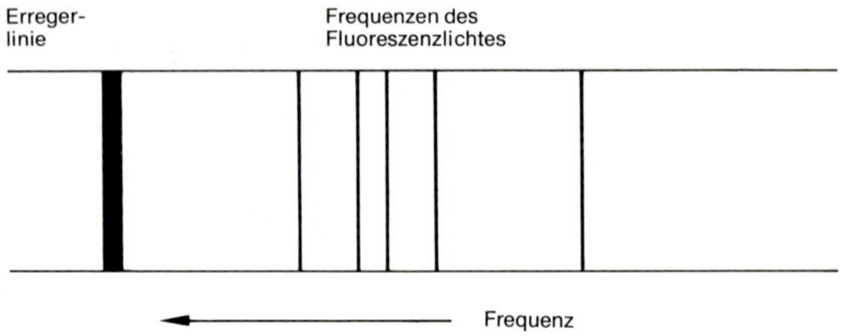

Abb. 298 Fluoreszenzspektrum

7 Chromatografie und Membranfiltration

Chromatografie und Membranfiltration sind zwei Verfahren zum Trennen, Anreichern und Reinigen von Stoffen und Stoffgemischen.

Andere Methoden, die das gleiche Ziel verfolgen, sind u. a. das Filtrieren durch Filterschichten aus Papier oder Chemiefasergewebe, das Destillieren, das Kristallisieren, das Zentrifugieren und die Gasdiffusion. Im Unterschied zu diesen Trennverfahren zeichnen sich Chromatografie und Membranfiltration aus durch

1. universelle Anwendbarkeit auf sehr verschiedene Trennprobleme, insbesondere auch für unbeständige und empfindliche Substanzen, wie z. B. Naturstoffe;
2. hohe Trennwirkung;
3. geringen Zeitaufwand.

Trotz dieser Vorteile ist der apparative Aufwand oft überraschend gering – mit Ausnahme der Gaschromatografie. Besondere Vorteile der Membranfiltration und Ionenaustausch-Chromatografie sind ihre Anwendung sowohl im Labormaßstab (Analytik und präparatives Arbeiten) als auch im großtechnischen Bereich.

7.1 Chromatografische Trennverfahren

7.1.1 Einteilung

Die chromatografischen Verfahren lassen sich nach physikalisch-chemischen Trennprinzipien und nach technischen Gesichtspunkten unterscheiden. Die Einteilung nach dem Trennprinzip liefert vier große Gruppen:

1. Adsorptions-Chromatografie,
2. Verteilungs-Chromatografie,
3. Molekularsieb-Chromatografie,
4. Ionenaustausch-Chromatografie.

Bei zahlreichen Verfahren bewirken sowohl Adsorptions- als auch Verteilungseffekte die Trennung. Auch lassen sich Molekularsiebe so einsetzen, daß in erster Linie die Löslichkeit in unterschiedlichen Flüssigkeiten die Trennung bewirkt, was einer Verteilungschromatografie entspricht. Und schließlich spielen sowohl bei Adsorption und Desorption als auch beim Ionenaustausch elektrostatische Kräfte an Festkörperoberflächen eine entscheidende Rolle. Die Unterscheidung in die vier genannten Gruppen dient also, wie so häufig, der Hervorhebung wichtiger Gesichtspunkte, ohne daß diese einander ausschließen.

Nach Gesichtspunkten der technischen Durchführung unterscheidet man ebenfalls vier Gruppen:

1. Säulen-Chromatografie (SC),
2. Gas-Chromatografie (GC),
3. Dünnschicht-Chromatografie (DC),
4. Papier-Chromatografie (PC).

Eine weitere Einteilung nach Gesichtspunkten der Arbeitstechnik findet sich auf Seite 348.

Im folgenden werden am Beispiel der Säulenchromatografie zunächst kurz die vier Trennprinzipien erläutert und gleichzeitig wichtige Fachausdrücke erklärt.

7.1.2 Säulenchromatografie nach dem Adsorptionsprinzip

Die Säulenchromatografie ist das älteste chromatografische Verfahren. Der Biologe Tswett führte 1906 erstmalig dieses Trennverfahren mit natürlichen Farbstoffen durch und konnte z. B. nachweisen, daß Chlorophyll, der grüne Blattfarbstoff, keine einheitliche Substanz ist. Aus der Farbigkeit der anfangs untersuchten Stoffgemische leitet sich der Name Chromatografie ab.

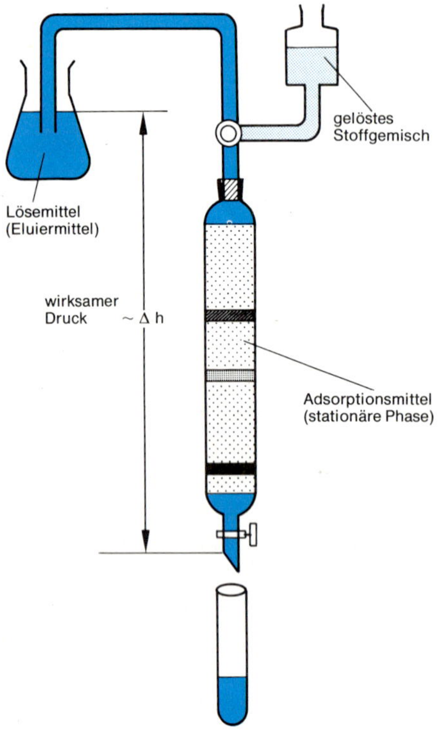

Abb. 299 Experimentelle Anordnung zur Säulenchromatografie

Eine senkrecht stehende Trennsäule, z. B. ein Glasrohr, ist mit einem geeigenten pulverförmigen Stoff (z. B. Aluminiumoxid, Kieselgel, besonders aufbereitete Cellulose) gefüllt. Dieses Adsorptionsmittel ist die sogenannte stationäre Phase. Die Säule wird zunächst mit Lösemittel gespült. Dann gibt man die zu trennende Lösung auf die Säule. Die Lösung ist die sogenannte mobile Phase.

Die Lösung läuft über das Adsorptionsmittel hinweg, wobei die einzelnen Bestandteile der Probe je nach Art unterschiedlich leicht adsorbiert und wieder desorbiert werden. Die adsorbierte Menge einer bestimmten Substanz hängt von Größe und Art der Oberfläche des Adsorptionsmittels, von der Konzentration des zu adsorbierenden Stoffes und von der Temperatur ab. In der Regel läßt man dem aufgegebenen Stoffgemisch reines Lösemittel folgen. Den Adsorptionskräften, die das „Festhalten" der Substanz bewirken, wirkt das Herauswaschen (= eluieren) des Lösemittels entgegen. Je nach Löslichkeit werden die Stoffkomponenten mehr oder weniger leicht abgelöst von der Oberfläche. Der Weg eines Stoffmoleküls läßt sich anschaulich beschreiben als ständige Wiederholung des gleichen Vorgangs: Das Molekül wird adsorbiert und wieder desorbiert (= abgelöst), es wandert mit der Elutionsflüssigkeit ein Stückchen weiter, wird wieder adsorbiert und wieder abgelöst, wandert wieder ein Stückchen weiter usw. Die Bestandteile des Gemisches wandern verschieden schnell:

Moleküle, die stark adsorbiert werden und weniger gut löslich sind, wandern langsamer. Moleküle, die schwächer adsorbiert werden und leichter löslich sind, werden von der Elutionsflüssigkeit schneller mitgenommen.

Tabelle 62: Wirksamkeit von Adsorptionsmitteln und Eluierflüssigkeiten

Adsorptionsmittel, nach steigender Adsorptionskraft geordnet	Lösemittel, nach steigender Elutionskraft geordnet (Eleotrope Reihe)
Aktivkohle Zucker, Stärke, Cellulose Natriumcarbonat Kaliumcarbonat Calciumcarbonat Magnesiumoxid aktiviertes Kieselgel aktiviertes Aluminiumoxid	Hexan, Petrolether Heptan Cyclohexan Tetrachlormethan Benzol Toluol Chloroform Diethylether Essigsäureethylester Pyridin Aceton Propanol Ethanol Methanol Wasser Mischungen von Säuren bzw. Basen mit Wasser, Alkoholen oder Pyridin

Im allgemeinen wird man die Polarität des Lösemittels der Polarität der Probe anpassen, und in den meisten Fällen wird man die stärkeren Adsorptionsmittel für nichtpolare Substanzen, die weniger starken Adsorptionsmittel für die stärker polaren Substanzen verwenden. Der Grund für diese Regel ist ganz einleuchtend: Wenn wir z. B. ein polares Lösemittel wählen würden für ein Gemisch nichtpolarer Substanzen, dann würden die Lösemittel-Moleküle bevorzugt adsorbiert, während die Probe das System schnell passieren würde, ohne daß eine Trennung erreicht würde. Wenn andererseits ein nichtpolares Lösemittel für ein polares Substanzgemisch verwendet würde, dann würde das Gemisch am Ausgangspunkt zurückbleiben, so daß auch hier praktisch keine Trennung erreicht worden wäre. Im Idealfall wandern die Komponenten jeweils innerhalb einer schmalen Zone durch die Säule. Am Ende der Säule werden sie getrennt in Fraktionen aufgefangen. Den Austritt gefärbter Bestandteile des Gemisches kann man direkt erkennen.

Bei ungefärbten Substanzen kann am unteren Ende der Säule z. B. der Brechungsindex oder die UV-Absorption mit einem Detektor gemessen werden. Ein Vergleich dieser Meßwerte mit dem Brechungsindex bzw. der UV-Absorption des Eluiermittels zeigt an, wann und in welcher Menge ein Bestandteil gerade die Säule verläßt.

Das Chromatogramm ist das Ergebnis der Trennung. Es enthält Informationen über relative Wanderungsgeschwindigkeit und mengenmäßigen Anteil der Komponenten im Gemisch.

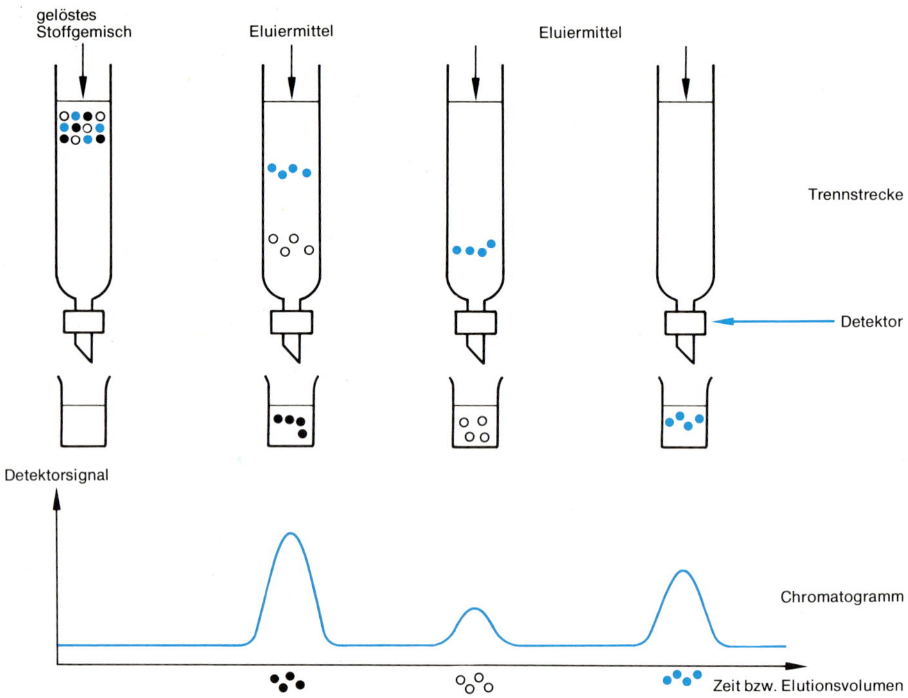

Abb. 300 Schematische Darstellung des Trennvorgangs

Je nach Art der Dokumentation versteht man unter Chromatogramm: Entweder die von einem Schreiber registrierten Signale eines Detektors oder die sichtbar gemachten Bereiche, in denen sich die getrennten Bestandteile z. B. auf einer Säule befinden.

7.1.3 Säulen- und Gaschromatografie nach dem Verteilungsprinzip

Der großen Bedeutung der Gaschromatografie wegen unterscheidet man häufig zwischen ihr und der Säulenchromatografie, obwohl das Trennelement im Gaschromatografen auch eine geschlossene Säule ist. Die Gaschromatografie wird nicht nur, wie im folgenden beschrieben, als Verteilungs-, sondern auch als Adsorptionschromatografie durchgeführt.

Voraussetzung für die Trennung nach dem Verteilungsprinzip ist eine flüssige stationäre Phase. Dazu wird die Trennsäule mit einem Feststoff (z. B. Kieselgel, Molekularsiebe, Siliconkautschuk) gefüllt, dessen große Oberfläche mit einem dünnen Flüssigkeitsfilm überzogen ist. Bei der Säulenchromatografie wird gewöhnlich Wasser als stationäre Phase verwendet. Bei der Gaschromatografie verwendet man dagegen Flüssigkeiten mit möglichst geringem Dampfdruck (z. B. Siliconöl, Polyglykole). Der Trennprozeß verläuft nun folgendermaßen: Die mobile Phase, ein Lösemittel(-gemisch) bzw. bei der Gaschromatografie strömendes Gas, transportiert die Komponenten durch die Säule, während der Flüssigkeitsfilm der stationären Phase den Stofftransport verzögert, und zwar für die einzelnen Komponenten in unterschiedlichem Ausmaß. Beim Eingeben der Substanzprobe wird diese zunächst von der mobilen Phase aufgenommen (gelöst = gemischt). Die mit der Substanz angereicherte mobile Phase wird beim Weiterströmen ständig durch den Flüssigkeitsfilm extrahiert. Dadurch werden je nach relativer Löslichkeit der Substanzkomponenten die einzelnen Bestandteile unterschiedlich aus der mobilen Phase herausgelöst und verbleiben für eine gewisse Zeit in dem Flüssigkeitsfilm. Andererseits wird aber auch der Flüssigkeitsfilm ständig durch nachströmende reine mobile Phase reextrahiert. Auf diese Art reichern sich die relativ stärker von der mobilen Phase gelösten Komponenten in der weiterströmenden Flüssigkeit bzw. dem weiterströmenden Gas an, und wandern somit schneller, während sich die anderen Bestandteile mehr im Flüssigkeitsfilm anreichern und langsamer wandern.

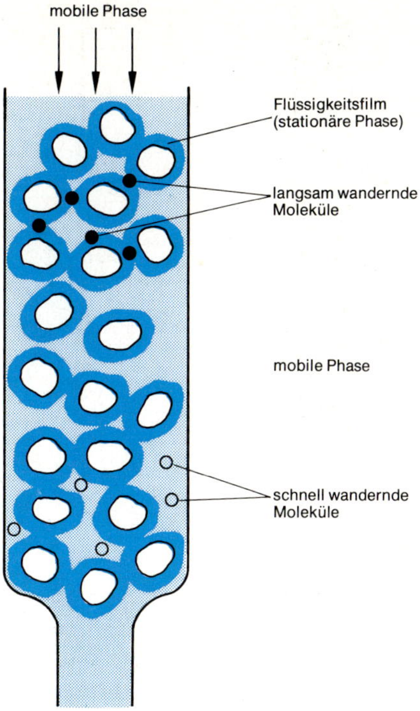

Abb. 301 Trennung bei der Verteilungschromatografie (schematisch)

Die von dem Flüssigkeitsfilm gelöste Menge einer bestimmten Substanz hängt ab von der Art der flüssigen stationären Phase, von der Konzentration und Löslichkeit im Elutionsmittel bzw. dem Partialdruck im mobilen Gasgemisch und von der Temperatur. Die Wanderungsgeschwindigkeit einer Komponente ist um so größer, je kleiner der Zeitanteil war, den sie gelöst in der stationären Phase verbracht hat.

Ist die mobile Phase ein Lösemittel, so darf sie das Wasser nicht von der Trägersubstanz herunterlösen. Daher verwendet man meist wasserhaltige Lösemittelgemische, z. B. n-Butanol/Essigsäure/Wasser, oder wassergesättigte organische Lösemittel. Würde der Wasserfilm heruntergelöst, so wäre die fortlaufende Extraktion des zu trennenden Stoffgemisches unterbrochen.

Den schematischen Aufbau eines Gaschromatografen zeigt die Abb. 302.

Die Temperatur des Ofens wird in der Regel allmählich erhöht (Arbeitstemperatur 0 bis 400° C). Dadurch wird die Geschwindigkeit von Stoffen, die sonst zu langsam durch die Säule wandern würden, erhöht.

Die Substanzen werden am Ende der Säule durch einen Detektor nachgewiesen, der z. B. die Veränderung der Wärmeleitfähigkeit des austretenden Gases registriert oder die Veränderung der elektrischen Leitfähigkeit des Gases mißt, wenn dieses in einer Flamme ionisiert wurde.

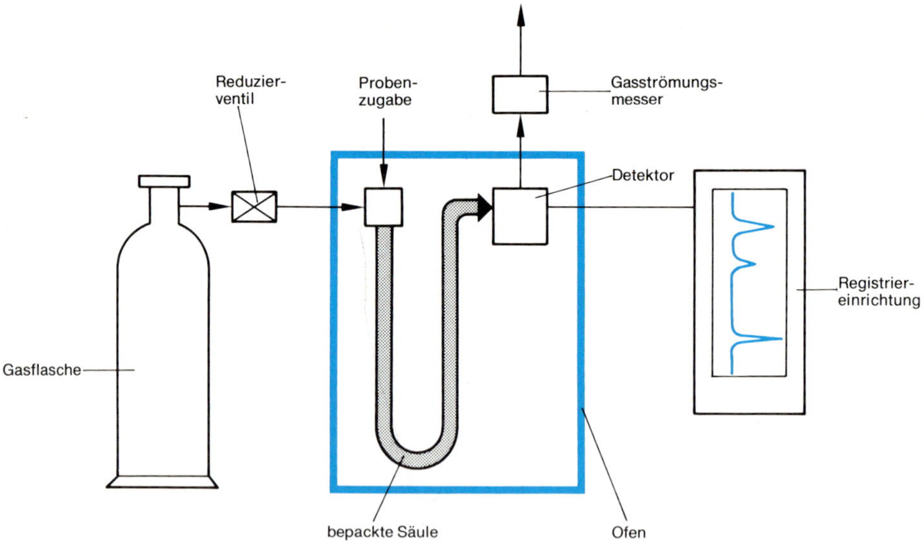

Abb. 302 Schema eines Gaschromatografen

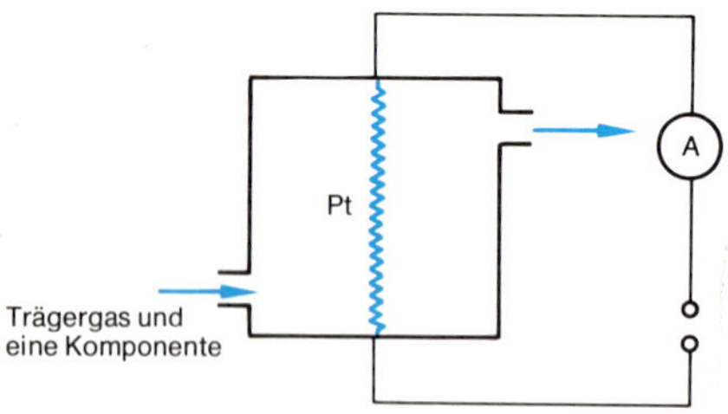

Abb. 303 Wärmeleitzelle

Die Abb. 303 zeigt das Prinzip der häufig verwendeten Wärmeleitzelle. Durch den Platindraht fließt bei konstanter Spannung ein Strom, der den Draht erwärmt. Die Stromwärme wird ständig durch das Gas zum Gehäuse des Detektors geleitet. Dadurch bleibt die Temperatur des Drahtes und auch sein Widerstand konstant.

Ändert sich jedoch die Zusammensetzung des Gases, indem es eine Komponente der aufgegebenen Probe mitführt, so ändert sich auch die Wärmeableitung. Vermindert sich die Wärmeableitung, so steigt die Temperatur des Platindrahtes, und sein Widerstand nimmt zu: Ein kleinerer Strom fließt durch das Meßgerät. Verwendet man anstelle des Metalldrahtes einen Halbleiter, so sinkt bei Temperaturzunahme der Widerstand, und das Detektorsignal „Stromstärke" steigt. Je größer der Anteil der Komponente wird, je stärker es im Gemisch also das Trägergas ersetzt, desto größer wird das aufgezeichnete Signal.[1])

Das Gaschromatogramm erlaubt qualitative und quantitative Aussagen:

a) qualitativ: Aus der Anzahl der Peaks (= Berge) läßt sich auf die Anzahl der Komponenten schließen.

---

[1]) Die Änderung des Widerstandswertes vom Platindraht wird in der Regel in einer Wheatstoneschen Brückenschaltung gemessen (vgl. S. 247).

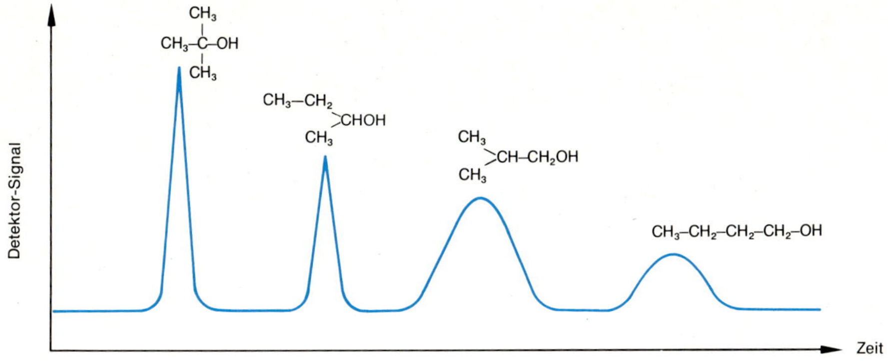

Abb. 304 Gaschromatogramm einer Mischung der vier isomeren Butylalkohole

Läßt man Vergleichssubstanzen mitlaufen, so können die einzelnen Stoffe auch aus ihrer Wanderungsgeschwindigkeit, bezogen auf die Vergleichssubstanz, identifiziert werden.

b) quantitativ: Die Höhe eines Peaks ist ein Maß für die Konzentration der Komponente in der jeweiligen Zone.

Die Breite eines Peaks ist ein Maß für die Länge der Zone. Die Fläche unter dem Peak ergibt sich aus diesen beiden Größen. Diese Fläche ist damit ein Maß für den Anteil der jeweiligen Komponente am Stoffgemisch.

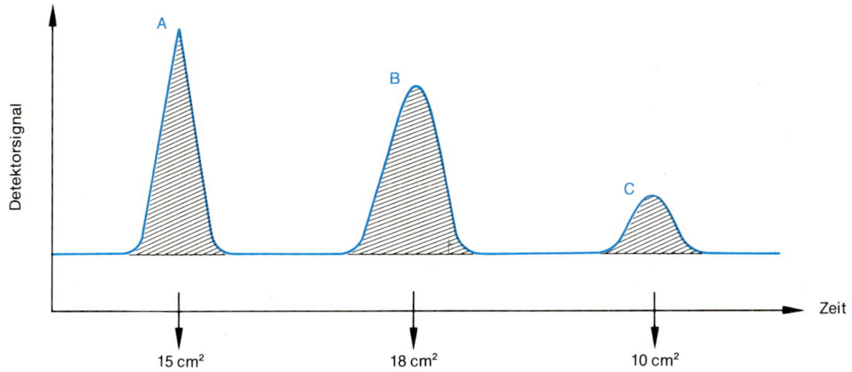

Abb. 305

Diese Zahlen bedeuten nicht, daß z. B. Bestandteil A zu $\frac{15}{43} \cdot 100 = 35\%$ im Gemisch enthalten ist. Man ermittelt vielmehr anhand einer Eichkurve, die unter gleichen Bedingungen (gleiches Trägergas usw.) erstellt wurde, welches Volumen bzw. welche Konzentrationen der Fläche unter dem Peak entspricht.

7.1.4 Einteilung der chromatografischen Trennungen nach dem Aggregatzustand der stationären und mobilen Phase

Tabelle 63 gibt die genannte Einteilung wieder. Außerdem ordnet sie den Trenneffekt zu, der jeweils überwiegt.

Tabelle 63: Aggregatzustand der Phasen und dominierender Trenneffekt

Aggregatzustand der mobilen Phase	Aggregatzustand der stationären Phase	Bezeichnung der Chromatografie	Trenneffekt
flüssig (= liquidus)	fest (= solidus)	LSC	Adsorption einschl. Ionenaustausch, Molekularsieb
flüssig	flüssig	LLC	Nernstsche Verteilung
gasförmig	fest	GSC	Adsorption
gasförmig	flüssig	GLC	Absorption (Verteilung)

7.1.5 Säulenchromatografie nach dem Ionenaustauschprinzip

Alle bisher beschriebenen chromatografischen Trennungen sind sog. Elutionsanalysen. Stets wurde eine geringe Menge Stoffgemisch auf die Säule gegeben und durch ständig zugegebenes Lösemittel bzw. Trägergas vorangetrieben und im Wechselspiel mit der Säulenfüllung getrennt. Lösemittel (= Eluiermittel) bzw. Trägergas wurden von der Säule schwächer festgehalten als das Stoffgemisch.

Bei der Anwendung von Ionenaustauschern handelt es sich vorwiegend um Verdrängungsanalysen. Ionen der Analysenprobe verdrängen andere Ionen, die die Oberfläche des Austauschers besetzt hielten. Durch Zugabe eines Eluiermittels werden wiederum dessen Ionen adsorbiert und die Ionen des Stoffgemisches werden verdrängt.

Je nach Aufgabenstellung verwendet man Anionen- oder Kationenaustauscher zur Füllung der Säule. Als Ionenaustauscher werden im allgemeinen organische Kunstharze mit kapillarer Struktur verwendet. Erhebliche technische Bedeutung haben sie zum Vollentsalzen und zum Enthärten von Wasser. Wie die Reaktionsgleichung zeigt, findet an der äußeren und inneren Oberfläche des Ionenaustauschers ein stöchiometrischer Austausch statt:

$$(H_3O^+)_n \cdots\cdots \text{Austauscher} \; + \; \frac{n}{2}\,Ca^{2+} \rightleftharpoons nH_3O^+ \; + \; (Ca^{2+})_{\frac{n}{2}} \cdots\cdots \text{Austauscher}$$

Beim Vollentsalzen von Wasser werden durch einen Anionenaustauscher anschließend Cl^-, $SO_4{}^{2-}$ usw. adsorbiert und OH^- vom Austauscher abgegeben. Durch Spülen (= Verdrängen) mit konzentrierter Salzsäure-Lösung läßt sich der Kationenaustauscher regenerieren:

$$(Ca^{2+})_{\frac{n}{2}} \cdots\cdots \text{Austauscher} \; + \; nH_3O^+ \longrightarrow (H_3O^+)_n \cdots\cdots \text{Austauscher} \; + \; \frac{n}{2}\,Ca^{2+}$$

Der zum Vollentsalzen verwendete Anionentauscher wird mit Natronlauge regeneriert.

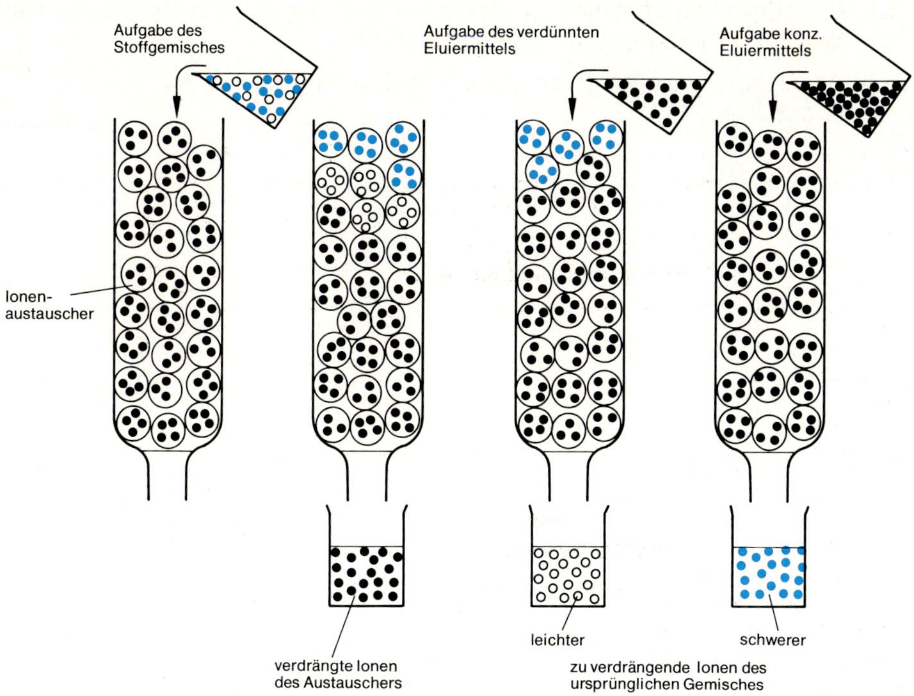

Abb. 306 Ionenaustausch-Chromatografie (schematisch)

7.1.6 Säulenchromatografie mit Molekularsieben

Dieses Trennverfahren wird auch als Gelchromatografie oder Gelfiltration bezeichnet. Die Füllung der Säulen besteht z. B. aus modifizierten Dextranen, deren Polysaccharidketten zu einem dreidimensionalen Netzwerk verknüpft sind. Die zu trennende Substanz wird wieder in gelöster Form auf die Säule gebracht und mit einem Eluiermittel nach unten gespült. Moleküle, die größer als die Poren im gequollenen Gel sind, vermögen nicht in die Poren des Molekularsiebes einzudringen. Sie wandern auf kurzem Weg schnell mit dem Lösemittel durch die Säule. Kleinere Moleküle dagegen dringen in die Gelpartikelchen ein, „verirren sich" und wandern daher verzögert durch die Säulenfüllung. Die einzelnen Stoffe werden schließlich in der Reihenfolge abnehmender Molekülgröße aus der Säule gespült. Der Austritt ungefärbter Substanzen läßt sich wieder mit einem Detektor erkennen, der z. B. den Brechungsindex oder die UV-Absorption der austretenden Flüssigkeit mißt.

Bei der Molekularsiebchromatografie werden Substanzgemische nach ihrer Molekülgröße getrennt. Die größeren Moleküle wandern schneller durch die Säule als die kleineren.

Molekularsiebe arbeiten also umgekehrt wie Siebe, denn nicht Kleinteiliges, sondern Grobteiliges passiert die Säule schnell!

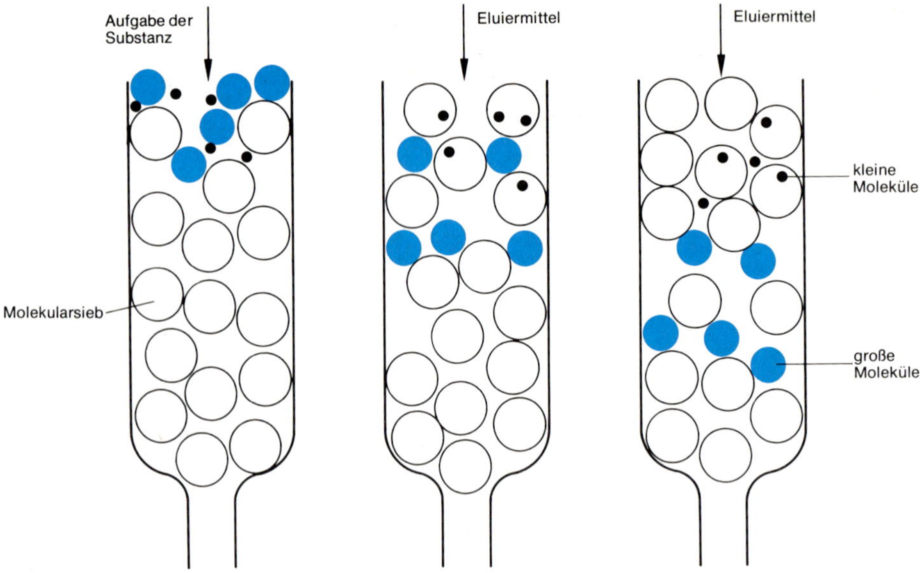

Abb. 307 Schematischer Ablauf der Molekularsiebchromatografie

Mit Hilfe der Gelfiltration lassen sich u. a. Molmassen von Hochmolekularen bestimmen und Kolloide entsalzen. Das Abtrennen niedermolekularer Anteile ist oft schneller und wirksamer als durch Dialyse.

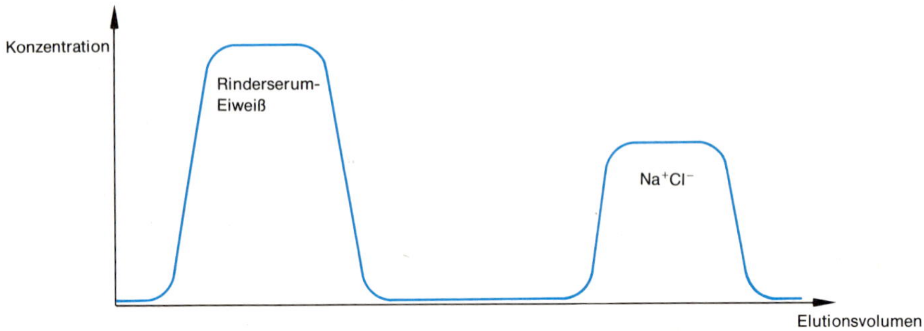

Abb. 308 Chromatogramm einer Gelfiltration

Bei der Gelchromatografie in geschlossenen Trennsäulen arbeitet man sowohl bei 2 bis 3 bar Druck als auch bei höheren Lösemitteldrucken. Typische Lösemittel sind Wasser, Formamid und Dimethylformamid. Molekularsiebe lassen sich auch zum Trocknen von organischen Lösemitteln und zum Konzentrieren von kolloiden Lösungen einsetzen. Dazu rührt man das Molekularsieb in Perlform ein. Die Wasseraufnahme des quellenden Gels bewirkt die erwünschten Effekte.

7.1.7 Dünnschichtchromatografie

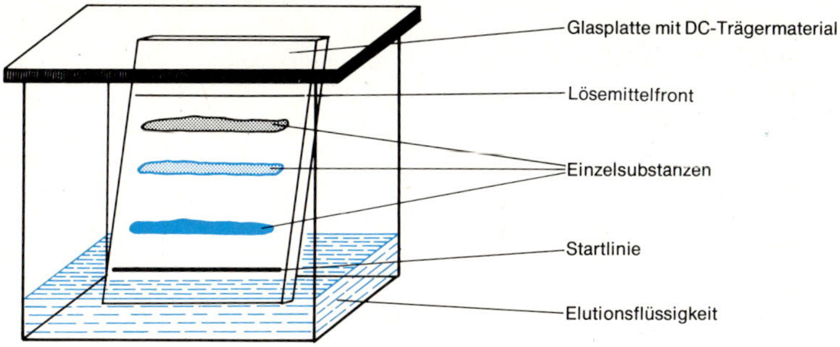

Abb. 309 Chromatografiekammer zur Anfertigung eines Dünnschicht-Chromatogramms

Die Dünnschichtchromatografie ist ein ausgesprochenes Mikroverfahren, das mit kleinen Substanzmengen (wenige Tropfen 0,1 bis 1%iger Lösungen) und kurzen Laufzeiten hervorragende Trennungen bewirkt. Je nach Art der flüssigen mobilen Phase und Präparation der Dünnschichtplatte lassen sich Adsorptions-, Verteilungs- und Molekularsiebchromatografien durchführen. Das poröse Trägermaterial (z. B. Kieselgel, Aluminiumoxid, Molekularsieb) wird in Wasser aufgeschlämmt, auf eine Glasplatte oder Aluminiumfolie gegossen und getrocknet. Auf diese mit der Träger-Dünnschicht versehenen Platte zeichnet man mit Bleistift die Startlinie auf. Hier wird mit einer Pipette die gelöste Substanzprobe (oder auch mehrere Proben nebeneinander) aufgetragen. Die Platte wird in eine mit Filterpapier ausgekleidete Chromatografierkammer gestellt, auf deren Boden sich die Elutionsflüssigkeit befindet. Das Filterpapier wurde vorher ebenfalls mit Elutionsflüssigkeit getränkt, um eine Sattdampfatmosphäre in der Kammer zu schaffen. Die Startlinie mit der Substanzprobe befindet sich etwas oberhalb des Flüssigkeitsspiegels. Die Kammer wird verschlossen. Aufgrund der Saugwirkung des porösen Trägers steigt die Elutionsflüssigkeit nach oben und nimmt die Bestandteile der Substanzprobe unterschiedlich schnell mit. Der Vorgang wird unterbrochen, wenn das Lösemittel fast den oberen Rand der Platte erreicht hat (nach 20 bis 30 Minuten). Das Chromatogramm wird getrocknet. Gefärbte Substanzen sind wieder direkt erkennbar, ungefärbte Substanzen lassen sich oft im UV-Licht erkennen. Eventuell kann das Chromatogramm mit einem Sprühreagens entwickelt werden. Dabei werden die Stoffe in gefärbte Reaktionspunkte übergeführt.

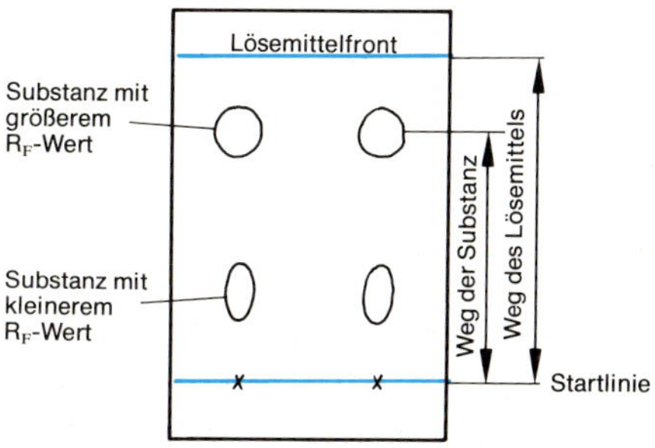

Abb. 310 R_F-Wert

Zur weiteren Untersuchung kann die Plattenschicht an den Stellen, wo sich eine Einzelsubstanz befindet, abgekratzt werden. Die Probe wird extrahiert, und man erhält eine Lösung der reinen Substanz, die z. B. in einem IR-Spektrometer weiter untersucht werden kann.

Ein wichtiger Kennwert für eine Substanz ist ihr R_F-Wert (= Retentionsfaktor). Der

R_F-Wert ist das Verhältnis des zurückgelegten Weges der Substanz und des Lösemittels bzw. Laufmittels.

$$R_F\text{-Wert} = \frac{\text{Weg der Substanz}}{\text{Weg des Lösemittels}}$$

Der R_F-Wert ist immer kleiner als 1. Er ist für jede Substanz unter gleichen Bedingungen eine reproduzierbare, konstante Kenngröße.

7.1.8 Papierchromatografie

Die Papierchromatografie wird fast ausschließlich als Verteilungschromatografie durchgeführt. Normal gelagertes Chromatografiepapier enthält bereits 5 bis 7% Wasser, außerdem sättigt man es bei Raumtemperatur mit Wasserdampf und verwendet wasserhaltige Laufmittel. Wegen der starken Polarität der Wassermoleküle haften sie besonders fest auf der Papieroberfläche, so daß in erster Linie die unterschiedlichen Löslichkeiten der Substanzen die Trennung bewirken. Das Papier wird in Form von Streifen, Bögen und als Rundfilter verwendet. In der Mitte des Rundfilters oder am unteren oder oberen Rand des Streifens oder Bogens wird die Substanzprobe in gelöster Form aufgetragen. Dann läßt man ein mit Wasser gesättigtes Lösemittel (z. B. 1-Butanol) durch die Wirkung der Kapillarität im Papier aufsteigen (aufsteigendes Verfahren); in gewissen Fällen läßt man das Lösemittelgemisch auch nach unten fließen (absteigendes Verfahren). Papierchromatogramme müssen in abgeschlossenen Kammern angefertigt werden, um Verdunstung des Lösemittelgemisches vom Papier zu vermeiden. Ebenso wie bei der Dünnschicht-Chromatografie kann man auch bei der Papierchromatografie „zweidimensional" arbeiten. Dazu läßt man mit einem Lösemittelgemisch in der einen und danach durch ein zweites Lösemittelgemisch oder durch Elektrophorese in der anderen Richtung laufen. Je nach Art der zu trennenden Mischung ändert man dabei die Polarität der beiden Elutionsflüssigkeiten, bei der Elektrophorese eventuell den pH-Wert.

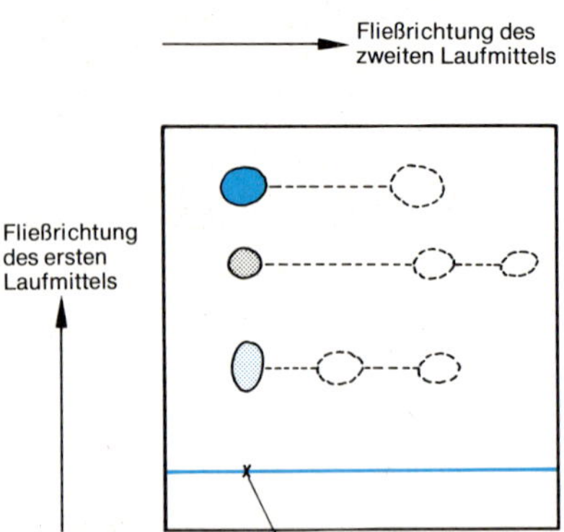

Abb. 311 Zweidimensionales Papierchromatogramm

7.2 Methoden der Membranfiltration

7.2.1 Porenmembran und Löslichkeitsmembran

Bei der Membranfiltration werden dünne, teildurchlässige (= semipermeable) Filter, z. B. aus modifizierter Cellulose, und Folien, z. B. aus Polyvinylchlorid, eingesetzt. Es werden ganz überwiegend Lösungen und Flüssigkeitsgemische filtriert. Die Lösungen können sowohl kolloid- als auch molekular- und ionendisperse Bestandteile enthalten. Die Fraktionierung von Proteinen, das Entfernen giftiger Stoffwechselprodukte in künstlichen Nieren, die

Sterilfiltration von Fruchtsäften und das Entsalzen von Meerwasser sind Beispiele ihrer Anwendung. Es lassen sich aber auch Gasmischungen trennen.

Membranfilter bzw. Membranfolien können Stoffgemische nach zwei Prinzipien trennen:
1. nach der Teilchengröße der Komponenten,
2. nach ihrer Löslichkeit in der Membran.

Überwiegt der Trenneffekt nach der Teilchengröße, so läßt sich das anschaulich als Wirkung der Porengröße einer Membran erklären. Besonders im Bereich der Biotechnik spricht man im Zusammenhang mit der Porengröße einer Membran (0,1 bis 5 nm) von Ultrafiltration.

Die Trennung von Natriumchlorid und Wasser dagegen kann man sich nicht befriedigend als Filtrationsprozeß durch ein engporiges Sieb vorstellen. Dafür ist der Größenunterschied zwischen Na^+ bzw. Cl^- einerseits und Wassermolekülen andererseits viel zu klein. Eine ideale, porenlose Löslichkeitsmembran trennt Wasser aus der Salzlösung, indem es nur H_2O-Moleküle, nicht aber die Salzionen aufnimmt. Die Größe der Lösemittelmoleküle spielt jetzt nur noch insofern eine Rolle, als kleine Moleküle relativ schnell durch das Material der Folie diffundieren.

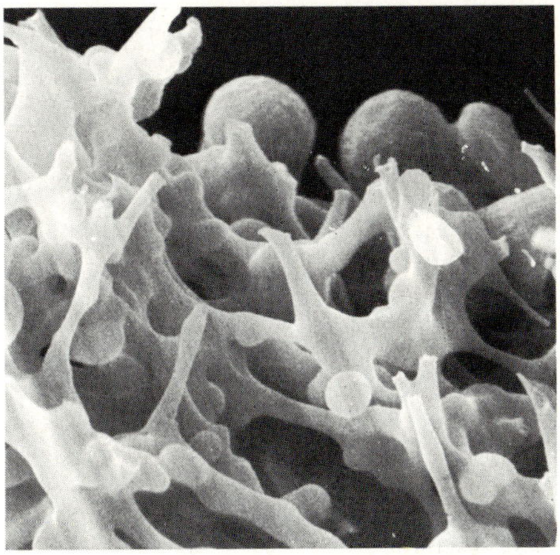

Abb. 312 Struktur eines Membranfilters aus Cellulosenitrat

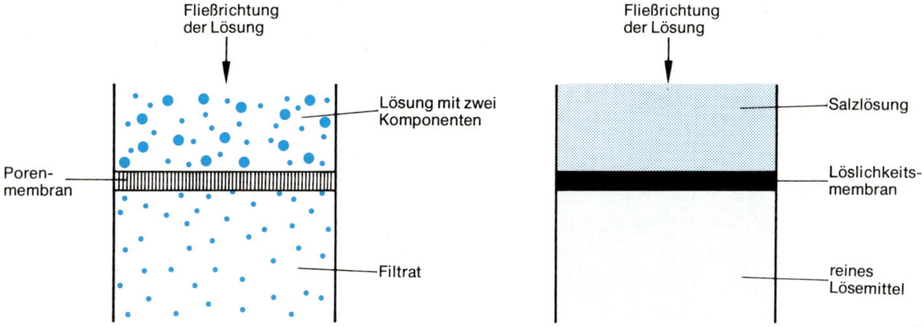

Abb. 313 Trennung durch eine Poren- und durch eine Löslichkeitsmembran (schematisch)

7.2.2 Umgekehrte Osmose

Wie Abb. 313 zeigt, ist das Filtrat bei den beiden gezeichneten Membranfiltrationen konzentrierter an Lösemittel als die aufgegebenen Lösungen. Das bedeutet aber, daß ohne Anwendung äußeren Zwanges Lösemittel und Lösung nicht in die angegebene Richtung fließen.

Wegen des Konzentrationsunterschiedes ist vielmehr zu erwarten, daß reines Lösemittel überwiegend in umgekehrter Richtung in die zu trennende Lösung hinein diffundiert (vgl. Osmose, S. 98). Tatsächlich tritt bei Osmosen auch das Lösemittel durch eine semipermeable Membran in die jeweils konzentriertere Lösung und erzeugt so den osmotischen Druck. Soll nun für eine Membranfiltration die Fließrichtung des Lösemittels umgekehrt werden, so muß auf die Lösung ein äußerer Druck wirken, der ihren osmotischen Druck gegenüber dem Filtrat übertrifft.

Durch umgekehrte Osmose lassen sich Lösungen konzentrieren bzw. reines Lösemittel (Wasser) gewinnen.
Umgekehrte Osmosen laufen nur dann ab, wenn auf die Lösung ein statischer Druck ausgeübt wird, der größer als ihr osmotischer Druck ist.

Da Meerwasser (3,5 % Salzgehalt) bereits einen osmotischen Druck von 26 bar hat, und die Löslichkeitsmembran außerdem einen hohen Fließwiderstand darstellt, müssen bei der umgekehrten Osmose von Salzlösungen hohe Drücke (bis 100 bar) angewendet werden. Dem steht die begrenzte Druckfestigkeit der Membranen entgegen, denn der Vorteil dünner Membranen liegt in ihrem geringeren Fließwiderstand und in höheren Filtrationsgeschwindigkeiten (bei gleichgroßem Druck). Fehlerlose Folien lassen sich aber nicht beliebig dünn herstellen. Löslichkeitsmembranen mit verhältnismäßig geringem Filtrationswiderstand sind die sog. asymmetrischen Membranen. Sie bestehen aus einer extrem dünnen, porenlosen Haut (etwa 100 nm = 0,00001 mm) und einem porösen, tragenden Unterbau (Größenordnung 0,1 mm Dicke).

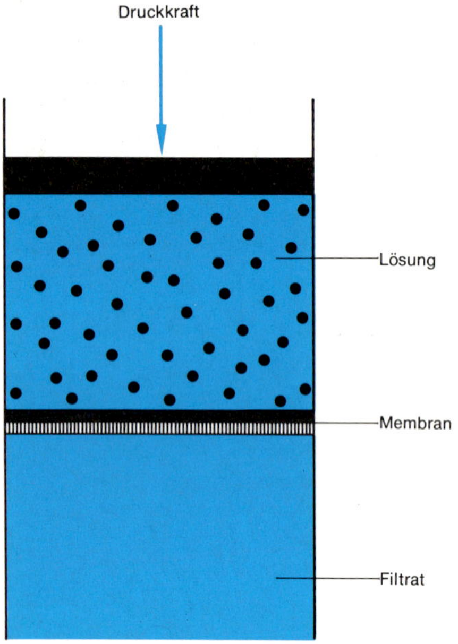

Abb. 314 Umgekehrte Osmose durch eine asymmetrische Membran

Je nach Polarität und Größe der Moleküle im zu trennenden Gemisch (Feed) kann sich der Transportwiderstand der Komponenten in der porenfreien Löslichkeitsmembran z. B. um den Faktor 10^4 unterscheiden.

Kolloide Lösungen und Lösungen von makromolekularen Stoffen haben nur kleine osmotische Drücke, und es bedarf auch nicht großer zusätzlicher Drücke, um sie gegen Reibungskräfte durch die relativ großporigen Membranen zu filtrieren. Bei diesen sog. Ultrafiltrationen übt man gewöhnlich nur kleine Drücke auf die Lösung aus, im Labor z. B. durch Anlegen des Wasserstrahlpumpen-Vakuums etwa 1 bar. Im Gegensatz zu den Salzlösungen lassen sich bei der Ultrafiltration Lösungen beliebig stark konzentrieren, oder die Kolloidteilchen und makromolekularen Stoffe lassen sich quantitativ auf der Membranfilter-Oberfläche abscheiden.

7.2.3 Dialyse

Für Dialysen verwendet man Porenmembranen. Ihre Porengröße ist so bemessen, daß Lösemittel und niedermolekulare Bestandteile das Membranfilter passieren können, Makromolekulare oder Kolloidteilchen aber nicht.

Die Dialyse ist ein Trennverfahren, bei dem aus einer Lösung nur die kleinteiligen gelösten Stoffe durch Diffusion abgetrennt werden.

Soll z. B. eine wäßrige Kunststoffdispersion von Salzionen befreit werden, so bringt man sie, getrennt durch die Membran, mit Wasser in Berührung. Durch die Wärmebewegung wandern die Ionen aus der Dispersion ins angrenzende Wasser. Bei der Blutreinigung in künstlichen Nieren (Hämodialyse) unterstützt man den Abtransport der niedermolekularen Giftstoffe, indem sie gemeinsam mit Wasser durch die Poren der Membran diffundieren. Um dies zu erreichen, verwendet man jenseits der Membran nicht reines Wasser, sondern „verdünntes Wasser“ in Form einer konzentrierten Lösung. Dadurch ist die Wasserkonzentration in den Dialyseschläuchen größer als jenseits der Membran.

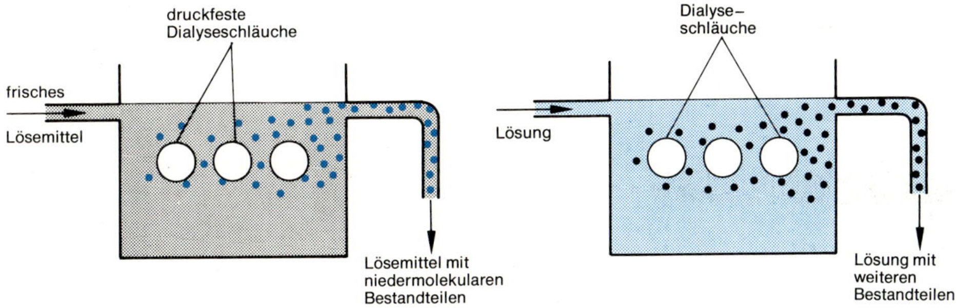

Abb. 315 Trennprinzip in Dialysezellen

8 Anhang

8.1 Dezimale Teile und Vielfache

Multiplikator	Vorsilbe	Vorsatzzeichen
10^{-12}	Piko	p
10^{-9}	Nano	n
10^{-6}	Mikro	µ
10^{-3}	Milli	m
10^{3}	Kilo	k

$1\ \text{Å} = 10^{-10}\ \text{m}$

8.2 Umrechnungsfaktoren für abgeleitete Einheiten

$1\ \text{J} = 1\ \text{Nm} = 1\ \text{Ws}$

$1\ \text{J} = 0{,}239\ \text{cal}$

$1\ \text{kcal} = 4{,}19\ \text{kJ}$

$1\ \text{eV} = 1{,}60 \cdot 10^{-19}\ \text{Ws}$

$1\ \text{bar} = 10^{5}\ \frac{\text{N}}{\text{m}^2} = 750\ \text{Torr}$

Sachwortverzeichnis